普通高等教育“十一五”国家级规划教材
上海市教育委员会高校重点教材建设项目
光电 & 仪器类专业教材

激光原理及应用

(第4版)

陈家璧　彭润玲　编著

電子工業出版社
Publishing House of Electronics Industry
北京·BEIJING

内容简介

本书为普通高等教育"十一五"国家级规划教材。

本书从内容上分为两部分。第1~5章介绍激光的基本理论,从激光的物理学基础出发,着重阐明物理概念,以及激光输出特性与激光器的参数之间的关系,尽量避免过多的理论计算,以掌握激光器的选择和使用为主要目的;第6~10章介绍激光在计量、加工、医学、信息技术,以及现代科技前沿问题中的应用,重点介绍各种应用的思路和方法。

本书可以作为高等学校有关光学和光学工程,以及大量应用激光技术的理工科各相关专业的教材,也可以供社会读者阅读与自学。

图书在版编目(CIP)数据

激光原理及应用/陈家璧,彭润玲编著.—4版.—北京:电子工业出版社, 2019.10
ISBN 978-7-121-37103-5

Ⅰ.①激… Ⅱ.①陈… ②彭… Ⅲ.①激光理论-高等学校-教材 ②激光技术-应用-高等学校-教材
Ⅳ.①TN24

中国版本图书馆CIP数据核字(2019)第144174号

责任编辑:韩同平
印　　刷:三河市鑫金马印装有限公司
装　　订:三河市鑫金马印装有限公司
出版发行:电子工业出版社
　　　　　北京市海淀区万寿路173信箱　邮编　100036
开　　本:787×1092　1/16　印张:21.75　字数:626.4千字
版　　次:2004年8月第1版
　　　　　2019年10月第4版
印　　次:2024年6月第9次印刷
定　　价:65.90元

凡所购买电子工业出版社图书有缺损问题,请向购买书店调换。若书店售缺,请与本社发行部联系,联系及邮购电话:(010)88254888, 88258888。

质量投诉请发邮件至 zlts@phei.com.cn, 盗版侵权举报请发邮件至 dbqq@phei.com.cn。

本书咨询联系方式: 88254525, hantp@phei.com.cn。

序

1960 年发明激光到现在已经有近 44 年了。这期间激光的理论与应用研究有了极大的发展,而且对人类社会产生了深刻的影响。作为光的受激辐射,激光是一种极好的光源,它首先在测量领域得到了广泛的应用。物理学中最基本的量值——米,改为激光在真空中的波长来定义,使有效数字提高到九位。激光用来测长、测距、测速、测角、测量各种可以转换为光的物理量,发展出一个专门的学科——激光测量学,还使光学测量方法走出实验室成为工程测量的常规手段。激光用于加工,始于激光打孔,很快就推广到切割、焊接、热处理、表面改性与强化,乃至激光快速成型、激光清洗和激光微加工,已经成为高科技产业不可缺少的加工方法。激光医学近 30 年来的发展和推广,给人类带来了福祉。而激光在信息产业中的大量应用更是信息时代到来的主要原动力之一。可以毫不夸张地说,现代社会的方方面面已经与激光的应用密不可分。

鉴于激光在现代科学技术中的如此重要作用,激光原理和它的各种应用技术已成为各行各业的技术人员必须掌握的一门高新技术。我国的重点高等院校从 20 世纪 70 年代开设激光理论与应用的课程,并开办了若干以激光器制造和应用为培养目标的理工科专业。改革开放以来,推广到一般院校,目前国内高等院校不开设激光原理与应用课程的已很难找到。各重点高校编写的涉及激光原理、技术和应用的有关教材,林林总总不下数十种。但是其中多数激光原理的教材涉及过多的物理原理,超越了大学普通物理的内容,教材只针对重点高校的要求,并不适于培养工程应用型人才的一般院校。相对适用的流传较广的清华大学丁俊华先生的《激光原理及应用》是 20 世纪 80 年代初的讲稿,因为激光技术的快速发展,需要补充修订。本书编者在多年为普通高校本科生讲授这门课程的基础上,重新编写《激光原理及应用》,就是为满足一般高等院校学生掌握应用激光技术的教学需要。该书的特点在于着重阐明受激辐射的物理概念,以及激光输出特性与激光器的参数之间的关系,以掌握激光器的选择和使用为主要目的。书中激光应用有关章节都由长期从事该领域教学与科研的专家编写,介绍了近年来的新发展,重点讲各种应用的思路和方法;每章都有适当的思考练习题,可以帮助读者加深理解学到的理论并掌握应用方法,是一本很有特色的教材。相信本书的出版对于激光技术的推广与教学会起到很有益的促进作用。

中国工程院院士
清华大学教授　金国藩

2004. 02

第 4 版前言

激光是 20 世纪人类的重大科技发明之一,它的诞生使光学的应用领域发生了巨大的变化,许多传统光学无法实现的新应用和新技术应运而生。激光技术在短短几十年内就推广应用到现代工业、农业、医学、通信、国防和科学技术等各个方面。由于各行各业都应用激光进行技术改造和新技术的开发研究,因此,除了文科院校,几乎所有理工农医类高等院校都开设了激光技术和应用的课程。

在介绍本书之前,先让我们来回顾一下激光的发展历史。激光的发展史应当追溯到 20 世纪的 1917 年,爱因斯坦在量子理论的基础上提出了光的受激辐射的概念,预见到受激辐射光放大器将诞生,也就是激光产生的可能性。20 世纪 50 年代,美国科学家汤斯(Townes),以及苏联科学家普罗霍罗夫(Prokhorov)等人分别独立发明了一种低噪声微波放大器,即一种在微波波段的受激辐射放大器(Microwave amplification by stimulated emission of radiation),并以其英文的第一个字母缩写命名为 Maser。1958 年,美国科学家汤斯(Townes)和肖洛(Schawlow)提出在一定的条件下,可将这种微波受激辐射放大器的原理推广到光波波段,制成受激辐射光放大器(Light amplification by stimulated emission of radiation,缩写为 Laser)。1960 年 7 月,梅曼(Maiman)宣布制成了第一台红宝石激光器(Ruby laser)。第二年我国科学家邓锡铭、王之江制成我国第一台红宝石激光器,在《科学通报》1961 年第 11 期上发表了相关论文,称之为“光学量子放大器”。其后在我国科学家钱学森的建议下,统一翻译为“激光”或“激光器”。20 世纪 60 年代末到 70 年代初,克雷歇尔(H.Kressel)和阿尔菲洛夫(Z.I.Alferov)等提出了双异质结半导体激光器新构思,并成功实现了室温连续工作;高琨(Chals Gao)提出了基于光学全反射原理的光导纤维的创新概念并进而由康宁公司开发成实用产品。这两大技术思想的突破,加上后来在此基础上出现的半导体量子阱光电子器件、光纤激光器和光纤放大器等重大发明,促使光子和电子迅速结合并蓬勃发展为今天的信息光电子技术和产业。

本书第 1 版是在大学本科普通物理学的基础上编写的,于 2004 年 8 月出版。书的前半部分介绍激光原理,从激光的物理学基础出发,着重阐明物理概念,以及激光输出特性与激光器的参数之间的关系,尽量避免过多的理论计算,以掌握激光器的选择和使用为主要目的;后半部分介绍激光在计量、加工、医学、信息技术,以及现代科技前沿问题中的应用,重点介绍各种应用的思路和方法。全书每章都配以思考练习题,以期读者经过这些练习能够理解所学到的理论并掌握应用方法。作为激光原理及应用课程的必读部分,前五章对学习过大学数学与普通物理学的理工科大学本科学生只需要讲授 24 学时。后五章可以根据学生的专业不同选择讲授,连同实验可以安排 36 学时或 48 学时。

本教材经国内数十所大学多年的使用,受到众多好评,并列选为普通高等教育“十一五”国家级规划教材。

为了更好地发挥国家级规划教材的作用,编者对全书内容进行了修订和补充,并于 2008 年和 2013 年相应出版了本书第 2 版和第 3 版。第 2 版和第 3 版主要修订的部分包括:修改了一些错误和不够准确和严谨的地方;补充和更新了对于激光光束质量的评价;激光在测量、加工、医学及信息技术方面的新应用;激光散斑干涉测量的应用;量子光通信中的激光光源研究,以及激光用于产生反常多普勒效应的基础实验等。为本科生学习研究前沿的基础性科学问题打下基础。

近十年来,由于科学技术与经济的发展,国防与军事工业的需求,激光原理与应用得到了更加广泛深入的研究。功能各异、光束质量更好、发出的光功率成数量级增长的各类激光器被开发出来,在所有科学技术领域和经济建设、国防建设中激光得到越来越多也越来越重要的应用。为了让读者能更清楚地理解激光光束产生的理论基础和输出的特性,本书第4版增加了标量衍射理论基础,并增补了几种特殊激光光束类型,这些激光束是近年来光学界研究与应用的热点;同时补充了在应用激光束时必须考虑但又通常被忽略的一个性质,即作为随机过程的激光产生、传输、接收各个阶段的统计性质,主要是一阶的激光振幅与相位统计性质。应用部分的内容也做了适当的删减和增补,删除了激光诱导化学过程一节;增加了超越经典衍射极限的分辨率一节,后者是目前光学界乃至整个IT行业都极其关心的研究热点,其中部分研究结果获得了2016年诺贝尔物理学奖。以上内容的增删均能体现本教材与时俱进的特点。

特别要说明的是本书的许多论述方法取自20世纪七八十年代清华大学丁俊华先生的教材《激光原理及应用》。本书编著者50多年前受教于丁先生,教学中使用他这本教材更是受益匪浅,在此对丁俊华先生表示深切的敬意。在本书编写过程中还得到了刘建华教授、顾铮先教授、余重秀教授、张元芳教授和刘顺洪教授的无私帮助,他们的很多意见已反映在本书中,在此表示衷心的感谢。

我们衷心感谢使用本教材的广大读者,并热切希望读者们对本书不足给予指正,帮助我们把它修改得更好。

我们的联系方式:jbchenk@ 163. com;pengrunling@ usst. edu. cn

编著者

2019. 8

目　　录

第 1 章　辐射理论概要与激光产生的条件 …… (1)
1.1　光的波粒二象性 …… (1)
1.1.1　光波 …… (1)
1.1.2　光子 …… (5)
1.2　原子的能级和辐射跃迁 …… (5)
1.2.1　原子能级和简并度 …… (5)
1.2.2　原子状态的标记 …… (6)
1.2.3　玻尔兹曼分布 …… (8)
1.2.4　辐射跃迁和非辐射跃迁 …… (8)
1.3　光的受激辐射 …… (9)
1.3.1　黑体热辐射 …… (9)
1.3.2　光和物质的作用 …… (10)
1.3.3　自发辐射、受激辐射和受激吸收之间的关系 …… (13)
1.3.4　自发辐射光功率与受激辐射光功率 …… (14)
1.4　光谱线增宽 …… (14)
1.4.1　光谱线、线型和光谱线宽度 …… (15)
1.4.2　自然增宽 …… (17)
1.4.3　碰撞增宽 …… (20)
1.4.4　多普勒增宽 …… (21)
1.4.5　均匀增宽和非均匀增宽线型 …… (23)
1.4.6　综合增宽 …… (23)
1.5　激光形成的条件 …… (24)
1.5.1　介质中光的受激辐射放大 …… (24)
1.5.2　光学谐振腔和阈值条件 …… (27)
思考练习题 1 …… (28)
第 2 章　激光器的工作原理 …… (29)
2.1　光学谐振腔结构与稳定性 …… (29)
2.1.1　共轴球面谐振腔的稳定性条件 …… (29)
2.1.2　共轴球面腔的稳定图及其分类 …… (30)
2.1.3　稳定图的应用 …… (31)
2.2　速率方程组与粒子数反转 …… (32)
2.2.1　三能级系统和四能级系统 …… (32)
2.2.2　速率方程组 …… (32)
2.2.3　稳态工作时的粒子数密度反转分布 …… (33)
2.2.4　小信号工作时的粒子数密度反转分布 …… (34)

2.2.5 均匀增宽型介质的粒子数密度反转分布 …… (34)
2.2.6 均匀增宽型介质粒子数密度反转分布的饱和效应 …… (35)
2.3 均匀增宽介质的增益系数和增益饱和 …… (36)
2.3.1 均匀增宽介质的增益系数 …… (36)
2.3.2 均匀增宽介质的增益饱和 …… (37)
2.4 非均匀增宽介质的增益饱和 …… (39)
2.4.1 介质在小信号时的粒子数密度反转分布值 …… (39)
2.4.2 非均匀增宽型介质在小信号时的增益系数 …… (40)
2.4.3 非均匀增宽型介质稳态粒子数密度反转分布 …… (41)
2.4.4 非均匀增宽型介质稳态情况下的增益饱和 …… (42)
2.5 激光器的损耗与阈值条件 …… (43)
2.5.1 激光器的损耗 …… (44)
2.5.2 激光谐振腔内形成稳定光强的过程 …… (44)
2.5.3 阈值条件 …… (45)
2.5.4 对介质能级选取的讨论 …… (46)
思考练习题 2 …… (48)
第 3 章 激光器的输出特性 …… (49)
3.1 光学谐振腔的衍射理论 …… (49)
3.1.1 数学预备知识 …… (49)
3.1.2 菲涅耳-基尔霍夫衍射公式 …… (52)
3.1.3 光学谐振腔的自再现模积分方程 …… (54)
3.1.4 激光谐振腔的谐振频率和激光纵模 …… (56)
3.2 对称共焦腔内外的光场分布 …… (57)
3.2.1 共焦腔镜面上的场分布 …… (57)
3.2.2 共焦腔中的行波场与腔内外的光场分布 …… (60)
3.3 高斯光束的传播特性 …… (60)
3.3.1 高斯光束的振幅和强度分布 …… (61)
3.3.2 高斯光束的相位分布 …… (62)
3.3.3 高斯光束的远场发散角 …… (63)
3.3.4 高斯光束的高亮度 …… (64)
3.4 稳定球面腔的光束传播特性 …… (65)
3.4.1 稳定球面腔的等价对称共焦腔 …… (65)
3.4.2 稳定球面腔的光束传播特性 …… (66)
3.5 其他几种常用的激光光束 …… (67)
3.5.1 厄米-高斯光束 …… (67)
3.5.2 拉盖尔-高斯光束 …… (68)
3.5.3 贝塞尔光束 …… (69)
3.6 激光器的输出功率 …… (70)
3.6.1 均匀增宽型介质激光器的输出功率 …… (70)
3.6.2 非均匀增宽型介质激光器的输出功率 …… (73)

3.7 激光器的线宽极限 …………………………………………………………… (76)
3.8 激光光束质量的品质因子 M^2 …………………………………………… (78)
3.9 模式激光的某些一阶统计性质 ……………………………………………… (80)
3.9.1 单模激光的一阶统计性质 ……………………………………………… (80)
3.9.2 多模激光的一阶统计性质 ……………………………………………… (88)
思考练习题 3 ……………………………………………………………………… (91)
第 4 章 激光的基本技术 ……………………………………………………… (92)
4.1 激光器输出的选模 …………………………………………………………… (92)
4.1.1 激光单纵模的选取 ………………………………………………………… (92)
4.1.2 激光单横模的选取 ………………………………………………………… (95)
4.2 激光器的稳频 ………………………………………………………………… (97)
4.2.1 影响频率稳定的因素 ……………………………………………………… (97)
4.2.2 稳频方法概述 ……………………………………………………………… (98)
4.2.3 兰姆凹陷法稳频 …………………………………………………………… (99)
4.2.4 饱和吸收法稳频 …………………………………………………………… (101)
4.3 激光束的变换 ………………………………………………………………… (102)
4.3.1 高斯光束通过薄透镜时的变换 …………………………………………… (102)
4.3.2 高斯光束的聚焦 …………………………………………………………… (104)
4.3.3 高斯光束的准直 …………………………………………………………… (106)
4.3.4 激光的扩束 ………………………………………………………………… (107)
4.4 激光调制技术 ………………………………………………………………… (108)
4.4.1 激光调制的基本概念 ……………………………………………………… (108)
4.4.2 电光强度调制 ……………………………………………………………… (108)
4.4.3 电光相位调制 ……………………………………………………………… (110)
4.5 激光偏转技术 ………………………………………………………………… (110)
4.5.1 机械偏转 …………………………………………………………………… (111)
4.5.2 电光偏转 …………………………………………………………………… (111)
4.5.3 声光偏转 …………………………………………………………………… (112)
4.6 激光调 Q 技术 ……………………………………………………………… (112)
4.6.1 激光谐振腔的品质因数 Q ……………………………………………… (113)
4.6.2 调 Q 原理 ………………………………………………………………… (113)
4.6.3 电光调 Q ………………………………………………………………… (114)
4.6.4 声光调 Q ………………………………………………………………… (115)
4.6.5 染料调 Q ………………………………………………………………… (115)
4.7 激光锁模技术 ………………………………………………………………… (116)
4.7.1 锁模原理 …………………………………………………………………… (116)
4.7.2 主动锁模 …………………………………………………………………… (117)
4.7.3 被动锁模 …………………………………………………………………… (118)
思考练习题 4 ……………………………………………………………………… (119)
第 5 章 典型激光器介绍 ……………………………………………………… (120)

5.1 固体激光器 …… (120)
5.1.1 固体激光器的基本结构与工作物质 …… (120)
5.1.2 固体激光器的泵浦系统 …… (122)
5.1.3 固体激光器的输出特性 …… (123)
5.1.4 新型固体激光器 …… (123)
5.2 气体激光器 …… (125)
5.2.1 氦氖(He-Ne)激光器 …… (125)
5.2.2 二氧化碳激光器 …… (127)
5.2.3 Ar^+离子激光器 …… (129)
5.3 染料激光器 …… (131)
5.3.1 染料激光器的激发机理 …… (131)
5.3.2 染料激光器的泵浦 …… (132)
5.3.3 染料激光器的调谐 …… (133)
5.4 半导体激光器 …… (134)
5.4.1 半导体的能带和产生受激辐射的条件 …… (135)
5.4.2 PN 结和粒子数反转 …… (136)
5.4.3 半导体激光器的工作原理和阈值条件 …… (138)
5.4.4 同质结和异质结半导体激光器 …… (139)
5.5 其他激光器 …… (141)
5.5.1 准分子激光器 …… (141)
5.5.2 自由电子激光器 …… (142)
5.5.3 化学激光器 …… (143)
思考练习题 5 …… (144)
第 6 章 激光在精密测量中的应用 …… (145)
6.1 激光干涉测长 …… (145)
6.1.1 干涉测长的基本原理 …… (145)
6.1.2 激光干涉测长系统的组成 …… (146)
6.1.3 激光外差干涉测长技术 …… (148)
6.1.4 激光干涉测长应用举例 …… (150)
6.2 激光衍射测量 …… (151)
6.2.1 激光衍射测量原理 …… (151)
6.2.2 激光衍射测量的方法 …… (153)
6.2.3 激光衍射测量的应用 …… (156)
6.3 激光测距 …… (158)
6.3.1 激光脉冲测距 …… (158)
6.3.2 激光相位测距 …… (160)
6.4 激光准直及多自由度测量 …… (163)
6.4.1 激光准直仪 …… (164)
6.4.2 激光衍射准直仪 …… (166)
6.4.3 激光多自由度测量 …… (167)

6.5 激光多普勒测速 …… (169)
6.5.1 运动微粒散射光的频率 …… (169)
6.5.2 差频法测速 …… (170)
6.5.3 激光多普勒测速技术的应用 …… (172)
6.6 环形激光测量角度和角加速度 …… (174)
6.6.1 环形激光精密测角 …… (174)
6.6.2 光纤陀螺 …… (175)
6.7 激光环境计量 …… (176)
6.8 激光散射板干涉仪 …… (177)
思考练习题6 …… (179)
第7章 激光加工技术 …… (181)
7.1 激光热加工原理 …… (181)
7.2 激光表面改性技术 …… (185)
7.2.1 激光淬火技术的原理与应用 …… (185)
7.2.2 激光表面熔凝技术 …… (188)
7.2.3 激光熔覆技术 …… (188)
7.3 激光去除材料技术 …… (189)
7.3.1 激光打孔 …… (190)
7.3.2 激光切割 …… (192)
7.4 激光焊接 …… (195)
7.4.1 激光热导焊 …… (197)
7.4.2 激光深熔焊 …… (198)
7.4.3 激光复合焊 …… (200)
7.5 激光快速成型技术 …… (205)
7.5.1 激光快速成型技术的原理及主要优点 …… (205)
7.5.2 激光快速成型技术 …… (206)
7.5.3 激光快速成型技术的重要应用 …… (209)
7.6 其他激光加工技术 …… (210)
7.6.1 激光清洗技术 …… (210)
7.6.2 激光弯曲 …… (211)
思考练习题7 …… (211)
第8章 激光在医学中的应用 …… (212)
8.1 激光与生物体的相互作用 …… (212)
8.1.1 生物体的光学特性 …… (212)
8.1.2 激光对生物体的作用 …… (214)
8.1.3 激光对生物体应用的优点 …… (215)
8.2 激光在临床治疗中的应用 …… (215)
8.2.1 激光临床治疗的种类与现状 …… (215)
8.2.2 激光在皮肤科及整形外科领域中的应用 …… (216)
8.2.3 激光在眼科中的应用 …… (217)

8.2.4 激光在泌尿外科中的应用 ……………………………………………………………… (219)
8.2.5 激光在耳鼻喉科中的应用 ……………………………………………………………… (220)
8.2.6 最新的技术——间质激光光凝术 ………………………………………………… (220)
8.2.7 光动力学治疗 ……………………………………………………………………… (221)
8.3 激光在生物体检测及诊断中的应用 …………………………………………………… (223)
8.3.1 利用激光的生物体光谱测量及诊断 ………………………………………………… (223)
8.3.2 激光断层摄影 ……………………………………………………………………… (224)
8.3.3 激光显微镜 ………………………………………………………………………… (226)
8.4 医用激光设备 …………………………………………………………………………… (228)
8.4.1 医用激光光源 ……………………………………………………………………… (228)
8.4.2 医用激光传播用光纤 ……………………………………………………………… (230)
8.5 激光应用于医学的未来 ………………………………………………………………… (231)
8.5.1 医用激光新技术 …………………………………………………………………… (231)
8.5.2 光动力学治疗的前景 ……………………………………………………………… (232)
思考练习题8 ……………………………………………………………………………… (233)
第9章 激光在信息技术中的应用 ……………………………………………………… (234)
9.1 光纤通信系统中的激光器和光放大器 ………………………………………………… (234)
9.1.1 半导体激光器 ……………………………………………………………………… (234)
9.1.2 光纤激光器 ………………………………………………………………………… (238)
9.1.3 光放大器 …………………………………………………………………………… (241)
9.2 激光全息三维显示 ……………………………………………………………………… (246)
9.2.1 全息术的历史回顾 ………………………………………………………………… (246)
9.2.2 激光全息术的基本原理和分类 …………………………………………………… (246)
9.2.3 白光再现的全息三维显示 ………………………………………………………… (248)
9.2.4 计算全息图 ………………………………………………………………………… (252)
9.2.5 数字全息术 ………………………………………………………………………… (252)
9.2.6 全息三维显示的优点 ……………………………………………………………… (254)
9.2.7 全息三维显示的应用 ……………………………………………………………… (254)
9.2.8 全息三维显示技术的展望 ………………………………………………………… (259)
9.3 激光存储技术 …………………………………………………………………………… (260)
9.3.1 激光存储的基本原理、分类及特点 ………………………………………………… (260)
9.3.2 激光光盘存储 ……………………………………………………………………… (261)
9.3.3 激光体全息光存储 ………………………………………………………………… (263)
9.3.4 激光存储技术的新进展 …………………………………………………………… (265)
9.4 激光扫描和激光打印机 ………………………………………………………………… (268)
9.4.1 激光扫描 …………………………………………………………………………… (268)
9.4.2 激光打印机 ………………………………………………………………………… (274)
9.5 量子光通信中的激光源 ………………………………………………………………… (276)
9.5.1 量子光通信 ………………………………………………………………………… (276)
9.5.2 量子态发生器及应用 ……………………………………………………………… (279)

思考练习题 9 ………………………………………………………………………………………………（283）
第 10 章　激光在科学技术前沿问题中的应用 ………………………………………………………（284）
10.1　激光核聚变 ………………………………………………………………………………（284）
10.1.1　受控核聚变 ………………………………………………………………………（284）
10.1.2　磁力约束和惯性约束控制方法 …………………………………………………（285）
10.1.3　激光压缩点燃核聚变的原理 ……………………………………………………（286）
10.2　激光冷却 …………………………………………………………………………………（287）
10.3　激光操纵微粒 ……………………………………………………………………………（289）
10.3.1　光捕获 ……………………………………………………………………………（289）
10.3.2　微粒操纵 …………………………………………………………………………（290）
10.4　超越经典衍射极限的分辨率 ……………………………………………………………（292）
10.4.1　解析延拓 …………………………………………………………………………（292）
10.4.2　综合孔径傅里叶全息术 …………………………………………………………（293）
10.4.3　傅里叶叠层算法 …………………………………………………………………（294）
10.4.4　相干谱复用 ………………………………………………………………………（295）
10.4.5　非相干结构光照明成像 …………………………………………………………（298）
10.4.6　超分辨荧光显微镜 ………………………………………………………………（300）
10.5　激光光谱学 ………………………………………………………………………………（301）
10.5.1　拉曼光谱 …………………………………………………………………………（301）
10.5.2　空间高分辨的激光显微光谱 ……………………………………………………（303）
10.5.3　频率高分辨的双光子光谱 ………………………………………………………（305）
10.5.4　时间高分辨的激光闪光光谱 ……………………………………………………（305）
10.5.5　各种特殊效能的激光光谱技术 …………………………………………………（306）
10.6　激光用于反常多普勒效应的基础物理研究 ……………………………………………（307）
10.6.1　电磁波的正常多普勒效应 ………………………………………………………（307）
10.6.2　在负折射率材料中传播的电磁波的反常多普勒效应 …………………………（308）
10.6.3　折射光子晶体棱镜的设计以及负折射性质的实验验证 ………………………（309）
10.6.4　反常多普勒效应的测量光路设计及理论分析 …………………………………（312）
10.6.5　反常多普勒效应的测量实验结果 ………………………………………………（314）
思考练习题 10 ……………………………………………………………………………………（315）
附录 A　随机变量 ………………………………………………………………………………（317）
A.1　概率的定义和随机变量 ……………………………………………………………………（317）
A.2　分布函数和密度函数 ………………………………………………………………………（318）
A.3　推广到两个或多个联合随机变量 …………………………………………………………（319）
A.4　统计平均 ……………………………………………………………………………………（321）
附录 B　随机过程 ………………………………………………………………………………（325）
B.1　随机过程的定义和描述 ……………………………………………………………………（325）
B.2　平稳性和遍历性 ……………………………………………………………………………（326）
参考文献 …………………………………………………………………………………………（329）

第 1 章　辐射理论概要与激光产生的条件

激光技术是 20 世纪 60 年代初发展起来的一门新兴学科。激光的问世引起了现代光学技术的巨大变革。激光在现代工业、农业、医学、通信、国防、科学研究等各方面的应用迅速扩展。之所以在短期间获得如此大的发展是和它本身的特点分不开的。

激光与普通光源相比较有三个主要特点,即方向性好、相干性好和亮度高,其原因在于激光主要是光的受激辐射,而普通光源主要是光的自发辐射。研究激光原理就是要研究光的受激辐射是如何在激光器内产生并占据主导地位而抑制自发辐射的。本章首先从光的辐射原理讲起,讨论与激光的发明和激光的技术发展有关的物理基础及产生激光的条件。

光的辐射既是一种电磁波又是一种粒子流,激光是在人们认识到光有这两种相互对立而又相互联系的性质后才发明的。因此本章从介绍光的波粒二象性开始研究原子的辐射跃迁。激光的产生又是光与物质相互作用的结果,对光的平衡热辐射和光与物质相互作用(光的自发辐射、受激辐射、受激吸收)的研究是发明激光的物理基础。光谱线的宽度、线型函数是影响激光器性能的重要因素,提高激光的单色性是激光技术发展的一个重要方向。阐明上述这些基础后,本章最后讨论激光产生的条件。

1.1　光的波粒二象性

光的一个基本性质就是具有波粒二象性。人类对光的认识经历了牛顿的微粒说,惠更斯菲涅耳的波动说,到爱因斯坦的光子说的发展,最后才认识到波动性和粒子性是光的客观属性,波动性和粒子性总是同时存在的。一方面光是电磁波,具有波动的性质,有一定的频率和波长。另一方面光是光子流,光子是具有一定能量和动量的物质粒子。在一定条件下,可能某一方面的属性比较明显,而当条件改变后,另一方面的属性变得更为明显。例如,光在传播过程中所表现出来的干涉、衍射等现象中其波动性较为明显,这时往往可以把光看作是由一列一列的光波组成的;而当光和实物互相作用时(例如光的吸收、发射、光电效应等),其粒子性较为明显,这时往往又把光看作是由一个一个光子组成的光子流。

1.1.1　光波

光波是一种电磁波,即变化的电场和变化的磁场相互激发,形成变化的电磁场在空间的传播。光波既是电矢量 $\vec{E}$ 的振动和传播,同时又是磁矢量 $\vec{B}$ 的振动和传播。在均匀介质中,电矢量 $\vec{E}$ 的振动方向与磁矢量 $\vec{B}$ 的振动方向互相垂直,且 $\vec{E}$、$\vec{B}$ 均垂直于光的传播方向 $\vec{k}$。三者方向上的关系如图 1-1 所示。

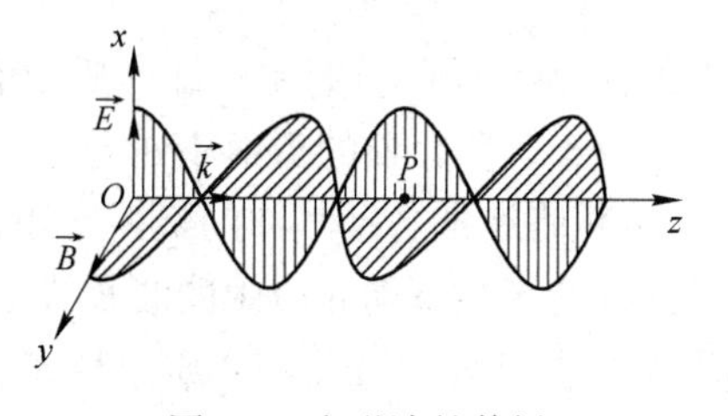

图 1-1　电磁波的传播

实验证明,光对人的眼睛或感光仪器(如照相底板、热电偶)等起作用的主要是电矢量 $\vec{E}$,因此,以后着重讨论电矢量 $\vec{E}$ 的振动及传播。习惯上常把电矢量叫作光矢量。由图 1-1 可知,电矢量振动方向和传播方向垂直,因此光波是一种横波。

1. 线偏振光

设光波沿 z 轴方向传播,则光矢量的振动方向必在与 z 轴垂直的 xOy 平面内。但是,在 xOy 平面内,光矢量 $\vec{E}$ 还可能有不同的振动状态。如果光矢量始终只沿一个固定方向振动,这样的光称为线偏振光(或面偏振光)。普通光源发出的光,包括许多彼此独立的线偏振成分,它们的电矢量振动方向都在 xOy 平面内,各取不同的方位,这样的光叫作自然光。

根据矢量分解原理,在 xOy 平面内电矢量 $\vec{E}$ 的任一振动总可以分解成一个沿 x 方向的分振动和一个沿 y 方向的分振动。也就是说,一般的线偏振光总可以分解为沿 x 和 y 方向振动的相位相同或相反的两个线偏振光。显然这两种线偏振光的电矢量互相垂直且均垂直于传播方向。

2. 光速,频率和波长三者的关系

电磁波的波长范围非常宽,按其波长长短顺序,大体可分为无线电波、红外光、可见光、紫外光、X 射线及 γ 射线,具体波长划分见图 1-2 电磁波谱。图中表明各区域有所交错,可见光的波长范围只占整个电磁波谱的一个极小部分。目前通用激光器中常用电磁波在可见光或接近可见光范围,波长约为 0.3~30 μm(红外),其相应频率为 10^{15}~10^{13}Hz。

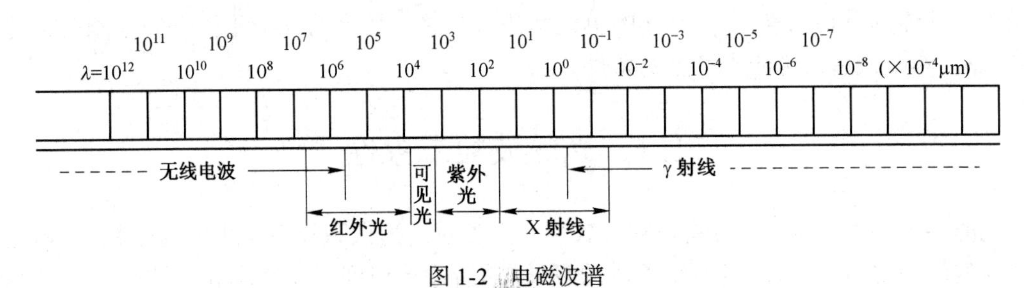

图 1-2 电磁波谱

光在真空中传播的速度 c 是一个重要的物理常数,实验测得的光速值为

$$c=2.998\times10^{8}\text{m/s}\approx3\times10^{8}\text{m/s}$$

光的频率就是光矢量每秒振动的次数,光振动的周期是完成一次振动所需的时间,频率 ν 和周期 T 的关系互为倒数

$$\nu=1/T \tag{1-1}$$

光的真空波长指振动状态经历一个周期在真空中向前传播的距离,用字母 λ_0 表示。所以,在真空中光速、频率和波长有如下的关系

$$c=\lambda_0\nu \tag{1-2}$$

实验证明光在各种介质中传播时,保持其原有频率 ν 不变;而介质中的光速为

$$v=c/\mu \tag{1-3}$$

式中,μ 为介质的折射率。即介质中的光速各不相同。

由于各种介质的折射率 μ 总是大于 1,所以 v 总是小于 c。各种气体的折射率比 1 大得不多,可粗略地把各种气体的折射率当作 1 看待。由于不同介质的折射率不同,光速不同,所以同频率的光在不同介质中的波长 λ 也不同。可以证明光在折射率为 μ 的介质中的波长 λ 是真空中波长 λ_0 的 $1/\mu$。介质中光速、频率和波长则有如下的关系

$$v=\lambda\nu \tag{1-4}$$

3. 单色平面波

(1) 平面波

在光波场中,光波相位相同的空间各点构成的面叫作波面,也叫作波阵面或等相位面。光波波面是平面的波叫作平面波。例如将一个点光源放置在一个凸透镜的焦点上,则通过透镜后的光波是平面波。离点光源很远处整个波面上的很小一部分也可近似看作平面波。例如太阳发出的光波到达地球表面时,波面的很小一部分可近似看作平面波。

平面波在均匀介质中传播的特点是:波面为彼此平行的平面,且在无吸收介质中传播时,波的振幅保持不变。

(2) 单色平面波

具有单一频率的平面波叫作单色平面波。实际上任何光波,包括激光在内,都不可能是完全单色的,总有一定的频率宽度。如果频率宽度 $\Delta\nu$ 比光波本身频率 ν 小很多,即 $\Delta\nu \ll \nu$ 时,这种波叫准单色波。$\Delta\nu$ 越小,单色性越好。实际上的单色波都是准单色波。

下面介绍经过科学抽象的理想单色平面波——简谐波,它是最简单、最重要的一种波。由傅里叶分析可知,任何复杂的波都可以分解为一系列不同频率的简谐波,所以讨论它是有实际意义的。

设真空中的电磁波(见图 1-1)的电矢量 $\vec{E}$ 在坐标原点 O 沿 x 方向作简谐振动,磁矢量 $\vec{B}$ 在坐标原点 O 沿 y 方向作简谐振动,其频率均为 ν,角频率 $\omega=2\pi\nu$,起始时刻,即 $t=0$ 时,二者初相位均为零。则 $\vec{E}$、$\vec{B}$ 的振动方程分别为

$$\vec{E}=\vec{E}_0\cos(\omega t)=\vec{E}_0\cos(2\pi\nu t) \tag{1-5}$$

$$\vec{B}=\vec{B}_0\cos(\omega t)=\vec{B}_0\cos(2\pi\nu t) \tag{1-6}$$

式中,$\vec{E}_0$、$\vec{B}_0$ 分别为电场矢量和磁场矢量的振幅矢量。由上两式可见,电矢量和磁矢量两者具有相同的频率、相位和相似的简谐振动方程。为简便起见,今后将此二式统一写成标量形式

$$U=U_0\cos(\omega t)=U_0\cos(2\pi\nu t) \tag{1-7}$$

U 称作场矢量大小,它代表电矢量 $\vec{E}$ 或磁矢量 $\vec{B}$ 的大小;U_0 为场矢量的振幅。设光波以速度 c 向 z 方向传播,在 z 轴上任选一点 P(见图 1-1),当波源的振动传播到该点时,P 点的振动状态比原点 O 的振动状态落后 $\tau=z/c$,因此 P 点的振动方程为

$$U=U_0\cos[\omega(t-\tau)]=U_0\cos[\omega(t-z/c)] \tag{1-8}$$

由于 P 点的位置是任意选取的,所以该方程代表了波场中任一点的振动状态,称作简谐波方程,又叫作行波方程,它是时间和空间的二元函数。从上式可知:如果固定空间某点 P,则上式代表场矢量在该点作时间上的周期振动。如果固定时间 t,则上式代表场矢量在该时刻随位置不同作空间上的周期变化。如果位置、时间都变化,则上式代表一个行波方程,可以给出不同时刻空间各点的振动状态,从而描绘出波的传播图像。行波方程(式(1-8))也可改写成如下的形式

$$U=U_0\cos\left[\omega\left(t-\frac{z}{c}\right)\right]=U_0\cos\left[\left(\frac{2\pi t}{T}-\frac{2\pi z}{\lambda}\right)\right] \tag{1-9}$$

从上式可以看出,光波具有时间周期性和空间周期性。时间周期为 T,空间周期为 λ;时间频率为 $1/T$,空间频率为 $1/\lambda$;时间角频率为 $\omega=2\pi\nu=2\pi/T$,空间角频率(或波矢的大小)为 $k=|\vec{k}|=2\pi/\lambda$,波矢 $\vec{k}$ 是一个矢量,方向沿光线传播方向。

简谐波为具有单一频率 ν 的单色波。要成为单色波,从物理上讲必须是无限长的波列,也就是说该波列在空间上是无头无尾、无限延伸的。由傅里叶分析可知,有限长的一段波列不可能是单色的,它必然有一定的频带宽度。波列越长,频宽越窄,越接近单色波。通常原子发光时间约为 10^{-8} s,形成的波列长度约等于 3 m。对于波长为 0.5 μm 的绿光来讲,整个波列有 6×10^6 个周期的波形。这是一个很大的量,但它仍然是有限波列,有一定的频带宽度。激光由于谐振腔的作用,可使频宽压得很窄,接近于单色光,但仍然有一定的频宽。

(3) 平面波的复数表示法、光强

为了运算方便,常把平面波公式(式(1-9))写成复数形式。由数学中的欧拉公式

$$e^{j\alpha}=\cos\alpha+j\sin\alpha \tag{1-10}$$

式(1-9)可改写为

$$U=\mathrm{Re}[U_0e^{j(\omega t-kz)}] \tag{1-11}$$

式中,Re[ ]表示取[ ]中的实数部分。为简略起见,在运算中只要记住最后结果取复数的实数部分,也可以将"Re"省去,直接写成

$$U=U_0e^{j(\omega t-kz)} \tag{1-12a}$$

或

$$U=U_0\exp[j(\omega t-kz)] \tag{1-12b}$$

上两式就是线偏振单色平面波的复数表示法。注意,$e^{j(\omega t-kz)}$ 中,虚指数部分表示振动的相位。在很多光学问题中,常将 $j(\omega t-kz)$ 中的时间变量和空间变量分开考虑,成为独立的因子。在讨论单色波场中各点扰动的空间分布时,时间因子 $e^{j\omega t}$ 总是相同的,常略去不写,剩下的空间分布因子

$$\tilde{U}=U_0\exp(-jkz) \tag{1-13a}$$

称为复振幅。复振幅 $\tilde{U}$ 由两部分组成,其模 U_0 代表振幅在空间的分布,其辐角 $(-kz)$ 代表相位在空间的分布。复振幅将两个空间分布合成起来,且和时间变量无关,体现出很大的优越性。

引入复振幅后,相应的行波方程(式(1-8))可改写成

$$U=\tilde{U}\exp(j\omega t) \tag{1-13b}$$

在光学中,光强是一个重要的物理量。它定义为单位时间内通过垂直于光传播方向单位面积的光波能量,用字母 I 代表,它的单位是 W/m^2 或 W/cm^2。光强与光矢量大小的平方成正比,即 $I\propto U^2$。

由于光的频率很高(10^{14} Hz 量级),用通常的光探测器测量到的只是光强 I 的平均值 $\bar{I}$,即

$$\bar{I}\propto\frac{1}{T}\int_{-T/2}^{T/2}U^2\mathrm{d}t=\frac{1}{T}\int_{-T/2}^{T/2}U_0^2\cos^2(\omega t-kz)\mathrm{d}t=\frac{U_0^2}{2} \tag{1-14}$$

即平均光强 $\bar{I}$ 与相应的光矢量振幅的平方成正比。由于实用中主要考虑光的相对强度,所以上式经常写成:$\bar{I}=U_0^2$,认为比例系数为 1。记住,只要测得平均光强 $\bar{I}$,就可直接用 I 代替 $\bar{I}$,上式可改写成:$I=U_0^2$。

(4) 球面波及其复数表示法

光波波面为一系列同心球面的波叫作球面波。例如,在均匀介质中点光源发出的光,所形成的波面就是球面。可以证明球面波的振幅随波面半径 r 的增大成反比地减小。故球面简谐波的方程为

$$U=\frac{U_0}{r}\cos\left[\omega\left(t-\frac{r}{c}\right)\right] \tag{1-15}$$

式中,r 为光传播到达的任一点 P 离波源的距离,U_0 的值等于离波源单位距离处的振幅大小。

球面波的复数表示法为

$$U=\frac{U_0}{r}e^{j(\omega t-kr)} \tag{1-16}$$

1.1.2 光子

前面已经指出,当光和物质作用时,如果产生原子对光的发射和吸收的话,那么光的粒子性就表现得较为明显。这时往往把光当作一个一个以光速 c 运动的粒子流看待。光的量子学说(光子说)认为,光子和其他基本粒子一样,具有能量 ε 和动量 $\vec{P}$,它们与光波的频率 ν、真空中波长 λ_0 之间有如下关系

$$\varepsilon=h\nu \tag{1-17}$$

$$\vec{P}=\frac{h\nu}{c}\vec{n}_0=\frac{h}{\lambda_0}\vec{n}_0=\frac{h}{2\pi}\frac{2\pi}{\lambda_0}\vec{n}_0=\frac{h}{2\pi}\vec{k} \tag{1-18}$$

式中,$h=6.63\times10^{-34}\,\mathrm{J\cdot s}$,称作普朗克常数。光子的动量 $\vec{P}$ 是一个矢量,它的方向就是光子运动的方向,即光的传播方向 $\vec{n}_0$。ε 为每一个光子的能量,光的能量就是所有光子能量的总和。当光与物质(原子、分子)交换能量时,光子只能整个地被原子吸收或发射。

式(1-17)和式(1-18)把表征粒子性的能量 ε 和动量 $\vec{P}$ 与表征波动性的频率 ν 和波长 λ_0 联系起来了,体现了光的波粒二象性的内在联系。光的频率越高,光子的能量就越大。红外光与可见光相比,其频率较低,故它的光子能量就较小。可见光、紫外光、X 射线、γ 射线的频率依次增高,相应的光子能量也逐渐增大。

上述两个基本关系式后来为康普顿(Compton)散射实验所证实(1923 年),并在现代量子电动力学中得到理论解释。量子电动力学从理论上把光的电磁(波动)理论和光子(微粒)理论在电磁场的量子化描述的基础上统一起来,从而在理论上阐明了光的波粒二象性。

1.2 原子的能级和辐射跃迁

1.2.1 原子能级和简并度

物质是由原子、分子或离子组成的,而原子由带正电的原子核及绕核运动的电子组成。核外电子的负电量与原子核所带正电量相等。电子一方面绕核做轨道运动,一方面本身做自旋运动。由原子物理学知道,原子中电子的状态应该由下列四个量子数来确定:

① 主量子数 n:$n=1,2,3,\cdots$ 主量子数大体上决定原子中电子的能量值。不同的主量子数表示电子在不同的壳层上运动。

② 辅量子数 l:$l=0,1,2,\cdots,(n-1)$,它表征电子有不同的轨道角动量。对于辅量子数 $l=0,1,2,3$ 等的电子,依次用 s,p,d,f 字母表示,习惯上叫它们为 s 电子,p 电子……

③ 磁量子数 m_l:$m_l=0,\pm1,\pm2,\cdots,\pm l$。磁量子数可以决定轨道角动量在外磁场方向上的分量。

④ 自旋磁量子数 m_s:$m_s=\pm1/2$,它决定电子自旋角动量在外磁场方向上的分量。

电子具有的量子数不同,表示电子的运动状态不同。电子在原子系统中运动时,可以处在

一系列不同的壳层状态或不同的轨道状态，电子在一系列确定的分立状态运动时，相应地有一系列分立的不连续的能量值，这些能量通常叫作电子（或原子系统）的能级，依次用 $E_1, E_2, E_3, \cdots, E_n$ 表示，如图1-3所示。

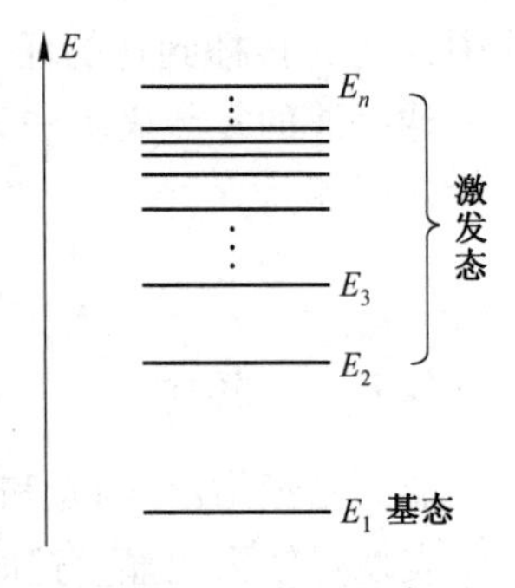

图1-3　原子能级示意图

原子处于最低的能级状态称为基态。能量高于基态的其他能级状态叫作激发态。一般来说，处于一定电子态的原子对应某个确定的能级。反过来，某一能级并不一定只对应一个电子态，往往有若干个不同的电子运动状态具有同一能级。也就是说，两个或两个以上的不同运动状态的电子可以具有相同的能级，这样的能级叫作简并能级。同一能级所对应的不同电子运动状态的数目，叫作简并度，用字母 g 表示。

例如，对氢原子来说，它只有一个核外电子，所以该电子状态就可代表原子的状态。因此氢原子的1s态（即$n=1, l=0, m_l=0$）有两个不同的电子自旋状态（$m_s=\pm1/2$），它们具有相同的能级 E_1，所以氢 1 s 态的简并度 $g_1=2$。又如氢原子的 2 p 态（$n=2, l=1, m_l=0, \pm1; m_s=\pm1/2$）共有 6 个不同的电子状态，它们具有相同能级 E_2，所以氢原子的 2 p 态的简并度 $g_2=6$，见表1-1。原子的简并能级可由外场或原子中其他电子的场的相互作用来解除，此时原子能级原来相同的不同电子状态分裂成能级稍有不同的电子状态。

表 1-1　氢原子的 1 s、2 p 态的简并度

原子状态	n	l	m	m_s	简并度
1 s	1	0	0	↑↓	$g_1=2$
2 p	2	1	1	↑↓	$g_2=6$
			0	↑↓	
			−1	↑↓	

1.2.2　原子状态的标记

前面讨论的氢原子只有一个外层电子，所以氢的电子态就可代表氢的原子态。对于有 n 个电子的原子如何表示原子的状态呢？这里先介绍原子的电子组态符号，再介绍原子态的标记。

1. 原子的电子组态符号

由原子物理中的泡利不相容原理知道，多电子原子中，不可能有两个或两个以上的电子具有完全相同的量子数；另外，电子充填原子壳层时，遵守最小能量原理，即在正常情况下（无外界激发），电子从最低的能级开始充填，再依次充填能量较高的能级。例如，对于有三个外层电子的锂原子，其基态为两个电子处在 1 s 态，一个电子处在 2 s 态，用符号 $1\,s^2 2\,s$ 表示。这种将原子中各个电子所处的电子态一起标出的符号，称为电子组态符号（简称电子组态）。又如钠原子有 11 个核外电子，钠原子基态的电子组态为 $1s^2\,2s^2\,2p^6\,3s$。钠原子内部的 10 个电子分别处在第一、第二壳层，构成稳定的闭壳层，通常把核及 $1s^2\,2s^2\,2p^6$ 的 10 个电子构成的稳定结构叫作原子实。这样钠原子可看作具有+e 的原子实及只有一个价电子的类氢原子。钠原子被激发时，往往是价电子被激发到外层轨道，随激发程度不同，这个电子可以跃迁到 $ns, np, nd, \cdots$ 等轨道上去。$n\geqslant3$ 激发态的钠原子的电子组态可以为 $1s^2\,2s^2\,2p^6\,3p$，$1s^2\,2s^2\,2p^6\,3d$，$1s^2\,2s^2\,2p^6\,4s$，…为书写简单，也可直接写出价电子的状态 3p，3d，4s，…而把闭壳层电子组态 $1s^2\,2s^2\,2\,p^6$省去。

2. 原子态的标记

对于具有多个价电子的原子，考虑到原子中电子的轨道角动量与自旋角动量之间的相互作用,原子的同一电子组态往往有不同的原子状态,也即有不同的能量。例如,氦原子有两个外层电子,基态的电子组态为 1s 1s,它对应的原子状态为两个电子均在第一壳层,它们的自旋角动量互相反平行,只有这一个原子状态。如果把氦的一个电子激发到 2s 态,此时氦原子的电子组态为 1s 2s,它对应有两个原子状态。一个是第一壳层的电子自旋角动量与第二壳层的电子自旋角动量平行,另一个是反平行。为此标记不同的原子态是必要的(对于一个价电子的情况,可以类似于氢原子的讨论)。

各个电子的轨道运动和自旋运动都会产生磁场。因此,对于多个价电子的原子来说,多个电子轨道运动与自旋运动之间或轨道运动与轨道运动、自旋运动与自旋运动之间就有相互作用,使得不同的原子态有不同的能量。它们之间的相互作用有两种方式,一种叫 LS 耦合,一种叫 JJ 耦合。LS 耦合常见于轻元素中,各个电子轨道运动之间的相互作用和各个电子自旋运动之间的相互作用,大于每个电子的轨道运动和自旋运动之间的相互作用。JJ 耦合中,各个电子轨道运动与电子自旋运动之间的相互作用,大于每个电子的轨道运动之间和自旋运动之间的相互作用。有关 LS 耦合和 JJ 耦合的具体讨论可参考一般原子物理学教材。下面仅以 LS 耦合为例对原子状态的标记做一说明。

由于不同的耦合作用,多电子原子的总自旋量子数 S、总轨道量子数 L 及总角动量量子数 J,按量子化条件,只能形成特定的一系列分立的正整数或半整数(L 为正整数)。通常用 ${}^{2S+1}L_J$ 符号来标记原子(或能级)状态,称作光谱项。符号中的 L 用大写字母如 S,P,D,F,G,H…表示,它们分别对应于 $L=0,1,2,3,4,5\cdots$ L 左上角的 $2S+1$ 为原子态的多重度,反映了谱项的多重性。当 $L\geqslant S$ 时,每一个谱项有 $2S+1$ 个不同的 J 值,因此,就代表 $2S+1$ 个不同的能级。对 $S=0$ 的状态,$2S+1=1$,故称之为单重态或多重度为 1。对 $S=1$ 的状态,$2S+1=3$,称之为三重态或多重度为 3。L 右下角的 J 为原子态的总角动量的量子数。有时为了更完全地描写原子的状态,还在能级符号前写上外层电子的组态符号或其主量子数。

下面仍以氦原子为例,举出几个不同电子组态的原子态。氦原子的基态,它的电子组态为 1s 1s,由此构成的原子态为 1s 1s ${}^1S_0$ 或 $1{}^1S_0$,属于氦原子的单重项。又如,对于电子组态为 1s 2s 的氦原子激发态,由此构成的原子态有两种情况:①原子态为 1s 2s ${}^3S_1$ 或 $2{}^3S_1$(2 是激发电子的主量子数),属于氦原子的三重项;②原子态为 1s 2s ${}^1S_0$ 或 $2{}^1S_0$,属于氦原子的单重项。氦原子的部分能级示意图如图1-4所示。

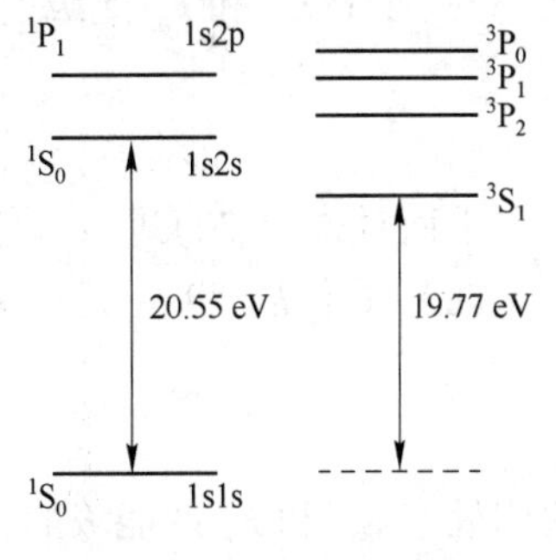

图 1-4　氦原子部分能级示意图

分子能级的标注法较原子能级复杂得多,但它们都反映了多电子之间复杂的相互作用及由此产生的分子的各种能量状态。相关的分子能级标注法可参看有关书籍。

最后需要指出的是,原子态的奇态(奇宇称)与偶态(偶宇称)也是一个很重要的概念。所谓原子的奇态就是原子中各电子的轨道辅量子数 l_i 总和是奇数的状态,而总和是偶数的状态叫偶态。研究两原子能级之间能否产生辐射跃迁时,必须考虑原子态的奇偶性。

3. 辐射跃迁选择定则

原子辐射或吸收光子,并不是在任意两个能级之间都能发生跃迁的,能级之间必须满足下述选择定则才能发生原子辐射或吸收光子的跃迁。

(1) 跃迁必须改变奇偶态。即原子发射或吸收光子,只能出现在一个偶态能级到另一个奇态能级,或一个奇态能级到另一个偶态能级之间。

(2) $\Delta J=0,\pm1(J=0\to J=0$ 除外)。

对于采用 LS 耦合的原子还必须满足下列选择定则:

(3) $\Delta L=0,\pm1(L=0\to L=0$ 除外)。

(4) $\Delta S=0$,即跃迁时 S 不能发生改变。

仍以氦原子为例,基态 1^3S_1 和两个激发态 2^3S_1、2^1S_0 都属于偶态,因此这三个能级之间都不满足选择定则(1),因此氦的 2^3S_1,2^1S_0 都是亚稳能级。现在已知氦原子处于 2^3S_1 能级的平均寿命约为 10^{-4} s,处于 2^1S_0 能级的平均寿命约为 5×10^{-6} s。

1.2.3 玻尔兹曼分布

前面讨论的是单个原子的能级情况。在激光器中实际上要处理大量原子的系统。例如,红宝石激光器中 Cr^{3+} 离子的数密度为 $10^{18}\sim10^{20}/cm^3$,氦-氖激光器中氖原子的数密度大约为 $10^{10}\sim10^{15}/cm^3$。现在考虑由 n_0 个相同原子(分子或离子)组成的系统,n_0 很大。每个原子都有如图 1-3 所示的能级。由于原子的热运动,原子间相互碰撞或原子与器壁的碰撞,因此不可能所有原子都处在基态,有一定数量的原子被激发到不同的激发态(即不同的能级)。n_0 个原子中处在不同能级的原子数究竟分别是多少呢?

根据统计规律性,大量原子所组成的系统在热平衡状态下,原子数按能级分布服从玻尔兹曼定律

$$n_i \propto g_i e^{-\frac{E_i}{kT}} \tag{1-19}$$

式中,g_i 为 E_i 能级的简并度;k 为玻尔兹曼常数(1.38×10^{-23} J/K);T 为热平衡时的热力学温度;n_i 为处在 E_i 能级的原子数。

由玻尔兹曼定律可知,处在基态的原子数最多,处于越高的激发能级的原子数越少。显然,分别处于 E_m 和 E_n 能级上的原子数 n_m 和 n_n 必然满足如下关系式

$$\frac{n_m/g_m}{n_n/g_n}=e^{-\frac{(E_m-E_n)}{kT}} \tag{1-20}$$

下面对式(1-20)进行一些讨论,为简单起见,设 $g_m=g_n$。

(1) 如果 E_m 和 E_n 之间的能量间隔很小,满足 $\Delta E=E_m-E_n\ll kT$,则由式(1-20)可得

$$\frac{n_m}{n_n}=e^{-\frac{(E_m-E_n)}{kT}}\approx1$$

说明处在 E_m 和 E_n 两能级的粒子数基本相同,其比值趋于 1。

(2) 如果 $\Delta E=E_m-E_n\gg kT$,比值 $n_m/n_n\to0$,这表示在热平衡情况下,只有很少量的原子处于较高的能级,而绝大多数的原子都处在较低的能级。由式(1-20)还可知,因 $T>0$,若 $E_m>E_n$,则总有 $n_m/g_m<n_n/g_n$。

由上述关系可知,处于高能态的粒子数总是小于处在低能态的粒子数,这是热平衡情况的一般规律。后面讨论的激光器中会存在相反的情况。即当 $E_m>E_n$ 时,有 $n_m/g_m>n_n/g_n$。通常把这种情况叫作粒子数反转。此时,处在高能态的粒子数大于处在低能态的粒子数。这是在非热平衡的情况下才可能得到的结果。

1.2.4 辐射跃迁和非辐射跃迁

因为能级低的状态比较稳定,因此一个处于高能级 E_2 的原子,总是力图使自己的能量状

态过渡到低的能级 E_1。但是,并不是任何一个高能级的原子都可以通过辐射光子而跃迁到低能级的,只有满足辐射跃迁选择定则时,一个处于高能级 E_2 的原子才可能通过发射一个能量为 $\varepsilon=h\nu=E_2-E_1$ 的光子,使它跃迁到低能级 E_1。相反,只有当满足辐射跃迁选择定则时,一个处于低能级 E_1 的原子才可能吸收一个能量为 $\varepsilon=h\nu=E_2-E_1$ 的光子而跃迁到高能级 E_2。这种因发射或吸收光子从而使原子造成能级间跃迁的现象叫作辐射跃迁。它必须满足辐射跃迁选择定则。

非辐射跃迁表示原子在不同能级跃迁时并不伴随光子的发射或吸收,而是把多余的能量传给了别的原子或吸收别的原子传给它的能量,所以不存在选择定则的限制。对于气体激光器中放电的气体来说,非辐射跃迁的主要机制是通过原子和其他原子或自由电子的碰撞或原子与毛细管壁的碰撞来实现的。固体激光器中,非辐射跃迁的主要机制是激活离于与基质点阵的相互作用,结果使激活离子将自己的激发能量传给晶体点阵,引起点阵的热振动,或者相反。总之,这时能量间的跃迁并不伴随光子的发射和吸收。

1.3 光的受激辐射

光与物质的相互作用,特别是这种相互作用中的受激辐射过程是激光器的物理基础。受激辐射概念是爱因斯坦于 1917 年首先提出的。在普朗克 1900 年用辐射量子化假设成功地解释了黑体辐射分布规律,以及玻尔在 1913 年提出原子中电子运动状态量子化假设的基础上,爱因斯坦从光量子概念出发,重新推导了黑体辐射的普朗克公式,并在推导中提出了两个极为重要的概念:受激辐射和自发辐射。40 年后,受激辐射概念在激光技术中得到了应用。

1.3.1 黑体热辐射

处于某一温度 T 的物体能够发出和吸收电磁辐射。如果某一物体能够完全吸收任何波长的电磁辐射,则称此物体为绝对黑体,简称黑体。在自然界中绝对黑体是不存在的,没有一种物体能够在任何温度下,把投射来的各种波长的辐射都能完全吸收掉。例如,虽然煤烟可以吸收 90%以上的可见光,但对红外线的吸收却较小。

图 1-5 所示的空腔辐射体是一个比较理想的绝对黑体,因为从外界射入小孔的任何波长的电磁辐射都将在腔内来回反射而不再逸出腔外。从辐射角度看,物体除吸收电磁辐射外,还会发出电磁辐射,这种电磁辐射称为热辐射或温度辐射。当空腔加热到一定温度 T 后,空腔内表面的热辐射在腔内来回反射,形成一个稳定的辐射场。腔内的辐射能量通过小孔向外辐射,所以小孔又是黑体热辐射的光源面。例如,高温加热炉上的观察小孔向外的辐射就是一个黑体热辐射。如果在辐射过程中始终保持温度不变,它就是平衡的黑体热辐射。

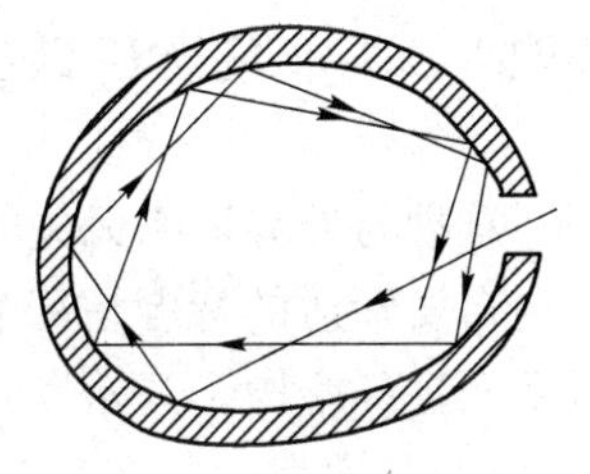

图 1-5 黑体模型

在热平衡时,空腔内有完全确定的辐射场。通常用单色辐射能量密度 ρ_ν 来描述辐射场。单色辐射能量密度 ρ_ν 定义为辐射场中单位体积内,频率在 ν 附近的单位频率间隔中的辐射能量。如辐射场中,体积元为 $\mathrm{d}V$,频率间隔在 $\nu\sim\nu+\mathrm{d}\nu$ 之间,辐射能为 $\mathrm{d}w$,则由单色辐射能量密度(简称单色能量密度)的定义有

$$\rho_\nu=\frac{\mathrm{d}w}{\mathrm{d}\nu\mathrm{d}V} \tag{1-21}$$

为了从理论上解释实验测得的黑体辐射 ρ_ν 随(T,ν)的分布规律，19 世纪人们从经典物理学出发所做的一切努力都以失败告终。1900 年普朗克提出了与经典概念完全不相同的辐射能量量子化假设，他认为物体在吸收或辐射能量时，能量的变化是不连续的，存在着能量最小单元 ε，称为光量子。物体吸收或辐射的能量只能是最小单元 ε 的整数倍，即 $\varepsilon,2\varepsilon,3\varepsilon,\cdots,n\varepsilon,\cdots$，$n$ 为整数。ε 和辐射频率之间的关系是 $\varepsilon=h\nu$，其中 h 是普朗克常数。在此基础上，由处理大量光子的量子统计理论得到真空中单色辐射能量密度 ρ_ν 与温度 T 及频率 ν 之间的关系为

$$\rho_\nu=\frac{8\pi h\nu^3}{c^3}\frac{1}{\mathrm{e}^{\frac{h\nu}{kT}}-1} \tag{1-22}$$

式中，k 为玻尔兹曼常数。上式通常称为普朗克黑体辐射的单色辐射能量密度公式，它反映了在热平衡条件下，热力学温度为 T 时黑体的电磁辐射在单位体积中不同频率 ν 处单位频率间隔内的能量分布规律。它是 ν 和 T 的函数。有了单色能量密度的表达式，就可进一步求出总辐射能量密度 ρ。显然，总辐射能量密度 ρ 为辐射场中包含的各种频率的辐射能量密度之和，即

$$\rho=\int_0^\infty \rho_\nu \mathrm{d}\nu \tag{1-23}$$

1.3.2　光和物质的作用

原子、分子或离子辐射光和吸收光的过程是与原子的能级之间的跃迁联系在一起的。光与物质(原子、分子等)的相互作用有三种不同的基本过程，即自发辐射、受激辐射及受激吸收。对一个包含大量原子的系统，这三种过程总是同时存在并紧密联系的。在不同情况下，各个过程所占比例不同，普通光源中自发辐射起主要作用，激光器工作过程中受激辐射起主要作用。

对于由大量同类原子组成的系统，原子能级数目很多，要全部讨论这些能级间的跃迁，问题就很复杂，也无必要。为突出主要矛盾，只考虑与产生激光有关的原子的两个能级 E_2 和 E_1 $(E_2>E_1$，而且它们满足辐射跃迁选择定则)。这里虽然只讨论两个能级之间的跃迁，使问题大为简化，但并不影响能级之间跃迁规律的普遍性。

1. 自发辐射

在通常情况下，处在高能级 E_2 的原子是不稳定的。在没有外界影响时，它们会自发地从高能级 E_2 向低能级 E_1 跃迁，同时放出能量为 $h\nu$ 的光子，有

$$h\nu=E_2-E_1$$

这种与外界影响无关的、自发进行的辐射称为自发辐射。

自发辐射的特点是每个发生辐射的原子都可看作是一个独立的发射单元，原子之间毫无联系而且各个原子开始发光的时间参差不一，所以各列光波频率虽然相同，均为 ν，但各列光波之间没有固定的相位关系，各有不同的偏振方向，并且各个原子所发的光将向空间各个方向传播。可以说，大量原子自发辐射的过程是杂乱无章的随机过程。所以自发辐射的光是非相干光，图1-6所示为自发辐射的过程。

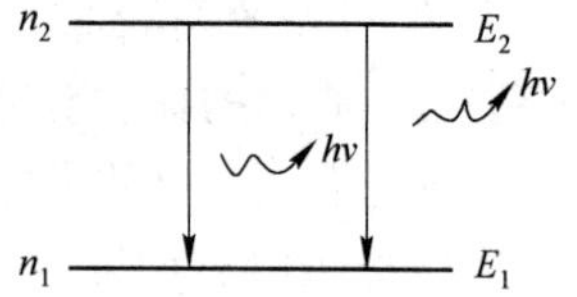

图 1-6　自发辐射

虽然各个原子的发光是彼此独立的，但是对于大量原子统计平均来说，从 E_2 经自发辐射跃迁到 E_1 具有一定的跃迁速率。用 n_2 表示某时刻处在高能级 E_2 上的原子数密度(即单位体积中的原子数)，用$-\mathrm{d}n_2$ 表示在 $\mathrm{d}t$ 时间间隔内由高能级 E_2 自发跃迁到低能级 E_1 的原子数，则有

$$-\mathrm{d}n_2=A_{21}n_2\mathrm{d}t \tag{1-24}$$

等式左边"-"号表示 E_2 能级的粒子数密度减少。比例系数 A_{21} 称为爱因斯坦自发辐射系数，简称自发辐射系数，它是粒子能级系统的特征参量，即对应每一种粒子中的两个能级就有一个确定的 A_{21} 的值。上式可改写为

$$A_{21}=-\frac{1}{n_2}\frac{\mathrm{d}n_2}{\mathrm{d}t} \tag{1-25}$$

可见，A_{21} 的物理意义是，单位时间内发生自发辐射的粒子数密度，占处于 E_2 能级总粒子数密度的百分比。也可以说，A_{21} 是每一个处于 E_2 能级的粒子在单位时间内发生自发跃迁的几率。

将式(1-25)重新整理并对等式两边积分得

$$n_2(t)=n_{20}\mathrm{e}^{-A_{21}t} \tag{1-26}$$

式中，n_{20} 为 $t=0$ 时，处于能级 E_2 的原子数密度。式(1-26)表明，如无外界能源激发补充，则由于自发辐射，激发态的原子数密度将随时间作指数衰减。由全部原子完成自发辐射跃迁所需时间之和对原子数平均，可以得到自发辐射平均寿命，它等于原子数密度由起始值降到 1/e 所用的时间，用 τ 表示有

$$\tau=1/A_{21} \tag{1-27}$$

即能级平均寿命等于自发跃迁几率的倒数。例如，红宝石晶体中，铬离子激光上下能级间自发辐射系数 A_{21} 为 $10^2\ \mathrm{s}^{-1}$ 量级，这表示它的平均寿命 τ 约为 10^{-2} s。也即一个粒子约在 10^{-2} s 的时间内发生自发跃迁。

式(1-27)的结论只考虑了从能级 E_2 向能级 E_1 的跃迁。一般来说，自高能级 E_n 可以跃迁到满足辐射跃迁选择定则的不同低能级，见图 1-7。设跃迁到 E_m 的跃迁几率为 A_{nm}，则激发态 E_n 的自发辐射平均寿命为

$$\tau = 1/\sum_m A_{nm} \tag{1-28}$$

显然，当自发辐射几率已知时，可求得单位体积内发出的光功率。若一个光子的能量为 $h\nu$，某时刻激发态原子数密度为 n_2，则该时刻自发辐射的光功率体密度(单位：$\mathrm{W/m^3}$)为

$$q_{21}=n_2A_{21}h\nu \tag{1-29}$$

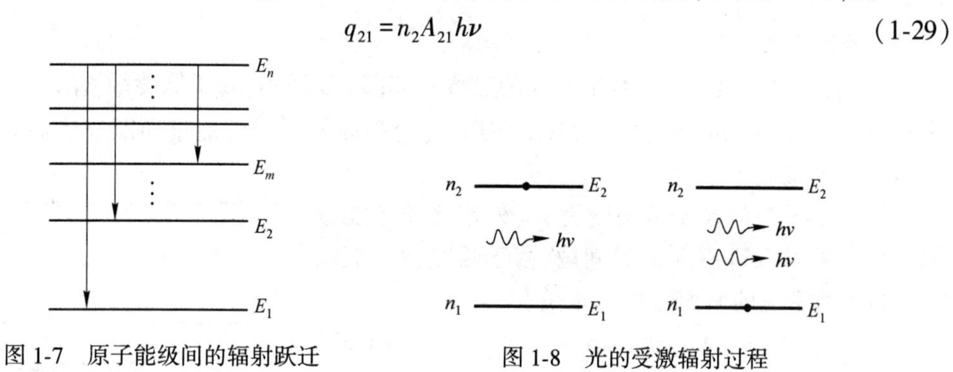

图 1-7　原子能级间的辐射跃迁　　　　图 1-8　光的受激辐射过程

2. 受激辐射

如果原子系统的两个能级 E_2 和 E_1 满足辐射跃迁选择定则，当受到外来能量 $h\nu=E_2-E_1$ 的光照射时，处在 E_2 能级的原子有可能受到外来光的激励作用而跃迁到较低的能级 E_1 上去，同时发射一个与外来光子完全相同的光子，如图 1-8 所示。这种原子的发光过程叫作受激辐射。

受激辐射的特点是：

(1) 只有外来光子的能量 $h\nu=E_2-E_1$ 时，才能引起受激辐射。

(2) 受激辐射所发出的光子与外来光子的特性完全相同，即频率相同、相位相同、偏振方

向相同、传播方向相同。

受激辐射的结果使外来的光强得到放大,即光经受激辐射后,特征完全相同的光子数增加了。必须特别强调指出,受激辐射与自发辐射极为重要的区别在于相干性。自发辐射是原子在不受外界辐射场控制情况下的自发过程,因此,大量原子的自发辐射场的相位是无规则分布的,因而是不相干的。此外,自发辐射场的传播方向和偏振方向也是无规则分布的。受激辐射是在外界辐射场的控制下的发光过程,因而各原子的受激辐射的相位不再是无规则分布,而应具有和外界辐射场相同的相位。在量子电动力学的基础上可以证明:受激辐射光子与入射(激励)光子属于同一光子态;或者说,受激辐射场与入射辐射场具有相同的频率、相位、波矢(传播方向)和偏振,因而是相干的。光的受激辐射过程是产生激光的基本过程。

设外来光的光场单色能量密度为 ρ_ν,处于能级 E_2 上的原子数密度为 n_2,在从 t 到 $t+\mathrm{d}t$ 的时间间隔内,有 $-\mathrm{d}n_2$ 个原子由于受激辐射作用,从能级 E_2 跃迁到 E_1,则有

$$-\mathrm{d}n_2 = B_{21} n_2 \rho_\nu \mathrm{d}t \tag{1-30}$$

式中,负号表示 E_2 能级的粒子数密度 n_2 减少。B_{21} 是一个比例常数,它是原子能级系统的特征参量,它的数值由不同原子的不同能级间跃迁而定,称为爱因斯坦受激辐射系数,简称受激辐射系数。令 $W_{21}=B_{21}\rho_\nu$,则由式(1-30)有

$$W_{21} = B_{21}\rho_\nu = -\frac{1}{n_2}\frac{\mathrm{d}n_2}{\mathrm{d}t} \tag{1-31}$$

它表示单位时间内,在外来单色能量密度为 ρ_ν 的光照射下,由于 E_2 和 E_1 间发生受激跃迁,E_2 能级上减少的粒子数密度占 E_2 能级总粒子数密度 n_2 的百分比,也即 E_2 能级上每一个粒子单位时间内发生受激辐射的几率。所以将 W_{21} 称作受激辐射跃迁几率。

受激辐射跃迁几率 W_{21} 与自发辐射跃迁几率 A_{21} 不同。自发辐射跃迁几率就是自发辐射系数本身,而受激辐射的跃迁几率决定于受激辐射系数与外来光单色能量密度的乘积。特别需要注意的是,当 B_{21} 一定时,外来光的单色能量密度愈大,受激辐射几率愈大。这一点是十分重要的。

3. 受激吸收

光的受激吸收是与受激辐射相反的过程。如图 1-9 所示,处于低能级 E_1 的原子受到一个外来光子(能量 $\varepsilon=h\nu=E_2-E_1$)的激励作用,完全吸收该光子的能量而跃迁到高能级 E_2 的过程,叫作受激吸收。

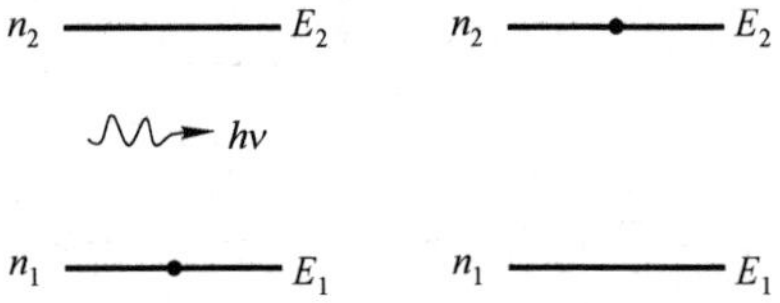

设低能级 E_1 的粒子数密度为 n_1,外来光单色能量密度为 ρ_ν,则从 t 到 $t+\mathrm{d}t$ 的时间内,由于吸收使高能级 E_2 上粒子数密度的增加为 $\mathrm{d}n_2$,于是有

$$\mathrm{d}n_2 = B_{12} n_1 \rho_\nu \mathrm{d}t \tag{1-32}$$

图 1-9　光的受激吸收过程

式中,比例系数 B_{12} 称为爱因斯坦受激吸收系数。它与 A_{21}、B_{21} 一样是粒子能级系统的特征参量。如令 $W_{12}=B_{12}\rho_\nu$,则上式可改写成

$$W_{12} = B_{12}\rho_\nu = \frac{1}{n_1}\frac{\mathrm{d}n_2}{\mathrm{d}t} \tag{1-33}$$

W_{12} 的物理意义是,在单色能量密度 ρ_ν 的光照射下,单位时间内,由 E_1 能级跃迁到 E_2 能级的粒子数密度(即 E_2 能级上由于吸收而增加的粒子数密度)占 E_1 能级上总粒子数密度的百分比,也即 E_1 能级上的每一个粒子单位时间内因受激吸收而跃迁到 E_2 能级的几率。所以将 W_{12} 称作受激吸收几率,它与受激辐射几率一样取决于吸收系数和外来光单色辐射能量密

度的乘积。

1.3.3 自发辐射、受激辐射和受激吸收之间的关系

事实上,在光和大量原子系统的相互作用中,自发辐射、受激辐射和受激吸收三种过程是同时发生的,它们之间密切相关。在单色能量密度为 ρ_ν 的光照射下,$\mathrm{d}t$ 时间内在光和原子相互作用达到动平衡的条件下,有下述关系式

$$A_{21}n_2\mathrm{d}t+B_{21}n_2\rho_\nu\mathrm{d}t=B_{12}n_1\rho_\nu\mathrm{d}t \tag{1-34}$$

(自发辐射光子数) (受激辐射光子数) (受激吸收光子数)

即单位体积中,在 $\mathrm{d}t$ 时间内,由高能级 E_2 通过自发辐射和受激辐射而跃迁到低能级 E_1 的原子数应等于低能级 E_1 吸收光子而跃迁到高能级 E_2 的原子数。

求出自发辐射系数 A_{21} 与受激辐射系数 B_{21}、受激吸收系数 B_{12} 之间的具体关系,特别是 A_{21} 与 B_{21} 比值的具体关系,就可以说明激光光源和普通光源的差别。因为爱因斯坦系数 A_{21}、B_{21}、B_{12} 只是原子能级之间的特征参量,而与外来辐射场的单色能量密度 ρ_ν 无关。为此,可以设想把要研究的原子系统充入热力学温度为 T 的空腔内,使光和物质相互作用达到热平衡,来求得爱因斯坦系数间的关系。虽然研究的过程是由物质原子与空腔场相互作用达到动平衡这一特例进行的,但得到的结果应该是普遍适用的。

设高能级 E_2(简并度为 g_2)的原子数密度为 n_2,低能级 E_1(简并度为 g_1)的原子数密度为 n_1,则由玻尔兹曼分布定律

$$\frac{n_2/g_2}{n_1/g_1}=\mathrm{e}^{-\frac{E_2-E_1}{kT}}=\mathrm{e}^{-\frac{h\nu}{kT}} \tag{1-35}$$

将上式代入式(1-34)得

$$(B_{21}\rho_\nu+A_{21})\frac{g_2}{g_1}\mathrm{e}^{-\frac{h\nu}{kT}}=B_{12}\rho_\nu \tag{1-36}$$

由此算得热平衡空腔的单色辐射能量密度

$$\rho_\nu=\frac{A_{21}}{B_{21}}\frac{1}{\frac{B_{12}g_1}{B_{21}g_2}\mathrm{e}^{\frac{h\nu}{kT}}-1} \tag{1-37}$$

再与普朗克理论所得黑体单色辐射能量密度公式

$$\rho_\nu=\frac{8\pi h\nu^3}{c^3}\frac{1}{\mathrm{e}^{\frac{h\nu}{kT}}-1} \tag{1-38}$$

比较得

$$A_{21}/B_{21}=8\pi h\nu^3/c^3 \tag{1-39}$$

$$g_1B_{12}=g_2B_{21} \tag{1-40}$$

式(1-39)与式(1-40)就是爱因斯坦系数之间的基本关系。应当再次说明,由于三个系数都是原子能级的特征参量,它们与具体过程无关。所以,上述两关系式虽然是借助于空腔热平衡这一特殊过程得出的,它们仍是普遍适用的(上两式的普遍证明可由量子电动力学给出)。

如果上下能级的简并度相等,即 $g_1=g_2$,则式(1-40)为

$$B_{12}=B_{21} \tag{1-41}$$

在折射率为 μ 的介质中,光速为 c/μ,则式(1-39)应为

$$A_{21}/B_{21}=8\pi\mu^3h\nu^3/c^3 \tag{1-42}$$

1.3.4 自发辐射光功率与受激辐射光功率

在不同条件下,自发辐射与受激辐射光功率的大小差别悬殊,了解这种差别对分析实际问题是有帮助的。

由前面讨论知,在单位时间内单位体积中自发辐射的光子数为 n_2A_{21},它与单色辐射能量密度无关。所以某时刻自发辐射的光功率体密度 $q_{自}(t)$应为单位时间内自发辐射的光子数密度与每一光子能量 $h\nu$ 的乘积。即

$$q_{自}(t)=h\nu n_2(t)A_{21}$$

同理,受激辐射的光功率体密度 $q_{激}(t)$应为单位时间内受激辐射的光子数密度 $n_2(t)B_{21}\rho_\nu$ 与每一光子能量 $h\nu$ 的乘积,即

$$q_{激}(t)=h\nu n_2(t)B_{21}\rho_\nu$$

于是,得到受激辐射光功率体密度与自发辐射光功率体密度之比为

$$\frac{q_{激}(t)}{q_{自}(t)}=\frac{h\nu\cdot n_2(t)B_{21}\rho_\nu}{h\nu\cdot n_2(t)A_{21}}=\frac{B_{21}\rho_\nu}{A_{21}}=\frac{c^3\rho_\nu}{8\pi h\nu^3} \tag{1-43}$$

对于平衡热辐射光源,再由单色能量密度公式(式(1-22)),最后得

$$\frac{q_{激}}{q_{自}}=\frac{c^3}{8\pi h\nu^3}\rho_\nu=\frac{1}{e^{\frac{h\nu}{kT}}-1} \tag{1-44}$$

由上式可以说明,普通光源中受激辐射的比例很小。以温度 $T=3000$ K 的热辐射光源,发射波长 $\lambda=500$ nm 为例:

$$\frac{h\nu}{kT}=\frac{6.63\times10^{-34}\text{ J}\cdot\text{s}\times6\times10^{14}\text{ s}^{-1}}{1.38\times10^{-23}\text{ J}\cdot\text{K}^{-1}\times3000\text{ K}}\approx10$$

所以

$$\frac{q_{激}}{q_{自}}=\frac{1}{e^{\frac{h\nu}{kT}}-1}=\frac{1}{e^{10}-1}\approx\frac{1}{20000}$$

即受激辐射只占自发辐射的二万分之一。可见普通光源主要是自发辐射。而激光光源则恰恰相反,在激光器中打破了热平衡,由于粒子数反转并使用了谐振腔,可使激光器中的单色辐射能量密度 ρ'_ν 很大,比普通光源可大 10^{10}倍,此时受激辐射远大于自发辐射。对于上例,此时

$$\frac{q_{激}}{q_{自}}=\frac{c^3}{8\pi h\nu^3}\rho'_\nu=\frac{1}{20000}\times10^{10}=5\times10^5$$

可见,激光器发出的光主要是受激辐射。必须再一次指出,普通光源是自发辐射,发出的光彼此之间没有固定的相位关系,所以一般称为非相干光源;激光光源是受激辐射,发出的光与入射光有完全相同的相位关系,所以称为相干光源。

1.4 光谱线增宽

光谱的线型和宽度与光的时间相干性直接相关,对后面要讲的许多激光器的输出特性(如激光的增益、模式、功率等)都有影响,所以光谱线的线型和宽度在激光的实际应用中是很重要的问题。本节首先介绍光谱线的线型和宽度,然后再讨论造成几种不同光谱线型及增宽的原因,最后对均匀增宽和非均匀增宽线型作一简单比较。

1.4.1 光谱线、线型和光谱线宽度

在 1.1 节中已经提到，原子发光是有限波列的单频光，因而仍然有一定的频带宽度。实际上使用分辨率很高的摄谱仪来拍摄原子的发光光谱，所得的每一条光谱线正是这样具有有限宽度的。这就意味着原子发射的不是正好为某一频率 ν_0（满足 $h\nu_0=E_2-E_1$）的光，而是发射频率在 ν_0 附近某个范围内的光。实验还表明，不仅各条谱线的宽度不相同，就每一条光谱线而言，在有限宽度的频率范围内，光强的相对强度也不一样。

设某一条光谱线的总光强为 I_0，测得在频率 ν 附近单位频率间隔的光强为 $I(\nu)$，则在频率 ν 附近，单位频率间隔的相对光强为 $I(\nu)/I_0$，用 $f(\nu)$ 表示，即

$$f(\nu)=I(\nu)/I_0 \tag{1-45}$$

实验测得，不同频率 ν 处，$f(\nu)$ 不同，它是频率 ν 的函数。如以频率为横坐标、$f(\nu)$ 为纵坐标，$f(\nu)$ 曲线的实际线型如图 1-10(a) 所示。$f(\nu)$ 表示某一谱线在单位频率间隔的相对光强分布，称作光谱线的线型函数，它可由实验测得。

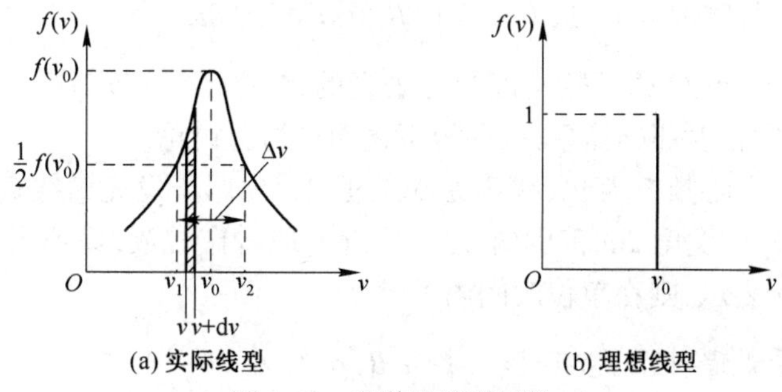

图 1-10 光谱的线型函数

为便于比较，图 1-10(b) 画出了理想情况下的单色光的相对光强分布（理想线型）。由图 1-10明显看出，理想的单色光只有一种频率，且在该频率处的相对光强为 1，即光强百分之百集中在此频率。这种情况实际上是不存在的，实际情况如图 1-10(a) 所示，光强分布在一个有限宽度的频率范围内。相对光强在 ν_0 处最大，两边逐渐减小，ν_0 是谱线的中心频率。

现在讨论频率为 $\nu\sim\nu+\mathrm{d}\nu$ 范围内的光强，它应该是在 ν 附近单位频率间隔内的光强 $I(\nu)$ 乘以频率宽度 $\mathrm{d}\nu$，即为 $I(\nu)\mathrm{d}\nu$，同时，它也应等于光谱线总光强 I_0 与频率 ν 附近 $\mathrm{d}\nu$ 范围的相对光强 $f(\nu)\mathrm{d}\nu$ 的乘积。所以

$$I(\nu)\mathrm{d}\nu=I_0f(\nu)\mathrm{d}\nu$$

图 1-10(a) 中曲线下阴影面积为 $f(\nu)\mathrm{d}\nu=I(\nu)\mathrm{d}\nu/I_0$，表示频率在 $\nu\sim\nu+\mathrm{d}\nu$ 范围的光强占总光强的百分比。显然有

$$\int_0^\infty f(\nu)\mathrm{d}\nu=\frac{1}{I_0}\int_0^\infty I(\nu)\mathrm{d}\nu=1 \tag{1-46}$$

即相对光强总和为 1，它由图 1-10(a) 曲线下整个面积所代表。式(1-46) 又叫作线型函数的归一化条件。

如图 1-10(a) 所示，线型函数在 ν_0 处达到最大值，而在 ν_1 或 ν_2 处有

$$f(\nu_1)=f(\nu_2)=\frac{1}{2}f(\nu_0)$$

通常定义 $\Delta\nu=\nu_2-\nu_1$，即相对光强为最大值的 1/2 处的频率间隔，叫作光谱线的半（值）宽度，简称光谱线宽度。

上节的讨论未涉及谱线有一定的宽度及线型的问题,引入光谱线线型函数后,需要重新考察光和物质的相互作用。

考虑到光谱线线型的影响后,在单位时间内,对应于频率 $\nu \sim \nu+\mathrm{d}\nu$ 间隔,自发辐射、受激辐射、受激吸收的原子跃迁数密度公式可分别改写为

自发辐射:
$$-\mathrm{d}n_2(\nu)=A_{21}n_2 f(\nu)\mathrm{d}\nu \tag{1-47}$$

受激辐射:
$$-\mathrm{d}n_2(\nu)=B_{21}n_2\rho_\nu f(\nu)\mathrm{d}\nu \tag{1-48}$$

受激吸收:
$$\mathrm{d}n_2(\nu)=B_{12}n_1\rho_\nu f(\nu)\mathrm{d}\nu \tag{1-49}$$

即:考虑到光谱线宽度后,单位时间内落在 $\nu \sim \nu+\mathrm{d}\nu$ 频率范围内的自发辐射、受激辐射或受激吸收的原子数密度与光谱线型函数 $f(\nu)$ 成正比。所以单位时间内

$$\text{总自发辐射原子数密度}=\int_0^\infty -\mathrm{d}n_2(\nu)=A_{21}n_2\int_0^\infty f(\nu)\mathrm{d}\nu=A_{21}n_2 \tag{1-50}$$

$$\text{总受激辐射原子数密度}=\int_0^\infty -\mathrm{d}n_2(\nu)=\int_0^\infty B_{21}n_2\rho_\nu f(\nu)\mathrm{d}\nu \tag{1-51}$$

$$\text{总受激吸收原子数密度}=\int_0^\infty \mathrm{d}n_2(\nu)=\int_0^\infty B_{12}n_1\rho_\nu f(\nu)\mathrm{d}\nu \tag{1-52}$$

总的受激辐射(或吸收)原子数密度与外来光的单色能量密度有关。计算总受激辐射原子数密度时,不像自发辐射那样简单,因此分下述两种情况讨论。

(1) 当外来光的中心频率为 ν_0',线宽为 $\Delta\nu'$,但 $\Delta\nu'$ 比原子发光谱线宽度 $\Delta\nu$ 小很多时,如图 1-11(a)所示,在 $\rho_{\nu'}$ 的宽度 $\Delta\nu'$ 范围内,$f(\nu)$ 可近似地看作常数,提到积分号外,同时将积分号中的积分变量用 ν' 表示,则在单位时间内

$$\begin{aligned}\text{总受激辐射原子数密度}&=\int_0^\infty n_2B_{21}\rho_{\nu'}f(\nu_0')\mathrm{d}\nu' \\ &=n_2B_{21}f(\nu_0')\int_0^\infty \rho_\nu \mathrm{d}\nu'=n_2B_{21}f(\nu_0')\rho\end{aligned} \tag{1-53}$$

式中,$\rho=\int_0^\infty \rho_{\nu'}\mathrm{d}\nu'$ 为外来光总辐射能量密度。上式表明,总能量密度为 ρ 的外来光,只能使频率为 ν_0' 附近的原子造成受激辐射。在激光器中,激光光束的频宽很小,它引起的受激辐射正属于此种情况。此时受激辐射的跃迁几率应为

$$W_{21}=B_{21}\rho f(\nu_0') \tag{1-54}$$

同理,受激吸收跃迁几率为

$$W_{12}=B_{12}\rho f(\nu_0') \tag{1-55}$$

因此,考虑到原子发光的线型函数以后,受激辐射(或吸收)几率不再是 $W_{21}=B_{21}\rho$,还应乘上外来光中心频率处的原子光谱线的线型函数。

(2) 如外来光的谱线宽度为 $\Delta\nu'$,单色辐射能量密度为 $\rho_{\nu'}$,所讨论的原子谱线的线型函数为 $f(\nu)$,线宽为 $\Delta\nu$,中心频率为 ν_0。如果有 $\Delta\nu' \gg \Delta\nu$(上节中讨论的空腔热辐射作为外来光场就属于此种情况,即热辐射场的线宽远大于原子发光的线宽),如图 1-11(b)所示。则在 $f(\nu)$ 范围内 $\rho_{\nu'}$ 可看作常数,近似用 ρ_{ν_0} 代替并提到积分号外。因此,在单位时间内

$$\text{总的受激辐射原子数密度}=\int_0^\infty n_2B_{21}\rho_{\nu'}f(\nu')\mathrm{d}\nu'=n_2B_{21}\rho_{\nu_0}\int_0^\infty f(\nu')\mathrm{d}\nu'=n_2B_{21}\rho_{\nu_0} \tag{1-56}$$

此时受激辐射跃迁几率为

$$W_{21}=B_{21}\rho_{\nu_0} \tag{1-57}$$

同理,受激吸收几率为

$$W_{12}=B_{12}\rho_{\nu_0} \tag{1-58}$$

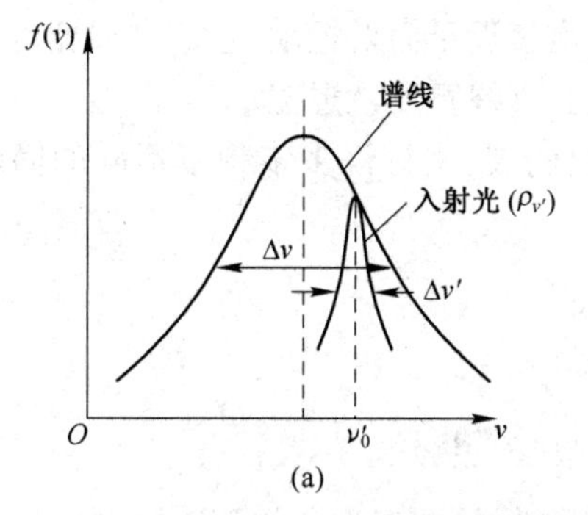

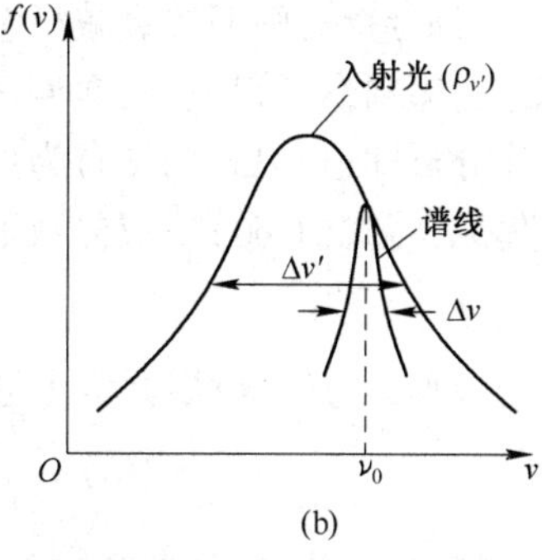

图 1-11　两种不同线宽的外来光作用下的受激原子数密度

因此，在外来光谱线宽度远大于原子光谱线宽（$\Delta\nu'\gg\Delta\nu$）的情况下，受激辐射跃迁几率与原子谱线中心频率处的外来光单色能量密度有关，与式（1-31）、式（1-33）相同。

考虑了原子光谱线的线型和宽度以后，接下来的问题是为什么光谱线会有有限的频带宽度呢？线型函数的具体形式如何呢？下面根据引起谱线增宽的原因不同，分别讨论自然增宽、碰撞增宽和多普勒增宽等三种增宽及它们各自具体的线型函数。

1.4.2　自然增宽

1. 经典理论

经典电磁理论认为所有电磁波的辐射都是由原子（离子或分子）的电荷振动而产生的。经典理论把一个原子看作是由一个负电中心和一个正电中心所组成的电偶极子，当正、负电荷之间的距离作频率为 ν_0 的简谐振动时，该原子就辐射频率为 ν_0 的电磁波。该电磁波在空间某点的场矢量 $\vec{U}$ 在传输的过程中方向不变，可以写成标量形式为

$$U=U_0\cos(2\pi\nu_0 t) \tag{1-59}$$

由于原子在振动过程中不断地辐射能量，故辐射光的波列是衰减的。考虑这一点后，式（1-59）应写为阻尼振动的形式

$$U=U_0\mathrm{e}^{-\frac{t}{2\tau}}\cos(2\pi\nu_0 t) \tag{1-60}$$

上式所代表的场矢量随时间衰减的振动规律，如图 1-12 所示。

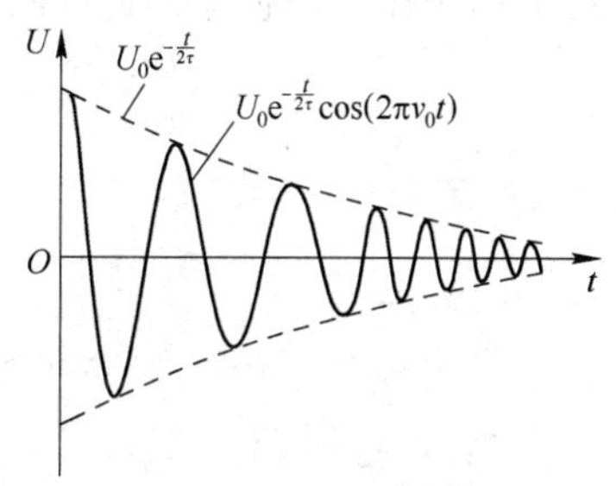

图 1-12　电偶极子辐射场的衰减振动

式（1-60）中，$1/2\tau$ 为阻尼系数。由于发射的光强

$$I\propto|\vec{U}|^2$$

若令比例系数为 A，则可写成

$$I=AU_0^2\mathrm{e}^{-t/\tau}$$

显然，当 $t=0$ 时，有

$$I=I_0=AU_0^2 \tag{1-61}$$

光强衰减到原光强 $1/\mathrm{e}$ 所用的时间 τ，称为振子的衰减寿命。可以证明，它就是原子自发辐射的平均寿命 τ。由式（1-27）可知

$$\tau=1/A_{21}$$

A_{21} 为自发辐射跃迁几率，A_{21} 越大，平均寿命越短，反之，平均寿命越长。

由式（1-60）及图 1-12 代表的电磁振荡不是等幅的余弦振荡，而是随时间的衰减振荡，不是 1.1 节中讨论的那种严格的简谐振动，所以原子所辐射的电磁波不是单色的，辐射的谱线具

有有限宽度。阻尼愈小,则振幅衰减得愈慢,振动愈接近于简谐振动,它的谱线宽度也就愈窄。反之,阻尼愈大,振幅衰减得愈快,愈偏离简谐振动,谱线宽度就愈宽。

由傅里叶分析知道,以式(1-60)为振源所发出的波,由许许多多频率不同的简谐波组成。为运算方便起见,将式(1-60)写成复数形式

$$U=U_0\mathrm{e}^{-\frac{t}{2\tau}}\mathrm{e}^{\mathrm{j}2\pi\nu_0 t} \tag{1-62}$$

根据傅里叶变换理论,U 可以展开为下述积分形式

$$U(t)=\int_{-\infty}^{\infty}u(\nu)\mathrm{e}^{\mathrm{j}2\pi\nu t}\mathrm{d}\nu$$

其中 $u(\nu)$ 是傅里叶系数,其物理意义是 $U(t)$ 中所包括的频率为 ν 的简谐振动的振幅因子,可由傅里叶正变换来计算

$$u(\nu)=\int_{-\infty}^{\infty}U(t)\mathrm{e}^{-\mathrm{j}2\pi\nu t}\mathrm{d}t=\int_{-\infty}^{+\infty}U_0\mathrm{e}^{-\frac{t}{2\tau}}\mathrm{e}^{-\mathrm{j}2\pi(\nu-\nu_0)t}\mathrm{d}t$$

考虑到当 $t<0$ 时,$U(t)=0$,所以上式可写成

$$u(\nu)=\int_{0}^{+\infty}U_0\mathrm{e}^{-\frac{t}{2\tau}}\mathrm{e}^{-\mathrm{j}2\pi(\nu-\nu_0)t}\mathrm{d}t=U_0\int_{0}^{\infty}\mathrm{e}^{-\left[\mathrm{j}2\pi(\nu-\nu_0)+\frac{1}{2\tau}\right]t}\mathrm{d}t$$

$$=\frac{U_0}{\mathrm{j}2\pi(\nu-\nu_0)+1/2\tau} \tag{1-63}$$

$$I(\nu)\propto|u(\nu)^2|=\frac{U_0^2}{4\pi^2(\nu-\nu_0)^2+(1/2\tau)^2} \tag{1-64}$$

由于电偶极子的衰减振动可展开成频率 ν 在一定范围内连续变化的简谐波,所以光强在谱线范围内随频率 ν 有一个分布。其中 ν_0 为原子辐射的中心频率。如以 $f_N(\nu)$ 表示在频率 ν 附近单位频率间隔的相对光强随频率的分布,则有

$$f_N(\nu)=\frac{A}{4\pi^2(\nu-\nu_0)^2+(1/2\tau)^2} \tag{1-65a}$$

A 为比例常数,$f_N(\nu)$ 称为自然增宽的线型函数。所得谱线的自然增宽是因为作为电偶极子看待的原子作衰减振动而造成的谱线增宽。由线型函数归一化条件

$$\int_0^{\infty}f_N(\nu)\mathrm{d}\nu=1$$

于是,有 $A=1/\tau$,故

$$f_N(\nu)=\frac{1/\tau}{4\pi^2(\nu-\nu_0)^2+(1/2\tau)^2} \tag{1-65b}$$

当 $\nu=\nu_0$ 时,有 $\quad f_N(\nu_0)=\dfrac{1/\tau}{1/4\tau^2}=4\tau$

当 $\nu=\nu_1=\nu_0-\dfrac{1}{4\pi\tau}$ 和 $\nu=\nu_2=\nu_0+\dfrac{1}{4\pi\tau}$ 时

$$f_N(\nu)=f_N(\nu_1)=f_N(\nu_2)=2\tau=\frac{1}{2}f_N(\nu_0)$$

故

$$\Delta\nu_N=\nu_2-\nu_1=\frac{1}{2\pi\tau} \tag{1-66}$$

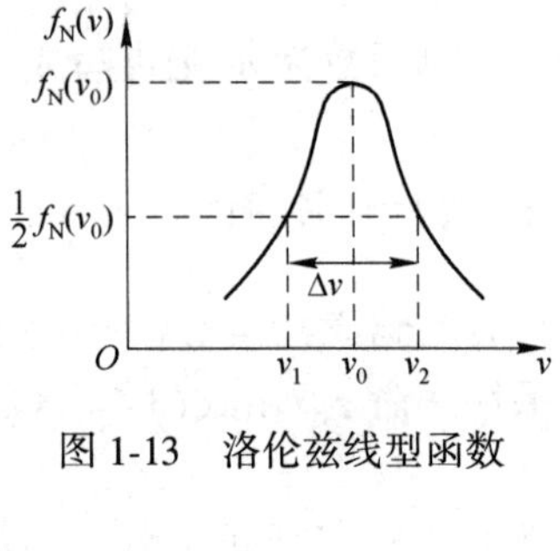

图 1-13 洛伦兹线型函数

$\Delta\nu_N$ 是 $f_N(\nu)$ 的值降至其最大值的 1/2 时所对应的两个频率之差,称作原子谱线的半值宽度,也叫自然增宽。

最后,将式(1-65)写成用自然增宽来表达的光谱线线型函数

$$f_N(\nu)=\frac{\Delta\nu_N/2\pi}{(\nu-\nu_0)^2+(\Delta\nu_N/2)^2} \tag{1-67}$$

这个自然增宽的线型分布函数也叫洛伦兹线型函数。图 1-13 画出了它随频率变化的关系。

一般原子的激发平均寿命 $\tau=10^{-5}\sim10^{-8}$ s,则由式(1-66)可得自然增宽约为十分之几兆赫到几十兆赫的数量级。这里必须指出谱线的自然增宽是设想原子处在彼此孤立并且静止不动时的谱线宽度。

2. 量子解释

前面讨论原子能级时,是把能级当作没有宽度的某一确定值来考虑的理想化模型,因此满足跃迁选择定则的辐射频率$\nu=(E_2-E_1)/h$ 是单一的频率。

根据量子力学理论可知,原子的能级不能简单地用一个确定的数值来表示,而是具有一定宽度的。这个宽度称为能级自然宽度。

在微观领域中时间和能量是不能同时精确测定的。如果时间的不确定值用 Δt 表示,能量的不确定值以 ΔE 表示,则由不确定关系式,有

$$\Delta E\cdot\Delta t\approx\frac{h}{2\pi} \tag{1-68}$$

h 为普朗克常数。对原子能级来说,时间的不确定值相应于原子的平均寿命 τ,也即原子在该能级的平均停留时间。由此得能级宽度

$$\Delta E\approx\frac{h}{2\pi\tau} \tag{1-69}$$

可以看出,能级寿命越短,能级宽度 ΔE 越宽;反之,能级寿命越长,能级宽度 ΔE 越窄。从这里可以推知,亚稳态能级较窄,基态的能级平均寿命 $\tau\to\infty$,所以基态能级宽度 $\Delta E\to0$。由于能级有宽度,所以原有原子辐射的频率公式中的频率 ν 应理解为中心频率,而频率宽度 $\Delta\nu_N$ 的大小由能级宽度决定。

宽度为 ΔE_2 的上能级的原子跃迁到宽度为 ΔE_1 的下能级时,围绕中心频率 ν_0 的谱线宽度为

$$\Delta\nu_N=\frac{\Delta E_1+\Delta E_2}{h}\approx\frac{1}{2\pi}\left(\frac{1}{\tau_1}+\frac{1}{\tau_2}\right) \tag{1-70}$$

图 1-14 画出了三种不同情况下,由于能级宽度引起的辐射跃迁谱线宽度。例如,氖原子所发波长 $\lambda=632.8$ nm(或频率 $\nu=4.71\times10^{14}$ Hz)的光谱所对应的两个能级的平均寿命,对于作为上能级的 $3S_2$ 态,$\tau_2=2\times10^{-8}$ s,对于作为下能级的 $2P_4$ 态,$\tau_1=1.2\times10^{-8}$ s,代入上式可得

$$\Delta\nu_N\approx\frac{1}{2\pi}\left(\frac{1}{2\times10^{-8}}+\frac{1}{1.2\times10^{-8}}\right)=21(\text{MHz})$$

这与前述经典理论作出的估计相符。

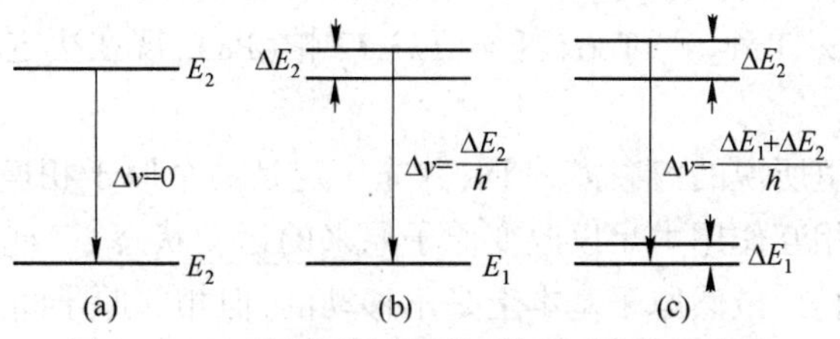

图 1-14　三种不同情况下辐射跃迁谱线的宽度

1.4.3 碰撞增宽

碰撞增宽是由于发光原子间的相互作用造成的。对于气体而言,大量原子作无规则热运动时将不断地发生碰撞(或原子与器壁碰撞),这种碰撞会使原子发光中断或光波相位发生突变,其效果均可看作使发光波列缩短。碰撞增宽的形成机理如图 1-15 所示。与图 1-12 所示的阻尼振荡比较,波列缩短偏离简谐波程度更大,所引起谱线的增宽叫碰撞增宽,其线宽用 $\Delta\nu_C$ 表示。

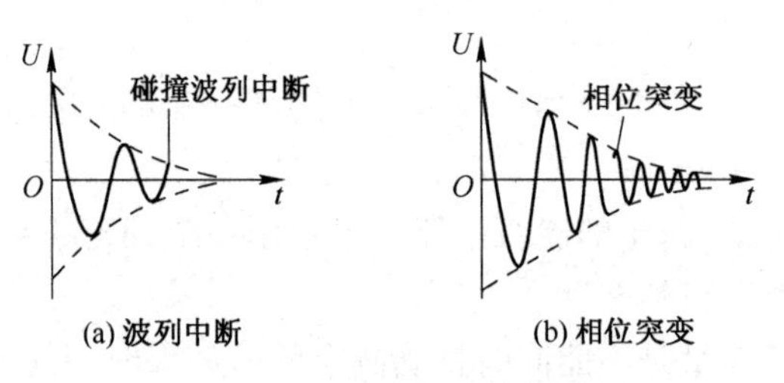

图 1-15　碰撞增宽的形成机理

采用与分析自然增宽相同的方法,由傅里叶变换给出的因碰撞增宽而引起的谱线线型函数仍为洛伦兹线型,可用下式表示

$$f_C(\nu)=\frac{\Delta\nu_C/2\pi}{(\nu-\nu_0)^2+(\Delta\nu_C/2)^2} \tag{1-71}$$

从原子能级增宽的角度来看也可以得到同样的说明。由于大量气体原子作无规则的热运动,它们相互间频繁地发生碰撞,结果使原来处于激发态的原子有可能通过非辐射的形式跃迁到另外的能级上去,这就相当于缩短了激发态的平均寿命使能级进一步增宽。

可以证明,发光原子同时具有碰撞增宽 $\Delta\nu_C$ 和自然增宽 $\Delta\nu_N$ 时,所得线型仍为洛伦兹线型,其线宽为二者之和

$$\Delta\nu_H=\Delta\nu_N+\Delta\nu_C \tag{1-72}$$

碰撞增宽 $\Delta\nu_C$ 应和原子间的碰撞频率 Z(即一个原子每秒和其他原子碰撞的次数)成正比。显然,气体压强越大,碰撞次数 Z 越大,故碰撞引起的谱线增宽与压强 P 成正比,即

$$\Delta\nu_C=aP \tag{1-73}$$

式中,a 为与 P 无关的常数。不同原子的不同谱线,a 的值不同,其具体数值可由实验测定。实验证明式(1-73)是正确的。

例如,在^{3}He 和^{20}Ne 按 7∶1 的分压比混合的气体放电管中,对 Ne 原子所发的波长为 632.8 nm的光谱线,实验测得 $a\approx96$ MHz/Torr,所以当压强 P 为 1~2 Torr 时,该谱线的碰撞增宽 $\Delta\nu_C$ 约为 100~200 MHz。一般来说,对于气体发光,碰撞增宽大于自然增宽。对于二氧化碳气体,测量值 $a\approx65$ MHz/Torr。(1Torr(托)= 133.32 帕(Pa),现在法定单位为 Pa,因换算关系复杂,本书仍用 Torr)。

最后需要指出,这里所说的"碰撞"一词,并非一定是两个原子相撞,而是指当两原子间距离足够近时,原子间的相互作用力足以改变原子原来的运动状态。"碰撞"对气体原子而言较易理解。对固体材料而言,虽然原子基本上是不移动的,但相邻原子间力的相互作用也能改变原子原来的运动状态,从这一角度说固体材料的原子所发光的谱线也存在碰撞增宽。

1.4.4 多普勒增宽

多普勒增宽是由于发光原子相对于观察者(接收器)运动所引起的谱线增宽。当光源和接收器之间存在相对运动时,接收器接收到的光波频率不等于光源与接收器相对静止时的频率,这叫光的多普勒效应。

1. 光的多普勒效应

设在光源与接收器连线方向上,二者相对速度为 v,真空中的光速为 c,则由相对论可得接收器接收到的光的频率为

$$\nu=\sqrt{\frac{1+v/c}{1-v/c}}\nu_0 \tag{1-74}$$

ν_0 为光源与接收器相对静止时光源发出光的频率。一般情况下 $v\ll c$,上式可取一级近似

$$\nu\approx\nu_0\left(1+\frac{v}{c}\right) \tag{1-75}$$

当光源与接收器二者相互趋近时,v 取正值,$\nu>\nu_0$;二者相互背离时,v 取负值,$\nu<\nu_0$。这种现象称作光的纵向多普勒效应。

应当指出,当光在介质中传播时,光速应为 c/μ,其中 μ 为介质的折射率。此时式(1-75)可写成

$$\nu=\nu_0\left(1+\frac{v}{c/\mu}\right) \tag{1-76}$$

当光源和接收器之间的相对速度在垂直于二者连线方向时,同样会出现接收频率与静止频率间的差异。此时的频率公式为

$$\nu=\sqrt{1-\left(\frac{v_\perp}{c}\right)^2}\nu_0$$

$v_\perp$ 为垂直于光源与接收器连线方向的相对速度。这种现象叫横向多普勒效应。一般横向多普勒效应比纵向多普勒效应弱得多,因此常被忽略不计。

2. 多普勒增宽

如图 1-16 所示,设气体放电管中一个静止原子的发光频率为 ν_0,原子运动速度为 v,在 z 方向的分量为 v_z。一般情况下,接收器接收到的频率为

$$\nu=\left(1+\frac{v_z}{c}\right)\nu_0 \tag{1-77}$$

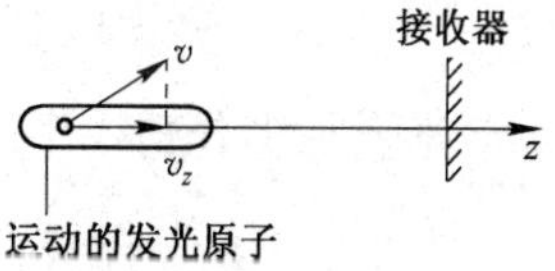

图 1-16 发光原子相对接收器的运动

在大量同类原子发光时,气体原子的热运动是无规则的,原子的运动速度各不相同,不同速度的原子所发出的光被接收时的(表观)频率也不相同,因而引起谱线频率增宽。

设气体放电管至接收器的方向为 z,即只讨论传播方向为 $+z$的光。那么,只有 z 方向的速度分量会引起光的多普勒效应。设发光原子在单位体积内的原子总数为 n,则根据麦克斯韦速度分布律知,具有速度分量为 $v_z\sim v_z+\mathrm{d}v_z$ 的原子数为

$$\mathrm{d}n_z=n\left(\frac{m}{2\pi kT}\right)^{1/2}\mathrm{e}^{-\frac{mv_z^2}{2kT}}\mathrm{d}v_z$$

而速度分量在 $v_z \sim v_z+\mathrm{d}v_z$ 范围内的原子占总数的百分比为

$$\frac{\mathrm{d}n_z}{n}=\left(\frac{m}{2\pi kT}\right)^{1/2}\mathrm{e}^{-\frac{mv_z^2}{2kT}}\mathrm{d}v_z \tag{1-78}$$

式中，m 为一个原子的质量，T 为热力学温度，k 为玻尔兹曼常数。对于原子所发出的光来说，由式(1-77)知，表观频率为 ν 的光对应的原子具有的速度分量为 v_z，表观频率为 $\nu+\mathrm{d}\nu$ 的光对应的原子具有的速度分量为 $v_z+\mathrm{d}v_z$，即频率 ν 与速度分量 v_z 有一一对应关系。因此，频率在 $\nu\sim\nu+\mathrm{d}\nu$ 之间的光强与总光强之比(相对强度)(以 $f_\mathrm{D}(\nu)\mathrm{d}\nu$ 表示)，应与速度分量在 $v_z\sim v_z+\mathrm{d}v_z$ 之间的原子数与总原子数之比 $\frac{\mathrm{d}n_z}{n}$ 相等。故

$$f_\mathrm{D}(\nu)\mathrm{d}\nu=\frac{\mathrm{d}n_z}{n} \tag{1-79}$$

由 $\nu=\left(1+\frac{v_z}{c}\right)\nu_0$，得到 $v_z=\left(\frac{\nu-\nu_0}{\nu_0}\right)c$。于是 $\mathrm{d}v_z=\frac{c}{\nu_0}\mathrm{d}\nu$，代入式(1-78)得

$$\frac{\mathrm{d}n_z}{n}=\left(\frac{m}{2\pi kT}\right)^{1/2}\exp\left[-\frac{mc^2(\nu-\nu_0)^2}{2kT\nu_0^2}\right]\frac{c}{\nu_0}\mathrm{d}\nu$$

这就是发光频率在 $\nu\sim\nu+\mathrm{d}\nu$ 之间的原子数占总原子数的百分比。再由式(1-79)得

$$f_\mathrm{D}(\nu)=\left(\frac{m}{2\pi kT}\right)^{1/2}\exp\left[-\frac{mc^2(\nu-\nu_0)^2}{2kT\nu_0^2}\right]\frac{c}{\nu_0} \tag{1-80}$$

它的物理意义为：频率 ν 附近单位频率间隔内的光强占总光强的百分比。$f_\mathrm{D}(\nu)$ 称为多普勒增宽的线型函数或高斯线型函数，其图形曲线如图1-17所示。

显然，当 $\nu=\nu_0$ 时

$$f_\mathrm{D}(\nu_0)=\frac{c}{\nu_0}\left(\frac{m}{2\pi kT}\right)^{1/2} \tag{1-81}$$

为函数极大值，ν_0 为谱线的中心频率。

当 $\nu=\nu_2=\nu_0+\left(\frac{2kT\nu_0^2}{mc^2}\ln 2\right)^{1/2}$，或 $\nu=\nu_1=\nu_0-\left(\frac{2kT\nu_0^2}{mc^2}\ln 2\right)^{1/2}$ 时，有

$$f_\mathrm{D}(\nu_2)=f_\mathrm{D}(\nu_1)=\frac{1}{2}f_\mathrm{D}(\nu_0)$$

为函数极大值的一半，故多普勒增宽

$$\Delta\nu_\mathrm{D}=\nu_2-\nu_1=2\nu_0\left(\frac{2kT}{mc^2}\ln 2\right)^{1/2} \tag{1-82}$$

用 $\Delta\nu_\mathrm{D}$ 来表示多普勒线型函数时，式(1-80)可写为

$$f_\mathrm{D}(\nu)=\frac{2}{\Delta\nu_\mathrm{D}}\left(\frac{\ln 2}{\pi}\right)^{1/2}\exp\left\{-\left[4\ln 2\left(\frac{\nu-\nu_0}{\Delta\nu_\mathrm{D}}\right)^2\right]\right\} \tag{1-83}$$

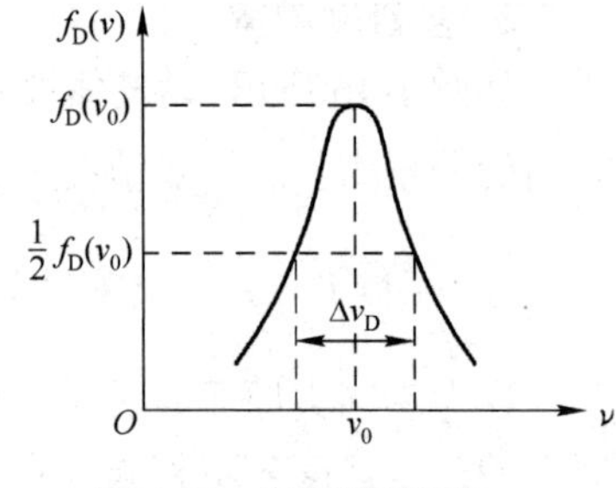

图 1-17　高斯线型函数

将 $m=1.66\times10^{-27}\mu_\mathrm{mol}\mathrm{kg}$，$k=1.38\times10^{-23}\mathrm{J/K}$，$c=3\times10^8\mathrm{m/s}$ 及 $\ln 2=0.6931$ 代入式(1-82)得

$$\Delta\nu_\mathrm{D}=7.16\times10^{-7}\sqrt{T/\mu_\mathrm{mol}}\ \nu_0 \tag{1-84}$$

式中，μ_mol 为原子(或分子)量。

值得注意的是，在一定频率 ν_0 下的多普勒增宽只决定于气体的热力学温度和原子量。谱线宽度在实际问题中是一个重要的物理量。为了对多普勒增宽有一个数量级的概念，下面举例比

较氦氖激光器中 0.6328 μm 谱线的多普勒增宽与 CO_2 激光器中 10.6 μm 谱线的多普勒增宽。

（1）对于氦氖激光器的 0.6328 μm 激光，氖原子的 $\mu_{mol}=20$，设 $T=400$ K，则由式(1-84)可算得：$\Delta\nu_D\approx1500$ MHz。

（2）同理，对于 CO_2 激光器的 10.6 μm 激光，$\mu_{mol}=44$，仍设 $T=400$ K，得：$\Delta\nu_D\approx60$ MHz。由于 CO_2 气体激光器 10.6 μm 谱线的中心频率低且 CO_2 的 μ_{mol} 值大，因此它的多普勒增宽比氦氖气体激光器 0.6328 μm 激光的增宽小。

以上讨论了三种谱线增宽的原因和谱线的线型。比较这几种增宽，发现自然增宽远小于碰撞增宽和多普勒增宽。而碰撞增宽在气体压强减小时也随之减小。在低气压时多普勒增宽起最主要作用。

通常原子发光的任一谱线都有一定的宽度，数量级约为 $10^8\sim10^9$ Hz，不可能有良好的单色性。后面要讲到的激光则有良好的单色性。如氦氖激光器 632.8 nm 谱线的宽度，极限理论值可小于 1Hz，可见它与普通光源相比是极好的相干光源。

1.4.5 均匀增宽和非均匀增宽线型

在上面讨论的三种谱线增宽形式中，按照谱线增宽的特点可分为均匀增宽和非均匀增宽两类。自然增宽和碰撞增宽分别产生于辐射自然衰减和碰撞引起的波列中断（或相位突变），二者均使波列偏离简谐波，使原子发光不可能具有单一频率，而具有有限的谱线增宽。在这类增宽中，每一发光原子所发的光，对谱线宽度内任一频率都有贡献，而且这个贡献对每个原子都是相同的。这种增宽叫作均匀增宽。显然，当碰撞增宽远大于自然增宽时，可以略去自然增宽而只计算碰撞增宽。

在多普勒增宽中，虽然每一静止原子所发光的中心频率均为 ν_0，但相对接收器具有某一特定速度的发光原子，所发的光只对谱线内该速度所对应的表观频率有贡献。各种不同速度的原子对 $f_D(\nu)$ 中的不同频率有贡献。也就是说，不同速度的原子的作用是不同的。这种增宽叫作非均匀增宽。

虽然均匀增宽和非均匀增宽，也就是洛伦兹线型函数及高斯线型函数的图形都是“钟形”曲线，但它们很不相同。为了便于比较，在图 1-18 中同时画出了两种分布的曲线，并设它们的线宽相等，即 $\Delta\nu_D=\Delta\nu_H$。此时

$$f_D(\nu_0)=\frac{2}{\Delta\nu_D}\left(\frac{\ln2}{\pi}\right)^{1/2}\approx\frac{0.939}{\Delta\nu_D}$$

$$f_H(\nu_0)=\frac{2}{\pi\Delta\nu_H}\approx\frac{0.637}{\Delta\nu_H}$$

由此可见，在中心频率处，高斯曲线的最大值是洛伦兹线型最大值的 1.47 倍。在中心频率两侧，高斯曲线下降得比较陡，而洛伦兹曲线相对地说变化比较缓慢（即延长到较大的频率范围）。

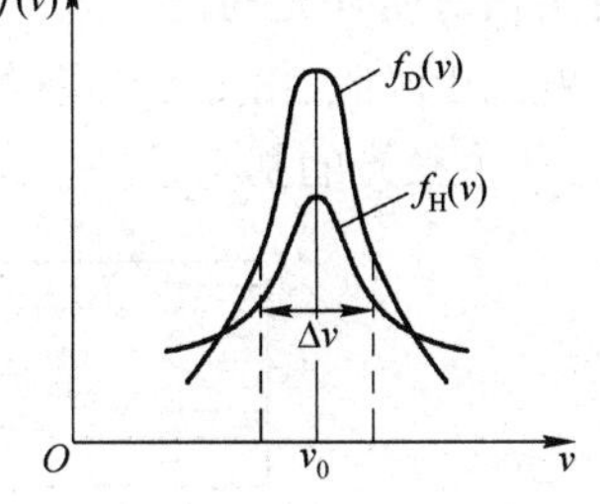

图 1-18　两种线型函数的比较

在固体中也有均匀和非均匀增宽，其中均匀增宽主要是自然增宽，其机理与气体中的相同；而非均匀增宽则是由于晶体中的位错、晶格变形、缺陷等各种原因，使不同粒子的能级间隔，以及跃迁频率产生小的不规则的变化。在许多情况下，这些因素造成的谱线增宽显示出了高斯型增宽的特点。

1.4.6 综合增宽

以上讨论给出了三种谱线增宽的原因。在实际的光谱线中，这三种因素同时存在。所以

实际的光谱线型是均匀增宽线型与非均匀增宽线型的叠加,所得到的是一个综合增宽的线型。一般说,综合线型比较复杂,本书不准备详细讨论,只给出它大致的物理图像。

设想在 E_2、E_1 能级间跃迁的气体发光原子,由于热运动的不规则性,使不同的原子相对于接收器有不同的相对速度,因此各原子所发出的光的频率是不同的。这些不同频率的光的整体,形成了高斯型分布(即多普勒增宽)。但对具有某一速度的原子来说,它所发出的光也不是精确地像公式 $\nu=\left(1+\frac{v_z}{c}\right)\nu_0$ 所表示的那样,是单一的频率。因为每一个原子所发的光都有一定的平均寿命,所以这一原子所发的光以 ν 为中心频率并有一定的均匀增宽 $\Delta\nu_{\mathrm{H}}$。其他速度的原子所发的光也有不同的中心频率及其均匀线宽,整个原子系统光谱线的叠加就得到综合增宽型光谱线。

以上讨论的是原子(分子或离子)发光的光谱线的线型及增宽,这些规律同样适用于原子的吸收光谱线。

1.5 激光形成的条件

与普通光源不同,激光是靠介质内的受激辐射向外发出大量的光子而形成的。受激辐射产生的光子与外来光子性质完全相同,使入射光得到放大。用这种原理制成的光源称为受激辐射的光放大器,简称激光器,其输出光称为激光。本节讨论利用受激辐射使光放大产生激光的条件。

1.5.1 介质中光的受激辐射放大

图 1-19 所示为光在介质中得到受激放大的物理图像。由于受激辐射产生的光子与外来光子传播方向相同,而且用现代技术控制光传播的方向是可能的,因此这里只考虑一个方向即沿 z 轴的光。在光和物质的相互作用下,介质中存在两个物理过程——吸收和受激辐射。如果吸收大于受激辐射,沿 z 方向进入的入射光穿过介质时,因介质吸收而减少的光子数多于因受激辐射而补充的光子数,光强会逐渐变弱(见图 1-19(a)),不能形成激光。反之,如果受激辐射大于吸收,沿 z 方向进入介质的光会越传越强(见图 1-19(b)),就有可能形成激光。因此,产生激光的基本条件就是受激辐射大于吸收。

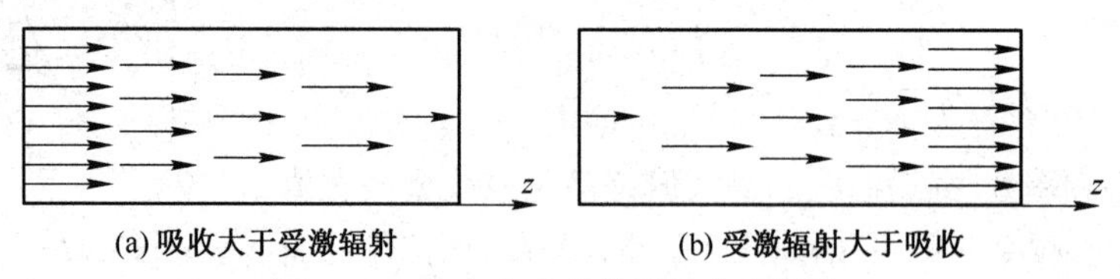

图 1-19 光在介质中传播的物理图像

1. 光束在介质中的传播规律

图 1-20 为准单色光沿 z 轴穿过介质情况的示意图。设中心频率为 ν 的准单色光射向介质,在介质中 z 处取厚度为 $\mathrm{d}z$、截面为单位面积的一薄层;在 z 处入射光强为 $I(z)$,经过 $\mathrm{d}z$ 后,出射光强变为 $I(z)+\mathrm{d}I$。

光在介质中传播时,介质中低能级上的粒子会吸收光子而跃迁至高能级,使介质中传播的光子数密度 N 减少。低能级上的粒子数减少多少,介质中传播着的光子数就减少多少。参考

式(1-49)可以算出,在 dt 时间内由于介质吸收而减少的光子数密度值为

$$dN_1 = -n_1 B_{12} \rho(z) f(\nu) dt$$

式中,“-”表示光子数密度减少。

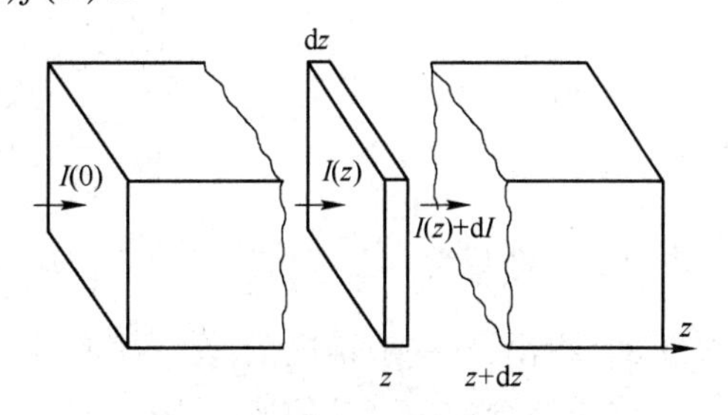

图1-20　光穿过厚度为 dz 介质的情况

同理,介质的受激辐射使光子数密度增加,高能级上因受激辐射而减少的粒子数密度是多少,光子数密度就增加多少。参照式(1-48),在 dt 时间内由于受激辐射增加的光子数密度为

$$dN_2 = n_2 B_{21} \rho(z) f(\nu) dt$$

式中,n_1、n_2 分别为介质中处于低能级 E_1 上和高能级 E_2 上的粒子数密度。$\rho(z)$ 为介质中 z 处传播着的光能密度,它是中心频率为 ν、宽度远小于谱线宽度的单色光能密度 $\rho(\nu)$ 的积分值,与光强的关系为

$$\rho(z) = \frac{\mu}{c} I(z) \tag{1-85}$$

根据式(1-54)和式(1-55),$B_{21}\rho(z)f(\nu)$ 和 $B_{12}\rho(z)f(\nu)$ 分别为介质的粒子在 E_2、E_1 能级之间跃迁的受激辐射几率和受激吸收几率。dt 为光经过 dz 所需要的时间,两者之间的关系为

$$dt = \frac{dz}{v} = \frac{\mu}{c} dz$$

光穿过 dz 介质后净增加的光子数密度为

$$dN = dN_1 + dN_2 = (n_2 B_{21} - n_1 B_{12}) \rho(z) f(\nu) dt$$

将 dt 和 dz 的关系式及 B_{21} 和 B_{12} 的关系式(1-40)代入上式,有

$$dN = \left(n_2 - \frac{g_2}{g_1} n_1 \right) B_{21} \rho(z) f(\nu) \frac{\mu}{c} dz$$

每一个光子的能量为 $h\nu$,所以,光能密度的增加值为

$$d\rho = h\nu dN = \left(n_2 - \frac{g_2}{g_1} n_1 \right) B_{21} \rho(z) f(\nu) \frac{\mu}{c} h\nu dz$$

$$\frac{d\rho}{\rho} = \left(n_2 - \frac{g_2}{g_1} n_1 \right) B_{21} f(\nu) \frac{\mu}{c} h\nu dz$$

解此微分方程得

$$\rho(z) = \rho(0) \exp\left[\left(n_2 - \frac{g_2}{g_1} n_1 \right) B_{21} f(\nu) h\nu \frac{\mu}{c} z \right] \tag{1-86}$$

把光强与光能密度的关系式(1-85)代入上式,则有

$$I(z) = I(0) \exp\left[\left(n_2 - \frac{g_2}{g_1} n_1 \right) B_{21} f(\nu) h\nu \frac{\mu}{c} z \right] \tag{1-87}$$

式(1-87)就是光波穿过介质时,光强随穿过的路程 z 变化的规律,$I(0)$ 为 $z=0$ 处的光强。

2. 介质中产生受激光放大的条件、增益介质与增益系数

在一般的情况下,介质处于热平衡状态,粒子数密度按能量的分布服从玻尔兹曼分布律,所以大多数粒子都处于能量较低的能级上,且上下能级粒子数的分布关系为

$$\frac{n_2}{g_2} < \frac{n_1}{g_1}$$

这样,式(1-87)中的指数应该为负数,即

$$\left(n_2-\frac{g_2}{g_1}n_1\right)B_{21}f(\nu)h\nu\frac{\mu}{c}<0$$

若令

$$\left(n_2-\frac{g_2}{g_1}n_1\right)B_{21}f(\nu)h\nu\frac{\mu}{c}=-A \tag{1-88}$$

则式(1-87)可写为

$$I(z)=I(0)\mathrm{e}^{-Az} \tag{1-89}$$

式(1-89)指出,在一般情况下,介质中吸收过程占主导地位,穿过介质的光波将依指数规律衰减,且光波在介质中衰减的速率为

$$\frac{\mathrm{d}I(z)}{\mathrm{d}z}=-AI(0)\mathrm{e}^{-Az}=-AI(z)$$

衰减的相对速率为

$$\frac{-1}{I(z)}\frac{\mathrm{d}I(z)}{\mathrm{d}z}=A$$

式中,A 代表光波在介质中经过单位长度路程光强的相对衰减率的大小,也代表介质对光波吸收能力的大小。工程光学中把 A 称为吸收系数,它与介质诸参量的关系由式(1-88)给出。

欲使介质中的受激辐射过程大于吸收过程,必须使 $n_2/g_2>n_1/g_1$,这在热平衡状态的介质中是不可能实现的。必须采取措施,把处于低能级上的粒子大量地抽运到高能级上去,造成一个 $n_2/g_2>n_1/g_1$ 的粒子数密度反转状态。处于这种状态的介质叫作增益介质或激活介质。

当光波经过增益介质时,引起的受激辐射就会大于吸收,且粒子数密度的差值 $n_2/g_2-n_1/g_1$ 愈大,相对于吸收来说,受激辐射就愈强,光经过增益介质时增长得也愈快,这就形成了受激辐射在介质中占主导地位的状态。此时,式(1-87)的指数中 $n_2-\frac{g_2}{g_1}n_1>0$,令

$$n_2-\frac{g_2}{g_1}n_1=\Delta n$$

及

$$\left(n_2-\frac{g_2}{g_1}n_1\right)B_{21}\frac{\mu}{c}f(\nu)h\nu=\Delta nB_{21}\frac{\mu}{c}f(\nu)h\nu=G \tag{1-90}$$

则式(1-87)可写为

$$I(z)=I(0)\mathrm{e}^{Gz} \tag{1-91}$$

与 A 相类似,G 也可以写成如下形式

$$G=\frac{1}{I(z)}\frac{\mathrm{d}I(z)}{\mathrm{d}z} \tag{1-92}$$

G 代表光波通过单位长度路程光强的相对增长率,即介质对光放大能力的大小,称为增益系数。增益系数 G 与吸收系数 A 是描写光在介质中可能经历的两个相反过程的强弱的参量。

G 值的大小可以用实验测出。如果测得入射光强 I_0、穿过增益介质后出射的光强 I,以及增益介质的长度 L,那么,由公式 $G=\frac{1}{L}\ln\frac{I}{I_0}$ 就可以算出增益介质在长度 L 上的平均增益系数。

由以上的分析可见,要实现光的放大,第一需要一个激励能源,用于把介质的粒子不断地由低能级抽运到高能级上去;第二需要有合适的发光介质(或称激光工作物质),它能在外界激励能源的作用下形成 $n_2/g_2>n_1/g_1$ 的粒子数密度反转分布状态。

1.5.2 光学谐振腔和阈值条件

满足了上述两个条件后,还不一定能形成激光。因为处在高能级上的粒子可以通过受激辐射而发出光子,也可以通过自发辐射而发出光子。如果自发辐射占主导地位,那么高能级上的粒子必然主要用于自发辐射,就是一个普通光源。要形成激光,必须使受激辐射成为增益介质中的主要发光过程。这需要一个光学谐振腔。

受激辐射的几率是 $B_{21}\rho f(\nu)$,自发辐射的几率是 A_{21},如果能使受激辐射的几率远大于自发辐射的几率,即

$$B_{21}\rho f(\nu) \gg A_{21}$$

就能使增益介质中受激辐射占绝对优势。如何才能做到这一点呢?从上式可以看出,只有靠加大增益介质中传播着的光能密度 ρ 来实现。式(1-86)表明,外来光或增益介质自发辐射产生的光通过增益介质时,会因为受激辐射而产生光的放大,光能密度 $\rho(z)$ 随穿过增益介质的路程 z 按指数规律增长,增益介质越长,最终 ρ 的值也越大。因此加大增益介质中的光能密度 ρ,可以用加长增益介质的长度 L 的办法来实现。由于技术和经济上的原因,无法把介质做得很长。如果能使增益介质对光的受激放大作用不是仅仅一次,而是多次重复进行,矛盾即可解决。

实现上述设想的实际措施是采用光学谐振腔。一种最简单的光学谐振腔是在增益介质的两端各加一块平面反射镜。其中一块的反射率 $r_1 \approx 1$,称为全反射镜。光射到它上面时,它将把光全部反射回介质中继续放大。另一块反射镜的反射率 $r_2<1$,称为部分反射镜。光射到部分反射镜上时,一部分反射回原介质继续放大,另一部分透射出去作为输出激光。把这两块反射镜调整到互相严格平行,并且垂直于增益介质的轴线,这样就组成了一个简单的光学谐振腔——平行平面腔,如图 1-21所示。

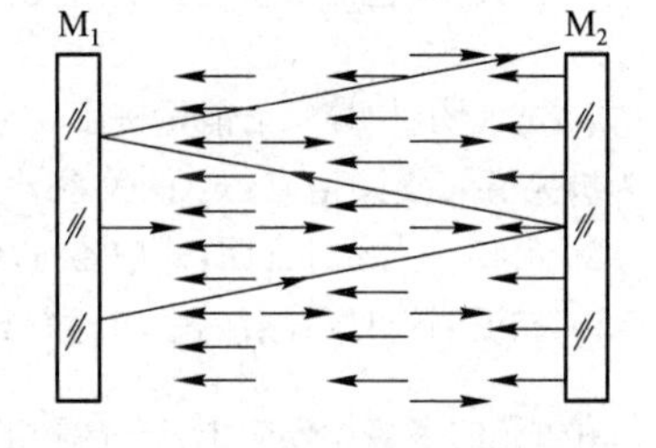

图 1-21 受激光在谐振腔中的放大

放置在两块反射镜之间的增益介质对沿腔轴方向传播的光波进行放大。由于两个镜面的多次反射,沿腔轴方向传播的光会不间断地往返于两镜面之间,使增益介质中的光能密度 ρ 不断地得到加强,从而使增益介质的受激辐射几率 $B_{21}\rho f(\nu)$ 远大于自发辐射几率 A_{21},造成沿腔轴方向的受激辐射占绝对优势。

由以上分析可以看出,光学谐振腔能起延长增益介质的作用(来提高光能密度),同时还能控制光束的传播方向。只有那些沿腔轴方向往返传播的光才能获得多次放大,对于那些偏离腔轴方向传播的光,经反射镜的数次反射就会侧向逸出增益介质。因此,光学谐振腔的存在保证了输出的激光有极好的方向性。在以下的章节中会进一步看到,激光的许多特点都与光学谐振腔有关。

概括地说,要使受激辐射起主要作用而产生激光,必须具备三个条件。

(1) 有提供放大作用的增益介质作为激光工作物质,其激活粒子(原子、分子或离子)有适合于产生受激辐射的能级结构;

(2) 有外界激励源,将下能级的粒子抽运到上能级,使激光上下能级之间产生粒子数反转;

(3) 有光学谐振腔,增长激活介质的工作长度,控制光束的传播方向,选择被放大的受激辐射光频率以提高单色性(最后一点在第 3 章中还要详细讨论)。

思考练习题1

1. 试计算连续功率均为1 W的两光源,分别发射$\lambda=0.5000\ \mu m$,$\nu=3000\ MHz$的光,每秒从上能级跃迁到下能级的粒子数各为多少?

2. 热平衡时,原子上能级E_2的粒子数密度为n_2,下能级E_1的粒子数密度为n_1,设$g_1=g_2$。求:

(1) 当原子跃迁的相应频率$\nu=3000\ MHz$,$T=300\ K$时,n_2/n_1为多少?

(2) 若原子跃迁时所发光的波长$\lambda=1\ \mu m$,$n_2/n_1=0.1$,则温度T为多少?

3. 已知氢原子第一激发态(E_2)与基态(E_1)之间能量差为1.64×10^{-18} J,火焰($T=2700$ K)中含有10^{20}个氢原子。设原子按玻尔兹曼分布,且$4g_1=g_2$。求:

(1) 能级E_2上的原子数n_2为多少?

(2) 设火焰中每秒发射的光子数为$10^8\ n_2$,求光的功率为多少瓦?

4. (1)普通光源发射波长$\lambda=0.6000\ \mu m$时,如受激辐射与自发辐射光功率体密度之比$q_{激}/q_{自}=1/2000$,求此时单色能量密度ρ_ν。(2)在He-Ne激光器中,若$\rho_\nu=5.0\times10^{-4}\ J\cdot s/m^3$,$\lambda=0.6328\ \mu m$,设$\mu=1$,求$q_{激}/q_{自}$。

5. 在红宝石Q调制激光器中,有可能将全部Cr^{3+}(铬离子)激发到激光上能级并产生巨脉冲。设红宝石直径为0.8 cm,长为8 cm,铬离子浓度为$2\times10^{18}\ cm^{-3}$,巨脉冲宽度为10 ns。求:

(1) 输出$0.6943\ \mu m$激光的最大能量和脉冲平均功率;

(2) 如上能级的寿命$\tau=10^{-2}$ s,问自发辐射功率为多少瓦?

6. 试证:单色能量密度公式用波长λ来表示,应为:$\rho_\lambda=\dfrac{8\pi hc}{\lambda^5}\cdot\dfrac{1}{e^{\frac{hc}{\lambda kT}}-1}$。

7. 试证明:黑体辐射能量密度$\rho(\nu)$为极大值的频率ν_m,由关系$\nu_m T^{-1}=2.82kh^{-1}$给出;并求出辐射能量密度为极大值的波长λ_m与ν_m的关系。

8. 由归一化条件证明:式(1-65a)中的比例常数$A=1/\tau$。

9. 试证明:自发辐射的平均寿命$\tau=1/A_{21}$,A_{21}为自发辐射系数。

10. 光的多普勒效应中,若光源相对接收器的速度为$v\ll c$,证明:接收器接收到的频率$\nu=\sqrt{\dfrac{1+v/c}{1-v/c}}\nu_0$;在一级近似下,$\nu\approx\nu_0\left(1+\dfrac{v}{c}\right)$。

11. 静止氖原子的$3S_2\rightarrow2P_4$谱线的中心波长为$0.6328\ \mu m$,设氖原子分别以$\pm0.1c$,$\pm0.5c$的速度向着接收器运动,问接收到的频率各为多少?

12. 设氖原子静止时发出$0.6328\ \mu m$红光的中心频率为4.74×10^{14} Hz,室温下氖原子的平均速率为560 m/s。求此时接收器接收频率与中心频率相差多少?

13. (1) 一质地均匀的材料对光的吸收为$0.01\ mm^{-1}$,光通过10 cm长的该材料后,出射光强为入射光强的百分之几?

(2) 一光束通过长度为1 m的均匀激活的工作物质,如果出射光强是入射光强的两倍,试求该物质的增益系数。

第 2 章　激光器的工作原理

目前有关激光器的理论已经发展得十分完善。本章将对激光器的工作原理进行详细介绍与讨论。首先,讨论激光器的主要组成部分——光学谐振腔的结构及其稳定性,然后分析描述激光器工作过程的数学模型——速率方程组,从这个模型出发讨论粒子数密度发生反转的条件,工作过程中增益介质的饱和现象,以及激光工作的阈值。希望通过本章的学习,能使读者对激光器工作过程的物理图像有比较清晰的理解,也为学习后面的章节做一些必要的准备。

2.1　光学谐振腔结构与稳定性

激光是在光学谐振腔中产生的。上一章已经指出谐振腔对激光的形成和激光束的特性起重要的作用,它的主要功能之一是使光在腔内来回反射多次以增长激活介质作用的工作长度,提高腔内的光能密度。如图 1-21 所示的两块平面镜就可以使与平面镜垂直的光线在腔内来回反射任意多次,而不会投射到平面镜的通光口径之外。显而易见的是,不垂直于反射镜表面的傍轴光线经过有限次的反射,就会投射到平面镜的通光口径之外,使得激活介质作用的工作长度只得到很有限的增长。所以,光线能够在谐振腔中反射的次数与其结构密切相关。腔中任一束傍轴光线经过任意多次往返传播而不逸出腔外的谐振腔能够使激光器稳定地发出激光,这种谐振腔叫作稳定腔,反之称为不稳定腔。本节讨论光学谐振腔的结构与稳定性的关系。

2.1.1　共轴球面谐振腔的稳定性条件

光学谐振腔都是由相隔一定距离的两块反射镜组成的。无论是平面镜还是球面镜,也无论是凸面镜还是凹面镜,都可以用“共轴球面”模型来表示。因为只要把两个反射镜的球心连线作为光轴,整个系统总是轴对称的,两个反射面可以看成是“共轴球面”。平面镜是半径为无穷大的球面镜。如果其中一块是平面镜,可以用通过另一块球面镜球心与平面镜垂直的直线作为光轴。平行平面腔的光轴可以是与平面镜垂直的任一直线。当然两个平面镜不平行不能产生谐振,不在讨论之列。

如图 2-1 所示,共轴球面腔的结构可以用三个参数来表示:两个球面反射镜的曲率半径 R_1、R_2,和腔长即与光轴相交的反射镜面上的两个点之间的距离 L。如果规定凹面镜的曲率半径为正,凸面镜的曲率半径为负,可以证明,共轴球面腔的稳定性条件是

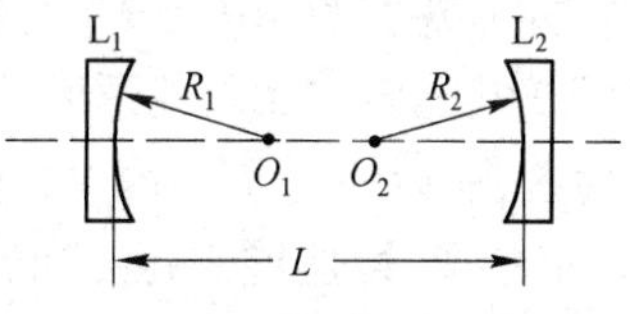

图 2-1　共轴球面腔结构示意图

$$0<(1-L/R_1)(1-L/R_2)<1 \tag{2-1}$$

上式左边的不等式成立的条件等价于$(1-L/R_1)$和$(1-L/R_2)$同时为正或同时为负,这就要求两镜面的曲率半径为正时必须同时大于腔长或同时小于腔长。如果镜面的曲率半径同时为负,尽管上式左边的不等式成立,但右边的不等式却不成立。如果镜面的曲率半径一正一负,则需要具体讨论。

2.1.2　共轴球面腔的稳定图及其分类

为了直观起见,常用稳定图来表示共轴球面腔的稳定条件。首先定义两个参数

$$g_1=1-L/R_1,\quad g_2=1-L/R_2$$

则共轴球面谐振腔的稳定性条件(式(2-1))可改写为

$$0<g_1g_2<1 \tag{2-2}$$

即当式(2-2)成立时为稳定腔;当

$$g_1g_2<0,\quad 或\quad g_1g_2>1 \tag{2-3}$$

时为非稳腔;当

$$g_1g_2=0,\ 或\ g_1g_2=1 \tag{2-4}$$

时为临界腔。

以 g_1 为横轴,g_2 为纵轴建立直角坐标系,画出 $g_1g_2=1$ 的两条双曲线。由 g_1、g_2 轴和 $g_1g_2=1$ 的两条双曲线可以区分出式(2-2)~式(2-4)所限定的区域,如图2-2所示。图中没有斜线的部分是谐振腔的稳定工作区,其中包括坐标原点。图中画有斜线的阴影区为不稳定区,在稳定区和非稳区的边界上是临界区。对工作在临界区的腔,只有某些特定的光线才能在腔内往返而不逸出腔外。

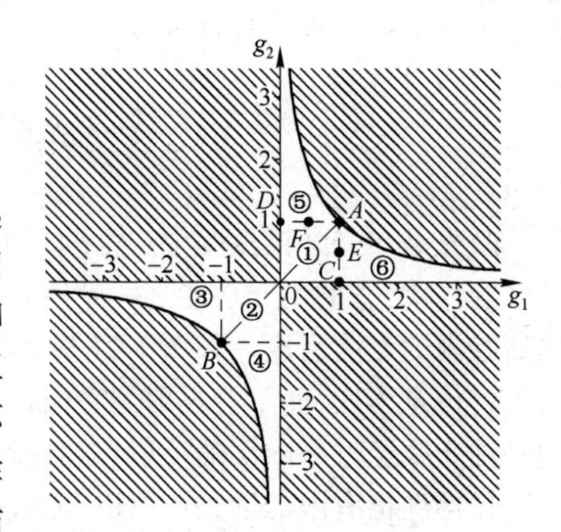

图 2-2　共轴球面腔的稳定图

利用稳定条件可将球面腔进一步分类如下。

1. 稳定腔

(1) 双凹稳定腔。由两个凹面镜组成。其中,$R_1>L,R_2>L$ 的腔对应图中①区;$R_1<L,R_2<L$,以及 $R_1+R_2>L$ 的腔对应图中的②、③和④区。

(2) 平凹稳定腔。由一个平面镜和一个凹面镜组成。其中,凹面镜 $R>L$,它对应图中 AC 及 AD 段。

(3) 凹凸稳定腔。由一个凹面镜和一个凸面镜组成。满足条件 $R_1>0,R_2<0,R_1>|R_2|$,$R_1>L>R_1-|R_2|$;或 $|R_2|>R_1>L$ 的腔对应图中的⑤区。$R_1<0,R_2>0,R_2>|R_1|,R_2>L>R_2-|R_1|$;或 $|R_1|>R_2>L$ 的腔对应图中的⑥区。

(4) 共焦腔。$R_1=R_2=L$,因而 $g_1=0,g_2=0$,它对应图中的坐标原点。因为任意傍轴光线均可在共焦腔内无限往返而不逸出腔外,所以它是一种稳定腔。但从稳区图上看,原点邻近有非稳区,所以说它是一种很特殊的稳定腔。

(5) 半共焦腔。由一个平面镜和一个 $R=2L$ 的凹面镜组成的腔。它对应图中的 E 和 F 点。

2. 临界腔

(1) 平行平面腔。因 $g_1=g_2=1$,它对应图中的 A 点。只有与腔轴平行的光线才能在腔内往返而不逸出腔外。

(2) 共心腔。满足条件 $R_1+R_2=L$ 的腔称为共心腔。如果 $R_1>0,R_2>0$,且 $R_1+R_2=L$,公共中心在腔内,称为实共心腔。这时,$g_1<0,g_2<0,g_1g_2=1$,它对应图中第三象限的 $g_1g_2=1$ 的双曲

线。特别，在 $R_1=R_2=R=L/2$，$g_1=g_2=-1$ 时，为对称共心腔，它对应图中 B 点。如果 R_1 和 R_2 异号，且 $R_1+R_2=L$，公共中心在腔外，称为虚共心腔。由于 $g_1>0$，$g_2>0$，$g_1g_2=1$，它对应图中第一象限的 $g_1g_2=1$ 的双曲线。

(3) 半共心腔。由一个平面镜和一个凹面镜组成。凹面镜半径 $R=L$，因而，$g_1=1$，$g_2=0$，它对应图中 C 点和 D 点。

实共心腔内有一个光束会聚点，会引起工作物质的破坏；半共心腔的光束会聚点在平面镜上，会引起反射镜的破坏。因此，有实际价值的临界腔只有平行平面腔和虚共心腔。

3. 非稳腔

对应图 2-2 中阴影部分的光学谐振腔都是非稳腔。非稳腔，因其对光的几何损耗大，不宜用于中小功率的激光器。但对于增益系数 G 大的固体激光器，也可用非稳腔产生激光，其优点是可以连续地改变输出光的功率，在某些特殊情况下能使光的准直性、均匀性比较好。

区分稳定腔与非稳腔在制造和使用激光器时有很重要的实际意义。由于在稳定腔内傍轴光线能往返传播任意多次而不逸出腔外，因此这种腔对光的几何损耗(指因反射而引起的损耗)极小。一般中、小功率的气体激光器(增益系数 G 小)常用稳定腔，它的优点是容易产生激光。

以下将会看到，整个激光稳定腔的模式理论是建立在对称共焦腔的基础上的，因此，对称共焦腔是最重要和最有代表性的一种稳定腔。

2.1.3 稳定图的应用

有了稳定图，选取光学谐振腔的腔长或反射镜的曲率半径就很方便。现举例如下。

(1) 制作一个腔长为 L 的对称稳定腔，确定反射镜曲率半径的取值范围。

在稳定图(图 2-2)中，对称腔对应于区域①、②中连接 A、B 两点的线段 AB，如图 2-2 所示。由线段 AB 所对应的坐标值范围，立即就可找到曲率半径的范围是：$L/2\leqslant R<\infty$。最大曲率半径可以取 $R_1=R_2\approx\infty$，这是平行平面腔；最小取 $R_1=R_2=L/2$，即共心腔。

(2) 给定稳定腔的一块反射镜，要选配另一块反射镜的曲率半径，确定其取值范围。

根据已有反射镜的数据，如 $R_1=2L$，求出 $g_1=1-L/R_1=0.5$，在稳定图的 g_1 轴上找出相应的 C 点，如图 2-3(a)所示，过 C 点作一直线平行于 g_2 轴，此直线落在稳定区域内的线段 CD，就是所要求的另一块反射镜曲率半径的取值范围。由 CD 上任一点所对应的 R_2 值都能与已有的反射镜配成稳定腔。R_2 可用凹面镜，也可用凸面镜。若用凹面镜，则取值范围为：$L\leqslant R_2<\infty$；若用凸面镜，取值范围为 $-\infty<R_2\leqslant -L$。

(3) 已有两块反射镜，曲率半径分别为 R_1、R_2，用它们组成稳定腔，确定腔长范围。

由已知的曲率半径求出 $k=R_2/R_1$，代入 g_1、g_2 的表达式中，得出 g_1、g_2 的方程，从而找出腔长的取值范围。例如，$k=2$，有

$$g_2=1-\frac{L}{R_2}=1-\frac{L}{kR_1}=\frac{1}{k}(k-1+g_1)$$

$$=\frac{1}{k}g_1+\frac{k-1}{k}=0.5g_1+0.5$$

这是斜率为 0.5、截距为 0.5 的直线方程，此直线落在稳定区中的线段为 AE、DF，如图 2-3(b)所示。图 2-3(b)中的线段 AE 所对应的腔长取值范围为 $0<L\leqslant R_1$；图 2-3(b)中

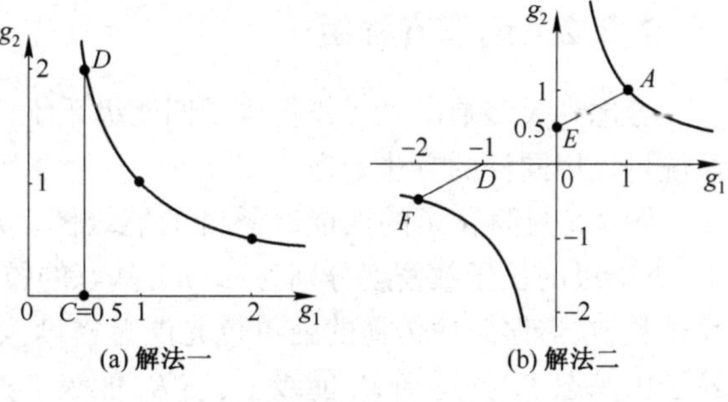

图 2-3　稳定图的应用

的线段 DF 所对应的腔长取值范围为 $2R_1 \leqslant L \leqslant 3R_1$。

2.2 速率方程组与粒子数反转

有了光学谐振腔,在其中充以激光工作物质,并在外界激励源作用下,将下能级的粒子抽运到上能级,使激光上下能级之间产生粒子数反转,激光器就可以工作。1.5 节对这一工作过程作了定性的分析,本节将建立一种定量的分析方法。首先讨论激活介质中抽运、自发辐射、受激辐射与受激吸收同时发生的物理模型,建立描述这个物理过程的速率方程组;然后再根据速率方程组讨论介质中形成粒子数密度反转的条件,以及在粒子数密度反转状态下各参量之间的关系。

2.2.1 三能级系统和四能级系统

通过泵浦实现能级间的粒子数反转所采用的能级结构可以归结为两种,即所谓的三能级系统和四能级系统。

三能级系统中参与激光产生过程的有三个能级,如 1960 年发明的第一台红宝石激光器就是用的三能级系统(见图 2-4(a))。产生激光的下能级 E_1 是基态能级,激光的上能级 E_2 是亚稳态能级,E_3 为抽运高能级。E_3 实际上常常不是单一的能级,而是代表比 E_2 高的一些激发态能级。在激励源作用下,将下能级的粒子抽运到 E_3 能级。E_3 能级上粒子寿命很短,会通过非辐射跃迁转移到激光的上能级 E_2 上。处于 E_2 能级上的粒子比较稳定,寿命较长。当下能级 E_1 的粒子多于一半被抽运到上能级 E_2 后,就在 E_2、E_1 之间产生粒子数反转分布。三能级系统的主要特征是激光的下能级为基态,通常情况下,基态是充满粒子的。而且在激光的发光过程中,下能级的粒子数一直保存有相当的数量。

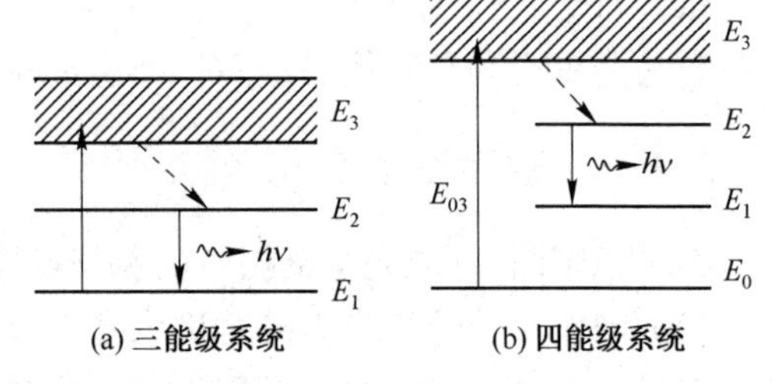

图 2-4　三能级系统和四能级系统示意图

四能级系统(见图 2-4(b))中产生激光的下能级 E_1 不是基态能级,粒子抽运是从比下能级 E_1 更低的基态能级 E_0 上进行的。粒子抽运到吸收带 E_3 上以后,同样由于非辐射跃迁转移到亚稳态的激光上能级 E_2 上。激光的下能级 E_1 是个激发态能级,在常温下基本是空的,粒子在能级 E_1 上的寿命极短,很容易在 E_2、E_1 之间产生粒子数反转分布。因此,四能级系统所需要的激励能量要比三能级系统小得多,产生激光比三能级系统容易得多。

2.2.2 速率方程组

考虑到大多数激光工作物质是四能级系统,以四能级系统为例来建立速率方程组,三能级系统可以用同样的方法处理。

图 2-5 为简化了的四能级系统的能级图。E_2、E_1 分别为激光上、下能级,E_0 为基态。设上、下能级的粒子数密度分别为 n_2、n_1,基态的粒子数密度为 n_0,n 为单位体积内增益介质的总粒子数,在谐振腔中传播的准单色光能总密度为 ρ。当激励能源开始工作后,它以速率 R_2 把粒子由基态 E_0 抽运到 E_2 能级上,使 E_2 能级上的粒子数密度以 R_2 速率增加。同时它也以速率 R_1 把粒子由基态 E_0 抽运到 E_1 能级上。对 E_1 能级的抽运是不希望却又无法完全避免的。

由于激发态粒子的寿命有限,E_2 能级上的粒子将通过受激辐射、自发辐射等方式不断地离开,使 E_2 能级上的粒子数密度减少。考虑到介质的线型函数远比传播着的光能密度为 ρ 的单色受激辐射光的线宽要宽,E_2 能级上的粒子数密度减少的速率可表示为 $n_2\times[A_2+B_{21}\rho f(\nu)]$,$A_2=A_{21}+A_{20}$。同时 E_1 能级上的粒子通过吸收跃迁又使 E_2 能级上的粒子数密度以 $n_1\times B_{12}\rho f(\nu)$ 的速率增加。因此,综合起来,E_2 能级在单位时间内粒子数密度的增加可以由如下方程表示

$$\frac{\mathrm{d}n_2}{\mathrm{d}t}=R_2-n_2A_2-(n_2B_{21}-n_1B_{12})\rho f(\nu) \tag{2-5a}$$

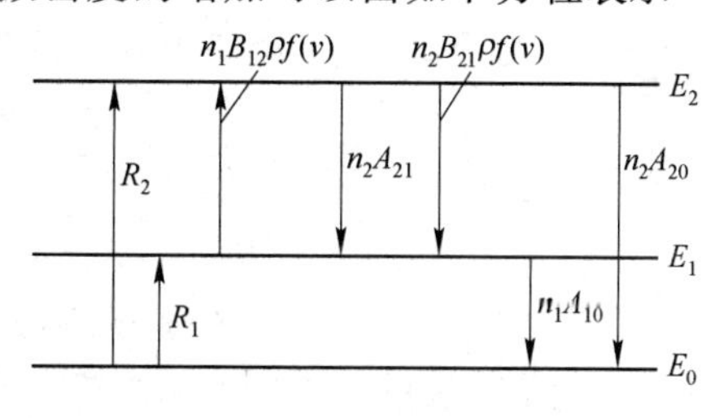

图 2-5　简化的四能级图

另一方面,E_1 能级上的粒子也将通过受激跃迁、自发辐射等方式不断地离开 E_1 能级,使 E_1 能级上的粒子数密度以速率 $n_1A_1+n_1B_{12}\rho f(\nu)$ 减少($A_1=A_{10}$);同时,E_2 能级的受激辐射、自发辐射等又使 E_1 能级上的粒子数以 $n_2A_{21}+n_2B_{21}\rho f(\nu)$ 的速率增加。综合起来,单位时间内 E_1 能级上粒子数密度的增加可由下式表示

$$\frac{\mathrm{d}n_1}{\mathrm{d}t}=R_1+n_2A_{21}-n_1A_1+(n_2B_{21}-n_1B_{12})\rho f(\nu) \tag{2-5b}$$

而总的粒子数为各能级上粒子数之和

$$n=n_0+n_1+n_2 \tag{2-5c}$$

上述三个方程组成描述各能级上的粒子数密度随时间变化的速率方程组,它是一个微分方程组。由这个方程组出发,原则上可以计算出任何时刻各个能级上的粒子数量,因而可以用来研究上下能级之间粒子数密度反转的问题。

2.2.3　稳态工作时的粒子数密度反转分布

先简化式(2-5)表示的微分方程组。式(2-5)描述的是一个动态的过程,而激光器在工作时会达到稳态的动平衡,各能级上粒子数密度并不随时间而改变,即

$$\frac{\mathrm{d}n_0}{\mathrm{d}t}=\frac{\mathrm{d}n_1}{\mathrm{d}t}=\frac{\mathrm{d}n_2}{\mathrm{d}t}=0$$

从而第一步可将微分方程组简化为一个描述稳态过程的代数方程组。

不失一般性,可以假设能级 E_2、E_1 的简并度相等,即 $g_1=g_2$。因此有

$$B_{21}=B_{12}$$

又因为,对许多四能级系统的高效率激光器,可以认为 E_2 能级向 E_1 能级的自发跃迁几率 A_{21} 远大于 E_2 能级向基态 E_0 的自发跃迁几率 A_{20},即有

$$A_2\approx A_{21}$$

此时,速率方程组简化为

$$R_2-n_2A_2-(n_2-n_1)B_{21}\rho f(\nu)=0 \tag{2-6a}$$

$$R_1-n_1A_1+n_2A_2+(n_2-n_1)B_{21}\rho f(\nu)=0 \tag{2-6b}$$

上两式相加,有

$$R_1+R_2=n_1A_1=\frac{n_1}{\tau_1}$$

可得

$$n_1=(R_1+R_2)\tau_1$$

将上式代入式(2-6a)得

$$n_2=\frac{R_2+(R_1+R_2)\tau_1B_{21}\rho f(\nu)}{A_2+B_{21}\rho f(\nu)}$$

$$=\frac{R_2+(R_1+R_2)\tau_1 B_{21}\rho f(\nu)}{\frac{1}{\tau_2}+B_{21}\rho f(\nu)}$$

$$=\frac{R_2\tau_2+(R_1+R_2)\tau_1\tau_2 B_{21}\rho f(\nu)}{1+\tau_2 B_{21}\rho f(\nu)}$$

式中，τ_2、τ_1 分别为上、下能级上粒子的寿命。激光上、下能级间粒子数密度反转分布为

$$\Delta n=n_2-n_1=\frac{R_2\tau_2+(R_1+R_2)\tau_1\tau_2 B_{21}\rho f(\nu)}{1+\tau_2 B_{21}\rho f(\nu)}-(R_1+R_2)\tau_1$$

$$=\frac{R_2\tau_2-(R_1+R_2)\tau_1}{1+\tau_2 B_{21}\rho f(\nu)}=\frac{\Delta n^0}{1+\tau_2 B_{21}\rho f(\nu)} \tag{2-7}$$

式(2-7)就是一般的稳态情况下的粒子数密度反转分布值与各参量之间的关系式。

2.2.4 小信号工作时的粒子数密度反转分布

式(2-7)中的参数 Δn^0 的表达式为

$$\Delta n^0=R_2\tau_2-(R_1+R_2)\tau_1 \tag{2-8}$$

它是当分母中的第二项为零时的粒子数密度反转分布值。由于分母中的第二项一定是个正值，因此它又是粒子数密度反转分布值可能达到的最大值。显然，τ_2、B_{21}和 $f(\nu)$ 作为物理常数是不能改变的，不会为零，只有在谐振腔中传播的单色光能密度 ρ 可能趋近于零。换句话说，参数 Δn^0 对应着谐振腔的单色光能密度为零，或者近似为零时的粒子数密度反转分布值的大小。在激光谐振腔中尚未建立受激辐射光放大的稳定工作状态发出激光之前，谐振腔内单色光能密度相对于稳定工作发出激光时的值要小得多，可认为近似为零。因此参数 Δn^0 对应着激光谐振腔尚未发出激光时的状态，通常把这个状态叫作小信号工作状态，而参数 Δn^0 就被称作是小信号工作时的粒子数密度反转分布。

式(2-8)给出了小信号工作时粒子数密度在能级间的反转分布值与能级寿命、抽运速率之间的关系。可以看出，首先，在选择激光上、下能级时应该满足这样的要求：E_2 能级的寿命要长，使该能级上的粒子不能轻易地通过非受激辐射而离开；E_1 能级的寿命要短，使 E_1 能级上的粒子能很快地衰减。这就是说，满足条件 $\tau_2>\tau_1$ 的能级，有利于实现能级间的粒子数反转分布。其次，应该选择合适的激励能源，使它对介质的 E_2 能级的抽运速率 R_2 愈大愈好，对 E_1 能级的抽运速率 R_1 愈小愈好。

2.2.5 均匀增宽型介质的粒子数密度反转分布

粒子数密度反转分布表达式中包含有激光工作物质的光谱线型函数，这就意味着激光工作物质的光谱线型函数对激光器的工作有很大影响。下面讨论均匀增宽型介质的情况。

1.4 节中给出均匀增宽介质的线型函数为

$$f(\nu)=\frac{\Delta\nu}{2\pi}\frac{1}{(\nu-\nu_0)^2+\left(\frac{\Delta\nu}{2}\right)^2}$$

其中心频率为

$$f(\nu_0)=\frac{2}{\pi\Delta\nu}$$

如果介质中传播着的光波频率为 ν_0，则

$$\rho f(\nu_0)=\frac{2\mu}{\pi c\Delta\nu}I$$

于是光波频率为 ν_0 时，式(2-7)分母中的第二项可改写为

$$\tau_2 B_{21}\rho f(\nu_0)=\tau_2 B_{21}\frac{2\mu}{\pi c\Delta\nu}I=\frac{I}{I_s}$$

式中，I_s 为饱和光强，其定义为

$$I_s=\frac{\pi c\Delta\nu}{2\mu B_{21}\tau_2} \tag{2-9}$$

如果介质中传播着的光波频率 $\nu\neq\nu_0$，则式(2-7)分母上的第二项可以化简为

$$\tau_2 B_{21}\rho f(\nu)=\frac{I\ f(\nu)}{I_s f(\nu_0)}$$

这样，式(2-7)就可以表示为

$$\Delta n=\frac{\Delta n^0}{1+\dfrac{I\ f(\nu)}{I_s f(\nu_0)}}=\begin{cases}\dfrac{\Delta n^0}{1+\dfrac{I}{I_s}} & \nu=\nu_0\\[2ex] \dfrac{\left[(\nu-\nu_0)^2+\left(\dfrac{\Delta\nu}{2}\right)^2\right]\Delta n^0}{(\nu-\nu_0)^2+\left(1+\dfrac{I}{I_s}\right)\left(\dfrac{\Delta\nu}{2}\right)^2} & \nu\neq\nu_0\end{cases} \tag{2-10}$$

式(2-10)就是均匀增宽型介质内 E_2、E_1 能级之间粒子数密度反转分布的表达式，它给出了能级间的粒子数密度反转分布值与腔内光强 I、光波的频率 ν、光波的中心频率 ν_0、介质的饱和光强 I_s、激励能源的抽运速率 R_2、R_1，以及介质能级的寿命 τ_2、τ_1 等诸参量之间的关系(后两项体现在 Δn^0 中)。

2.2.6 均匀增宽型介质粒子数密度反转分布的饱和效应

式(2-10)表明，当腔内光强 $I\approx 0$(即小信号)时，介质中的粒子数密度反转分布值 Δn 最大，其值为 Δn^0，Δn^0 由能级寿命、抽运速率决定。对一定的介质，R_2/R_1 愈大，粒子数密度反转分布值 Δn^0 也愈大。当腔内光强的影响不能忽略时，粒子数密度反转分布值 Δn 将随光强的增加而减小，此现象称为粒子数密度反转分布值的饱和效应。

当腔内光强一定时，粒子数密度反转分布值 Δn 随腔内光波频率而变。图2-6给出了 I 一定时，Δn 随 ν 变化的曲线，即饱和效应曲线。为了更具体地说明频率对 Δn 的影响，令腔中光强都等于 I_s，根据式(2-10)算出几个频率下的 Δn 值。结果表明，频率为 ν_0 的光波能使粒子数密度反转分布值下降一半，而频率为 $\nu_0\pm\Delta\nu$ 的光波仅能使粒子数密度反转分布值下降1/6。随着光波频率对中心频率 ν_0 的偏离，光波对粒子数密度反转分布值的影响逐渐减小。为了确定对介质有影响的光波的频率范围，通常采用与线型函数的线宽同样的定义方法：频率为 ν_0、强度为 I_s 的光波使 Δn 减小了 $\Delta n^0/2$，这里把使 Δn 减小 $\frac{1}{2}(\Delta n^0/2)$ 的光波频率 ν 与 ν_0 之间的间隔，定义为能使介质产生饱和作用的频率范围，即

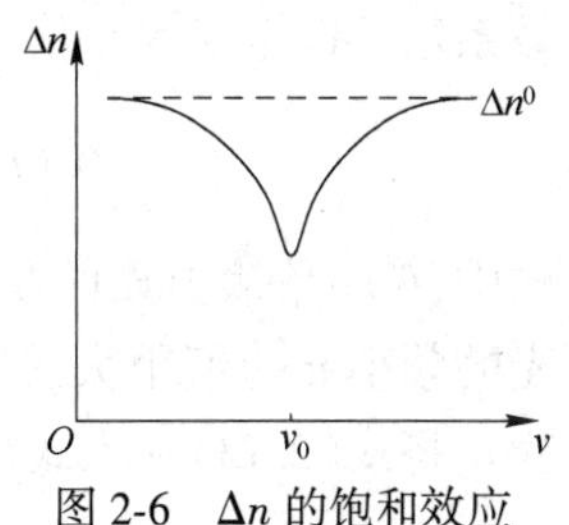

图 2-6 Δn 的饱和效应曲线

$$\nu_0-\nu=\pm\sqrt{1+\frac{I}{I_s}}\frac{\Delta\nu}{2} \tag{2-11}$$

粒子数密度反转分布值不能由实验直接测定。式(1-90)给出了增益系数和粒子数密度反转分布值之间的关系,而增益系数 G 是可以由实验测定的,因此,粒子数密度反转分布值 Δn 表示式的正确性,可以通过测定 G 而间接地得到验证。

需要说明的是,虽然式(2-10)是经过较多简化后导出的,但是实验证明,在激光器工作的过程中,它能够反映增益介质与各个参量之间关系的主要特性。

2.3 均匀增宽介质的增益系数和增益饱和

增益系数对激光器的工作特性起着十分重要的作用,本节将对增益系数进行深入的讨论。实验发现,不同的介质,其增益系数可以有很大的差别,同一种介质的增益系数也随工作条件的变化而改变。介质的增益系数随频率变化的规律和介质的线型函数随频率变化的规律相似。当测量增益系数所用的入射光强度很小尚未发出激光时,测得的增益系数是一个常数,可以视为上一节中定义的小信号的增益系数。当测量所用的光强增大到一定程度后,增益系数的值将随光强的增大而下降,产生增益饱和现象。这些实验现象都将在本节进行讨论。

2.3.1 均匀增宽介质的增益系数

1.5 节中说明了当增益介质中发生粒子数密度反转分布时,受激辐射将大于受激吸收,在介质中传播的光将得到受激放大。标志介质受激放大能力的物理量——增益系数 G 可以用式(1-90)表示为

$$G(\nu)=\Delta n B_{21}\frac{\mu}{c}h\nu f(\nu)$$

该式说明,增益系数与介质的若干物理常数有关,同时还取决于介质中的粒子数密度反转分布值 Δn。对于均匀增宽介质,将粒子数密度反转分布式(2-10)代入式(1-90),得到

$$G(\nu)=\frac{\Delta n^0}{1+\frac{I}{I_s}\cdot\frac{f(\nu)}{f(\nu_0)}}B_{21}\frac{\mu}{c}h\nu f(\nu) \tag{2-12}$$

当介质中尚未发生光放大时,粒子数密度反转分布值 Δn 达到最大值 Δn^0,与之对应的增益系数可以定义为小信号增益系数,即

$$G^0(\nu)=\Delta n^0 B_{21}\frac{\mu}{c}h\nu_0 f(\nu) \tag{2-13}$$

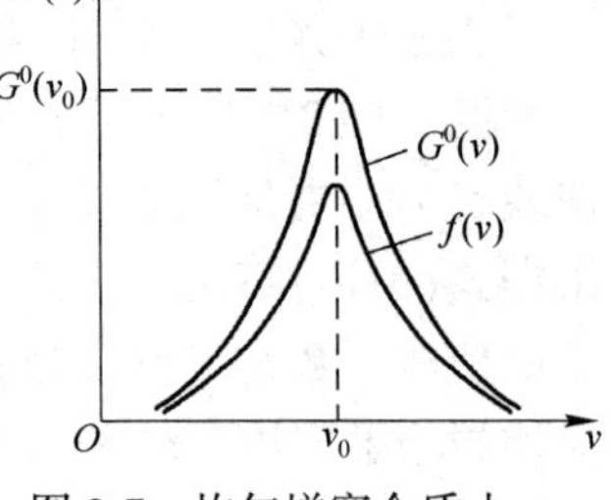

图 2-7 均匀增宽介质小信号增益系数

式中,$f(\nu)$代表介质的线型函数,并且已用 $h\nu_0$ 来代替 $h\nu$。由于光的频率 ν 的值很大,线宽 $\Delta\nu\ll\nu$,所以 $h\nu$ 与 $h\nu_0$ 可以互相替代。将式(2-13)代入式(2-12)得到

$$G(\nu)=\frac{G^0(\nu)}{1+\frac{I}{I_s}\cdot\frac{f(\nu)}{f(\nu_0)}} \tag{2-14}$$

这就是均匀增宽介质增益系数的表达式。

因为小信号粒子数密度反转与光强无关,所以式(2-13)表示的小信号增益系数也与光强无关,仅仅是频率 ν 的函数。这说明增益介质对不同频率的光波有不同的小信号增益系数,$G^0(\nu)$与谱线的线型函数 $f(\nu)$有相似的变化规律,如图 2-7 所示。从图中可以看出,谱线中心频率 ν_0 处的增益系数值 $G^0(\nu_0)$最大,随着频率对中心频率 ν_0 的偏离,小信号的增益系数

$G^0(\nu)$也逐渐减小。

对均匀增宽型介质，中心频率处线型函数值$f(\nu_0)=\frac{2}{\pi\Delta\nu}$，代到式(2-13)中，可得到中心频率处的小信号增益系数

$$G^0(\nu_0)=\Delta n^0 B_{21}\frac{\mu}{c}h\nu_0\frac{2}{\pi\Delta\nu} \tag{2-15}$$

式(2-15)说明，中心频率处的小信号增益系数与线宽成反比，其原因是线型函数的归一化条件决定了线宽$\Delta\nu$的值愈小，中心频率处的$f(\nu_0)$的值愈大，受激辐射几率$B_{21}\rho f(\nu_0)$的值也愈大，因此增益系数$G^0(\nu_0)$的值也愈大。

2.3.2 均匀增宽介质的增益饱和

在测定增益系数的实验中发现，在抽运速率一定的条件下，当入射光的光强很弱时，增益系数是一个常数；当入射光的光强增大到一定程度后，增益系数随光强的增大而减小，这种现象称为增益饱和。增益系数随光强的增强而减小是因为光的受激辐射对介质的粒子数密度反转分布有着强烈的影响造成的。当谐振腔中光强很弱时，介质的受激辐射几率很小，粒子数密度反转分布几乎不随光强变化，介质对光波的增益系数也不随光强改变。此时，光波在介质中以最大的相对增长率$G^0(\nu_0)$不断地获得放大。当腔内光强逐渐增强，介质中的粒子数密度反转分布值将因受激辐射的消耗而明显下降，光强越强，受激辐射几率越大，上能级粒子数密度减少得越多，这就使得粒子数密度反转分布值也下降得越多，进而使增益系数也同样下降，这就是增益饱和的实质。但是这里应该注意的是，上面所说的光强的大小都是相对于饱和光强I_s而言的，也就是指比值I/I_s的大小。

增益饱和现象可分三种情况进行讨论。

1. 介质对频率为ν_0、光强为I的光波的增益系数

介质中传播着强度为I、频率ν_0的光波时，介质对此光波的增益系数可由式(2-14)得出

$$G(\nu_0)=\frac{G^0(\nu_0)}{1+\frac{I}{I_s}\cdot\frac{f(\nu_0)}{f(\nu_0)}}=\frac{G^0(\nu_0)}{1+\frac{I}{I_s}} \tag{2-16}$$

式中包含的饱和光强I_s在上一节中已经定义，它是激光工作物质的一个重要参量，是发光物质光学性质的反映。不同激光工作物质的饱和光强I_s的值不相同。有些介质，如二氧化碳，其饱和光强值很大。由二氧化碳构成的激光器，即使腔内光强的数值已经很大，与介质的饱和光强I_s的比值仍远小于1，介质对光波的增益仍然很大。直到腔内光强的数值大到足以与饱和光强相比拟时，介质对光波的增益才开始下降而出现饱和现象。因此，由饱和光强大的二氧化碳介质制成的激光器，腔内光强将会很强。而另外一些介质，例如氦-氖激光器的工作物质，饱和光强很小。在氦-氖激光器中，腔内光强不很强时，与饱和光强相比已经是一个不可忽略的值了，因此介质在不大的光强值下就使增益系数开始下降，出现了增益饱和现象。这时，光波在介质中的放大率开始下降，随着光强值I继续增加，比值I/I_s继续增大，I被放大的相对增长率$G(\nu_0)$继续下降，直至光放大过程趋于停止。因此，饱和光强值小的介质，腔内光强一定不会很强。可见，饱和光强的确是介质的一个重要参量，它决定着腔内光强以至激光器输出功率的大小。下面给出几种激光器的饱和光强值，以供分析问题时参考：

氦氖激光器(632.8 μm 谱线)：$I_s\approx 0.3\ \mathrm{W/mm^2}$

氩离子激光器(514.5 μm 谱线):$I_s \approx 7\ \mathrm{W/mm^2}$

纵向二氧化碳激光器(10.6 μm 谱线):$I_s \approx 2\ \mathrm{W/mm^2}$

2. 介质对频率为 ν、强度为 I 的光波的增益系数

当均匀增宽型介质中传播着频率为 ν、强度为 I 的光波时,将均匀增宽的线型函数(式(1-67))代入式(2-14),得到介质中增益系数

$$G(\nu)=\frac{G^0(\nu)}{1+\frac{I}{I_s}\cdot\frac{f(\nu)}{f(\nu_0)}}=\frac{\left[(\nu-\nu_0)^2+\left(\frac{\Delta\nu}{2}\right)^2\right]G^0(\nu)}{(\nu-\nu_0)^2+\left(1+\frac{I}{I_s}\right)\left(\frac{\Delta\nu}{2}\right)^2} \tag{2-17}$$

上式说明:当腔内光波的频率 $\nu\neq\nu_0$ 时也会引起增益饱和,只是不如当 $\nu=\nu_0$ 时的作用那样显著。从上式中亦可看出,当

$$|\nu-\nu_0|\geqslant\left(1+\frac{I}{I_s}\right)^{1/2}\left(\frac{\Delta\nu}{2}\right) \tag{2-18}$$

时,光强对增益系数的影响几乎可以忽略。把式(2-17)的形式稍加改变即可得到用中心频率处小信号增益系数 $G^0(\nu_0)$ 表示的增益系数的表达式

$$G(\nu)=\frac{\left(\frac{\Delta\nu}{2}\right)^2}{(\nu-\nu_0)^2+\left(1+\frac{I}{I_s}\right)\left(\frac{\Delta\nu}{2}\right)^2}G^0(\nu_0) \tag{2-19}$$

为了比较各种频率的光波在介质中获得增益的大小,也为了比较各种频率的光波对增益系数作用的大小,根据式(2-19)得到的 $G(\nu)$-ν 关系如表 2-1 所示,表中各种频率光波的光强都等于饱和光强 I_s。均匀增宽型增益饱和曲线如图(2-8)所示。

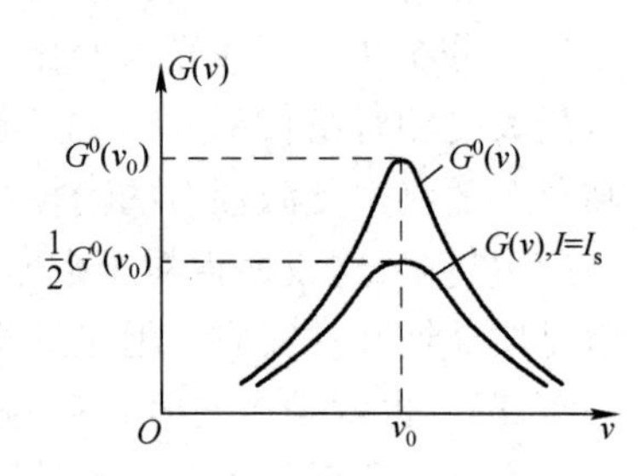

图 2-8 均匀增宽型增益饱和曲线

表 2-1 几种特殊频率下的增益系数

增益系数 $G(\nu)$ \ 频率 ν	ν_0	$\nu_0\pm\frac{\Delta\nu}{2}$	$\nu_0\pm\left(1+\frac{I}{I_s}\right)^{1/2}\frac{\Delta\nu}{2}$	$\nu_0\pm\Delta\nu$
$G(\nu)$	$\frac{1}{2}G^0(\nu_0)$	$\frac{1}{3}G^0(\nu_0)=\frac{2}{3}G^0(\nu)$	$\frac{1}{4}G^0(\nu_0)=\frac{3}{4}G^0(\nu)$	$\frac{1}{6}G^0(\nu_0)=\frac{5}{6}G^0(\nu)$
$G^0(\nu)-G(\nu)$	$\frac{1}{2}G^0(\nu_0)$	$\frac{1}{3}G^0(\nu)=\frac{1}{6}G^0(\nu_0)$	$\frac{1}{4}G^0(\nu)=\frac{1}{12}G^0(\nu_0)$	$\frac{1}{6}G^0(\nu)=\frac{1}{30}G^0(\nu_0)$

由表 2-1 和图 2-8 可以看出,在光强 $I=I_s$ 的光波作用下,介质对频率为 ν_0 的光波的增益系数值最大,该光波的增益饱和作用也最大,频率逐渐偏离 ν_0 时,增益系数逐渐减小,光波对介质的增益饱和作用也逐渐减弱。当

$$|\nu-\nu_0|\geqslant\left(1+\frac{I}{I_s}\right)^{1/2}\left(\frac{\Delta\nu}{2}\right)$$

时,介质对光波的增益作用,以及光波对介质的增益饱和作用都很微弱。因此,以下讨论介质对光波的增益作用,以及光波对介质的增益饱和作用时,都是对光频在以下范围内而言的。

$$\nu_0-\left(1+\frac{I}{I_s}\right)^{1/2}\left(\frac{\Delta\nu}{2}\right)<\nu<\nu_0+\left(1+\frac{I}{I_s}\right)^{1/2}\left(\frac{\Delta\nu}{2}\right)$$

3. 频率为 ν、强度为 I 的强光作用下的增益介质对另一小信号光波 $i(\nu_i)$ 的增益系数

在腔内传播着频率为 ν、强度为 I 的光波的同时，再入射一束频率为 ν_i、强度为 i 的小信号光波，这时，由于 I 和 i 放大是消耗同一个 E_2 能级上的粒子，而介质中 E_2 能级上的粒子数密度已经在 I 的激励下大为减少，所以，此时介质对光波 $i(\nu_i)$ 的增益系数也下降为式(2-19)表示的 $G(\nu_i)$。

这就是说，频率为 ν 的强光 I 不仅使本身频率处的介质的增益系数由 $G^0(\nu)$ 下降至 $G(\nu)$，而且使介质的线宽范围内的一切频率处介质的增益系数 $G^0(\nu_i)$ 都下降了同样的倍数，变为 $G(\nu_i)$。所以式(2-19)就是介质在频率为 ν、强度为 I 的光波作用下对各种频率的小信号光波的增益系数的表达式。由于光强 I 仅改变粒子在上下能级间的分布值，并不改变介质的密度、粒子的运动状态，以及能级的宽度。因此，在光强 I 的作用下，介质的光谱线型不会改变，线宽不会改变，增益系数随频率的分布也不会改变，光强仅仅使增益系数在整个线宽范围内下降同样的倍数，如图 2-9 所示。而且由于与谱线的线型函数 $f(\nu)$ 具有相似的变化规律，因此中心频率附近的激光的增益系数大。偏离中心频率愈远的激光，其增益系数也愈小。这是均匀增宽型介质的特点。

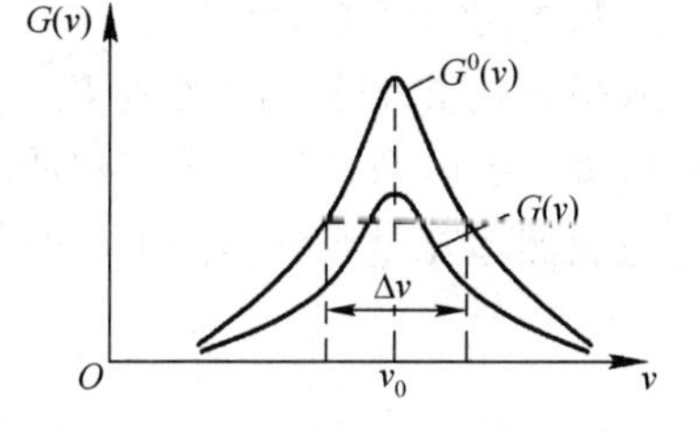

图 2-9　小信号光波 $i(\nu)$ 的增益饱和曲线

在 4.1 节中还会看到，因为模式竞争的原因，均匀增宽型介质制作的激光器所发出的激光只会输出一个单一的频率，其谱线宽度远小于介质线型函数的宽度。这种激光器发出的激光的增益系数对应着图 2-9 中与中心频率极为靠近的一个点。

2.4　非均匀增宽介质的增益饱和

一般低压气体激光器介质的发光特性是：对确定的上、下能级 E_2、E_1，介质中单个粒子发光的谱线线型函数仍然是均匀增宽型的，但是由于气体粒子处在剧烈、混乱的热运动之中，由大量粒子组成的气体介质发光时，接收到的光谱谱线的线型变成非均匀增宽型的。

2.4.1　介质在小信号时的粒子数密度反转分布值

非均匀增宽型介质中，在稳态工作的情况下，上、下能级 E_2、E_1 之间粒子数密度反转分布值仍然可以用式(2-7)表示，相应的小信号粒子数密度反转分布值也仍然可以用式(2-8)表示。具体地讲，由于介质内的粒子在做紊乱的热运动，因此粒子运动的速度沿腔轴方向的分量满足麦克斯韦速度分布律。小信号情况下 E_2 能级上的粒子中，速度在 $v_1 \sim v_1+\mathrm{d}v_1$ 之间的粒子数密度为

$$n_2^0(v_1)\,\mathrm{d}v_1 = n_2^0\left(\frac{m}{2\pi kT}\right)^{1/2}\exp\left(-\frac{mv_1^2}{2kT}\right)\mathrm{d}v_1$$

E_1 能级上速度在 $v_1 \sim v_1+\mathrm{d}v_1$ 之间的粒子数密度为

$$n_1^0(v_1)\,\mathrm{d}v_1 = n_1^0\left(\frac{m}{2\pi kT}\right)^{1/2}\exp\left(-\frac{mv_1^2}{2kT}\right)\mathrm{d}v_1$$

若 E_2、E_1 能级的简并度相等，则速度在 $v_1 \sim v_1+\mathrm{d}v_1$ 之间的粒子数密度反转分布值为

$$\Delta n^0(v_1)\,\mathrm{d}v_1 = n_2^0(v_1)\,\mathrm{d}v_1 - n_1^0(v_1)\,\mathrm{d}v_1 = \Delta n^0\left(\frac{m}{2\pi kT}\right)^{1/2}\exp\left(-\frac{mv_1^2}{2kT}\right)\mathrm{d}v_1 \tag{2-20}$$

在 E_2、E_1 能级间各种速度的粒子数密度反转分布值之和为

$$\int_{-\infty}^{\infty} \Delta n^0(v_1)\,\mathrm{d}v_1 = \int_{-\infty}^{\infty} \Delta n^0\left(\frac{m}{2\pi kT}\right)^{1/2} \exp\left(-\frac{mv_1^2}{2kT}\right)\mathrm{d}v_1 = \Delta n^0 \tag{2-21}$$

Δn^0 与激励能源的抽运速率、粒子的能级寿命等参量之间的关系仍由式(2-8)决定。在非均匀增宽型介质中,单位速度间隔内粒子数密度反转分布值 $\Delta n^0(v)$ 随速度 v 的分布情况如图 2-10 所示。

在非均匀增宽型介质中,在 E_2、E_1 能级间跃迁的轴向速度为零的粒子,辐射的光波也是中心频率为 ν_0 的自然增宽型函数。但是当粒子具有热运动速度 v_1 时,由于光的多普勒效应,在正对着粒子运动方向上接收到的光波的线型函数变为中心频率为 ν_1 的自然增宽型函数,ν_1 和 ν_0 的关系为

$$\nu_1 = \nu_0\left(1+\frac{v_1}{c}\right)$$

反过来,用频率表示速度,则

$$v_1 = (\nu_1-\nu_0)\frac{c}{\nu_0} \tag{2-22}$$

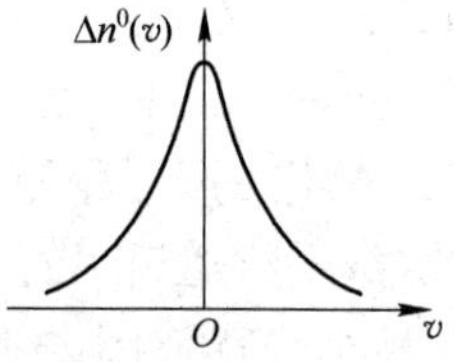

$\Delta n^0(v)$

O v

图 2-10 $\Delta n^0(v)$–v 曲线

如果发光粒子的速度改变了 $\mathrm{d}v_1$,接收到的光波的中心频率也将相应地改变 $\mathrm{d}\nu_1$,则它们之间的关系是

$$\mathrm{d}v_1 = \frac{c}{\nu_0}\mathrm{d}\nu_1 \tag{2-23}$$

把式(2-22)或式(2-23)所给出的 v_1 与 ν_1 的关系代入式(2-20)中,将 v_1 换成相应的 ν_1,就可以得到介质中能够辐射中心频率为 $\nu_1 \sim \nu_1+\mathrm{d}\nu_1$ 光波的粒子数密度反转分布值为

$$\Delta n^0(\nu_1)\,\mathrm{d}\nu_1 = \Delta n^0\,\frac{c}{\nu_0}\left(\frac{m}{2\pi kT}\right)^{1/2}\exp\left[-\frac{mc^2(\nu_1-\nu_0)^2}{2kT\nu_0^2}\right]\mathrm{d}\nu_1 = \Delta n^0 f_{\mathrm{D}}(\nu_1)\,\mathrm{d}\nu_1 \tag{2-24}$$

能够辐射以 ν_1 为中心频率的单位频率间隔内的粒子数密度反转分布值为

$$\Delta n^0(\nu_1) = \Delta n^0 f_{\mathrm{D}}(\nu_1)$$

式中,$f_{\mathrm{D}}(\nu_1)$ 是非均匀增宽介质的线型函数在 ν_1 处的大小。$f_{\mathrm{D}}(\nu)$ 的中心频率也是 ν_0,但 $f_{\mathrm{D}}(\nu)$ 的线宽却远大于均匀增宽谱线 $f(\nu)$ 的线宽。单位频率间隔内的粒子数密度反转分布值 $\Delta n^0(\nu)$ 与频率 ν 的函数关系曲线与图 2-10 相似,只要把图中的速度 v 改成频率 ν 并将纵坐标向左横移使整条曲线处在第一象限。

由于式(2-22)给出了粒子的运动速度 v_1 和发光频率 ν_1 之间的一一对应关系,所以在下面的讨论中凡涉及到粒子的运动速度 v_1 时,都可以用其相应的频率 ν_1 来代替。

2.4.2 非均匀增宽型介质在小信号时的增益系数

非均匀增宽型介质的小信号增益系数 $G_{\mathrm{D}}^0(\nu)$ 是由具有不同速度的粒子数密度反转分布值 $\Delta n^0(\nu_1)\,\mathrm{d}\nu_1$ 提供的,频率为 ν_1 的粒子数密度反转分布对小信号增益系数的贡献,就像均匀增宽型介质的 Δn^0 对 $G^0(\nu)$ 的贡献那样,为

$$\mathrm{d}G_{\mathrm{D}}^0(\nu) = \Delta n^0(\nu_1)\,\mathrm{d}\nu_1 B_{21}\frac{\mu}{c}h\nu f(\nu) = \Delta n^0 f_{\mathrm{D}}(\nu_1)\,\mathrm{d}\nu_1 B_{21}\frac{\mu}{c}h\nu f(\nu) \tag{2-25}$$

介质的小信号增益系数是介质中各种速度的粒子数密度反转分布的贡献之和,故有

$$G_{\mathrm{D}}^0(\nu) = \int_0^{\infty}\mathrm{d}G_{\mathrm{D}}^0(\nu) = \int_0^{\infty}\Delta n^0 f_{\mathrm{D}}(\nu_1)\,\mathrm{d}\nu_1 B_{21}\frac{\mu}{c}h\nu f(\nu)$$

$$= \Delta n^0 B_{21} \frac{\mu}{c} h\nu \int_0^\infty f_D(\nu_1) \frac{\Delta\nu/2\pi}{(\nu-\nu_1)^2+(\Delta\nu/2)^2} d\nu_1$$

$$= \Delta n^0 B_{21} \frac{\mu}{c} h\nu \frac{\Delta\nu}{2\pi} \int_0^\infty f_D(\nu_1) \frac{d\nu_1}{(\nu-\nu_1)^2+(\Delta\nu/2)^2} \tag{2-26}$$

虽然积分是在 $0\sim\infty$ 区间内进行的,但是由于 ν_1 是 $f(\nu)$ 的中心频率,$|\nu-\nu_1|>\frac{\Delta\nu}{2}$时的$f(\nu)$的值迅速趋近于零,所以,实际上 ν_1 的取值范围为 $\nu-\frac{\Delta\nu}{2}\sim\nu+\frac{\Delta\nu}{2}$,或者积分是在以 ν 为中心、以均匀增宽的线宽 $\Delta\nu$ 为范围的区间内进行的。也就是说,$G_D^0(\nu)$实际上是由频率在

$$\nu-\frac{\Delta\nu}{2}<\nu_1<\nu+\frac{\Delta\nu}{2}$$

范围内的粒子数密度反转分布值贡献的。在此范围内,非均匀增宽的线型函数$f_D(\nu_1)$几乎不变,可以用$f_D(\nu)$代替,如图 2-11 所示。这样,上式积分可以化为

$$G_D^0(\nu) = \Delta n^0 B_{21} \frac{\mu}{c} h\nu f_D(\nu) \int_0^\infty \frac{\Delta\nu}{2\pi} \frac{d\nu_1}{(\nu-\nu_1)^2+(\Delta\nu/2)^2}$$

$$= \Delta n^0 B_{21} \frac{\mu}{c} h\nu f_D(\nu) \tag{2-27}$$

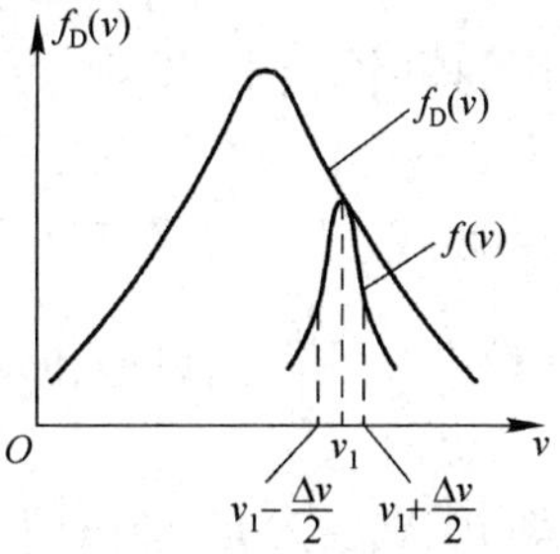

图 2-11　非均匀增宽型介质的小信号增益的计算

式(2-27)就是非均匀增宽型介质的小信号增益系数的表达式。可以看出,它与均匀增宽型介质的小信号增益系数表达式(式(2-13))在形式上是一致的。

根据式(2-27),同样可以求得中心频率处的小信号增益系数$G_D^0(\nu_0)$,它与线宽 $\Delta\nu_D$ 成反比,即

$$G_D^0(\nu_0) = \Delta n^0 B_{21} \frac{2\mu}{c\Delta\nu_D} h\nu_0 \left(\frac{\ln 2}{\pi}\right)^{1/2} \tag{2-28}$$

2.4.3　非均匀增宽型介质稳态粒子数密度反转分布

对非均匀增宽型介质,当频率为 ν_1、强度为 I 的光波在其中传播时,对中心频率为 ν_1 的粒子来说,这相当于用中心频率的光波与均匀增宽型介质作用引起粒子数密度反转分布值的饱和,式(2-10)中的第一式相应地变为

$$\Delta n(\nu_1) = \frac{\Delta n^0(\nu_1)}{1+\frac{I}{I_s}} = \frac{\Delta n^0}{1+\frac{I}{I_s}} f_D(\nu_1) \tag{2-29}$$

上式给出了非均匀增宽型介质中频率 ν_1 附近单位频率间隔内粒子数密度反转分布值随频率为 ν_1、光强为 I 的光波变化的关系式。

当光波的频率 ν_1 不在该粒子的中心频率时,对附近的频率为 ν_1 的光对附近的频率为 ν 处单位频率间隔内粒子数密度反转分布值 $\Delta n(\nu)$ 的饱和效应规律,应由式(2-10)中的第二式给出,故有

$$\Delta n(\nu) = \frac{\Delta n^0(\nu)}{1+\frac{If(\nu_1)}{I_s f(\nu)}} = \frac{\Delta n^0}{1+\frac{If(\nu_1)}{I_s f(\nu)}} f_D(\nu)$$

$$=\frac{(\nu-\nu_1)^2+\left(\frac{\Delta\nu}{2}\right)^2}{(\nu-\nu_1)^2+\left(1+\frac{I}{I_s}\right)\left(\frac{\Delta\nu}{2}\right)^2}\Delta n^0 f_D(\nu) \tag{2-30}$$

式中,ν_1 是光波的频率,ν 是粒子的中心频率,$\Delta\nu$ 为均匀增宽谱线的线宽。这就是说,频率为 ν_1 的光波也可以引起频率为 ν 的粒子数密度反转分布值 $\Delta n(\nu)$的饱和。计算表明,ν_1 光波对频率为

$$\nu_1\pm\left(1+\frac{I}{I_s}\right)^{1/2}\frac{\Delta\nu}{2}$$

的粒子数密度反转分布的饱和作用已很弱。

图 2-12 描绘了频率为 ν_1 的光波对频率为 ν 的粒子数密度反转分布的饱和作用,以及起作用的频率范围。图中,由于光波频率 ν_1 恰好是 a 点的中心频率,因此,在光强为 I 的光波作用下 $\Delta n(\nu_1)$下降到 a'点。但对 b 点,光波的频率 ν_1 不是它的中心频率,故 b 点的饱和效应比 a 点弱,它仅下降至 b'点。对于 c 点,光波的频率 ν_1 对它的中心频率的偏离已大于宽度 $\left(1+\frac{I}{I_s}\right)^{1/2}\frac{\Delta\nu}{2}$,所以饱和效应可以忽略。由此可见,频率为 ν_1、强度为 I 的光波仅使围绕中心频率 ν_1、宽度为 $\nu-\nu_1=\pm\left(1+\frac{I}{I_s}\right)^{1/2}\frac{\Delta\nu}{2}$范围内的粒子有饱和作用。因此在 $\Delta n(\nu)$ 曲线上形成一个以 ν_1 为中心的凹陷,习惯上把它叫作孔。这就是非均匀增宽型介质在较大信号情况下的粒子数密度反转分布值的饱和效应。

孔的深度 $\qquad \Delta n^0(\nu_1)-\Delta n(\nu_1)=\dfrac{\frac{I}{I_s}}{1+\frac{I}{I_s}}\Delta n^0(\nu_1)$

孔的宽度 $\qquad \delta\nu=\left(1+\frac{I}{I_s}\right)^{1/2}\Delta\nu$

孔的面积 $\qquad \delta S\approx\Delta n^0(\nu_1)\Delta\nu\dfrac{\frac{I}{I_s}}{\left(1+\frac{I}{I_s}\right)^{1/2}}$

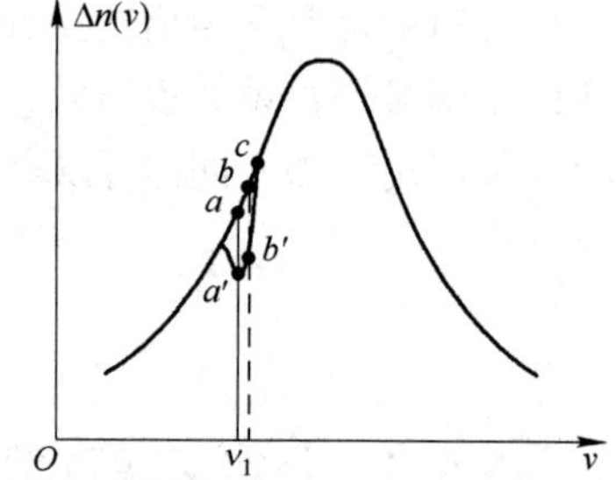

图 2-12 非均匀增宽型粒子数密度反转分布的饱和作用

通常称上述现象为粒子数密度反转分布值的"烧孔"效应。一般来说,烧孔面积的大小与受激辐射功率成正比。

2.4.4 非均匀增宽型介质稳态情况下的增益饱和

在非均匀增宽型介质中,频率为 ν_1、强度为 I 的光波只在 ν_1 附近宽度约为$\left(1+\frac{I}{I_s}\right)^{1/2}\Delta\nu$ 的范围内有增益饱和作用,如图2-13所示。增益系数在 ν_1 处下降的现象称为增益系数的"烧孔"效应。与图 2-12 的烧孔情况相仿,孔的中心频率仍是光频 ν_1,孔宽 $\delta\nu$ 仍为$\left(1+\frac{I}{I_s}\right)^{1/2}\Delta\nu$,只是孔的深度浅了一点。

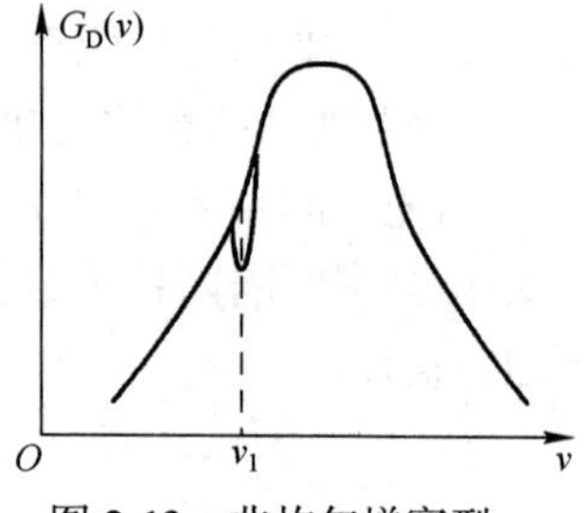

图 2-13 非均匀增宽型增益饱和曲线

在频率为 ν_1、强度为 I 的光波作用下,可以计算出介质的增

益系数为

$$G_D(\nu_1)=G_D^0(\nu_1)\bigg/\left(1+\frac{I}{I_s}\right)^{1/2} \tag{2-31}$$

至于在 ν_1 光波的作用下,其他频率介质的增益系数,由于它与小信号增益系数相比变化不大,这里就不再讨论了。

比较式(2-16)和式(2-31)可以看出,频率为 ν_1、强度为 I 的光波使非均匀增宽型介质发生增益饱和的速率要比对均匀增宽型介质的情况缓慢。例如,当光强 $I=I_s$ 时,均匀增宽型介质的增益系数下降为小信号增益系数的一半,即 $G_D^0(\nu)/2$,而非均匀增宽型介质的增益系数仅降到小信号增益系数的 $1/\sqrt{2}$。

比较图 2-9 与图 2-13 可以看出,光强为 I 的光波使均匀增宽型介质对各种频率光波的增益系数都下降同样的倍数。而对非均匀增宽型介质,光强为 I 的光波只能引起以光波频率 ν_1 为中心频率、频宽 $\delta\nu=\left(1+\frac{I}{I_s}\right)^{1/2}\Delta\nu$ 范围内的增益系数下降,而且孔内不同频率处增益系数下降的值不同。实际上均匀增宽型与非均匀增宽型的饱和作用影响的频率范围是一样大的。由于多普勒增宽比均匀增宽要宽得多,同样的频率范围对于多普勒增宽只能烧一个孔。

对多普勒增宽型气体激光器,由于谐振腔的存在,腔内光束是由传播方向相反的两列行波组成的。频率为 ν_1、沿腔轴正方向传播的光波将引起沿腔轴正方向运动的速度

$$v_1=\frac{\nu_1-\nu_0}{\nu_0}c$$

附近的粒子数密度反转分布值饱和,因而在 $G_0(\nu)$ 曲线上 $\nu=\nu_1$ 附近烧一个孔。沿腔轴负方向传播的频率为 ν_1 的光波,将引起沿腔轴方向运动的速度为 $-v_1$ 附近的粒子数密度反转分布值饱和,而速度为 $-v_1$ 的粒子数密度反转分布值正是对沿腔轴正方向传播的频率为 ν_2 的光波作出增益贡献者,它的饱和将导致增益介质对沿腔轴正方向传播的频率为

$$\nu_2=\left(1-\frac{v_1}{c}\right)\nu_0$$

的光波产生增益饱和,即沿腔轴负方向传播的频率为 ν_1 的光波将在增益曲线上 $\nu=\nu_2$ 附近烧一个孔。所以,频率为 ν_1 的光波在增益曲线上烧两个孔,它们对称地分布在中心频率的两侧,如图 2-14 所示。如果光波频率恰好是多普勒增宽型线型函数的中心频率 ν_0,则该光波只在增益曲线上烧一个孔。即中心频率的光波只能使那些沿腔轴方向运动的、速度为零(与腔轴垂直方向运动速度并不为零)的激发态粒子作受激辐射。

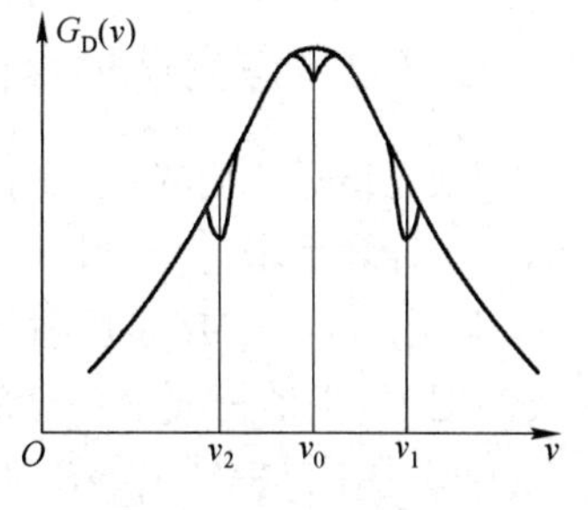

图 2-14 非均匀增宽型激光器中的增益饱和

2.5 激光器的损耗与阈值条件

激光器产生激光的前提条件是介质必须实现能级间的粒子数密度反转分布,即 $\Delta n>0$,或者说增益系数 $G>0$。但是,由于光波在实现了粒子数密度反转分布的介质中传播时还有各种损耗,只有当因增益放大而增加的光能量,除了能够补偿因损耗而失去的部分外,还能有剩余时,光波才能被放大。所以要求增益系数要大于一个下限值,此下限值即为激光器的阈值,它的数值由各种损耗的大小所决定。

本节从分析稳定光强形成的过程出发,找出双程光放大倍数 K 与增益系数和各种损耗之间的关系,从而得出增益系数的阈值表达式和粒子数密度反转分布的阈值表达式。

2.5.1 激光器的损耗

激光器的损耗指的是在激光谐振腔内的光损耗,这种损耗可以分为两类,第一类是谐振腔内增益介质内部的损耗,它与增益介质的长度有关,叫作内部损耗;第二类损耗是可以折合到谐振腔镜面上的损耗,叫作镜面损耗。

1. 内部损耗

在增益介质内部由于成分不均匀,粒子数密度不均匀,或者有缺陷,光波通过这样的介质时就会发生折射、散射,使部分光波偏离原来的传播方向,造成光能量的损耗。增益介质内还会有不在下能级的粒子吸收光能,跃迁至其他上能级,造成光能量的损耗。这样,当光穿过增益介质时,在获得增益的同时,会因上述损耗的存在以相对速率 $a_{内}$ 而减小。$a_{内}$ 称为内部损耗系数,和增益系数一样具有 L^{-1}(长度)量纲,表示光通过单位长度介质时光强的相对损耗率。介质越长,因内损耗而失去的光能量也越多。此时,光在增益介质中的变化规律就由式(1-91)变为

$$I=I_0\exp[(G-a_{内})z] \tag{2-32}$$

2. 镜面损耗

用 r_1、r_2 和 t_1、t_2 分别代表谐振腔反射镜 M_1、M_2 的反射系数和透射系数,当强度为 I 的光波入射到镜面上时,其中 r_1I 部分(或 r_2I)反射回腔内继续放大,其余部分对谐振腔来说都是损耗,这些损耗包括:由镜面上透射出去作为激光器对外输出的 t_1I(或 t_2I),镜面的散射、吸收,以及由于光的衍射使光束扩散到反射镜范围以外而造成的损耗,损耗的部分用 a_1I(或 a_2I)表示。这些损耗统称为镜面损耗。应当注意:与内损耗系数 $a_{内}$ 不同,反射系数、透射系数和镜面损耗都是无量纲的参数。

2.5.2 激光谐振腔内形成稳定光强的过程

激光谐振腔内光强由弱变强直至最后达到稳定的过程可以用图 2-15 来描绘。图 2-15 中的横坐标表示增益介质长度方向坐标 z,纵坐标表示腔内光强。M_2 是反射率 $r_2\approx 1$ 的全反射镜,置于 $z=L$ 处;M_1 是反射率 $r_1<1$ 的部分反射镜,置于坐标 $z=0$ 处。由于 M_2 的透射率 $t_2\approx 0$,我们把 M_2 上的镜面损耗全部折合到 M_1 上,这样,腔内各点的光强值随时间而增长的情况,由图 2-15 中不同曲线 $I_1\to I'_1, I'_1\to I''_1, I''_1\to I_2, I_2\to I'_2, \cdots, I'_m\to I''_m, I''_m\to I_{m+1}$ 表示。这一部分曲线代表光的放大过程,当光强达到稳定后,稳定光强在腔中传播的过程由闭合曲线 $A\to I(L)$, $I(L)\to I(2L)$, $I(2L)\to A$ 表示。

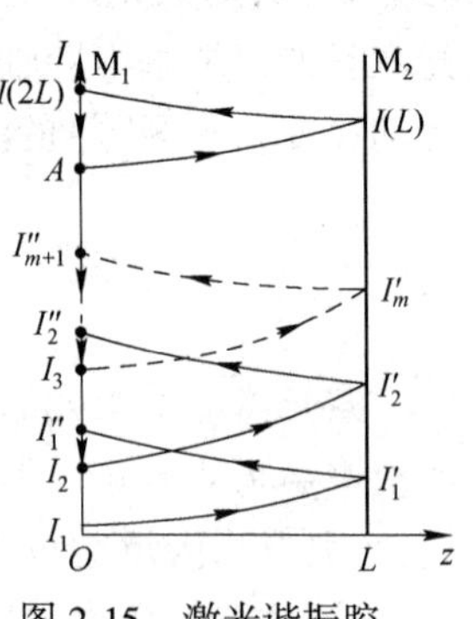

图 2-15 激光谐振腔内光强增长

1. 谐振腔内光强的放大过程

激光器开始工作时,由于自发辐射,腔内沿 z 轴方向有很微弱的光强传播着。把这微弱的光强等效成在 $z=0$ 处有一束强度为 I_1 的入射光沿腔轴传播,由于腔内光强很弱,此时介质的增益系数就是小信号增益系数 G^0。I_1 在介质中以 $I_1\exp[(G^0-a_{内})z]$ 的规律放大,传至 M_2 处时,I_1 已放大为 $I_1\exp[(G^0-a_{内})L]$。在 M_2 上,光波经 M_2 反射,反射光将沿 $-z$ 方向传播,其光强为

$$I'_1=r_2I_1\exp[(G^0-a_{内})L]$$

图中曲线 $I_1\to I'_1$ 表示了这个过程。I'_1 又经增益介质进行放大，再传到 M_1 处时，光强已增至

$$I''_1=I'_1\exp[(G^0-a_{内})L]=r_2I_1\exp[(G^0-a_{内})2L]$$

如图中曲线 $I'_1\to I''_1$ 所示。I''_1 光强在 M_1 上一部分反射回腔内继续放大，这部分光强为

$$I_2=r_1r_2I_1\exp[(G^0-a_{内})2L]$$

一部分作为激光器的输出由 M_1 镜透射出去，这部分光强的大小为

$$I_{out}=t_1r_2I_1\exp[(G^0-a_{内})2L]$$

其余部分都作为镜面损耗而损失掉了，这部分光强为

$$I_h=a_1I''_1=a_1r_2I_1\exp[(G^0-a_{内})2L]$$

图中纵轴上 $I''_1\to I_2$ 代表总镜面损耗 $I_{out}+I_h$，即

$$I_{out}+I_h=(t_1+a_1)r_2I_1\exp[(G^0-a_{内})2L]$$

此时腔内光的放大倍数为

$$K=I_2/I_1=r_1r_2\exp[(G^0-a_{内})2L]>1 \tag{2-33}$$

I_2 又在增益介质中沿 z 轴传播，并往返于 M_1、M_2 反射镜之间。每往返一次，就重复上述过程放大 K 倍，如此往返不止，来回放大。随着腔内光强增强，光的放大倍数由于增益饱和也逐渐减小。整个过程由图 2-15 中一组曲线 $I_1\to I'_1, I'_1\to I''_1, I''_1\to I_2, I_2\to I'_2, \cdots, I'_m\to I''_m, I''_m\to I_{m+1}$ 表示。

2. 谐振腔稳定出光过程

以均匀增宽型介质为例，当腔内光强和介质的饱和光强可以比拟时，增益系数不再可以用小信号增益系数来近似。增益系数开始依 $G=\dfrac{G^0}{1+I/I_s}$ 的规律下降，光的放大速率开始随光强的增强而减小，而总损耗却随光强的增强而增大，但是光强仍然在增长。随着光强的增强，增益系数进一步地减小，光放大速率也进一步地减慢。这个逐渐减慢的放大过程一直持续到光在增益介质中来回往返一次，由增益介质的放大而增加的光能量仅够补偿损耗而无剩余为止。此时，虽然腔内不同地点的光强不同，但腔内各点的光强不再随时间而变化，输出光强也不再改变。光波在腔中往返传播一次，光强随路程而变化的曲线构成一个闭合曲线 $A\to I(L)$、$I(L)\to I(2L)$、$I(2L)\to A$，其中曲线 $A\to I(L)$、$I(L)\to I(2L)$ 代表光波在介质中往返一次被放大的情况，$I(2L)\to A$ 代表往返一次的总镜面损耗。此时，光波在介质中往返一次所获得的放大倍数

$$K=r_1r_2\exp[(G-a_{内})2L]=1 \tag{2-34}$$

2.5.3 阈值条件

上面的讨论中指出，腔内光强比较弱时，光波往返一次的放大倍数 $K>1$，随着光强不断地增强，放大倍数就不断地下降，直至 $K=1$ 为止。因此，合并式(2-33)和式(2-34)就可以得到形成激光所要求的双程放大倍数

$$K=r_1r_2\exp[(G-a_{内})2L]\geqslant 1 \tag{2-35}$$

也可把式(2-35)改写为增益系数的形式

$$G\geqslant a_{内}-\frac{1}{2L}\ln(r_1r_2) \tag{2-36}$$

令

$$a_{内}-\frac{1}{2L}\ln(r_1r_2)=a_{总} \tag{2-37}$$

称为总损耗系数。则式(2-36)可写为

$$G \geqslant a_{总} \tag{2-38}$$

这就是形成激光所要求的增益系数的条件。

小信号增益系数 G^0 是激光器在形成激光的过程中增益系数所能取的最大值。随着腔内光强的增强,增益系数将不断地下降,当增益系数下降到下限值时,腔内光强也就达到最大值 I_M(I_M 为平均值)。增益系数的下限值称为增益系数的阈值,表示为

$$G_{阈} = \frac{G^0}{1+I_M/I_s} = a_{总} \tag{2-39}$$

对非均匀增宽型介质,增益系数的阈值为

$$G_{D阈} = \frac{G_D^0}{(1+I_M/I_s)^{1/2}} = a_{总} \tag{2-40}$$

由增益系数的阈值也可以导出粒子数密度反转分布值的阈值 $\Delta n_{阈}$

$$G_{阈} = \Delta n_{阈} B_{21} \frac{\mu}{c} h\nu f(\nu) = a_{总}$$

$$\Delta n_{阈} = \frac{a_{总}\, c}{B_{21} \mu h\nu f(\nu)}$$

把 $B_{21} = \frac{A_{21}c^3}{8\pi h\nu^3\mu^3} = \frac{c^3}{8\pi h\nu^3\mu^3\tau}$ 代入上式有

$$\Delta n_{阈} = \frac{8\pi\nu^2\mu^2\tau a_{总}}{c^2 f(\nu)} \tag{2-41}$$

式中,τ 为 E_2 能级的寿命,μ 为折射率,$f(\nu)$ 为谱线的线型函数。式(2-41)给出了对激励能源的要求,即激励能源对介质粒子的抽运一定要满足 $\Delta n \geqslant \Delta n_{阈} = \frac{8\pi\nu^2\mu^2\tau a_{总}}{c^2 f(\nu)}$,才能产生激光。

2.5.4 对介质能级选取的讨论

在选取激光的能级方面也有一些值得考虑的问题。

前面的讨论指出,激光上下能级间粒子数密度反转分布值愈大,增益系数也愈大,而粒子数密度反转分布值直接由激光上下能级的粒子数密度决定。如果选取的激光下能级只是基态,或者是很接近基态的能级,那么,根据玻尔兹曼分布,在常温下激光下能级上的粒子数密度已经很大,上能级几乎是空的,完全靠激励能源把下能级中一半以上的粒子不停地抽运到 E_2 能级上去,造成粒子数密度反转分布,并且 E_2 能级上的粒子数密度值要满足

$$n_2 \geqslant n_1 + \Delta n_{阈} \tag{2-42}$$

这就要求激励能源有较大的抽运功率。

如果选取的激光下能级不是基态,在常温下它就是一个空能级,此时,只要激励能源抽运 $n_2 \geqslant \Delta n_{阈}$ 的粒子到 E_2 能级上即可,这对激励能源的功率要求就低多了。

以上两种情况就是目前激光能级选取上常说的三能级系统和四能级系统问题。大量的实验证明,现有效率较高的激光器中的绝大多数都属于四能级系统。也就是说,输出的光能量占激励能源输入的总能量的百分比高的激光器大多数用的是四能级系统。

下面以常见的三种固体激光器为例,在给定的参数下,用式(2-41)算出粒子数密度反转分

布值的阈值 $\Delta n_{阈}$、达到阈值时上能级粒子数密度 $n_{2阈}$ 及 $n_2/\Delta n_{阈}$，并对三种激光器的结果进行对比。同时把实验测得的效率列入，以便进行比较。

假定激光器腔长 $L=10$ cm，反射率 $r_2\approx1$，$r_1\approx0.5$，内损耗系数 $a_{内}=0$，介质的线型函数为 $f(\nu_0)=\dfrac{2}{\pi\Delta\nu}$，则总损耗系数

$$a_{总}=a_{内}-\frac{1}{2L}\ln(r_1r_2)=\frac{-\ln0.5}{0.2}=3.4657(\mathrm{m}^{-1})$$

粒子数密度反转分布值的阈值为

$$\Delta n_{阈}=\frac{8\pi\nu_0^2\mu^2\tau a_{总}}{c^2f(\nu_0)}=\frac{4\pi^2\Delta\nu\nu_0^2\mu^2\tau a_{总}}{c^2}$$

三种激光器的有关参数值示于表 2-2 中。由表中所给数据即可算得 $\Delta n_{阈}$。对三能级系统要求 $n_2\geqslant n_1+\Delta n_{阈}$，而 $n_1+n_2\approx n$，n 是总粒子数密度；对四能级系统，$n_2\geqslant\Delta n_{阈}$ 就能满足要求。

表 2-2　三种激光器的有关参数

参数 \ 类型	红宝石激光器	钕玻璃激光器	掺钕钇铝石榴石激光器
能级	三能级系统	四能级系统	四能级系统
激光波长 λ	0.6943μm	1.06 μm	1.06 μm
激光频率 $\nu_0(\mathrm{s}^{-1})$	4.32×10^{14}	2.83×10^{14}	2.83×10^{14}
折射率 μ	1.76	1.52	1.82
线宽 $\Delta\nu(\mathrm{s}^{-1})$	3.3×10^{11}	7×10^{12}	1.95×10^{11}
能级寿命 $\tau(\mathrm{s})$	3×10^{-3}	7×10^{-4}	2.3×10^{-4}
$\Delta n_{阈}(\mathrm{cm}^{-3})$	8.7×10^{17}	1.4×10^{18}	1.8×10^{16}
总粒子数密度 $n(\mathrm{cm}^{-3})$	1.58×10^{19}	2.83×10^{20}	1.38×10^{20}
$n_{2阈}(\mathrm{cm}^{-3})$	8.4×10^{18}	1.4×10^{18}	1.8×10^{16}
$n_{2阈}/\Delta n_{阈}\approx$	10	1	1
效率	0.1%~0.3%	4%~6%	3%~7%

由表 2-2 可以看出，三能级系统达到阈值时上能级应该具有的粒子数密度几乎是 $\Delta n_{阈}$ 的 10 倍，这要求激励能源能对三能级的增益介质输入较多的能量来抽运下能级的粒子，其工作效率是很低的。而四能级系统达到阈值时，只要求上能级的粒子数密度稍大于 $\Delta n_{阈}$ 即可，它对激励能源的要求较低，因此，其工作效率也比三能级系统的要高。

从反转粒子数密度阈值出发，可对激光器所需的最低抽运功率做一个粗略的计算。

对三能级系统来说，粒子数密度反转分布是依靠外界能源将处于基态的粒子抽运到能级 E_3，然后通过非辐射跃迁到达能级 E_2 的。因此，在理想情形下（不考虑粒子在能级间过渡的效率），每使 E_2 能级上增加一个粒子，外界能源必须提供相应的一份能量 $h\nu_{13}$（注意这是 E_3、E_1 间的能量差）。

当粒子数密度反转值达到阈值时，激光上能级的粒子数 $n_2=n_1+\Delta n_{阈}\approx n/2$。对于连续激光器来说，由于自发辐射处在 E_2 能级的粒子数密度在单位时间内的减小值为

$$A_{21}n_2\approx\frac{n}{2\tau_{21}}$$

为维持激光阈值，这部分粒子必须由外界能源抽运来补充。如果工作介质的体积为 V，则能源的阈值抽运功率为

$$P_{阈3}=n_2A_{21}h\nu_{13}V=\frac{h\nu_{13}nV}{2\tau_{21}} \tag{2-43}$$

阈值抽运功率是激光器产生受激辐射时能源所能提供的最低功率。如果考虑到由能源抽运到输出激光这一系列中间过程中的转换效率(由于转换环节多,一般效率在千分之几到十分之几范围内变化,视具体激光器而定)。实际激光器正常工作时的抽运功率比阈值抽运功率大得多。

类似于对三能级系统的讨论,容易得到能源对四能级系统提供的阈值抽运功率为

$$P_{阈4}=\Delta n_{阈}A_{32}h\nu_{14}V=\Delta n_{阈}h\nu_{14}V/\tau_{32} \tag{2-44}$$

思考练习题 2

1. 利用下列数据,估算红宝石的光增益系数。

$n_2-n_1=5\times10^{18}\ \text{cm}^{-3}$,$1/f(\nu)=2\times10^{11}\ \text{s}^{-1}$,$t_{自发}=A_{21}^{-1}\approx3\times10^{-3}\ \text{s}$,$\lambda=0.6943\ \mu\text{m}$,$\mu=1.5$,$g_1=g_2$

2. He-Ne 激光器中,Ne 原子数密度 $n_0=n_1+n_2=10^{12}\ \text{cm}^{-3}$,$1/f(\nu)=1.5\times10^9\ \text{s}^{-1}$,$\lambda=0.6328\ \mu\text{m}$,$t_{自发}=A_{21}^{-1}=10^{-7}\ \text{s}$,$g_2=3$,$g_1=5$,$\mu_1\approx1$,又知 E_2、E_1 能级数密度之比为 4。求此介质的增益系数 G 的值。

3. (a) 要制作一个腔长 $L=60\ \text{cm}$ 的对称稳定腔,求反射镜的曲率半径取值范围。

(b) 稳定腔的一块反射镜的曲率半径 $R_1=4L$,求另一块反射镜的曲率半径的取值范围。

4. 稳定谐振腔的两块反射镜,其曲率半径分别为 $R_1=40\ \text{cm}$,$R_2=100\ \text{cm}$,求腔长 L 的取值范围。

5. 试证非均匀增宽型介质中心频率处的小信号增益系数的表达式(式(2-28))。

6. 推导均匀增宽型介质在光强为 I、频率为 ν 的光波作用下,增益系数的表达式(式(2-19))。

7. 设均匀增宽型介质的小信号增益曲线的宽度为 $\Delta\nu$。求证:$I=I_s$ 稳定工作时信号增益曲线的线宽为 $\sqrt{2}\Delta\nu$,并说明其物理意义。

8. 研究激光介质增益时,常用到"受激发射截面"$\sigma_e(\nu)$(cm^2)概念,它与增益系数 $G(\nu)$(cm^{-1})的关系是:$\sigma_e(\nu)=\dfrac{G(\nu)}{\Delta n}$,$\Delta n$ 为反转粒子数密度。试证明:具有上能级寿命为 τ,线型函数为 $f(\nu)$ 的介质的受激发射截面为 $\sigma_e(\nu)=\dfrac{c^2f(\nu)}{8\pi\nu^2\mu^2\tau}$。

9. 饱和光强 $I_s(\nu)$ 是激光介质的一个重要参数。证明均匀增宽介质在中心频率 ν_0 处的饱和光强 $I_s(\nu_0)=\dfrac{h\nu_0}{\sigma_e(\nu_0)\tau}$,并计算均匀增宽介质染料若丹明 6G 在 $\lambda_0=0.5950\ \mu\text{m}$ 处的饱和光强。

(已知 $\tau=5.5\times10^{-9}\ \text{s}$,$\Delta\nu=4.66\times10^{13}\ \text{Hz}$,$\mu=1.36$)

10. 实验测得 He-Ne 激光器以波长 $\lambda=0.6328\ \mu\text{m}$ 工作时的小信号增益系数为 $G_0=3\times10^{-4}/d$,d 为腔内毛细管内径(cm)。若增益介质为非均匀增宽型,试计算腔内光强 $I=50\ \text{W/cm}^2$ 的增益系数 G(设饱和光强 $I_s=30\ \text{W/cm}^2$ 时,$d=1\ \text{mm}$),并问这时为保持振荡稳定,两反射镜的反射率(设 $r_1=r_2$,腔长 0.1 m)最小为多少(除透射损耗外,腔内其他损耗的损耗率 $a_{内}=9\times10^4\ \text{cm}^{-1}$)?又设光斑面积 $A=0.11\ \text{mm}^2$,透射系数 $\tau=0.008$,镜面一端输出,求这时输出功率为多少毫瓦。

11. 求 He-Ne 激光的阈值反转粒子数密度。已知 $\lambda=0.6328\ \mu\text{m}$,$1/f(\nu)\approx\Delta\nu=10^9\ \text{Hz}$,$\mu=1$,设总损耗率为 $a_{总}$,相当于每一反射镜的等效反射率 $R=1-La_{总}=98.33\%$,$\tau=10^{-7}\ \text{s}$,腔长 $L=0.1\ \text{m}$。

12. 红宝石激光器是一个三能级系统,设 Cr^{3+} 的 $n_0=10^{19}\ \text{cm}^{-3}$,$\tau_{21}=3\times10^{-3}\ \text{s}$。今以波长 $\lambda=0.5100\ \mu\text{m}$ 的光泵激励。试估算单位体积的阈值抽运功率。

13. YAG 激光器为四能级系统,已知 $\Delta n_{阈}=1.8\times10^{16}\ \text{cm}^{-3}$,$\tau_{32}=2.3\times10^{-4}\ \text{s}$。如以波长 0.75 μm 的光泵激励。求单位体积的阈值功率,并与上题比较:红宝石的阈值功率是它的几倍。

第3章 激光器的输出特性

前两章由发光的物理基础出发,对激光产生的工作原理进行了研究,对于在激光谐振腔中受激辐射大于自发辐射而导致光的受激辐射放大的过程和条件进行了很详细的讨论。这些讨论为研究从激光在谐振腔中的传播,到其在腔外的光束强度与相位的大小及分布,也就是激光的输出特性打下了基础。激光器作为光源与普通光源的主要区别之一是激光器有一个谐振腔。谐振腔倍增了激光增益介质的受激放大作用长度以形成光的高亮度,并且提高了光源发光的方向性。实际上激光的另一个重要特点——高度的相干性也是由谐振腔决定的。由于激光器谐振腔中分立的振荡模式的存在,大大提高了输出激光的单色性,改变了输出激光的光束结构及其传输特性。因此本章从谐振腔的衍射理论开始研究激光输出的高斯光束传播特性,激光器的输出功率,以及激光器输出的线宽极限。

3.1 光学谐振腔的衍射理论

2.1节中利用几何光学分析方法讨论了光线在谐振腔中的传播、谐振腔的稳定性问题,以及谐振腔的分类。而有关谐振腔振荡模式的存在、各种模式的花样、光束结构及其传输特性、衍射损耗等,只能用物理光学方法来解决。光学谐振腔模式理论实际上是建立在标量衍射理论的菲涅耳-基尔霍夫衍射积分,以及模式再现概念的基础上的,本节用这种方法来讨论光学谐振腔。

3.1.1 数学预备知识

在具体讨论衍射之前,先介绍一些数学预备知识,它们是后续推导衍射理论的基础。

1. 亥姆霍兹方程

用标量函数 $u(P,t)$ 表示在 P 点和 t 时刻的光扰动。对于单色波,标量场可写为

$$u(P,t)=A(P)\cos[2\pi\nu t-\phi(P)] \tag{3-1}$$

式中,$A(P)$ 和 $\phi(P)$ 分别是波在 P 点的振幅和相位,ν 是光的频率。利用复数记号,可得到式(3-1)的一个更简洁的形式

$$u(P,t)=\mathrm{Re}\{U(P)\exp(-\mathrm{j}2\pi\nu t)\} \tag{3-2}$$

式中,Re{} 表示“实部”,$U(P)$ 是位置的一个复值函数(有时叫作相矢量),其形式为

$$U(P)=A(P)\exp[\mathrm{j}\phi(P)] \tag{3-3}$$

如果实值扰动 $u(P,t)$ 用来表示光波,那么在每一非光源点上它必须满足标量波动方程

$$\nabla^2 u-\frac{n^2}{c^2}\frac{\partial^2 u}{\partial t^2}=0 \tag{3-4}$$

式中,∇^2 是拉普拉斯算符,n 是传播光波的电介质媒质的折射率,c 是真空中的光速。由于与时间的函数关系已经预先知道,因此复值函数 $U(P)$ 已足以描述扰动。将式(3-2)代入式(3-4),得到 U 必须满足不含时间的方程

$$(\nabla^2+k^2)U=0 \tag{3-5}$$

其中 k 是波数,定义为

$$k=2\pi n\frac{\nu}{c}=\frac{2\pi}{\lambda}$$

λ 是光波在电介质媒质中的波长($\lambda=c/(n\nu)$)。式(3-5)叫作亥姆霍兹方程;下面将假定,在真空($n=1$)或均匀电介质媒质($n>1$)中传播的任何单色光扰动的复振幅必定遵从这一关系。

在很多实际情况下,相矢量场能够用这样一个函数表示:它有一个缓慢变化的复包络 $U(x,y,z)$,乘以一个快速变化的相位因子 $\exp(jkz)$,即对于传播方向与光轴夹角很小的光波,复场的一般形式可近似写为

$$U(x,y,z)\approx A(x,y,z)\exp(jkz) \tag{3-6}$$

其中 $A(x,y,z)$ 是 z 的缓变函数。假设在像 λ 这样小的距离上,$A(x,y,z)$ 的变化小得可以忽略。如果将一个这样形式的解代入亥姆霍兹方程,并应用缓慢变化,假设 $\frac{\partial^2}{\partial z^2}A\ll j2k\frac{\partial V}{\partial z}$,便得到 $A(x,y,z)$ 必须满足的微分方程

$$\nabla_t^2 A+j2k\frac{\partial A}{\partial z}=0 \tag{3-7}$$

其中 $\nabla_t^2=\partial^2/\partial x^2+\partial^2/\partial y^2$ 为拉普拉斯算符的横向部分,式(3-7)为傍轴亥姆霍兹方程。显然傍轴亥姆霍兹方程与前述对称的三维形态的亥姆霍兹方程有很大不同,对于激光谐振腔内光场的分析有很大帮助。

2. 格林定理

空间一点上的复扰动 U 可借助于格林定理这一数学关系来计算。格林定理可在大多数高等微积分教科书中找到,其表述如下:令 $U(P)$ 和 $G(P)$ 为两个以位置为变量的任意复值函数,并令 S 为包围体积 V 的闭合曲面。如果 U、G 及它们的一阶和二阶偏导数都是单值的并且在 S 内和 S 上连续,则有

$$\iiint_V (U\nabla^2 G-G\nabla^2 U)\,\mathrm{d}V=\iint_S\left(U\frac{\partial G}{\partial n}-G\frac{\partial U}{\partial n}\right)\mathrm{d}S \tag{3-8}$$

式中,$\partial/\partial n$ 表示 S 上的每一点在向外法线方向上的偏导数。

这个定理在许多方面是标量衍射理论的主要基础。但是,只有慎重选择辅助函数 G 和闭合曲面 S,才能将它直接用于衍射问题。现在讨论基尔霍夫对辅助函数的选择及由此得出的积分定理。

3. 亥姆霍兹和基尔霍夫的积分定理

基尔霍夫的衍射理论建立在一个积分定理的基础上,这个积分定理把齐次波动方程在任意一点的解用包围这一点的任意闭合曲面上的解及其一阶导数的值来表示。这个定理先前在声学中已由亥姆霍兹导出。

令观察点为 P_0,并令 S 代表包围 P_0 的一个任意闭合曲面,如图 3-1 所示。如何用 S 上的光扰动之值表示 P_0 点的光扰动?为了解决这个问题,效仿基尔霍夫,应用格林定理,并选由 P_0 点向外发散的单位振幅的球面波(所谓自由空间格林函数)作为辅助函数。于是在任意一点 P_1 上基尔霍夫的 G 函数为

$$G(P_1)=\frac{\exp(jkr_{01})}{r_{01}} \tag{3-9}$$

式中,用 r_{01} 表示从 P_0 指向 P_1 点的矢量 $\vec{r}_{01}$ 的长度。

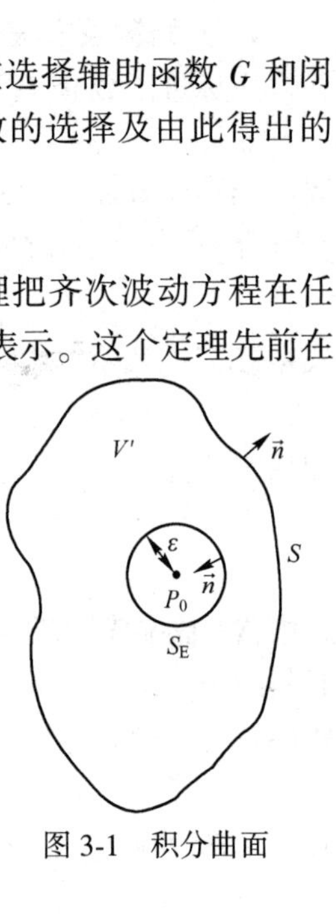

图 3-1 积分曲面

进一步讨论之前,先介绍一下格林函数。假设求解下面的非齐次线性微分方程

$$a_2 \frac{\mathrm{d}U^2}{\mathrm{d}^2 x}+a_1 \frac{\mathrm{d}U}{\mathrm{d}x}+a_0 U=V(x) \tag{3-10}$$

式中,$V(x)$是一个驱动函数,而 $U(x)$ 满足已知的一组边界条件。选择一维变量 x,不过很容易推广到多维的 $\vec{x}$。可以证明,若 $G(x)$ 是同一微分方程[式(3-10)]的解,若 $V(x)$换成脉冲驱动函数 $\delta(x-x')$而保持边界条件不变时的解,则通解 $U(x)$ 可以用特解 $G(x)$ 的卷积积分表示

$$U(x) = \int G(x - x')V(x')\,\mathrm{d}x' \tag{3-11}$$

函数 $G(x)$ 叫作这个问题的格林函数,显然它具有脉冲响应的形式。后面各节中要讨论的标量衍射问题的各种各样的解对应于对问题的格林函数做不同假设得出的结果。格林定理中出现的函数 G,既可看成为求解问题而选择的一个辅助函数,也可以最终将它和问题的脉冲响应函数联系起来。

现在回到讨论的中心议题。要能够被合理地用于格林定理中,函数 G(以及它的一阶和二阶偏导数)必须在被包围的体积 V 内连续。因此,为了排除在 P_0 点的不连续性,用一个半径为 ε 的小球面 S_ε 将 P_0 点围起来。然后应用格林定理,积分体积 V'为介于 S 和 S_ε 之间的体积,积分曲面是复合曲面

$$S'=S+S_\varepsilon$$

如图 3-1 所示。注意,复合曲面的“向外”的法线,在 S 上如通常意义指向外侧,但在 S_ε 上则指向内侧(指向 P_0)。

在体积 V'内,扰动 G 是一个简单的向外扩展的球面波,满足亥姆霍兹方程

$$(\nabla^2+k^2)G=0 \tag{3-12}$$

将两个亥姆霍兹方程[式(3-5) 和式(3-12)]代入格林定理的左边,可以得到

$$\iiint_{V'}(U\nabla^2 G - G\nabla^2 U)\,\mathrm{d}V = -\iiint_{V'}(UGk^2 - GUk^2)\,\mathrm{d}V \equiv 0$$

于是格林定理化简为

$$\iint_{S'}\left(U\frac{\partial G}{\partial n} - G\frac{\partial U}{\partial n}\right)\mathrm{d}S = 0$$

或者

$$-\iint_{S_\varepsilon}\left(U\frac{\partial G}{\partial n} - G\frac{\partial U}{\partial n}\right)\mathrm{d}S = \iint_{S}\left(U\frac{\partial G}{\partial n} - G\frac{\partial U}{\partial n}\right)\mathrm{d}S \tag{3-13}$$

注意,对于 S'上一般的点 P_1,有

$$G(P_1)=\frac{\exp(\mathrm{j}kr_{01})}{r_{01}}$$

和

$$\frac{\partial G(P_1)}{\partial n}=\cos(\vec{n},\vec{r}_{01})\left(\mathrm{j}k-\frac{1}{r_{01}}\right)\frac{\exp(\mathrm{j}kr_{01})}{r_{01}} \tag{3-14}$$

式中,$\cos(\vec{n},\vec{r}_{01})$代表向外的法线 $\vec{n}$ 与从 P_0 到 P_1 的矢量 $\vec{r}_{01}$之间夹角的余弦。对于 P_1 点在 S_ε 上的特殊情形,$\cos(\vec{n},\vec{r}_{01})=-1$,这时方程变为

$$G(P_1)=\frac{\exp(\mathrm{j}k\varepsilon)}{\varepsilon} \quad 和 \quad \frac{\partial G(P_1)}{\partial n}=\frac{\exp(\mathrm{j}k\varepsilon)}{\varepsilon}\left(\frac{1}{\varepsilon}-\mathrm{j}k\right)$$

令 ε 任意变小,由 U(及其导数)在 P_0 点的连续性,可以得到

$$\begin{aligned}&\lim_{\varepsilon\to 0}\iint_{S_\varepsilon}\left(U\frac{\partial G}{\partial n} - G\frac{\partial U}{\partial n}\right)\mathrm{d}S\\&=\lim_{\varepsilon\to 0}4\pi\varepsilon\left[U(P_0)\frac{\exp(\mathrm{j}k\varepsilon)}{\varepsilon}\left(\frac{1}{\varepsilon}-\mathrm{j}k\right)-\frac{\partial U(P_0)}{\partial n}\frac{\exp(\mathrm{j}k\varepsilon)}{\varepsilon}\right]=4\pi U(P_0)\end{aligned}$$

把这个结果代入式(3-13)(考虑负号),得到

$$U(P_0)=\frac{1}{4\pi}\iint_S\left\{\frac{\partial U}{\partial n}\left[\frac{\exp(\mathrm{j}kr_{01})}{r_{01}}\right]-U\frac{\partial}{\partial n}\left[\frac{\exp(\mathrm{j}kr_{01})}{r_{01}}\right]\right\}\mathrm{d}S \tag{3-15}$$

这个结果叫做亥姆霍兹和基尔霍夫的积分定理;它在衍射的标量理论的发展中起了重要作用,因为它使得任意一点的场可以用波在包围这一点的任意闭合曲面上的“边值”表示。我们将看到,这一关系式在标量衍射方程的进一步发展中是很有用的。

3.1.2 菲涅耳-基尔霍夫衍射公式

现在考虑光在无穷大不透明屏幕的孔径上的衍射。如图 3-2 所示,假定一个波从左面入射到屏幕和孔径上,要计算孔径后面一点 P_0 上的场,仍然假设场是单色的。

1. 积分定理的应用

要算出 P_0 点的场,应用亥姆霍兹和基尔霍夫的积分定理,仔细选择一个积分曲面,使得计算能顺利完成。仿效基尔霍夫的做法,选择闭合面 S 由两部分组成,如图 3-2 所示。将正好位于衍射屏幕后的平面 S_1 与一个半径为 R、中心在观察点 P_0 的大球冠 S_2 连接起来构成闭合曲面。整个闭合曲面就是 S_1 与 S_2 之和。于是,应用式(3-15),得

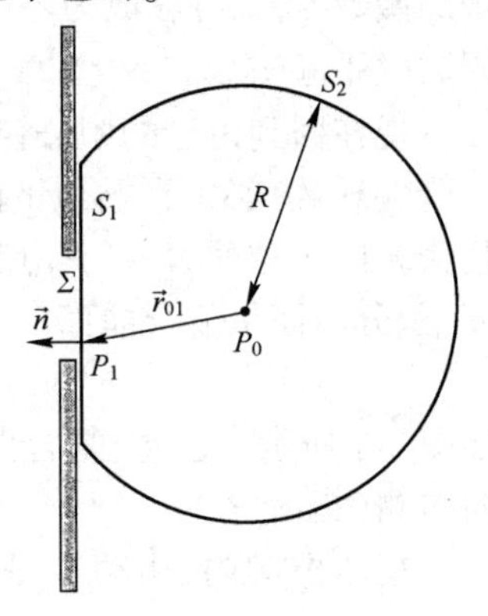

图 3-2 平面衍射示意图

$$U(P_0)=\frac{1}{4\pi}\iint_{S_1+S_2}\left(G\frac{\partial U}{\partial n}-U\frac{\partial G}{\partial n}\right)\mathrm{d}S,$$

和前面一样,上式中 $$G=\frac{\exp(\mathrm{j}kr_{01})}{r_{01}}$$

随着 R 增大,S_2 趋于一个大的半球壳。人们也许会轻易推论,由于 U 和 G 都随着 $1/R$ 减小,被积函数最终将消失,从而使 S_2 上的面积分之贡献为零。但是,由于积分面积按 R^2 增大,上述论据是不全面的。人们也可能会轻易假设,既然扰动以有限速度 c/n 传播,R 最终变得如此之大,使波来不及传到 S_2,因此被积函数在这个面上将为零。但是这个论据与单色扰动的假定不相容:按定义,单色扰动必须在所有时间都存在。显然,在能够妥善处理 S_2 对积分的贡献之前,还需要做更细致的研究。

下面更详细地考察这个问题。可以看到,在 S_2 上

$$G=\frac{\exp(\mathrm{j}kR)}{R}$$

并且由式(3-14) $$\frac{\partial G}{\partial n}=\left(\mathrm{j}k-\frac{1}{R}\right)\frac{\exp(\mathrm{j}kR)}{R}\approx\mathrm{j}kG$$

其中最后的近似在 R 大时成立。于是,问题中的积分可简化为

$$\iint_{S_2}\left[G\frac{\partial U}{\partial n}-U(\mathrm{j}kG)\right]\mathrm{d}S=\int_\Omega G\left(\frac{\partial U}{\partial n}-\mathrm{j}kU\right)R^2\mathrm{d}\omega$$

式中,Ω 是 S_2 对 P_0 点张的立体角。现在 $|RG|$ 这个量在 S_2 上是一致有界的。所以 S_2 上的整个积分将随着 R 任意变大而消失,只要扰动对角度一致地具有以下性质:

$$\lim_{R\to\infty}R\left(\frac{\partial U}{\partial n}-\mathrm{j}kU\right)=0 \tag{3-16}$$

这一要求称为索末菲辐射条件。若扰动 U 趋于零的速度至少像发散球面波那样快,则此条件

满足。它保证了处理的只是在 S_2 面上出去的波,而不是进来的波,因为后者在 S_2 上的积分当 $R\to\infty$ 时可能不为零。由于在讨论的问题中,只有出去的波才会落到 S_2 上,在 S_2 上积分的贡献才会精确地为零。

2. 基尔霍夫边界条件

在弃去曲面 S_2 上的积分后,现在能够把 P_0 点的扰动用紧贴在屏幕之后的无穷大平面 S_1 上的扰动及其法向微商表示,即

$$U(P_0)=\frac{1}{4\pi}\iint_{S_1}\left(\frac{\partial U}{\partial n}G-U\frac{\partial G}{\partial n}\right)\mathrm{d}S \tag{3-17}$$

除了张开的孔径(用 Σ 表示),屏幕是不透明的。所以,直观上似乎可以合理地认为,对积分式(3-17) 的主要贡献来自 S_1 上的位于孔径 Σ 内的那些点,预期被积函数在那里最大。因此,基尔霍夫采用了以下的假定:

(1) 在孔径 Σ 上,场分布 U 及其导数 $\partial U/\partial n$ 和没有屏幕时完全相同。

(2) 在 S_1 的位于屏幕的几何阴影区内的那一部分上,场分布 U 及其导数 $\partial U/\partial n$ 恒为零。

这两个条件一般称为基尔霍夫边界条件。第一个条件允许我们忽略屏幕的存在来确定射到孔径上的场扰动。第二个条件允许我们忽略全部积分曲面,除了直接位于孔径内的那一部分。于是式(3-17)简化为

$$U(P_0)=\frac{1}{4\pi}\iint_{\Sigma}\left(\frac{\partial U}{\partial n}G-U\frac{\partial G}{\partial n}\right)\mathrm{d}S \tag{3-18}$$

虽然基尔霍夫边界条件使结果大为简化,但重要的是认识到,这两个条件中没有一个完全正确。屏幕的出现不可避免地将在某种程度上干扰 Σ 上的场,因为沿着孔径边缘必须满足一定的边界条件,屏幕不存在时并不要求这些边界条件。此外,屏幕后阴影也不可能是理想的,因为场必然会伸展到屏幕后几个波长的距离。但是,如果孔径的尺寸比波长大很多,那么这些边缘效应尽可以放心地忽略,用这两个边界条件可得出跟实验结果一致性非常好的结果。

3. 菲涅耳-基尔霍夫衍射公式

$U(P_0)$的表达式可以进一步简化。注意到,从孔径到观察点的距离 r_{01} 通常比波长大得多,从而 $k\gg r_{01}$,于是式(3-15) 变成

$$\frac{\partial G(P_1)}{\partial n}=\cos(\vec{n},\vec{r}_{01})\left(\mathrm{j}k-\frac{1}{r_{01}}\right)\frac{\exp(\mathrm{j}kr_{01})}{r_{01}}\approx \mathrm{j}k\cos(\vec{n},\vec{r}_{01})\frac{\exp(\mathrm{j}kr_{01})}{r_{01}} \tag{3-19}$$

把这个近似及 G 的表达式(3-10) 代入式(3-18),可以得到

$$U(P_0)=\frac{1}{4\pi}\iint_{\Sigma}\frac{\exp(\mathrm{j}kr_{01})}{r_{01}}\left[\frac{\partial U}{\partial n}-\mathrm{j}kU\cos(\vec{n},\vec{r}_{01})\right]\mathrm{d}S \tag{3-20}$$

现在假设孔径由 P_1 点上的点光源发出的单个球面波照明,从 P_1 到 P_2 的距离为 r_{21}(见图 3-3),有

$$U(P_1)=\frac{A\exp(\mathrm{j}kr_{21})}{r_{21}}$$

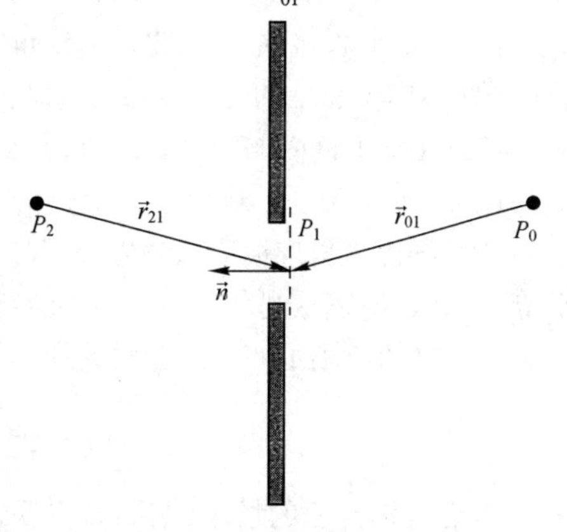

图 3-3　点光源照亮平面屏幕

如果 r_{21} 比几个波长还要大,那么式(3-20)可立即化简为

$$U(P_0)=\frac{A}{\mathrm{j}\lambda}\iint_{\Sigma}\frac{\exp[(\mathrm{j}k(r_{21}+r_{01}))]}{r_{21}r_{01}}\left[\frac{\cos(\vec{n},\vec{r}_{01})-\cos(\vec{n},\vec{r}_{21})}{2}\right]\mathrm{d}S \tag{3-21}$$

这个结果只在由一个发散的球面波照明时成立,它叫作菲涅耳-基尔霍夫衍射公式。对于无限远处的点光源产生的正入射平面波照明的特殊情况,倾斜因子$[\cos(\vec{n},\vec{r}_{01})-\cos(\vec{n},\vec{r}_{21})]/2$变成$[1+\cos\theta]/2$,$\theta$是矢量$\vec{n}$和$\vec{r}_{01}$之间的夹角;因此菲涅耳-夫琅禾费衍射公式又可以表示为:

$$U(P_0)=\frac{\mathrm{j}k}{4\pi}\iint_{\Sigma}U(P_1)\frac{\exp(-\mathrm{j}kr_{01})}{r_{01}}(1+\cos\theta)\mathrm{d}S \tag{3-22}$$

3.1.3 光学谐振腔的自再现模积分方程

1. 自再现模概念

光学谐振腔是一种“开式”的谐振腔。所谓开式是指,谐振腔只靠两端的反射镜来实现光束在腔内的往返传播,对于光波没有任何其他限制。由于反射镜的有限大小,它在对光束起反射作用的同时,还会引起光波的衍射效应。腔内的光束每经过一次反射镜的作用,就使光束的一部分不能再次被反射回腔内。因而,反射回来的光束的强度要减弱,同时光强分布也将发生变化。1960年A. G. Fox和Tingye Li采用计算机进行迭代法数值计算证明,当反射次数足够多时(大约三百多次反射),光束的横向场分布便趋于稳定,不再受衍射的影响。场分布在腔内往返传播一次后能够“再现”出来,反射只改变光的强度大小,而不改变光的强度分布。这种稳态场经一次往返后,唯一的变化是,镜面上各点的场振幅按同样的比例衰减,各点的相位发生同样大小的滞后。当两个镜面完全相同时(对称开腔),这种稳态场分布应在腔内经单程渡越(传播)后即实现“再现”。这个稳定的横向场分布,就是激光谐振腔的自再现模。

一方面,人们从理论上论证了自再现模的存在性,并且用数值的和解析的方法求出了各种开腔的自再现模。另一方面又从实验上观测到了激光的各种稳定的强度花样,而且理论分析与实验观测的结果符合得很好。因此证明开腔的自再现模确实存在。

2. 自再现模积分方程

对于激光器开腔来说,若给定了某一镜面上的光场分布函数,如何计算当光波渡越到另一镜面处时所形成的新光场分布函数呢?

图3-4所示为一个圆形镜的平行平面腔,镜面M和M′上分别建立了坐标轴两两相互平行的二维直角坐标系x-y和x'-y'。假设镜面M′上的光场分布已知,也就是M′上任一源点$P'(x',y')$的光场强度$u'(x',y')$为已知。利用式(3-22)在整个镜面M′上积分,可以计算出M镜上的场分布函数,即任意一个观察点$P(x,y)$的光场强度$u(x,y)$。

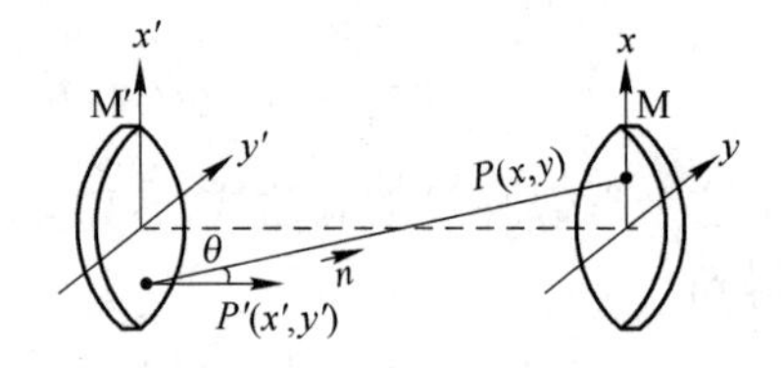

图3-4　镜面上场分布的计算示意图

为了导出自再现模的积分方程,假设$u_q(x',y')$为经过q次渡越后在某一镜面上所形成的场分布,$u_{q+1}(x,y)$表示光波经过$q+1$次渡越后,到达另一镜面所形成的光场分布,按照式(3-22),u_{q+1}与u_q之间应满足如下的迭代关系

$$u_{q+1}(x,y)=\frac{\mathrm{j}k}{4\pi}\iint_{M'}u_q(x',y')\frac{\mathrm{e}^{-\mathrm{j}k\rho}}{\rho}(1+\cos\theta)\mathrm{d}s' \tag{3-23}$$

考虑对称开腔的情况,按照自再现模的概念,除了一个表示振幅衰减和相位移动的常数因子以外,u_{q+1}应能够将u_q再现出来,两者之间应有关系

$$u_{q+1}=\sigma u_q \tag{3-24}$$

式中,σ 是一个与坐标(x,y)及(x',y')无关的复常数。将式(3-24)代入式(3-23)中,有

$$\sigma u_q(x,y) = \frac{jk}{4\pi}\iint_{M'} u_q(x',y')\ \frac{e^{-jk\rho}}{\rho}(1+\cos\theta)\,ds' \tag{3-25}$$

去掉上式中光场分布函数的下标 q,用 $u(x,y)$ 表示稳态场分布函数,则式(3-25)便可改写为自再现模积分方程

$$\sigma u(x,y) = \frac{jk}{4\pi}\iint_{M'} u(x',y')\ \frac{e^{-jk\rho}}{\rho}(1+\cos\theta)\,ds' \tag{3-26}$$

式中,ρ 与 θ 都是源点及观察点的坐标(x',y')及(x,y)的函数,这样的积分方程运算起来相当麻烦,需要先对此方程做一些近似处理。对于一般的激光谐振腔来说,腔长 L 与反射镜曲率半径 R 通常都远大于反射镜的线度 a,而 a 又远大于光波长 λ。即

$$L,R \gg a \gg \lambda \tag{3-27}$$

在此条件下,可对式(3-26)做两点近似。首先,式中 θ 的值一般很小,因子 $1+\cos\theta$ 可用 2 代替。其次,分母中的 ρ 可以用腔长 L 来代替。这里要注意的是,指数中的 ρ 一般情况下是不能用 L 来代替的,这是由于指数因子中与 ρ 相乘的光波矢 $\vec{k}$ 的值是很大的,用 L 代替 ρ 会引起较大的误差,只能根据不同的镜面形状再做不同的近似处理。把上述两点近似结果代入式(3-26)后,便可得到自再现模所满足的积分方程

$$\sigma_{mn}u_{mn}(x,y) = \iint K(x,y,x',y')\,u_{mn}(x',y')\,ds' \tag{3-28}$$

式中

$$K(x,y,x',y') = \frac{jk}{2\pi L}e^{-jk\rho(x,y,x',y')} = \frac{j}{\lambda L}e^{-jk\rho(x,y,x',y')}$$

称为积分方程的核。u_{mn}与 σ_{mn}的下标表示该方程存在一系列的不连续的本征函数解与本征值解,这说明在某一给定的开腔中,可以存在许多不同的自再现模。由于积分方程是二维的,故需要两个模参数来区分这些不同的自再现模。

3. 积分方程解的物理意义

(1) 本征函数 u_{mn}和激光横模

积分方程的本征函数解 u_{mn}一般为复函数,它的模代表对称开腔任一镜面上的光场振幅分布,幅角则代表镜面上光场的相位分布。本征函数解 u_{mn}表示的是在激光谐振腔中存在的稳定的横向场分布,就是自再现模,通常叫作“横模”,m、n 称为横模序数。用一个屏接收激光器输出的光束时,可以直接用人眼观察到光束横截面上光强的分布情况。有的激光器输出一个对称的圆形光斑,如图 3-5(a)和(e)所示;有的激光器输出一些形状更为复杂的光斑,如图 3-5(b)、(c)、(d)、(f)、(g)所示。这些光强在光束横截面上的分布就是各种横模花样,是稳定的、有规律的图形。$m=0,n=0$时所对应的横模称为基模(或横向单模),基模的场集中在反射镜中心,是光斑的最简单结构,而其他的横模称为高阶横模。

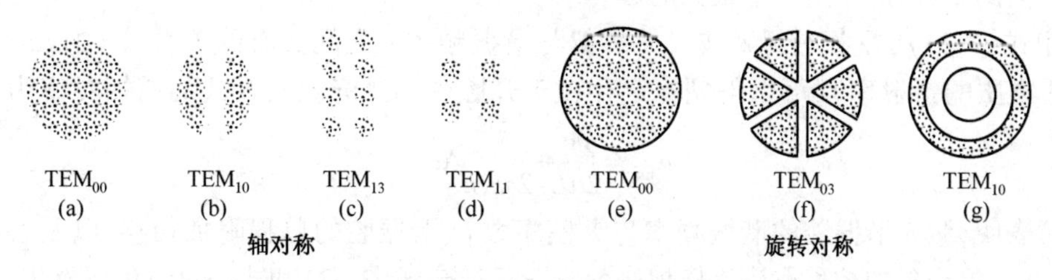

图 3-5 横模光斑示意图

（2）本征值 σ_{mn} 和单程衍射损耗、单程相移

本征值 σ_{mn} 一般也是复数，它的模反映了自再现模在腔内单程渡越时所引起的功率损耗。这里所讲的损耗包括衍射损耗和几何损耗，但主要是衍射损耗，称为单程衍射损耗，用 δ 表示。定义

$$\delta=\frac{|u_q|^2-|u_{q+1}|^2}{|u_q|^2} \tag{3-29}$$

将式(3-26)代入上式后，可得

$$\delta_{mn}=1-|\sigma_{mn}|^2 \tag{3-30}$$

式中，下角标 m,n 为横模参数，表明单程衍射功率损耗与横模序数有关。

本征值幅角与自再现模腔内单程渡越后所引起的总相移有关。由式(3-24)，可以写出

$$\arg u_{q+1}=\arg\sigma+\arg u_q$$

而自再现模在对称开腔中单程渡越所产生的总相移定义为

$$\delta\Phi=\arg u_{q+1}-\arg u_q \tag{3-31}$$

因此有

$$\delta\Phi=\arg\sigma \tag{3-32}$$

另外，自再现模在对称开腔中的单程总相移一般并不等于由腔长 L 所决定的几何相移 kL，它们的关系为

$$\delta\Phi=-kL+\Delta\phi \tag{3-33}$$

$\Delta\phi$ 表示腔内单程渡越时相对于几何相移的单程附加相移，或简称为单程相移。当 $\Delta\phi>0$ 时，表示附加相位超前；当 $\Delta\phi<0$ 时，表示附加相位滞后。由式(3-32)及式(3-33)可写出

$$\Delta\phi_{mn}=kL+\arg\sigma_{mn} \tag{3-34}$$

这说明单程附加相移与本征值 σ_{mn} 的幅角有关，不同的横模单程附加相移也不同。

3.1.4 激光谐振腔的谐振频率和激光纵模

1. 谐振条件、驻波和激光纵模

当腔内存在激活物质时，为了使自再现模在往返传播过程中能形成稳定的振荡，必须满足谐振条件。这是因为当光波在腔镜上反射时，入射波和反射波会发生干涉。为在腔内形成稳定的振荡，要求光波因干涉而得到加强，即光波在腔内往返一周的总相移（见式(3-33)，并省略式中的负号）应等于 2π 的整数倍，因而只有某些特定频率的光才能满足谐振条件

$$2\delta\Phi=2q\pi \quad q=1,2,3,\cdots \tag{3-35}$$

每一个 q 值对应有正反两列沿轴线相反方向传播的同频率光波，这两列光波叠加的结果，将在腔内形成驻波。谐振腔形成的每一列驻波称为一个纵模。激光器中满足谐振条件的不同纵模对应着谐振腔内各种不同的稳定驻波场，具有不同的频率。q 值定义为纵模序数，等于驻波的波节数。光波的波长是微米数量级的，不难看出，一般的光学谐振腔内产生的驻波波节数是一个很大的量，因此 q 是一个很大的数。

利用式(3-33)，并考虑到光波矢 $\vec{k}$ 的值与谐振频率 ν 之间具有的关系：$k=2\pi\mu\nu/c$（式中 μ 为激活物质的折射率），可以得到稳定存在于开腔中的激光振荡模式的谐振频率为

$$\nu_{mnq}=\frac{qc}{2\mu L}+\frac{c}{2\pi\mu L}\Delta\phi_{mn} \tag{3-36}$$

式(3-36)表明，激光谐振腔的谐振频率与纵模序数 q、谐振腔的单程附加相移，以及各物理常数有关，其中单程附加相移取决于横模序数 m、n。结合式(3-33)和式(3-35)可以看出，因为单程总相移的主要部分是几何相移，纵模序数 q 的值非常大。另外，单程附加相移 $\Delta\phi$ 的值很有

限。因此激光谐振腔的谐振频率主要取决于纵模序数

$$\nu_{mnq}=\frac{qc}{2\mu L} \tag{3-37}$$

2. 纵模频率间隔

腔内两个相邻纵模频率之差 $\Delta\nu_q$ 称为纵模的频率间隔。由式(3-36)得

$$\Delta\nu_q=\nu_{q+1}-\nu_q=\frac{c}{2\mu L} \tag{3-38}$$

由式(3-38)可知,$\Delta\nu_q$ 与 q 无关,对于一定的光腔为一常数,因而腔的纵模(图中虚线)在频率尺度上是等距离排列的,如图 3-6 所示。事实上图中每一个纵模均有一定的谱线宽度 $\Delta\nu_c$。

例如,对于腔长 $L=10$ cm 的 He-Ne 气体激光器,设 $\mu=1$,由式(3-38)可得 $\Delta\nu_q=1.5\times10^9$ Hz;对腔长 $L=30$ cm 的He-Ne气体激光器,$\Delta\nu_q=0.5\times10^9$ Hz。在普通的 Ne 原子辉光放电中,荧光光谱的中心频率 $\nu=4.74\times10^{14}$ Hz(波长为 632.8 nm),其线宽 $\Delta\nu_F=1.5\times10^9$ Hz。而在光学谐振腔中,允许的谐振频率是一系列分立的频率,其中只有满足谐振条件(式(3-37)),同时又满足阈值条件,且落在 Ne 原子 632.8 nm 荧光线宽范围内的频率成分才能形成激光振荡。因此 10 cm 腔长的 He-Ne 激光器只能出现一种频率的激光,通常称为单模(或单纵模)激光器。而腔长30 cm的 He-Ne 激光器则可能出现三种频率的激光,也就是可能出现三个纵模,这种激光器称为多模(或多纵模)激光器。

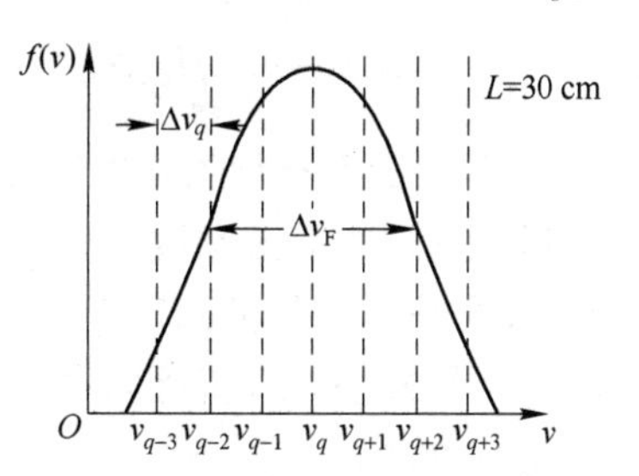

图 3-6　腔中允许的纵模数

由以上讨论可以看出,普通光源发出线宽为 $\Delta\nu_F$ 的光,而在光学谐振腔中,只留下 $\Delta\nu_F$ 中满足谐振条件及阈值条件的那些频率,其他的频率都被谐振腔抑制掉了。这样,由激光器输出的激光的单色性就比普通光源要好得多。

3.2　对称共焦腔内外的光场分布

上节从对称开腔中的自再现模积分方程出发,讨论了方程解的物理意义,建立了激光模式的概念,以及激光器输出频率和频率间隔的计算方法。除了激光的频率以外,在应用激光的时候还必须了解输出激光的具体场分布,从而控制激光的强度和相位。为此,需要求解对称开腔中的自再现模积分方程(式(3-28))。该方程是一个具有连续对称核的线性齐次积分方程,在积分方程的理论中称为第二类弗里德霍姆方程。从数学上可以证明,这种方程的解是存在的,但是,至今仍未找到通用的解析求解方法。对不同结构的腔只能采用不同的方法求解,如对于平行平面腔,可用迭代法进行数值计算,结果用图或表的形式给出。对于对称共焦腔,则可用解析法求出方程的精确解,以及近似解的解析表达式。本节以方形镜面的对称共焦腔(以下简称共焦腔)为例,求解积分方程(式(3-28))(略去数学过程),给出场函数 u_{mn} 的具体表示式。从而得到共焦腔镜面上的场分布,并由此导出激光谐振腔内外的空间场分布,得到输出激光的强度和相位。

3.2.1　共焦腔镜面上的场分布

1. 方形镜面共焦腔自再现模积分方程的解析解

设方镜每边长为 $2a$,共焦腔的腔长为 L(根据共焦腔的定义,镜面的曲率半径 R 等于腔长

L)，光波波长为 λ，并把 x,y 坐标轴的原点选在镜面中心，以 (x,y) 来表示镜面上的任意一点，则在 $L,R \gg a \gg \lambda$ 及 $\frac{a^2}{\lambda L} \ll \left(\frac{L}{a}\right)^2$ 的近轴情况下，积分方程（式(3-28)）有本征函数近似解析解

$$u_{mn} \approx C_{mn} H_m(X) H_n(Y) \mathrm{e}^{-\frac{X^2+Y^2}{2}} \tag{3-39}$$

本征值近似解

$$\sigma_{mn} = \mathrm{e}^{-\mathrm{j}\left[kL-(m+n+1)\frac{\pi}{2}\right]} \tag{3-40}$$

式中，$m=0,1,2,3,\cdots$；$n=0,1,2,3,\cdots$；C_{mn} 为一个和 m、n 有关的常数；$X=x\sqrt{\frac{2\pi}{\lambda L}}$，$Y=y\sqrt{\frac{2\pi}{\lambda L}}$；$H_m(X)$ 和 $H_n(Y)$ 均为厄密多项式，其表示式为

$$H_0(X)=1,\ H_1(X)=2X,\ H_2(X)=4X^2-2,\ \cdots,\ H_m(X)=(-1)^m \mathrm{e}^{X^2}\frac{\mathrm{d}^m}{\mathrm{d}X^m}\mathrm{e}^{-X^2}$$

2. 镜面上自再现模场的特征

积分方程的本征函数（式(3-39)）决定了镜面上的光场分布，其中本征函数的模决定振幅分布，辐角决定相位分布。单程衍射损耗和单程附加相移则与积分方程的本征值有关。有了式(3-39)和式(3-40)就可以讨论光场分布的这几个方面的问题。

(1) 振幅分布

若令

$$F_m(X)=H_m(X)\mathrm{e}^{-X^2/2},\ F_n(Y)=H_n(Y)\mathrm{e}^{-Y^2/2}$$

则式(3-39)可改写为

$$u_{mn} \approx C_{mn} F_m(X) F_n(Y) \tag{3-41}$$

光强 I 正比于光振动 u 的平方，即有

$$I \propto u_{mn}^2 \propto F_m^2(X) F_n^2(Y) \tag{3-42}$$

图 3-7 画出了 $m=0,1,2$ 和 $n=0,1$ 的 $F_m(X) \sim X$ 及 $F_n(Y) \sim Y$ 的变化曲线，同时还画出了相应的光振动的镜面光强分布，与 3.1 节中图 3-5 给出的激光器输出的横模的光斑图像完全一样。

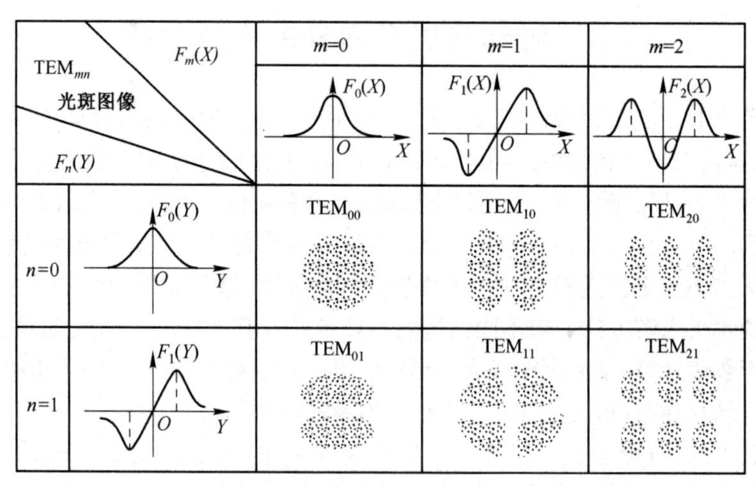

图 3-7 $F_m(X) \sim X$ 及 $F_n(Y) \sim Y$ 的变化曲线及相应的光强分布

激光的模式常用微波中标志模式的符号来标记，记为 TEM_{mnq}，其中 TEM_{00} 是基横模。由 $F_m(X)$、$F_n(Y)$ 函数的特点看出，m、n 的值正好分别等于光强在 x,y 方向上的节线（光强为 0 的线）数目，而且由 $F_m(X)$ 和 $F_n(Y)$ 函数的极值分布看出，m、n 的值越大，光场也越向外扩展。

当 $m=0,n=0$ 时,基横模 TEM_{00} 场分布为

$$u_{00}=C_{00}\mathrm{e}^{-\frac{x^2+y^2}{\lambda L/\pi}} \tag{3-43}$$

可见,镜面上的场分布与镜面的半宽度 a 无关,沿横向的分布是高斯型分布。在镜面中心,场的振幅最大。因此,可定义一个镜面上基模的"光斑有效截面半径"w_s,使得在距离镜中心 w_s 处的场振幅下降为镜中心之值的 e^{-1} 倍,基模光束的光能量集中在光斑有效截面圆内。由式(3-43)可得

$$w_s=\sqrt{x_s^2+y_s^2}=\sqrt{\lambda L/\pi} \tag{3-44}$$

增大镜面宽度,只减小衍射损耗,对光斑尺寸并无影响。而且,共焦腔的光斑非常小。例如,腔长 30 cm 的氦氖激光器采用共焦腔时,w_s 仅 0.5 mm。

(2) 相位分布

由于 $u_{mn}(x,y)$ 为实函数,说明镜面各点的光场相位相同,无论对基模还是高阶横模,共焦腔反射镜面本身构成光场的一个等相位面。

(3) 单程衍射损耗

由式(3-30)计算单程衍射损耗,如果利用 σ_{mn} 近似解式(3-40),根据式(3-30)则有 $\delta_{mn}=0$。要想详细讨论单程衍射损耗,σ_{mn} 必须用精确解。一般说来常将单程衍射损耗忽略不计,但是在讨论激光器单横模的选取时必须考虑它,4.1 节中将予以说明。

(4) 单程相移与谐振频率

由式(3-40)可得方形镜共焦腔单程附加相移为

$$\Delta\phi_{mn}=(m+n+1)\pi/2 \tag{3-45}$$

可见,其附加相位超前,其超前量随横模阶数而变。

由式(3-36)可得方形镜共焦腔的谐振频率

$$\nu_{mnq}=\frac{c}{2\mu L}\left[q+\frac{1}{2}(m+n+1)\right] \tag{3-46}$$

可见,同一横模、两个相邻纵模的频率间隔仍为

$$\Delta\nu_q=\frac{c}{2\mu L} \tag{3-47}$$

而同一纵模、两个相邻的横模之间的频率间隔则为

$$\Delta\nu_m=\Delta\nu_n=\Delta\nu_q/2 \tag{3-48}$$

也就是说,$\Delta\nu_m$、$\Delta\nu_n$ 与 $\Delta\nu_q$ 属于同一个数量级。这样一来,共焦腔对谐振频率出现了高度简并的现象。即所有 $2q+m+n$ 相等的模式都将具有相同的谐振频率。例如,TEM_{mnq},$TEM_{m-1,n+1,q}$,$TEM_{m-2,n,q+1}$,…都有相同的谐振频率。这种现象会对激光器的工作状态产生不良影响。因为所有频率相等的模式都处在激活介质的增益曲线的相同位置处,从而彼此间产生强烈的竞争作用,导致多模振荡,使输出激光光束质量变坏。图 3-8 画的是方形镜共焦腔的振荡频谱。

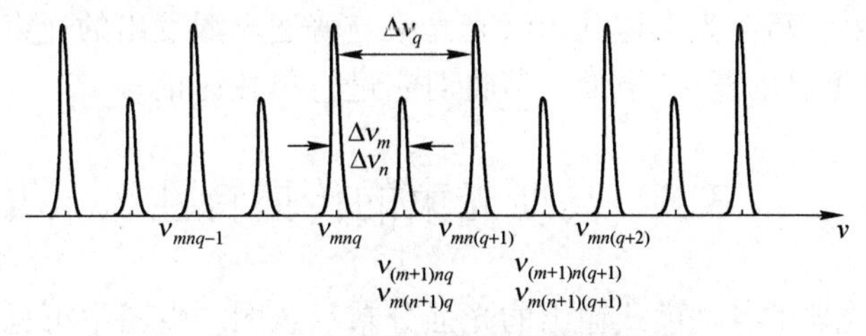

图 3-8　方形镜共焦腔的振荡频谱

对于圆形镜共焦腔，它的分析方法和方形镜共焦腔的分析方法完全一样，只是求解时要用球坐标处理。这里仅给出一个重要结果，即圆形镜共焦腔谐振频率

$$\nu_{mnq}=\frac{c}{2\mu L}\left[q+\frac{1}{2}(m+2n+1)\right] \tag{3-49}$$

3.2.2 共焦腔中的行波场与腔内外的光场分布

3.2.1 节讨论了镜面上光场分布。若求激光器的输出，则需要知道光束在腔内、外的空间分布，这就要求找出腔内、外任意一点的光振动的表示式。

腔内的光场可以通过基尔霍夫衍射公式计算由镜面 M_1 上的场分布 $u_{mn}(x_1,y_1)$ 在腔内造成的行波求得。这一行波被镜面 M_2 反射，使得传播方向相反的两列行波在腔内叠加而形成驻波。该驻波场的分布就是腔内的光场分布。腔外的光场就是腔内沿一个方向传播的行波透过镜面的部分，实际上就是行波函数乘以镜面的透射率 t。

将式(3-39)表示的镜面场分布 $u_{mn}(x_1,y_1)$ 代入基尔霍夫衍射公式(式(3-22))，引入无量纲参量 $\zeta=2z/L$，选择腔的中心为坐标原点，通过积分求解可以得到

$$u_{mn}(x,y,z)=C_{mn}H_m\left(\sqrt{\frac{2}{1+\zeta^2}}\frac{\sqrt{2}}{w_s}x\right)H_n\left(\sqrt{\frac{2}{1+\zeta^2}}\frac{\sqrt{2}}{w_s}y\right)\times$$

$$\exp\left(-\frac{2}{1+\zeta^2}\frac{x^2+y^2}{w_s^2}\right)\exp[-j\phi(x,y,z)] \tag{3-50a}$$

$$\phi(x,y,z)=k\left[\frac{L}{2}(1+\zeta)+\frac{\zeta}{1+\zeta^2}\frac{x^2+y^2}{L}\right]-(m+n+1)\left(\frac{\pi}{2}-\varphi\right) \tag{3-50b}$$

$$\varphi=\arctan\frac{1-\zeta}{1+\zeta}=\arctan\frac{L-2z}{L+2z} \tag{3-50c}$$

上式中各量的含义如图 3-9 所示，其中 $u_{mn}(x,y,z)$ 是空间 $P(x,y,z)$ 点的场函数；C_{mn} 是一个与 m,n 有关的常量，对于空间场函数的分布没有影响，以下予以忽略。式(3-50)描述了共焦腔内场的空间分布。其中 $\phi(x,y,z)$ 描述了波阵面上的相位分布，称为相位因子。

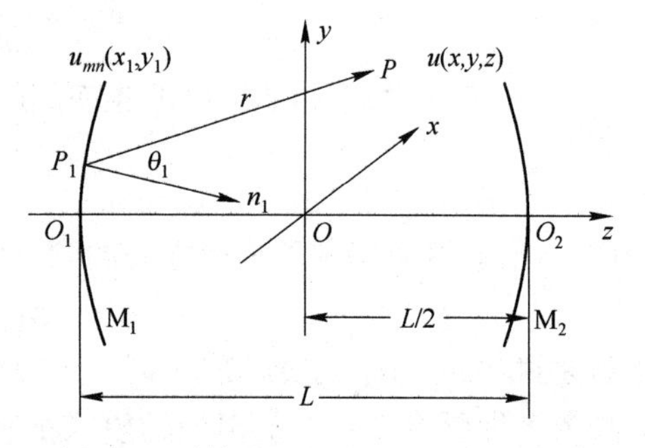

图 3-9　计算腔内外光场分布的示意图

因为 H_m、H_n 是厄密多项式，由 $m\times n$ 项组成，因此式(3-50)实际上也由 $m\times n$ 项组成。其中 $m=0$，$n=0$的一项是由镜面场分布的基横模衍射生成的基横模行波场分布，通常也称为 TEM_{00} 行波。基横模行波场是式(3-50)中最简单的一项，也是激光器输出的最重要的一部分。激光应用中也常常只用它的基横模输出。基横模行波输出在与光束前进方向的垂直平面上的强度呈高斯型分布，通常称为高斯光束。高斯光束体现出激光光束与普通光源发出的光束不同的基本特点，对于激光的应用有极其重要的意义，下面一节将对它进行单独讨论。

3.3 高斯光束的传播特性

图 3-7 给出了激光器的各种模式输出的光强分布示意图。由图中可见，除了基横模以外的各种高阶模的强度分布都在光斑中呈现出至少一条光强极小的节线，因而光强分布十分不均匀。

这就大大限制了高阶模的应用范围。基横模的输出是相对均匀的,而且它的强度中心沿直线传播。在下一章还将看到作为高斯光束的基横模,可以通过光学系统的变换实现聚焦、准直、扩束,从而使激光广泛应用于国民经济和科学技术的各个领域。但是高斯光束与普通光束有很大的区别,它的传播方向性很好,同时也会不断地发散,其发散的规律不同于球面波;在传播过程中它的波面曲率一直在变化,但是永远不会变成0;严格地讲,除了光束中心以外,高斯光束并不沿直线传播。因此,为了在实践中广泛地使用激光,必须对高斯光束的传播特性进行深入的研究。

3.3.1 高斯光束的振幅和强度分布

由式(3-50),得到基横模 TEM_{00}的场振幅 U_{00}和强度 I_{00}分布为

$$U_{00}=\exp\left(\frac{-2}{1+\zeta^2}\frac{x^2+y^2}{w_s^2}\right)$$

$$I_{00}=U_{00}^2=\exp\left(\frac{-4}{1+\zeta^2}\frac{x^2+y^2}{w_s^2}\right) \tag{3-51}$$

式中,忽略了常量因子 C_{mn}。当场振幅为轴上($x^2+y^2=0$)的值的 e^{-1}倍,即强度为轴上的值的 e^{-2}倍时,所对应的横向距离为

$$w(z)=\frac{w_s}{\sqrt{2}}\sqrt{1+\zeta^2}=\frac{w_s}{\sqrt{2}}\sqrt{1+\frac{4z^2}{L^2}} \tag{3-52}$$

$w(z)$称为 z 处截面内基模的有效截面半径,简称截面半径。将共焦腔镜面上基模的光斑半径公式(式(3-44))代入式(3-52),可得在 z 处高斯光束的截面半径仅取决于共焦腔的腔长,即

$$w(z)=\sqrt{\frac{\lambda L}{2\pi}\left[1+\left(\frac{2z}{L}\right)^2\right]} \tag{3-53}$$

在共焦腔中心($z=0$)的截面内的光斑有极小值

$$w_0=\frac{1}{\sqrt{2}}w_s=\frac{1}{\sqrt{2}}\sqrt{\frac{\lambda L}{\pi}} \tag{3-54}$$

通常将 w_0 称为高斯光束的束腰半径。在共焦腔的焦平面上,束腰半径 w_0 最小。该处称为高斯光束的“光腰”或“束腰”。

式(3-52)可表示为

$$w(z)=w_0\sqrt{1+\left(\frac{\lambda z}{\pi w_0^2}\right)^2} \tag{3-55}$$

上式可改写为

$$\frac{w^2}{w_0^2}-\frac{z^2}{(\pi w_0^2/\lambda)^2}=1 \tag{3-56}$$

可见,基模光斑半径 w 随 z 按双曲线规律变化,如图 3-10 所示。

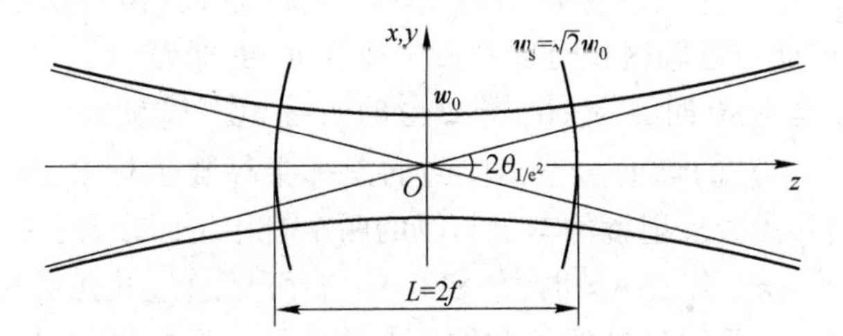

图 3-10 基模光斑半径 w 随 z 按双曲线规律的变化

虽然光强在 $z\neq0$ 处的各个截面上的分布并不相同,但由于光束是限制在各个光斑以光轴为中心、有效截面半径的圆截面以内传播的,所以通过每个截面的总光功率是相同的。光束中同一截面内所有光强为光轴上光强的 e^{-2} 倍的点的集合是一个圆,而所有各个截面上这些点的集合则组成一个回转双曲面。从这个意义上来讲,除了光轴以外,高斯光束的光线沿着双曲线传播。

以上都是针对基横模 TEM_{00} 的讨论,类似的计算也适用于高阶横模。可以证明:TEM_{mn} 光束在 x 轴方向比 TEM_{00} 光束扩展 $\sqrt{2m+1}$ 倍,在 y 轴方向比 TEM_{00} 光束扩展 $\sqrt{2n+1}$ 倍。当 $m=n$ 时,可以近似地用光束有效截面半径 $w_m=\sqrt{2m+1}\,w$ 来描述高阶横模光束有效截面半径的大小。

3.3.2 高斯光束的相位分布

共焦场的相位分布由式(3-50b)表示的相位函数 $\phi(x,y,z)$ 描述(见图 3-9,并注意坐标原点为腔中心)。$\phi(x,y,z)$ 随坐标而变化,与腔的轴线相交于 z_0 点的等相位面的方程为

$$\phi(x,y,z)=\phi(0,0,z_0) \tag{3-57}$$

将式(3-50b)及 $\zeta=2z/L$ 代入上式,并取 $m=n=0$,有

$$k\left[\frac{L}{2}\left(1+\frac{2z}{L}\right)+\frac{\frac{2z}{L}}{1+\left(\frac{2z}{L}\right)^2}\frac{x^2+y^2}{L}\right]-\left[\frac{\pi}{2}-\varphi(z)\right]=k\left[\frac{L}{2}\left(1+\frac{2z_0}{L}\right)\right]-\left[\frac{\pi}{2}-\varphi(z_0)\right]$$

忽略由于 z 变化引起的 φ 的微小变化,用 $\varphi(z_0)$ 代替 $\varphi(z)$,则在腔轴附近有

$$\begin{aligned}z-z_0&=-\frac{\frac{2z}{L}}{1+\left(\frac{2z}{L}\right)^2}\frac{x^2+y^2}{L}\approx-\frac{\frac{2z_0}{L}}{1+\left(\frac{2z_0}{L}\right)^2}\frac{x^2+y^2}{L}\\&=-\frac{x^2+y^2}{2z_0\left[1+\left(\frac{L}{2z_0}\right)^2\right]}\end{aligned} \tag{3-58}$$

令

$$R_0=z_0\left[1+\left(\frac{L}{2z_0}\right)^2\right] \tag{3-59}$$

则式(3-58)可以写成

$$z-z_0=-\frac{x^2+y^2}{2R_0}\approx R_0\sqrt{1-\frac{x^2+y^2}{R_0^2}}-R_0=\sqrt{R_0^2-(x^2+y^2)}-R_0$$

经整理得

$$R_0^2=x^2+y^2+(z-z_0+R_0)^2$$

这是一个其半径与 z_0 坐标有关的球面方程,球面半径为式(3-59)表示的 R_0。也就是说式(3-57)描述的等相位面在近轴区域可以看成半径为 R_0 的球面。

由式(3-58)看出,当 $z_0>0$ 时,$z-z_0<0$;当 $z_0<0$ 时,$z-z_0>0$。这就表示,共焦场的等相位面都是凹面向着腔的中心($z=0$)的球面。等相位面的曲率半径随坐标 z_0 而变化,当 $z_0=\pm f=\pm L/2$ 时,$R(z_0)=2f=L$,表明共焦腔反射镜面本身与场的两个等相位面重合,这与 3.2.1 节的结果相符。当 $z_0=0$ 时,$R(z_0)\to\infty$;当 $z_0\to\infty$ 时,$R(z_0)\to\infty$。可见通过共焦腔中心的等相位面是与腔轴垂直的平面,距腔中心无限远处的等相位面也是平面。不难证明,共焦腔反射镜面是共焦场中曲率最大的等相位面。共焦腔中等相位面的分布如图 3-11 所示。

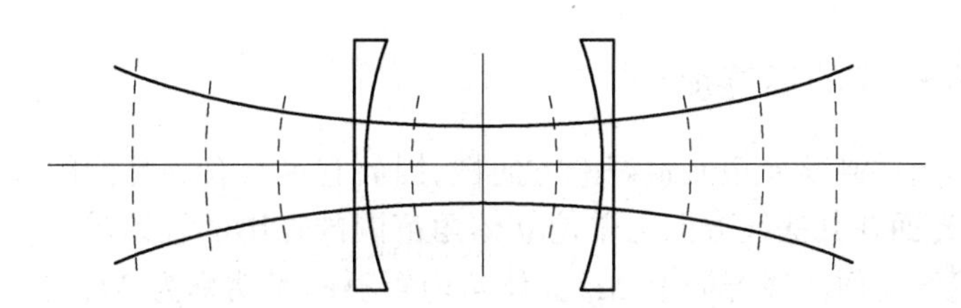

图 3-11　共焦场中等相位面的分布

与球面波类比,可以把高斯光束看成从其对称轴即光轴上一系列的“发光点”上发出的球面波,其波阵面对共焦腔中心具有对称分布。在腔内的波阵面所对应的“发光点”都在腔外,且随着波阵面由镜面向腔中心接近,波阵面的曲率半径逐渐增大,“发光点”由镜面中心移向无穷远处。腔中心处的波阵面是个平面。在腔外的波阵面所对应的“发光点”都在腔内,且随着波阵面由镜面远离腔体,波阵面的曲率半径逐渐增大。“发光点”由镜面中心向腔中心处靠近。无穷远处的波阵面对应的“发光点”是腔中心,因为波阵面的曲率半径增大成无穷大,波阵面也变成平面。镜面本身也是波阵面,它对应的曲率半径最小,每个镜面对应的“发光点”恰好落在另一个镜面的中心。

显然,如果在场的任意一个等相位面处放置一块具有相应曲率的反射镜片,则入射在该镜片上的场将准确地沿着原入射方向返回,这样共焦腔的场分布将不会受到扰动。这个性质十分重要,3.4 节还要用到。

3.3.3　高斯光束的远场发散角

前面已经证明,共焦腔的基模光束依双曲线规律从腔的中心向外扩展,由此不难求得基模的远场发散角。该发散角(全角)2θ 定义为双曲线的两根渐近线之间的夹角(见图(3-10))

$$2\theta=\lim_{z\to\infty}\frac{2w(z)}{z} \tag{3-60}$$

式中,$2w(z)$ 为光斑直径。如以式(3-55)表示的 $w(z)$ 代入,则得到定义在光束有效截面半径处(即基模强度的 $1/e^2$ 处)的远场发散角为

$$2\theta=2\sqrt{\frac{2\lambda}{\pi L}}=\frac{2\lambda}{\pi w_0} \tag{3-61}$$

因此,高斯光束的远场发散角完全取决于其束腰半径。相应的计算表明,包含在全角发散角内的功率占高斯基模光束总功率的 86.5%。由波动光学知道,在单色平行光照明下,一个半径为 r 的圆孔夫琅禾费衍射角(主极大值至第一极小值之间的夹角)$\theta=0.61\lambda/r$。与式(3-61)相比较可知,高斯光束远场发散角 2θ 在数值上近似于以腰斑 w_0 为半径的光束的衍射角,即它已达到了衍射极限。但因为高斯光束强度更集中在中心及其附近,所以实际上比圆孔衍射角要小一点。

由下面的例子可以获得共焦腔基模发散角的数量概念。例如,共焦腔氦氖激光器中,$L=30\ \text{cm}$,$\lambda=0.6328\ \mu\text{m}$,则 $\theta_{1/e^2}=2.3\times10^{-3}\ \text{rad}$。共焦腔 CO_2 激光器中,$L=1\ \text{m}$、$\lambda=10.6\ \mu\text{m}$,则 $\theta_{1/e^2}=5.2\times10^{-3}\ \text{rad}$。可见,共焦腔基模光束的理论发散角具有毫弧度(mrad)的数量级,说明它的方向性相当好。由于高阶模的发散角随着模的阶次的增大而增大,所以多模振荡时,光束的方向性要比单基模振荡差。

3.3.4 高斯光束的高亮度

由于激光器发出的高斯光束有良好的方向性，因而它也具有高亮度的特点。亮度 B 定义为：单位面积的发光面在其法线方向上单位立体角范围内输出的辐射功率。令光源发光面的面积为 ΔS，其沿着发光面法线方向上 $\Delta\Omega$ 立体角内辐射的光功率为 ΔI，则光源发光面在该方向上的亮度为

$$B=\frac{\Delta I}{\Delta S\Delta\Omega} \tag{3-62}$$

B 的单位是 $\mathrm{W/(cm^2 \cdot sr)}$。由 B 的定义可以看出，在其他条件不变的情况下，发射光束的立体角 $\Delta\Omega$ 越小，则亮度越高。

由于激光的远场发散角 θ 很微小，所以它所张的立体角可表示为

$$\Delta\Omega=\pi(\theta R)^2/R^2=\pi\theta^2 \tag{3-63}$$

当 $\theta_{1/e^2}=2\times10^{-3}$ rad 时，相应的立体角 $\Delta\Omega=\pi\times4\times10^{-6}$ sr。由此看到，一般的激光器是向着数量级约为 10^{-6} sr 的立体角范围内输出激光光束的。而普通光源发光(如电灯光)是朝向空间各个可能的方向的，它的发光立体角为 4 πsr。相比之下，普通光源的发光立体角是激光的约百万倍。因此，即使两者在单位面积上的发光功率相差不大，激光的亮度也应比普通光的亮度高出上百万倍。实际上还可通过一定的办法来提高激光的单位面积的辐射功率，这就使得激光比普通光源的亮度要高得多。例如，一台较高水平的红宝石巨脉冲激光器，每平方厘米的输出功率达 10^9 W，发散角接近 1 mrad，它的亮度约为 $10^{15}\ \mathrm{W/(cm^2 \cdot sr)}$，这比普通光源中以高亮度著称的高压脉冲氙灯的亮度还要高出几十亿倍。

鉴于高斯光束在激光应用中的极其重要的地位，下面再重复强调一下它与球面波的区别，并小结一下它的主要特征参量。

高斯光束不像球面波那样在波阵面上具有均匀的振幅分布，而是呈现出高斯型的振幅分布，在光束中心处光能十分集中；不像球面波那样在所有的波阵面具有一个共同的球心，而是不同的波阵面具有不同的曲率中心；不像球面波那样向空间均匀地辐射，而是局限在十分微小的发散角内输出光束，具有极好的方向性。

高斯光束有许多表示其性质的特征参量，其中最重要的是其束腰半径，它由激光器发出的光波长和谐振腔的腔长决定

$$w_0=\frac{1}{\sqrt{2}}w_s=\sqrt{\frac{\lambda L}{2\pi}} \tag{3-64}$$

高斯光束的其他重要特征参量有

波阵面曲率半径
$$R_0=|z|\left[1+\left(\frac{\pi w_0^2}{\lambda z}\right)^2\right] \tag{3-65}$$

光束有效截面半径
$$w(z)=w_0\sqrt{1+\left(\frac{\lambda z}{\pi w_0^2}\right)^2} \tag{3-66}$$

镜面光束半径
$$w_s=\sqrt{\frac{\lambda L}{\pi}} \tag{3-67}$$

远场发散角
$$2\theta=2\sqrt{\frac{2\lambda}{\pi L}}=\frac{2\lambda}{\pi w_0} \tag{3-68}$$

最后还要说明的是，由式(3-50)得到的高阶模式的其他光束也被称作是高斯光束，但是被

冠以“厄米-高斯光束”的名称。在柱对称稳定腔中,包括圆形孔径共焦腔中,还会产生所谓“拉盖尔-高斯光束”。这些高阶高斯光束与本节所讨论的高斯光束在性质上有很大的不同,也复杂得多,将在3.5节做简单讨论。

3.4 稳定球面腔的光束传播特性

对一般的稳定球面腔,原则上也可用直接求解它的积分方程的方法得到某一镜面上的光场分布函数,并进一步用衍射积分得到腔内、外的行波,但其计算较之对称共焦腔更为复杂。这里采用等价对称共焦腔方法,将对称共焦腔的结果推广到一般的稳定球面腔。

3.4.1 稳定球面腔的等价对称共焦腔

3.3.2节中已经讲过,如果在场的任意一个等相位面处放上一块具有相应曲率的反射镜片,则入射在该镜片上的场将准确地沿着原入射方向返回,这样对称共焦腔中产生的场分布将不会改变。只要该反射镜不在对称共焦腔原先的反射镜位置上,其曲率半径就与原反射镜不相同,便得到了一个新的球面腔。该球面腔与原对称共焦腔等价,产生的行波场与原共焦场完全一致,但是一定不再是共焦的。由于任何一个对称共焦腔场有无穷多个等相位面,因而存在无穷多个“等价”的球面腔。

反过来,任意一个满足稳定性条件的球面腔只可唯一地与一个对称共焦腔等价。下面给定稳定球面腔,以双凹腔(图3-12)为例,来求解与之对应的唯一的一个对称共焦腔。假设双凹腔两镜面 M_1 与 M_2 的曲率半径分别为 R_1 和 R_2,腔长为 L,而所要求的等价对称共焦腔的共焦参数为 f。以等价对称共焦腔中点为 z 坐标轴的原点,M_1、M_2 两镜的 z 坐标为 z_1 和 z_2。按图示情况,根据式(3-59),波阵面曲率半径 R_1 和 R_2 可以用 f、z_1 和 z_2 表示为

$$R_1=|z_1|\left[1+\left(\frac{f}{z_1}\right)^2\right] \qquad R_2=|z_2|\left[1+\left(\frac{f}{z_2}\right)^2\right]$$

而且

$$|z_1|+|z_2|=L$$

将以上三个方程联立,可唯一地解出一组 z_1、z_2 与 f 的数值,即

$$|z_1|=\frac{L(R_2-L)}{R_1+R_2-2L} \tag{3-69a}$$

$$|z_2|=\frac{L(R_1-L)}{R_1+R_2-2L} \tag{3-69b}$$

$$f=\frac{\sqrt{L(R_1-L)(R_2-L)(R_1+R_2-L)}}{R_1+R_2-2L} \tag{3-69c}$$

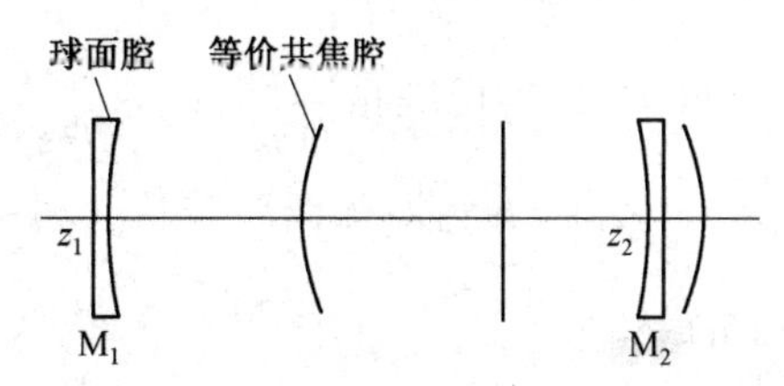

图3-12 球面腔的等价对称共焦腔

如果 R_1、R_2、L 满足：$0<(1-L/R_1)(1-L/R_2)<1$，则不难证明：$z_1<0$、$z_2>0$、$f>0$。这说明给定稳定球面腔可唯一地确定一个等价对称共焦腔。可利用式(3-69)与对称共焦腔的行波场的特征来讨论一般稳定球面腔(腔参数分别为 R_1、R_2、L)的行波场的特点。

3.4.2 稳定球面腔的光束传播特性

这里只讨论基横模也就是相应高斯光束的传播特性，再对稳定球面腔的谐振频率进行讨论。前者与激光束的应用密切相关，后者涉及到激光器的选频。

1. 等效对称共焦腔的束腰半径和原球面腔镜面的基横模光束有效截面半径

将式(3-69)中的 f 代入式(3-64)，即可求出等效对称共焦腔的束腰半径为

$$w_0=\left[\left(\frac{\lambda}{\pi}\right)^2\frac{L(R_1-L)(R_2-L)(R_1+R_2-L)}{(R_1+R_2-2L)^2}\right]^{1/4} \tag{3-70}$$

这也就是该稳定球面腔输出的基横模高斯光束的束腰半径，它决定了稳定球面腔输出的基横模光束的几乎全部性质。

为了决定腔镜面的大小，还需要知道腔镜面上的光斑半径。稳定球面腔镜面上的光斑半径等于它的等价对称共焦腔在该球面腔镜面处的光斑半径。为此，只需将式(3-69)中的 f 与 z_1 代入式(3-66)，便可得到 M_1 镜面的基模光斑半径 w_{s1}；将 f 与 z_2 代入式(3-66)，便可得到 M_2 镜面的基模光斑半径 w_{s2}。即

$$\begin{cases} w_{s1}=\sqrt{\dfrac{\lambda L}{\pi}}\left[\dfrac{R_1^2(R_2-L)}{L(R_1-L)(R_1+R_2-L)}\right]^{1/4} \\ w_{s2}=\sqrt{\dfrac{\lambda L}{\pi}}\left[\dfrac{R_2^2(R_1-L)}{L(R_2-L)(R_1+R_2-L)}\right]^{1/4} \end{cases} \tag{3-71}$$

稳定球面腔激光器基横模的其他重要参数，如波阵面曲率半径、光束有效截面半径及远场发散角等都可以用式(3-70)得到的等效对称共焦腔的束腰半径分别代入上一节的式(3-65)、式(3-66)及式(3-68)中计算出来。

2. 谐振频率

由式(3-50b)并利用式(3-69)的结果，可写出方形镜一般稳定球面腔的两个反射镜面顶点处的相位因子分别为

$$\phi(0,0,z_1)=kf\left(1+\frac{z_1}{f}\right)-(m+n+1)\left(\frac{\pi}{2}-\arctan\frac{f-z_1}{f+z_1}\right)$$

$$\phi(0,0,z_2)=kf\left(1+\frac{z_2}{f}\right)-(m+n+1)\left(\frac{\pi}{2}-\arctan\frac{f-z_2}{f+z_2}\right)$$

按谐振条件，单程总相移必须满足：$\phi(0,0,z_2)-\phi(0,0z_1)=q\pi$。因此上面两式相减后得到

$$k(z_2-z_1)+(m+n+1)\left(\arctan\frac{f-z_2}{f+z_2}-\arctan\frac{f-z_1}{f+z_1}\right)=q\pi$$

前面已经证明，$z_1<0$、$z_2>0$，因此 $(z_2-z_1)=L$ 为原球面腔腔长。利用反三角函数公式：$\arctan x-\arctan y=\arctan\dfrac{x-y}{x+y}$，上式可以化简为

$$\frac{2\pi}{\lambda}L+(m+n+1)\arctan\frac{fL}{f^2-z_1z_2}=q\pi \tag{3-72}$$

再利用反三角函数公式：$\arctan x=\arccos\frac{1}{\sqrt{1+x^2}}$，$g_1=1-\frac{L}{R_1}$，$g_2=1-\frac{L}{R_2}$，并将式(3-69)的结果代入式(3-72)，化简整理得到

$$\frac{2\pi}{\lambda}L-(m+n+1)\arccos\sqrt{g_1g_2}=q\pi \tag{3-73}$$

将波长改写为频率的形式，可得谐振频率为

$$\nu_{mnq}=\frac{c}{\mu\lambda}=\frac{c}{2\mu L}\left[q+\frac{1}{\pi}(m+n+1)\arccos\sqrt{g_1g_2}\right] \tag{3-74}$$

由于谐振频率公式中出现了因子 $\arccos\sqrt{g_1g_2}$，使得频率简并现象比对称共焦腔要弱得多，读者可自行分析。

同理，圆形镜一般稳定球面腔的谐振频率为

$$\nu_{mnq}=\frac{c}{2\mu L}\left[q+\frac{1}{\pi}(m+2n+1)\arccos\sqrt{g_1g_2}\right] \tag{3-75}$$

若令 $g_1=g_2=0$，则 $\arccos\sqrt{g_1g_2}=\pi/2$，于是式(3-74)变为

$$\nu_{mnq}=\frac{c}{4\mu L}[2q+(m+n+1)]$$

上式正是3.2节所给出的对称共焦腔的谐振频率公式(式(3-46))。由此可见，对称共焦腔不过是一般稳定球面腔的一种特例。

此外，一般稳定球面腔同一横模、两个相邻纵模的频率间隔和同一纵模、两个相邻的横模之间的频率间隔仍然可用式(3-47)及式(3-48)表示。

3.5 其他几种常用的激光光束

前面通过求解自再现积分模方程介绍了稳定球面腔中存在的基模高斯光束。在稳定球面腔中，除了基模高斯光束，还存在高阶高斯光束和其他类型的光束，较为常用的有厄米-高斯光束和拉盖尔-高斯光束，它们在光学信息处理中有着特殊用途，而贝塞尔光束由于其独特的光强分布和传播性质也有着广泛的应用。因此，本节将在前面提及的近轴亥姆霍兹方程，以及亥姆霍兹方程的基础上，简单介绍一下这三种常用的激光光束。详细分析请参阅文献[22]。

3.5.1 厄米-高斯光束

与高斯光束有着密切关系的是厄米-高斯光束。此光束的波前和发散性质与高斯波束相同，但是强度分布不同。特别是，厄米-高斯光束不只是描述简单的零级高斯光束，它还可用于描述光学谐振腔中更广泛的一系列模式。

光学谐振腔的模式是复杂的光束剖面，它们在两面终端反射镜之间来回反射复制其自身，这两面反射镜的形状一般是球面。要一个波是谐振腔的一个模式，它必须在来回往复穿越谐振腔之后复制出它自身，特别是振幅和相位的分布，二者都必须原样复制出来。

假定将高斯模式修改为可分离变量的一组相乘的振幅剖面，其中一个是 x 的函数，一个是 y 的函数，并要求产生的波满足傍轴亥姆霍兹方程，那么分离变量将给出一组三个常微分方程，x,y,z 三个变量每个变量一个方程。本征值问题的解是模式振幅调制，经求得为厄米多项式，它修正光束的振幅。厄米多项式由下面的递推关系定义：

$$H_{l+1}(u)=2uH_l(u)-2lH_{l-1}(u) \tag{3-76}$$

其中
$$H_0(u)=1, H_1(u)=2u \tag{3-77}$$

厄米-高斯函数由下式定义

$$G_l(u)=H_l(u)\exp(-u^2/2)$$

于是厄米-高斯模式振幅可以写为

$$\begin{aligned}U_{l,m}(x,y,z)=A_{l,m}\left[\frac{w_0}{w(z)}\right]G_l\left(\frac{\sqrt{2}x}{w(z)}\right)G_m\left(\frac{\sqrt{2}y}{w(z)}\right)\times \\ \exp\left[\mathrm{j}kz+\mathrm{j}k\frac{r^2}{2R(z)}-\mathrm{j}(l+m+1)\psi(z)\right]\end{aligned} \tag{3-78}$$

其中 $A_{l,m}$ 是一个常数,并且仍有 $r=\sqrt{x^2+y^2}$。注意第(l,m)个模式的相位现在在$-(l+m+1)\cdot\pi/2$ 与$(l+m+1)\cdot\pi/2$之间变化,而 $l\psi(z)$ 项表明,随着波在 z 方向行进,波前是一个螺旋倾斜面。与第(l,m)个模式相联系的强度当然是 $U_{l,m}(x,y,z)$ 幅值的平方,即

$$I_{l,m}(x,y,z)=|A_{l,m}|^2\left[\frac{w_0}{w(z)}\right]^2 G_l^2\left(\frac{\sqrt{2}x}{w(z)}\right)G_m^2\left(\frac{\sqrt{2}y}{w(z)}\right) \tag{3-79}$$

图 3-13 是几个低阶模式的强度分布的密度图。注意随着下标增大,模式的宽度增宽,并且模式复杂性随着下标增大而增加。厄米-高斯函数成为展开满足傍轴亥姆霍兹方程的其他形式的波振幅轮廓的一组完备基。

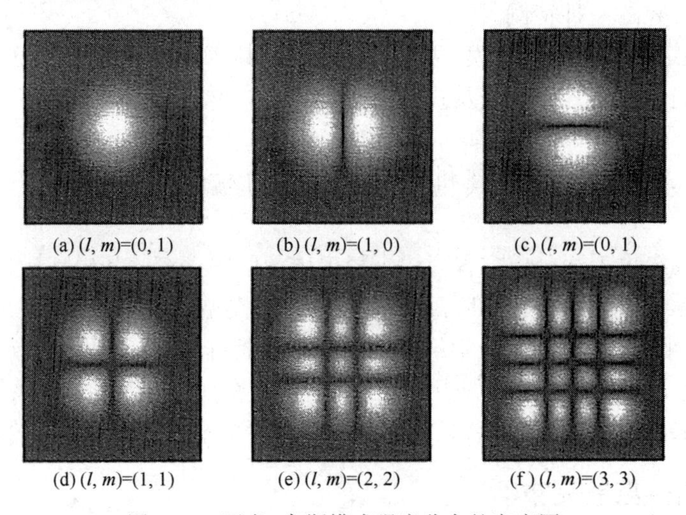

图 3-13　厄米-高斯模式强度分布的密度图

3.5.2　拉盖尔-高斯光束

如果在柱面坐标系(r,θ,z)中重写傍轴亥姆霍兹方程,可以求得另一组特征解。r 和 θ 分离变量给出一组光束,其复振幅为

$$\begin{aligned}U_{l,p}(r,\theta,z)=A_{l,p}\left[\frac{w_0}{w(z)}\right]\left[\frac{\sqrt{2}r}{w(z)}\right]^{|l|}L_p^{|l|}\left(\frac{2r^2}{w(z)^2}\right)\exp\left(-\frac{r^2}{w(z)^2}\right)\times \\ \exp\left[\mathrm{j}kz+\mathrm{j}k\frac{r^2}{2R(z)}+\mathrm{j}l\theta-\mathrm{j}(|l|+2p+1)\psi(z)\right]\end{aligned} \tag{3-80}$$

这里 $L_p^{|l|}$ 是(l,p)级广义拉盖尔多项式(又叫相伴拉盖尔多项式),参量 w_0、$w(z)$ 和 $R(z)$

与前面对高斯光束定义的完全相同。参量 $p>0$ 叫作径向指标,而参量 l 则叫作方位指标。可以看到,相位从 $-(l+2p+1)\cdot\pi/2$ 向 $(l+2p+1)\cdot\pi/2$ 变化。各模式通常被一个使它们的总功率相等的常量因子归一化

$$A_{l,p}=\sqrt{\frac{2p}{(1+\delta_{0l})\pi(p+|l|)}} \tag{3-81}$$

其中 δ_{0l} 是 Kronecker δ 函数。可以看到,这个模式的强度为

$$I_{l,p}(r,\theta,z)=|A_{l,p}|^2\left[\frac{w_0}{w(z)}\right]^2\left[\frac{2r^2}{w^2(z)}\right]^{|l|}\left[L_p^{|l|}\frac{2r^2}{w^2(z)}\right]^2\exp\left(-\frac{2r^2}{w^2(z)}\right) \tag{3-82}$$

该强度仅仅依赖于 r。因此,拉盖尔-高斯解的一切模式都是圆对称的。

这些模式的一个有趣的性质来自与方位角 θ 成正比的相位项。这一项的出现意味着,当 $l>0$时,光束的波前有一个螺旋扭转,扭转的大小随方位指标 l 的增大而增大。可以证明,这样一个波携带有轨道角动量,并且对它撞到的任何物体施加一个转矩。当相位围绕一个强度零点转圈时,便有一个所谓的"光涡旋"或"相位涡旋"。这些模式也在像一个离焦函数那样旋转的点扩展函数的合成中起一定的作用。

图 3-14 表示几个低阶的拉盖尔-高斯模式光束的强度分布和相位分布。上一行表示模式强度分布,下一行表示相应的模式相位分布,黑色代表零弧度,白色代表 2π 弧度。相位从白色突然变到黑色是相位缩编到主区间$(0,2\pi)$内的结果。随着模式下标增大,模式变宽,$w(z)$ 也变大。

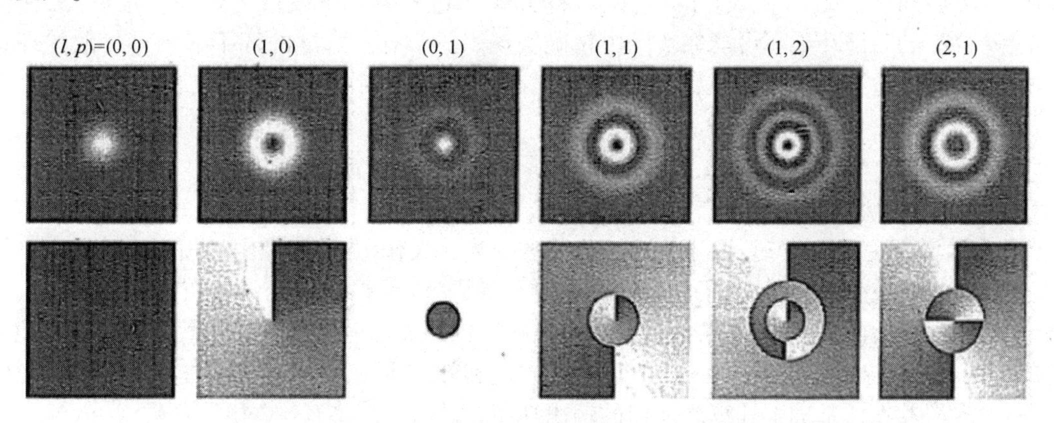

图 3-14 拉盖尔-高斯模式光束的强度分布和相位分布

3.5.3 贝塞尔光束

贝塞尔光束是完全的亥姆霍兹方程(不做傍轴近似)的精确解,它有一个值得注意的性质:它不随在 z 方向的传播而发散。要导出贝塞尔光束的形式,从考虑 $z=0$ 平面上的标量场的理想化的角谱出发,这个角谱是由等强度的傅里叶分量组成的一个圆环,圆环足够薄,可以用傅里叶平面上径向的一个 δ 函数表示。即假定光束的角谱形式为

$$A(f_X,f_Y;0)=A_0\delta(\rho-\rho_0) \tag{3-83}$$

其中 $f_X=\alpha/\lambda$, $f_Y=\beta/\lambda$, $\rho=\sqrt{f_X^2+f_Y^2}$, A_0 是一个常数,ρ_0 是值小于 $1/\lambda$ 的固定径向频率。对应于这样一个谱的场的空间分布,可通过逆傅里叶-贝塞尔变换求出

$$U(x,y,0)=2\pi A_0\int_0^{\infty}\rho\delta(\rho-\rho_0)J_0(2\pi\rho r)\,\mathrm{d}\rho = 2\pi\rho_0 A_0 J_0(2\pi\rho_0 r) \tag{3-84}$$

其中 $r=\sqrt{x^2+y^2}$。

现在我们要问,随着光波在 z 方向传播,这个场分布如何变化?为了回答这个问题,让我们回到频域。自由空间传播可以用传递函数表示为

$$H(f_X,f_Y)=\exp\left[\mathrm{j}2\pi\frac{z}{\lambda}\sqrt{1-(\lambda f_X)^2-(\lambda f_Y)^2}\right] \tag{3-85}$$

如果将这个传递函数与式(3-83)的角谱相乘,就得到一个新角谱

$$A(f_X,f_Y;z)=A_0\delta(\rho-\rho_0)\exp\left[\mathrm{j}2\pi\frac{z}{\lambda}\sqrt{1-\lambda^2\rho_0^2}\right] \tag{3-86}$$

由于 ρ_0 是常数,传播的效果只是将一个依赖于 z 的相位因子应用到整个谱环,对这个环中的一切空间频率,这个相位因子完全相同。于是可以看到,距离 z 处的场是

$$U(x,y,z)=2\pi\rho_0 A_0 J_0(2\pi\rho_0 r)\exp\left[\mathrm{j}2\pi\frac{z}{\lambda}\sqrt{1-\lambda^2\rho_0^2}\right] \tag{3-87}$$

这个场的强度为

$$I(x,y,z)=(2\pi\rho_0 A_0)^2 J_0^2(2\pi\rho_0 r) \tag{3-88}$$

可见,它与 z 无关,因此光束传播时不会发散。

贝塞尔光束在以下几方面是理想化的:首先,可以很简单地证明,它包含无穷多的能量。其次,它伸展到整个无穷平面上,将它截断将会破坏它传播时不发散的性质。最后,无穷薄(和无穷高)的角谱环绝不可能在实际中精确实现。一个有限宽度的环不显示零发散的理想性质,虽然经过适当的设计,可以把发散做得很小。更详细的讨论可参阅文献[23]。

3.6 激光器的输出功率

连续激光器稳定工作时,由于激光工作物质的光放大作用,谐振腔内的损耗系数分布不均匀,各纵模的驻波效应,以及光场的横向高斯分布等因素,使得腔内光强分布不均匀,因而,精确计算各点的光强是个非常复杂的问题。由谐振腔内的光强分布出发计算激光器的输出功率也就变得十分复杂。本节从另一个角度,由增益饱和效应出发,计算激光器在稳态工作时腔内的平均光强,并在此基础上计算激光器的输出功率。

3.6.1 均匀增宽型介质激光器的输出功率

在谐振腔内工作介质为均匀增宽型物质的激光器中,通常只有一个纵模(详见第 4 章的讨论),这个纵模是满足谐振条件的诸纵模中增益系数最大的那个纵模,也就是谐振频率 ν_q 离中心频率 ν_0 最近的纵模。由于 $|\nu_0-\nu_q|$ 很小,因此,ν_q 的增益系数 $G(\nu_q)$ 可以近似地用 ν_0 的增益系数代替。在第 2 章中已经给出

$$G=\frac{G^0}{1+I/I_s} \tag{3-89}$$

式中,I 为激光器在稳态工作时腔内的平均光强,I_s 为激光工作介质的饱和光强,G^0 为激光工作介质的小信号增益系数。

1. 稳定出光时激光器内诸参数的表达式

激光器在稳态下工作时,腔内诸参量也都达到了稳定。

(1) 腔内最小光强 $I^{+}(0)$

由部分反射镜 M_1 反射的、沿腔轴传播的光强 $I^{+}(0)$ 是腔内最弱的行波光强。因为随着 $I^{+}(0)$ 穿过增益介质，它将不断地得到放大，结果使腔内任一点的光强都大于 $I^{+}(0)$（光强符号的上标“+”表示沿腔轴正方向传播；“-”表示沿腔轴负方向传播）。

(2) 腔内最大光强 $I^{-}(2L)$

$I^{+}(0)$ 在腔内往返放大一周，再回到反射镜 M_1 处时，光强已增大为 $I^{-}(2L)$，如图 3-15 所示，它是腔内行波光强值最大者，其与 $I^{+}(0)$ 的关系为

$$I^{-}(2L)=r_2 I^{+}(0)\exp[2L(G-a_{内})] \tag{3-90}$$

式中，r_2 为反射镜 M_2 的反射率，L 为腔长，$a_{内}$ 为谐振腔的内部损耗系数。

(3) 输出光强 I_{out}

最大光强 $I^{-}(2L)$ 在部分反射镜 M_1 上被分为三份，其中透射光部分就是激光器的输出光强，其值为

$$I_{\text{out}}=t_1 I^{-}(2L)=t_1 r_2 I^{+}(0)\exp[2L(G-a_{内})] \tag{3-91}$$

式中，t_1 为反射镜 M_1 的透射率。

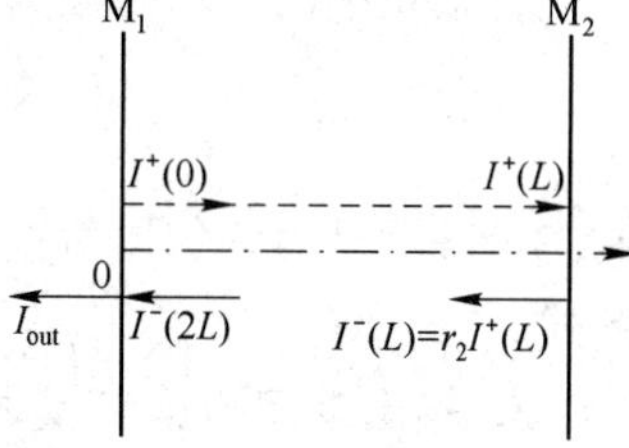

图 3-15　谐振腔内的光强

(4) 镜面损耗 I_{h}

激光器的镜面损耗是三份中的另一份。镜面损耗的表达式为

$$I_{\text{h}}=a_1 I^{-}(2L)=a_1 r_2 I^{+}(0)\exp[2L(G-a_{内})] \tag{3-92}$$

式中，a_1 为反射镜 M_1 的镜面损耗系数。

(5) 最大最小光强、输出光强和镜面损耗之间的关系

剩下的一份被部分反射镜 M_1 反射回增益介质继续放大，这部分就是腔内的最小光强，可以表示为

$$I^{+}(0)=r_1 I^{-}(2L)=r_1 r_2 I^{+}(0)\exp[2L(G-a_{内})] \tag{3-93}$$

式中，r_1 为反射镜 M_1 的反射率。

由能量守恒定律不难看出，式(3-90)～(3-93) 之间的关系为

$$I^{-}(2L)-I^{+}(0)=I_{\text{out}}+I_{\text{h}}=(a_1+t_1)I^{-}(2L) \tag{3-94}$$

(6) 平均行波光强

在腔内任一点 z 处都有两束传播方向相反的行波 $I^{+}(z)$ 和 $I^{-}(2L-z)$。在这两束行波的作用下，增益介质内的粒子数密度反转分布值会发生饱和效应，增益系数值也随之饱和。在腔内不同的 z 处，增益系数的值不同。近似地用平均光强 $2I$ 代替腔内光强 $I^{+}(z)+I^{-}(2L-z)$，用 $G=\dfrac{G^0}{1+2I/I_{\text{s}}}=G_{阈}$ 作为腔内的平均增益系数，则由增益系数的表达式可以导出腔内平均行波光强为

$$I=\frac{I_{\text{s}}}{2}\left(\frac{G^0}{G_{阈}}-1\right)=\frac{I_{\text{s}}}{2}\left(\frac{G^0}{a_{总}}-1\right) \tag{3-95}$$

2. 激光器的输出功率

激光器在理想情况下可以做到介质内部的损耗 $a_{内}\approx 0$，还可把全反射镜 M_2 的镜面损耗都折合到部分反射镜 M_1 上。这样一来，对全反射镜 M_2 有：$r_2\approx 1, t_2\approx 0, a_2\approx 0$；对部分反射镜 M_1 有：$r_1\approx 1-(a_1+t_1)$；激光器的总损耗变为

$$a_{总}=a_{内}-\frac{1}{2L}\ln(r_1 r_2)=-\frac{1}{2L}\ln[1-(a_1+t_1)]$$

如果(a_1+t_1)很小,可以将$\ln[1-(a_1+t_1)]$用级数展开,取到一级近似,则有

$$a_{总}=\frac{a_1+t_1}{2L} \tag{3-96}$$

在上述条件下,式(3-95)所表示的激光器内行波的平均光强为

$$I=\frac{I_s}{2}\left(\frac{2LG^0}{a_1+t_1}-1\right) \tag{3-97}$$

激光器的输出光强也可表示为

$$I_{out}=t_1I=\frac{I_s}{2}t_1\left(\frac{2LG^0}{a_1+t_1}-1\right) \tag{3-98}$$

若激光束的平均截面为A,则激光器的输出功率为

$$P=AI_{out}=\frac{1}{2}t_1I_sA\left(\frac{2LG^0}{a_1+t_1}-1\right) \tag{3-99}$$

式(3-99)就是由均匀增宽型增益介质构成的激光器的输出功率P与激光器诸参量之间的关系式。

3. 输出功率与诸参量之间的关系

(1) 输出功率与饱和光强的关系

激光器的输出功率P与饱和光强I_s成正比,只要回想一下2.3节中关于饱和光强的讨论,这一点是不难理解的。

(2) 输出功率与光束截面的关系

光束截面A大的激光器,其输出功率P也大。高阶横模的光束截面要比基模的大,因此,一般说来,输出高阶横模的激光器,其输出功率要比同型号的输出基模的激光器的输出功率大。

(3) 输出功率与输出反射镜的透射率的关系

部分反射镜的透射率t_1的选取对激光器输出功率的影响很大。设计激光器时总是希望输出功率大,镜面损耗小,以使光波在腔中往返一次所获得的光能量的绝大部分都用于激光器的输出,也即希望式(3-94)能变成

$$I^-(2L)-I^+(0)=(a_1+t_1)I^-(2L)\approx t_1I^-(2L)$$

这就要求t_1尽可能地大,a_1尽可能地小,使$t_1\gg a_1$。但是由式(3-96)可以看出,t_1不能太大,因为t_1太大会使增益系数的阈值$G_{阈}$升高,如果介质的双程增益系数$2LG^0$不够大,将会导致腔内光强减小,反而使输出功率降低,严重时甚至会使腔内不能形成激光。当然,t_1也不能太小,因为t_1太小时,虽然能使增益系数的阈值降低,使腔内光强增强,但是,随着腔内光强的增强,镜面损耗$a_1I^-(2L)$也将增大,这使光波在介质中往返一次所增加的光能量中用于损耗的部分增多,并未实现增加输出的预期效果。为了让激光器有最大的输出功率,必须使部分反射镜的透射率取最佳值。最佳值可以通过对式(3-99)求极值而得到,即令$\mathrm{d}P/\mathrm{d}t_1=0$,则

$$\frac{1}{2}AI_s\left(\frac{2LG^0}{a_1+t_1}-1\right)+\frac{1}{2}t_1AI_s\left(-\frac{2LG^0}{(a_1+t_1)^2}\right)=0$$

解此方程得

$$t_1=(2LG^0a_1)^{1/2}-a_1=\sqrt{a_1}\left(\sqrt{2LG^0}-\sqrt{a_1}\right) \tag{3-100}$$

这就是最佳透射率的表达式。在此透射率下,激光器的输出功率为

$$P=\frac{1}{2}I_sA\sqrt{a_1}\left(\sqrt{2LG^0}-\sqrt{a_1}\right)\left(\frac{2LG^0}{\sqrt{2LG^0a_1}}-1\right)$$

$$=\frac{1}{2}I_sA\left(\sqrt{2LG^0}-\sqrt{a_1}\right)^2 \tag{3-101}$$

实际工作中总是先用实验方法确定最佳透射率,再由式(3-100)估算镜面损耗的大小。

3.6.2 非均匀增宽型介质激光器的输出功率

在非均匀增宽型介质中,频率为 ν 的光波只能使速度为 $\pm v_z$ 的粒子数密度反转分布值饱和,对其他速度的粒子数密度反转分布值几乎无影响。所以非均匀增宽型介质对腔内各纵模的增益系数仅受本纵模光强的影响,基本上与其他纵模的光强无关。这是非均匀增宽型介质与均匀增宽型介质的不同之处。因此,由非均匀增宽型介质构成的激光器中,对其各个纵模的讨论可以分别独立地进行。

1. 稳定出光时激光器内诸参数的表达式

在稳定出光时,腔内诸参量也达到稳定,其中一部分参量与均匀增宽介质中的情况相似,列出如下:

最大光强 $$I^-(2L,\nu)=r_2I^+(0,\nu)\exp[2L(G-a_{内})] \tag{3-102}$$

输出光强 $$I_{out}(\nu)=t_1I^-(2L,\nu)=t_1r_2I^+(0,\nu)\exp[2L(G-a_{内})] \tag{3-103}$$

镜面损耗 $$I_h(\nu)=a_1I^-(2L,\nu)=a_1r_2I^+(0,\nu)\exp[2L(G-a_{内})] \tag{3-104}$$

最小光强 $$I^+(0,\nu)=r_1I^-(2L,\nu)=r_1r_2I^+(0,\nu)\exp[2L(G-a_{内})] \tag{3-105}$$

以上各参量对腔内各纵模都适用。光波在非均匀增宽激光器腔内的传播情况如图 3-16 所示。

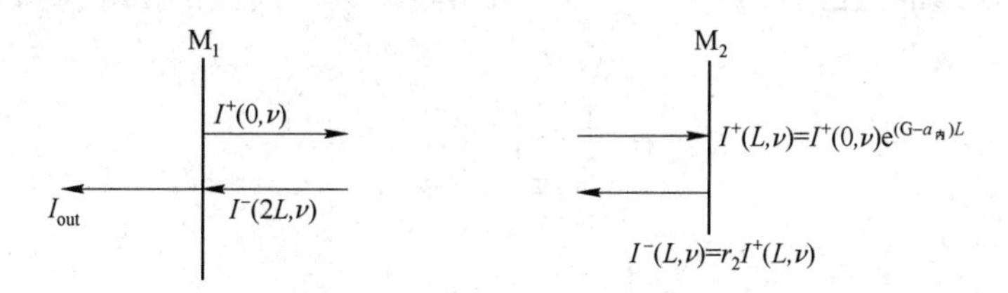

图 3-16 非均匀增宽激光器腔内的光强

非均匀增宽型介质对光波的增益系数随频率 ν 而变。下面分两种情况进行讨论,即光波的频率 ν 为介质的中心频率 ν_0 的情况,以及光波的频率 ν 不在介质的中心频率处的情况。

2.4 节中已经讲过,光波的频率 ν 不在非均匀增宽介质的中心频率处时会发生"对称烧孔"现象。频率为 ν 的光波沿腔轴的正方向传播时,将使沿腔轴方向运动的速度为 v_z 的粒子数密度反转分布值饱和;当该光波经反射镜反射后沿着腔轴的反方向传播时,又使介质中速度为 $-v_z$ 的粒子数密度反转分布值饱和。这样,光波在腔内传播时,将有两部分粒子——速度为 v_z 的粒了和速度为 $-v_z$ 的粒子对它的放大做出贡献。也就是说频率为 ν 的光波,$I^+(\nu,z)$ 和 $I^-(\nu,2L-z)$ 的两束光在 G-ν 曲线上 ν_0 的两侧对称地"烧"了两个孔,如图 3-17 所示。对每一个孔起饱和作用的分别是 $I^+(\nu,z)$ 或 $I^-(\nu,2L-z)$,而不是两者之和。

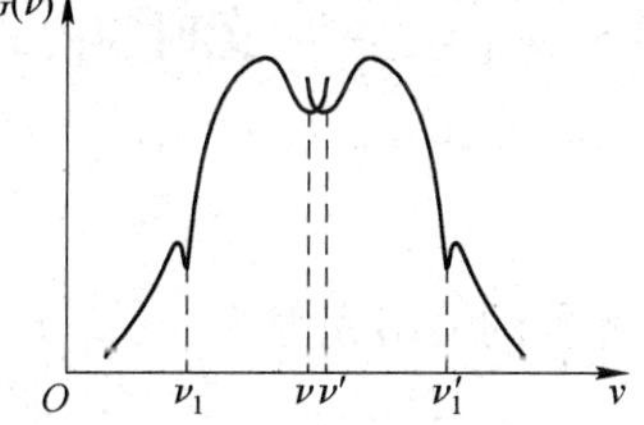

图 3-17 非均匀增宽激光器的"烧孔效应"

腔内不同位置的光强不同,取 I 作为该行波的平均光强,当增益不太大时,$I\approx I^+\approx I^-$,则介质对光波的平均增益系数为

$$G_D(\nu)=\frac{G_D^0(\nu)}{\sqrt{1+\frac{I}{I_s}}}=G_{阈} \tag{3-106}$$

这就是非均匀增宽型介质对非中心频率光波的增益系数的表达式。

对频率为线型函数的中心频率为 ν_0 的光波,增益系数的表达式将不同于式(3-106)。ν_0 光波在介质中传播时,无论沿腔轴正方向传播还是沿腔轴负方向传播,都只能使介质中速度为 $v_z=0$ 的这部分粒子数密度反转分布值饱和。也就是说,I^+ 和 I^- 同时使 $v_z=0$ 的这部分粒子对 ν_0 光波的增益有贡献,此时腔内的光强为 I^++I^-。故介质对 ν_0 光波的增益系数为

$$G_D(\nu_0)=\frac{G_D^0(\nu_0)}{\sqrt{1+\frac{I^++I^-}{I_s}}}=G_{阈} \tag{3-107}$$

若用平均光强 $2I$ 来代替 $I^+(z,\nu_0)+I^-(2L-z,\nu_0)$,则光波在腔中的平均增益系数可表示为

$$G_D(\nu_0)=\frac{G_D^0(\nu_0)}{\sqrt{1+\frac{2I}{I_s}}}=G_{阈} \tag{3-108}$$

显见,形式上与介质对 ν 光波的增益系数(式(3-106))不同。若令腔内各频率的光强相等,都等于 I_s,那么 ν_0 光波所获得的增益系数为 $G_D(\nu_0)=G_D^0(\nu_0)/\sqrt{3}$,它比 ν_0 附近的 ν 光波的增益系数 $G_D(\nu)=G_D^0(\nu)/\sqrt{2}$ 的值还要小一些。反之,若增益系数的阈值都相等,则 ν_0 光波的平均光强为

$$I(\nu_0)=\frac{1}{2}I_s\left[\left(\frac{G_D^0(\nu_0)}{G_{阈}}\right)^2-1\right] \tag{3-109}$$

ν 光波的平均光强为

$$I(\nu)=I_s\left[\left(\frac{G_D^0(\nu)}{G_{阈}}\right)^2-1\right] \tag{3-110}$$

腔内 ν_0 光波的光强要比 ν_0 附近各频率光波的光强弱。

2. 激光器的输出功率

(1) 单频激光器的输出功率

若腔内只允许存在一个谐振频率,且 $\nu\neq\nu_0$,同时激光器工作在理想情况下,有:$a_{内}\approx 0$,$r_2\approx 1$,$a_{总}=\frac{a_1+t_1}{2L}$。此时腔内的平均光强可以由式(3-106)导出

$$I(\nu)=I_s\left[\left(\frac{2LG_D^0(\nu)}{a_1+t_1}\right)^2-1\right] \tag{3-111}$$

激光器的输出光强为

$$I_{out}(\nu)=t_1I(\nu)=t_1I_s\left[\left(\frac{2LG_D^0(\nu)}{a_1+t_1}\right)^2-1\right] \tag{3-112}$$

若 ν 光束的截面为 A,则激光器的输出功率为

$$P(\nu)=AI_{out}(\nu)=At_1I(\nu)=At_1I_s\left[\left(\frac{2LG_D^0(\nu)}{a_1+t_1}\right)^2-1\right] \tag{3-113}$$

式(3-113)对线宽范围内除 ν_0 频率外的一切频率的光波都适用。

如果谐振腔内单纵模的频率为 ν_0，那么该激光器腔内平均光强可由式(3-108)导出

$$I(\nu_0)=\frac{1}{2}I_s\left[\left(\frac{2LG_D^0(\nu_0)}{a_1+t_1}\right)^2-1\right] \tag{3-114}$$

激光器的输出光强为

$$I_{out}(\nu_0)=\frac{1}{2}t_1I_s\left[\left(\frac{2LG_D^0(\nu_0)}{a_1+t_1}\right)^2-1\right] \tag{3-115}$$

若频率为 ν_0 的光束截面为 A，则激光器的输出功率为

$$P(\nu_0)=\frac{1}{2}At_1I_s\left[\left(\frac{2LG_D^0(\nu_0)}{a_1+t_1}\right)^2-1\right] \tag{3-116}$$

对比式(3-113)和式(3-116)可以看出，虽然介质在中心频率处的小信号增益系数 $G_D^0(\nu_0)$ 要比其他任何频率的小信号增益系数 $G_D^0(\nu)$ 都大，但是，由于在输出功率的表达式中出现系数 1/2，所以该激光器对 ν_0 光波的输出功率 $P(\nu_0)$ 要比它对 ν_0 附近各频率光波的输出功率 $P(\nu)$ 还要低。如果使单纵模输出的激光器的谐振频率由小到大逐渐变化，对应每一个频率为 ν 的光波，它都在增益系数 $G(\nu)$ 曲线上对称地“烧”两个宽度约为 $(1+I/I_s)^{1/2}\Delta\nu$ 的孔，如图 3-17 所示。而在输出功率 $P(\nu)$ 曲线上，对应于 ν 光波的输出功率为 $P(\nu)$。随着频率逐渐接近于 ν_0，输出功率也逐渐增大。当频率 ν 变到

$$\nu_0-\left(1+\frac{I}{I_s}\right)^{1/2}\frac{\Delta\nu}{2}<\nu<\nu_0+\left(1+\frac{I}{I_s}\right)^{1/2}\frac{\Delta\nu}{2}$$

范围内时，该光波在增益系数 $G(\nu)$ 曲线上对称“烧”的两个孔发生了重叠，这意味着参与对 ν 光波进行增益放大的粒子数开始减少，因此，输出功率将不再随 $G_D^0(\nu)$ 的增大而增大。随着 ν 与 ν_0 的距离越来越小，$G(\nu)$ 曲线上两个孔的重叠部分越来越大，输出功率也逐渐减小，直至 $\nu=\nu_0$ 时，$G(\nu)$ 曲线上的两个孔完全重合，输出功率降至一个极小值。输出功率 $P(\nu)$ 曲线如图 3-18 所示。$P(\nu)$ 曲线在中心频率 ν_0 处出现一个凹陷，称为“兰姆凹陷”。兰姆凹陷的中心频率为 ν_0，宽度大致为均匀增宽的线宽 $\Delta\nu$。当激光管内气体压力加大时，碰撞增宽使 $\Delta\nu$ 增大，这将使兰姆凹陷变宽、变浅，甚至会使之消失。图 3-19 所示为不同气压下输出功率随频率变化的曲线，图中 $P_3>P_2>P_1$。输出功率的兰姆凹陷常被作为一种稳频的方法用于稳频技术中，这将在 4. 2 节的稳频技术部分详细讨论。

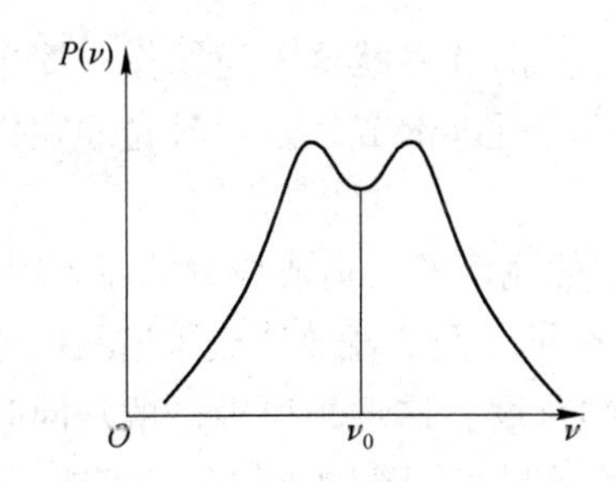

图 3-18　$P(\nu)$ 曲线与“兰姆凹陷”

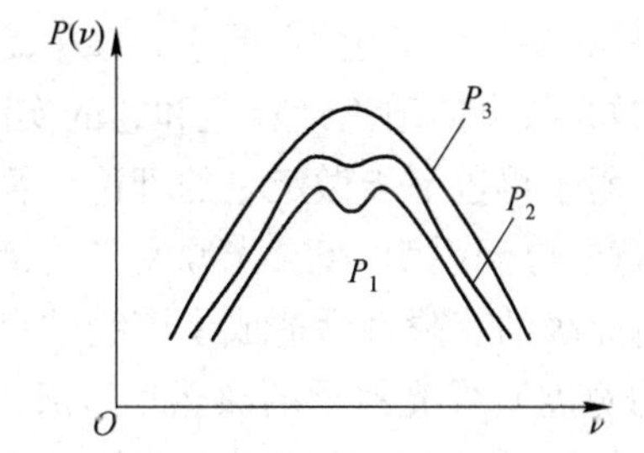

图 3-19　“兰姆凹陷”与管中气压的关系

(2) 多频激光器的输出功率

对腔长比较长的激光器，通常腔内可以允许有多个纵模存在。如果相邻两个纵模的频率间隔大于烧孔的宽度，并且各频率的烧孔都是彼此独立的，那么在该激光器中，每个纵模的诸参数与其他纵模不存在时一样，有

平均光强
$$I(\nu)=\begin{cases}I_s\left[\left(\dfrac{2LG_D^0(\nu)}{a_1+t_1}\right)^2-1\right] & \nu\neq\nu_0\\ \dfrac{1}{2}I_s\left[\left(\dfrac{2LG_D^0(\nu)}{a_1+t_1}\right)^2-1\right] & \nu=\nu_0\end{cases}\tag{3-117}$$

输出功率
$$P(\nu)=\begin{cases}At_1I_s\left[\left(\dfrac{2LG_D^0(\nu)}{a_1+t_1}\right)^2-1\right] & \nu\neq\nu_0\\ \dfrac{1}{2}At_1I_s\left[\left(\dfrac{2LG_D^0(\nu)}{a_1+t_1}\right)^2-1\right] & \nu=\nu_0\end{cases}\tag{3-118}$$

则多频激光器的输出功率为

$$P=\sum_{i=1}^{N}P(\nu_i)\tag{3-119}$$

式中,i 表示纵模序数,N 表示腔内纵模总数,而 $P(\nu_i)$ 则由式(3-118)给出。

如果腔内各纵模的频率 ν 对称地分布在 ν_0 的两侧,也即:有一个纵模频率 $\nu=\nu_0+b$,必有另一个纵模频率 $\nu'=\nu_0-b$,那么,当激光器工作在理想情况下时,纵模 ν 的增益系数为

$$G(\nu)=\frac{G_D^0(\nu)}{\sqrt{1+\dfrac{I(\nu)+I(\nu')}{I_s}}}=\frac{G_D^0(\nu)}{\sqrt{1+\dfrac{2I}{I_s}}}=G_{阈}\tag{3-120}$$

纵模 ν 在腔内的平均行波光强

$$\overline{I(\nu)}=\frac{1}{2}I_s\left[\left(\frac{2LG_D^0(\nu)}{a_1+t_1}\right)^2-1\right]\tag{3-121}$$

纵模 ν 的输出功率

$$P(\nu)=\frac{1}{2}At_1I_s\left[\left(\frac{2LG_D^0(\nu)}{a_1+t_1}\right)^2-1\right]\tag{3-122}$$

该多频激光器的输出功率仍然由式(3-119)表示,但 $P(\nu_i)$ 则由式(3-122)给出。

3.7 激光器的线宽极限

激光具有良好的单色性,但它的频率是否绝对单一呢?本节将就这一问题作一简单的分析。由于激光线宽的理论计算值和它的实际线宽相差甚远,所以本节只是对激光线宽作一定性的说明,而不再进一步做定量的理论计算。

第1章中已经说明,普通光源发光的谱线是具有一定的宽度的。造成线宽的原因很多,其中主要有:能级的有限寿命造成了谱线的自然宽度;发光粒子之间的碰撞造成了谱线的碰撞宽度(或压力宽度);发光粒子的热运动造成了谱线的多普勒宽度。这三种原因一般是同时起作用的,实际的谱线线型是它们共同作用的结果。这样的谱线叫作发光物质的荧光谱线,其线宽叫作荧光线宽。

对一个激光器来说,当它在稳定工作时,其增益正好等于总损耗。这时的理想情况是:损耗的能量在腔内的受激过程中得到了补充,而且在受激过程中产生的光波与原来光波有相同的相位,所以新产生的光波与原来的光波相干叠加,使腔内光波的振幅始终保持恒定,相应地就有无限长的波列,故线宽应为“0”。如果激光器是单模输出的话,那么它输出的谱线应该是

落在荧光线宽 $\Delta\nu_F$ 范围内的一条“线”,如图 3-20 所示。

实际上线宽不可能等于“0”。激光的谱线虽然极窄,但仍然有一定宽度。造成激光线宽的原因是多方面的。

首先是内部的原因:在理想的激光器中完全忽略了激活介质的自发辐射。而一个实际的激光器,尽管它的自发辐射相对于受激辐射来说是极其微弱的,但它毕竟还是不可避免地存在着,而且在激光器的输出功率中也贡献有它极其微小的一个份额。这一份额是非相干的辐射功率,而受激辐射过程贡献的则是相干的辐射功率。这样,激光器的增益就应该包括受激过程和自发过程两部分的贡献。在振荡达到平衡时,激光器内的能量平衡,应该是介质的受激辐射增益与自发辐射增益之和等于腔的总损耗,因而受激辐射的增益应略小于总损耗。这样,对于受激辐射的相干光来说,每一个波列都存在一定的衰减,正是这种衰减造成了一定的线宽,这是问题的一面。另一方面,腔内自发辐射又产生一列一列前后相位无关的波列,这些波列和相干的波列的光强相叠加,使腔内的光强保持稳定。这样一些一段一段的互相独立的自发辐射的波列也要造成一定的线宽。以上两方面的因素就造成了由于存在自发辐射而引起的激光线宽。如图 3-21 所示,曲线 1 是衰减的相干光的谱线,曲线 2 是自发辐射本身的谱线,曲线 3 是总的谱线。

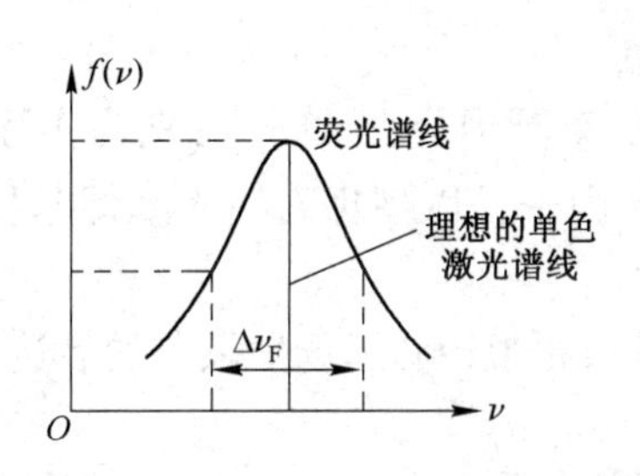

图 3-20　荧光谱线与理想的单色激光谱线

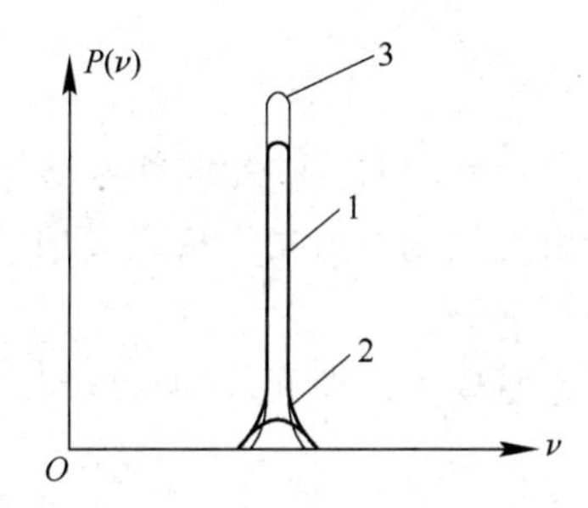

图 3-21　激光的极限线宽

如果激光器的输出功率增大,就说明腔内辐射场的能量密度也变大了,而受激辐射几率是正比于辐射场能量密度的,自发辐射的几率却不变,因此受激辐射所占的比例相应地增大,激光振荡谱线的宽度也相应地变窄。这就是说增大激光器的输出功率可以减小由于自发辐射引起的激光线宽。理论计算表明此激光线宽和激光器输出功率成反比。

理论计算还指出,单纯由于腔内自发辐射而引起的激光谱线宽度远小于 1 Hz。例如,腔长 $L=1\,\mathrm{m}$,单程损耗 $a_{总}\approx 1\%$,每端输出 1 mW 的 He-Ne 激光器发出的 0.6328 μm 谱线的宽度约为 5×10^{-4} Hz,这是个极其微小的线宽。实验测得的激光线宽远远大于这个数值。这说明造成激光线宽还有其他较自发辐射影响更大的因素。尽管如此,对于自发辐射造成激光线宽的分析还是十分有意义的。因为自发辐射在任何激光器中都存在,所以这种因素造成的激光线宽无法排除。也就是说这种线宽是消除了其他各种使激光线宽增加的因素后,最终可以达到的最小线宽,所以叫作线宽极限。

影响激光稳定性的一些因素,诸如温度的波动、机械的振动、大气压力和湿度的变化、空气的对流、损耗的波动、增益的波动,以及荧光中心频率漂移等,是产生激光线宽的外部原因。因为当激光的频率不稳定而发生变化和漂移时,激光振荡就不会是等幅的连续的正弦振荡,它必然会形成一定的频率分布,因而出现一定的谱线宽度。实验表明,稳频度较高的 He-Ne 激光器输出的谱线宽度大约为几十 Hz 的数量级,普通的 He-Ne 激光器可达约 10^4 Hz 的数量级(其

荧光线宽大约为 10^9 Hz 的数量级),而固体激光器和半导体激光器的谱线宽度更宽,一般都在 10^6 Hz 以上。

3.8 激光光束质量的品质因子 M^2

在激光技术及其应用领域,以及激光器的设计和生产过程中,光束质量是衡量激光光束优劣的一项重要指标。因此光束质量的定义和测试是激光研究的重要内容之一。但是,较长时间以来,光束质量一直没有确切的定义,也未建立标准的测量方法,这给科研和应用都带来了不便。

在激光的发展过程中,针对不同的应用目的,曾用多种参数来评价光束质量,例如聚焦光斑尺寸、远场发散角等。但由于激光束经过光学系统后,束腰尺寸和发散角均可以发生改变,减小腰斑半径必然会使发散角增大,因此单独使用发散角或腰斑尺寸来评价光束质量是不科学的。为了克服常用的光束质量评价方法的局限性,近年来国际光学界发展出一种表征激光光束质量的参量——品质因子 M^2,并已由国际标准化组织(ISO)予以推荐试用。

光束质量是激光束可聚焦程度的度量。描写激光光束品质的 M^2 因子的定义式为

$$M^2=\frac{\omega\theta}{\omega_0\theta_0} \tag{3-123}$$

式中,ω 和 ω_0 分别为实际光束和基横模高斯光束的束腰半径;θ 和 θ_0 分别为实际光束和基横模高斯光束的远场发散角。从定义中可以看出 M^2 因子是以理想高斯光束即基横模 TEM_{00} 作为比较的标准的。

在讨论基横模高斯光束的特性时,已经得到其束腰半径和远场发散角的表达式如下

$$\omega_0=\sqrt{\frac{\lambda L}{2\pi}},\quad \theta_0=\sqrt{\frac{2\lambda}{\pi L}}$$

式中,λ 为光波波长,L 为激光器的腔长。不难看出,基横模高斯光束的束腰半径和远场发散角的乘积为一个常量

$$\omega_0\theta_0=\lambda/\pi \tag{3-124}$$

即使采用各种光学变换方法,例如聚焦或准直来减小束腰半径或者压缩远场发散角,$\omega_0\theta_0$ 也总是为一个常量,因此束腰半径与远场发散角的乘积反映了基横模高斯光束的固有特性,这样就避免了只用光斑尺寸或只用发散角作为光束品质判据所带来的不确定性。作为比较的标准,基横模高斯光束的 $M^2=1$,为 M^2 因子的极小值。也就是说,基横模(TEM_{00}模)高斯光束,有最好的光束品质。

基横模高斯光束是共焦腔中自再现模所满足的积分方程(式(3-28))在近轴近似下的一个特解,从该积分方程出发还可以导出一系列其他解。对方形镜共焦腔求解该积分方程可以得到高斯光束的多模解,称为厄密-高斯光束,其场分布由厄密多项式与高斯函数的乘积来描述,(请参看式(3-39)和式(3-50))。由厄密-高斯函数所表征的高阶高斯光束用 TEM_{mn} 来表示,m 和 n 分别表示场在 x 和 y 方向的节线数,不同 m 和 n 的模具有不同的横向场分布,称为横模。当 $m=0$,并且 $n=0$ 时,对应 TEM_{00}模式,称为基横模。可以证明,在基横模高斯光束中,$z=z_0$ 处的光斑半径 ω 的平方刚好是其横坐标的平方在基横模模场分布下平均值的 4 倍。因此可以类似地定义高阶厄密-高斯光束的光斑半径。参看 3.2 节内容可以知道,高阶厄密-高斯光束在 x 和 y 方向上的振幅分布可以表示为

$$F_m(X)=C_mH_m(X)\mathrm{e}^{-\frac{X^2}{2}},\quad X=\frac{\sqrt{2}x}{\omega_{00}(z)}$$

$$F_n(Y)=C_nH_n(Y)\mathrm{e}^{-\frac{Y^2}{2}},\quad Y=\frac{\sqrt{2}y}{\omega_{00}(z)}$$

式中,$\omega_{00}(z)$表示基横模高斯光束的光斑半径。则高阶厄密-高斯光束在 x 和 y 方向上的光斑半径 $\omega_m(z)$ 和 $\omega_n(z)$ 可以表示为

$$\omega_m^2(z)=\frac{4\int_{-\infty}^{\infty}F_m(X)x^2F_m^*(X)\mathrm{d}X}{\int_{-\infty}^{\infty}|F_m(X)|^2\mathrm{d}X},\quad \omega_n^2(z)=\frac{4\int_{-\infty}^{\infty}F_n(Y)y^2F_n^*(Y)\mathrm{d}Y}{\int_{-\infty}^{\infty}|F_n(Y)|^2\mathrm{d}Y}$$

利用厄密多项式的正交归一化性质

$$\int_{-\infty}^{\infty}\mathrm{e}^{-X^2}H_m(X)H_n(X)\mathrm{d}X=2^m\sqrt{\pi}m!\delta_{mn}$$

可以得到

$$\int_{-\infty}^{\infty}F_m(X)F_m^*(X)\mathrm{d}X=2^m\sqrt{\pi}|C_m|^2m!$$

再者,利用厄密多项式的递推公式

$$XH_m(X)=\frac{1}{2}H_{m+1}(X)+mH_{m-1}(X)$$

可以得到

$$4\int_{-\infty}^{\infty}F_m(X)x^2F_m^*(X)\mathrm{d}X=2^m\sqrt{\pi}|C_m|^2(2m+1)m!\omega_{00}^2(z)$$

结合以上分析可以计算得到高阶厄密-高斯光束在 x 和 y 方向上的光斑半径的平方,表示如下

$$\omega_m^2(z)=(2m+1)\omega_{00}^2(z) \tag{3-125a}$$

$$\omega_n^2(z)=(2n+1)\omega_{00}^2(z) \tag{3-125b}$$

以上两式将高阶厄密-高斯光束的光斑半径的平方与其阶数联系起来。当 $m\neq n$ 时,x 方向上光斑半径不等于 y 方向上的光斑半径,并且 m、n 越大,高阶厄密-高斯光束的光斑半径越大,其场分布在空间也就越发散。

对于厄密-高斯光束的远场发散角,仍然采用与基横模高斯光束一样的定义式,因此在 x 和 y 方向上高阶厄密-高斯光束的远场发散角分别为

$$\theta_m=\lim_{z\to\infty}\frac{\omega_m(z)}{z}=\sqrt{2m+1}\lim_{z\to\infty}\frac{\omega_{00}(z)}{z}=\sqrt{2m+1}\theta_0 \tag{3-126a}$$

$$\theta_n=\lim_{z\to\infty}\frac{\omega_n(z)}{z}=\sqrt{2n+1}\lim_{z\to\infty}\frac{\omega_{00}(z)}{z}=\sqrt{2n+1}\theta_0 \tag{3-126b}$$

对于高阶厄密-高斯光束,其光腰位于 $z=0$ 处,根据前面的分析容易得到高阶厄密-高斯光束在 x 和 y 方向上的 M^2 因子分别为

$$M_x^2=2m+1 \tag{3-127a}$$

$$M_y^2=2n+1 \tag{3-127b}$$

显然,高阶厄密-高斯光束的 M^2 因子大于基横模高斯光束的 M^2 因子。并且,随着模阶数 m 或 n 的增加,其光腰半径及发散角与基横模高斯光束相比偏差越来越大,光腰半径与远场发散角之积越大,光束质量也就越差。

对圆形镜共焦腔求解自再现模所满足的积分方程可以得到高斯光束的多模解,称为拉盖尔-高斯光束,其场分布由拉盖尔多项式与高斯函数的乘积来描述。由拉盖尔-高斯函数所表

征的高阶高斯光束也用 TEM_{mn} 来表示，但该处的 m 表示光束沿径向的节线圆的数目，n 表示光束沿辐角方向的节线数目，其横模图形可参看图 3-5(e,f,g)。在此直接给出拉盖尔-高斯光束的光斑半径 $\omega_{mn}(z)$ 和远场发散角 θ_{mn} 的表达式

$$\omega_{mn}(z)=\sqrt{m+2n+1}\,\omega_{00}(z) \tag{3-128a}$$

$$\theta_{mn}=\sqrt{m+2n+1}\,\theta_0 \tag{3-128b}$$

显然，拉盖尔-高斯光束的 M^2 因子为

$$M^2=m+2n+1 \tag{3-129}$$

同样，随着模阶数 m 或 n 的增加，其光腰半径及发散角与基模高斯光束相比偏差越来越大，光腰半径与远场发散角之积越大，光束质量也就越差。

因此，对实际光束来说 $M^2\geqslant1$，M^2 因子的值越大，光束质量越差。并且 M^2 因子克服了常用光束质量评价方法的局限，用 M^2 因子作为评价标准对激光器系统进行质量监控及辅助设计等具有十分重要的意义。

3.9 模式激光的某些一阶统计性质

3.9.1 单模激光的一阶统计性质

这一节将为激光振荡器产生的光的一阶统计性质建立模型。这个问题之所以困难，不只是由于哪怕是描述最简单的激光器工作的物理机制也非常复杂，而且还因为存在着大量的不同种类的激光器。不能指望用一个模型就能够精确描述一切可能情况下的激光的统计性质，我们能够做到的充其量是提出几个越来越复杂的理想化的模型，它们描述激光的某些理想化的性质。

回顾一下激光器的作用原理。激光器由原子、分子构成，或者在半导体激光器的情形下则由载流子的集合构成，它们被一个能源(“泵”)激发，并被封装在一个谐振腔中，谐振腔提供了反馈。被激发的介质的自发辐射被谐振腔的终端镜反射，再次穿越激活介质，在那里它被受激发射加强。每次穿越激活介质时，由于受激发射的贡献，某些分立的频率或模式，会相长叠加。一部分产生的光，穿过谐振腔的微弱透射的终端反射镜漏出，提供了激光器的输出光。

这里的讨论将限于激光器的“经典”模型，一个给定模式是否会发生振荡，取决于在这个特定的模式上激活介质的增益是否超过各种损耗，若增益正好等于损耗，可以说(不严格地)此模式处于“阈值”上，增大泵运功率可以增大增益，但是当振荡发展起来之后，过程的非线性最终会使增益饱和，阻止增益随着泵运功率的增加而进一步增大。不过我们将会看到，发射的辐射的统计性质要受到泵运超出阈值的程度的影响。此外，随着泵运功率增大，一般地说，谐振腔将会有更多模式到达阈值，输出中将包含不同频率上的好几条振荡谱线，于是我们就可以分辨工作在单个振荡模式上的激光器和以多个振荡模式发光这两种情形。本节先考虑单模激光器，然后再考虑多模激光器。

如前几章所述，激光的产生是随机跃迁的电子所辐射的光子，在激光谐振腔中使得泵浦抽运到高能级上的电子受激辐射，被不断放大而形成的。因此其初位相、偏振方向、外界噪声对于振荡频率的影响，增益与损耗的随机变化，都会使得所发出的激光并不是一束理想化的纯单色波，其性质需要用随机变量(参阅附录 A)来表达。而且，在很多极其精密的应用中，必须考

虑其随机过程特性(参阅附录 B)。

1. 理想振荡

激光的最理想化的模型是一个纯单色波,它有已知的振幅 S,已知的频率$\bar{\nu}$,以及固定然而未知的绝对初始相位 ϕ。假设这个信号是线偏振的,其实数值表示是

$$u(t)=S\cos(2\pi\bar{\nu}t-\phi) \tag{3-130}$$

为了包含我们完全不知道振荡的绝对初始相位的实际情况,必须把 ϕ 看成一个随机变量,均匀分布在$(-\pi,\pi)$上。其结果是一个随机过程表示,它既是平稳的,又是遍历的。

要求出这种光的瞬时强度的一阶概率密度函数,可先计算它的特征函数。由于过程是平稳的,不失一般性,可以令 $t=0$,这时有

$$\begin{aligned}M_U(\omega)&=E[\exp(\mathrm{j}\omega S\cos\phi)]\\&=\frac{1}{2\pi}\int_{-\pi}^{\pi}\exp(\mathrm{j}\omega S\cos\phi)\,\mathrm{d}\phi=\mathrm{J}_0(\omega S)\end{aligned}$$

其中 J_0 是一个第一类零阶 Bessel 函数。这个特征函数的 Fourier 反演给出概率密度函数

$$p_U(u)=\begin{cases}\left(\pi\sqrt{S^2-u^2}\right)^{-1} & |u|\leqslant S\\0 & 其他\end{cases}$$

其曲线如图 3-22(a)所示。

至于信号 $u(t)$的强度,有

$$I=|S\exp[-\mathrm{j}(2\pi\bar{\nu}t-\phi)]|^2=S^2$$

于是 I 的概率密度函数可以写成

$$p_I(I)=\delta(I-S^2) \tag{3-131}$$

或等价地

$$S^2p_I(I)=\delta(I/S^2-1) \tag{3-132}$$

如图 3-22(b)所示。

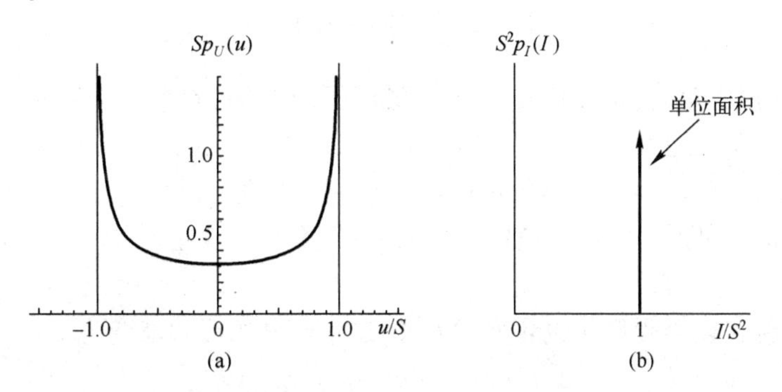

图 3-22 未知相位的理想单色波的振幅(a)和强度(b)的概率密度函数

2. 具有随机的瞬时频率的振荡

建立一个更现实模型的第一步,是将以下情况纳入进来:没有一个真实的振荡具有完全恒定的相位。相反,相位在一定程度上与激光器的类型和为稳定性所采取的预防措施有关,它随时间随机涨落。于是,将式(3-130)修改为

$$u(t)=S\cos[2\pi\bar{\nu}t-\theta(t)] \tag{3-133}$$

其中 $\theta(t)$代表相位的时间涨落,并且我们已将固定但随机的相位 ϕ 吸收进 $\theta(t)$的定义中。

随机涨落的相位分量可以有各种来源,包括激光器终端反射镜的声学耦合振动,任何噪声驱动的振荡器输出中固有的噪声等。在一切情形下,相位涨落都可以视为等同于振荡频率的

随机涨落。

为了使这些观念更精密,令振荡模式的总相位表示为 $\psi(t)$,即

$$\psi(t)=2\pi\bar{\nu}t-\theta(t) \tag{3-134}$$

于是可以定义振荡的瞬时频率为

$$\nu_i(t)\triangleq\frac{1}{2\pi}\frac{\mathrm{d}\psi(t)}{\mathrm{d}t}=\bar{\nu}-\frac{1}{2\pi}\frac{\mathrm{d}\theta(t)}{\mathrm{d}t} \tag{3-135}$$

可以看到,它的构成是一个平均频率$\bar{\nu}$减去一个随机涨落分量

$$\nu_R(t)\triangleq\frac{1}{2\pi}\frac{\mathrm{d}\theta(t)}{\mathrm{d}t} \tag{3-136}$$

在大多数感兴趣的情况下,可以认为产生频率涨落的物理过程产生了瞬时频率的一个零均值的平稳涨落 $\nu_R(t)$,由此可知

$$\theta(t)=2\pi\int_{-\infty}^{t}\nu_R(\xi)\,\mathrm{d}\xi \tag{3-137}$$

是一个非平稳随机过程,虽然可以证明它是一阶增量平稳的。

至于振幅恒定而相位随机变化的波的振幅和强度的概率密度函数,它们与图 3-22 中所示的概率密度函数相同,因为相位仍然均匀分布在区间$(-\pi,\pi)$上,强度仍为常数。

3. Van der Pol 振子模型

进一步增加模型的复杂程度,即允许一个模式的振幅在时间中随机涨落,在实际中这永远会在某种程度上发生。将这些涨落包括进来的一个方法,是将激光器描述为一个噪声驱动的振荡器。

(1) Van der Pol 振子方程

作为背景知识,一个噪声驱动的串联 RLC 电路的输出电压 $u(t)$遵从非齐次微分方程[24]

$$\frac{\mathrm{d}^2u}{\mathrm{d}t^2}+\gamma\frac{\mathrm{d}u}{\mathrm{d}t}+\bar{\omega}^2u=\bar{\omega}^2N(t) \tag{3-138}$$

其中 $\gamma=R/L$ 与耗损成正比,$\bar{\omega}=2\pi\bar{\nu}$,$N(t)$是噪声驱动电压,它是一个随机过程的样本函数。虽然这个方程非常明显地对一个电子振荡器成立,它也对一个光振荡器成立,这时 $u(t)$是振子的场强,$N(t)$是驱动噪声项的场强,可以认为它是自发发射噪声。由于自发发射是热光,可以认为 $N(t)$是 Gauss 型噪声,它的谱的中心在$\bar{\nu}$,带宽由与激光器的工作介质相联系的线宽决定。

若振荡器既包含耗损元件又包含增益元件,这个模型的形式就变为

$$\frac{\mathrm{d}^2u}{\mathrm{d}t^2}+(\gamma-\alpha)\frac{\mathrm{d}u}{\mathrm{d}t}+\bar{\omega}^2u=\bar{\omega}^2N(t) \tag{3-139}$$

其中 α 是一个与增益成正比的系数。但是,这个模型仍是不完备的,因为若 $\alpha>\gamma$,输出将无限增大;而对于一个实际的振荡器,增益终将饱和。Van der Pol 振子方程是一个模型,它通过纳入一个随振荡器输出功率的增大而增长的损耗项,将这种饱和效应考虑进来。这样的振荡器可以用 Van der pol 振子方程的一种形式描述

$$\frac{\mathrm{d}^2u}{\mathrm{d}t^2}+(\gamma-\alpha)\frac{\mathrm{d}u}{\mathrm{d}t}+\beta\left(u^2\frac{\mathrm{d}u}{\mathrm{d}t}\right)_{l.f.}+\bar{\omega}^2u=\bar{\omega}^2N(t) \tag{3-140}$$

其中 β 是一个非线性系数,$(\,)_{l.f.}$表示只保留这一项的低频部分,即只保留在频率$\bar{\omega}$上的项,而以更高的频率为中心的项则忽略不计。

(2) 方程的线性化

当增益等于损耗时,可以说激光器振子达到了阈值。当增益超出损耗很多时,可以说激光器牢靠地高于阈值,其输出可以合理地表示为一个强的相位调制正弦波加上一个弱的以$\overline{\omega}=2\pi\,\overline{\nu}$为中心频率或靠近该频率的窄带噪声,即

$$u(t)=S\cos[\overline{\omega}t-\theta(t)]+u_n(t) \tag{3-141}$$

其中 S 是固定的振幅,$\theta(t)$是随时间变化的相位(与$\overline{\omega}t$ 相比变化很缓慢),而 $u_n(t)$是振荡器输出中的一个随时间变化的小的窄带噪声分量。把余弦项称为激光器输出的"信号"分量,$u_n(t)$项称为输出的"噪声"分量。特别要注意的是,与噪声 $u_n(t)$的时间变化率相比,$\theta(t)$变化非常慢,这是由于输出的信号分量的带宽非常窄。假设了这样的输出并将它代入方程,由于$\theta(t)$的变化率很慢和 $u_n(t)$很小,可以做一些简化。弃去$\ddot{\theta}$、$(\dot{\theta})^2$、$\dot{\theta}\dot{u}_n$ 和关于$\dot{\theta}$($\ddot{\theta}$代表 $\mathrm{d}^2\theta/\mathrm{d}t^2$,$\dot{\theta}$代表 $\mathrm{d}\theta/\mathrm{d}t$,$\dot{u}$代表 $\mathrm{d}u_n/\mathrm{d}t$)为线性的项,除非这类项与$\overline{\omega}$相乘。细节有点冗长乏味,但是可以从符号运算软件如 Mathematica 得到帮助,结果是

$$\begin{aligned}&\ddot{u}_n(t)+\left(-\alpha+\frac{S^2\beta}{2}+\gamma\right)\dot{u}_n(t)+\overline{\omega}^2u_n(t)+2S\,\overline{\omega}\dot{\theta}(t)\cos[\overline{\omega}t-\theta(t)]+\\&\left(S\,\overline{\omega}\alpha-\frac{1}{4}S^3\,\overline{\omega}\beta-S\,\overline{\omega}\gamma-\langle u_n^2(t)\rangle S\,\overline{\omega}\beta\right)\sin[\overline{\omega}t-\theta(t)]=\overline{\omega}^2N(t)\end{aligned} \tag{3-142}$$

其中$\langle\cdot\rangle$代表一个无穷时间平均。在遍历性假定下,若振荡器工作在完全饱和状态下,在下面的表示式中,可以将$\langle u_n^2(t)\rangle$换成噪声 $u_n(t)$的方差 σ_n^2。

注意到 $N(t)$的中心频率在$\overline{\omega}$上,并且它随时间的变化比 $\theta(t)$快得多,有助于进一步简化。这允许我们将 $\theta(t)$当作准常量处理,并且将 $N(t)$展开为与这个输出信号同相位和正交的两个分量

$$N(t)=N_c(t)\cos[\overline{\omega}t-\theta(t)]+N_s(t)\sin[\overline{\omega}t-\theta(t)] \tag{3-143}$$

注意在 $N(t)$中,一半的平均功率包含在第一项中,一半在第二项中。$N_c(t)$和 $N_s(t)$都有低通功率谱,并且若 $N(t)$是 Gauss 型随机过程,那么 $N_c(t)$和 $N_s(t)$也是。将这个 $N(t)$的表示式代入式(3-142),可以看出在这个方程中实际上包含了三个分开的方程。注意到式(3-142)的左边包含准周期项和随机项而右边仅含随机项,就得出了这个结论。因此可以将这个总的方程分解成三个分开的方程,即

$$(\alpha-\gamma)-\beta\left(\frac{S^2}{4}+\sigma_n^2\right)=0 \tag{3-144}$$

$$2S\,\overline{\omega}\dot{\theta}=\overline{\omega}^2N_c(t) \tag{3-145}$$

$$\ddot{u}_n(t)+\left(\gamma-\alpha+\frac{\beta}{2}S^2\right)\dot{u}_n(t)+\overline{\omega}^2u_n(t)=\overline{\omega}^2N_s(t)\sin[\overline{\omega}t-\theta(t)] \tag{3-146}$$

第一个方程[式(3-144)]可以对 S^2 求解,S^2 代表与振荡器输出的信号部分相联系的饱和功率水平的两倍

$$S^2=4\left(\frac{\alpha-\gamma}{\beta}-\sigma_n^2\right) \tag{3-147}$$

类似地,同一方程也可以对 σ_n^2 求解

$$\sigma_n^2=\frac{\alpha-\gamma}{\beta}-\frac{S^2}{4} \tag{3-148}$$

它表明，对于固定的抽运水平，输出的噪声分量的功率随着信号功率的增大而减小，这是增益饱和的结果。

第二个方程〔式(3-145)〕提供了关于输出的信号分量的相位 $\theta(t)$ 的统计性质的信息。为了简单，假设在 $t=-\infty$ 时达到饱和，这个简单方程的解为

$$\theta(t)=\frac{\bar{\omega}}{2S}\int_{-\infty}^{t}N_c(\xi)\,\mathrm{d}\xi \tag{3-149}$$

由于 $N_c(t)$ 是 Causs 型的，可以看到，这个模型预言的 $\theta(t)$ 是一个上一节假设的那种扩散型相位。信号分量的瞬时频率为

$$\omega_i(t)=2\pi\nu_i=\bar{\omega}+\frac{\mathrm{d}\theta(t)}{\mathrm{d}t}=\bar{\omega}\left(1+\frac{N_c(t)}{2S}\right) \tag{3-150}$$

它是一个 Gauss 型随机过程，在$\bar{\omega}$的周围涨落，对于 $N_c(t)$ 中的固定功率，涨落的幅度随着输出信号分量的增大而减小。

(3) 输出噪声功率和噪声带宽

第三个方程〔式(3-146)〕提供了激光器输出的噪声分量与驱动激光器的自发发射噪声的正交分量之间的关系。对于激光器的输出信号分量的一个固定水平 S，这个方程是一个简单的二阶非齐次线性微分方程。求出联系驱动信号 $N_s(t)\sin[\bar{\omega}t-\theta(t)]$ 与响应 $u_n(t)$ 的传递函数，将得到许多关于 $u_n(t)$ 的性质的深入知识。将 $N_s(t)\sin[\bar{\omega}t-\theta(t)]$ 换成一个驱动项 $\mathrm{e}^{-\mathrm{j}\omega t}$，假设一个 $H(\omega)\mathrm{e}^{-\mathrm{j}\omega t}$形式的解，并消掉指数项，求出传递函数

$$H(\omega)=\frac{\bar{\omega}^2}{(\bar{\omega}^2-\omega^2)-\mathrm{j}b\omega} \tag{3-151}$$

其中

$$b\triangleq\gamma-\alpha+\frac{\beta}{2}S^2>0 \tag{3-152}$$

还应当说明的是，由于驱动噪声和激光器输出的噪声分量由式(3-146)线性地相联系，$N_s(t)$ 遵从 Gauss 型统计就意味着，为得到三个重要方程的线性化假设下，$u_n(t)$ 也遵从 Gauss 型统计。

输出中的噪声功率 σ_n^2 可以从驱动项 $N_s(t)\sin[\bar{\omega}t-\theta(t)]$ 的(双边)功率谱密度$g_s(\nu)$来计算。可以合理地假设自发发射噪声的功率谱密度在由 $H(\omega)$ 描述的滤波器的窄通带上是白噪声。于是取 $N(t)$ 的双边功率谱密度为 $N_0/2$ (W/Hz)。它等价于每单位角频率 $\omega(2\pi(\mathrm{Hz}))$ 上 πN_0(W)(W 即单位瓦)。$N_s(t)\sin[\bar{\omega}t-\theta(t)]$ 项仅携带总功率的一半，另一半是由同相分量 $N_c(t)\cos[\bar{\omega}t-\theta(t)]$ 携带的，因此在角频率空间中由正交分量携带的双侧功率谱密度为 $\pi N_0/2$。因此，$u_n(t)$ 中的总噪声功率为

$$\begin{aligned}\sigma_n^2&=\frac{\pi N_0}{2}\int_{-\infty}^{\infty}|H(\omega)|^2\mathrm{d}\omega=\frac{\pi N_0}{2}\int_{-\infty}^{\infty}\frac{\bar{\omega}^4}{b^2\omega^2+\omega^4-2\omega^2\bar{\omega}^2+\bar{\omega}^4}\mathrm{d}\omega\\&=\pi N_0\bar{\omega}\int_0^{\infty}\frac{1}{\frac{b^2}{\bar{\omega}^2}x^2+x^4-2x^2+1}\mathrm{d}x=\frac{\pi^2\bar{\omega}^2N_0}{2b}\end{aligned} \tag{3-153}$$

由于 σ_n^2 与 b 成反比，而 b 又随着信号功率 S^2 增大，可以看到，输出的噪声分量中的功率随着输出信号功率的增大而减小，与式(3-148)一致。

通过求归一化量 $|H(\omega)/H(\bar{\omega})|^2$ 之下的面积，求得输出的噪声分量的有效带宽为

$$\Delta\omega=\pi b/2 \tag{3-154}$$

于是输出的噪声分量的带宽随着输出信号功率的增大而增加。

(4) 噪声输出的同相分量和正交分量

不过,当 $u_n(t)$ 被自发发射噪声(提供了相位参考的输出的信号分量)的正交分量驱动时,在输出噪声里既有同相分量又有正交分量。使问题进一步复杂化的是,$H(\omega)$ 的实部产生一个噪声输出分量,它同输出的信号分量是正交的(由于驱动项是 $N(t)$ 的正交分量),而 $H(\omega)$ 的虚部产生一个噪声输出分量,它同输出的信号分量是同相的。令 $H_R(\omega)$ 表示 $H(\omega)$ 的实部,$H_I(\omega)$ 表示虚部。由于 $|H(\omega)|^2=H_R^2(\omega)+H_I^2(\omega)$,$H_R^2(\omega)$ 和 $H_I^2(\omega)$ 分别决定了功率从 $N(t)$ 到输出噪声的正交分量和同相分量的传递。容易求出

$$H_R(\omega)=\frac{\overline{\omega}^2(\overline{\omega}^2-\omega^2)}{b^2\omega^2+(\overline{\omega}^2-\omega^2)^2} \tag{3-155}$$

$$H_I(\omega)=\frac{b\omega\,\overline{\omega}^2}{b^2\omega^2+(\overline{\omega}^2-\omega^2)^2} \tag{3-156}$$

令 σ_R^2 和 σ_I^2 分别代表被 H_R^2 和 H_I^2 通过的噪声分量的方差,求出这些项中的每一项对 $u_n(t)$ 的功率做出同样大小的贡献

$$\sigma_R^2=\sigma_I^2=\frac{\pi^2\,\overline{\omega}^2 N_0}{4b} \tag{3-157}$$

此外,求出这两个噪声分量之间的相关为

$$\mu=\frac{\int_{-\infty}^{\infty}H_R(\omega)H_I(\omega)\,\mathrm{d}\omega}{\sqrt{\int_{-\infty}^{\infty}H_R^2(\omega)\,\mathrm{d}\omega\int_{-\infty}^{\infty}H_I^2(\omega)\,\mathrm{d}\omega}}=0 \tag{3-158}$$

上式之值为零可以这样导出,即注意到 $H_R(\omega)$ 在 $\omega=\overline{\omega}$ 周边为奇函数,而 $H_I(\omega)$ 在 $\omega=\overline{\omega}$ 周边为偶函数。

到此为止,对远远超出阈值的激光器输出中的噪声场 $u_n(t)$ 已经知道很多。特别是,知道这个场的同相部分和正交部分是 Gauss 型的,有相同的方差,是不相关的,因而是独立的。现在用这些知识来描述激光器输出中的总场和强度的统计性质,激光器仍然远在阈值之上运行,这里对 Van der Pol 振子方程的线性化是成立的。

(5) 总输出的场和强度的统计性质

为了理解这个模型描述的激光器辐射的统计性质,将实值解转换为解析信号表示会带来方便,后者取如下形式

$$\begin{aligned}u(t)&=U(t)\exp(-\mathrm{j}2\pi\,\overline{\nu}t)=S(t)\exp(-\mathrm{j}2\pi\,\overline{\nu}t)+u_n(t)\\&=[S(t)+U_n(t)]\exp(-\mathrm{j}2\pi\,\overline{\nu}t)\end{aligned} \tag{3-159}$$

或者等价地

$$U(t)=S(t)+U_n(t) \tag{3-160}$$

其中 $U(t)$ 是激光器总输出的相矢量表示,$S(t)$ 是随时间变化的相矢量或复包络,代表输出的信号分量

$$S(t)=S\exp[-\mathrm{j}\theta(t)] \tag{3-161}$$

而由于输出的噪声分量具有分布完全相同且相互独立的 Gauss 型同相和正交分量,$U_n(t)$ 是一个圆形复 Gauss 型噪声相矢量,代表窄带噪声 $u_n(t)$。

回想起得到解的一个假设是 $\overline{|U_n(t)|^2}\ll|S(t)|^2$,得到的结论是,复包络 $U(t)$ 的一阶统计乃是一个大的恒定长度的相矢量加上一个小的复数圆形 Gauss 型噪声分量的一阶统计。由于我们感兴趣的是某一时间点的场和强度的统计,相位 $\theta(t)$ 的具体值并不重要,永远可以这样

挑选相位参考值,使得在这一特定时刻与 $\theta(t)$ 之值重合。

利用强恒定相矢量加一个弱随机相矢量和的统计性质[25]的结果,并令 $U=|U|$,可得到总输出场 U 的振幅的概率密度函数为

$$p_u(U) \approx \frac{1}{\sqrt{2\pi}\sigma_n}\exp\left[-\frac{(U-S)^2}{2\sigma_n^2}\right], S \gg \sigma_n \tag{3-162}$$

其中 σ_n 是实值噪声 $u_n(t)$ 的标准偏差。于是激光器的输出的振幅有一个随机涨落,主要由输出噪声的同相分量引起,并且在很好的近似程度上遵从 Gauss 型统计,均值为 S,标准偏差为 σ_n。利用参考文献[25]的结果,与结果联系的相位 ϕ(它与随机相位 $\theta(t)$ 相关),主要是受与信号正交的输出噪声分量的干扰,也服从 Gauss 型统计,即

$$p_\phi(\phi) \approx \frac{S}{\sqrt{2\pi}\sigma_n}\exp\left(-\frac{S^2\phi^2}{2\sigma_n^2}\right) \tag{3-163}$$

总结以上结果,在远高于阈值的稳恒状态下,激光器的总输出 $U(t)$ 的实部可以写为

$$\mathrm{Re}\{U(t)\} = U(t)\cos[\overline{\omega}t-\theta(t)-\phi(t)] \tag{3-164}$$

其中:

(1) $U(t)$ 近似是一个平稳 Gauss 型随机过程,均值为 S,方差为 σ_n^2,它由自发发射噪声的正交分量(相对于相位为 $\theta(t)$ 的信号相矢量)驱动;

(2) $\phi(t)$ 近似是一个平稳 Gauss 型随机过程,均值为零,方差为 σ_n^2/S^2,它也由自发发射噪声的正交分量驱动;

(3) $\theta(t)$ 是一个缓慢变化的零均值 Gauss 型随机过程,它是非平稳过程,但是有平稳增量,并且由自发发射噪声的同相分量驱动。

至于这种模式的强度,注意它是一个强的振幅恒定、相位随机的相矢量 S 加上一个弱的圆形复数 Gauss 型噪声项 U_n 的长度平方。总的输出强度的概率密度函数可以如下求出

$$I = |S+U_n|^2 \approx |S|^2 + 2\mathrm{Re}\{S^* U_n\} \tag{3-165}$$

现在令

$$S = S\mathrm{e}^{\mathrm{j}\theta}, U_n = U_n\mathrm{e}^{\mathrm{j}\phi_n} \tag{3-167}$$

其中 U_n、θ 和 ϕ_n 是独立的,θ 和 ϕ 均匀分布在 $(-\pi,\pi)$ 上。$S^* U_n$ 的实部是一个零均值 Gauss 型随机变量,这来自以下事实:U_n 是 Rayleigh 分布的,ϕ_n 是均匀分布的。I 的方差是

$$\sigma_I^2 = 4S^2\overline{U_n^2\cos^2(\theta-\phi_n)} = 2S^2\sigma_n^2 \tag{3-168}$$

I 的均值是 S^2。可得到如下结论:若激光器工作在远超出阈值处(这里 $S^2 \gg \sigma_n^2$),则其输出强度 I(近似)服从 Gauss 型概率密度函数,即

$$p_I(I) \approx \frac{1}{\sqrt{4\pi S^2\sigma_n^2}}\exp\left[-\frac{(I-S^2)^2}{4S^2\sigma_n^2}\right] \tag{3-169}$$

4. 激光器输出强度统计的一个更完备的解

Risken 用一个人们称为 Fokker-Planck 方程的统计模型,求出了一个单模激光器工作在高于、等于或低于阈值时发射的强度的概率密度的更完整的解。本节简明地介绍这些结果。

用这种方法求得的强度的概率密度函数是

$$p_I(I) = \begin{cases} \dfrac{2}{\pi I_0}\dfrac{1}{1+\mathrm{erf}w}\exp\left[-\left(\dfrac{I}{\sqrt{\pi}I_0}-w\right)^2\right], & I \geq 0 \\ 0, & \text{其他} \end{cases} \tag{3-170}$$

其中 I_0 是阈值上的平均光强;w 是一个参量,其值是变的:阈值之下取负值,在阈值处取值零,

阈值之上取正值；erf$w$ 是误差函数，其定义为

$$\mathrm{erf}w=\frac{2}{\sqrt{\pi}}\int_0^w \exp(-x^2)\,\mathrm{d}x,\quad \mathrm{erf}(-w)=-\mathrm{erf}w \tag{3-171}$$

激光器输出的平均强度$\bar{I}$与阈值上的平均强度 I_0 通过下式相联系：

$$\bar{I}=I_0\left[\sqrt{\pi}w+\frac{\mathrm{e}^{-w^2}}{1+\mathrm{erf}w}\right] \tag{3-172}$$

它作为抽运参量 w 的函数画在图 3-23 中，注意当抽运超过阈值时强度随抽运参量的增大而猛增。强度涨落的标准偏差为

$$\sigma_I=I_0\left[\frac{\pi}{2}-\frac{\mathrm{e}^{-2w^2}}{(1+\mathrm{erf}w)^2}-\frac{\sqrt{\pi}w\mathrm{e}^{-w^2}}{1+\mathrm{erf}w}\right]^{1/2} \tag{3 173}$$

由 I_0 归一化的强度涨落的标准偏差与抽运参量 w 的函数关系曲线如图 3-24 所示。注意当 w 约大于 2 时标准偏差已经饱和，但平均输出强度则迅速上升，于是造成当抽运参量增大时信噪比迅速增大。

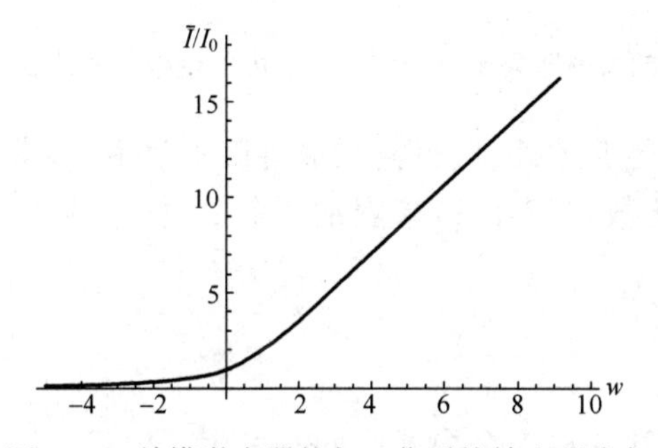

图 3-23　单模激光器的归一化平均输出强度与抽运参量 w 的函数关系曲线

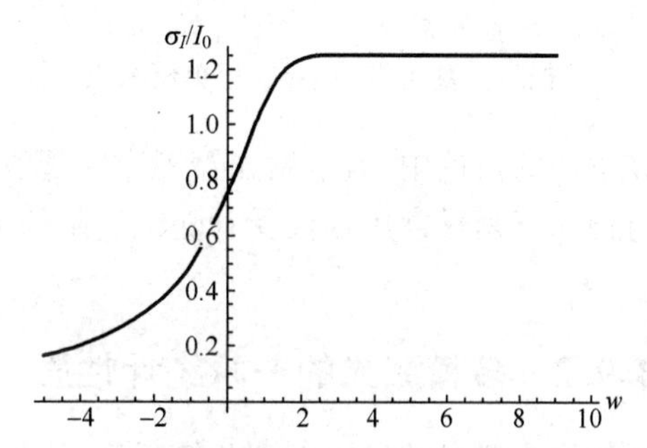

图 3-24　单模激光器的输出强度的归一化标准偏与抽运参量 w 的函数关系曲线

当 $w\ll 0$ 时，激光器远低于阈值，输出主要是自发发射噪声。于是这个解预言的强度的概率密度函数为

$$p_I(I)\approx\frac{2|w|}{\sqrt{\pi}I_0}\exp\left(-\frac{2|w|}{\sqrt{\pi}I_0}I\right)\quad I\geqslant 0 \tag{3-174}$$

别处为 0。这是对热噪声期望的负指数概率密度函数。当 $w=0$ 时，激光器正好在阈值上，$p_I(I)$ 的形状是单侧的 Gauss 曲线，即

$$p_I(I)=\frac{2}{\pi I_0}\exp\left(-\frac{I^2}{\pi I_0^2}\right)\quad I\geqslant 0 \tag{3-175}$$

别处为 0。最后，对于激光器工作在远高于阈值这一最常见的情况，$w\gg 0$，输出强度的概率密度函数的形状是均值为$\bar{I}=w\sqrt{\pi}I_0$ 的 Causs 函数，即

$$p_I(I)\approx\frac{1}{\pi I_0}\exp\left[-\left(\frac{I-w\sqrt{\pi}I_0}{\sqrt{\pi}I_0}\right)\right]\quad I\geqslant 0 \tag{3-176}$$

别处为 0。前面建立在线性化的 Van der Pol 振子基础上的近似式(3-169)也给出了类似的结果，它提示在 $w\gg 0$ 时下面的组合成立

$$I_s = w\sqrt{\pi} I_0$$

$$\bar{I}_N = \frac{\sqrt{\pi} I_0}{4w} \tag{3-177}$$

图 3-25 所示为在抽运参量 w 的几个不同的值下，单模激光器输出强度的概率密度函数与归一化强度的函数关系曲线。

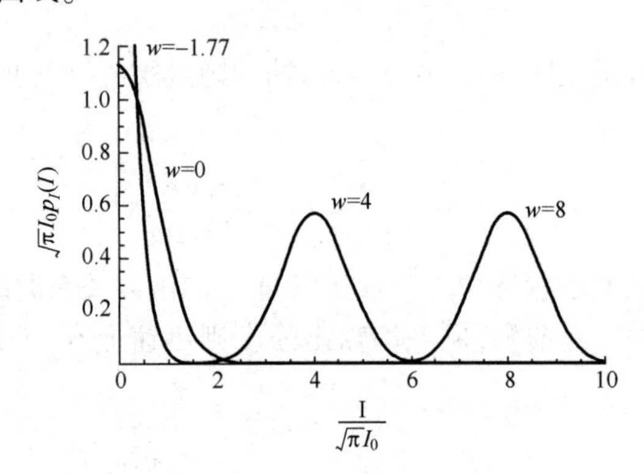

图 3-25　抽运参量 w 取值不同时，单模激光器输出强度的概率密度函数与归一化强度的函数关系曲线

在下面的讨论中，假定激光器工作在阈值之上足够远处，使得光强涨落微不足道，常常会带来方便。于是最常用相位受到随机调制的余弦函数式(3-133)来表示一个单模激光器发出的光。

3.9.2　多模激光的一阶统计性质

虽然许多激光器可以做到单模运作，但是振荡常常在多个模式中同时发生。模式可以为纵向结构或横向结构，或者在有些情形下，两种模式结构都出现。假定激光器在阈值以上很远处振荡，在特定的 P 点的稳态输出的一个合理模型是实值信号

$$u(P,t) = \sum_{n=1}^{N} S_n(P)\cos[2\pi\nu_n t - \theta_n(P,t)] \tag{3-178}$$

其中 N 是模式的个数，$S_n(P)$ 和 ν_n 分别是第 n 个模式的振幅和中心频率，$\theta_n(P,t)$ 是第 n 个模式的相位变化，包括任何常数初始相位 ϕ_n。

通常假定，随机初相位变化 $\theta_n(P,t)$ 和 $\theta_m(P,t)$ 当 $m \neq n$ 时是统计独立的。但是，在有些情形下，各个模式的完全或部分相位耦合可能会出现，可能是偶然发生，也可能是有意引进。例如，激光器的终端反射镜的振动将引起一切纵向模式统计相关地改变相位。而且，激光器从根本上说是一个非线性器件，如果两个模式的交互调制产生的频率分量碰巧和第三个模式的频率相符合，那么可能发生模式耦合。

下面首先考察当多个模式独立振荡时激光器输出的统计性质。在接下来的讨论中，为了简单，弃去对观察点 P 的明显依赖。

1. 振幅统计

虽然这个模型在许多情况下并不成立，但是还是来研究在多个独立模式上振荡的激光器发射的光的统计性质。按照式(3-129)，单个模式的振幅的特征函数为

$$M_n(\omega) = J_0(\omega S_n) \tag{3-179}$$

对于 N 个独立模式之和，总振幅的特征函数为

$$M_U(\omega)=\prod_{n=1}^{N}J_0(\omega S_n) \tag{3-180}$$

这个特征函数的 Fourier 逆变换将给出振幅的概率密度函数。等价的做法是,N 个如图 3-23(a)所示曲线的概率密度函数,每个有不同的 S 值,可以做卷积以得到所要的概率密度函数。可惜的是,只是在不多的情形下才有解析解。对于 $n=1$,振幅的概率密度函数就是单个相位随机的正弦曲线的概率密度函数,如式(3-130)所给出的。对于两个等强度的正弦振动,已知密度函数为

$$p_U(u)=\begin{cases}\dfrac{1}{\pi^2}\sqrt{\dfrac{2}{\bar{I}}}K\left(\sqrt{1-\dfrac{u^2}{2\bar{I}}}\right), & |u|<\sqrt{2\bar{I}}\\ 0, & \text{其他}\end{cases} \tag{3-181}$$

其中 $K(\cdot)$ 是一个第一类完全椭圆积分,总平均强度为$\bar{I}$。更一般地,对于 N 个独立模式,每一个有相同的振幅$\sqrt{I/N}$,总振幅的特征函数是

$$M_U(\omega)=J_0^N\left(\omega\sqrt{\frac{\bar{I}}{N}}\right) \tag{3-182}$$

总振幅的概率密度函数,做一次数字 Fourier 反演即可求得。图 3-26 对 $N=1,2,3$ 和 5 给出了 N 个振幅完全相同但相位独立的正弦波之和的振幅的概率密度函数曲线。总平均强度保持不变并等于 1。图中 $N=5$ 的曲线与 Gauss 型曲线已经分不出来了。

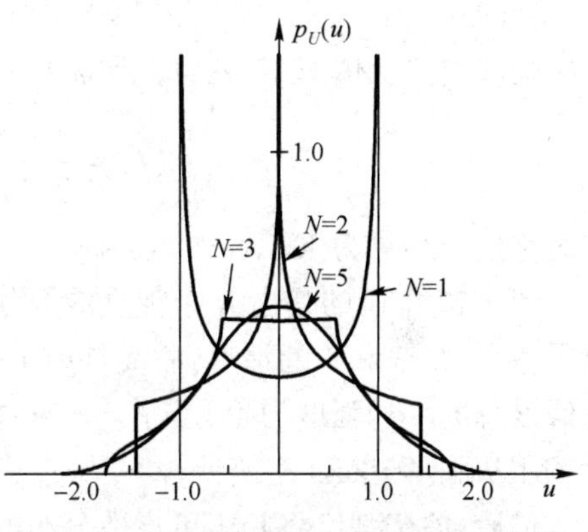

图 3-26　N 个等振幅但相位独立的正弦波之和的振幅的概率密度函数曲线

随着越来越多个独立的等振幅的模式相加,总概率密度函数趋于 Gauss 型,这是中心极限定理所预言的。N 才等于 5,在真正的密度函数和 Gauss 密度函数之间就只有微小的可以看出的区别了。从经典的、一阶统计的观点来看,若各个模式独立,这个主要假设得到满足,模式数目 $N\geqslant 5$ 的(等强度)多模激光和热光之间便没有多大差别了。

2. 强度统计

多模激光强度的概度密度函数,常常比振幅的概率密度函数更使人感兴趣。为了研究这个量,先求总的复合场的幅值的概率密度函数表达式,再从这个结果求强度的概率密度函数表达式。作为对这一努力的一个帮助,先将式(3-178)改写为解析信号形式

$$\boldsymbol{u}(t)=r(t)+\mathrm{j}i(t)=\sum_{n=1}^{N}S_n\mathrm{e}^{\mathrm{j}\theta_n(t)}\mathrm{e}^{-\mathrm{j}2\pi\nu_n t}=\sum_{n=1}^{N}S_n(t) \tag{3-183}$$

其中

$$|s_n(t)|=S_n,\arg\{s_n(t)\}=-2\pi\nu_n t+\theta_n(t),r(t)=\mathrm{Re}\{\boldsymbol{u}(t)\}=u^{(r)}(t),\quad i(t)=\mathrm{Im}\{\boldsymbol{u}(t)\}=u^{(i)}(t) \tag{3-184}$$

由于各个 $\boldsymbol{S}_n(t)$ 的相位是独立的并且均匀分布在$(-\pi,\pi)$上,$\boldsymbol{u}(t)$ 的实部和虚部的联合特征函数必定在复平面上是圆形对称的。但是我们已经知道实部的特征函数由式(3-180)给出。结果,$\boldsymbol{u}(t)$ 的实部和虚部的联合特征函数必定是

$$M_U(\omega_r,\omega_i)=\prod_{n=1}^{N}J_0(\omega S_n) \tag{3-185}$$

其中 $\omega=\sqrt{\omega_r^2+\omega_i^2}$,代表联合特征函数在其上定义的平面内的半径。为了求 r 和 i 的联合概率密度函数,必须对这个特征函数做二维 Fourier 变换;由于特征函数的圆对称性,这可以用

Fourier-Bessel 变换或者零阶 Hankel 变换来实现[26]。这时可以得到

$$f(\rho)=\frac{1}{2\pi}\int_0^{\infty}\omega J_0(\omega\rho)\prod_{n=1}^{N}J_0(\omega S_n)\mathrm{d}\omega \tag{3-186}$$

其中 $\rho=\sqrt{r^2+i^2}=|u|=u$。可以把 $f(\rho)$ 想象为 r 和 i 的联合概率密度函数的径向剖面，作为复平面内半径 ρ 的函数。u 的概率密度函数可由这个径向剖面求出，具体做法是在恒定的半径 $\rho=u$ 上将 $f(\rho)$ 在 2π 弧度上积分，得出

$$p_U(u)=u\int_0^{\infty}\omega J_0(\omega u)\prod_{n=1}^{N}J_0(\omega S_n)\mathrm{d}\omega \tag{3-187}$$

强度 $I=|u|^2$ 的概率密度函数由变量变换求得，结果为

$$p_I(I)=\frac{1}{2}\int_0^{\infty}\omega J_0(\omega\sqrt{I})\prod_{n=1}^{N}J_0(\omega S_n)\mathrm{d}\omega \tag{3-188}$$

在等强度模式的情形下，若对一切 n 都有 $S_n=\sqrt{(\bar{I}/N)}$，这个结果就变成

$$p_I(I)=\frac{1}{2}\int_0^{\infty}\omega J_0(\omega\sqrt{I})J_0^N\left(\omega\sqrt{\frac{\bar{I}}{N}}\right)\mathrm{d}\omega \tag{3-189}$$

有时称这个结果为 Kluyver/ Pearson 公式。

图 3-27 中画的是由 N 个独立的等强度模式相加得到的总强度的概率密度函数。图中画出了 $N=1,2,3$ 和 5 的情形，曲线是用 Kluyver/ Pearson 公式做数值积分算出的。在所有情形下假设总的平均强度为 1。当 $N=\infty$ 时，概率密度函数为负指数分布，因为中心极限定理保证了场服从圆形 Gauss 型统计。

最后，关于强度将趋于负指数分布的一个更深刻的看法可以这样得到。考虑强度的标准偏差 σ_I 和平均强度 $\bar{I}$ 之比与 N 的函数关系

$$\frac{\sigma_I}{\bar{I}}=\sqrt{1-\frac{1}{N}} \tag{3-190}$$

对 N 的这一依赖关系在图 3-28 中画出。注意随着 N 的增大，比值 $\sigma_I/\bar{I}$ 趋于 1，这是偏振热光的特征。这个结果也是 N 变大时复场近似服从圆形 Gauss 型概率密度函数的结果，中心极限定理保证了这一点。

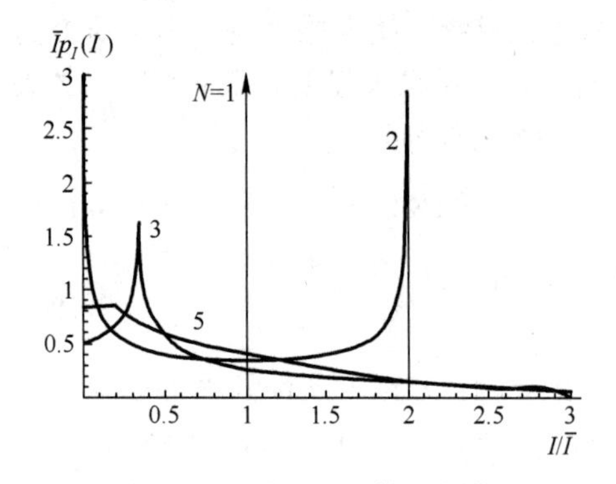

图 3-27　N 个独立的等强度模式相加得到的总强度的概率密度函数

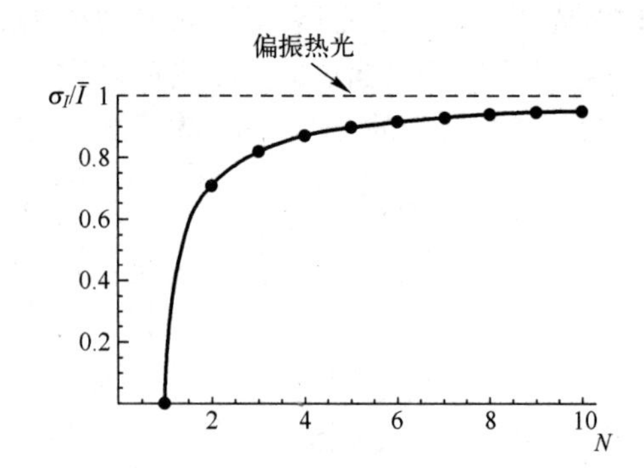

图 3-28　振荡在 N 个等强度的独立模式中的激光器发射的光的标准偏差 σ_I 与平均强度 $\bar{I}$ 的比值关系曲线

最后，我们再次强调，上面预言高度多模式的激光器的统计性质将会趋近热光的统计性质的分析，只有在各个振荡模式独立或非耦合时才严格成立。但是，如果各个模式耦合成不同的

组,并且有大量的独立的组,中心极限定理仍然适用,这里给出的结果仍然成立。在实际中,满足独立性假设的情形也许相当有限,但的确是存在的。

思考练习题 3

1. 腔长为0.5 m的氩离子激光器,发射中心频率 $\nu_0=5.85\times10^{14}$ Hz,荧光线宽 $\Delta\nu=6\times10^8$ Hz。问它可能存在几个纵模?相应的 q 值为多少?(设 $\mu=1$)

2. He-Ne激光器的中心频率 $\nu_0=4.74\times10^{14}$ Hz,荧光线宽 $\Delta\nu=1.5\times10^9$ Hz,腔长 $L=1$ m。问可能输出的纵模数为多少?为获得单纵模输出,腔长最长为多少?

3. (1) 试求出方形镜对称共焦腔镜面上 TEM_{30} 模的节线位置的表达式(腔长 L、光波波长 λ、方形镜边长 a);(2) 这些节线是否等间距?

4. 连续工作的 CO_2 激光器输出功率为50 W,聚焦后的基模有效截面直径 $2w=50$ μm。计算:(1) 每平方厘米的平均功率(50 W为有效截面内的功率);

(2) 与氩弧焊设备(10^4 W/cm^2)及氧乙炔焰(10^3 W/cm^2)比较,分别为它们的多少倍?

5. (1) 计算腔长为1 m的共焦腔基横模的远场发散角,设 $\lambda=632.8$ nm;求10 km处的光斑面积为多大。

(2) 有一普通探照灯,设发散角为2°,求1 km远处的光斑面积为多大?

6. 激光的远场发散角 θ(半角)还受到衍射效应的限制,它不能小于激光通过输出孔时的衍射极限角 $\theta_{衍}$(半角)$=1.22\lambda/d$。在实际应用中远场发散角常用爱里斑衍射极限角来近似。试计算腔长为30 cm的氦氖激光器,所发波长 $\lambda=632.8$ nm的远场发散角和以放电管直径 $d=2$ mm为输出孔的衍射极限角。

7. 一共焦腔(对称)的 $L=0.40$ m,$\lambda=0.6328$ μm,求束腰半径和离腰56 cm处的光束有效截面半径。

8. 试讨论非共焦腔谐振频率的简并性、纵模间隔及横模间隔,并与共焦腔进行比较。

9. 考虑一个用于氩离子激光器的稳定球面腔,波长 $\lambda=0.5145$ μm,腔长 $L=1$ m,腔镜曲率半径 $R_1=1.5$ m,$R_2=4$ m。试计算光腰尺寸和位置,两镜面上的光斑尺寸,并画出等效共焦腔的位置。

10. 欲设计一对称光学谐振腔,波长 $\lambda=10.6$ μm,两反射镜间距 $L=2$ m,如选择凹面镜曲率半径 $R=L$,试求镜面上光斑尺寸。若保持 L 不变,选择 $R\gg L$,并使镜面上的光斑尺寸 $w_s=0.3$ cm,问此时镜的曲率半径和腔中心光斑尺寸为多大?

11. 试从式(3-88)出发,证明用最佳透射率表示的非均匀增宽激光器的最佳输出功率为

$$P_m=AI_s\frac{t_m^2}{(a-t_m)}$$

12. 考虑如图3-29所示的He-Ne激光器,设谐振腔的腔镜为圆形镜,试求 TEM_{00} 和 TEM_{10} 模之间的频率差。假定 TEM_{00q} 模的单程衍射损耗 $\delta_{00}<0.1\%$,试问:维持该激光器振荡的最小增益系数为多大?

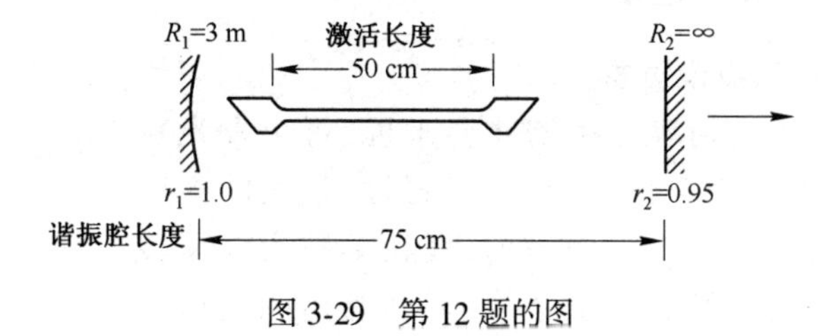

图 3-29　第12题的图

第4章 激光的基本技术

激光器发明以来各种新型激光器一直是研究的重点。为将激光器发出的高亮度、高相干性、方向性好的辐射转化为可供实用的光能，激光技术也得到了极大的发展。这些技术可以改变激光辐射的特性，以满足各种实际应用的需要。其中有的技术直接对激光器谐振腔的输出特性产生作用，如选模技术、稳频技术、调 Q 技术和锁模技术等；有的则独立应用于谐振腔外，如光束变换技术、调制技术和偏转技术等。在使用激光作为光源时，这些技术必不可少，至少要使用其中一种，常常是几种技术并用。本章讨论激光工程中一些主要的单元技术。因为激光技术涉及的内容十分广泛，这里只给出基本概念和基本方法。

4.1 激光器输出的选模

激光器输出的选模技术就是激光器选频技术。前几章中已经讨论过激光谐振腔的谐振频率。大多数激光器为了得到较大的输出能量使用较长的激光谐振腔，这就使得激光器的输出是多模的。然而，基横模（TEM_{00}模）与高阶模相比，具有亮度高、发散角小、径向光强分布均匀、振荡频率单一等特点，具有最佳的时间和空间相干性。因此，单一基横模运转的激光器是一种理想的相干光源，对于激光干涉计量、激光测距、激光加工、光谱分析、全息摄影和激光在信息技术中的应用等都十分重要。为了满足这些使用要求，必须采用种种限制激光振荡模的措施，抑制多模激光器中大多数谐振频率的工作，利用所谓模式选择技术，获得单模单频激光输出。

激光器输出的选模（选频）技术分为两个部分，一部分是对激光纵模的选取，另一部分是对激光横模的选取。前者对激光的输出频率影响较大，能够大大提高激光的相干性，常常也叫作激光的选频技术；后者主要影响激光输出的光强均匀性，提高激光的亮度，一般称为选模技术。

4.1.1 激光单纵模的选取

1. 均匀增宽型谱线的纵模竞争

前面已经指出，对于均匀增宽型的介质来说，每个发光粒子对形成整个光谱线型都有相同的贡献。当强度很大的光通过均匀增宽型增益介质时，由于受激辐射，使粒子数密度反转分布值下降，于是光增益系数也相应下降，但是光谱的线型并不会改变。其结果是增益曲线按同一比例降低，线宽和频率分布都不发生变化。

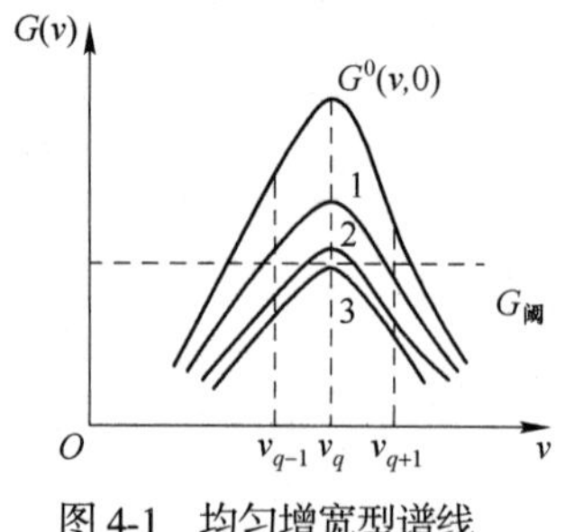

图4-1 均匀增宽型谱线纵模竞争

当谐振腔的长度足够长，使得有多个纵模落在均匀增宽的谱线范围内，且每个纵模所对应的小信号增益 $G^0(\nu)$ 都大于增益阈值 $G_{阈}$时，这些纵模都有可能在腔内形成振荡。不失一般性，在图4-1中，假设只有 $q-1, q, q+1$ 三个纵模满足振荡条件，这三个纵模的光均有增益，光强都在增强，随着光强的增强，整个增益曲线由小信号增益曲线 $G^0(\nu)$ 开始逐渐下降。当降到曲线 1 时，对 $q+1$ 模来说，增益已经变得比 $G_{阈}$ 低了。这样，每往返一次光的增益均小于损耗，使振荡越来越弱，直到最后被抑制掉。但此时，对 q 和 $q-1$ 模来说，增益仍大于 $G_{阈}$，故腔内光强仍继续增强，使增益曲线继续下降。当下降到曲线 2 时，$q-1$ 模也被抑制掉，只有 q 模的光强继续增强，最后变为曲线 3 的情形。若此时的光强为 I_q，则有

$$G(\nu_q, I_q) = G_{阈} \tag{4-1}$$

于是，振荡达到稳定（振荡一次增益等于损耗，使 q 纵模的光强 I_q 保持不变），使激光器内部只剩下 q 纵模的振荡。这种通过增益的饱和效应，使某个纵模逐渐把别的纵模的振荡抑制下去，最后只剩下该纵模的振荡的现象叫作“纵模的竞争”。

由上面的分析可以看到，纵模竞争的结果总是使最靠近谱线中心频率的那个纵模被保持下来，所以，一般说来，均匀增宽的稳定激光器的输出常常是单纵模的，而且它们的频率总是在谱线中心附近。

在均匀增宽激光器中，当受激辐射比较强时，也可能有比较弱的其他纵模出现，其原因可以这样解释：当腔内形成纵模为 q 的强激光振荡时，在激光器腔内形成的是一个驻波场，所以腔内光强并不均匀。在波腹处光强最强，在波节处光强最弱。这就使得在整个腔长范围内各点的增益也不相同，只是平均增益等于 $G_{阈}$，而在波节处增益就比较高。由于其他纵模的波节和波腹与 q 纵模的波节和波腹并不重合，所以这些纵模就可以在 q 纵模的波节处得到较高的增益，形成较 q 纵模弱的振荡。这就是均匀增宽谱线的稳定激光器中，在激光较强时，也可能出现少数几个弱的其他纵模振荡的原因。这种现象称为模式的“空间竞争”。

2. 非均匀增宽型谱线的多纵模振荡

前面曾经指出，对非均匀增宽型介质来说，某一种纵模的光强增强时，增益的饱和并不引起整个增益曲线下降，而是在该纵模对应的频率处形成一个凹陷（即“烧孔”效应）。如果一个非均匀增宽激光器有多个纵模的小信号增益系数都大于阈值的话，那么这些纵模就都可以建立自己的振荡，所以，非均匀增宽激光器的输出一般都具有多个纵模。

3. 单纵模的选取

要提高光束的单色性和相干长度（如在干涉测长仪中就要求良好的单色性），就需要使激光器工作在单一纵模下（一般是基横模）。但是，许多非均匀增宽的气体激光器往往有几个纵模同时振荡，因此，要设计单纵模激光器，就必须采取选频的方法。常用的选频方法有如下几种：

（1）短腔法

根据前面的谐振腔原理可知，两相邻纵模间的频率差 $\Delta\nu_q = \dfrac{c}{2\mu L}$，因此，纵模频率间隔和谐振腔的腔长成反比。要想得到单一纵模的输出，只要缩短腔长，使 $\Delta\nu_q$ 的宽度大于增益曲线阈值以上所对应的宽度即可。例如，在 He-Ne 激光器中，其荧光谱线 $\Delta\nu_F$ 约为 1500 MHz，若激光器腔长为 10 cm，则纵模间隔 $\Delta\nu_q$ 为 1500 MHz。因此，对 He-Ne 激光器，只要做到腔长小于 10 cm，就会得到单纵模的输出。

短腔法虽然简单，但是也有致命的缺点。首先，由于腔长受到限制，激活介质的工作长度也相应地受到限制，因此激光的输出功率必然受到限制。这对于那些需要大功率单纵模输出的应用场合是不适合的。其次，有些激光输出谱线荧光宽度很宽，若要加大到足够的纵模间宽度，势必要使腔长缩到很短，激活介质的工作长度相应变短，以至于难以实现粒子数反转而不能输出激光。如 YAG 激光器谱线的荧光宽度约为 200 GHz，这就要求单纵模振荡的腔长只有

4 mm。显然,采用这种短腔法获得单纵模的方法是不可取的。

(2) 法布里-珀罗标准具法

如图 4-2 所示,这种方法就是在外腔激光器的谐振腔内,沿几乎垂直于腔轴方向插入一个法布里-珀罗标准具。这种标准具是用透射率很高的材料制成的,两个端面被研磨得高度平行,且镀有高反射率的反射膜。由于多光束干涉的结果,这种反射膜对于满足条件

$$\nu_m=\frac{mc}{2d\sqrt{\mu'^2-\mu^2\sin^2\varphi}} \tag{4-2}$$

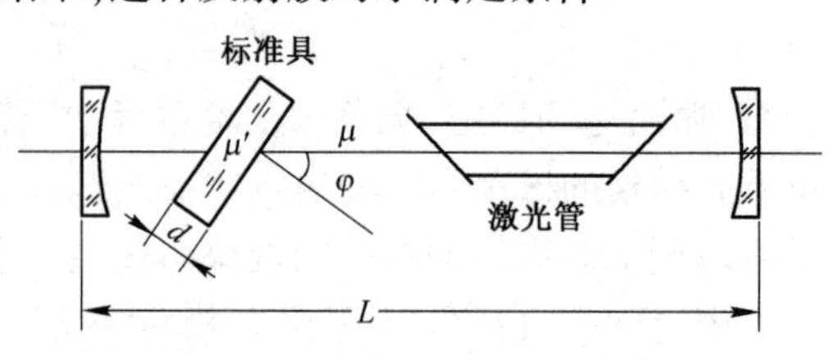

图 4-2 法布里-珀罗标准具法示意图

的光具有极高的透射率。式(4-2)中,c 是真空中的光速;μ 是腔外气体介质的折射率;μ'是标准具材料的折射率;m 是正整数;d 是标准具的厚度;φ 是标准具侧面法线与谐振腔轴线之间的夹角,它十分小。把这样的标准具插入到激光器的腔内时,就可以起到选频的作用。因为这时产生激光振荡的频率,不仅需要符合谐振条件,还需要对标准具有最大的透射率。由式(4-2)看出,能获得最大透射率的两个相邻的频率之间的间隔为

$$\Delta\nu_m=\frac{c}{2d\sqrt{\mu'^2-\mu^2\sin^2\varphi}} \tag{4-3}$$

而谐振腔的纵模频率间隔为 $\Delta\nu_{纵}=\dfrac{c}{2\mu L}$。比较 $\Delta\nu_{\mathrm{m}}$ 和 $\Delta\nu_{纵}$ 可知,当我们选择 $d\ll L$ 时(L 是腔长),就可以使 $\Delta\nu_{\mathrm{m}}$ 远大于 $\Delta\nu_{纵}$,从而在整个谱线宽度内只有一个 ν_{m} 具有最大透射率。如果我们再适当地调整 φ,就可以使具有最大透射率的 ν_{m} 正好等于激光器的多个纵模中的某个纵模 q 所对应的频率 ν_q。因此只有纵模 q 对标准具有较高的透射率而形成振荡,其他的纵模都因为对标准具的透射率很低(相当于损耗很大)而不能形成振荡,达到选模的目的。

由于高选模性的标准具总要带来百分之几的透射损失,因此这种方法对于低增益的激光器(如 He-Ne 激光器)不大合适,但对于高增益的激光器(如 CO_2 激光器)则十分有效。

(3) 三反射镜法

三反射镜法又叫作复合腔选模法,如图 4-3 所示。激光器一端的反射镜被三块反射镜的组合所代替,其中 M_3 与 M_4 为全反射镜,M_2 是具有适当透射率的部分透射反射镜,这个组合相当于两个谐振腔的耦合:一个谐振腔由 M_1 与 M_3 组成,其腔长为 L_1+L_2;另一个谐振腔由 M_3 与 M_4 组成,其腔长是 L_2+L_3。如果 L_2、L_3 较短,就形成了一个短谐振腔和一个长谐振腔的耦合。短谐振腔的纵模频率间隔为

$$\Delta\nu_{短}=\frac{c}{2\mu(L_2+L_3)} \tag{4-4}$$

长谐振腔的纵模频率间隔是

$$\Delta\nu_{长}=\frac{c}{2\mu(L_1+L_2)} \tag{4-5}$$

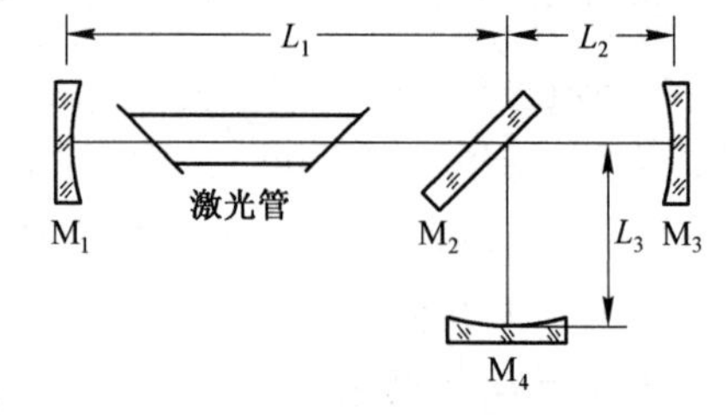

图 4-3 三反射镜法

只有同时满足上面两个谐振条件的光才能形成振荡,故只要选取 L_2+L_3 足够小,就可以获得单纵模输出。

其他选频方法还有单反射表面腔法、行波腔选模法、晶体双折射选模法、吸收介质选模技术等。

4.1.2　激光单横模的选取

前面已指出,激光振荡的条件是增益系数 G 必须大于损耗系数 $\alpha_{总}$。损耗可分为与横模阶数有关的衍射损耗和与振荡模式无关的其他损耗,如输出损耗、吸收、散射损耗等。基横模选择的实质是使 TEM_{00}模达到振荡条件,而使高阶横模的振荡受到抑制。因此,只需控制各高阶模式的衍射损耗,即可达到选取横模的目的。一般只要能抑制比基横模高一阶的 TEM_{10}模和 TEM_{01}模振荡,也就能抑制其他高阶模的振荡。

1. 衍射损耗和菲涅耳数

由上一章的讨论可知,在激光谐振腔内振荡的基横模是高斯光束,其光振幅和光强分布在与光轴垂直的平面上呈高斯函数形式,一直延伸到离光轴无限远处。因此,由于反射镜的有限尺寸的限制,每一次反射都会有一部分光能衍射到镜面之外,造成能量损失。这种由于衍射效应形成的光能量损失称为衍射损耗。

对于如图 4-4 所示的球面共焦腔,在镜面上的基横模高斯光束光强分布可以表示为

$$I(\rho)=I_0\exp\left(-\frac{2\rho^2}{w_1^2}\right) \tag{4-6}$$

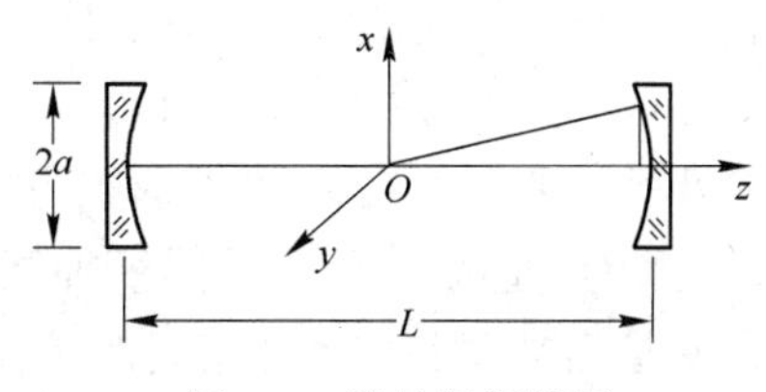

图 4-4　腔的衍射损耗

式中,$\rho=\sqrt{x^2+y^2}$ 为镜面上某点与腔轴之间的距离,w_1 为镜面光斑半径。定义单程衍射损耗为射到镜面之外而损耗掉的光功率 ϕ'与射向镜面的总光功率 ϕ 之比

$$\delta_D=\phi'/\phi \tag{4-7}$$

将式(4-6)对 ρ 由镜面半径 a 积分到∞,便得到损耗掉的光功率 ϕ';由 0 积分到∞便得到总光功率 ϕ。于是基横模高斯光束单程衍射损耗为

$$\delta_D=\frac{\phi'}{\phi}=\exp\left(-\frac{2a^2}{w_1^2}\right) \tag{4-8}$$

由此可见反射镜镜面半径越大,衍射损耗越小。在实际激光器中,反射镜面常常是足够大的,对光束的限制来自于增益介质的孔径。例如,氦氖激光器的充氦氖气体的毛细管的半径,以及红宝石激光器的红宝石棒的半径等。如果在激光谐振腔中加了小孔光阑,则 a 应当取光阑的半径。由式(4-8)还可看到,镜面光斑尺寸越小,衍射损耗也越小。由前面的讨论知道,横模阶次越高则光斑尺寸越大。因此在 a 一定的情况下,越高阶的横模,其衍射损耗越大。只有基横模的衍射损耗最小,后面将会看到,这一特点有利于对基横模的选取。

在分析衍射损耗时,为了方便,经常引入一个称为"菲涅耳数"的参量,它定义为

$$N=\frac{a^2}{\lambda L} \tag{4-9}$$

考虑到镜面光斑半径的表达式(式(3-23)),单程基横模衍射损耗可以表示为

$$\delta_D=\exp(-2\pi N) \tag{4-10}$$

菲涅耳数越大,单程衍射损耗越小。菲涅耳数是表征谐振腔衍射损耗的特征参量。

2. 衍射损耗曲线

上述衍射损耗与菲涅耳数的关系式(式(4-10))是针对共焦腔基横模得到的。对于其他形式的谐振腔及高阶横模,这两者之间的关系会比较复杂,一般没有解析表达式,只能用计算机模拟。通常将计算结果画成曲线,这就是衍射损耗曲线。

图 4-5 给出了圆截面共焦腔和圆截面平行平面腔的衍射损耗曲线。由该曲线可以看出，N 越大，δ_D 越小；N 一定，横模序数越高，δ_D 越大；在同样的 N 和同样的横模序数下，共焦腔比平行平面腔的 δ_D 要小得多，这是因为凹面镜的会聚作用使光能更集中于腔中心的缘故。

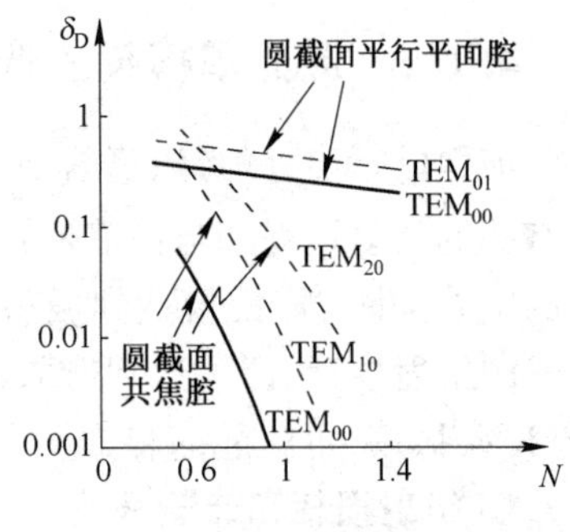

图 4-5　不同腔的衍射损耗曲线

3. 光阑法选取单横模

利用小孔光阑选取基横模，是一种最简便有效从而也是最普遍的方法。其基本做法是在谐振腔内插入一个适当大小的小孔光阑。

基模具有最小的光束半径，其他的高阶模，其光束半径则依次增大。如果用一个光阑，其半径和基模光束半径相当，那么基模可以比较顺利地通过。对高阶模，由于被阻挡的部分多，不能顺利通过，从而达到选模的目的。对于气体激光器，尤其像 He-Ne 激光器这种利用毛细管结构的，可以适当地选取毛细管的管径来代替光阑，这种做法已取得非常有效的选模效果。对于其他一些激光器，比如固体激光器，激光棒不可能做得太细，故还需在谐振腔内另外设置光阑。

小孔光阑的半径 r_0 可以选取为放置小孔光阑处的光束有效截面半径 $w(z)$，即可使基模光束“顺利”通过，而将高阶横模抑制。在实际应用中，r_0 要比 $w(z)$ 略大一些，因为光阑小就会影响输出功率和增大光束发散角，这对于许多应用都是不利的。

光阑法选模虽然结构简单，调整方便，但受小孔限制，工作物质的体积不能得到充分利用，输出的激光功率比较小，腔内功率密度高时，小孔易损坏。

4. 聚焦光阑法和腔内望远镜法选取横模

为了充分利用激光工作物质，可以在腔内插入一个透镜组，使光束在腔内传播时尽量经历较大的空间，以提高输出功率。这种方法叫作聚焦光阑法，其结构如图 4-6 所示。

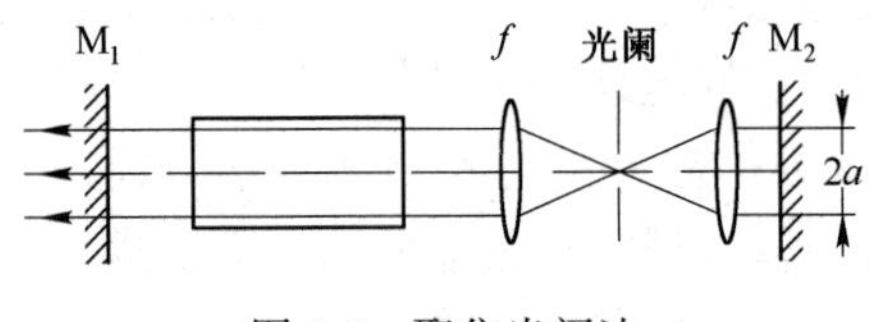

图 4-6　聚焦光阑法

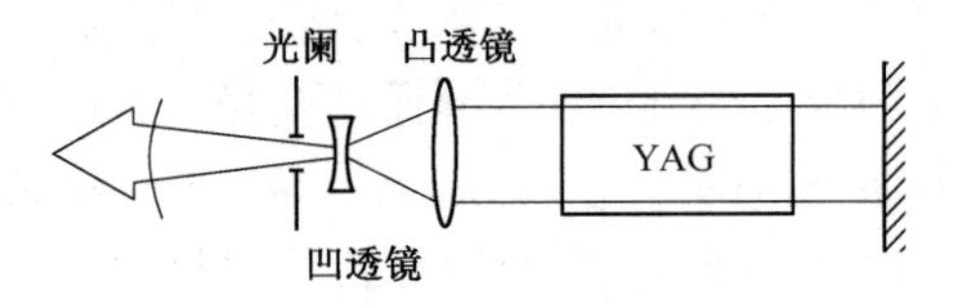

图 4-7　腔内望远镜法

由图可见，在腔内加上两个共焦透镜，光束经聚焦后，再通过一个小孔光阑。谐振腔采用平行平面腔，只有那些沿轴向行进的平行光束，经聚焦后才能通过小孔往返振荡。在其他方向上的光束，聚焦后则被小孔阻截。这种装置既保持了小孔光阑的选模特性，又提高了激活介质的利用率，增大了激光的输出功率。

在上述方法的基础上，又发展了一种腔内加望远镜系统的选横模方法，其结构如图 4-7 所示。在谐振腔内插入一组由凸凹透镜组成的望远镜系统，将光阑放在凹透镜的左边，这样的结构避免了实焦点。光阑所在处不是焦点位置，不会因能量过于集中而损伤光阑材料。装置中凹透镜的位置可以调节，相对于凸透镜可选择适当的离焦量，用以补偿激光棒的热透镜效应。

综合来看，这种腔有三方面优点：① 能充分利用激光工作物质，获得较大功率的基模输出。② 可通过调节望远镜的离焦量得到热稳定性很好的激光输出。③ 输出光斑大小适当，不致损伤光学元件。

选取横模还有许多方法,如凹凸腔选模、腔内加临界角反射器选模、利用调 Q 选模等,这里不再赘述。

4.2 激光器的稳频

上节讨论了利用模式选择技术,使激光器获得单频单模输出的问题。激光器通过选模获得单频振荡后,由于内部和外界条件的变化,谐振频率仍然会在整个线型宽度内移动。这种现象叫作"频率的漂移"。由于漂移的存在,出现了激光器频率稳定性问题。稳频的任务就是设法控制那些可以控制的因素,使其对振荡频率的干扰减至最小限度,从而提高激光频率的稳定性,减小频率的漂移。

频率的稳定性包括两个方面:一是频率稳定度;二是频率复现度。

频率稳定度定义为激光器在一次连续工作时间内的频率漂移 $\Delta\nu$ 与振荡频率 ν 之比,即

$$S=\Delta\nu/\nu \tag{4-11a}$$

S 的值越小,频率稳定度越高。频率稳定度又分为观测取样时间小于 1s 的短期稳定度和大于 1s(通常达到数分钟乃至几小时)的长期稳定度。

频率复现度是激光器在不同地点、时间、环境下使用时频率的相对变化量,通常将其定义为

$$R=\delta\nu/\nu \tag{4-11b}$$

式中的频率偏差 $\delta\nu$ 可以是同一台激光器产生的,也可以是根据相同设计生产的不同激光器之间的,甚至是用相同能级跃迁、不同设计所制成的激光器在不同条件下输出光频率之间的偏差。频率复现度的提高对于长度计量的基准的统一和精度的提高有着极其重要的意义。

根据实际的需要和现实的技术水平,一般希望稳定度和复现度都能在 10^{-8} 以上。目前稳定度一般是在 10^{-9} 左右,较高的可达 $10^{-11}\sim10^{-13}$;复现度不易达到稳定度那样高,一般是在 10^{-7} 左右,高的可达 $10^{-10}\sim10^{-12}$。

激光器中,气体激光的单色性最好。激光稳频一般是对气体激光器而言的。本节以氦氖激光器为主介绍稳频技术,很多方法对其他激光器也是适用的。

4.2.1 影响频率稳定的因素

工作在可见光区和近红外区的气体激光器的频率稳定性主要取决于谐振腔振荡频率的稳定性。对共焦腔的 TEM_{00q} 模来说,谐振频率的公式可以简化为

$$\nu=q\frac{c}{2\mu L} \tag{4-12}$$

式中,c 是真空中的光速,q 是选频的纵模序数,它们都是不变的;而腔长 L 和气体介质的平均折射率 μ 可以因工作条件的变化而改变,进而引起频率的不稳定。当 L 的变化为 ΔL,μ 的变化为 $\Delta\mu$ 时,引起的频率相对变化为

$$\frac{\Delta\nu}{\nu}=-\left(\frac{\Delta L}{L}+\frac{\Delta\mu}{\mu}\right) \tag{4-13}$$

式中,负号表示 ν 的变化趋势和 L、μ 的变化趋势正好相反。式(4-13)说明,频率的相对变化取决于腔长 L 和平均折射率 μ 受外界条件的扰动而发生的变化。

1. 腔长变化的影响

影响腔长变化的因素很多,如温度的波动、机械振动、声波及重力影响等都会引起腔长的

短期和长期的不稳定。

气体激光器谐振腔的构成有两种类型:一种是将腔的反射镜片直接贴在激光谐振腔的两端;另一种则是固定在特制的金属镜架上。这两种结构不论哪一种,都会因热膨胀或机械变形而改变腔长。温度变化 ΔT 引起 L 的变化可以表示为 $\Delta L=\alpha L\Delta T$,因而有 $\Delta\nu/\nu=-\Delta L/L=-\alpha\Delta T$。硬质玻璃的热膨胀系数 $\alpha=4\times10^{-6}/℃$,温度每变化 1℃,频率相对漂移(频率稳定度)为 4×10^{-6}。低膨胀系数的物质,如石英的 $\alpha=5\times10^{-7}/℃$,殷钢的 $\alpha=9\times10^{-7}/℃$,用这些物质做成激光管或谐振腔支架,温度每变化 1℃,频率稳定度也在 10^{-7} 数量级。在这种结构下,要达到 10^{-8} 的稳频要求,则温度变化必须稳定在 0.01℃以内。

外界传入的机械振动也会引起腔长的变化。对于 10 cm 长的激光管,外界振动只要引起腔长有 10^{-3} μm 的变化,频率漂移也可达到 10^{-8} 数量级。为了消除引起上述频率不稳定的振动的干扰,应采取减震措施。一种简单的方法是在工作台下垫一个充气的汽车内胎,这样可以有效地消除高频振动。

由上述讨论可以看到,用限制腔长变化来达到稳频的目的,要求的条件是很苛刻的。

2. 折射率变化的影响

受到气压、温度和湿度变化的影响,气体折射率会产生较大的变化,从而对频率稳定性造成影响。对于内腔式激光器来讲,谐振腔封闭在放电管内,气压、温度和湿度的变化对工作物质折射率的影响很小,可以忽略。对于那些外腔式或半外腔式的激光器,由于谐振腔中部分与大气连通,这部分的折射率受气压、温度和湿度的影响较大。这些原因折合成对频率稳定度的影响,可由下面公式计算

$$\frac{\Delta\nu}{\nu}=\frac{L-L_0}{L}(\beta_T\Delta T+\beta_P\Delta P+\beta_H\Delta H) \tag{4-14}$$

式中,$L-L_0$ 为腔中暴露在大气里的那部分长度;ΔP 为以 Pa 为单位的大气压变化量;ΔH 为水蒸气分压的变化量,也以 Pa 为单位;ΔT 为温度的变化量,以℃为单位。$\beta_T=\frac{1}{\mu}\left(\frac{\partial\mu}{\partial T}\right)_{P,H}$ 称为折射率的温度系数,其物理意义是在气压和湿度不变的条件下,单位温度变化引起的折射率变化;β_P、β_H 也有类似的意义,这里不再赘述。

例如,在 $T=20℃$,$P=1.01\times10^5\text{Pa}$,$H=1.133\text{ kPa}$ 的情况下,大气对 633 nm 波长光的折射率变化系数 β_T、β_P 和 β_H 分别为:$-9.3\times10^{-7}/℃$、$5\times10^{-5}/\text{Pa}$ 和 $-8\times10^{-6}/\text{Pa}$。当 $\frac{L-L_0}{L}=0.1$,$\Delta T=1℃$,$\Delta P=\Delta H=0$ 时,有:$\frac{\Delta\nu}{\nu}\approx10^{-7}$。

空气的流动会使 T、P、H 发生快速的脉动变化,因此对非内腔激光器来说,应尽量减小暴露于大气的部分,以使 $\frac{L-L_0}{L}$ 尽量小,同时还要屏蔽通风,以减小 T、P、H 的脉动。

除以上所说的外部因素以外,激光器某些内部因素,如放电条件(工作气体的总压强、成分、放电电流等)的变化也对频率有影响,由于这些因素或者可以控制(如放电电流),或者变化不大(如气体总压强),这里不再做具体讨论。

4.2.2 稳频方法概述

稳频方法可分为两类。

1. 被动式稳频

利用热膨胀系数低的材料制作谐振腔的间隔器;或将热膨胀系数为负值的材料与热膨胀系数为正值的材料按一定长度配合,以使热膨胀互相抵消,实现稳频。这种办法一般用于工程上对稳频精度要求不高的场合。当然在精密控温的实验室内,再加上性能极好的声热隔离装置,也可以达到很高的稳定度。例如,在几十毫秒内输出波长为 632.8 nm 的氦氖激光器,频率变化曾达到小于 20 Hz,短期稳定度达到 10^{-13}。

2. 主动式稳频

目前采用的主动稳频方法的基本原理大体相同,即把单频激光器的频率与某个稳定的参考频率相比较,当振荡频率偏离参考频率时,鉴别器就产生一个正比于偏离量的误差信号。这个误差信号经放大后又通过反馈系统返回来控制腔长,使振荡频率回到标准的参考频率上,实现稳频。

依据选择参考频率的方法的不同,这种稳频方法又可分为两类。一类是把激光器中原子跃迁的中心频率作为参考频率,把激光频率锁定到跃迁的中心频率上。属于这类方法的有:兰姆凹陷法、塞曼效应法、功率最大值法等。这类方法简便易行,可以得到 10^{-9}的稳定度,能够满足一般精密测量的需要。但是复现度不高,只有 10^{-7}。另一类方法是把振荡频率锁定在外界的参考频率上,例如用分子或原子的吸收线作为参考频率,这是目前水平最高的一种稳频方法。所选取的吸收物质的吸收频率必须与激光频率相重合。例如,目前已发现碘分子(I_2^{127},I_2^{129})对于 He-Ne 激光器的 632.8 nm 谱线附近有强烈的吸收,甲烷(CH_4)分子对于 He-Ne 激光器的 3.39 μm 谱线附近有强烈的吸收。这种稳频方法较为复杂,但可以得到较高的稳定度和复现度(均可在 10^{-11}以上,有的甚至短期稳定度高达 5×10^{-15},复现度达 3×10^{-14})。

4.2.3 兰姆凹陷法稳频

下面以兰姆凹陷法为例,说明如何利用激光器本身的原子跃迁中心频率作参考频率进行稳频。

He-Ne 激光器的谱线主要是非均匀增宽型的。3.5 节已经指出,非均匀增宽型谱线的输出功率 P 随频率 ν 的变化曲线是钟形的,但是在中心频率 $\nu=\nu_0$ 处出现一个凹陷,这就是兰姆凹陷。由于兰姆凹陷的宽度远较谱线的宽度窄(前者与后者的比值约为 10^{-2}),而凹陷的中心频率即为谱线的中心频率 ν_0,所以在 ν_0 附近频率的微小变化将会引起输出功率的显著变化。因此,可以通过输出光强的监测,设计出灵敏的腔长自动补偿的伺服系统,以使得激光频率精确地稳定在谱线中心频率 ν_0 附近。这种稳频激光器的基本结构如图 4-8 所示。在反射镜和支架之间加上一块压电陶瓷,压电陶瓷接到稳频器上,稳频器按实际情况正确地给出调整电压,该电压加到压电陶瓷内外表面上使其伸缩,从而自动调节腔长以达到稳频的目的。一般的压电陶瓷(例如锆钛酸铅)的压电伸缩系数约为 10^{-7}/V。为了减小伺服电路输出调整电压的幅度以减小电路的负担,同时尽量地缩短开机后热平衡的时间,在支架和压电陶瓷之间还要考虑热膨胀的补偿问题。

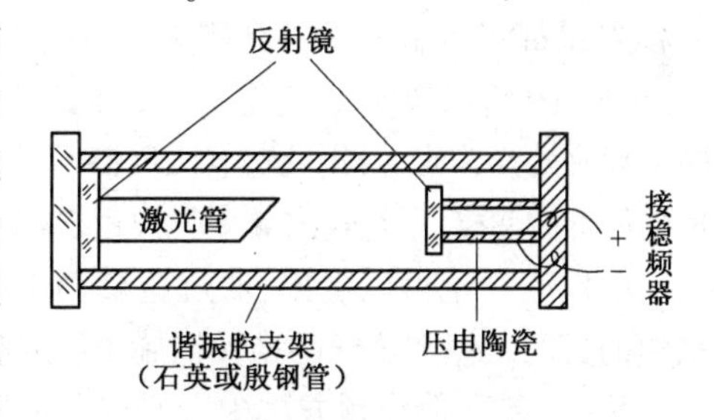

图 4-8 兰姆凹陷法稳频激光器的基本结构

腔长自动补偿系统(兰姆凹陷法稳频)的方框图如图 4-9 所示。初始状态下,在压电陶瓷上需加一直流电压(零至几百伏之间可调),用以调节腔长使输出频率为 ν_0。为了把输出频率稳定在 ν_0,压电陶瓷上需加一频率为 f(约为 1 kHz)、幅度很小(只有零点几伏)的交流信号,此信号称为“搜索信号”。

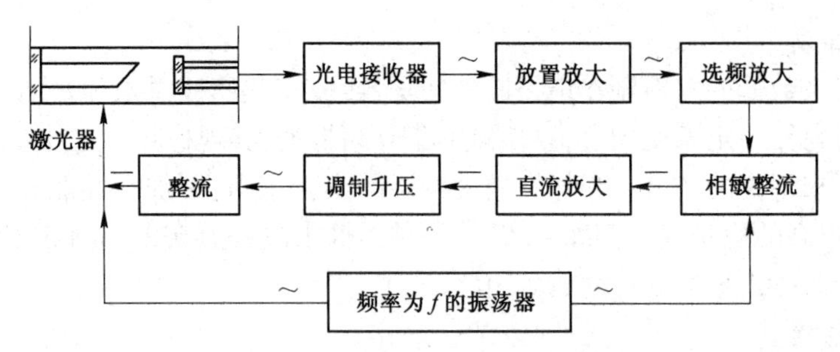

图 4-9　兰姆凹陷法稳频方框图

由于压电陶瓷上施加了频率为f的搜索信号电压,压电陶瓷的伸缩,使腔长L也以频率f作振动,这就使得激光频率ν也以频率f变化。稳频原理示意图如图 4-10 所示,由图中可见这将造成输出功率的变化。假如由于某种原因(例如温度升高)使L伸长,引起激光频率由ν_0偏至ν_A,则在搜索信号的作用下,ν增大时使P下降,ν减小时使P增大,即ΔP与$\Delta\nu$的相位正好相反。如果频率ν偏至另一侧的ν_B,则ΔP与$\Delta\nu$将有相同的相位。在以上两种情况中ΔP与$\Delta\nu$的频率相同,均为f。ΔP通过图 4-9 中的前置放大器和选频放大器(选放频率为f)变为一个误差信号,进入相敏整流器。在相敏整流器中,误差信号和搜索信号进行比较,当它们有相同的相位时,则给出一个正的直流电压,反之将给出一个负的直流电压,输出直流电压的大小则由误差信号的大小来决定。利用相敏整流器的这一性质可以把输出频率高于ν_0和低于ν_0的情况区分开,从而按实际的频率偏移给出或正或负的大小合适的直流调整电压。这个电压再经直流放大器放大和调制器的调制升压,最后经整流器整流获得一个可达几百伏的直流电压,反馈到压电陶瓷上,使其伸长或缩短,从而把输出频率拉回到中心频率ν_0。

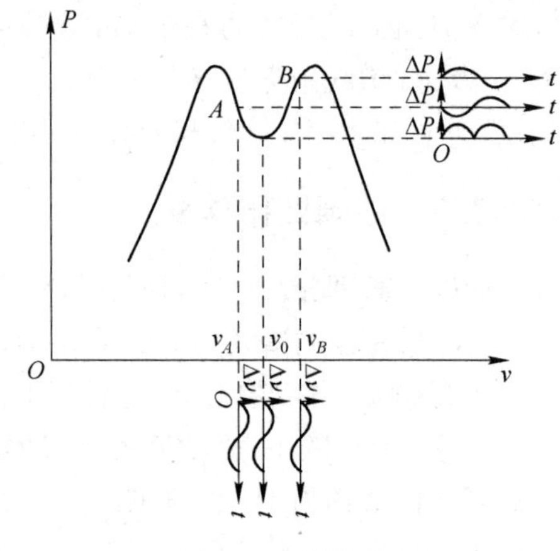

图 4-10　稳频原理

在中心频率ν_0附近,不论ν小于ν_0还是ν大于ν_0,其结果都将使输出功率P增大。由图 4-10 可以看出,此时ΔP将以频率$2f$变化。而$2f$的误差信号不能被选频放大器选放,因此没有电压反馈给压电陶瓷,腔长也就不被调整,于是输出频率就被锁定在ν_0处了。

由以上讨论可以看出,通过这套伺服系统,确实可以对腔长变化进行自动补偿,从而达到稳频的目的。但在这样的稳频措施中,还有一些问题需要加以注意,否则将会影响稳频的效果。

第一,在这种稳频方法中,激光频率的漂移是通过输出功率的变化来显示的,如果光强本身有起伏,特别是如果这个起伏的频率接近于选放频率f,则无法实现稳频。因此,在这样的稳频措施中,激光器的激励电源必须是稳压和稳流的。

第二,氖的不同同位素的原子谱线中心有一定频差,若分别以ν_{22}和ν_{20}表示Ne^{22}和Ne^{20}的谱线中心频率,实验表明:$\nu_{22}-\nu_{20}\approx 890$ MHz。如果使用自然界中的氖气(由 90%Ne^{20}和 10%Ne^{22}组成),就会由于图 4-11 所示的$P(\nu)$曲线的交叠而观察不到兰姆凹陷。因此,稳频激光管都是采用氖的同位素来制造的。而且对同位素的纯度还应有较高的要求。因为若同位素气体不纯,将会引起兰姆凹陷线型的不对称。当曲线在中心频率两侧的斜率不对称时,会在斜率大的一侧造成的误差信号大,而斜率小的一侧造成的误差信号小,这样输出频率就不能准确地调到凹陷的频率中心了。一般要求Ne^{20}或Ne^{22}的同位素丰度在 99.8%以上。

第三,频率的稳定性与兰姆凹陷中心两侧的斜率大小有关。斜率越大,则稳定性越好。因此,为了得到较高的稳定度,应该增加兰姆凹陷的深度。对于已制成的激光管,可以通过调节放电电流来改变凹陷深度。一般应使此深度大约等于输出功率的1/8。

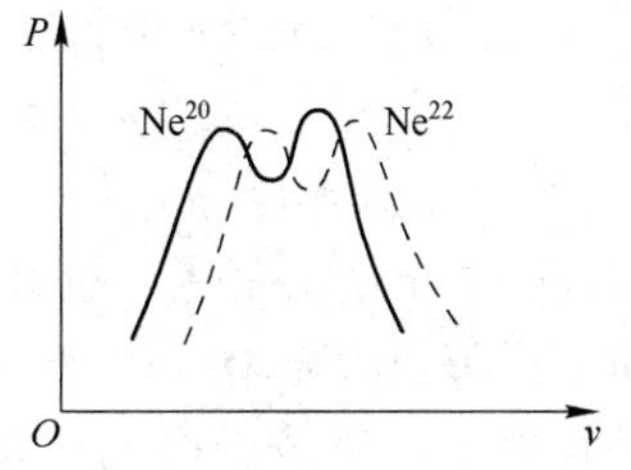

图4-11　不同同位素对兰姆凹陷的影响

原子间的相互作用、空间电场的斯塔克效应、杂散磁场的塞曼效应及增益介质的色散等诸多因素均会引起参考频率 ν_0 的漂移,因此,兰姆凹陷稳频器的频率的复现度不高,一般只有 10^{-7}。但是由于这种激光器的结构比较简单,且能够达到约 10^{-9} 的长期稳定度,对于一般精密测量已是足够了。因此,这种稳频方法在工业和科学研究方面仍然有着很广泛的应用。

4.2.4　饱和吸收法稳频

兰姆凹陷法稳频采用的参考频率是激光器原子谱线本身的中心频率,不可避免地会出现频率漂移,所以频率复现度不高。为了克服这个缺点,在兰姆凹陷稳频的基础上又发展了一种利用外界频率标准进行高精度稳频的方法,这就是"饱和吸收法"。

饱和吸收法稳频的示意装置如图4-12所示。这种装置在激光谐振腔中除了有激光管外,还加了一个吸收管。在吸收管内充以特定的气体,此气体在激光谐振频率处应有一个强的吸收线。例如,对氦氖激光器的0.6328 μm波长来说,充低压氖气或碘蒸气;对3.39 μm波长,则充甲烷气体。吸收管内所充气体的气压很低,一般只有 10^{-2} ~ 10^{-1} 托,受气压及放电条件变化的影响很小,故吸收线的中心频率很稳定。

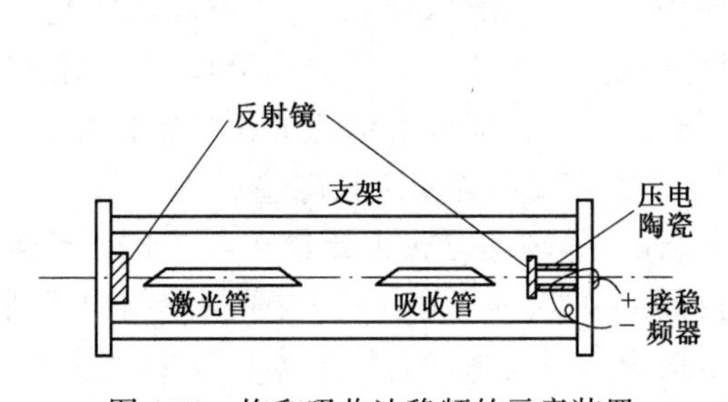

图4-12　饱和吸收法稳频的示意装置

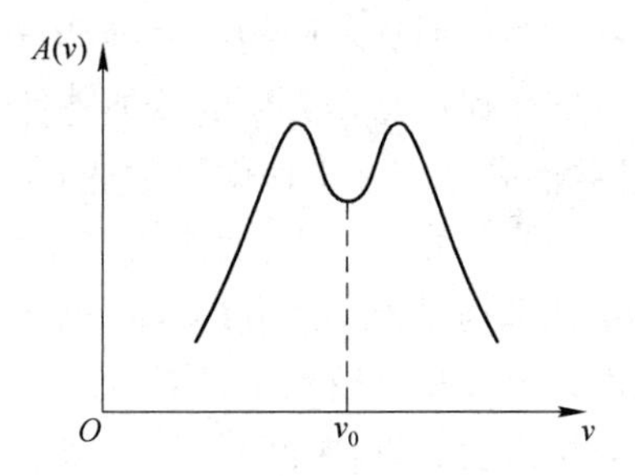

图4-13　吸收介质的吸收曲线

与激光输出功率曲线的兰姆凹陷相似,在吸收介质的吸收曲线上也有一个吸收凹陷,如图4-13所示。吸收凹陷产生的原因和兰姆凹陷产生的原因是类似的。对于非均匀增宽谱线线型的介质来说,在吸收谱线的中心频率 ν_0 处,只有那些沿激光管轴(z 轴)方向的速度 $v_z=0$ 的原子才能吸收光子;而在偏离中心频率 ν_0 的某个频率($\nu\neq\nu_0$)处,则可以有 $v_z=\pm\frac{\nu-\nu_0}{\nu_0}c$ 的两部分原子参与吸收。所以,在中心频率 ν_0 处的吸收系数 $A(\nu)$ 变小,从而出现凹陷。这种在入射光增强的情况下吸收系数变小的现象称为"饱和吸收"。

由于吸收管内的压强很低,碰撞增宽很小,所以吸收线中心形成的凹陷比激光管中兰姆凹陷的宽度要窄得多(大约可以相差1~2个数量级)。

激光通过激光管和吸收管时所得到的单程净增益应该是激光管中的单程增益 $G(\nu)$ 和吸收管中的单程吸收 $A(\nu)$ 的差,即 $G(\nu)_{净}=G(\nu)-A(\nu)$。只有 $G(\nu)_{净}>0$ 的那些频率才可能在整个腔内形成振荡。如果饱和吸收在整个多普勒宽度内，除了 ν_0 附近的所有频率范围中，都比激光增益大，如图 4-14(a)所示，则只有将频率调到 ν_0 附近，激光才能振荡。如果饱和吸收在整个谱线宽度内都比激光增益小，如图 4-14(b)所示，则频率在整个线宽范围内调谐均能振荡。但是，由于在 ν_0 附近吸收最小，故在 ν_0 附近的净增益比线宽内其余部分的都要大，这就形成了净增益曲线上的尖峰，此现象称为“反转兰姆凹陷”。

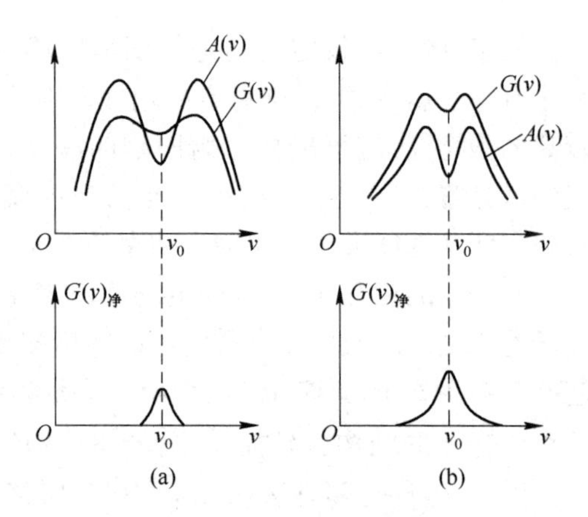

图 4-14　反转兰姆凹陷

由于反转兰姆凹陷的宽度比兰姆凹陷的宽度窄，所以其中心频率两侧曲线的斜率就比兰姆凹陷曲线的斜率大，这样就可以减小搜索信号的幅度以提高频率的稳定性。同时，由于吸收线中心频率极为稳定，所以使饱和吸收法获得了很高的长期稳定度和复现度。稳定度可达到 $10^{-11}\sim10^{-13}$，复现度可达到 $10^{-10}\sim10^{-12}$。因此，饱和吸收法在精密测量上有着重要的意义。

4.3　激光束的变换

绝大多数激光器发出的光束，在投入使用之前，都要通过一定的光学系统变换成所需要的形式。多数激光器应用时输出的是高斯光束，因此高斯光束通过光学系统的变换特性是激光应用的一个最重要的基本问题。3.4 节已经详细讨论过高斯光束在自由空间中的传播特性，发现它有着与球面波不同的一系列特点。同样，在通过光学系统时它也有和球面波不一样的特性。本节将讨论高斯光束的变换特性，具体地说，就是研究高斯光束的聚焦、扩束和准直的问题，这些问题在实际工作中经常遇到。例如，激光打孔需要对激光光束进行聚焦，全息摄影常需要将激光的光束扩大，而激光测距和通信等则需要对光束进行准直。

高斯光束通过光学系统的变换是比较复杂的，处理的方法也比较多。在此并不准备对高斯光束的光学变换进行严格计算，而是通过薄透镜对高斯光束作用的讨论，介绍用于高斯光束变换的光学系统的近轴光学设计方法。着重搞清高斯光束和普通光束在变换上的区别，以便能够判别在哪些条件下必须考虑高斯光束的特殊性，而在哪些条件下又可以把高斯光束当作普通光束来处理。从而掌握设计激光光学系统的基本原理。

鉴于上述目的，本节只讨论基横模的高斯光束通过薄透镜时的变换特性。讨论中一律忽略透镜的像差，并且认为透镜的孔径大于光束在透镜上的有效截面的尺寸。

4.3.1　高斯光束通过薄透镜时的变换

在几何光学中，对焦距为 f 的薄透镜($f>0$)有如下的成像公式

$$\frac{1}{s}+\frac{1}{s'}=\frac{1}{f} \tag{4-15}$$

式中，s 是物点 O 到透镜的距离，它取正值；s' 是像点 O' 到透镜的距离，当 O' 与 O 分别在透镜的两侧时，s' 取正值，当 O' 与 O 在透镜的同一侧时，s' 取负值。

若从光波的角度来看，薄凸透镜的作用可以说是把从 O 点发出的发散的球面波变成指向

像点 O' 的会聚的球面波。如果规定发散球面波的曲率半径为正，会聚球面波的曲率半径为负，如图 4-15 所示，则一个从主光轴上 O 点发出的球面波到达镜面时的波阵面曲率半径为 $R=s$，而由镜面向 O' 会聚的球面波在镜面处的波阵面曲率半径为 $R'=-s'$。因此，式(4-15)可写成

$$\frac{1}{R}-\frac{1}{R'}=\frac{1}{f} \tag{4-16}$$

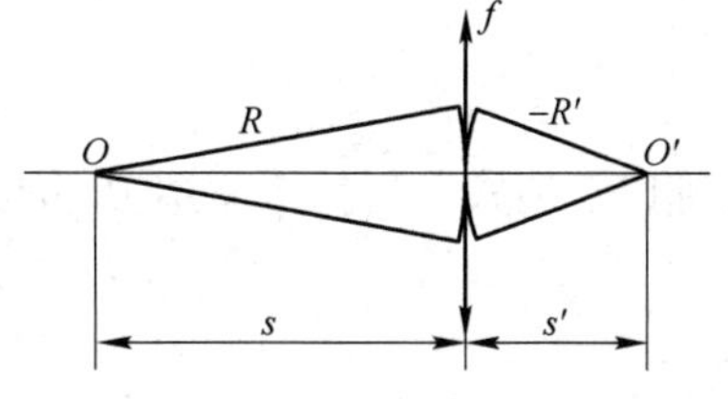

图 4-15 球面波通过薄透镜的变换

如果透镜为薄凹透镜，图 4-15 和式(4-16)的关系仍然成立，只不过此时 f 和 s' 应取负值，R' 则变为正值，且有 $R'<R$。这就是说，经过凹透镜变换后的球面波与入射波一样仍然是发散波，但是它在镜面处的波阵面的曲率半径较入射波的为小。

因此，从波动光学的角度讲，薄透镜的作用只是改变光波波阵面的曲率半径。透镜的这种变换功能可以推广应用到高斯光束中去。

首先，由于透镜很薄，因此在透镜两边的入射光束和出射光束应该有相同的光强分布，即出射光束的光场分布也是高斯型的，而且出射光束在透镜处的光斑尺寸 w' 应等于入射光束在透镜处的光斑尺寸 w。其次，入射和出射的高斯光束在透镜处的波阵面曲率半径 R 和 R' 应满足关系式(4-16)。

综上所述，当一个高斯光束射到焦距为 f 的薄透镜上时，出射的仍是高斯光束，其在透镜处的光斑尺寸 w' 和波阵面曲率半径 R' 由以下两个关系式确定

$$w'=w \tag{4-17}$$

$$\frac{1}{R'}=\frac{1}{R}-\frac{1}{f} \tag{4-18}$$

在实际问题中，通常是给定高斯光束的束腰半径 w_0 和它到透镜的距离 s，如图 4-16 所示。此时可令 $|z_0|=s$，由 3.4 节中的式(3-44)和式(3-45)给出入射光束在镜面处的波阵面半径 R 和有效截面半径 w 的表示式

$$R=s\left[1+\left(\frac{\pi w_0^2}{\lambda s}\right)^2\right] \tag{4-19}$$

$$w=w_0\sqrt{1+\left(\frac{\lambda s}{\pi w_0^2}\right)^2} \tag{4-20}$$

然后根据以上两式和式(4-17)、式(4-18)就可以确定出射光束在镜面处的波阵面半径 R' 和有效截面半径 w'。

对于出射光束来说，一般也是要求给出束腰半径 w_0' 和腰到透镜的距离 s'，如图 4-16 所示。因此需要再一次应用式(3-44)和式(3-45)进行变换。但是应该注意，现在 s' 和 R' 的符号有正、负两种可能，一种是 $s'>0, R'<0$，此时可令 $|z|=s', R_0= R'$；另一种是 $s'<0, R'>0$，此时可令 $|z|=-s', R_0=R'$。考虑到上述两种情况，利用式(3-44)和式(3-45)可得到下列关系式

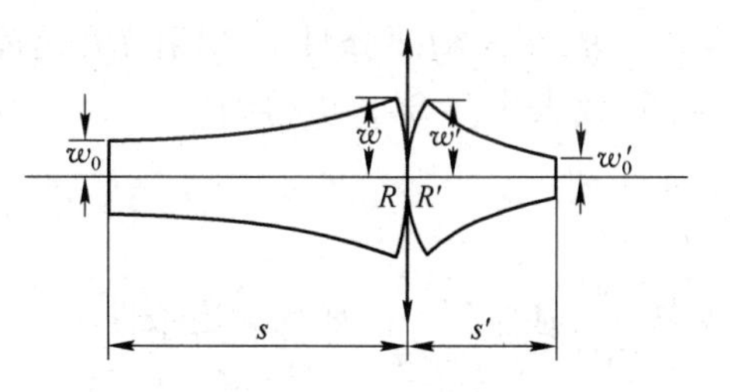

图 4-16 高斯光束通过薄透镜的变换

$$-R'=s'\left[1+\left(\frac{\pi w_0'^2}{\lambda s'}\right)^2\right] \tag{4-21}$$

$$w'=w_0'\sqrt{1+\left(\frac{\lambda s'}{\pi w_0'^2}\right)^2} \tag{4-22}$$

整理以上两式,可得 w_0'、s'用 R'、w'来表示的形式

$$w_0'^2=\frac{w'^2}{1+\left(\frac{\pi w'^2}{\lambda R'}\right)^2} \tag{4-23}$$

$$s'=\frac{-R'}{1+\left(\frac{\lambda R'}{\pi w'^2}\right)^2} \tag{4-24}$$

在式(4-24)中,若 $R'<0$,则 $s'>0$,表示腰 w_0' 与 w_0 分别在透镜的两侧;若 $R'>0$,则 $s'<0$,表示 w_0' 与 w_0 均在透镜的同一侧。这里 s'的正负和前面成像公式中像距 s'的正负有类似的意义。

综上所述,高斯光束通过薄透镜的变换可以在满足薄透镜假设的基础上,用薄透镜的成像公式进行计算。只是这种计算不像球面波那样,只计算球面波相应点光源的位置,而是不仅计算高斯光束束腰的位置还要计算其束腰半径。因此首先要计算出高斯光束传播到薄透镜处时的波阵面曲率半径和光束有效截面半径,再用薄透镜的假设和计算公式,计算出透过薄透镜生成的新的高斯光束的波阵面曲率半径及光束有效截面半径,最后由此计算薄透镜变换出的高斯光束的束腰位置和束腰半径。这一计算过程是高斯光束通过薄透镜变换的基础,任何一种高斯光束光学系统的设计方法都是基于这一分析方法发展起来的。

4.3.2 高斯光束的聚焦

为了重点说明高斯光束和普通光束在聚焦方面的异同,选择两种极端的情形对高斯光束的聚焦特性加以讨论。

1. 高斯光束入射到短焦距透镜时的聚焦

所谓短焦距,是指高斯光束在透镜处波阵面的半径 R 远远大于透镜焦距 f 的情形,即

$$R\gg f \tag{4-25}$$

先讨论聚焦点的位置。由于腰部是高斯光束最细的部位,故出射光束腰 w_0' 的位置 s'就是光束聚焦点的位置。

根据式(4-25),可将式(4-18)简化为

$$R'=\frac{-f}{1-f/R}\approx -f \tag{4-26}$$

这就是说,在 $R\gg f$ 的条件下,出射光在透镜处的波阵面半径约等于透镜的焦距。将式(4-26)、式(4-17)代入式(4-24),可得到

$$s'\approx f\left[1+\left(\frac{\lambda f}{\pi w^2}\right)^2\right]^{-1} \tag{4-27}$$

式中,$\frac{\lambda f}{\pi w^2}$通常很小。如果满足条件

$$\frac{\lambda f}{\pi w^2}\ll 1 \tag{4-28}$$

则式(4-27)可简化为

$$s'\approx f\left[1-\left(\frac{\lambda f}{\pi w^2}\right)^2\right]\approx f \tag{4-29}$$

上式表明,出射光的腰大约处在透镜的焦点上,如图 4-17 所示。这就是说,在满足条件 $R \gg f$ 及 $\frac{\lambda f}{\pi w^2} \ll 1$ 的情况下,出射的光束聚焦于透镜的焦点附近。这种情况类似于几何光学中的平行光通过透镜聚焦在焦点上的情形。

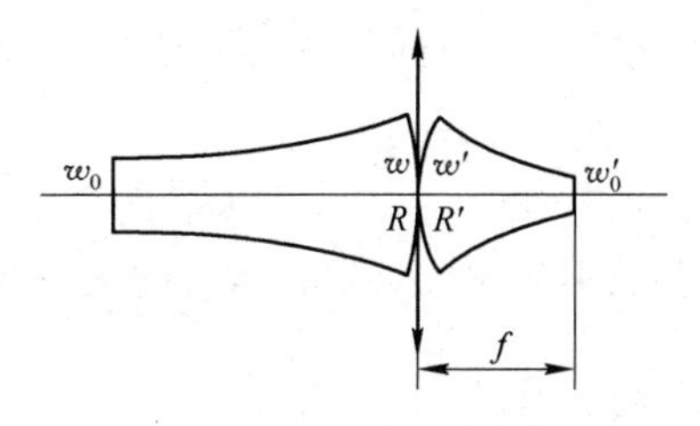

图 4-17 短焦距透镜的聚焦

下面进一步讨论聚焦点的光斑尺寸 w'_0 的大小。将式(4-17)、式(4-26)代入式(4-23),并考虑到式(4-28)的条件,则有

$$w'_0 \approx \frac{\lambda f}{\pi w} \tag{4-30}$$

上式表明,缩短透镜的焦距 f 和加大入射光在透镜镜面处的光斑尺寸 w 都可以达到缩小聚焦点光斑尺寸的目的。前一种方法就是要采用焦距更小的透镜,后一种方法在原则上又有两种途径:一种途径是根据式(4-20)通过加大 s 来加大 w,这种方法的优点是简单,缺点是使装置的尺寸大大增加;另一种途径就是加大入射光的发散角,从而加大 w。加大入射光的发散角又可以有两种做法,一种是使入射光束先通过一个凹透镜来直接加大发散角,如图 4-18 所示;另一种是使光束先通过凸透镜聚焦,获得一个比 w_0 小的束腰半径 w''_0。由式(3-40)可知,束腰半径越小,则发散角越大。所以这样也能使光束发散角加大,从而加大 w,达到缩小聚焦光斑的目的,如图 4-19 所示。这种先加入一个透镜来扩大光束的做法,虽然多用了一个透镜,但是可以缩短光路,减小设备的尺寸,还是比较实用的。

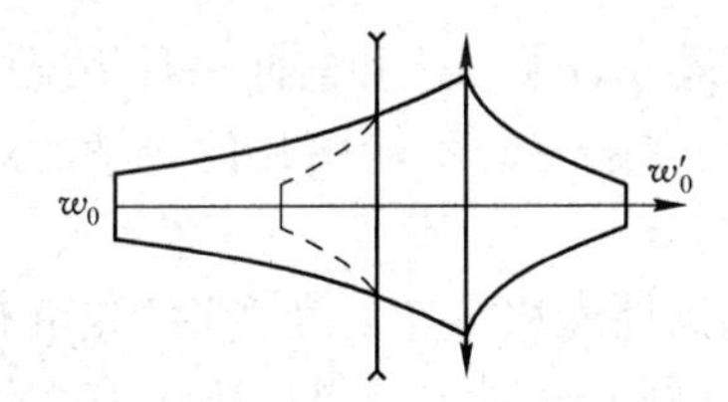

图 4-18 用凹透镜增大 w 后获得微小的 w'_0

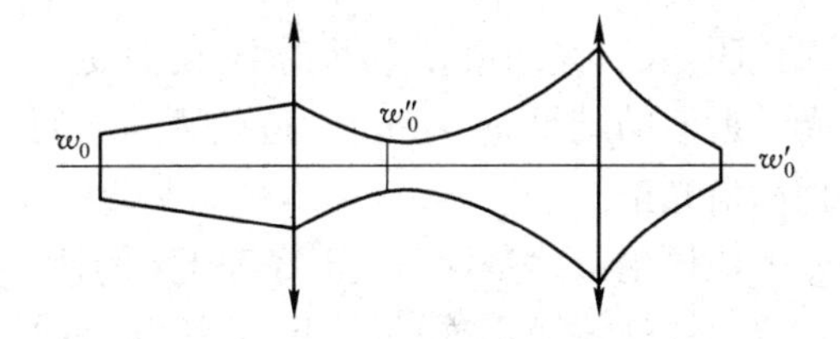

图 4-19 用两个凸透镜聚焦

再回到对公式(4-30)的讨论,为了进一步得到 w'_0 和 s、w_0 的关系,可以将式(4-20)代入式(4-30),从而得到

$$w'_0 = \frac{\lambda f}{\pi w_0 \sqrt{1+\left(\frac{\lambda s}{\pi w_0^2}\right)^2}} \tag{4-31}$$

如果 s 足够大,满足条件

$$\left(\frac{\lambda s}{\pi w_0^2}\right)^2 \gg 1 \tag{4-32}$$

则式(4-31)可简化为

$$w'_0 \approx f w_0 / s \tag{4-33}$$

又由于 $s' \approx f$,所以可得到如下关系

$$w'_0 / w_0 \approx s' / s \tag{4-34}$$

w_0 和 w'_0 的这种比例关系与几何光学中物、像的尺寸比例关系是完全一致的。

2. 入射光束的腰到透镜的距离 s 等于透镜焦距 f 的聚焦

现在的条件是

$$s = f \tag{4-35}$$

先确定聚焦点的位置(即 w_0' 的位置)s'。将式(4-35)代入式(4-19),可得

$$R=f\left[1+\left(\frac{\pi w_0^2}{\lambda f}\right)^2\right] \tag{4-36}$$

将式(4-36)代入到 R'、R、f 的关系式(式(4-18)),经整理可得

$$-R'=f\left[1+\left(\frac{\lambda f}{\pi w_0^2}\right)^2\right] \tag{4-37}$$

将式(4-37)代入式(4-24)并考虑到式(4-17)、式(4-20),则有

$$s'=f \tag{4-38}$$

这就是说:当入射高斯光束的腰处于透镜的焦点上时,出射光束正好聚焦在透镜另一侧的焦点上。这种情况和普通点光源处在透镜的焦点上时,其出射光为一束平行光(不会聚)的情况是截然不同的。

现在讨论聚焦点的光斑尺寸 w_0',将式(4-35)代入式(4-20),可得

$$w=w_0\sqrt{1+\left(\frac{\lambda f}{\pi w_0^2}\right)^2} \tag{4-39}$$

将式(4-17)、式(4-37)和式(4-39)代入式(4-23),经整理可得

$$w_0'^2=\left(\frac{\lambda f}{\pi w_0}\right)^2 \tag{4-40}$$

即

$$w_0'=\frac{\lambda f}{\pi w_0} \tag{4-41}$$

上式说明:入射光的束腰半径越小,反而使聚焦点的光斑尺寸越大。这和前面一种情况中的几何光学近似的结果 $w_0' \approx fw_0/s$ 是截然不同的。由此看出,在 $s=f$ 时不能用几何光学的规律来处理高斯光束。

上述讨论虽然是针对 s 正好等于 f 的情形,但是根据高斯光束分布的渐变性(光束有效半径按双曲线规律变化)可以设想,s 在 f 附近时的结果与正好 $s=f$ 时的结果也不会有太大的差异。因此,只要 s 和 f 相差不大,高斯光束的聚焦特性就会与几何光学的规律迥然不同,这一点在实际工作中特别需要加以注意。

4.3.3 高斯光束的准直

所谓高斯光束的准直,就是要改善光束的方向性,压缩光束的发散角。

根据 3.3 节的式(3-40),高斯光束的远场发散角与光束束腰半径的关系为

$$2\theta=\frac{2\lambda}{\pi w_0} \tag{4-42}$$

这就是说,束腰半径越大,远场发散角越小。因此,要缩小光束的发散角,必须设法扩大出射光束的束腰半径。根据前面对聚焦问题的讨论,当入射光的束腰处在透镜的焦距附近时,出射光的束腰半径和入射光的束腰半径成反比。因此,要使出射光的束腰半径变大从而得到小的发散角,必须先设法缩小入射光束的束腰半径。而根据式(4-33)可知,短焦距透镜正好可以达到缩小束腰半径的目的。

综合以上分析,可以选择两个透镜来达到准直的目的。第一个透镜是短焦距的凸透镜,利用它先把入射光束的束腰半径由 w_0 缩小到 w_0'。第二个透镜是焦距较长的凸透镜,它的焦点正好与 w_0' 的位置重合,于是可以按照式(4-41) 的规律得到出射光束的束腰半径 w''_0。由于

$w_0'<w_0$,故这样得到的w_0''比直接用第二个透镜将 w_0 进行变换所得到的结果要大。由于 w_0' 既处于第一个透镜后面的焦点附近,同时又处于第二个透镜前面的焦点上,因此这两个透镜的距离大约等于它们的焦距之和。这样的装置正好是一个倒置的望远镜系统。下面对此系统的准直效果进行定量的分析。

如图 4-20 所示,设透镜 1、2 的焦距分别为 f_1、f_2,且 $f_1<f_2$,两透镜之间的距离为 f_1+f_2。根据式(4-30),第一个透镜将入射光束的束腰半径变为 w_0',其表示式为

$$w_0' \approx \frac{\lambda f_1}{\pi w} \tag{4-43}$$

式中,w 是入射光束在透镜 1 处的光斑尺寸。

根据式(4-41),第二个透镜又将 w_0' 变换为 w_0'',其表示式为

$$w_0'' \approx \frac{\lambda f_2}{\pi w_0'} \tag{4-44}$$

将式(4-43)代入式(4-44),则有

$$w_0'' \approx \frac{f_2}{f_1} w \tag{4-45}$$

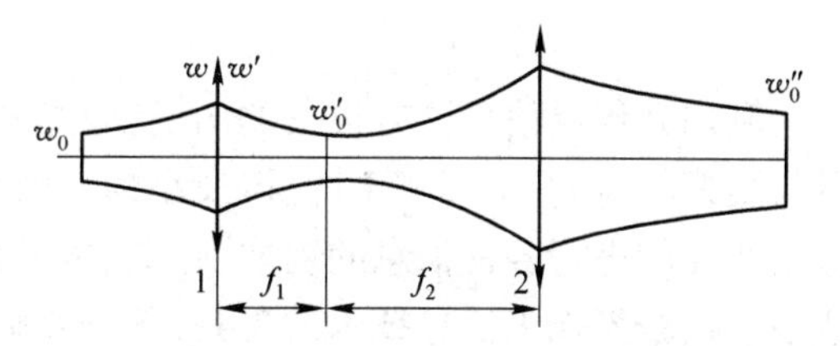

图 4-20　倒置望远镜系统压缩光束发射角

由 3.3 节的式(3-40),可给出从透镜 2 出射的光束的远场发散角为

$$2\theta'' = \frac{2\lambda}{\pi w_0''} \approx \frac{f_1}{f_2}\frac{2\lambda}{\pi w} \tag{4-46}$$

定义高斯光束通过该透镜系统后光束发散角的压缩比为

$$M' = \frac{2\theta}{2\theta''} \tag{4-47}$$

式中,2θ 为入射光的远场发散角,其值由式(4-42)给出。进而可以得到

$$M' = \frac{f_2}{f_1}\frac{w}{w_0} = M\frac{w}{w_0} \tag{4-48}$$

式中,$M=f_2/f_1$ 是倒置望远镜对普通光线的倾角压缩倍数。由于 $f_2>f_1$,所以 $M>1$。又由于 $w>w_0$,因此有 $M'\geqslant M>1$,即 $\theta''=\dfrac{\theta}{M'}<\theta$。这说明出射光束的发散角确实比入射光束的小了。$M'$越大,准直的效果也越好。

当高斯光束从半共焦腔的平面镜输出而第一个短焦距透镜紧靠平面镜放置时,$w=w_0$,因此有 $M'=M$;当高斯光束从共焦腔的镜面输出时,$w=\sqrt{2}w_0$,此时有 $M'=\sqrt{2}M$。如果进一步提高 w,则 M'也将进一步提高,相应的出射光束也将被进一步压缩。

需要指出的是,由于 w_0' 需要正好落在透镜 2 的焦点上,而透镜 1 只是将光束近似聚焦在它的焦点上,所以两个透镜之间的距离不是严格地等于 f_1+f_2,有一定的偏离。这一点在调节透镜系统时必须加以注意。

关于倒置望远镜系统中的第 1 个透镜,它既可以采用凸透镜(即开普勒望远镜),也可以采用凹透镜(即伽利略望远镜),后者可以使透镜系统更加紧凑。

4.3.4　激光的扩束

所谓“扩束”,就是扩大光束的光斑尺寸。一般地说,可以有两种情况。一种是通过扩大发散角来扩大光斑尺寸,这既可以用凹透镜来实现,也可以用凸透镜来实现。这时要求在透镜

焦点处产生一个极小的束腰半径,从而得到发散角很大的高斯光束,实现扩束。另一种是既要求扩大光斑尺寸,又要求有较小的发散角(即准直效果较好),可以通过前面讲的倒置的望远镜来实现。如果一个望远镜系统不理想,还可以采用多个望远镜系统,使光束得到逐级的扩大和准直。

高斯光束通过薄透镜的变换,除上面讨论的方法外,还有多种,如可引入描述高斯光束特征的复参数 q,运用复参数的 ABCD 定律来求高斯光束通过薄透镜的变换,还可用作图法处理高斯光束的变换等。这部分内容有兴趣的读者可以参考有关专业书籍。

4.4 激光调制技术

利用光传递信息已有很长的历史,激光的出现赋予光信息科学、光通信以新的活力。激光具有良好的时间、空间相干性,以及小的发散角和高的亮度,且光波频率远高于微波频率,因而应用激光能进行各种信息的提取、存储、传递和处理,包括保密性良好的长距离、大容量的信息传输。用激光作为信息技术的工具,首先要解决如何将信息加载到激光束上去的技术问题,这一过程称为激光调制。

4.4.1 激光调制的基本概念

激光调制就是把激光作为载波携带低频信号,本质上是无线电波调制向光频段的拓展。尽管激光调制与频率较低的无线电调制所采用的原理和设备不同,但就调制的方法来讲,也有振幅调制、强度调制、频率调制、相位调制以及脉冲调制等形式。激光调制可分为内调制和外调制两类。内调制是指在激光生成的振荡过程中加载调制信号,通过改变激光的输出特性而实现的调制。外调制则是在激光形成以后,再用调制信号对激光进行调制,它并不改变激光器的参数,而是改变已经输出的激光束的参数。这里主要讲外调制。

设激光的瞬时光场的表达式为 $E(t)=E_0\cos(\omega_0 t+\varphi)$

则瞬时光的强度为 $I(t)\propto E^2(t)=E_0^2\cos^2(\omega_0 t+\varphi)$

若调制信号为余弦信号 $a(t)=A_m\cos(\omega_m t)$

则激光幅度调制的表达式为 $E(t)=E_0[1+M\cos(\omega_m t)]\cos(\omega_0 t+\varphi)$

激光强度调制的表达式为 $I(t)=\dfrac{E_0^2}{2}[1+M_I\cos(\omega_m t)]\cos^2(\omega_0 t+\varphi)$

激光频率调制的表达式为 $E_F(t)=E_0\cos[\omega_0 t+M_F\sin(\omega_m t)+\varphi]$

激光相位调制的表达式为 $E_P(t)=E_0\cos[\omega_0 t+M_P\sin(\omega_m t)+\varphi]$

上述各式中,M、M_I、M_F 和 M_P 分别为调幅系数、强度调制系数、调频系数和调相系数。调幅时要求 $M\leqslant 1$,否则调幅波会发生畸变。强度调制要求 $M_I\ll 1$。调频和调相都是改变载波的相角,只是调频的频率更高一点,实际上是难以区分的。另外,激光脉冲调制也是强度调制,不过调制信号是脉冲信号。

在实际应用中,为提高抗干扰能力,往往采用二次调制方式,先将欲传递的低频信号对一高频副载波振荡进行频率调制,再用调频后的副载波对激光进行强度调制。

4.4.2 电光强度调制

利用晶体的电光效应,可控制光在传播过程中的强度。图 4-21(a)是一个典型的电光强度调制的装置示意图。它由两块偏振方向垂直的偏振片及其间放置的一块单轴电光晶体组成,偏振片的通振动方向分别与 x,y 轴平行。

根据晶体光学原理,在电光晶体上沿 z 轴方向施加电场,由电光效应产生的感应双折射轴 x'和 y'分别与 x,y 轴成 45°角。设 x'为快轴,y'为慢轴,若某时刻加在电光晶体上的电压为 V,入射到晶体的在 x 方向上的线偏振激光电矢量振幅为 E,则分解到快轴 x'和慢轴 y'上的电矢量振幅为 $E_{x'}$和 $E_{y'}$。通过晶体后沿快轴 x'和慢轴 y'的电矢量振幅都变为 $E_{x'}=E_{y'}=E/\sqrt{2}$。同时,沿 x'和 y'方向振动的两线偏振光之间产生如下式表示的相位差

$$\delta=\frac{2\pi}{\lambda}\mu_0^3\gamma_{63}V \tag{4-49}$$

式中,μ_0 为晶体在未加电场之前的折射率;γ_{63}为单轴晶体的线性电光系数,又称泡克耳斯系数。

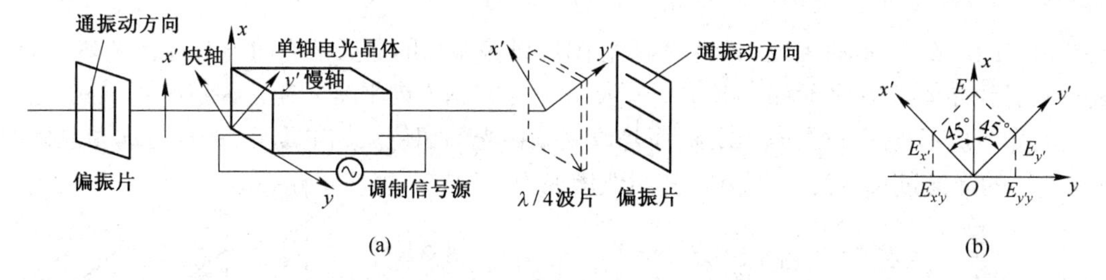

图 4-21　电光强度调制装置示意图

从晶体中出射的两线偏振光再通过通振动方向与 y 轴平行的偏振片检偏,产生的光振幅(见图 4-21(b))分别为 $E_{x'y}$、$E_{y'y}$,则有 $E_{x'y}=E_{y'y}=E/2$,其相互之间的相位差为($\delta+\pi$)。此二振动合成的合振幅为

$$\begin{aligned}E'^2&=E_{x'y}^2+E_{y'y}^2+2E_{x'y}E_{y'y}\cos(\delta+\pi)\\&=\frac{1}{4}(E^2+E^2)-\frac{1}{2}E^2\cos\delta=\frac{1}{2}E^2(1-\cos\delta)\end{aligned} \tag{4-50}$$

因光强与振幅的平方成正比,所以通过检偏器的光强可以写成(令比例系数为 1)

$$I=E'^2=E^2\sin^2\frac{\delta}{2}=I_0\sin^2\frac{\delta}{2}$$

即

$$I=I_0\sin^2\left(\frac{\pi\mu_0^3\gamma_{63}}{\lambda}V\right) \tag{4-51}$$

显然,当晶体所加电压 V 是一个变化的信号电压时,通过检偏器的光强也随之变化。图 4-22 画出了 I/I_0-V 曲线的一部分及光强调制的工作情形。为使工作点选在曲线的中点处,通常在调制晶体上外加直流偏压 $V_{\lambda/2}$来完成。$V_{\lambda/2}$是使 δ 为 π 时晶体两端施加的电压,称为半波电压。或者更方便地在装置中插入 $\lambda/4$ 波片(见图 4-21(a)中虚线所画),使沿 x'和 y'振动的分量间附加 $\pi/2$ 的固定相位差。此时,如外加信号电压为正弦电压(电压幅值较小),即 $V=V_0\sin\omega t$,则输出光强近似为正弦形。此结果可用公式表达如下:因附加了固定相位差 $\pi/2$,式(4-51)中的 δ 应由 $\Delta=\delta+\pi/2$ 替代,得

$$\begin{aligned}I&=I_0\sin^2\frac{\Delta}{2}=I_0\sin^2\left[\frac{\pi}{4}+\frac{\pi}{2}\frac{V_0}{V_{\lambda/2}}\sin(\omega t)\right]\\&=I_0\frac{1}{2}\left[1+\sin\left(\pi\frac{V_0}{V_{\lambda/2}}\sin(\omega t)\right)\right]\end{aligned} \tag{4-52}$$

一般 $V_0 \ll V_{\lambda/2}$，故可将正弦函数展开成级数而取第一项，近似可得

$$I/I_0 \approx \frac{1}{2} + \frac{\pi}{2} \frac{V_0}{V_{\lambda/2}} \sin(\omega t) \tag{4-53}$$

可见相对光强仍是角频率为 ω 的正弦变化量，它是调制电压的线性复制，从而达到光强调制的目的。如果 $V_0 \ll V_{\lambda/2}$ 的条件不满足，由图 4-22 或式(4-52)可知，输出光强相对调制电压波形发生变化，并将含有高阶(奇数)的谐振项。一般在实际使用中应当避免出现这种情况。

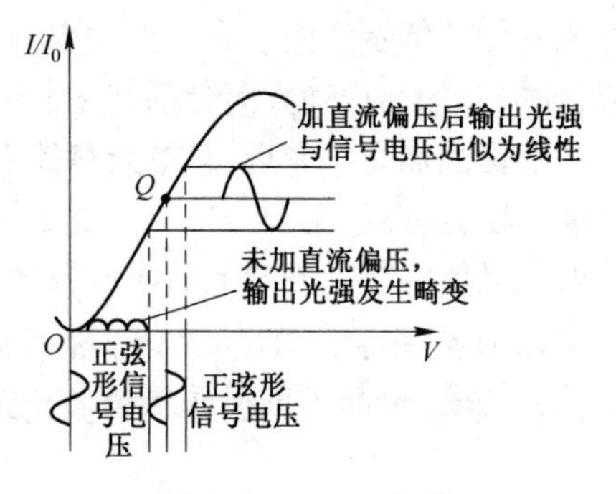

图 4-22 I/I_0-V 曲线

4.4.3 电光相位调制

考虑如图 4-23 所示的相位调制装置示意图。设偏振片的通振动方向与晶体的 y' 轴平行，则垂直入射到晶体 $x'Oy'$ 平面的偏振光其振动方向与 y' 轴方向平行。在这种情况下，外加电场产生的电光效应不再对光强进行调制，而是改变偏振光的相位。加电场后，振动方向与晶体的 y' 轴相平行的光通过长度为 l 的晶体，其相位增加为

$$\Phi = \frac{2\pi}{\lambda}\left(\mu_0 + \frac{\mu_0^3}{2}\gamma_{63}E_z\right)l \tag{4-54}$$

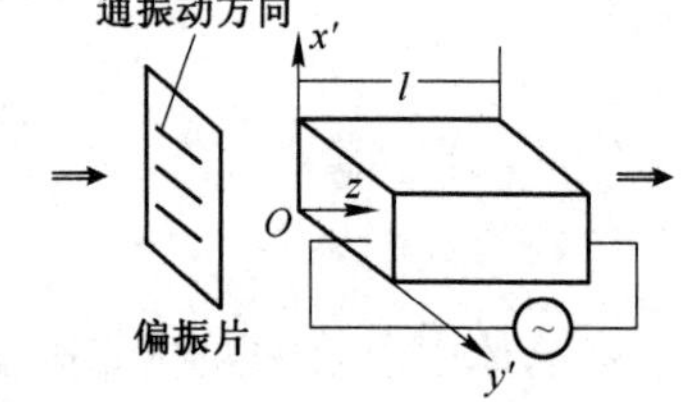

图 4-23 相位调制装置示意图

如果晶体上所加的是正弦调制电场 $E_z = E_m \sin(\omega_m t)$(其中 E_m，ω_m 分别为调制场的振幅与角频率)，而且光在晶体的输入面($z=0$)处的场矢量大小是 $U_入 = A\cos(\omega t)$，则在晶体输出面($z=l$)处的场矢量大小可写成

$$U_出 = A\cos\left[\omega t + \frac{2\pi}{\lambda}\left(\mu_0 + \frac{\mu_0^3}{2}\gamma_{63}E_z\right)l\right] \tag{4-55}$$

将正弦调制电场代入，考虑到常数项对结果不带来影响可以略去，则上式可改写为

$$U_出 = A\cos[\omega t + \beta\sin(\omega_m t)] \tag{4-56}$$

式中，$\beta = \frac{\pi\mu_0^3}{\lambda}\gamma_{63}E_m l$ 称为相位调制度。由式(4-56)可见，输出场的相位受到调制度为 β，角频率为 ω_m 的调制电场的调制。

除了上述的电光强度调制和电光相位调制以外，激光调制器还有许多种，如横向电光调制器、电光行波调制器、克尔电光调制器、声光调制器、磁光调制器，以及机械调制器和干涉调制器等。近来发展很快的还有空间光调制器。总之，作为激光应用所必需的关键技术，光调制器应当得到足够的重视。

4.5 激光偏转技术

激光束偏转是激光打印、显示、传真、存储和激光检测等激光应用领域中的基本技术之一。根据使用目的不同，激光偏转技术可分为两类。一类是模拟式偏转，它能使激光束作连续的位移；另一类是数字式偏转，它使激光束离散地投射到空间中某些特定的位置上。前者主要用于激光显示技术，后者主要用于光存储。

实现激光偏转的途径主要有机械偏转、电光偏转和声光偏转等。

4.5.1　机械偏转

机械偏转是利用反射镜或多面反射棱镜的旋转，或者利用反射镜的振动实现光束扫描。这种方法的原理比较简单，入射光束不动，反射镜转动一个角度时，反射光束会转两倍的角度。机械偏转具有偏转角大、分辨率高、光损失小且可适应光谱范围大的优点，这些优点是目前其他偏转方法难以达到的。但是，机械偏转的扫描速度受到驱动器（如马达）角速度的限制，难以实现快速、高精度的可控偏转，使其应用范围受到限制。尽管如此，机械偏转目前仍然是一种常用的激光偏转方法，不仅用于各种显示技术中，也用于微型图案的激光加工装置中。

4.5.2　电光偏转

电光偏转是利用泡克耳斯效应，通过施加在电光晶体上的电场来改变晶体的折射率，使光束偏转。实际的电光晶体偏转器由两个晶体棱镜（如 KDP 棱镜）组成，如图 4-24 所示。制作时，使得两个棱镜在沿 z 轴方向外加电场作用下，下面棱镜的快轴方向（x'）与上面棱镜的慢轴方向（y''）相重合。沿 x'方向振动的激光入射时，光束沿 y'方向传播。

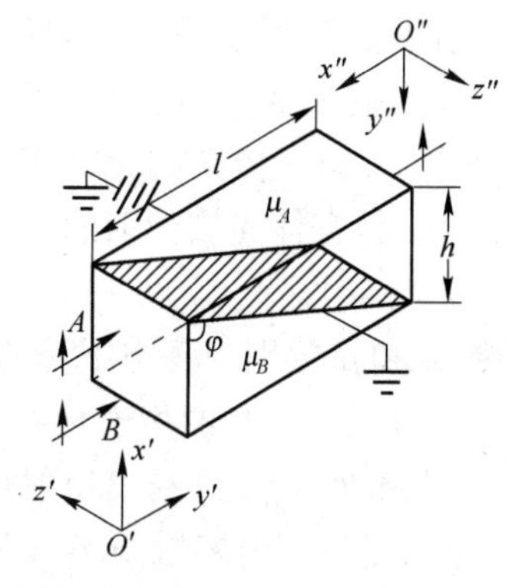

图 4-24　实际的电光晶体偏转器

如果激光垂直一个直角面入射到图 4-24 所示的下面的直角棱镜上，由棱镜斜面上出射的光束会相对于原光束传播方向在 $x'O'y'$面内偏转一个角度。假设置于空气中的棱镜折射率为 μ_0，$\angle A=\varphi$（即图中下面直角棱镜靠近上方 A 点的锐角），由折射定律可得出射光的偏转角为

$$\theta=\arcsin(\mu_0\sin\varphi)-\varphi$$

在电光晶体上施加电场后，晶体折射率的改变量为 $\Delta\mu$。由于泡克耳斯效应引起的折射率变化 $\Delta\mu$ 极小，可以证明出射光偏转角的相应改变量为

$$\Delta\theta=\{\arcsin[(\mu_0+\Delta\mu)\sin\varphi]-\varphi\}-[\arcsin(\mu_0\sin\varphi)-\varphi]\approx\Delta\mu\varphi \tag{4-57}$$

因而出射光偏转角的改变量与折射率变化成线性关系。

施加电场后，光在上层棱镜中传播时的折射率为

$$\mu_A=\mu_0+\frac{\mu_0^3}{2}\gamma_{63}E_z \tag{4-58}$$

在下层棱镜中传播时，光的折射率为

$$\mu_B=\mu_0-\frac{\mu_0^3}{2}\gamma_{63}E_z \tag{4-59}$$

二者折射率之差为

$$\Delta\mu=\mu_A-\mu_B=\mu_0^3\gamma_{63}E_z \tag{4-60}$$

由式（4-57）可知，通过两个晶体棱镜的总的光束偏转角为

$$\Delta\theta=\Delta\theta_{上}+\Delta\theta_{下}=\Delta\mu_{上}\varphi-\Delta\mu_{下}\varphi=(\mu_A-\mu_B)\varphi$$

将式（4-60）代入得

$$\Delta\theta=\mu_0^3\gamma_{63}E_z\varphi \tag{4-61}$$

式（4-61）给出了沿 z 轴施加电场强度 E_z 而产生的角度偏转。由于泡克耳斯效应产生的折射率变化量 $\Delta\mu$ 很小，不能形成大的折射率梯度，因此即使采用多级电光棱镜的偏转器，偏转角也不会很大。

4.5.3 声光偏转

1922年布里渊提出的声波对光波的衍射效应,已经为实验所证实。声光效应也提供了一种方便地控制光的强度、频率和传播方向的手段,和电光效应一样得到了广泛的应用。

图4-25所示为一块均匀的透明介质(如熔融石英),其一端与超声波发生器(作正弦振动)相连。发生器振荡时,超声波传入均匀介质。当在透明介质的另一端为声波的反射介质时,满足一定的几何要求就会在介质内产生驻波。因为声波是纵波又是疏密波,在介质中传播时将引起介质的密度发生周期变化。在被声波压缩的地方介质密度变密,其折射率变大;在被声波拉伸的地方密度变稀,其折射率变小。驻波的振幅按照正弦规律变化,所以介质的折射率以空间周期 λ_s 在空间呈正弦变化。具有这种声场的介质,对侧面传来的光波来说将起到一个衍射光栅的作用。根据体光栅衍射的布拉格定律有

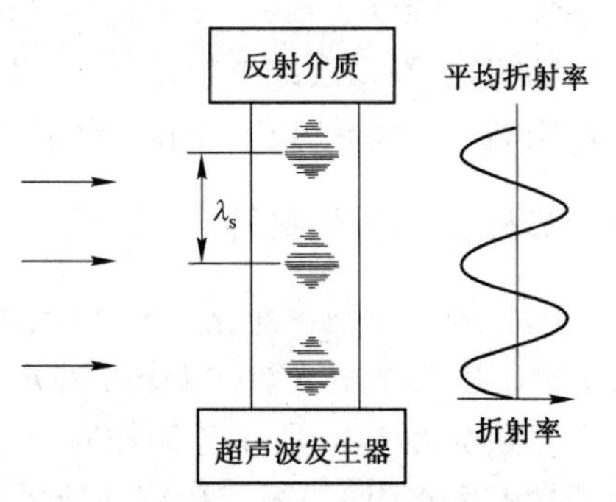

图4-25 超声波在透明介质中的传播

$$2\lambda_s \sin\theta = \lambda/\mu \tag{4-62}$$

式中,λ 和 μ 分别为真空中光的波长和介质折射率,θ 为衍射角。这就是说,当光线以满足布拉格条件式(4-62)的衍射角 θ 入射到光栅上时,衍射光与衍射体光栅的等折射率面成 θ 角出射,如图4-26所示。这里衍射体光栅的等折射率面与声波的传播方向垂直。

例如,一个用熔融石英介质做成的声光器件,超声频率为40 MHz,相当于超声波长 $\lambda_s = 1.49\times10^{-2}$cm。当 $\lambda = 1.06$ μm 的光波入射时,由布拉格条件可以算出 $\theta = 0.14°$。由于反射角等于入射角 $\theta_r = \theta_i = \theta$,那么衍射光对于入射光的偏离角为 $2\theta = 0.28°$,这个数值虽然不大,但如果放在激光器的谐振腔内,已经足够改变腔的品质因数 Q 值(参见下节)。如果改变超声波的频率,还可以改变偏离角的大小。

在式(4-62)中,由于 $\lambda_s \gg \lambda$,可近似得到

$$\theta \approx \frac{\lambda}{2\mu\lambda_s} \tag{4-63}$$

偏转角

$$\varphi = \frac{\lambda}{\mu\lambda_s} = \frac{\lambda\nu_s}{\mu v_s} \tag{4-64}$$

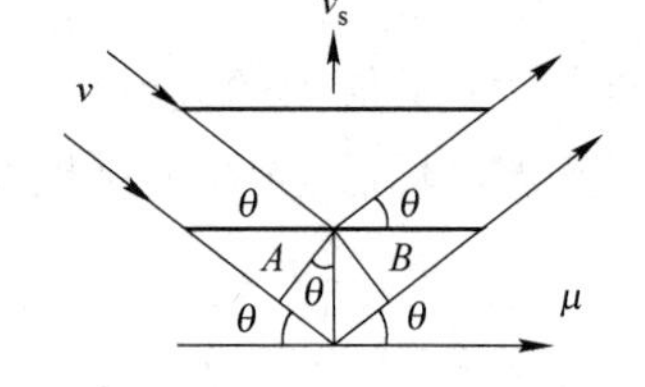

图4-26 布拉格条件下的衍射

式中,ν_s 为声波频率,v_s 为声波在器件中的传播速率。当声频改变 $\Delta\nu_s$ 时,由式(4-64)可知,偏转角 φ 也随之改变,其角度偏转范围为

$$\Delta\varphi = \frac{\lambda}{\mu v_s}\Delta\nu_s \tag{4-65}$$

4.6 激光调 Q 技术

一般固体脉冲激光器输出的光脉冲不是单一的光滑脉冲,而是一群由宽度在微秒量级的强度不等的小尖峰脉冲组成的序列。这种光脉冲序列持续时间长达几百微秒甚至几毫秒,其峰值功率也只有几十千瓦的水平,远远满足不了诸如激光雷达、激光测距、激光制导、高速摄

影，以及激光核聚变等许多重要实际应用的要求。为此，在激光被发现不久后的1961年，就有人提出了调Q的概念，并于1962年制成了第一台调Q激光器。它的出现，使激光脉冲输出性能得到了几个数量级的改善，脉冲宽度压缩到纳秒级，峰值功率高达千兆瓦。这对于激光测距、激光雷达、激光加工和动态全息照相等应用的发展起到了决定性作用。同时，还对因强光所引起的光学现象的研究开辟了一系列新的学科方向。

4.6.1 激光谐振腔的品质因数Q

激光器的损耗可用式(2-37)定义的单程总损耗描绘，也可用品质因数Q值描绘。Q值定义为

$$Q=2\pi\frac{\text{谐振腔内储存的能量}}{\text{每振荡周期损耗的能量}} \tag{4-66}$$

这一定义是由电子学中推广来的，它同样适用于LC振荡回路和微波谐振腔，只是在激光谐振腔中传播的光的一个周期要短得多。

品质因数是激光谐振腔的性能指标，与腔中介质的增益系数没有关系。如果$a_{总}$为谐振腔的单程总损耗，光强I_0在谐振腔中传播距离z后会减弱为

$$I=I_0\exp(-a_{总}z)=I_0\exp\left(-\frac{a_{总}c}{\mu}t\right) \tag{4-67}$$

式中，μ为介质折射率，c为真空中光速，t为光在腔内传播距离z所需的时间。用$N(t)$表示在t时刻腔中的光子数密度，由于$I(t)=N(t)h\nu_0\frac{c}{\mu}$，式(4-67)可以改写为光子数密度的形式，即

$$N(t)=N_0\exp\left(-\frac{a_{总}c}{\mu}t\right)=N_0\exp\left(-\frac{t}{\tau_c}\right) \tag{4-68}$$

上式表明腔中的光子数密度随时间按指数减小，$\tau_c=\frac{\mu}{a_{总}c}$表示在腔中的光子平均寿命。设谐振腔体积为$V$，腔内存储的能量为

$$W=N(t)Vh\nu_0 \tag{4-69}$$

每振荡周期损耗的能量为

$$P=\frac{W}{\tau_c\nu_0}=N(t)Vh\frac{a_{总}c}{\mu} \tag{4-70}$$

由品质因数的定义可以得到它与谐振腔的单程总损耗的关系为

$$Q=2\pi\frac{W}{P}=\frac{2\pi}{\lambda a_{总}} \tag{4-71}$$

上式表明谐振腔的损耗大，Q值低；损耗小，Q值高。而且品质因数是一个纯数，用它来标志谐振腔的性能比单程总损耗系数要好，因为它与谐振腔的腔长无关。

4.6.2 调Q原理

调Q原理指的是，采用某种办法使谐振腔在泵浦开始时处于高损耗低Q值状态，这时激光振荡的阈值很高，粒子密度反转数即使积累到很高水平也不会产生振荡；当粒子密度反转数达到其峰值时，突然使腔的Q值增大，将导致激光介质的增益大大超过阈值，极其快速地产生振荡。这时储存在亚稳态上的粒子所具有的能量会很快转换为光子的能量，光子像雪崩一样以极高的速率增长，激光器便可输出一个峰值功率高、宽度窄的激光巨脉冲。用调节谐振腔的

Q 值以获得激光巨脉冲的技术称为激光调 Q 技术。

因为谐振腔的损耗包括反射损耗、吸收损耗、衍射损耗、散射损耗和透射损耗,因而用不同方法控制不同类型的损耗,就形成了不同的调 Q 技术。控制反射损耗的技术有机械转镜调 Q 技术、电光调 Q 技术,控制吸收损耗的技术有可饱和吸收染料调 Q 技术,控制衍射损耗的技术有声光调 Q 技术等。机械转镜调 Q 技术原理比较直观,并且目前已较少使用,这里介绍上述其他三种调 Q 技术。

4.6.3 电光调 Q

电光调 Q 是利用晶体的电光效应作为 Q 开关的元件。电光调 Q 装置示意图如图 4-27 所示,在激光谐振腔中插入起偏振片及作为 Q 开关的 KD^*P 晶体。

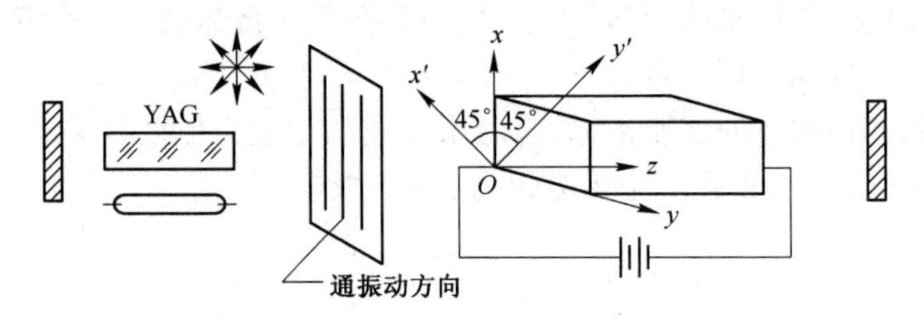

图 4-27 电光调 Q 装置示意图

与 4.4.2 节中的讨论类似,当晶体在 z 轴方向加电压后,由于感应双折射,沿 x 方向振动的偏振光进入晶体后将分解为沿 x'方向和沿 y'方向振动的二线偏振光。适当调整电压的大小,可以使通过晶体后的两者相位差为 $\pi/2$(相应的电压大小即为 $V_{\pi/2}$),因而合成光为圆偏振光。再经反射镜反射,让该圆偏振光再次通过晶体,则相位差再次增加 $\pi/2$,此时,出射光又成为一线偏振光,不过它的振动方向为 y 方向,恰与原入射偏振光的振动方向(x 方向)垂直。也就是说当在晶体上加半波电压后,往返通过晶体的线偏振光,其振动方向相对改变 90°。对于未加电压的晶体来说,往返通过晶体的线偏振光振动方向不变。

利用上述特点即可制成电光 Q 开关。图 4-27 中,由于 YAG 激光器发出的激光无偏振特性,通过偏振片后成为沿 x 方向振动的线偏振光。当令其往返通过加有半波电压的 KD^*P 晶体时,返回的沿 y 方向振动的偏振光被偏振片吸收。此时,腔的 Q 值很低,由于外界激励能源的作用,可使介质上能级的粒子数迅速增加。当上能级的粒子数积累到足够数量(远远超过下能级的粒子数)的某个时刻,突然除去 KD^*P 晶体上所加的电压,则由 YAG 输出的激光经偏振片后能自由地往返于谐振腔之间,不改变偏振光的振动方向,损耗小,因此腔的 Q 值很高,从而输出一个激光巨脉冲。

电光调 Q 能在不到 10ns 内完成一次开关,其峰值功率可达千兆瓦量级。控制电光晶体上每秒的电压开关次数,就可重复地产生巨脉冲。一般电光调 Q 本身的重复频率可达50 kHz。

现在常用的调 Q 晶体是 KD^*P,它对 1.06 μm 的红外光(钕激光波长)的半波电压约为 4000 V,而另一种晶体 KDP 则约为 10000 V,所以 KDP 晶体不常使用。铌酸锂晶体是又一种常用的晶体,它的优点是半波电压低,约 2000~3000 V,不潮解,但在可见光波段内承受激光损伤的功率阈值较低。为降低 KD^*P 晶体的半波电压,常用几块 KD^*P 晶体在光路上串联、电路上并联使用,使半波电压降为原来的几分之一。实际工作的电光调 Q 装置是五花八门的,不同设计的目的,无非是设法减少元件的数目和改善工作的条件,相关内容读者可在更专门的书籍或文献中找到。

4.6.4 声光调 Q

声光调 Q 技术利用这样一种原理:在激光谐振腔内放置声光偏转器,当光通过介质中的超声场时,由于衍射造成光的偏折,就会增加损耗而改变腔的 Q 值。这种方法具有重复频率高和输出稳定等优点,目前,多用于获得中等功率的高重复频率的脉冲激光器中。

图 4-28 是一个声光调 Q 的 YAG 激光器的示意图。腔内插入的声光调 Q 器件是由声光互作用介质(如熔融石英)和键合于其上的超声波发生器,即换能器所构成的。换能器用一个高频振荡电源来驱动,以产生相应的机械振动,从而产生超声波耦合到声光介质中去。

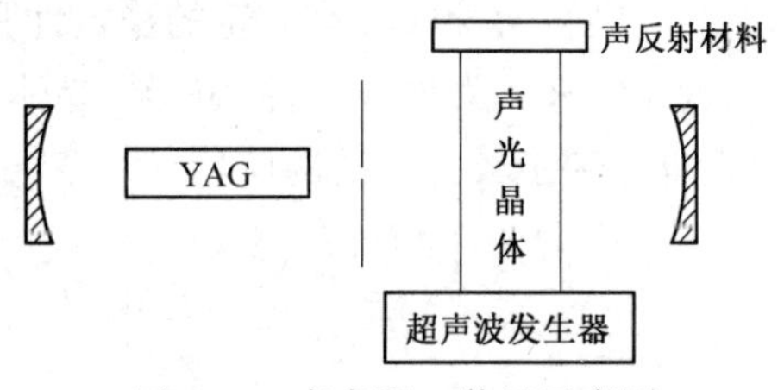

图 4-28　声光调 Q 装置示意图

声光器件在腔内按布拉格条件放置。当加上超声波时,光束按布拉格条件决定的方向偏折,从而偏离了谐振腔的轴向。此时腔的损耗严重,Q 值很低,不能形成激光振荡。在这一阶段,增益介质在光泵激励下,亚稳态上的粒子数大量积累。一定时间后,撤去超声场,光束顺利地通过均匀的声光介质,不发生偏折,使得腔的 Q 值升高,从而得到一个强的激光脉冲输出。自光泵启动,到 Q 值发生突变的这段延迟时间可以利用电路特性来实现。另外,如声光介质中以重复频率 f 产生超声场,则可获得重复频率为 f 的调 Q 激光脉冲序列。

声光开关与电光开关相比,后者电压较高($10^3 \sim 10^4$ V),前者电压较低(10^2 V)。声光调 Q 是应用较广泛的一种技术。

4.6.5 染料调 Q

不论是转镜、电光或声光调 Q 技术,Q 开关开启的延迟时间都是可控的,因此,习惯上统称这一类技术为主动调 Q。还有另一种调 Q 技术,即染料调 Q 技术,它是利用某种材料(通常是用有机染料)对光的吸收系数会随光强变化的特性来达到调 Q 的目的。由于这种方式中 Q 开关的延迟时间是由材料本身特性决定的,不直接受人控制,所以又称之为被动调 Q 技术。

图 4-29 所示为染料调 Q 装置的示意图,它是在一个固体激光器的腔内插入一个染料盒构成的。染料盒内装有可饱和染料,这种染料对该激光器发出的光有强烈吸收作用,而且随着入射光的增强,其吸收系数减小。其吸收系数可以由下式表示

图 4-29　染料调 Q 装置示意图

$$\alpha=\alpha_0\frac{1}{1+I/I_s} \tag{4-72}$$

式中,α 是光强为 I 时的吸收系数;α_0 是光强趋于 0 时的吸收系数;I_s 为饱和参量,其值等于吸收系数减小到 $\alpha_0/2$ 时的光强。由式(4-72)可以看到:当 I 比 I_s 大很多时,α 逐渐趋近于 0,也就是染料对该波长的光变成透明的了。这一现象称之为漂白。装有染料的盒子插入脉冲激光器的腔内后,激光器开始泵浦。此时腔内光强还很弱,故染料对该波长的光有强烈吸收,腔内损耗很大,Q 值很低,相当于 Q 开关没有开启的状态,不能形成激光。随着泵浦的继续,亚稳态上粒子数得以积累,腔内的光强增强,染料也会逐渐被漂白。这一过程相当于腔内 Q 值逐

渐升高。当漂白到一定程度，Q 值达到一定数值时，染料盒作为 Q 开关已处于开启状态，于是激光器就会给出一个强激光脉冲。

选择染料要考虑以下几个方面的因素。

(1) 染料吸收峰的中心波长应和激光波长基本吻合；

(2) 染料应有适当的饱和光强，即 I_s 的值要在合适的范围之内，目的是能够得到合适的"开关"速度；

(3) 染料溶液应具有一定的稳定性和保存期，以利于实用。

近几年来又发展起一种 $LiF:F_2^-$ 晶体（氟化锂 F_2^- 色心晶体），可和染料一样作为被动调 Q 材料，也得到了较为广泛的应用。

4.7 激光锁模技术

调 Q 技术可以压缩激光脉冲宽度，得到脉宽为毫微秒量级、峰值功率为千兆瓦量级的激光巨脉冲。锁模技术是进一步对激光进行特殊的调制，强迫激光器中振荡的各个纵模的相位固定，使各模式相干叠加以得到超短脉冲的技术。采用锁模技术，可得到脉宽为飞秒量级、峰值功率高于 T 瓦量级的超短激光脉冲。锁模技术使激光能量在时间上高度集中，是目前获得高峰值功率激光的最先进技术。

4.7.1 锁模原理

一般非均匀增宽激光器，总是产生多纵模（假设均对应某一横模）。设第 q 个纵模的振幅、角频率、初相位分别为 E_q、ω_q、φ_q。在空间 $z=0$ 处，它的电矢量大小可写成

$$E_q(t)=E_q e^{j(\omega_q t+\varphi_q)} \tag{4-73}$$

则总的输出为

$$E(t)=\sum_q E_q e^{j(\omega_q t+\varphi_q)} \tag{4-74}$$

由于各个模式的频率和初相位无确定的关系，各个模式互不相干，因此多纵模输出的光强是各纵模的非相干叠加。输出光强随时间无规则起伏。锁模技术使谐振腔中可能存在的各个纵模同步振荡，让各振荡模的频率间隔保持相等并使它们的初相位保持为常数，使激光器输出在时间上有规则的等间隔的短脉冲序列。

设腔内有 $q=-N,-(N-1),\cdots,0,\cdots,(N-1),N$，共 $(2N+1)$ 个模式，又设相邻模式的角频率之差 $\Omega=\pi c/L$（恰为纵模角频率间隔，L 为腔长），则

$$\omega_q=\omega_0+q\Omega \tag{4-75}$$

式中，ω_0 为激光中心角频率。于是由式(4-74)可得

$$E(t)=\sum_{-N}^{N} E_q \exp[j(\omega_0+q\Omega)t+\varphi_q] \tag{4-76}$$

如果各模式的振幅相等，即 $E_q=E_0$，初相位相同且为 $\varphi_q=0$（或相邻模的初相位之差值恒定，称作同步），则利用三角级数求和公式可将式(4-76)改写为

$$E(t)=E_0\left(\sum_{-N}^{N} e^{jq\Omega t}\right)e^{j\omega_0 t}=\left\{E_0\frac{\sin\left[\frac{1}{2}(2N+1)\Omega t\right]}{\sin\frac{1}{2}(\Omega t)}\right\}e^{j\omega_0 t} \tag{4-77}$$

上式表明，$(2N+1)$ 个模合成的结果，其振幅随时间变化。因为输出光强 $I(t)=E(t)E^*(t)$，

所以
$$I(t)\propto E_0^2\frac{\sin^2\left[(2N+1)\dfrac{\Omega t}{2}\right]}{\sin^2\left(\dfrac{\Omega t}{2}\right)} \tag{4-78}$$

图 4-30 所示为 $2N+1=9$ 个纵模经锁模后得到的有规则的脉冲示意图。由式(4-78)及图 4-30 可见：

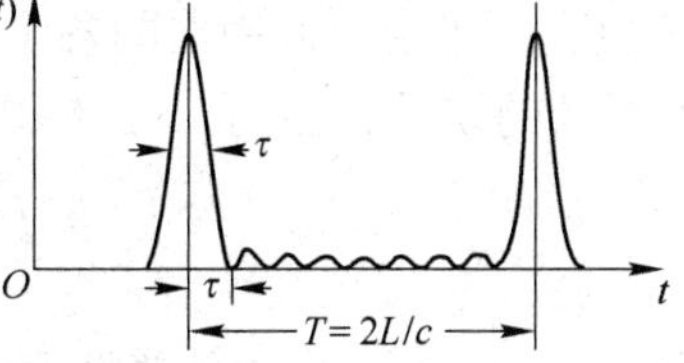

图 4-30　锁模光强脉冲

（1）当 $\dfrac{\Omega t}{2}=m\pi$ 时，$m=0,1,2\cdots$ 光强最大。

$$I(t)\propto\lim_{\frac{\Omega t}{2}\to m\pi}\frac{E_0^2\sin^2\left[(2N+1)\dfrac{\Omega t}{2}\right]}{\sin^2\left(\dfrac{\Omega t}{2}\right)}=(2N+1)^2E_0^2 \tag{4-79}$$

锁模后，$(2N+1)$ 个模式相干叠加结果的光强峰值功率与 $(2N+1)^2$ 成正比。而 $(2N+1)$ 个模式未被锁定时，光强是非相干叠加的，应与 $(2N+1)$ 成正比。可见锁模后的脉冲峰值功率为未锁模时的 $(2N+1)$ 倍。腔长越长，荧光线宽越宽，则腔内的纵模数目越多，锁模脉冲的峰值功率就越大。如钕玻璃激光器，由于它的荧光线宽 $\Delta\nu_F=3\times10^{12}$ Hz，腔内可得上万个纵模，由此得到的峰值功率很大。

（2）由式(4-78)可得相邻脉冲峰值间的时间间隔
$$T=2\pi/\Omega=2L/c \tag{4-80}$$
等于光在腔内来回一次所需的时间。因此可以把锁模激光器的工作过程形象地看作为：一个脉冲在整个腔内的往返运动，每当此脉冲运动到输出反射镜时，便有一个锁模脉冲输出。

（3）由式(4-78)可以求得脉冲宽度 τ，即脉冲峰值与第一个光强为 0 的谷值间的时间间隔。

令
$$\sin\left[(2N+1)\frac{\Omega t}{2}\right]=0 \tag{4-81}$$

故得
$$\tau=\frac{2\pi}{(2N+1)\Omega}=\frac{T}{2N+1}=\frac{1}{\Delta\nu} \tag{4-82}$$
脉冲的半功率点的时间间隔近似地等于 τ，因而可以认为脉冲宽度等于 τ。上式中的 $\Delta\nu$ 为锁模激光器的带宽，它表明脉冲的宽度近似地为增益曲线宽度的倒数。气体激光器谱线宽度较小，其锁模脉冲宽度约为 10^{-9} s 的量级。固体激光器谱线宽度较大，可得脉冲宽度约为10^{-12} s的量级。

4.7.2　主动锁模

在谐振腔内插入一个调制频率 $\nu=\dfrac{c}{2L}$ 的调制器，对激光输出进行振幅或相位调制，实现各个纵模振动同步，叫作主动锁模。

1. 损耗内调制锁模

如图 4-31 所示，在谐振腔中插入一个电光或声光损耗调制器，设调制周期 $T_m=2\pi/\Omega=2L/c$，调制频率 $\nu_m=\dfrac{c}{2L}$（恰为纵模频率间隔）。因为调制器给出周期性的光损耗，所以如果在某一时刻 t，光经过调制器时，损耗不为 0，则有一部分光被损耗掉。光在腔内往返一次，又回到调制器，即在一个周期后的 T_m+t 时刻

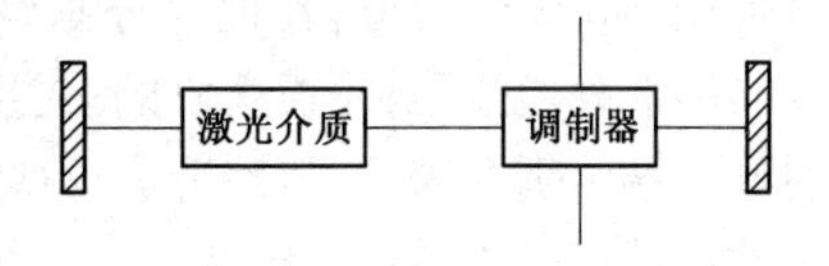

图 4-31　锁模调制示意图

再次经过调制器,此光又受到损耗。再经 $2T_m$,$3T_m$…如此延续,这部分光被损耗掉。只有通过调制器时损耗为 0 的光,才能不断地被放大而增长起来,固此得到周期为 T 的窄脉冲输出(见图 4-30)。

从模式耦合的角度还可以进一步说明损耗调制锁模的原理。由于调制器所加电压周期性地变化,所以通过调制器的各个模式的振幅也周期性地变化。如果激光器中增益曲线中心频率 ν_0 处的模首先振荡,其调制后的电矢量为

$$\begin{aligned}E(t)&=[E_0+E_m\cos(2\pi\nu_m t)]\cos(2\pi\nu_0 t)\\&=E_0[1+M\cos(2\pi\nu_m t)]\cos(2\pi\nu_0 t)\end{aligned}\tag{4-83}$$

式中,$M=E_m/E_0$,称为振幅调制度,它的大小决定于调制信号的大小。将上式展开得

$$E(t)=E_0\cos(2\pi\nu_0 t)+E_0\frac{M}{2}\cos[2\pi(\nu_0-\nu_m)t]+E_0\frac{M}{2}\cos[2\pi(\nu_0+\nu_m)t]\tag{4-84}$$

上式表明,经过调制,使得中心纵模不仅含有原来的频率 ν_0,而且还含有两个边频($\nu_0\pm\nu_m$)。这两个边频光具有与中心模式相同的初相位。因调制频率 ν_m 恰好等于相邻纵模频率间隔,所以 $\nu_0\pm\nu_m$ 正好等于相邻两纵模频率。这就是说,在激光器中,一旦形成 ν_0 的振荡,将同时激起两个相邻模式的振荡,如图 4-32 所示。而这两个相邻模受调制器调制的结果,又将产生新的边频($\nu_0\pm2\nu_m$)振荡……直到将增益曲线内所有可能的纵模都激发起来。由于各纵模的相位锁定,输出光能量相干叠加,从而形成超短脉冲。

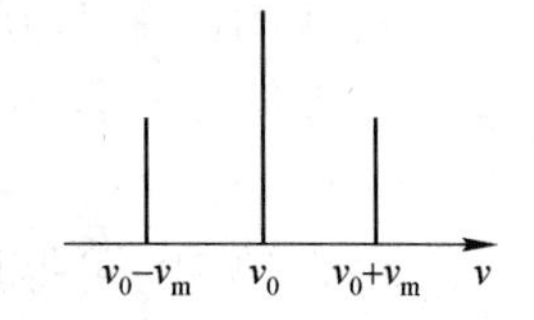

图 4-32　中心频率及两边频

2. 相位内调制锁模

如果在谐振腔中插入一个电光相位调制器,也可达到锁模的目的。设光振幅不变,相位以频率 ν_m 变化,即

$$E(t)=E_0\cos[2\pi\nu_0 t+\beta\sin(2\pi\nu_m t)]\tag{4-85}$$

β 为相位调制度。则由贝塞尔函数公式,上式可写成:

$$\begin{aligned}E(t)=E_0\{&J_0(\beta)\cos(2\pi\nu_0 t)+J_1(\beta)\cos[2\pi(\nu_0+\nu_m)t]-J_1(\beta)\cos[2\pi(\nu_0-\nu_m)t]+\\&J_2(\beta)\cos[2\pi(\nu_0+2\nu_m)t]+J_2(\beta)\cos[2\pi(\nu_0-2\nu_m)t]+J_3(\beta)\cos[2\pi(\nu_0+3\nu_m)t]-\\&J_3(\beta)\cos[2\pi(\nu_0-3\nu_m)t]+J_4(\beta)\cos[2\pi(\nu_0+4\nu_m)t]+\\&J_4(\beta)\cos[2\pi(\nu_0-4\nu_m)t]+\cdots\}\end{aligned}\tag{4-86}$$

进一步考虑到模式耦合的作用,可见相位调制后也能激起带宽内的所有边频光同步振荡,实现锁模。

4.7.3　被动锁模

在激光腔内插入一个有饱和吸收特性的染料盒,也能起到锁模的作用。可饱和染料的吸收系数是随光强的增强而下降的。激光器内,随着光泵对工作物质的激励,各个纵模都会随机地发生,光场就会由于它们的叠加而在强度上略有起伏。当某些纵模偶然地得到相干加强时,出现光场较强的部分,其他部分则较弱。这些较强的部分通过染料,被吸收的少,损耗不大。较弱的部分通过染料,被吸收的多,反而更被减弱。光场多次通过染料的结果,强处和弱处就明显地被区别开来了,最终造成这些强处(纵模相干加强处)以窄脉冲的形式被选出来。这就是被动锁模的简单定性解释。

被动锁模装置很简单,只需在腔内插入一个装有饱和吸收染料的“盒”即可。在实践中,

除对盒的光学质量有一定的要求外，对染料的选取还是有很多讲究的。一般说来，这种染料必须具备以下几个条件：第一，染料的吸收线应和激光波长很接近；第二，吸收线的线宽要大于或等于激光线宽；第三，其弛豫时间应短于脉冲在腔内往返一次的时间，否则就成为被动调 Q 激光器了。

其他锁模技术还有很多种，原理大同小异，这里就不再一一讨论了。

思考练习题 4

1. 腔长 30 cm 的氦氖激光器荧光线宽为 1500 MHz，可能出现三个纵模。用三反射镜法选取单纵模。求短耦合腔腔长（L_2+L_3）。

2. He-Ne 激光器辐射 632.8 nm 光波，其方形镜对称共焦腔腔长 $L=0.2$ m，腔内同时存在 TEM_{00}、TEM_{11}、TEM_{22} 横模。若在腔内接近镜面处加小孔光阑选取横模，试问：

（1）如只使 TEM_{00} 模振荡，光阑孔径应多大？

（2）如同时使 TEM_{00}、TEM_{11} 模振荡而抑制 TEM_{22} 模振荡，光阑孔径应多大？

3. 一高斯光束束腰半径 $w_0=0.2$ mm，$\lambda=0.6328$ μm，今用一焦距 $f=3$ cm 的短焦距透镜聚焦。已知腰粗 w_0 离透镜的距离为 60 cm，在几何光学近似下求聚焦后光束腰粗。

4. 已知波长 $\lambda=0.6328$ μm 的两高斯光束的束腰半径 w_{10}、w_{20} 分别为 0.2 mm、50 μm。试问此二光束的远场发散角分别为多少？后者是前者的几倍？

5. 用如图 4-33 所示的倒置望远镜系统改善由对称共焦腔输出的光束方向性。已知两个透镜的焦距分别为 $f_1=2.5$ cm，$f_2=20$ cm，$\lambda=0.6328$ μm，$w_0=0.28$ mm，$l_1 \gg f_1$（L_1 紧靠腔的输出镜面）。求该望远镜系统光束发散角的压缩比。

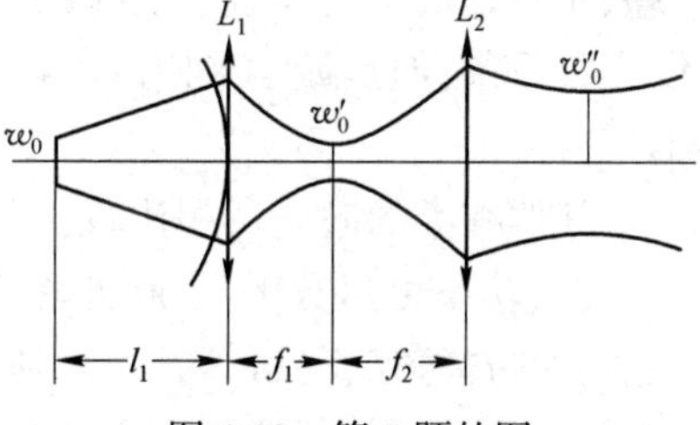

图 4-33　第 5 题的图

6. 试详细证明：电光偏转器的偏转角 $\Delta\theta=\mu_0^3\gamma_{63}E_z\varphi$，式中各物理量的含义参见教材中相关内容。

7. 设一声光偏转器，声光材料为碘酸铅晶体，声频可调制度为 $\Delta\nu=300$ MHz，声波在介质中的速度 $v_s=3\times10^3$ m/s，入射高斯光束束腰直径 $D=1$ mm，且束腰位于声光晶体中（参见图 4-25）。求在远场条件下可分辨光斑数，即在传播相当远距离后，声光偏转角可以包容的高斯光束光斑数。

8. 有一多纵模激光器纵模数为 1000 个，腔长为 1.5 m，输出的平均功率为 1 W，认为各纵模振幅相等。

（1）试求在锁模情况下，光脉冲的周期、宽度和峰值功率各是多少？

（2）采用声光损耗调制元件锁模时，调制器上所加电压 $u=V_0\cos(2\pi ft)$。试问电压的频率 f 为多大？

9. 钕玻璃激光器的荧光线宽 $\Delta\nu_F=7.5\times10^{12}$ Hz，折射率为 1.52，棒长 $l=20$ cm，腔长 $L=30$ cm。如果处于荧光线宽内的纵模都能振荡，试求锁模后激光脉冲功率是自由振荡时功率的多少倍？

第5章 典型激光器介绍

自第一台固体脉冲红宝石激光器问世后，激光器的研制发展非常迅速，各种工作物质、运转方式的激光器不断出现。激光器有各种分类方法：按工作波段分，可分为红外和远红外激光器、可见光激光器、紫外和真空紫外激光器、X射线激光器；按运转方式分，可分为连续激光器、脉冲激光器、超短脉冲激光器。本章将按激光器工作物质分类，主要讨论下列几种类型的激光器：固体激光器、气体激光器、染料激光器和半导体激光器。然后简单介绍一些具有特殊运行方式且有较好应用前景的激光器。通过这几种激光器的介绍来说明前几章的理论，并为以下的应用章节做必要的准备。

5.1 固体激光器

固体激光器是以掺杂离子的绝缘晶体或玻璃作为工作物质的激光器。在激光发展史上，固体激光器是最早实现激光工作的。目前已经实现激光振荡的固体工作物质有百余种，激光谱线有数千条，但是最常采用的固体工作物质仍然是红宝石、钕玻璃、掺钕钇铝石榴石(Nd^{3+}:YAG)三种。

与其他种类的激光器相比较，固体激光器的特点是：输出能量大(可达数万焦耳)，峰值功率高(连续功率可达数千瓦，脉冲峰值功率可达吉瓦、几十太瓦)，结构紧凑牢固耐用。因此它在工业、国防、医疗、科研等方面得到了广泛的应用。例如，打孔、焊接、划片、微调、激光测距、雷达、制导、激光视网膜凝结、全息照相、激光存储、大容量通信等。随着激光器性能的不断提高，固体激光器的应用范围还在继续扩大。

5.1.1 固体激光器的基本结构与工作物质

固体激光器基本上都是由工作物质、泵浦系统、谐振腔和冷却、滤光系统构成的。图5-1所示为长脉冲固体激光器的基本结构示意图，图中的全反射镜和部分反射镜构成了谐振腔，脉冲氙灯即激光器的泵浦系统。(冷却、滤光系统未画出)。

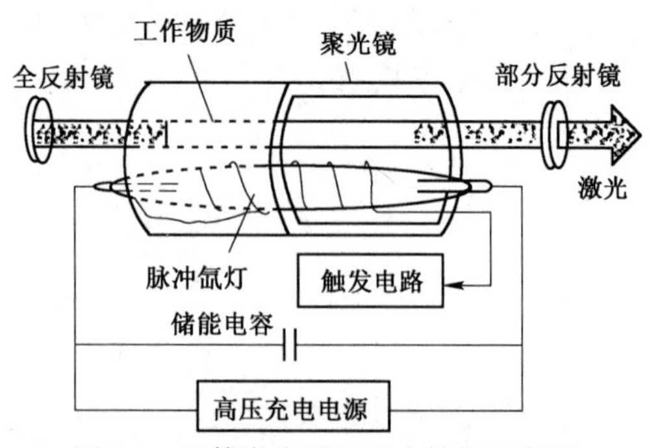

图5-1 固体激光器的基本结构示意图

固体激光工作物质是固体激光器的核心。影响固体激光器工作特性的关键是固体激光工作物质的物理和光谱性质，这主要是指吸收带、荧光谱线、热导率等。目前研究过的固体工作物质很多，用它们制作了各种各样的固体激光器。但是使用最广泛的是红宝石激光器、掺钕钇铝石榴石(YAG)激光器和钕玻璃激光器三种。后两种激光器产生激光的机制是类似的，而红宝石和YAG激光器从产生激光的机制来讲，分别属于三能级和四能级系统，有一定的代表性，所以下面只介绍红宝石和YAG激光工作物质。

1. 红宝石(Cr^{3+}:Al_2O_3)

红宝石是在三氧化二铝(Al_2O_3)中掺入少量的氧化铬(Cr_2O_3)生长成的晶体。它的吸收光谱特性主要取决于铬离子(Cr^{3+}),如图 5-2 所示。由图可见,红宝石中的铬离子有两个强吸收带:峰值位于 0.41 μm 处的紫外带(U 带)和峰值位于 0.55 μm 处的黄绿带(Y 带)。由于红宝石晶体是各向异性的,其吸收特性与光的偏振状态有关,所以对于光场的振动方向与晶体光轴 C 垂直和平行的两种分量,吸收曲线略有差别。红宝石中的铬离子与激光产生有关的能级结构如图 5-3 所示。它属于三能级系统,相应于图 5-3 的简化能级模型,其激发态 E_3 为 $^4F_1$ 和 $^4F_2$ 能级,激光上、下能级 E_2 和 E_1 分别为 ^2E 和 $^4A_2$。它的荧光谱线有两条:R_1 线和 R_2 线,在室温下对应的中心波长分别为 0.6943 μm 和 0.6929 μm。由于 R_1 线的辐射强度比 R_2 大,在振荡过程中总占优势,所以通常红宝石激光器产生的激光谱线均为 R_1 线(0.6943 μm)。

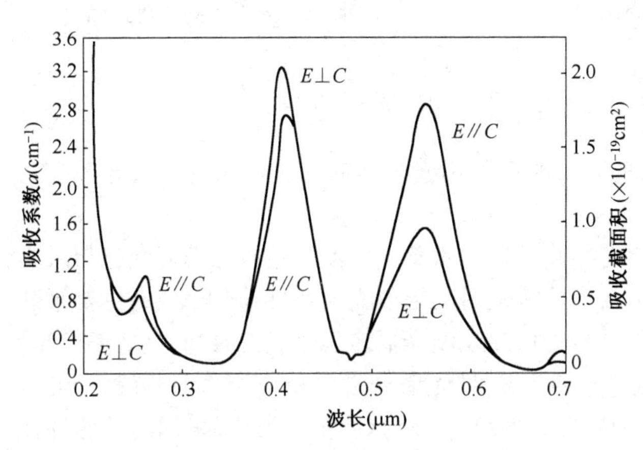

图 5-2　红宝石中铬离子的吸收光谱

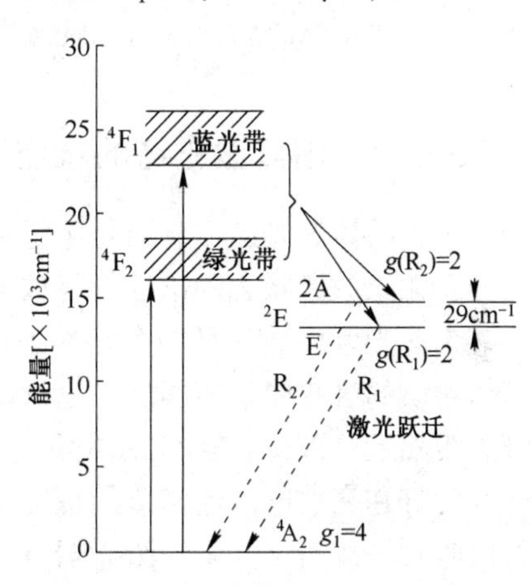

图 5-3　红宝石中铬离子的能级结构

红宝石激光器的优点是机械强度高,容易生长大尺寸晶体,容易获得大能量的单模输出,输出的红颜色激光不但可见,而且适于用硅探测器进行探测。红宝石激光器的主要缺点是阈值高和温度效应非常严重。随着温度的升高,激光波长将向长波长方向移动,荧光谱线变宽,荧光量子效率下降,导致阈值升高,严重时会引起“温度猝灭”。因此,在室温情况下,红宝石激光器不适于连续和高重复率工作,但在低温下,可以连续运转。

2. 掺钕钇铝石榴石(Nd^{3+}:YAG)

这种工作物质是将一定比例的 Al_2O_3、Y_2O_3 和 Nd_2O_3 在单晶炉中进行熔化,并结晶而成的,呈淡紫色。它的激活粒子是钕离子(Nd^{3+}),其吸收光谱如图 5-4 所示,在紫外、可见光和红外区内有几个强吸收带。

YAG 中 Nd^{3+} 与激光产生有关的能级结构如图 5-5 所示。它属于四能级系统,其激光上能级 E_3 为 $^4F_{3/2}$;激光下能级 E_2 为 $^4I_{13/2}$、$^4I_{11/2}$,其荧光谱线中心波长为 1.35 μm、1.06 μm;$^4I_{9/2}$ 相应于基态 E_1。由于 1.06 μm 比 1.35 μm 波长的荧光强约 4 倍,所以在激光振荡中,将只产生 1.06 μm 的激光。

Nd^{3+}:YAG 激光器的突出优点是阈值低和具有优良的热学性质,这就使得它适于连续和高重复率工作。YAG 是目前能在室温下连续工作的唯一实用的固体工作物质,在中小功率脉冲器件中,特别是在高重复率的脉冲器件中,目前对 Nd^{3+}:YAG 的应用,远远超过其他固体工作物质。可以说,Nd^{3+}:YAG 从出现至今,被大量使用,长盛不衰。

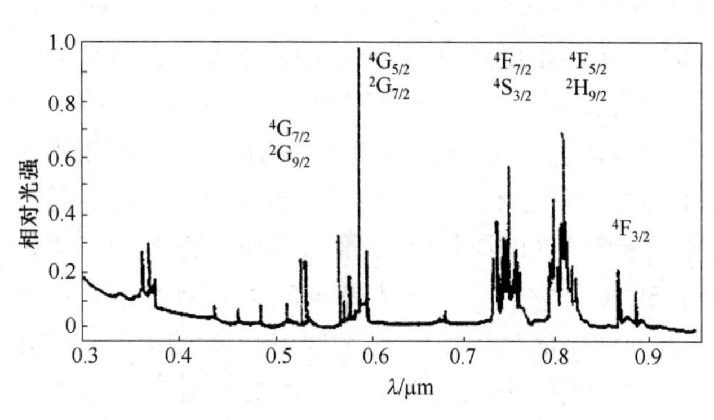

图 5-4　Nd^{3+}:YAG 晶体的吸收光谱(300K)

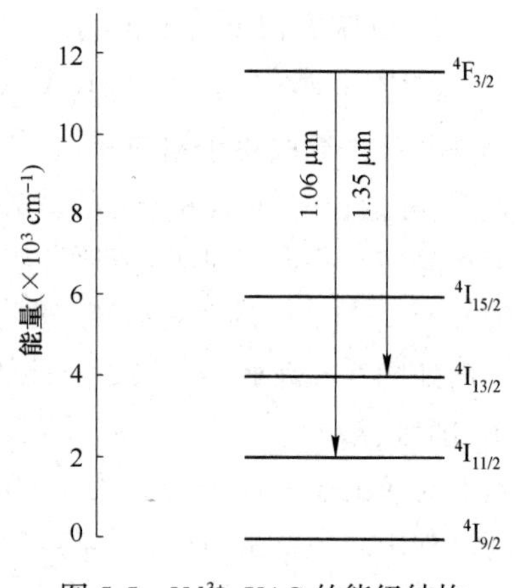

图 5-5　Nd^{3+}:YAG 的能级结构

5.1.2　固体激光器的泵浦系统

由于固体激光工作物质是绝缘晶体,所以一般都采用光泵浦激励。目前的泵浦光源多为工作于弧光放电状态的惰性气体放电灯。

泵浦光源应当满足两个基本条件:① 有很高的发光效率;② 辐射光的光谱特性应与激光工作物质的吸收光谱相匹配。氪灯在低电流密度放电时的辐射光谱特性,与 YAG 的主要泵浦吸收带相近。因此,连续和小能量(<10 焦耳)脉冲 YAG 激光器多采用氪灯泵浦,其效率较高。脉冲氙灯在高放电电流密度的情况下,辐射为连续谱,且光谱分量向短波长移动,有利于红宝石的吸收。故对于红宝石激光器,以及大中功率钕玻璃、YAG 脉冲激光器,多采用高效脉冲氙灯泵浦。

由于常用的泵浦灯在空间的辐射都是全方位的,而固体工作物质一般都加工成圆柱棒形状,所以为了将泵浦灯发出的光能完全聚到工作物质上,必须采用聚光腔。图 5-6 所示的椭圆柱聚光腔是小型固体激光器中最常采用的聚光腔,它的内表面被抛光成镜面,其横截面是一个椭圆。按几何光学成像原理,从椭圆的一个焦点发出的所有光线,经椭圆反射后,都将聚焦到另一个焦点上。所以,如果将直管灯和激光棒分别置于椭圆柱聚光腔的两条焦线上,即可得到较好的聚光效果。

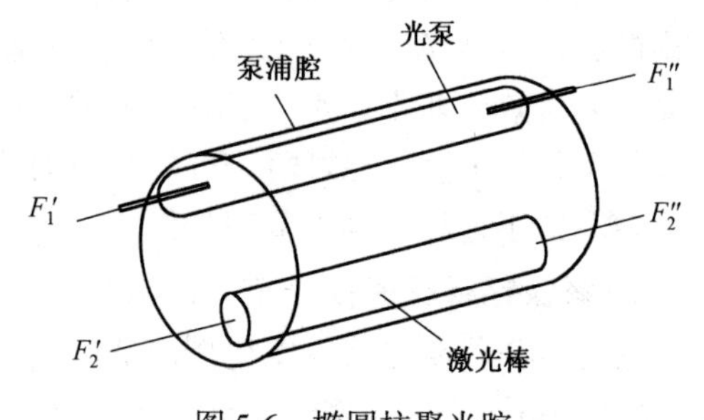

图 5-6　椭圆柱聚光腔

固体激光器在工作时,泵浦光谱中仅有少部分与工作物质吸收带相匹配的光能是有用的,其他大部分光谱能量被基质材料吸收转化为热量,导致器件的温度升高,在激光棒内产生不均匀的温度(梯度)分布。这些无功热损耗产生的热效应,对于固体激光器,特别是连续和高重复率固体激光器来说,是一个严重的问题,它将直接影响工作物质的特性,导致激光器性能变差,甚至会产生“温度猝灭”。所以,固体激光器的泵浦系统还要冷却和滤光。常用的冷却方式有液体冷却、气体冷却和传导冷却等,其中以液体冷却最为普遍。

因泵浦光谱与工作物质吸收带不匹配而导致的热效应中,危害性最大的是紫外辐射,它在工作物质中形成色心,使激光器性能劣化。因此,必须在泵浦灯和工作物质之间插入滤光器件,滤去泵浦光中的紫外光谱。

5.1.3 固体激光器的输出特性

考虑到固体激光器的应用特点,这里只介绍它的脉冲特性和转换效率。

1. 脉冲特性

脉冲激光器工作在非连续输出的非稳态,其工作过程不能用 2.2 节中给出的稳态速率方程描述。一般的脉冲固体激光器产生的激光脉冲是由一连串不规则振荡的短脉冲(或称尖峰)组成的,各个短脉冲的持续时间为 0.1~1 μs,各短脉冲之间的间隔为 5~10 μs。泵浦光愈强,短脉冲数目愈多,但其包络峰值并不增大。第 4 章中讨论的调 Q 技术和锁模技术能够改变这种特性,产生巨脉冲或超短光脉冲,这里不再重复。

2. 转换效率

固体激光器运转时,转换效率低是它的最突出的问题之一。在实际工作中,固体激光器的转换效率常用总体效率 η_t 衡量。总体效率定义为激光输出与泵浦灯的电输入之比。对于连续激光器(用功率描述)和脉冲激光器(用能量描述),总体效率分别表示为

$$\eta_t=\frac{P_{out}}{P_{in}}=\left(1-\frac{P_{th}}{P_{in}}\right)\frac{\nu_{21}}{\nu_p}\eta_L\eta_c\eta_{ab}\eta_1\eta_{cou} \tag{5-1}$$

和

$$\eta_t=\frac{E_{out}}{E_{in}}=\left(1-\frac{E_{th}}{E_{in}}\right)\frac{\nu_{21}}{\nu_p}\eta_L\eta_c\eta_{ab}\eta_1\eta_{cou} \tag{5-2}$$

式中,P_{out} 和 P_{in} 分别为输出和输入功率;E_{out} 和 E_{in} 分别为输出和输入能量;P_{th} 和 E_{th} 分别为阈值功率和能量;ν_p 和 ν_{21} 分别为激活离子吸收的光频率和激光频率;η_L 为泵浦灯的电光转换效率;η_c 为聚光腔的聚光效率;η_{ab} 为激活离子的吸收效率;η_1 为激活离子由激发态 E_3 向激光上能级 E_2 跃迁的量子效率;η_{cou} 为输出耦合效率。通常,红宝石激光器的总体效率为 0.5%~1%;YAG 激光器的总体效率可以达到 1%~2%,在最好的情况下,可接近 3%。

5.1.4 新型固体激光器

20 世纪 80 年代以来,固体激光器的发展比较快,出现了几种带有方向性的新型固体激光器,这就是半导体激光器泵浦的固体激光器、可调谐固体激光器和高功率固体激光器。

1. 半导体激光器泵浦的固体激光器

半导体激光器泵浦的固体激光器与闪光灯泵浦固体激光器相比,其主要优点是:① 能量转换效率高。半导体激光器的电光转换效率高达 50%,远远高于闪光灯。半导体激光器的光谱线窄,并且可以通过改变其激活区成分和结构,或改变其工作温度使中心波长和固体工作物质吸收峰准确地重合。尤其是用半导体激光进行端面泵浦时,泵浦光与固体激光在空间上可以很好地匹配。目前,半导体激光器泵浦的固体激光器的总体效率已达闪光灯泵浦的固体激光器的总体效率的四倍以上。② 工作时产生的无功热量小,介质温度稳定,可制成全固化器件,消除振动的影响,激光谱线更窄,频率稳定性更好。③ 寿命长,结构简单,使用方便。

半导体激光器泵浦固体激光器的结构,有如图 5-7(a)所示的端泵浦方式和图 5-7(b)所示的侧泵浦方式;从固体工作物质来看,有圆柱形和板条状两种。端泵浦方式因半导体激光模式与固体工作物质中的激光振荡模式匹配良好,所以"泵"与激光器之间的耦合效率高。这种激光器的阈值低、效率高,但输出功率受到单个激光二极管输出功率的限制。而

利用半导体激光器阵列侧泵浦固体工作物质，虽然效率降低，但在脉冲或连续运转时，都能获得较高的输出功率。

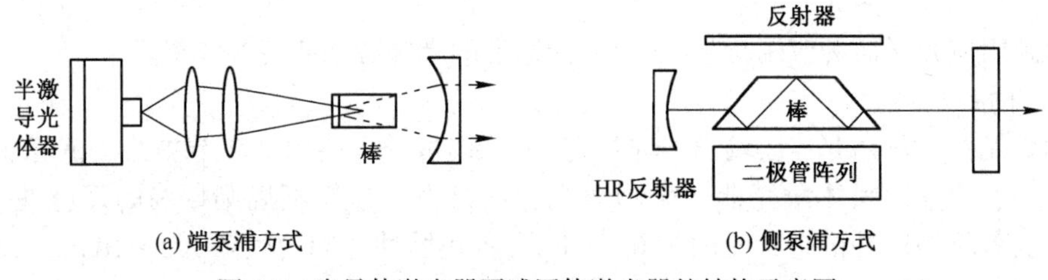

图 5-7　半导体激光器泵浦固体激光器的结构示意图

2. 可调谐固体激光器

固体激光器实现可调谐，是固体激光器的重大进展。可调谐固体激光器主要有两类：一类是色心激光器；一类是用掺过渡族金属离子的激光晶体制作的可调谐激光器。色心激光器的阈值低，既可连续工作，又可脉冲工作，很容易实现单模运转，并且光束质量好。特别是调谐范围可覆盖 0.8~3.9 μm，这是其他可调谐激光器（如染料激光器、半导体激光器）难以达到的。它在分子光谱学、化学动力学、污染检测、光纤通信、半导体物理等领域内有重要的应用价值。目前，已经有工作于室温的实用化商品。但是，色心激光器在使用过程中，感觉仍然不太稳定。与此相比，掺过渡族金属离子的激光晶体制作的可调谐激光器，性能更加优越。用于固体可调谐激光器的掺过渡族金属离子的激光晶体主要有金绿宝石（$Cr:BeAl_2O_3$）、钆钪镓榴石（Cr:GSGG）、掺钛蓝宝石（$Ti:Al_2O_3$）等，其中以钛蓝宝石的进展最突出，是目前性能最好的固体可调谐激光材料。

3. 高功率固体激光器

高功率固体激光器主要是指输出平均功率在几百瓦以上的各种连续、准连续及脉冲固体激光器，它一直是军事应用和激光加工应用所追求的目标。高功率固体激光器的研制有许多关键技术，其中最重要的是克服固体工作物质中的热效应。从 20 世纪 70 年代起开始研制的板条形固体激光器，就是针对克服工作物质中的热分布及其所引起的一系列固有矛盾，如折射率分布、应力双折射等而提出的一种结构方案，近几年来，已有了重大的发展，其结构如图 5-8 所示。它的特点是：面泵浦、面冷却的板条状介质可实现均匀泵浦，折射率梯度不明显；锯齿光路可补偿热透镜效应；结构对称和正确的线偏振选择可消除热双折射效应。板条形固体激光器可用于各种固体工作物质，也可以有多种不同的利用板条的光路方案。

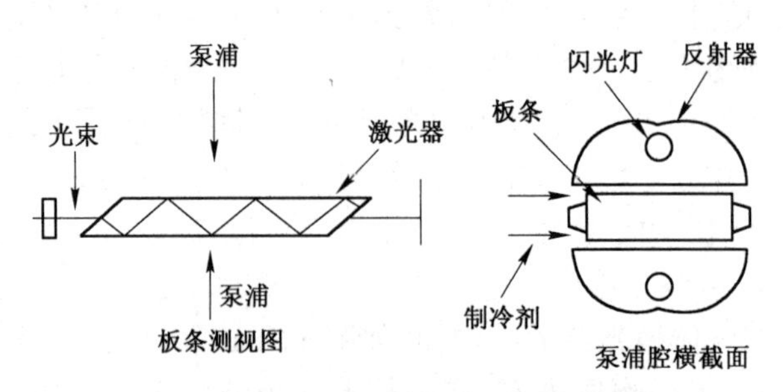

图 5-8　板条形固体激光器结构示意图

5.2　气体激光器

气体激光器是以气体或蒸气作为工作物质的激光器。由于气体激光器是利用气体原子、分子或离子的分离能级进行工作的，所以它的跃迁谱线及相应的激光波长范围较宽，目前已观测到的激光谱线不下万余条，遍及从紫外到远红外整个光谱区。与其他种类的激光器相比较，气体激光器的突出优点是输出光束的质量好（单色性、相干性、光束方向性和稳定性等），因此在工农业生产、国防和科学研究中都有广泛的应用。

5.2.1　氦氖（He-Ne）激光器

He-Ne 激光器是在 1960 年末研制成功的第一种气体激光器。由于它具有结构简单、使用方便、光束质量好、工作可靠和制造容易等优点，至今仍然是应用最广泛的一种气体激光器。

1. He-Ne 激光器的结构和激发机理

根据激光器放电管和谐振腔反射镜放置方式的不同，He-Ne 激光器可以分为内腔式、外腔式和半内腔式三种，如图 5-9 所示。对于外腔式和半内腔式结构，在放电管的一端或两端，通过布儒斯特窗片实现真空密封，以减小损耗，并且保证了激光输出是线偏振光。He-Ne 激光器的工作物质是 Ne 原子，即激光辐射发生在 Ne 原子的不同能级之间。He-Ne 激光器放电管中充有一定比例的 He 气，主要起提高 Ne 原子泵浦速率的辅助作用。

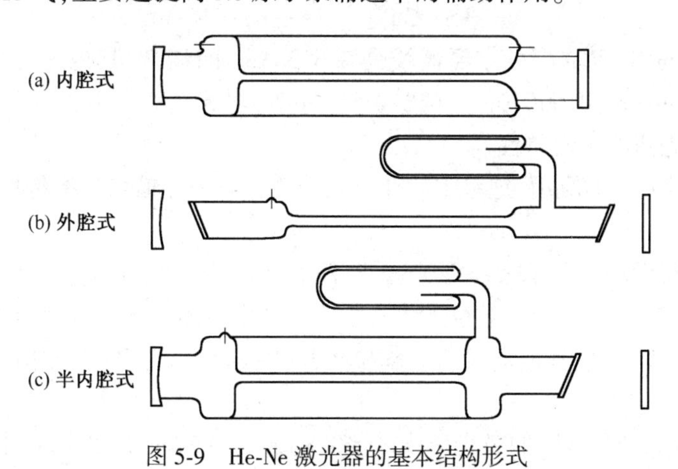

图 5-9　He-Ne 激光器的基本结构形式

图 5-10 是与激光跃迁有关的 Ne 原子的部分能级图（进一步的了解可查有关书籍），Ne 原子的激光上能级是 3S 和 2S 能级，激光下能级是 3P 和 2P 能级。由图可见，He 原子的激发能级 $2\,^1S_0$、2^3S_1 分别与 Ne 原子的 3S 和 2S 能级十分接近，因此，当 He-Ne 管内的气体放电时，He 原子与高速电子碰撞，被激发到 2^3S_1 和 2^1S_0 上，进而，这些激发态 He 原子通过共振能量转移过程，将处在基态上的 Ne 原子激发到 2S 和 3S 能级上。当被激发到 3S 和 2S 能级上的 Ne 原子数足够多时，会在 3S、2S 能级与 3P、2P 能级间产生粒子数反转，通过受激辐射过程即可产生 He-Ne 激光。由该过程跃迁到 3P、2P 能级上的 Ne 原子，很容易通过自发辐射跃迁到 1S 能级上，再通过与管壁碰撞将能量交与管壁，回到基态。

由上述激发过程可见，He-Ne 激光器是典型的四能级系统，其激光谱线主要有三条：

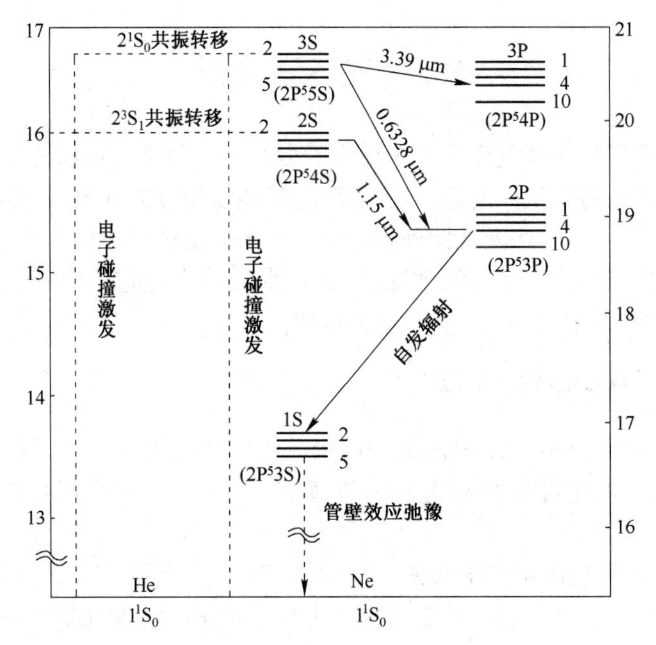

图 5-10　与激光跃迁有关的 Ne 原子的部分能级图

3 S→2 P	0. 6328 μm
2 S→2 P	1. 15 μm
3 S→3 P	3. 39 μm

现在的商用 He-Ne 激光器的主要谱线是 0. 6328 μm 的红光,其他还有黄光(0. 594 μm)、绿光(0. 543 μm)和橙光(0. 606 μm、0. 612 μm) He-Ne 激光器商品出售。

2. He-Ne 激光器的输出特性

针对 He-Ne 激光器的应用,这里主要介绍它的谱线竞争与输出功率特性。

(1) 谱线竞争

在同一个激光器中,可能有多条激光谱线,而有些谱线可能对应同一个激光上能级,因此在它们之间就存在着对共有能级上粒子数的竞争。其中一条谱线产生振荡以后,用于其他谱线的反转粒子数减少,将使其他谱线的增益和输出功率降低,甚至完全被抑制。这就是谱线的竞争效应。

He-Ne 激光器的三条最强的激光谱线(0. 6328 μm、1. 15 μm、3. 39 μm)中的哪一条谱线起振完全取决于谐振腔介质膜反射镜的波长选择。由图 5-10 可见,0. 6328 μm 和 3. 39 μm 两条激光谱线具有相同的上能级,因此这两条谱线之间存在着强烈的竞争。由于增益系数与波长的三次方成正比,显然 3. 39 μm 谱线的增益系数远大于 0. 6328 μm 谱线的增益系数。在较长的 0. 6328 μm He-Ne 激光器中,虽然介质膜反射镜对 0. 6328 μm 波长的光具有较高的反射率,但仍然会产生较强的 3. 39 μm 波长的放大的自发辐射或激光,这将使上能级粒子数减少,从而导致 0. 6328 μm 激光功率下降。为了获得较强的 0. 6328 μm 的激光输出,需采用色散法、吸收法或外加磁场法等方法抑制 3. 39 μm 辐射的产生。

(2) 输出功率特性

He-Ne 激光器的放电电流对输出功率有很大的影响。图 5-11 所示为实验测得的输出功率与放电电流的关系曲线,可以看出,对于每种充气总压强都有一个使输出功率最大的放电电流，它与气体混合比及总压强有关。在最佳充气条件下，使输出功率最大的放电电流叫最佳放电电流。由该图可见，在最佳放电电流附近，因放电电流变化引起的输出功率的变化不大。因此，在实际使用时，对最佳放电电流的要求并不十分严格，这对于工作状态的调整很有利。

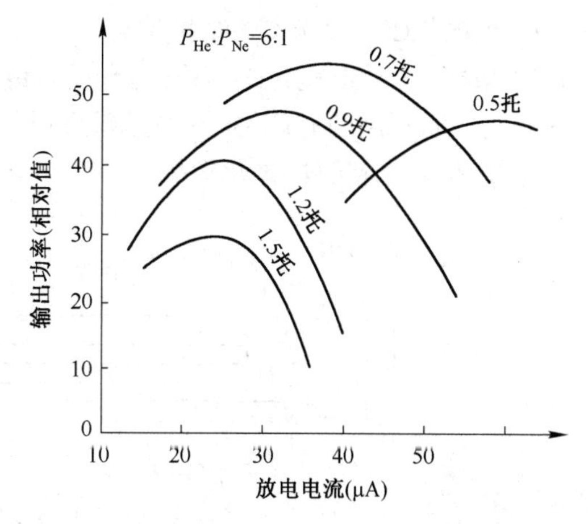

图 5-11　输出功率与放电电流的关系曲线

He-Ne 激光器内充有 He 气和 Ne 气，它们的混合比例和总气压都对输出功率有很大的影响。产生激光的 Ne 原子比例过小，会使输出功率减小。He 的电离电位较低，比例过大，会因电离过多而使电子离子数目增加，在较低的电场下就能维持一定的放电电流，低电场导致的电子温度下降使激发速率降低，输出功率随之下降。实验证明，He-Ne 激光器存在最佳混合比和最佳充气总压强，即存在最佳充气条件。这种最佳条件在制造 He-Ne 激光器时必须考虑。

若放电毛细管的直径为 d，充气压强为 p，则存在一个使输出功率最大的最佳 pd 值。He-Ne 激光器的最佳 pd 值约为 $(4.8\sim5.3)\times10^2$ Pa · mm。产生这一现象的原因是：一方面压强的下降使电子与原子的碰撞减少，从而导致电子温度（平均动能）上升，激发速率升高；毛细管管径的减小，则使电子和离子的管壁复合加剧，为了维持放电电流不变，必须加大电场，由此造成的电子温度升高有利于激发。另一方面，pd 值过低又会因 He、Ne 原子数量过少而使输出功率减小。

在最佳放电条件下，工作物质的增益系数和毛细管直径 d 成反比。通过受激辐射跃迁到激光下能级的 Ne 原子借助自发辐射转移到亚稳态 1S 能级，然后通过与管壁碰撞释放能量的途径返回基态。如果管径 d 增大，原子与管壁碰撞的机会减小，滞留在 1S 能级的 Ne 原子可能吸收自发辐射光子重新返回激光下能级，从而导致反转粒子数的减少。毛细管直径的选择应综合考虑对输出功率和模式的要求，以及增益、衍射损耗对输出功率的影响。

5.2.2　二氧化碳激光器

二氧化碳（CO_2）激光器是以 CO_2 气体分子作为工作物质的气体激光器。其激光波长为 10.6 μm 和 9.6 μm。

自 1964 年第一台 CO_2 激光器研制成功以来，流动型、横向激励型、高气压型、波导型、气动型等各种 CO_2 激光器相继出现，发展迅速。CO_2 激光器受到人们重视的主要原因是它具有很多明显的优点。例如，它既能连续工作，又能脉冲工作，输出功率大，效率高。它的能量转换效率高达 20%~25%，连续输出功率可达 10^4 瓦量级，脉冲输出能量可达 10^4 焦耳量级，脉冲宽度可压缩到纳秒级。特别是 CO_2 激光波长正好处于大气窗口，并且对人眼的危害比可见光和 1.06 μm 红外光要小得多。因此，它被广泛用于材料加工、通信、雷达、诱发化学反应、外科手术等方面，还可用于激光引发热核反应、激光分离同位素及激光武器等。

1. CO_2 激光器的结构和激发过程

普通的封离式 CO_2 激光器包括腔片、放电管、电极和电源等几部分。图 5-12 所示为一种

典型的封离式 CO_2 激光器的结构示意图。构成 CO_2 激光器谐振腔的两个反射镜直接贴在放电管的两端。全反射镜为凹面镜，输出反射镜一般为平面镜，采用能透过 10.6 μm 激光的红外材料制成。通常用的有两类：一类是碱金属的卤化物盐，例如，KCl、NaCl、KBr 等晶体；另一类是半导体材料，如锗、硅、砷化镓等。

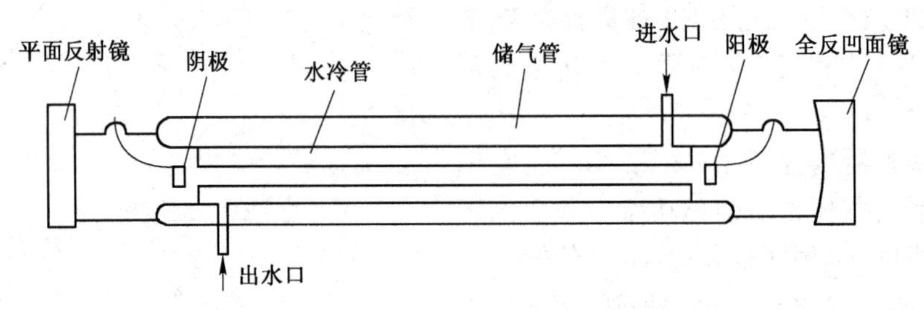

图 5-12　封离式 CO_2 激光器结构示意图

CO_2 激光器的放电管多采用硬质玻璃制成，小型 CO_2 激光器的放电管孔径一般是 4～8 mm，输出功率大的孔径通常在 10 mm 以上。水冷套管放在储气管内部，使得支撑谐振腔外管的内径很大，既可储存大量气体，又具有很好的机械稳定性。CO_2 激光器中设置的回气管可以将放电管的阴极和阳极空间连通，保证气体分布均匀，压强平衡。

CO_2 激光器中与产生激光有关的 CO_2 分子能级图如图 5-13 所示。由图可见，相应于 10.6 μm 波长的能级跃迁是 $(00^01)\rightarrow(10^00)$；相应于 9.6 μm 波长的能级跃迁是 $(00^01)\rightarrow(02^00)$。$CO_2$ 激光器的工作气体除 CO_2 气体外，还有适量的辅助气体 N_2 和 He 等。充入 He 气的作用有两个：① 可加速 CO_2 分子在 (00^01) 能级的热弛豫速率，有利于激光下能级上的粒子数抽空；② 可利用 He 气导热系数大的特点，实现有效地传热。充入 N_2 气的作用是提高 CO_2 分子的泵浦速率，为 CO_2 激光器高效运转提供可靠的保证。

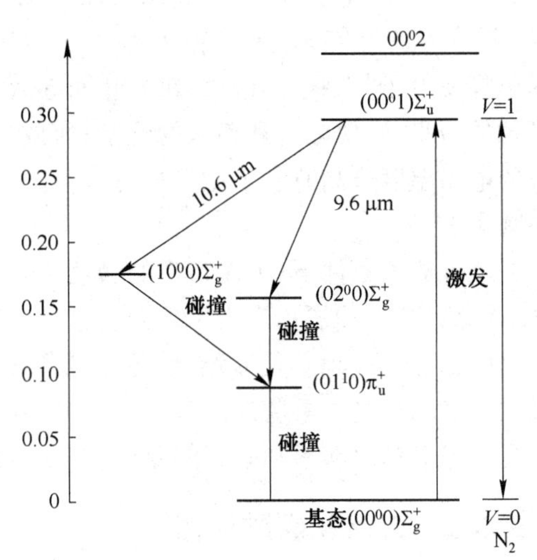

图 5-13　与产生激光有关的 CO_2 分子能级图

当 CO_2 激光器进行气体放电时，一部分高速电子直接碰撞 CO_2 分子，使其由基态跃迁到激发态 (00^01) 上，另一部分高速电子与 N_2 分子碰撞，使其由基态（$V=0$）激发到高能态（$V=1$）上（N_2 分子的相应能级已表示在图 5-13 中）。由于 N_2 分子的激发态（$V=1$）与 CO_2 分子的 (00^01) 能级非常接近，很容易通过共振能量转移过程将基态 CO_2 分子激励到 (00^01) 能级上。于是，通过上述两种过程，有效地实现了 CO_2 分子在 (00^01) 能级上的粒子数积累，一旦实现 (00^01) 与 (10^00)、(02^00) 之间的粒子数反转，即可通过受激辐射，产生 10.6 μm 和 9.6 μm 两种波长的激光。

由 CO_2 分子能级跃迁图可见，10.6 μm 和 9.6 μm 两条谱线有共同的激光上能级 (00^01)，因此在它们之间将产生强烈的谱线竞争。由于相应于 10.6 μm 波长的跃迁几率比 9.6 μm 的大，所以通常 CO_2 激光器的输出激光波长为 10.6 μm。

2. CO_2 激光器的输出特性

普通 CO_2 激光器在工作时，影响其输出功率的主要因素是它的放电特性和温度效应。

(1) 放电特性

相应于 CO_2 激光器的输出功率,其放电电流有一个最佳值。CO_2 激光器的最佳放电电流与放电管的直径、管内总气压,以及气体混合比有关。实验指出,随着管径增大,最佳放电电流也增大。例如,管径为 20~30 mm 时,最佳放电电流为 30~50 mA;管径为 50~90 mm 时,最佳放电电流为 120~150 mA。实验还表明,在维持正常放电的情况下,对于长度和气压固定的激光器,有一个最佳管压降。例如,1 m 长的放电管,充气压为 10 托时,最佳放电管压降为10~20 kV。

(2) 温度效应

前面已经指出,CO_2 激光器的转换效率是很高的,但最高也不会超过 40%,这就是说,将有60%以上的能量转换为气体的热能,使温度升高。而气体温度的升高,将引起激光上能级的消激发和激光下能级的热激发,这些都会使粒子的反转数减少。并且,气体温度的升高,将使谱线展宽,导致增益系数下降。特别是,气体温度的升高,还将引起 CO_2 分子的分解,降低放电管内的 CO_2 分子浓度。这些因素都会使激光器的输出功率下降,甚至产生“温度猝灭”。因此,冷却问题是 CO_2 激光器正常运转的重要技术问题。

5.2.3 Ar^+离子激光器

离子激光器是以气态离子的不同激发态之间的激发跃迁进行工作的气体激光器。氩离子(Ar^+)激光器是最常见的离子激光器。Ar^+激光器的激光谱线很丰富,主要分布在蓝绿光区,其中,以 0.4880 μm 蓝光和 0.5145 μm 绿光两条谱线最强。Ar^+激光器既可以连续工作,又可以以脉冲状态运转。连续功率一般为几瓦到几十瓦,高者可达一百多瓦,是目前在可见光区连续输出功率最高的气体激光器。它已广泛应用于全息照相、信息处理、光谱分析及医疗和工业加工等许多领域。

1. Ar^+激光器的结构

Ar^+激光器一般由放电管、谐振腔、轴向磁场和回气管等几部分组成。

Ar^+激光器最关键的部件是放电毛细管。由于 Ar^+激光器的工作电流密度高达数百安培/厘米^2,放电管壁温度往往在 1000℃以上,所以放电毛细管必须采用耐高温、导热性能好、气体消除速率低的材料制作,如石英管、氧化铍陶瓷管、分段石墨管等。其中,氧化铍陶瓷是性能优良的较理想材料,但它有剧毒,影响了应用。目前广泛采用的是高纯致密石墨。由于石墨是良导体,所以为了维持放电,石墨放电管必须采用分段结构,如图 5-14 所示。整个结构置于有水冷套的石英管内,两端分别为提供电子发射的阴极和收集电子的石墨阳极。为了能提供大的发射电流,通常采用间热式钡钨阴极。

为了使 Ar^+激光器稳定工作,Ar^+激光器中应设置有回气管。这是因为在大电流密度、低气压放电中,存在严重的气体泵浦效应,即放电管内的气体会被从一端抽运到另一端,造成两端气压不均匀,严重时还会造成激光猝灭现象。在放电管外设置回气管后,依靠气体的扩散作用,即可减小管内气压差。

为了提高 Ar^+激光器的输出功率和寿命,一般都要加一个强度为几百到一千高斯的轴向磁场,该磁场是由套在放电管外面的螺旋管产生的。实验证明,轴向磁场的加入,可以提高输出功率 1~2 倍。

2. Ar^+激光器的激发机理

Ar^+激光器的激活粒子是 Ar^+,因为 Ar^+是由氩原子电离产生的,所以 Ar^+激光器的激发过

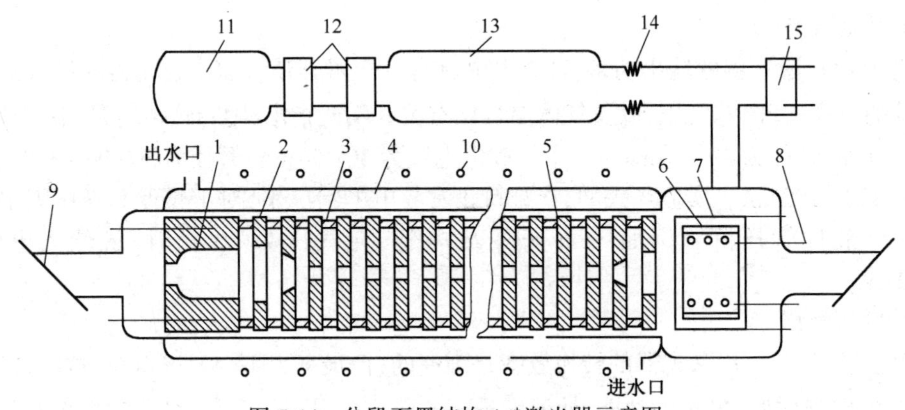

图 5-14　分段石墨结构 Ar^+激光器示意图

1. 石墨阳极　2. 石墨片　3. 石英环　4. 水冷套　5. 放电毛细管　6. 阴极　7. 保热屏　8. 加热灯丝　9. 布氏窗　10. 磁场　11. 储气瓶　12. 电磁真空充气阀　13. 镇气瓶　14. 波纹管　15. 气压检测器

程一般是两步过程：首先通过气体放电，将氩原子电离；再通过放电激励将 Ar^+激发到激光上能级。此外，在低气压脉冲放电时，还有直接将氩原子激发到 Ar^+激发态的一步过程和级联过程。

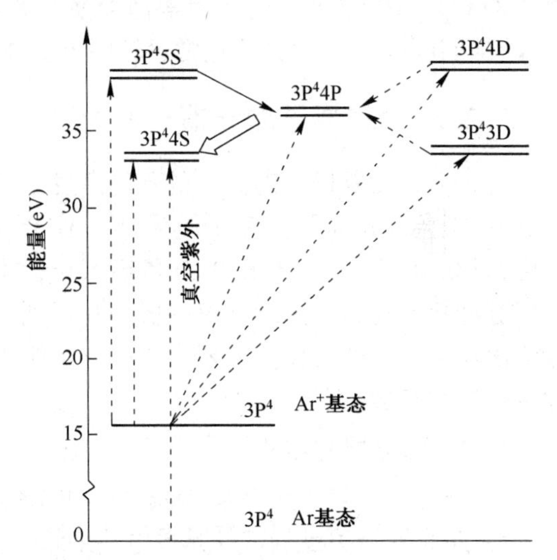

图 5-15　与产生激光有关的 Ar^+的能级结构

与产生激光有关的 Ar^+激光器的能级结构如图 5-15 所示。激光上能级为 $3P^44P$，激光下能级为 $3P^44S$。两步激发过程为：气体放电后，放电管中的高速电子与中性氩原子碰撞，从氩原子中打出一个电子，使之电离，形成处在基态 $3P^5$ 上的氩离子；该基态 Ar^+再与高速电子碰撞，被激发到高能态，当激光上下能级间产生粒子数反转时，即可能产生 Ar^+激光。由于 $3P^44P$ 和 $3P^44S$ 能级上有许多不同的电子态，所以 Ar^+激光输出有丰富的谱线。常见的谱线波长有 0.4545 μm、0.4579 μm、0.4658 μm、0.4727 μm、0.4765 μm、0.4880 μm、0.4965 μm、0.5145 μm、0.5287 μm。其中，最强的谱线波长是 0.4880 μm 和 0.5145 μm。

3. Ar^+激光器的工作特性

(1) 多谱线工作

Ar^+激光器可以产生多条激光谱线，对应每条谱线都有一个阈值电流。表 5-1 列出了在放电管长为 77 cm，内径为 4 mm，气压为 0.26 托，磁场强度为 680 高斯情况下的 Ar^+激光器主要谱线的阈值电流。可以看出，在各种不同的谱线中，0.4880 μm 和 0.5145 μm 两条谱线的阈值电流最低。因此，一般情况下，在一个连续 Ar^+激光器中，这两条谱线最先起振，或者在同时振荡的若干条谱线中，0.4880 μm 和 0.5145 μm 的激光功率最强。

表 5-1　Ar^+激光器主要谱线的阈值电流

波长(μm)	0.4880	0.5145	0.4765	0.4965	0.5017	0.4727
阈值电流(A)	4.5	7	8	9	12	14

应当指出,在实际工作中,常常需要 Ar^+ 激光器工作于某一条谱线上,为此,在该 Ar^+ 激光器中必须有一个选频装置。

(2) 输出功率与放电电流的关系

由于 Ar^+ 激光器特殊的激发机制,使其输出功率随放电电流的变化规律与其他激光器有所不同,图 5-16 示出了其关系曲线。由该曲线可见,当放电电流较小时,输出功率与放电电流约成四次方关系。随着放电电流的增大,输出功率逐渐变为与放电电流成平方关系。这是因为,随着电流密度的增大,使气体的温度升高,激光谱线变宽,因而其增益随电流增长的速率变慢。

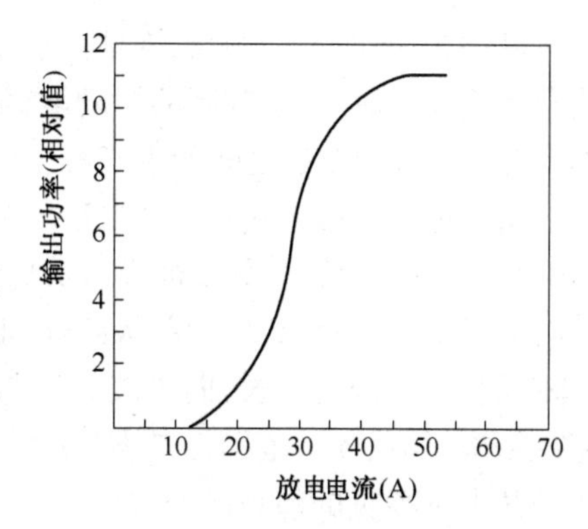

图 5-16　Ar^+ 激光器输出功率随放电电流变化曲线

5.3　染料激光器

1966 年,人们第一次利用巨脉冲红宝石激光器泵浦氯化铝酞化菁(CAP)和花菁类染料,获得了受激辐射。此后,染料激光器得到了迅速的发展。

染料激光器受到人们重视的原因是:① 输出激光波长可调谐,某些染料激光波长的可调宽度达上百纳米;② 激光脉冲宽度可以很窄,目前,由染料激光器产生的超短脉冲宽度可压缩至飞秒(10^{-15}秒)量级;③ 染料激光器的输出功率大,可与固体激光器比拟,并且价格便宜;④ 染料激光器工作物质具有均匀性好等优良的光学质量。因此,它在光化学、光生物学、光谱学、化学动力学、同位素分离、全息照相和光通信中,正获得日益广泛的重要应用。

5.3.1　染料激光器的激发机理

1. 染料分子能级

染料激光器的工作物质是有机染料溶液。每个染料分子都由许多原子组成,其能级结构十分复杂。由于染料分子的运动包括电子运动、组成染料分子的原子间的相对振动和整个染料分子的转动,所以在染料分子的能级中,对应每个电子能级都有一组振动-转动能级,并且由于分子碰撞和静电扰动,振动-转动能级被展宽。因此,染料分子能级图为如图 5-17 所示的准连续态能级结构。在电子能级中,有单态和三重态两类,三重态较相应的单态的能级略低。染料分子能级中,每一个单态(S_0、S_1、S_2、…)都对应有一个三重态(T_1、T_2、…)。S_0 是基态,其他能级均为激发态。

2. 染料分子的光辐射过程

如图 5-18 所示,在泵浦光的照射下,大部分染料分子从基态 S_0 激发到激发态 S_1、S_2、…

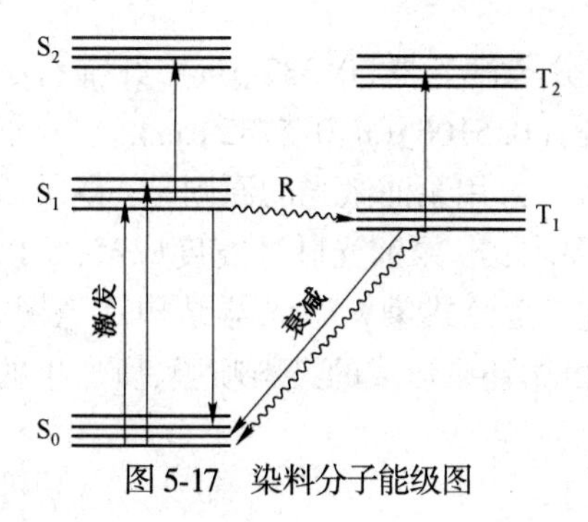

图 5-17　染料分子能级图

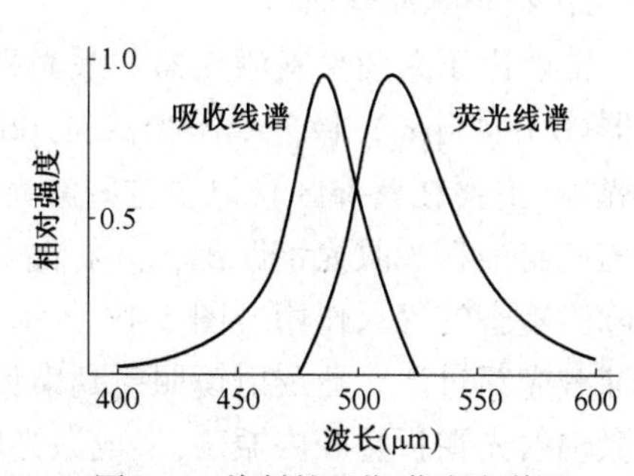

图 5-18　染料的吸收-荧光光谱图

上。其中 S_1 态的寿命稍长,因此,其他激发态的分子很快跃迁到 S_1 态的最低振动能级上。这些分子跃迁到 S_0 态上较高的振动能级时,即发出荧光,同时很快地弛豫到最低的振动能级上。如果分子在 S_1 和 S_0 之间产生了粒子数反转,就可能产生激光。

由上述激光辐射过程可见:① 染料分子是一种四能级系统,由于 S_0 的较高振动能级在室温时粒子数几乎为 0,所以很容易实现粒子数反转,使得染料分子激光器的阈值很低;② 由于染料分子从 S_1 的较高振动能级跃迁到最低振动能级时,要放出部分能量,所以发射的荧光波长较吸收的泵浦光波长,向长波长方向移动(如图 5-18 所示);③ 由于染料分子能级的准连续宽带结构,其荧光谱范围也是准连续宽带结构,这既使得染料激光器在大范围内可调谐,又可获得几十飞秒宽的超短脉冲。

3. 染料分子的三重态“陷阱”

染料分子与其他工作物质相比,有一个重要的特殊问题——三重态“陷阱”效应。

如前所述,染料分子的荧光辐射相应于 $S_1 \rightarrow S_0$ 的跃迁。由于三重态 T_1 较单态 S_1 能级略低,所以处在 S_1 中的分子很容易无辐射地跃迁到 T_1 上。并且因为 T_1 与 S_0 之间不允许产生辐射跃迁,T_1 的寿命较长,约为 $10^{-4} \sim 10^{-3}$ s,所以 T_1 态对于激发分子来说,相当于一个“陷阱”。一方面,T_1 占有了 S_1 上的部分分子,减少了 S_1 对 S_0 的反转粒子数,另一方面,积累在 T_1 中的大量分子又会吸收光能,由 T_1 跃迁到 T_2,更严重的是 T_1-T_2 吸收带与 S_1-S_0 的荧光带有某些重叠,因此,这种吸收将降低 S_1-S_0 的实际荧光效率,甚至导致荧光猝灭。由此可见,三重态的“陷阱”作用,对于染料激光器的工作来说,极为不利,必须设法消除。通常采用的方法是在染料中加入三重态猝灭剂,缩短 T_1 的寿命;或者是使染料分子在 T_1 上积聚之前,就已完成激光振荡,以使三重态的“陷阱”来不及起作用。后面这种方式要求激光器采用短脉冲泵浦光源。

5.3.2 染料激光器的泵浦

根据上述染料分子光辐射的特殊性,染料激光器应采用光泵浦。按照运转方式区分,有脉冲泵浦和连续泵浦;按照泵浦光源区分,有闪光灯泵浦和激光泵浦。这里只介绍脉冲泵浦。

脉冲泵浦以泵浦光的足够高的功率和足够快的上升时间,克服三重态的影响,实现激光器工作。这类器件的特点是输出激光的峰值功率高,器件的转换效率高,以及结构简单、操作方便。

1. 闪光灯脉冲泵浦

泵浦用闪光灯有两种结构,普通直管式和同轴式。直管式闪光灯泵浦染料激光器的结构形式类似于固体激光器。闪光灯泵浦方式的结构简单,价格便宜,但因泵浦光脉冲较宽(一般为 $10^{-4} \sim 10^{-6}$ s),三重态的影响不能完全消除,还须在染料中添加猝灭剂。

2. 激光脉冲泵浦

能够用于泵浦染料激光器的激光种类很多,主要有氮分子激光器(0.337 μm)、红宝石激光器(0.6943 μm)、钕玻璃激光器(1.06 μm)、铜蒸气激光器(0.5106 μm、0.5782 μm)、准分子激光器(主要在紫外区),以及这些激光的二次、三次谐波等。选用泵浦激光的原则是:① 泵浦光谱应与染料吸收光谱匹配;② 泵浦光功率、能量应满足要求;③ 泵浦光脉冲宽度应窄,足以消除三重态的猝灭作用。图 5-19 所示为目前经常采用的三镜腔式染料激光器结构示意图。泵浦激光穿过激光器反射镜照射到染料上,该染料实际是由循环泵形成的染料喷膜,所产生的受激辐射光在折叠腔内振荡,形成激光输出。

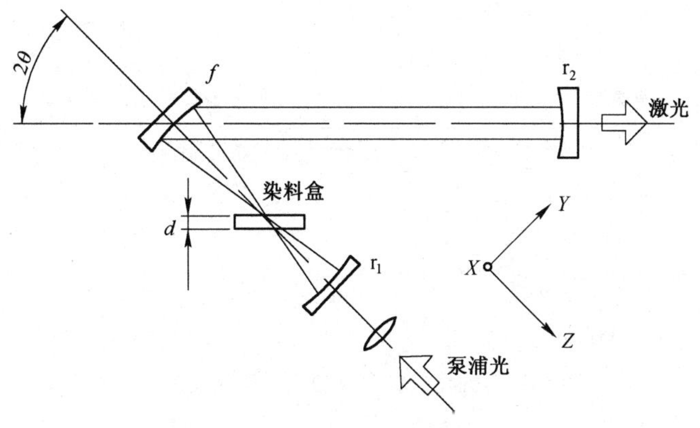

图 5-19　三镜腔式染料激光器

5.3.3　染料激光器的调谐

染料激光器与其他激光器相比,其突出特点是激光波长可调谐。为了实现精确的调谐和获得较窄的线宽,需要有一个带有波长选择装置的谐振腔。经常采用的波长选择装置有光栅、棱镜、F-P 标准具、双折射滤光片、分布反馈装置、电控调谐元件等。下面介绍几种典型的调谐系统。

1. 光栅调谐

图 5-20 所示为一种光栅-反射镜调谐腔,放在腔中的光栅 G 具有扩束和色散作用。G 的不同波长的一级衍射光相对反射镜 R_2 来说,有不同的入射角。于是,当旋转 R_2 使某一波长光的入射角为 0 时,该波长光便能低损耗地返回谐振腔,形成振荡。因此,旋转 R_2 便起到了调谐的作用。

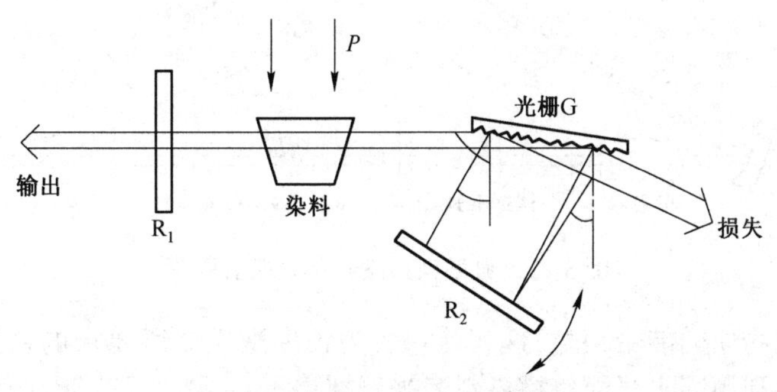

图 5-20　光栅-反射镜调谐腔

2. 棱镜调谐

图 5-21 所示为一种折叠式纵向泵浦染料激光器原理图,腔内放置的棱镜是一种色散元件。利用棱镜的色散特性,将泵浦光耦合到腔内,并与染料流形成同轴泵浦形式。由于棱镜的色散作用,一束来自 M_3、M_2 的不同波长的光,将有不同的折射方向。当旋转平面反射镜 M_1 使其与某一波长的光垂直时,该波长光便能返回谐振腔,形成振荡。因此,旋转 M_1 便可实现调谐作用。为了获得更窄的带宽或精调谐,也可在长支路的平行光束中插入一个或多个 F-P 标准具。

3. 双折射滤光片调谐

利用双折射滤光片调谐,是目前染料激光器广泛采用的调谐方法,国内外的 Ar^+激光器、YAG 倍频激光泵浦的染料激光器,都使用这种调谐方法。图 5-22 给出的典型染料激光器原理

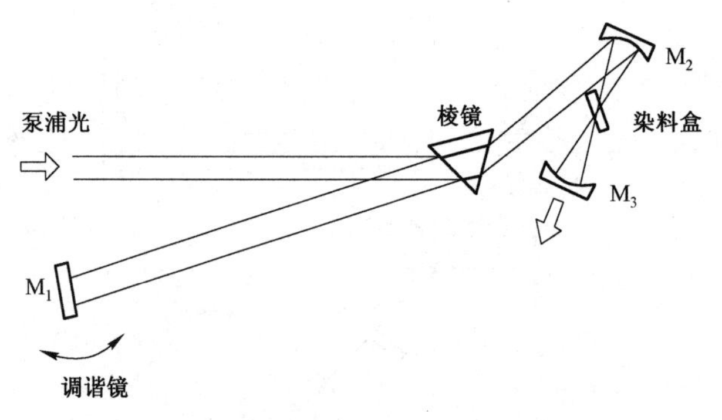

图 5-21　折叠式纵向泵浦染料激光器原理图

示意图就是利用双折射滤光片进行调谐的。这是一种单纵模环形腔染料激光器,工作物质是以喷流方式循环工作的染料喷膜;泵浦光源是 Ar^+ 激光器;谐振腔是 8 字形环形腔,可实现单向行波振荡,消除了空间烧孔效应,提高了振荡效率。双折射滤光片为调谐元件,标准具用以压缩线宽。这个激光器的典型参数是:环形腔长 $L=1.5\,m$,用若丹明 6G 作激活介质,染料喷膜厚 20 μm,输出镜 M_1 的透射率 $T=6\%$,用 4 瓦 Ar^+ 激光泵浦时,可获得 500 mW 的单频输出,谱宽仅为 2 MHz。

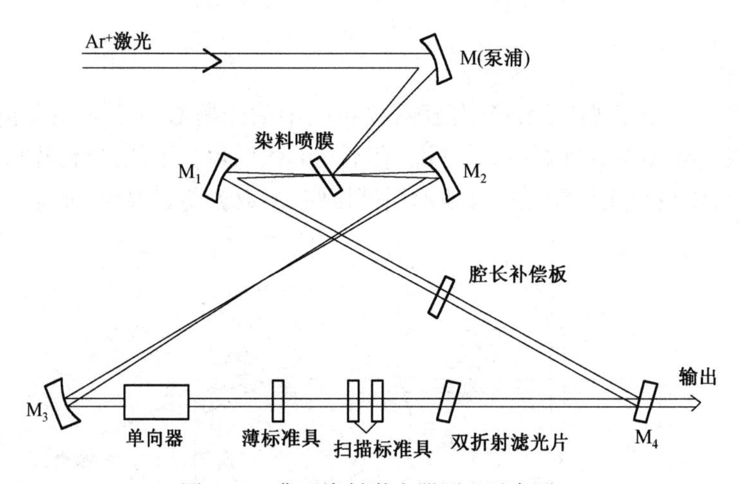

图 5-22　典型染料激光器原理示意图

液体染料工作物质的能带很宽,这就使它成为锁模激光器所要求的良好的激活介质。20 世纪 70 年代,人们利用同步泵浦锁模染料激光器获得了 ps 量级的光脉冲,后来又利用碰撞锁模染料激光器及腔外脉冲压缩技术,将光脉冲宽度压缩到 6 fs。

5.4　半导体激光器

半导体激光器是以半导体材料作为激光工作物质的激光器。它具有超小型、高效率、结构简单、价格便宜,以及可以高速工作等一系列优点。自 1962 年问世,特别是 20 世纪 80 年代以来,发展极为迅速,是目前光通信系统的最重要光源,并且在 CD、VCD、DVD 播放机、计算机光盘驱动器、激光打印机、全息照相、激光准直、测距及医疗等许多方面都获得了重要应用。

半导体激光器是注入式的受激光放大器。虽然它形成激光的必要条件与其他激光器相同,也须满足粒子数反转、谐振等条件,但它的激发机理和前面讨论的几种激光器截然不同。

它的电子跃迁发生在半导体材料导带中的电子态和价带中的空穴态之间，而不像原子、分子、离子激光器那样发生在两个确定的能级之间。半导体材料中也有受激吸收、受激辐射和自发辐射过程。在电流或光的激励下，半导体价带中的电子可以获得能量，跃迁到导带上，在价带中形成一个空穴，这相当于受激吸收过程。此外，价带中的空穴也可被从导带跃迁下来的电子填补复合。在复合时，电子把大约等于 E_g 的能量释放出来，放出一个频率为 $\nu=E_g/h$ 的光子，这相当于自发辐射或受激辐射。显然，如果在半导体中能够实现粒子数反转，使得受激辐射大于受激吸收，就可以实现光放大。进一步地，如果谐振腔使光增益大于光损耗，就可以产生激光。为了理解半导体激光器的工作原理，首先需要了解一些半导体物理的有关概念。

5.4.1 半导体的能带和产生受激辐射的条件

在 1.2 节中已经讲过，原子的能级对应着原子的不同运动状态。实际上固体中原子之间相距不远，由于原子间的相互作用，能级会分裂。在一个具有 N 个粒子相互作用的晶体中，每一个能级会分裂成为 N 个能级，其相互间能量差小到 10^{-22}eV 数量级。因此这些彼此十分接近的 N 个能级就好像形成了一个连续的带，称之为能带，见图 5-23。

纯净(本征)半导体材料，如单晶硅、锗等，在热力学温度为 0 K 的理想状态下，能带由一个充满电子的价带和一个完全没有电子的导带组成，如图 5-24 所示。二者之间是禁带，那时半导体是一个不导电的绝缘体。随着温度的升高，部分电子由于热运动激发到导带中，成为自由电子。同时价带中少了一个电子，产生一个空穴，相当于一个与电子电量相同的正电荷。在外电场的作用下，导带中的电子和价带中的空穴都可以运动而导电，二者都称为载流子。

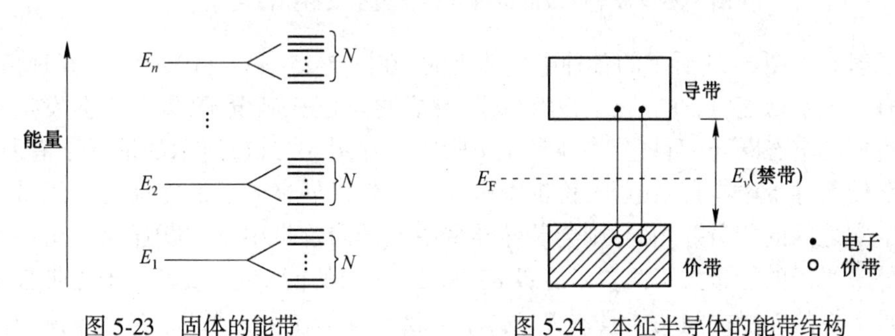

图 5-23　固体的能带　　图 5-24　本征半导体的能带结构

热平衡时，电子在能带中的分布不再服从玻尔兹曼分布，而服从费米分布。能级 E 被电子占据的几率为

$$f_N(E)=\frac{1}{e^{\frac{E-E_F}{kT}}+1} \tag{5-3}$$

式中，k 为玻尔兹曼常数，T 为热力学温度，E_F 叫作费米能级。费米能级并非实在的可由电子占据的能级，而是半导体能带的一个特征参量，它由半导体材料的掺杂浓度和温度决定，反映电子在半导体内能带上的分布情况。对于本征半导体，费米能级在禁带的中间位置，价带能级低于费米能级，同时导带能级高于费米能级。由式(5-3)可以算出，价带中的电子总是比导带中多。在热力学温度近似为 0 K 时，导带被电子占据的几率为 0。

在四价的半导体晶体材料中掺以五价元素，取代四价元素在晶体中的位置，这种掺杂的半导体叫作 N 型半导体。若在四价的半导体晶体材料中掺以三价元素，这种掺杂的半导体叫作 P 型半导体。N 型半导体中，多出来的电子不能参与组成共价键，很容易成为自由电子，这使得在导带的下方靠近导带的地方形成新的能级，称为施主能级。P 型半导体中，由于三价元素少一个电子，其中一个共价键出现空穴，电子占据价带的几率增大，这使得在价带的上方靠近价带的地方增加出来新的能级，称为受主能级。

杂质半导体中费米能级的位置与杂质类型及掺杂浓度有密切关系。为了说明问题，图 5-25所示为温度极低时的情况。受主能级使费米能级向下移动(见图 5-25(b))，施主能级使费米能级向上移动(见图 5-25(d))。重掺杂时费米能级甚至移动到价带(见图 5-25(c))或导带(见图 5-25(e))之中。这里已经假设温度极低，因此重掺杂 P 型半导体中低于费米能级的能态都被电子填满，高于费米能级的能态都是空的，价带中出现空穴，这种情况叫作 P 型简并半导体。反之，重掺杂 N 型半导体中低于费米能级的能态都被电子填满，尽管温度极低，导带中也有自由电子，这种情况叫作 N 型简并半导体。在非平衡条件下还会出现所谓“双简并半导体”，这时在半导体中存在两个费米能级，如图 5-25(f)所示(详见下面的讨论)。

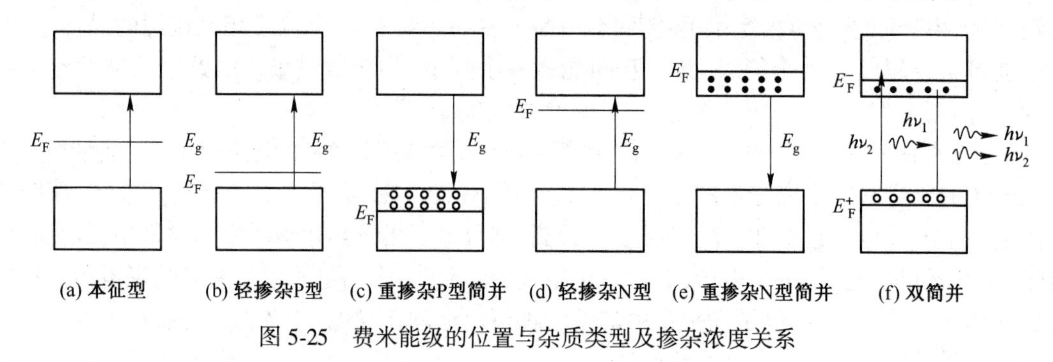

图 5-25　费米能级的位置与杂质类型及掺杂浓度关系

当光照射到如图 5-25 所示的各种半导体上时，在图 5-25(a)~(e)所示的五种情况下，半导体中只有一个费米能级，在它之上没有电子，在它之下已充满电子，因此不会发生电子向没有被电子占据的空态跃迁，而只会将外来光子吸收。在图 5-25(f)所示的情况下有所不同，两个费米能级使得导带中有自由电子，价带中有空穴。如果外来光子的能量与上能带中电子和下能带中空穴之间的能量差相同，则会诱导导带中电子向价带中空穴跃迁而发出一个同样的光子。当外来光子的能量大于两费米能级 E_F^- 和 E_F^+ 之间的能量差，或者小于导带最下端的能级与价带最上端的能级之间的能量差 E_g 时，不会诱导受激辐射。所以，在半导体中产生光放大的条件是在半导体中存在双简并能带，并且入射光的频率满足

$$E_F^- - E_F^+ > h\nu > E_g \tag{5-4}$$

5.4.2　PN 结和粒子数反转

1. PN 结的双简并能带结构

图 5-25(a)~(e)的五种情况表明用同一种材料，无论是 P 型还是 N 型半导体都只有一个费米能级，不能产生光放大的条件。那么，把 P 型和 N 型半导体制作在一起，也就是在 P 型和 N 型连接处形成一个 PN 结，是否可能在结区产生两个费米能级呢?

未加电场时，由于电子和空穴的扩散运动，在 PN 连接处将产生自建场，并引起漂移运动。当扩散运动和漂移运动达到平衡时，根据热力学原理，P 区和 N 区的费米能级必然达到同一水平，如图 5-26 所示。这时在 P 区和 N 区分别出现 P 型简并区和 N 型简并区，P 区的价带顶充满了空穴，而 N 区的导带底则充满了电子，在结区造成了能带的弯曲。同时，由于自建场的作用，形成接触电位差 V_D、高度为 eV_D 的势垒。

在 PN 结上加正向电压 V 时，外电场部分抵消自建场的作用，使 PN 结的势垒下降，N 区的费米能级相对于 P 区升高 eV。外加电压产生正向电流，这种现象称为“载流子注入”。在这种非平衡状态下，结区的统一费米能级不复存在，形成结区的两个费米能级 E_F^+ 和 E_F^-，称为准费米能级，如图 5-27 所示。在结区的一个很薄的作用区，同时有大量的导带电子和价带空穴，形成双简并能带结构。

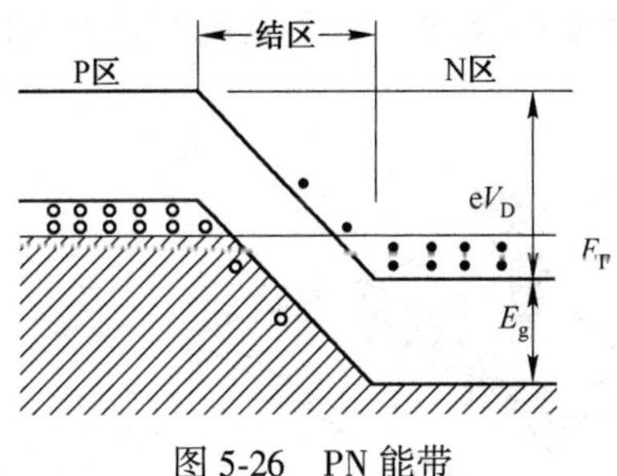

图 5-26　PN 能带

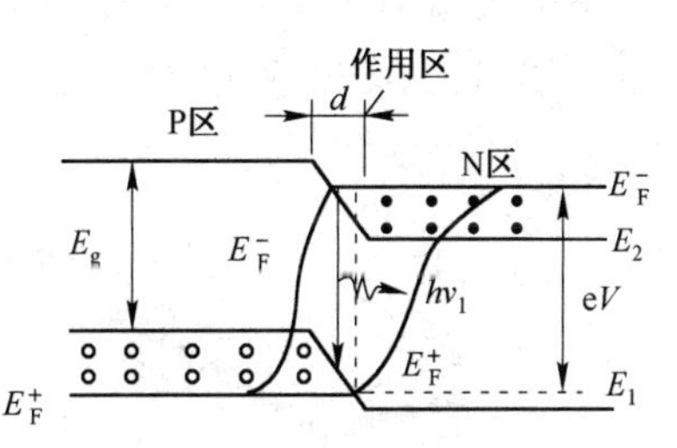

图 5-27　正向电压 V 时形成的双简并能带结构

2. 粒子数反转

外加电压产生的载流子注入使作用区的导带电子和价带空穴造成复合跃迁，辐射光子。这种过程产生的是非相干光，自发辐射的跃迁几率与电子在作用区的平均寿命成反比。产生受激辐射的条件是，在结区的导带底部和价带顶部形成粒子数反转分布。

考虑激光器工作在连续发光的动平衡状态，导带底电子的占据几率可以用 N 区的准费米能级来计算

$$f_N(E_2)=\frac{1}{e^{\frac{E_2-E_F^-}{kT}}+1} \tag{5-5}$$

价带顶空穴的占据几率可以用 P 区的准费米能级来计算

$$f_P(E_1)=\frac{1}{e^{\frac{E_F^+-E_1}{kT}}+1}$$

价带顶电子占据几率为

$$f_N(E_1)=1-f_P(E_1)=\frac{1}{e^{\frac{E_1-E_F^+}{kT}}+1} \tag{5-6}$$

式中，E_F^-、E_F^+ 分别为 N 区和 P 区的准费米能级；E_2、E_1 分别为导带底和价带顶的能级；$f_N(E_2)$ 和 $f_N(E_1)$ 分别为导带底和价带顶电子占据的几率。

在结区导带底和价带顶实现粒子（电子）数反转的条件是

$$f_N(E_2)>f_N(E_1)$$

这就是说，在结区导带底即上能级的电子占据的几率，大于价带顶即下能级的电子占据的几率，将该条件代入式(5-5)和式(5-6)并化简得到

$$E_F^- - E_F^+ > E_2 - E_1 = E_g \tag{5-7}$$

因此结区导带底和价带顶实现粒子（电子）数反转的条件是 N 区和 P 区的准费米能级之差大于禁带的宽度。这必须在高掺杂时才能够做到，同时这也是半导体激光器和一般半导体器件的区别所在。在 PN 结上加适当大的正向电压 V，使 $eV \approx E_F^- - E_F^+ > E_g$ 时，结区粒子数发生反转，若能量 $h\nu$ 满足式(5-4)的光子通过结区，就可以实现光的受激辐射。

上述计算只是一个粗略分析，严格的数理模型请参阅有关半导体激光器的专著。

5.4.3 半导体激光器的工作原理和阈值条件

1. 半导体激光器的基本结构和工作原理

图 5-28 示出了 GaAs 激光器的结构。它的核心部分是 PN 结。PN 结的两个端面是按晶体的天然晶面剖切开的,称为解理面,该二表面极为光滑,可以直接用作平行反射镜面,构成谐振腔。上下电极施加正向电压,使结区产生双简并的能带结构及激光工作电流。激光可以从一侧解理面输出,也可由两侧输出。

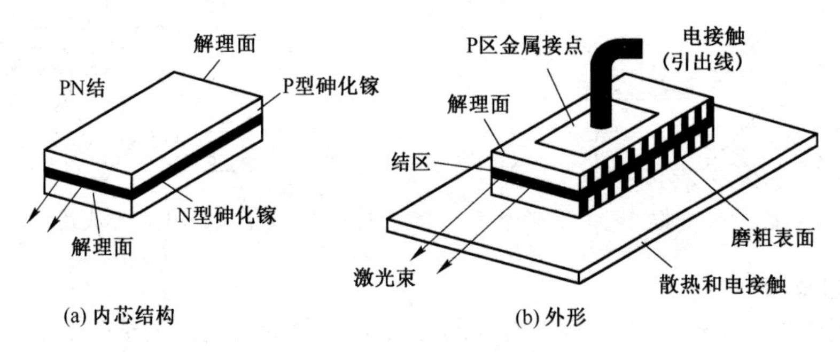

图 5-28 GaAs 激光器的结构

2. 半导体激光器工作的阈值条件

激光器产生激光的前提条件除了粒子数发生反转外,还需要满足阈值条件,即谐振腔的双程光放大倍数大于 1,或增益系数满足第 2 章中给出的式(2-36),即

$$G \geqslant a_{内} - \frac{1}{2L}\ln(r_1 r_2)$$

式中,$a_{内}$ 是半导体激光器谐振腔的内部损耗;L 为晶体两解理面之间的长度;r_1 和 r_2 为解理面的反射率。增益系数和粒子数反转的关系也取决于谐振腔内的工作物质,满足式(1-90)。结合式(1-42)和式(1-27),可以得到

$$G(\nu) = \frac{\Delta n c^2 A_{21}}{8\pi\mu^2\nu^2} f(\nu) = \frac{\Delta n c^2}{8\pi\mu^2\nu^2 t_{复合}} f(\nu) \tag{5-8}$$

式中,$t_{复合}$ 为结区电子的寿命,其倒数等于在 E_2、E_1 能级之间的爱因斯坦自发辐射系数;Δn 为粒子数反转值。

3. 半导体激光器的阈值电流

半导体激光器作用区的粒子数反转值难以确定,但是可以将它与工作电流 I 联系起来。在低温下,假设在一定的时间间隔内,注入激光器的电子总数与同样时间内发生的电子与空穴复合数相等而达到平衡,则有

$$\frac{\Delta n L w d}{t_{复合}} = \frac{I}{\mathrm{e}} \tag{5-9}$$

式中,w 和 d 分别为晶体的宽度和作用区的厚度。代入式(5-8)得

$$G(\nu) = \frac{c^2 f(\nu)}{8\pi\mu^2\nu^2 \mathrm{e} d} J \tag{5-10}$$

式中,$J = \dfrac{I}{Lw}$ 为通过作用区的电流密度。结合式(2-36)并将 $f(\nu)$ 近似为 $1/\Delta\nu$,可以得到阈值电流密度的近似表达式为

$$J_{阈}=\left[a_{内}-\frac{1}{2L}\ln(r_1r_2)\right]\frac{8\pi\mu^2\nu^2 ed\Delta\nu}{c^2} \tag{5-11}$$

例如,GaAs 激光器,$\Delta\nu=3\times10^6$ MHz,$a_{内}-\frac{1}{2L}\ln(r_1r_2)\approx40\ \text{cm}^{-1}$,$\lambda=0.84\ \mu\text{m}$,$\mu=3.35$,$d=2\ \mu\text{m}$,代入式(5-11)得到 $J_{阈}\approx150\text{A/cm}^2$。此值与低温时的实测值很接近,但是与室温下的阈值电流密度($(3\sim5)\times10^4\text{A/cm}^2$) 相差很远。因此上述讨论只是近似分析,主要是提供一个分析方法。

5.4.4 同质结和异质结半导体激光器

1. 同质结砷化镓(GaAs)激光器的特性

(1) 伏安特性

GaAs 激光器的伏安特性与二极管相同,也具有单向导电性,如图 5-29 所示。激光器系正向使用,其电阻主要取决于晶体体电阻和接触电阻,其阻值虽然不大,但因工作电流密度大,不能忽视它的影响。

(2) 阈值电流密度

影响阈值电流密度的因素有:① 晶体的掺杂浓度越大,阈值越小;② 谐振腔的损耗越小,阈值越小;③ 在一定范围内,腔长越长,阈值越低;④ 温度对阈值电流的影响很大,半导体激光器宜在低温或室温下工作。同质结半导体激光器的阈值电流密度很高,达 $3\times10^4\sim5\times10^4\text{A/cm}^2$。这样高的电流密度,将使器件发热。因此,在室温下,同质结半导体激光器只能以低重复率(几千赫兹至几十千赫兹)脉冲工作。

(3) 方向性

由于半导体激光器的谐振腔短小,激光方向性较差,特别是在结的垂直平面内,发散角很大,可达 20°~30°。在结的水平面内,发散角约为几度。图 5-30 给出了半导体激光束的空间分布示意图。

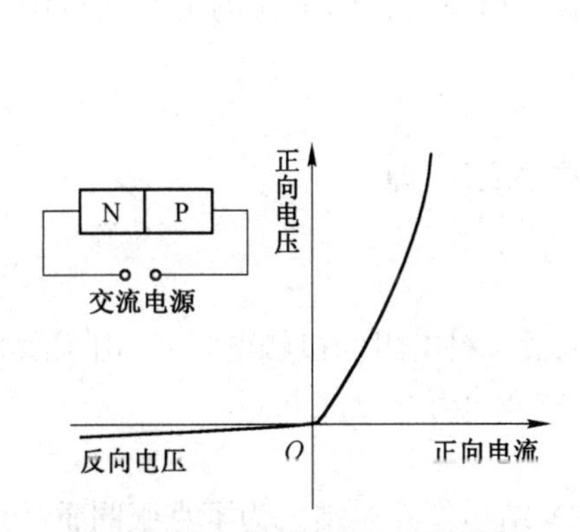

图 5-29 GaAs 激光器的伏安特性

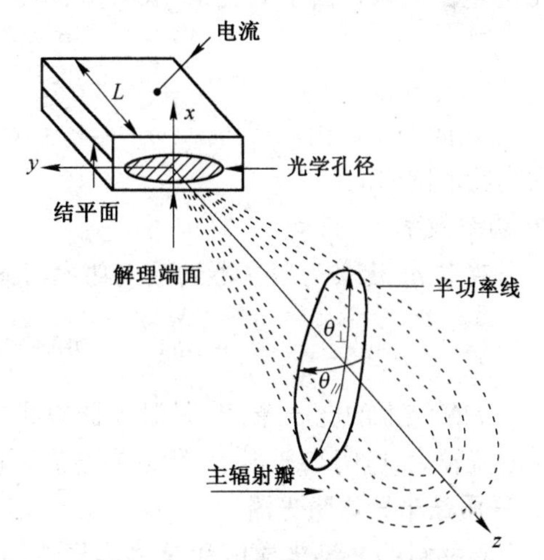

图 5-30 激光束的空间分布示意图

(4) 光谱特性

图 5-31 所示为 GaAs 激光器的发射光谱。其中图(a)是低于阈值时的荧光光谱,谱宽一般为几十纳米;图(b)是注入电流达到或大于阈值时的激光光谱,谱宽达几纳米。半导体激光的谱宽尽管比荧光窄得多,但比气体和固体激光器要宽得多。随着新器件的出现,谱宽已有所改

善,如分布反馈式激光器的线宽,只有 0.1 nm 左右。

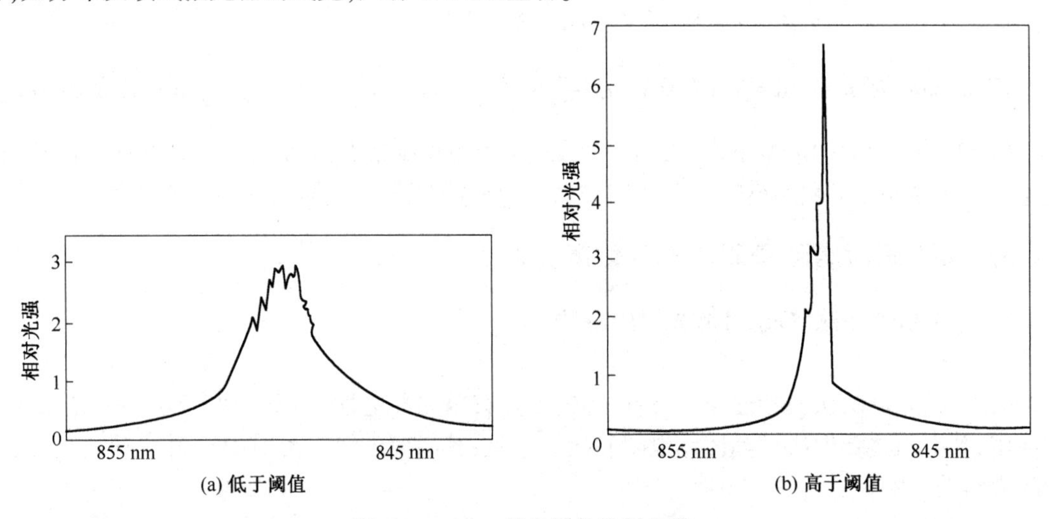

图 5-31　GaAs 激光器的发射光谱

(5) 转换效率

注入式半导体激光器是一种把电功率直接转换为光功率的器件,转换效率极高。转换效率通常用量子效率和功率效率量度。

① 外微分量子效率

外微分量子效率定义为

$$\eta_{\mathrm{D}}=\frac{(P-P_{\mathrm{th}})/h\nu}{(i-i_{\mathrm{th}})/\mathrm{e}} \tag{5-12}$$

式中,P 是输出功率,P_{th}是阈值发射光功率,$h\nu$ 为发射光子能量,i 是正向电流,i_{th}是正向阈值电流,e 为电子电量。由于 P 比 P_{th}大得多,所以上式可改写为

$$\eta_{\mathrm{D}}=\frac{P/h\nu}{(i-i_{\mathrm{th}})/\mathrm{e}}=\frac{P}{(i-i_{\mathrm{th}})V} \tag{5-13}$$

式中,V 是正向偏压。由该式可见,η_{D} 实际上对应于输出功率与正向电流的关系曲线中阈值以上的线性范围内的斜率。

② 功率效率

功率效率 η_P 定义为激光器的输出功率与输入电功率之比,即

$$\eta_P=\frac{P}{iV+i^2R_{\mathrm{S}}} \tag{5-14}$$

式中,V 是 PN 结上的电压降,R_{S} 是激光器串联电阻(包括材料电阻和接触电阻)。由于激光器的工作电流较大,电阻功耗很大,所以在室温下的功率效率只有百分之几。

2. 异质结半导体激光器

由不同材料的 P 型半导体和 N 型半导体构成的 PN 结叫作异质结。为了克服同质结半导体激光器的缺点,提高功率和效率,降低阈值电流,研制出了异质结半导体激光器。

(1) 单异质结半导体激光器

单异质结器件结构如图 5-32(b)所示,单异质结是由 P-GaAs 与 P-GaAlAs 形成的。电子由 N 区注入 P-GaAs,由于异质结高势垒的限制,激活区厚度 $d\approx2\ \mu\mathrm{m}$;同时,因 P-GaAlAs 折射率小,“光波导效应”显著,将光波传输限制在激活区内。这两个因素使得单异质结激光器的

阈值电流密度降低了1~2个数量级，约8000 A/cm^2。

(2) 双异质结半导体激光器

双异质结半导体激光器指的是在激活区两侧，有两个异质结，如图5-32(c)所示。

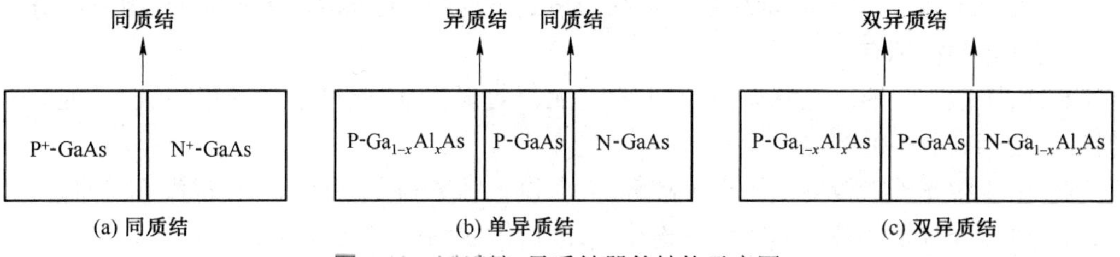

图5-32　同质结、异质结器件结构示意图

双异质结激光器激活区内注入的电子和空穴，由于两侧高势垒的限制，深度剧增，激活区厚度变窄，$d \approx 0.5\ \mu m$。同时，由于激活区两侧折射率差都很大，"光波导效应"非常显著，使光波传输损耗大大减小，所以双异质结激光器的阈值电流密度更低，可降到10^2~10^3 A/cm^2。室温下可获得几毫瓦至几十毫瓦的连续功率输出。

5.5　其他激光器

以上介绍了固体、气体、半导体及染料激光器，它们都是一些发展得较早和较为成熟的激光器。除此之外，还有准分子激光器、自由电子激光器、化学激光器、光纤激光器等一些新发展起来的且有较好应用前景的激光器。本节只对这些激光器作扼要介绍。

5.5.1　准分子激光器

常态下为原子，在激发态下能够暂时结合成的不稳定分子，叫作受激准分子，简称准分子。准分子激光器的工作物质是准分子气体。

自1970年第一台准分子激光器问世以来，人们研制成功了多种准分子激光器，并在同位素分离、光化学、泵浦染料激光器等方面做出了贡献。在激光武器研制方面，它也是很有发展前途的激光器之一。用准分子激光器治疗近视眼也取得了很好的经济和社会效益。目前，准分子激光器越来越多，激励方式也不断改进，功率和效率不断提高，其脉冲输出能量已达百焦耳量级，脉冲峰值功率达千瓦以上，重复率达200次/秒，光束发散角为0.15 mrad。

1. 准分子激光器的特点

准分子激光器的特点如下。

(1) 能级结构有明显的特点。如图5-33所示，曲线A表示较高激发态，B表示激光上能级，C表示基态。基态能级为激光下能级。由于基态为排斥态或弱束缚态，很不稳定，它沿着自己的位能曲线C极快地向核间距R增大的方向移动，直至最终离解成独立的原子，基态分子也就消失。基态分子的寿命极短，为10^{-13} s量级。激发态为束缚态，其能级寿命为10^{-8} s量级，比基态稳定，因此在核间距R_0处很容易形成B、C间的粒子数反转分布。

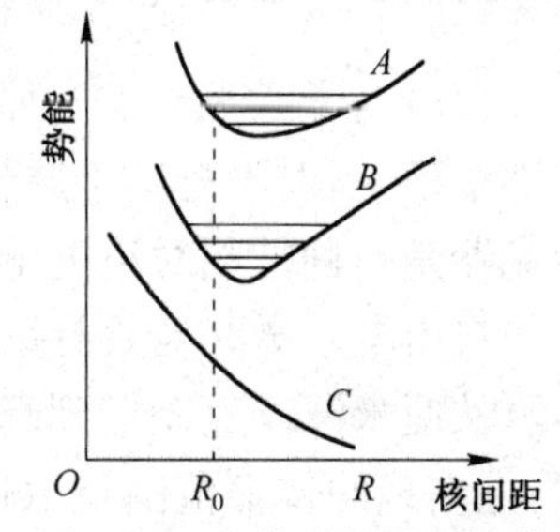

图5-33　准分子的能级结构

准分子从激发态向基态的跃迁可以说是从束缚态向自由态(弱束缚态或排斥态)的跃迁。这种跃迁，由于下能级近似是空

的,因此不存在低能级被充满而终止反转的问题。也就是说准分子跃迁不是“自终止”型跃迁。只要有一定数量的准分子存在,反转就存在,故容易积累相当数量的粒子数,并有可能获得较大的粒子反转数和较高的增益。

(2) 由于基态寿命很短,即使是超短脉冲情况下,基态也可被认为是空的,因此准分子体系对产生巨脉冲特别有利。

(3) 由于激光下能级是基态,基本上没有无辐射损耗,因此量子效率很高,这是准分子激光器可能达到高效率的主要原因。

(4) 由于激光下能级的离子迅速离解,因而拉长脉宽和高重复率工作都没有困难。

(5) 由于准分子的荧光光谱为一连续带,故可做成频率可调谐器件。

由于激光上能级寿命很短,为了实现粒子数反转,要求泵浦脉冲上升时间短。因此,对于工作在短波段紫外激光器的准分子系统来说,要实现有效的泵浦,不仅要求有大的泵浦功率,而且要求有快的上升时间。

2. 准分子激光器的泵浦方式

为了满足对泵浦源的要求,人们采取了很多泵浦方式,常用的有下面两种:

(1) 电子束泵浦

用电子枪产生高能量、快上升时间的电子束脉冲,将电子束射向准分子区,对激活介质进行激发。电子束泵浦又可分为三种形式:① 横向泵浦,其电子束进行方向与激光光轴方向垂直。这种方式结构简单、体积小,其缺点是电子束能量利用率低。② 纵向泵浦,其电子束方向与激光光轴平行。纵向泵浦使能量利用率得到改善,但需要增加用来对电子束导向的庞大的聚束磁场。③ 同轴电子束泵浦,组成电子枪的阴极和阳极做成两个不同直径的圆筒,阴极外筒均匀地向内筒阳极发射电子并穿过阳极薄箔(用铝箔或钡箔做成)向中心轴会聚。阳极筒内充满激活介质,光轴与阳极筒、阴极筒同轴。这种方式能有效地利用电子束能量。电子束泵浦的优点是产生的泵浦脉冲上升时间快,单脉冲能量大,可大面积泵浦。缺点是要求庞大的电子束源,结构复杂,造价高,制造难度大。特别是作为阳极的箔片,它吸收电子束能量而发热常被击穿,造成真空室漏气,因此不利于高重复率工作。

(2) 快速放电泵浦

快速放电泵浦方式多采用布鲁姆莱(Blumlein)电路。它具有体积小、结构简单、可高重复频率工作等优点,因此得到广泛应用。为了提高放电的稳定性,可采用电子束控制放电泵浦系统。激发、激活粒子主要靠快速放电,电子束只控制放电,使放电均匀、可靠。这种电路对电子束的功率要求低,可减小泵浦源体积。但与其他快速放电方法相比,这类泵浦方法的缺点是结构复杂,成本高。为了获得更大体积的均匀放电,还可采用预电离技术。

5.5.2 自由电子激光器

自由电子激光器是一种新型激光器,其工作物质是自由电子束。它和普通激光器的根本区别在于:辐射不是基于原子、分子或离子的束缚电子能级间的跃迁。从本质上看,自由电子激光器是一种把相对论电子束的动能转变成相干辐射能的装置。

自由电子激光器具有下述特点:① 输出的激光波长可在相当宽的范围内连续调谐,原则上可从厘米波一直调谐到真空紫外,甚至 X 光的波段,在目前电子加速器可利用的能量范围内,已实现的调谐范围是 100 nm~1 mm;② 由于自由电子激光器的工作物质是电子束本身,而不是固体、液体或气体等物质,因而它不会出现自聚焦、自击穿等非线性光学损伤现象,只要电子能量足够大，就可以获得极高的光功率输出；③ 具有极高的能量转换效率，理论上可高达 50%。

自由电子受激辐射的原理早在 1951 年莫茨(Motz)就提出过，他指出运动速度接近光速的电子(称为相对论电子)通过周期变化的磁场或电场时会产生相干辐射，辐射的频率取决于电子的速度。但是直到 1974 年才首次在毫米波段实现受激辐射。1976 年在红外波段(10 μm)实现受激辐射之后，大大推动了对自由电子受激辐射的进一步研究。可以预料，这种高功率、宽调谐激光器将在激光分离同位素、激光核聚变、光化学、激光光谱和激光武器等方面有着广阔的应用前景。目前，自由电子激光器仍处于试验阶段，离实际应用尚有相当一段距离。

目前世界上有十余个大型实验室在研究自由电子激光器，其中美国斯坦福大学研究小组的成绩较佳，他们利用直线加速器产生了能量为 43MeV 的电子束，较稳定地获得了波长为 3.3 μm、峰值功率达 1.8×10^5 W、平均功率为 7 W 的激光输出，转换效率约 0.2%；洛斯阿拉莫斯研究小组建成了一台可以在 9~11 μm 范围内可调谐的自由电子激光器，平均功率达 3 kW，脉冲宽度为 100 μs，转换效率为 0.4%。如何提高自由电子激光器的能量转换效率，是自由电子激光器研究的主要课题。

5.5.3 化学激光器

化学激光器是指基于化学反应来建立粒子数反转而产生受激辐射的一类激光器，其工作物质可以是气体或液体，但目前大多数为气体。由于化学激光器在激励方式等方面的独特性，通常把它们归类为一个单独的激光器分支。

化学激光器具有如下三个方面的特点：

(1) 将化学能直接转换成激光

化学激光器与通常的固体、气体、液体或半导体激光器不同，原则上不需要外加的电源或光源作为激发源，而是利用工作物质本身化学反应中释放出来的能量作为激发能。现有的大部分化学激光器在工作时，虽然也要用闪光灯或放电方式供给一部分能量，但这仅是为了引发化学反应。因此，在某些特殊的应用场合，如在高山、野外缺乏电源的地方，化学激光器就显示出独特的优势。

(2) 输出的激光波长丰富

化学激光器的工作物质可能是原来参加化学反应的物质的成分，也可能是反应过程中新形成的原子、分子、离子或不稳定的多原子自由基等。通过化学反应能发射激光的工作物质也是多种多样的，因此，化学激光器输出的激光波长相当丰富，从紫外到红外，一直进入微米波段。

(3) 高功率、高能量激光输出

由于在化学反应中蕴藏着巨大的能量，因此化学激光器是最有希望获得巨大功率输出的一种激光器。例如，氟化氢化学激光器，每公斤氢和氟作用就能产生 1.3×10^7 焦耳的能量。

化学激光器在许多领域中具有广阔的应用前景，特别是在要求大功率的场合，如同位素分离、激光武器等方面。利用氟化氘(DF)激光器击落靶机已见报导。由于应用的需要，化学激光器本身在种类上、结构上、性能上也在不断的发展和完善之中。

另外还有光纤激光器，主要用于光通信领域，具体内容将在第 9 章中介绍。

思考练习题 5

1. 试列出本章所讨论的几种激光器的下述性能：激活粒子、工作中心波长、工作能级系统、常用泵浦方式和常用运转方式。

2. 激光器的激励方式有哪些？固体、气体、染料、半导体激光器为什么采取各自不同的激励方式？

3. 比较 YAG、红宝石两种工作物质的特性。说明为什么 YAG 可以连续工作，而在室温下，红宝石激光器只能工作于脉冲状态？

4. 为什么固体激光器的转换效率低？与此相比，激光二极管泵浦固体激光器有什么特点？其结构将发生怎样的变化？

5. 与气体、染料激光器相比，固体激光器的输出能量、功率为什么很大？

6. 在 He-Ne、CO_2 激光器中，充以 He、Ne 气的作用是什么？

7. 气体激光器的光束质量为什么好？

8. 什么是谱线竞争？He-Ne、CO_2、Ar^+激光器中的主要竞争谱线有哪些？怎样保证单谱线工作？

9. 与其他激光器相比，染料激光器的激光工作过程有什么特点？三重态对染料激光器的激光工作有什么影响？

10. 染料激光器的调谐作用机理是什么？激光器是怎样实现调谐的？

11. 半导体激光器的结构与 PN 结二极管有什么异同？它的激光产生过程与其他激光器相比有什么特点？

12. 半导体激光器实现光放大及粒子数反转的条件是什么？

13. 为什么目前多采用双异质结半导体激光器？它与同质结激光器相比，有什么特点？

14. 与气体激光器相比，半导体激光器的激光输出空间分布为什么较差？在使用时应采取什么措施？

15. 准分子激光器、化学激光器及自由电子激光器有哪些特点？

第 6 章　激光在精密测量中的应用

激光优异的单色性、方向性和高亮度,使它在多方面得到应用。例如,激光在加工工业中被用来完成打孔、焊接、切割、快速成型,在医学中制造了激光手术刀、激光近视眼治疗仪、激光辐照仪,在 IT 产业中大量用做光通信、光存储、光信息处理的光源,在近代的科学研究中用于受控核聚变、光谱分析、操纵原子、诱导化学反应,乃至探索宇宙的起源。但是激光最早期的应用还是在计量领域。它可以与自然基准——光的波长直接相联系,实现高精度测量,特别是在长度测量领域得到了大量的应用。本章首先介绍激光在精密测量中的应用。

激光的高度相干性使它一经发明就成为替代氪 86 作为绝对光波干涉仪的首选光源,经过近 40 年的发展,激光干涉计量已经走出实验室,成为可以在生产车间使用的测量检定标准,激光衍射测量也成为许多在线控制系统的长度传感器。激光的良好方向性和极高的亮度不仅为人们提供了一条可见的基准直线,而且为长距离的光电测距提供了可能。激光同时具有高亮度和高相干性,使得光的多普勒效应能够在测速方面得到应用。激光雷达则综合应用了激光各方面的优点,成为环境监测的有力武器。

6.1　激光干涉测长

干涉测量技术是以光的干涉现象为基础进行测量的一门技术。在激光出现以后,随着电子技术和计算机技术的发展,隔振与减振条件的改善,干涉技术得到了长足发展。干涉测量技术大多数是非接触测量,具有很高的测量灵敏度和精度,而且应用范围十分广泛。常用的干涉仪有迈克耳孙干涉仪、马赫-曾德尔干涉仪、菲索干涉仪、泰曼-格林干涉仪等[27~29];20 世纪 70 年代以后,具有良好抗环境干扰能力的外差干涉仪,如双频激光干涉仪[30~32]、光纤干涉仪也很快地发展起来。激光干涉仪越来越实用,其性能越来越稳定,结构也越来越紧凑。

6.1.1　干涉测长的基本原理

激光干涉测长的基本光路是一个迈克耳孙干涉仪,如图 6-1 所示,用干涉条纹来反映被测量的信息。干涉条纹是接收面上两路光程差相同的点连成的轨迹。激光器发出的激光束到达半透半反射镜 P 后被分成两束,当两束光的光程相差激光半波长的偶数倍时,它们相互加强形成亮条纹;当两束光的光程相差半波长的奇数倍时,它们相互抵消形成暗条纹。两束光的光程差可以表示为

$$\Delta = \sum_{i=1}^{N} n_i l_i - \sum_{j=1}^{M} n_j l_j \tag{6-1}$$

式中,n_i,n_j 分别为干涉仪两支光路的介质折射率;l_i,l_j 分别为干涉仪两支光路的几何路程。将被测物与其中一支光路联系起来,使反光镜 M_2 沿光束 2 方向移动,每移动半波长的长度,光束 2 的光程就改变一个波长,于是干涉条纹就产生一个周期的明、暗变化。通过对干涉条纹变化的测量就可以得到被测长度。

被测长度 L 与干涉条纹变化的次数 N 和干涉仪所用光源波长 λ 之间的关系为

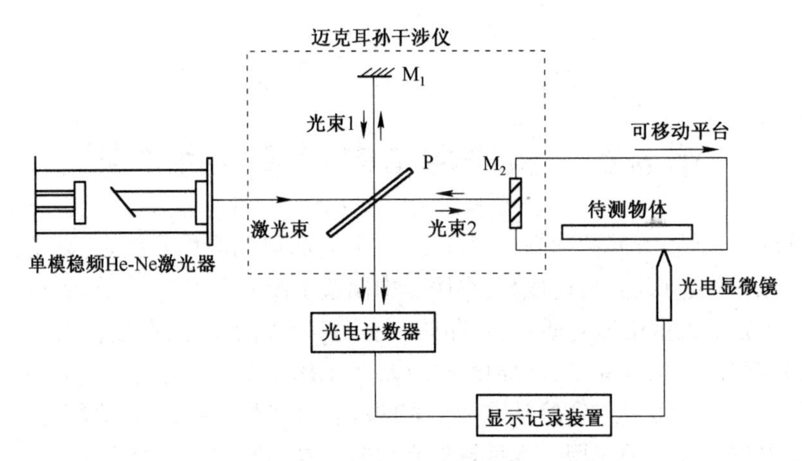

图 6-1　激光干涉测长仪的原理图

$$L=N\frac{\lambda}{2} \tag{6-2}$$

式(6-2)是激光干涉测长的基本测量方程。

从测量方程出发可以对激光干涉测长系统进行基本误差分析

$$\frac{\Delta L}{L}=\frac{\Delta N}{N}+\frac{\Delta\lambda}{\lambda}, \text{即 } \delta L=\delta N+\delta\lambda \tag{6-3}$$

式中,δL,δN 和 $\delta\lambda$ 分别为被测长度、干涉条纹变化计数和波长的相对误差。这说明被测长度的相对误差由两部分组成,一部分是干涉条纹计数的相对误差,另一部分是波长也就是频率的相对误差。前者是干涉测长系统的设计问题,不是本书研究的内容;后者除了与前面讲过的激光稳频技术有关之外,还与环境控制,即对温度、湿度、气压等的控制有关。因此激光干涉测长系统测量误差必须根据具体情况进行具体分析。

6.1.2　激光干涉测长系统的组成

除了迈克耳孙干涉仪以外,激光干涉测长系统还包括激光光源、可移动平台、光电显微镜、光电计数器和显示记录装置。激光光源一般是采用单模的 He-Ne 气体激光器,输出的是波长为 632.8 nm 的红光。因为氦氖激光器输出激光的频率和功率稳定性高,它以连续激励的方式运转,在可见光和红外光区域可产生多种波长的激光谱线,所以氦氖激光器特别适合用作相干光源。为提高光源的单色性,对激光器要采取稳频措施。可移动平台携带着迈克耳孙干涉仪的一块反射镜和待测物体一起沿入射光方向平移,使干涉仪中的干涉条纹移动。光电显微镜的作用是对准待测物体,分别给出起始信号和终止信号,其瞄准精度对测量系统的总体精度有很大影响。光电计数器对干涉条纹的移动进行计数。显示记录装置是测量结果的输出设备,显示和记录光电计数器中记下的干涉条纹移动的个数及与之对应的长度,可以用专用计算机或 PC 替代。

迈克耳孙干涉仪是激光干涉测长系统的核心部分,其分光器件、反射器件和总体布局有若干可能的选择。

干涉仪的分光器件原理可以分为分波阵面法、分振幅法和分偏振法。常用的分光器有分振幅平行平板分光器(见图 6-1 中的 P)和立方棱镜分光器。其中立方棱镜分光器上还可以胶合干涉仪的其他元件,组成整体式干涉仪布局,能与系统的机座牢固连接并减小误差。在偏振干涉仪系统中需要采用偏振分光器(参见图 6-6 中的 B_2),它由一对玻璃棱镜相胶合而成,在其中一块棱镜的胶合面上蒸镀偏振分光膜,得到高度偏振的 S 分量反射光和 P 分量透射光。偏振分光器也可由晶轴正交的偏光棱镜组成,如沃拉斯顿棱镜。

干涉仪中常用的反射器件中,最简单的是平面反射器,这种器件的偏转将产生附加的光程差,在采用多次反射以提高测量精度的系统或长光程干涉仪中此项误差不可忽略。角锥棱镜反射器(见图 6-2(a))的反射光与入射光反向平行,具有抗偏摆和俯仰的性能,可以消除偏转带来的误差,是干涉仪中常用的器件。直角棱镜反射器(见图 6-2(b))只有两个反射面,加工起来比较容易,并只对一个方向的偏转敏感。猫眼反射器(见图 6-2(c))由一个透镜 L 和一个凹面反射镜 M 组成,反射镜放在透镜的焦点处,若反射镜的曲率中心 C' 与透镜的光心 C 重合,则当透镜和反射镜一起绕着 C 旋转时,光程保持不变。猫眼反射器的优点是容易加工和不影响偏振光的传输,而且在光程不太长时还可以用平面反射镜代替凹面反射镜,更容易加工与调整。

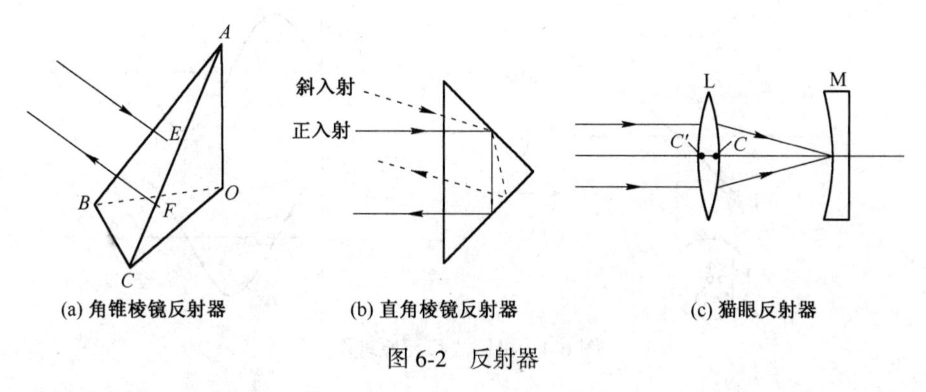

(a) 角锥棱镜反射器　(b) 直角棱镜反射器　(c) 猫眼反射器

图 6-2　反射器

激光干涉仪光路的总体布局也有若干可能的选择。在激光干涉仪光路设计中,一般遵循共路原则,即测量光束与参考光束尽量走同一路径,以避免大气等环境条件对两条光路影响不一致而引起的测量误差。典型光路布局有使用角锥棱镜反射器的几种光路,如图 6-3 所示。图 6-3(a)中双角锥棱镜可使入射光和反射光在空间分开一定距离,这种光路可避免因反射光束返回激光器而引起的激光输出频率和振幅的不稳定。角锥棱镜具有抗偏摆和俯仰的性能,可以消除测量镜偏转带来的误差。但是这种成对使用的角锥棱镜要求配对加工,而且加工精度要求高,因此也可采用一个角锥棱镜作为可动反射镜(见图 6-3(b))。参考光路中可用平面反射镜作固定反射镜,使用一个角锥棱镜作可动反射镜,还可采用其他形式的光路。如图 6-3(c)所示的双光束干涉仪,它也是一种较理想的光路布局,基本上不受镜座多余自由度的影响,而且光程增加一倍。其他光路布局还有整体式布局、光学倍频布局、零光程差的结构布局等,各有其特点和用途。

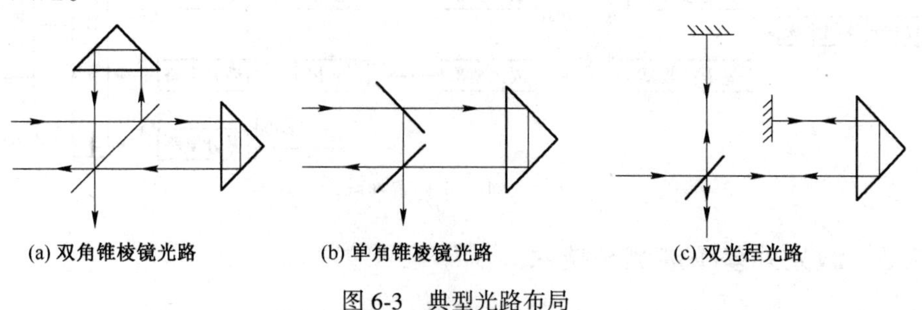

(a) 双角锥棱镜光路　(b) 单角锥棱镜光路　(c) 双光程光路

图 6-3　典型光路布局

激光干涉测长系统的另一个重要组成部分是干涉条纹计数与测量结果处理系统。干涉仪在实际测量位移时，由于测量反射镜在测量过程中可能需要正反两个方向的移动，或由于外界振动及导轨误差等干扰，使反射镜在正向移动中，偶然有反向移动，所以干涉仪中需设计方向判别部分，将计数脉冲分为加和减两种脉冲。当测量镜正向移动时所产生的脉冲为正脉冲，而反向移动时所产生的脉冲为负脉冲。将这两种脉冲送入可逆计数器进行可逆计算就可以获得真正的位移值。如果测量系统没有判向能力，光电接收器接收的信号是测量镜正反两个方向移动的总和，就不代表真正的位移值。另外，为了提高仪器的分辨力，还要对干涉条纹进行细分。为达到这些目的，干涉仪必须有两个相位差为 π/2 的电信号输出，一个按光程的正弦变化，一个按余弦变化。所以，移相器也是干涉仪测量系统的重要组成部分。常用的移相方法有机械法移相（见图 6-4）、翼形板移相、金属膜移相和偏振法移相。机械法移相用 D_1、D_2 两个光电接收器置于干涉条纹中的不同位置处，使 D_1 与 D_2 接收的干涉信号相差 90°。

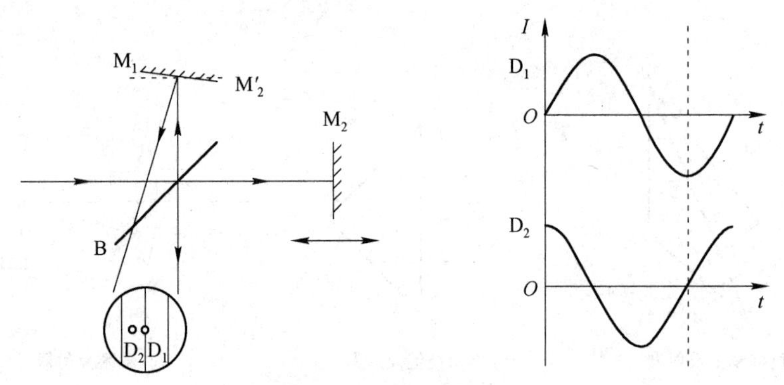

图 6-4　机械法移相原理图

干涉条纹计数时，通过移相获得两路相位差为 π/2 的干涉条纹的光强信号，该信号经放大、整形、倒相及微分等处理，可以获得四个相位依次相差 π/2 的脉冲信号。判向计数原理框图如图 6-5 所示。若将脉冲排列的相位顺序在反射镜正向移动时定为 1、2、3、4，反向移动时定为 1、4、3、2，后续的逻辑电路便可以根据脉冲 1 后面的脉冲是 2 还是 4 判断运动的方向，并送入加脉冲门或减脉冲门，便实现了判向的目的。同时经判向电路后，将一个周期的干涉信号变成四个脉冲的输出信号，实现干涉条纹的四倍频计数。相应的测量方程变为

$$L = N\frac{\lambda}{8} \tag{6-4}$$

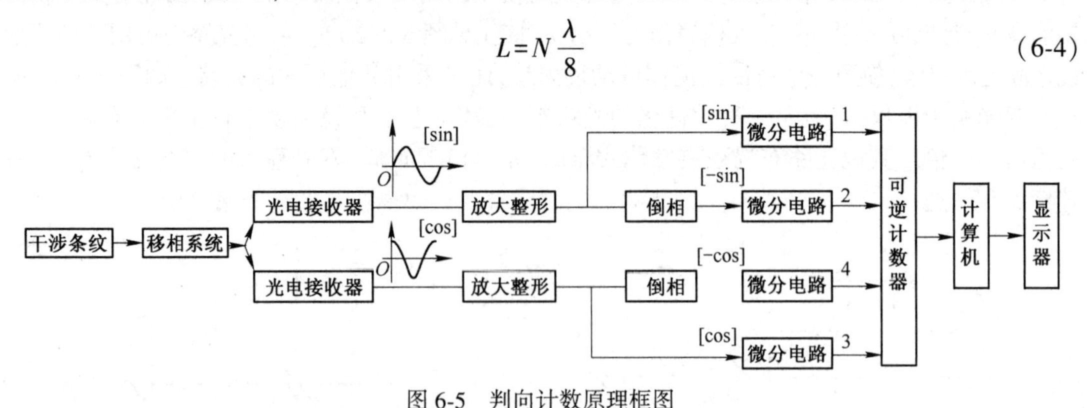

图 6-5　判向计数原理框图

6.1.3　激光外差干涉测长技术

激光的发明和应用使干涉测长技术提高了精度，扩大了量程并且得到了普及。但是使干

涉测长技术走出实验室进入车间,成为生产过程质量控制设备的是激光外差干涉测长技术,具体来讲就是双频激光干涉仪。

激光干涉仪产生的干涉条纹变化频率与测量反射镜的运动速度有关,在从静止到运动,再回到静止的过程中,对应着频率从 0 到最大值,再返回到 0 的全过程,因此光强转化出的直流电信号的频率变化范围也是从 0 开始的。这样的信号只能用直流放大器来放大处理。但是在外界环境干扰下,干涉条纹的平均光强会有很大的变化,以至于造成计数的错误。所以一般的激光干涉仪抗干扰能力差,只能在恒温防震的条件下使用。为了克服以上缺点,可以在干涉仪的信号中引入一定频率的载波,被测信号通过这一载波来传递,使得干涉仪能够采用交流放大,隔绝外界环境干扰造成的直流电平漂移。利用这种技术设计的干涉仪称作外差干涉仪,或交流干涉仪。产生干涉仪载波信号的方法有两种,一种是使参与干涉的两束光产生一个频率差,这样的两束光相干的结果会出现“光学拍”的现象,转化为电信号以后得到差频的载波;另一种是在干涉仪的参考臂中对参考光束进行调制,与测量臂的光干涉直接生成载波信号。前者称为光外差干涉,而后者常常称作准外差干涉。本节以前一种原理的双频激光干涉仪为主来介绍激光外差干涉测长技术。

双频激光干涉仪的光路图如图 6-6 所示,在氦氖激光器上沿轴向施加磁场,由于塞曼效应激光被分裂成有一定频率差的左旋偏振光 f_1 和右旋偏振光 f_2(常用的双频激光干涉仪把这一频差设计成 1.5 MHz)。通过 1/4 波片后,f_1 和 f_2 变成相互垂直的线偏振光 ν_1 和 ν_2,又被分束镜 B_1 分成两束。其中一束反射到偏振方向与两线偏振光偏振方向成 45°的检偏器 P_1 上,产生拍频信号。光电探测器 D_1 对两倍光频的和频信号没有响应,接收到的只是频率为 $\Delta\nu$ 的参考差频信号。另一束光透过分束镜 B_1 向前传播,进入偏振分光棱镜 B_2 后,偏振方向垂直纸面的 ν_1 被完全反射,偏振方向在纸面内的 ν_2 完全透射。再经由参考臂反射镜 M_1 和测量臂反射镜 M_2 反射回来合束,通过功能类似检偏器 P_1 的检偏器 P_2,产生的拍频信号被光电探测器 D_2 接收。由于测量反射镜 M_2 以速度 v 运动,光的多普勒效应使由 M_2 返回光的频率产生多普勒频移 $\pm\Delta\nu_D$(正负号取决于测量反射镜的运动方向),D_2 接收到的测量信号频率为 $\Delta\nu\pm\Delta\nu_D$。将测量信号与参考信号进行同步相减,便得到多普勒频移 $\pm\Delta\nu_D$。多普勒频移对测量时间积分,也就是说进行累计计数就可以测出测量反射镜的位移量。

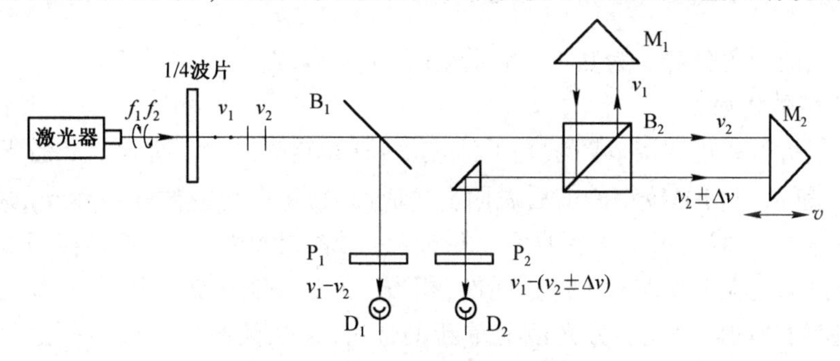

图 6-6　双频激光干涉仪光路图

测量反射镜运动产生的多普勒频移可以表示为

$$\Delta\nu_D=\frac{2v\nu}{c}=\frac{2v}{\lambda} \tag{6-5}$$

式中,c 为光速,λ 为光波波长。若测量所用时间为 t,则测量镜的位移量 L 可由下式计算

$$L = \int_0^t v\mathrm{d}t = \int_0^t \frac{\lambda}{2}\Delta\nu_{\mathrm{D}}\mathrm{d}t = \frac{\lambda}{2}\int_0^t \Delta\nu_{\mathrm{D}}\mathrm{d}t = \frac{\lambda}{2}N \tag{6-6}$$

式中，N 为记录下来的累计脉冲数。

双频激光干涉仪的被测信号是作为频率调制加在载频之上的，一般应小于载频的三分之一，因此对应的多普勒频移不能超过 0.5 MHz，允许的最大测量速度约为 150 mm/s。这样处理电路的工作频率可以设定为 1.0~2.0 MHz，从而滤掉工作频率小于 1.0 MHz 的全部噪声。

6.1.4 激光干涉测长应用举例

激光干涉测长除了测量长度外，还可以测量各种能够转化为被测长度的物理量，如长度计量中的角度，以及压力、温度、折射率等。本节以角度和折射率测量为例来说明激光干涉测长的应用[33]。

1. 激光测角

激光测角的原理与小角度干涉仪类似，都是采用三角测量原理。如图 6-7 所示，双频激光器发出的相互垂直的线偏振光 ν_1 和 ν_2 进入偏振分光棱镜组 1 后被分离成为相距为 R 的两个平行光束，分别射向角锥棱镜组件 2 的角锥棱镜 A 和 B。平移一段距离后沿原方向返回，在分光棱镜组上重新汇合，经过检偏器 3 在光电接收器 4 上形成差频信号，与通过 3′与 4′得到的参考信号比较，得到累计脉冲数。当角锥棱镜组件 2 在移动过程中发生转动时，角锥棱镜 A 和 B 反射回来的光的多普勒频移 $\Delta\nu_{\mathrm{D1}}$ 和 $\Delta\nu_{\mathrm{D2}}$ 不再相同，由此可通过下式得到被测的转角

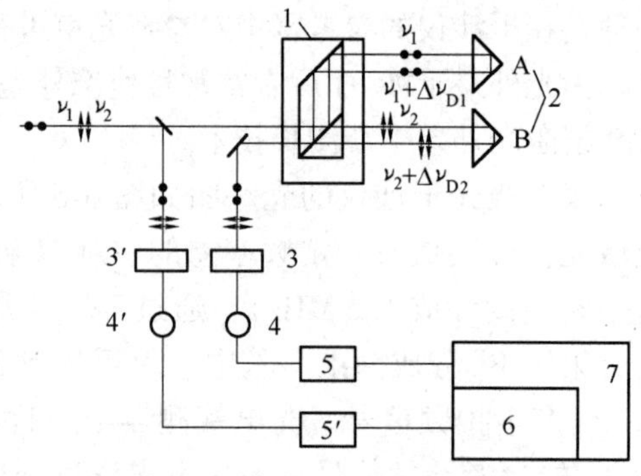

图 6-7　激光测角原理示意图

1：偏振分光棱镜组；2：角锥棱镜组件；3，3′：检偏器；4，4′：光电接收器；5，5′：放大器；6：倍频和计数卡；7：计算机

$$\theta = \arcsin\frac{\Delta L}{R} = \arcsin\frac{\lambda\int_0^t(\Delta\nu_{\mathrm{D1}} - \Delta\nu_{\mathrm{D2}})\mathrm{d}t}{2R} \tag{6-7}$$

双频激光干涉仪的测角分辨率为 0.1″，测量范围可达±1000″。

2. 激光测气体折射率

激光测空气折射率也利用双频激光干涉技术，其光路如图 6-8 所示。从激光器发出的正交线偏振光 ν_1 和 ν_2 在分光棱镜的前后表面上分成两束，每束均包含有 ν_1 和 ν_2 两种频率。其中一束在真空室 4 中通过，另一束在真空室外通过，两者相互平行，经角锥棱镜 6 返回。两次在真空室中通过的光在 1/4 波片上经过两次，相当于通过一次 1/2 波片，线偏振光的偏振面转过 90°。真空室内外的两束光在分光镜上重新汇合后，又在偏振分光棱镜 1 上分光。同方向的光振动被分到一个光电接收器上，形成拍频信号，所得到的两路拍频信号的频率分别为 $(\nu_1-\nu_2)+\Delta\nu_{\mathrm{n}}$ 和 $(\nu_1-\nu_2)-\Delta\nu_{\mathrm{n}}$，$\Delta\nu_{\mathrm{n}}$ 为抽气造成的多普勒频移。

测量过程开始时，真空室内外充以同样的气体，随着抽气的进行，真空室内的气体越来越少，最后变成折射率为 1 的真空状态。测量结果就是气体折射率造成的两路光程差。根据已知的真空室的长度不难计算出测量过程开始时的气体折射率 n_{m}。设真空室的长度为 L，激光在真空中的波长为 λ_0，则被测气体折射率可以用记录下来的累计条纹数 N 表示为

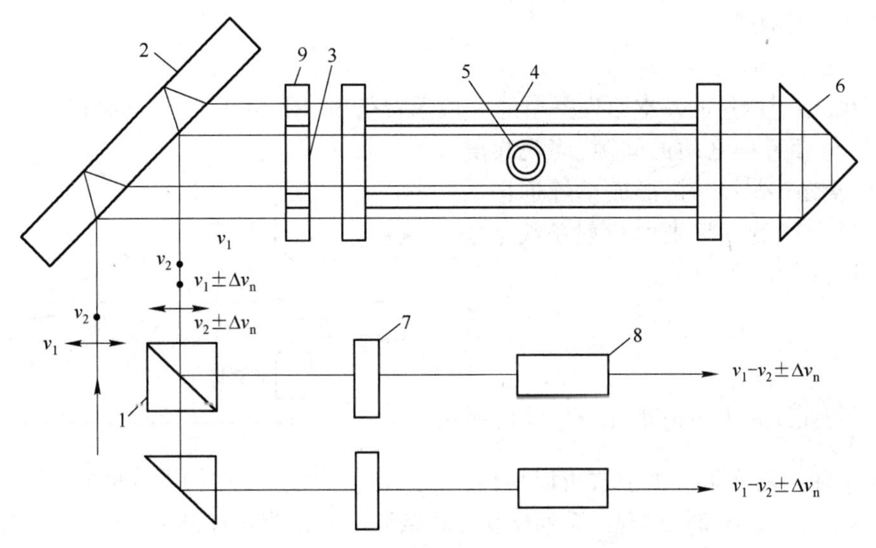

图 6-8 双频激光干涉仪测量空气折射率光路图

1:偏振分光棱镜;2:分光器;3:1/4 波片;4:真空室;5:抽气口;

6:角锥棱镜;7:检偏器;8:光电接收器;9:补偿环

$$n_{\mathrm{m}}=\frac{\lambda_0}{2L}N+1 \tag{6-8}$$

实际上,上述方法可以用来对折射率变化做适时监测,并可以进一步转化为对气体温度、压力、湿度乃至气体中某些成分变化的精密监测。

6.2 激光衍射测量

衍射是波在传播途中遇到障碍物而偏离直线传播的现象。由于光的波长较短,只有当光通过很小的孔或狭缝,以及很小的屏或细丝时,才能明显地察觉到衍射现象。也就是说,当观察到明显的衍射现象时,产生衍射的物体是很小的。这就告诉人们,衍射现象可以用作精密测量。但是观察到明显的衍射现象需要一个基本条件,即高度的相干性。用普通光源只能在条件很好的实验室中观察到可供测量的衍射图像。激光被发明后,高度的相干性变得很容易获得,因此衍射测量变成一种普通的可用于生产现场的精密测量手段。激光衍射测量方法同时具有非接触、稳定性好、自动化程度及精度高等优点,因而被广泛应用。

6.2.1 激光衍射测量原理

光的衍射现象,按照衍射物和观察衍射条纹的屏幕(即衍射场)之间的位置关系,一般将其分为两种类型:菲涅耳衍射和夫琅禾费衍射。前者是有限距离处的衍射现象,即观察屏到衍射物的距离比较小的情况,也称近场衍射。后者是无限距离处的衍射现象,在观察屏离衍射物可以近似地看作无限远时才能观察到,也称远场衍射。因为透镜的后焦面的共轭面就在无限远处,所以用透镜可以观察到准确的夫琅禾费衍射。在实际的衍射测量系统中,透镜被得到广泛的应用。

用于衍射测量系统的衍射物通常只有两种:一种是单缝,另一种是圆孔。下面从介绍单缝和圆孔衍射测量原理出发[34],对激光衍射测量方法进行全面讨论。

1. 单缝衍射测量

(1) 单缝衍射测量的原理

激光单缝衍射测量的基本原理是单缝夫琅禾费衍射,图 6-9 所示为其原理图。用激光束照射被测物与参考物之间的间隙,当观察屏与狭缝的距离 $L \gg b^2/\lambda$ 时,形成单缝远场衍射,在观察屏上能看到清晰的衍射条纹。条纹的光强可表示为

$$I = I_0 \frac{\sin^2\beta}{\beta^2} \tag{6-9}$$

式中,$\beta = \left(\frac{\pi b}{\lambda}\right)\sin\theta$,$\theta$ 为衍射角;I_0 是 $\theta = 0°$ 时的光强,即光轴上的光强。由上式可以得出,

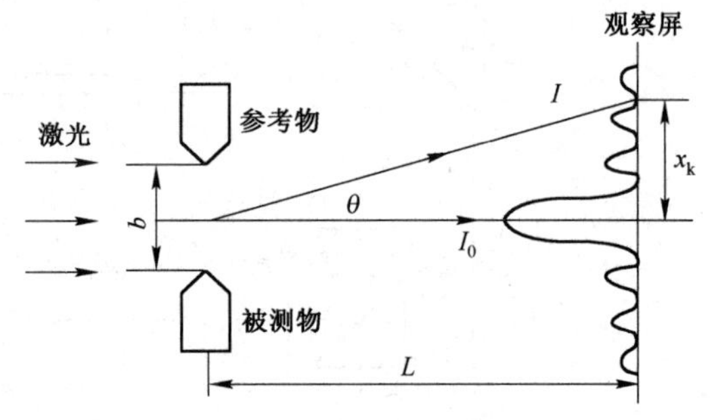

图 6-9 单缝衍射测量原理图

当 $\beta = \pm\pi, \pm 2\pi, \cdots, \pm n\pi$ 时,出现一系列 $I = 0$ 的暗条纹。通过测定任意一个暗条纹的位置及其变化,就可以精确知道被测间隙 b 的尺寸及尺寸的变化,这就是衍射测量的基本原理。

(2) 单缝衍射测量的基本公式

对第 k 个衍射暗条纹有:$\left(\frac{\pi b}{\lambda}\right)\sin\theta = k\pi$,即 $b\sin\theta = k\lambda$。当 θ 不大时,$\sin\theta = \tan\theta = x_k/L$(式中,$x_k$ 为第 k 级暗条纹中心距中央零级条纹中心的距离),所以

$$b = kL\lambda/x_k \tag{6-10}$$

上式就是衍射测量的基本公式。当用透镜进行测量时,$L = f$。已知 λ、f,测定出第 k 个暗条纹的 x_k,便可由式(6-10)算出间隙 b 的精确尺寸。当被测物体尺寸改变 δ 时,相当于狭缝尺寸 b 改变 δ,衍射条纹的位置也随之改变,可得

$$\delta = b - b_0 = kL\lambda\left(\frac{1}{x_k} - \frac{1}{x_{k0}}\right) \tag{6-11}$$

式中,b、b_0 分别为起始缝宽和变化后的缝宽;x_k、x_{k0} 分别为第 k 个暗条纹的起始位置和变化后的位置。

(3) 单缝衍射测量的分辨力、精度和量程

测量分辨力是指激光衍射测量能分辨的最小量值,即测量能达到的灵敏度。把衍射测量基本公式改写为 $x_k = kL\lambda/b$,再进行微分,得到衍射测量的相对灵敏度

$$t = \left|\frac{\mathrm{d}b}{\mathrm{d}x_k}\right| = \frac{b^2}{kL\lambda} \tag{6-12}$$

这表明缝宽 b 越小、L 越大、激光波长 λ 越长、所选取的衍射级次 k 越高,则 t 越小,测量分辨力越高,测量就越灵敏。如果取 $L = 1000$ mm,$b = 0.1$ mm,$k = 4$,$\lambda = 0.63$ μm,代入式(6-12),得到 $t = 1/250$。这就是说通过衍射,使 b 的变化量放大了 250 倍。如果 x_k 的测量分辨力是0.1 mm,则衍射测量能达到的分辨力为 0.4 μm。

从式(6-10)可知,衍射测量的测量精度决定于 λ、L 和 x_k 的测量精度。对 b 进行微分,并用仪器的随机误差理论进行处理,可得到衍射测量误差为

$$\delta b = \pm\sqrt{\left(\frac{kL}{x_k}\delta\lambda\right)^2 + \left(\frac{k\lambda}{x_k}\delta L\right)^2 + \left(\frac{kL\lambda}{x_k^2}\delta x_k\right)^2} \tag{6-13}$$

式中,$\delta\lambda$ 为激光器输出波长的变化量,δL 为观察屏的位置误差,δx_k 为衍射暗条纹位置的测量

误差。氦氖激光器的波长稳定度一般优于 10^{-6}，$\delta\lambda$ 可不予考虑，衍射测量误差主要是 L 和 x_k 的测量误差。一般情况下，δL 和 δx_k 均不超过 0.1%。如果取 $L=1000\,\text{mm}$，$\lambda=0.63\,\mu\text{m}$，$k=3$，$x_k=10\,\text{mm}$，则由式(6-13)可得到 $\delta b=\pm0.3\,\mu\text{m}$。此时的狭缝宽度 $b=0.19\,\text{mm}$，则 $\delta b/b=\pm1.6\times10^{-3}$。实际测量中还包括环境因素的影响，衍射测量可达到的精度一般在±0.5 μm左右。

式(6-12)表示的衍射测量相对灵敏度是激光衍射放大倍数的倒数。它说明缝宽越小，衍射效应越显著，光学放大比越大；缝宽越大，条纹越密集，测量灵敏度越低。实际上当 $b\gg0.5\,\text{mm}$ 时，放大倍数太小，衍射测量失去意义。为了满足夫琅禾费衍射条件 $L\gg b^2/\lambda$，如果 L 取值一定，则被测最大缝宽 b 就被限定，例如，$L=1000\,\text{mm}$，则 $b\ll0.8\,\text{mm}$。说明增大 L 可以扩大量程。但 L 增大往往受仪器结构和体积的限制。所以衍射测量仪器的量程一般为 0.01～0.5 mm。

2. 圆孔衍射测量

当平面光波照射的开孔为圆形时，其远场的夫琅禾费衍射像是中心为一圆形亮斑，外面绕着明暗相间的环形条纹。

图 6-10 所示为圆孔的夫琅禾费衍射原理示意图。接收屏上衍射条纹的光强分布为

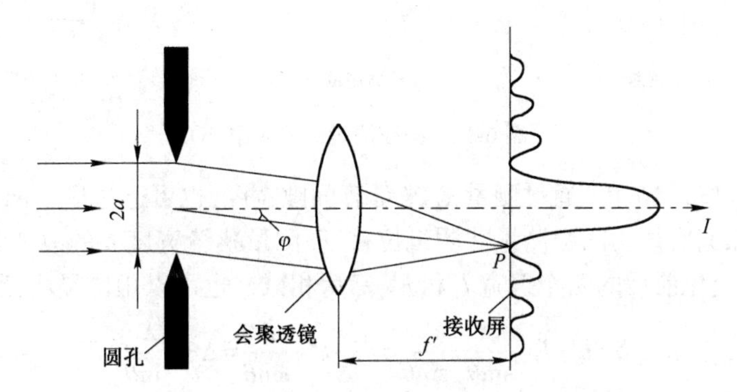

图 6-10 圆孔的夫琅禾费衍射原理示意图

$$I_{\text{p}}=I_0\left[\frac{2\text{J}_1(x)}{x}\right]^2 \tag{6-14}$$

式中，$\text{J}_1(x)$ 为一阶贝赛尔函数，$x=\dfrac{2a\pi\sin\varphi}{\lambda}$，$\lambda$ 为激光波长，a 为圆孔半径，φ 为衍射角。当 $\text{J}_1(x)=0$ 时可求得条纹极小值。衍射图中央是亮斑(爱里斑)，它集中了 84%左右的光能量。设中心亮斑(即第一暗环)的直径为 d，因 $\sin\varphi\approx\varphi=\dfrac{d}{2f'}=1.22\,\dfrac{\lambda}{2a}$，所以

$$d=1.22\,\frac{\lambda f'}{a} \tag{6-15}$$

式中，f'为会聚透镜的焦距。当已知 f'和 λ 时，测定 d 就可以由上式求出圆孔半径 a。因此，测定爱里斑的大小或其变化就可以精密地测定或分析微小内孔的尺寸。

6.2.2 激光衍射测量的方法

在实际应用中，基于单缝衍射的各种测量方法的原理大都基于式(6-10)。而基于圆孔衍射的测量方法则是根据式(6-15)，通过计算衍射暗条纹(暗环)间距来确定被测量。具体的测量方法有如下几种[27~29]。

1. 间隙测量法

间隙测量法基于单缝衍射的原理,是衍射测量的基本方法。可以用作尺寸的比较测量,如图 6-11(a)所示。先用标准尺寸的工件相对参考边的间隙作为零位,然后放上工件,测定间隙的变化量而推算出工件尺寸。还可作工件形状的轮廓测量,如图 6-11(b)所示。同时转动参考物和工件,由间隙变化得到工件轮廓相对于标准轮廓的偏差。也可以作为应变传感器使用,如图 6-11(c)所示。当试件上加载力 $\vec{P}$ 时,引起单缝的尺寸变化,从而可以用测量衍射条纹的变化得到应变量。

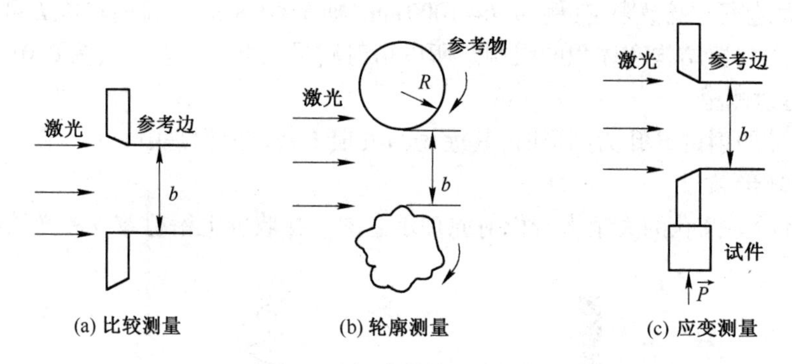

图 6-11　间隙测量法的应用

间隙测量法可按式(6-10)通过测量 x_k 来计算间隙宽度,也可通过测定两个暗条纹之间的间隔值来得到间隙宽度。用间隙测量法测量位移,即测量狭缝宽度 b 的改变量 $\delta=b'-b$ 时,可采用绝对法,求出变化前后的两个缝宽 b 和 b',然后相减。也可以用增量法,所用公式为

$$\delta=b'-b=\frac{k\lambda}{\sin\theta}-\frac{k'\lambda}{\sin\theta}=(k-k')\frac{\lambda}{\sin\theta}=\Delta N\frac{\lambda}{\sin\theta} \tag{6-16}$$

式中,$\Delta N=k'-k$。通过某一固定的衍射角 θ 来记录条纹的变化数目,因此只要测定 ΔN 就能求得位移值 δ。这种情况类似于干涉仪的条纹计数。间隙法作为灵敏的光传感器可用于测定各种物理量的变化,如应变、压力、温度、流量及加速度等。

2. 反射衍射测量法

反射衍射测量法是利用被测物的边缘和反射镜构成的狭缝来进行衍射测量的,图 6-12 所示为其原理图。在 P 点处出现第 k 级暗条纹的光程差应满足

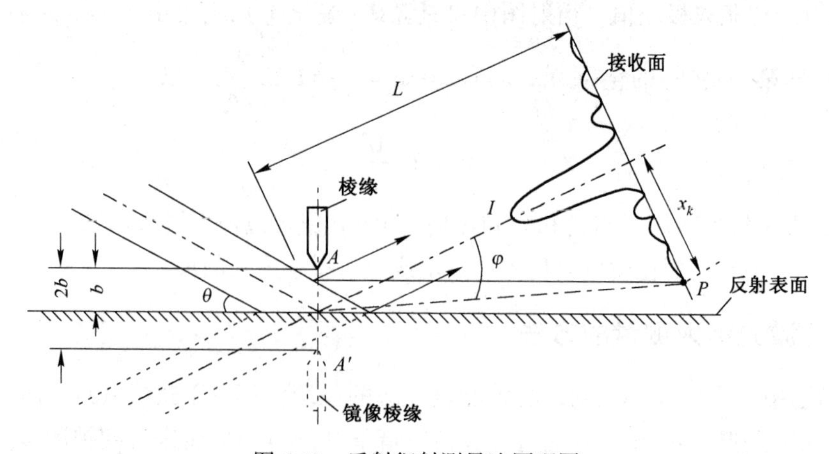

图 6-12　反射衍射测量法原理图

$$2b\sin\theta-2b\sin(\theta-\varphi)=k\lambda \tag{6-17}$$

式中，θ 为入射的平行激光束与反射镜之间的夹角；φ 为衍射角，即狭缝与反射镜交点和 P 点连线与满足反射定律的反射光线之间的夹角。在该图的几何关系下缝宽可以表示为

$$b=kL\lambda \Big/ \left[2x_k\left(\cos\theta+\frac{x_k}{2L}\sin\theta\right)\right] \tag{6-18}$$

上式表明，由于反射的原因，测量灵敏度提高了一倍。反射衍射技术主要用于表面质量评定、直线性测定、间隙测定等方面。这种方法易于实现检测自动化，其检测灵敏度可达 2.5~0.025 μm。

3. 分离间隙法

在实际测量中，常会遇到组成狭缝的两边不在同一平面内即存在一个间隔 z 的情况。此时衍射图出现不对称现象。利用参考物与被测物不在同一平面内情况下所形成的衍射条纹进行精密测量的方法称为分离间隙法。分离间隙法的测量原理如图 6-13 所示，测量出正负不同级次 k_1 和 k_2 上的暗条纹的位置 x_{k1} 和 x_{k2}，即可由下式计算出狭缝宽度 b 和间隔 z

$$b=\frac{k_1L\lambda}{x_{k1}}-\frac{zx_{k1}}{2L}=\frac{k_2L\lambda}{x_{k2}}+\frac{zx_{k2}}{2L} \tag{6-19}$$

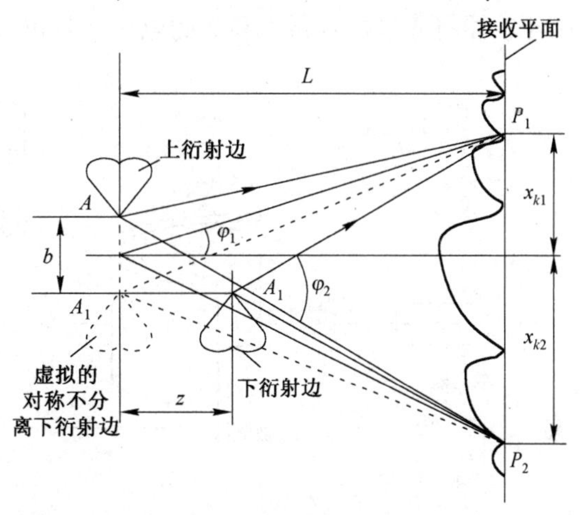

图 6-13　分离间隙法原理图

4. 互补测量法

激光互补衍射测量法的原理是巴比涅定理。图 6-14 所示为两个巴比涅互补衍射屏。当用平面光波照射这两个屏时，产生的衍射图形的形状和光强完全相同，仅相位相差 π，这就是巴比涅互补定理。利用该定理，可以对各种细金属丝（如漆包线、钟表游丝等）和薄带的尺寸进行高精度的非接触测量，其结果与测量狭缝相同。互补测量法测量细丝直径的范围一般是 0.01~0.1 mm，测量精度可达到 0.05 μm。

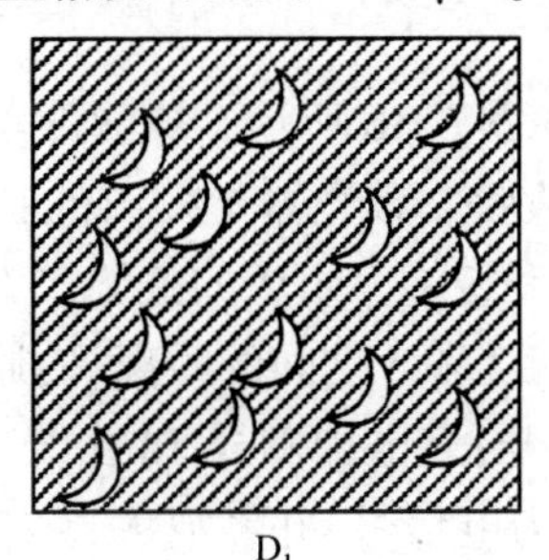

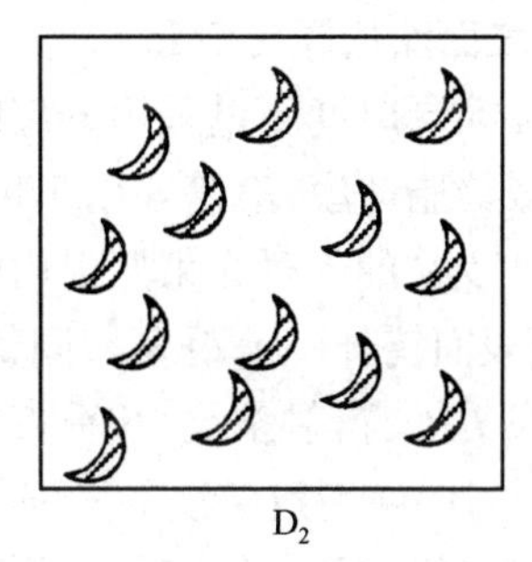

图 6-14　巴比涅互补衍射屏

5. 爱里斑测量法

基于圆孔夫琅禾费衍射的测量方法被称作爱里斑测量法。通过对爱里斑中归一化光强的大小的测量来确定被测孔的直径。图 6-15 所示为用爱里斑测量人造纤维或玻璃纤维加工中的喷丝头孔径的原理示意图。测量仪器和被测件做相对运动，以保证每个孔顺序通过激光束。不同的喷丝头的孔径约为 10~90 μm。由激光器发出的激光束，照射到被测孔上，通过孔以后的衍射光束由分光镜分成两部分，分别照射到光电接收器 1 和 2 上，两接收器分别将照射在其

上的衍射图 1、2 的光信号转换成电信号送到电压比较器中,然后由显示器进行输出显示。通过微孔衍射所得到的明暗条纹的总能量,可以认为不随孔的微小变化而变化。但是衍射图案的强度分布(分布面积)是随孔径的变化而急剧改变的。因而,在衍射图上任何给定半径内的光强度,即所包含的能量是随着激光束通过孔的直径的变化而显著变化的。因此,光电接收器1 须接收被分光镜反射的衍射图的全部能量,使它所产生的电压幅度可以作为不随孔径变化的参考量。光电接收器 2 只接收爱里斑圆中心的部分光能量,通常选取爱里斑圆面积的一半,其接收的光能随被测孔径的变化和爱里斑圆面积的改变而改变,从而使输出电压幅值改变。电压比较器将光电接收器 1 和 2 的电压信号进行比较,从而得出被测孔径的值。

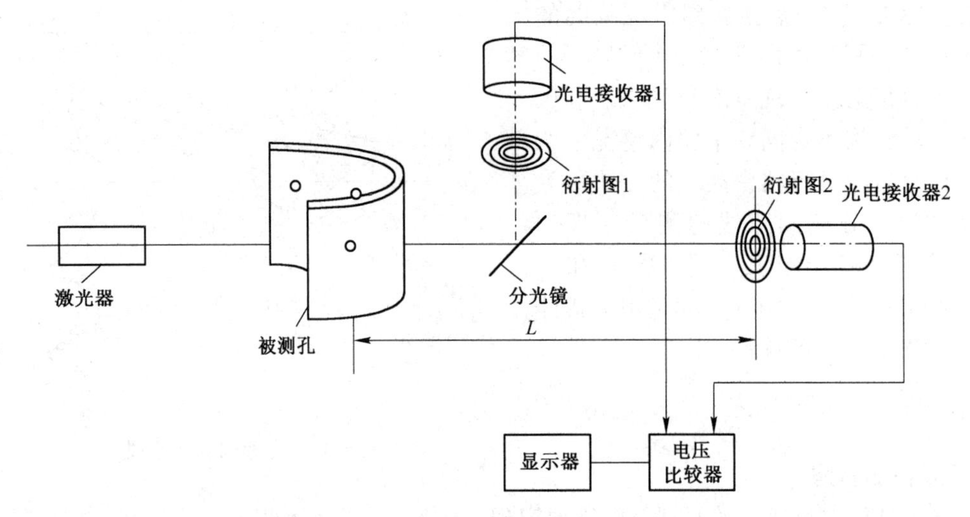

图 6-15　喷丝头孔径的爱里斑测量原理示意图

6.2.3　激光衍射测量的应用

激光衍射测量的成功实例很多,这里只举两个例子加以说明。

1. 薄膜材料表面涂层厚度测量

薄膜材料表面涂层厚度测量采用分离间隙法,如图 6-16 所示。被测件 4 是表面有可塑性涂层的纸质材料或聚脂薄膜,滚筒 6 用于传送被测薄膜。激光器 1 发出的激光束经柱面透镜 2 和 3 扩展,以宽度为 l 的入射光束照射由薄膜表面和棱缘 7 组成的狭缝。为便于安装被检薄膜,棱缘 7 和薄膜表面错开一定距离 z;调整柱面透镜 2 和 3 之间的距离,使通过狭缝后的衍射光聚焦于预定距离 L 处,衍射条纹 16 垂直于狭缝展开;光电探测器 14 由光电二极管组成,置于一给定的位置 x_k 处,将衍射条纹的光强信号变换为电信号,并经放大器 13 后,由显示器 10 显示。一般选取第二级或第三级暗条纹作为检定定位条纹。调节棱缘 7 改变缝宽,使定位条纹进入光电二极管。测量开始时将没有涂层的薄膜通过滚筒,调整显示器 11 使显示为零。当有涂层的薄膜通过滚筒时,狭缝宽度变窄,条纹位置移动,显示器显示涂层的厚度。利用测微计可以测出棱缘 7 的移动量,模拟涂层引起的缝宽的变化量,来对仪器进行校准。干涉滤光片 15 用来消除杂散光的影响;容性滤波网络 12 起平均滤波作用;驱动马达 9 由探测电路控制,在仪器调整过程中带动棱缘移动,直到对准定位条纹。

显示器 18 显示的是涂层厚度相对于标准涂层厚度的偏差,当涂层厚度为标准值时,显示为 0。这种检测仪可以稳定地分辨出 0. 3 μm 的厚度变化。

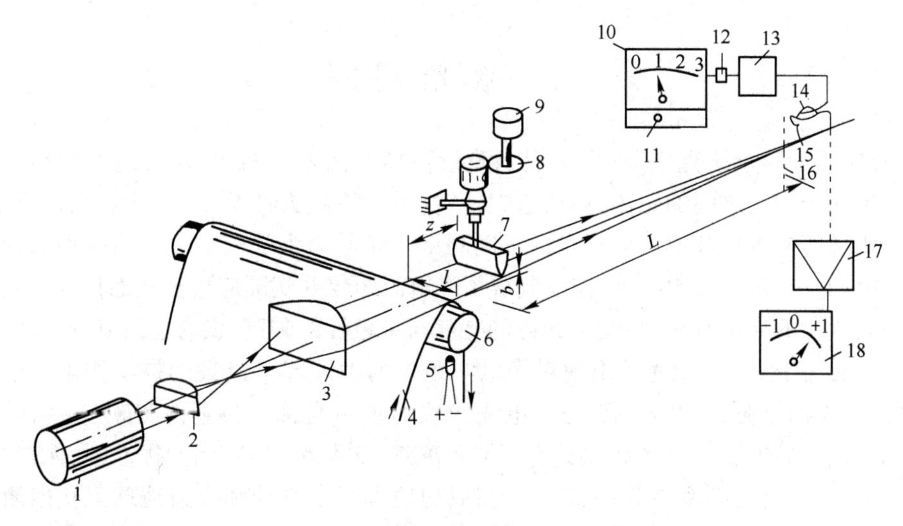

图 6-16　薄膜材料表面涂层厚度测量

2. 薄带宽度测量

钟表工业中的游丝,以及电子工业中的各种金属薄带(一般宽度在 1 mm 以下),均可利用激光衍射互补测量法进行测量。在测量时要求薄带相对于激光束的光轴有准确的定位,否则将引起测量误差。只有当薄带面严格垂直于激光束光轴时,测得的值才是准确的带宽。不允许薄带有相对的转动,因此,为了保证薄带相对于激光束轴线的准确位置,必须在薄带的测量装置中装有定位装置。

图 6-17 所示为薄带宽度测量原理图。激光器发出的激光束经过反射镜和半反半透镜转向,照射在宽度为 b,厚度为 t 的被测薄带上($b \gg t$)。在距离为 L 的接收屏上得到随薄带宽度 b 的尺寸而变化的衍射条纹。通过测量条纹之间的间距 s,求得薄带宽度 b。

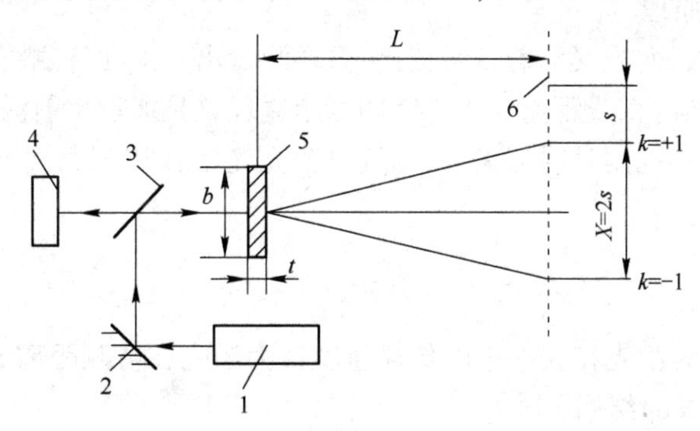

图 6-17　薄带宽度测量原理图

1:激光器;2:反射镜;3:半反半透镜;4:光电二极管;5:被测薄带;6:衍射条纹

为保证薄带和激光束互相垂直的准确位置,薄带表面的反射光通过半反半透镜照射到定位指示光电二极管上,薄带的转动将引起光点在光电二极管上位置的变化,由光电二极管发出的信号使调整机构调整薄带复位,达到准确定位。

如果选取中心亮条纹作为测量对象,须测量 $k=+1$ 和 $k=-1$ 两个暗点之间的距离。设此距离为 X,则 $X=2s$。当 L 为足够大时,带宽的计算公式为 $b=2\lambda L/X$,测得距离 X 或其变化量,即可求出带宽 b 或其变化量。

6.3 激光测距

在生产实践和科学研究中,常常会遇到测量距离的问题。例如,在大地测量和地质勘探中,需要测出两个山头之间的距离;在建造大桥时,需要测量大江两岸的间隔;在军事上,炮位的瞄准、远距离打击等更离不开对距离的正确测量。光电测距是较早提出的一种物理测距方法,早在20世纪40年代末50年代初就制成了光电测距仪并实际应用于地面目标之间距离的测量。但是,当时的光电测距仪,受到光源的亮度与单色性的限制,没有能得到很大的发展。

20世纪60年代初期,激光的出现对光电测距仪的发展起了极大的推动作用。激光亮度高、单色性好、方向性强、光束狭窄,是光电测距仪的理想光源。与其他测距仪(如微波测距仪、光电测距仪等)相比,激光测距仪具有探测距离远、测距精度高,抗干扰性强、保密性好,以及体积小、重量轻、重复频率高等特点[35]。在成功地进行了月球和人造地球卫星的激光测距后,各种民用和军用激光测距仪历经几代的研究改进,现已大量用于实际工作中。

不同于激光测长,激光测距所能测量的长度要大得多。若按测程划分,激光测距大体有如下三类:短程激光测距仪,它的测程仅在5 km以内,适用于各种工程测量;中长程激光测距仪,测程为五至几十千米,适用于大地控制测量和地震预报等;远程激光测距仪,用于测量导弹、人造卫星、月球等空间目标的距离。

根据测量方法的不同,激光测距又可分为脉冲测距法和相位测距法,前者测量精度比较低,适用于军事及工程测量中精度要求不太高的场合;后者测量精度比较高,在大地和工程测量中得到了广泛的应用。下面按照后一种分类分别介绍脉冲测距和相位测距。

6.3.1 激光脉冲测距

1. 激光脉冲测距原理

因为光速是个常数,而光又沿着直线传播,只要测量出光束在待测距离上往返传播的时间就可以计算出两点之间的直线距离。激光脉冲测距原理就是通过发射激光脉冲控制计时器开门,接收返回的激光脉冲控制计时器关门,测量出激光光束在待测距离上往返传播的时间,完成测距。其计算公式为

$$d=\frac{1}{2}ct \tag{6-20}$$

式中,d为待测距离;c为激光在大气中的传播速度;t为激光在待测距离上的往返传播时间。

2. 激光脉冲测距仪的结构

激光脉冲测距仪的简化结构图如图6-18所示。它的工作过程大致如下:当测距仪对准目标后,激光器就发出一个很强很窄的光脉冲,这个光脉冲经过发射望远镜压缩发散角。以红宝石激光器为例,它的光束发散角一般是几个毫弧度,经过发射望远镜,压缩到零点几个毫弧度。这样的光脉冲射到10 km远的地方,只有一个直径为几米的光斑。在光脉冲发射出去的同时,其中的极小一部分光会立即由两块反射镜反射而进入接收望远镜,经过滤光片到达光电转换器变成电信号,亦即光脉冲变成电脉冲。这个电脉冲经过放大整形后被送入时间测量系统,使其开始计时。射向目标的光脉冲,由于目标的漫反射作用,总有一部分光从原路返回来,进入接收望远镜,它同样也经过滤光片、光电转换器、放大整形电路而进入时间测量系统,使其停止计时。时间测量系统所记录的时间经过计算后,在显示器上直接给出测距仪到目标的距离。

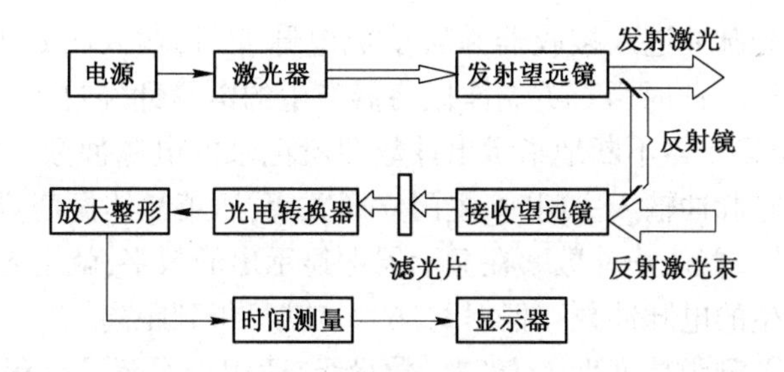

图 6-18 激光脉冲测距仪的简化结构图

3. 激光脉冲测距仪对光脉冲的要求

为了扩大测量范围,提高测量精度,测距仪对光脉冲应有以下要求:

(1) 光脉冲应具有足够的强度

无论怎样改善光束的方向性,它总不可避免地要有一定的发散,再加上空气对光线的吸收和散射,所以目标越远,反射回来的光线就越弱,甚至根本接收不到。为了测出较远的距离,就要使光源能发射出较高功率密度的光强。

(2) 光脉冲的方向性要好

这有两个作用,一方面可把光的能量集中在较小的立体角内,在保证射得更远一些的同时提高保密性;另一方面可以准确地判断目标的方位。

(3) 光脉冲的单色性要好

因为无论是白天还是黑夜,空中总会存在着各种杂散光线,这些光线往往会比反射回来的光信号要强得多。假如这些杂散光和光信号一起进入接收系统,那就根本无法进行测量了。图 6-18 中的滤光片的作用是,只允许光信号中的单色光通过而不让其他频率的杂散光通过。显然,光脉冲的单色性越好,滤光片的滤光效果也就越好,这样就越能有效地提高接收系统的信噪比,保证测量的精确性。

(4) 光脉冲的宽度要窄

所谓光脉冲的宽度,是指闪光从“发生”到“熄灭”之间的时间间隔。光脉冲的宽度窄一点,可以避免反射回来的光和发射出去的光产生重叠。由于光速很快,假如目标离测距仪的测量距离为 15 km,则光脉冲往返一个来回只需要万分之一秒,因此光脉冲的宽度要远小于万分之一秒才能正常测量。若要测更近的距离,则光脉冲还要更窄一些才行。

目前用于测距仪的激光器有红宝石激光器、钕玻璃激光器、二氧化碳激光器、半导体激光器等多种。一般在远距离的测距仪中,常见的脉冲光源是固体激光器;近距离的测距仪则多用半导体激光器。

4. 激光巨脉冲的产生

测距时所用的光脉冲的功率是很大的,一般其峰值功率均在一兆瓦以上,脉冲宽度在几十毫微秒以下。这样的光脉冲通常叫作“巨脉冲”。一般的激光脉冲并不是巨脉冲,其脉冲较宽(约 1 ms 左右),同时脉冲功率也不够大,所以不能满足测距要求。对激光器采用 4.6 节介绍的调 Q 技术可使之满足测距要求。

5. 距离显示

脉冲测距中脉冲在测程上的往返时间极短,所以通常用记录高频振荡的晶体的振动次数进行计时。图 6-19 所示为这种设备的原理方框图。

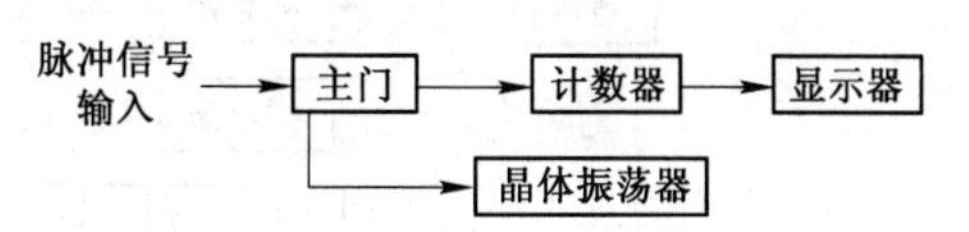

图 6-19 脉冲计时原理方框图

当发射的参考光脉冲进入接收器并转变成电脉冲后，输入图 6-19 中的“主门”（主门电路），同时将主门打开。此时由石英晶体振荡器产生的电脉冲经过主门而进入计数器，计数器开始计数，同时数码显示器不断地指示出计数器所记录的电脉冲数。等到反射光脉冲信号进入接收器并转变成电脉冲输入主门时，主门立即关闭，石英晶体振荡器所产生的电脉冲信号不能再进入计数器，计数器停止计数。在显示器上显示出的数字，就是光脉冲从发出到返回这段时间里振荡器所产生的电脉冲数。根据式（6-20）就可得到距离。

激光脉冲测距仪测距精度大多为“米”数量级，适用于军事及工程测量中精度要求不太高的某些项目。远距离的空间测量也都利用脉冲法，因为对遥远空间来说，测量误差在“米”数量级，精度已经相当高了。

6.3.2 激光相位测距

1. 激光相位测距原理

相位测距是通过测定连续的调制激光在待测距离 d 上往返的相位差 ϕ 来间接测量传播时间的。激光相位测距仪原理方框图如图 6-20 所示，其光路与脉冲激光测距仪类似，只是光源不是脉冲激光器，而是采用强度被调制的激光器。可以是半导体激光器也可以是其他连续发光的激光器。这样，连续的调制光波在传播过程中的调制相位不断变化，每传播等于调制波长的一段距离，相位就变化 2π。所以距离 d、光波往返相位差 ϕ 和调制波长 $\lambda_{调制}$之间的关系为

$$d=\frac{\lambda_{调制}}{2}\frac{\phi}{2\pi} \tag{6-21}$$

式中，$\frac{\lambda_{调制}}{2}$相当于一把测量用的尺子，在相位测距中叫作测尺长 L_s；$\frac{\phi}{2\pi}$就是距离 d 内所包含测尺长的数目。若令 $\phi=2\pi N+\Delta\phi$（式中，N 为正整数或 0，$\Delta\phi$ 是相位差中不足 2π 的尾数），并考虑到 $L_s=\frac{\lambda_{调制}}{2}$，则式（6-21）可改写为

$$d=L_s\left(N+\frac{\Delta\phi}{2\pi}\right) \tag{6-22}$$

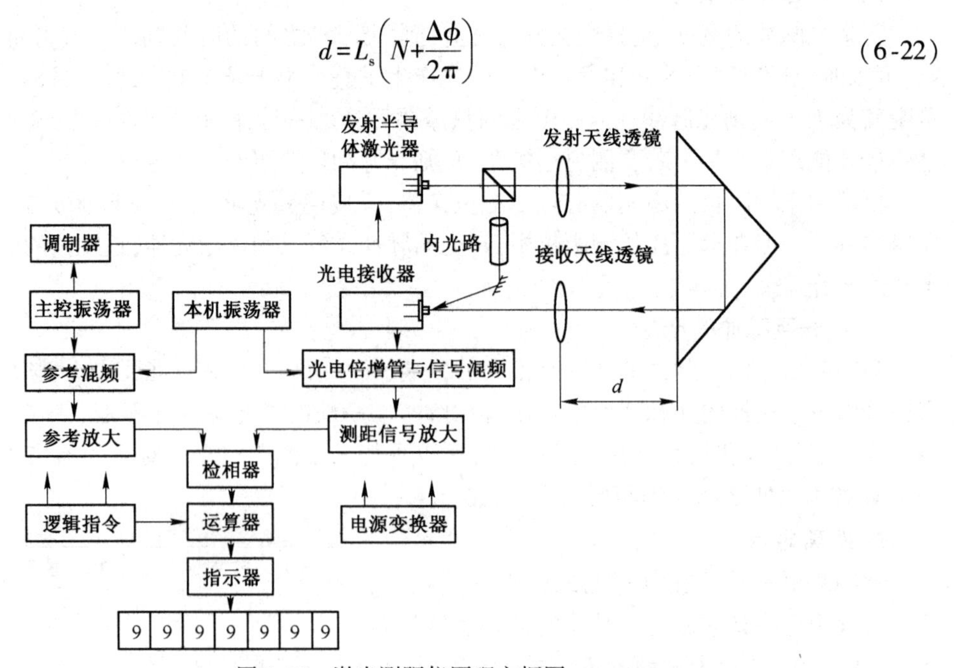

图 6-20 激光测距仪原理方框图

需要指出,任何两个连续的调制信号之间相位差的测量方法都不能确定出相位差的整周期数,而只能测定其中不足 2π 的相位差的尾数。因此,式(6-21)中 N 是不能确定的,这样 d 也就不能确定。换句话说,当 $d>L_s$ 时,仅用一把光测尺是无法测定距离的。

但是,当 $d<L_s$ 时,$N=0$,于是式(6-22)变为

$$d=L_s\frac{\Delta\phi}{2\pi} \tag{6-23}$$

这就是相位测距的基本公式。该公式可以确定被测距离 d。如果被测距离较长,可以选择一个较低的调制频率,使其相应的测尺长度大于待测距离,这样就不会出现 d 的不确定性。由于仪器的测相系统的测相灵敏度是有限的,一般在 $2\pi/1000$ 左右,对应的测距灵敏度为 $L_s/1000$,测尺长度大了测距灵敏度就低,使距离 d 的测量误差增大。例如,当测尺长为10 m时,会引起1 cm 的测距误差;而测尺长为 1000 m 时,所引起的测距误差会达到 1 m。所以,要在仪器的最大测程内保持测距 d 的确定性而选用较低的测尺频率时,会造成较大的测距误差。为了解决这一矛盾,必须采用几个长度不同的测尺配合使用,用较长的测尺粗测,用较短的测尺精测,这样既可保证测量的确定性(单值性),又可保证较高的测距精度。通常测距仪都有一个基本测尺长度 L_{sb} 和若干个辅助测尺长度。基本测尺决定测量精度,又叫精测测尺;辅助测尺用来粗测,又叫粗测测尺。例如,选用两把测尺,基本测尺长度 $L_{sb}=10$ m,辅助测尺长度 $L_{s1}=1000$ m,用它们分别测量一段距离 $d=386.57$ m。用 L_{sb} 可测得不足 10 m 的尾数 6. 57m,用 L_{s1} 可测得不足 1000 m 的尾数 386 m(因为测相灵敏度为 $2\pi/1000$,测量结果均给出三位有效数字),将二者组合起来,考虑到 6 m 是重叠部分,于是就可得到 $d=386.57$ m。

2. 分散的直接测尺频率和集中的间接测尺频率

一定的测尺长度对应着一定的激光调制频率,又叫作测尺频率。测尺长度和测尺频率之间的关系是

$$\nu_s=\frac{c}{2L_s} \tag{6-24}$$

式中,c 为光在大气中的传播速度。测尺频率的选定有两种方式:分散的直接测尺频率方式和集中的间接测尺频率方式。

分散的直接测尺频率方式选定的测尺频率是直接与测尺长度相对应的。例如,选用两把测尺,长度分别为 $L_{sb}=10$ m 和 $L'_{s2}=1000$ m,则相应的测尺频率应为(取 $c=3\times10^8$ m/s)

$$\nu_{sb}=\frac{c}{2L_{sb}}\approx15\ \text{MHz},\quad \nu_{s2}=\frac{c}{2L_{s1}}\approx150\ \text{kHz}$$

如果仪器的测程更长,在要求一定的测相精度和测距精度的情况下,就必须增加测尺的数目,因而测尺的频率也要相应增加。表 6-1 列出了在测相精度为 $2\pi/1000$,测距精度为 1 cm,测程不大于 100 km 的情况下,测距仪可选择的一组测尺长度和测尺频率的值。表中测尺频率依次相差一个数量级。实际上,用三把测尺就可以完成精度为 1 cm,测程不大于 100 km 的距离测量。

表 6-1 直接测尺参数

	直接测尺频率	测尺长度 L_s	精度
ν_{sb}	15 MHz	10 m	1 cm
ν_{s1}	1. 5 MHz	100 m	10 cm
ν_{s2}	150 kHz	1 km	1 m
ν_{s3}	15 kHz	10 km	10 m
ν_{s4}	1. 5 kHz	100 km	100 m

从表 6-1 可以看出,在这种直接测尺频率方式中,各测尺频率的值相差较大,最大和最小测尺频率之间竟相差一万倍。因此又把这种直接测尺频率叫作分散测尺频率。由于高低频率相差悬殊,使得放大器、调制器电路难以做到对各种测尺频率都具有相同的增益及相位稳定性,因此,多数仪器不采用这种测尺频率方式,而是采用集中的间接测尺频率方式。

集中的间接测尺频率方式是采用一组数值接近的调制频率,间接获得各个测尺的一种方法。下面说明其原理:假定用两个频率为 ν_{s1} 和 ν_{s2} 的光波分别测量同一距离,则由式(6-22)可得

$$d=L_{s1}\left(N_1+\frac{\Delta\phi_1}{2\pi}\right) \tag{6-25}$$

$$d=L_{s2}\left(N_2+\frac{\Delta\phi_2}{2\pi}\right) \tag{6-26}$$

在式(6-25)、式(6-26)中,L_{s1} 和 L_{s2} 是分别对应于 ν_{s1} 和 ν_{s2} 的测尺长度;N_1 和 N_2 分别是利用测尺频率为 ν_{s1} 和 ν_{s2} 的光波测距时得到的相位差中包括的整数倍数;$\Delta\phi_1$ 和 $\Delta\phi_2$ 为相应的相位差的尾数。由式(6-25)、式(6-26)可得

$$d=\frac{L_{s1}L_{s2}}{L_{s2}-L_{s1}}\left[(N_1-N_2)+\left(\frac{\Delta\phi_1}{2\pi}-\frac{\Delta\phi_2}{2\pi}\right)\right] \tag{6-27}$$

令

$$L_s=\frac{L_{s1}L_{s2}}{L_{s2}-L_{s1}} \tag{6-28}$$

$$N=N_1-N_2 \tag{6-29}$$

$$\Delta\phi=\Delta\phi_1-\Delta\phi_2 \tag{6-30}$$

则式(6-27)可改写为

$$d=L_s\left(N+\frac{\Delta\phi}{2\pi}\right) \tag{6-31}$$

式中,L_s 可以认定为一个新的测尺长度,其相应的测尺频率可由式(6-24)给出。将式(6-28)代入式(6-24),并考虑到 $\nu_{s1}=\frac{c}{2L_{s1}}$ 和 $\nu_{s2}=\frac{c}{2L_{s2}}$,则有

$$\nu_s=\frac{c}{2}\frac{L_{s2}-L_{s1}}{L_{s1}L_{s2}}=\nu_{s1}-\nu_{s2} \tag{6-32}$$

不难看出,式(6-31)中的 $\Delta\phi$ 正是用 $\nu_s=\nu_{s1}-\nu_{s2}$ 的光波测量距离 d 时所得到的相位尾数;由式(6-30)可知,$\Delta\phi$ 正好等于用频率为 ν_{s1} 和 ν_{s2} 的光波测量同一距离时所得到相位尾数之差 $\Delta\phi_1-\Delta\phi_2$。例如,用 $\nu_{s1}=15$ MHz 和 $\nu_{s2}=13.5$ MHz 的调制光波测量同一距离所得到相位尾数差,与用频差 $\nu_s=\nu_{s1}-\nu_{s2}=1.5$ MHz 的调制光波测量该距离所得的相位尾数值相同。间接测尺频率方式正是基于这一原理进行测距的。它通过测量 ν_{s1} 和 ν_{s2} 的相位尾数,再取其差值来间接测定相应的差频频率 ν_s 的相位尾数。通常把频率 ν_{s1} 和 ν_{s2} 称为间接测尺频率,而把差频频率 ν_s 称为相当测尺频率。表 6-2 列出了和表 6-1 的测程和精度都相同的一组间接测尺频率,以及相当测尺频率和对应测尺长度。

表 6-2 间接测尺参数

	间接测尺频率	相当测尺频率 $\nu_{si}=\nu-\nu_i$	测尺长度 L_s	精 度
ν_{sb}	$\nu=15$ MHz	15 MHz	10 m	1 cm
ν_{s1}	$\nu_1=0.9\nu$	1.5 MHz	100 m	10 cm
ν_{s2}	$\nu_2=0.99\nu$	150 kHz	1 km	1 m
ν_{s3}	$\nu_3=0.999\nu$	15 kHz	10 km	10 m
ν_{s4}	$\nu_4=0.9999\nu$	1.5 kHz	100 km	100 m

由表 6-2 可以看出，这种方式的各间接测尺频率的值非常接近，最大频差仅为 1.5 MHz，五个间接测尺频率都集中在较窄的频率范围内，故间接测尺频率又可称为集中测尺频率。采用集中测尺频率不仅使放大器和调制器能够获得相接近的增益和相位稳定性，而且各频率对应的石英晶体也可统一。

3. 相位差的测量

最后再简单介绍一下相位测距仪中相位差的测量。众所周知，信号频率越低，其相位变化所需要的时间就越长，这样也就越便于对相位的测量。所以，中、低频率的相位测量精度总是远远高于高频信号的相位测量精度。因而高频信号相位差的测量大都采用差频的方法。把高频信号转化为低频信号(即“同步解调”)，再进行相位差测量就是所谓的“差频测相”。

差频测相原理如图 6-20 中所示的电路部分。设主控振荡电信号(图中的“主控振荡电路”)为

$$e_{\mathrm{d}}=A\cos(2\pi\nu_{\mathrm{d}}t+\phi_0)$$

该信号被发射到外光路，经过一定距离的传播后相位变化了 ϕ_{m}，再经光电接收放大后变为

$$e_{\mathrm{ms}}=B\cos(2\pi\nu_{\mathrm{d}}t+\phi_0+\phi_{\mathrm{m}})$$

设本地振荡信号(图中的“本机振荡器”)

$$e_{\mathrm{l}}=C\cos(2\pi\nu_{\mathrm{l}}t+\theta)$$

被输送到参考混频器和信号混频，在那里分别与 e_{d} 和 e_{ms} 混频，在混频器的输出端分别得到差频参考信号

$$e_{\mathrm{r}}=D\cos[2\pi(\nu_{\mathrm{d}}-\nu_{\mathrm{l}})t+(\phi_0+\theta)]$$

和测距信号

$$e_m=E\cos[2\pi(\nu_{\mathrm{d}}-\nu_{\mathrm{l}})t+(\phi_0+\theta)+\phi_{\mathrm{m}}]$$

由上两式知，差频后所得到的两个低频信号 e_{r} 和 e_{m} 的相位差仍然等于原高频信号 e_{d} 和 e_{ms} 的相位差。通常选取测相的低频频率为几千至几十千赫兹。经过差频后的低频信号被输入到相位差计进行比较就可以检测出相位差。

最后还需要说明，激光测距仪尽管有许多优点，但是它对气候的依赖关系很强。在晴朗的天气下可测量的距离较远，而在雾天或阴雨天，则可测量的距离就大大缩短，甚至根本无法进行测量。这是激光测距仪的最大缺点(当然对一般的光电测距仪来说，此缺点更为严重)。所以激光测距仪并不能完全取代其他的测距仪。

在激光测距仪的基础上，可以进一步制成激光雷达，它不仅能够测出目标的距离，还能测出目标的方位、运动速度和加速度等，以便对目标进行跟踪。与无线电雷达相比，激光雷达最主要的优点是抗干扰性强，保密性能好，而且装置轻便、功耗小、作用距离大、测量精度高。同样，激光雷达也受气候条件的限制，且由于光束的发散角很小，不便于进行大面积的搜索。所以激光雷达也不能完全代替无线电雷达，它们可以互相配合组成多波段、抗干扰的雷达系统。

6.4 激光准直及多自由度测量

激光具有极好的方向性，一个经过准直的连续输出的激光光束，可以看作一条粗细几乎不变的直线。因此，可以用激光光束作为空间基准线。根据上述思路制作的激光准直仪能够测

量平值度、平面度、平行度、垂直度,也可以作为三维空间的测量基准。由于激光准直仪和平行光管、经纬仪等一般的准直仪相比较,具有工作距离长、测量精度高、便于自动控制、操作方便等优点,所以被广泛地应用于开凿隧道、铺设管道、盖高层建筑、造桥修路、开矿,以及大型设备的安装定位等方面。

激光还有极好的单色性,因此可利用衍射原理产生便于对准的衍射光斑(如十字亮线)来进一步提高激光准直仪的对准精度,制作激光衍射准直仪[1]。

6.4.1 激光准直仪

1. 激光准直仪的原理和结构

激光准直仪一般都采用具有连续输出的氦氖激光器,并且通常使用的是基横模输出。激光束横截面上的光强分布是高斯分布,光束的能量大部分集中在有效半径为 ω_{z0} 的截面内。激光光束中心的光强最强,其分布中心的连线可以构成一条理想的准直基准线。由于衍射效应,光束略有发散,光斑半径 ω_{z0} 也随着传播距离的增加而增大,但其分布中心的连线总是直线,而且其远场发散角 2θ(参见图 3-8 和式(3-40))可表示为

$$2\theta=\frac{2\lambda}{\pi\omega_0}$$

式中,λ 为激光波长,ω_0 为光束腰部的截面半径。当 $\left(\frac{\lambda z_0}{\pi\omega_0^{\ 2}}\right)^2\gg 1$ 时,光斑半径 ω_{z0} 可用远场发散角表示

$$\omega_{z0}\approx\theta z_0$$

例如,对于 $\omega_0=0.4\ \text{mm}$ 的激光光束来说,相应的 $\theta\approx 0.5\times 10^{-3}\ \text{rad}$,在距离束腰为 $z_0=50\ \text{m}$ 的截面上,ω_{z0} 大约只有 2.5 cm。如果采用望远镜系统来压缩光束的发散角,还可更进一步地缩小光束的有效截面半径。

简单的激光准直仪可以直接用目测来对准。为了便于控制和提高对准精度,一般的激光准直仪都采用光电探测器来对准。因此激光准直仪的基本组成方框图如图 6-21 所示。其中,指示及控制系统可以根据光电目标靶输出的电信号,指示目标靶的对准情况,并自动控制目标靶的对准。

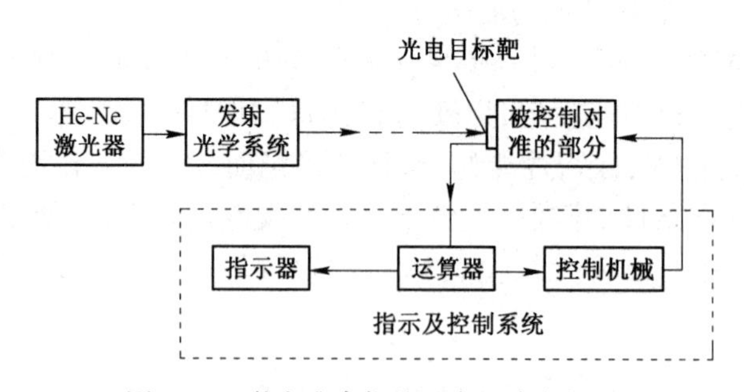

图 6-21　激光准直仪的基本组成方框图

2. 发射光学系统

激光准直仪的发射光学系统是一个倒置的望远镜,其结构示意图如图6-22所示。由目镜

L_1、物镜 L_2 和光阑 A 组成。假设 L_1 和 L_2 的焦距分别为 f_1 和 $f_2(f_2>f_1)$，则该望远镜对普通光束的发散角压缩比为 $M=f_2/f_1$。如果 $2\theta_1$、$2\theta_2$ 分别为高斯光束入射和出射该望远系统的光束发散角的话，令该望远系统对高斯光束的发散角压缩比为 $M'=\frac{2\theta_1}{2\theta_2}$，则有

$$M'\approx M\omega/\omega_0$$

式中，ω_0 是入射光束的束腰半径，ω 是入射激光束在目镜 L_1 上的镜面光斑半径。由于 ω 总是大于 ω_0 的，所以 M' 总是大于 M。

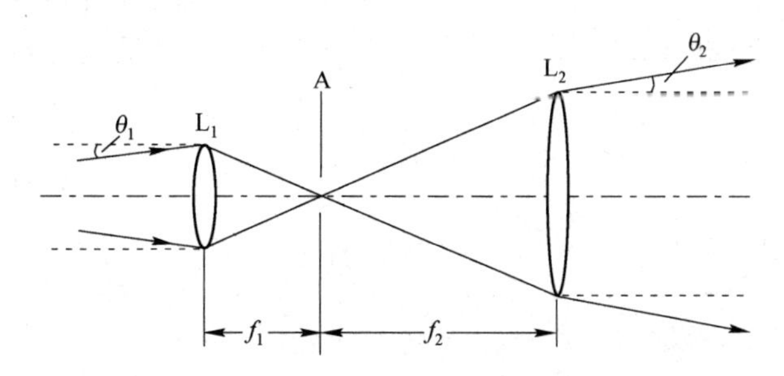

图 6-22　激光准直仪光学系统结构示意图

由于衍射效应，出射光束发散角还与物镜 L_2 的孔径大小有关。根据圆孔的夫琅禾费衍射理论可知，一个直径为 D 的圆孔所造成的衍射角（即光束发散角的一半）为 $\theta_0\approx1.22\lambda/D$，式中 λ 是光的波长。一般望远镜物镜的孔径都很大，所以由光束出射孔径的衍射效应引起的光束发散通常都可以忽略不计。图 6-22 中光阑 A 的作用是减小杂散光的影响，使光斑的边缘成整齐清晰的圆形，进一步改善光束的方向性。

3. 光电目标靶

激光准直仪的光电目标靶通常用的是四象限光电探测器，其原理图如图 6-23 所示，由上下左右对称装置的四块硅光电池组成。当激光束照射到光电池 1，2，3，4 上时，分别产生电压 V_1，V_2，V_3，V_4。如果光束正好对准四象限光电探测器的中心，$V_1=V_2=V_3=V_4$。若光束向上偏，则 $V_1>V_2$；若光束向下偏，则 $V_2>V_1$。把 V_1，V_2 输入到运算电路，经差分放大后由指示电表指示出光束上下的偏移量。同理可以得到光束左右的偏移量。运算电路根据光束上下或左右的偏移量的大小输出一定的电信号，此电信号再驱动一个机械传动装置使光电接收靶回到光准直方向，从而实现自动准直或自动导向的控制。

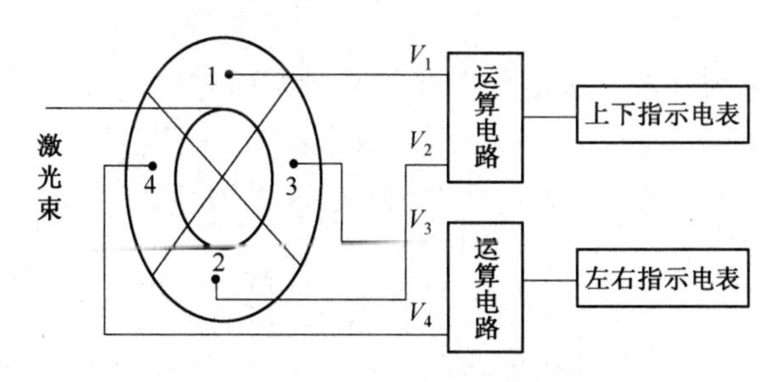

图 6-23　四象限光电探测器原理图

光电池的对称性对于激光准直仪的对中精度有很大影响。在四象限光电探测器中，要求每片光电池的灵敏度必须严格一致，其相对位置亦应准确。实际上这很难做到，因为两片光电

池的转换效率往往相差很远,即使是将同一片光电池分刻成四块,每块的转换效率也会不一致。要解决光电池的对称问题,通常采用在光电池电路中串接可调节的平衡电阻的方法。调节平衡电阻,就可以补偿由于两块光电池的不对称而引起的不平衡。

4. 激光准直测量的应用举例——不直度的测量

图6-24是用激光准直仪测量机床导轨不直度的原理示意图。将激光准直仪固定在机床床体上或放在机床床体外,在滑板上固定光电探测靶标,光电探测器件可选用四象限光电池或PSD(位置敏感器件)。测量时首先将激光准直仪发出的光束调到与被测机床导轨大体平行,再将光电靶标对准光束。滑板沿机床导轨运动,光电探测器输出的信号经放大,运算处理后,输入到记录器记录不直度的曲线。也可对机床导轨进行分段测量,读出每个点相对于激光束的偏差值。

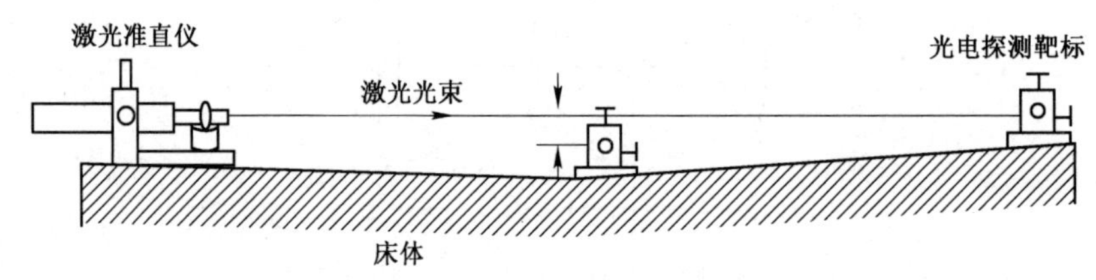

图6-24　机床导轨不直度的激光准直测量原理示意图

6.4.2　激光衍射准直仪

上述的激光准直仪的对准精度还不够高,主要是因为光斑成圆形,中心不易找得很准。所以除了利用激光的方向性外,还可以利用激光的单色性,让激光束通过一定图案的波带片,产生便于对准的衍射图像,从而提高精度。这种利用衍射原理的激光准直仪叫作激光衍射准直仪。

激光衍射准直仪的原理结构图如图6-25所示。图中氦氖激光器输出的激光光束经可调焦望远镜,一方面扩大光束截面,另一方面可调节焦点O的位置。由望远镜出射的光束,经波带片(也叫菲涅耳透镜)在光轴的P点处产生一条"十"字亮线。调节望远镜的焦距,"十"字亮线可出现在光轴的不同位置上。波带片是一块具有一定遮光图案的平玻璃片(见图6-26)。圆形波带片能把一束单色光会聚成一个点;长方形波带片能把一束单色光会聚成一条亮线;方形波带片则能把一束单色光会聚成一条"十"字亮线。衍射准直仪中一般用的是方形波带片。波带片的会聚作用类似于透镜,也有类似于透镜的关系式$\frac{1}{f_F}=\frac{1}{r}+\frac{1}{s}$,式中$f_F$为波带片的焦距,由波带片的参数和入射光波长决定,$r$为光源或光源通过望远镜后所成的像到波带片间的距离,s为波带片所成的像到波带片间的距离。该式表明,对于某个波带片而言(此时f_F一定),只要改变r就可在不同的s上获得清晰的"十"字亮线,这些"十"字亮线的中心均落在光轴上,用来作为对准的目标。

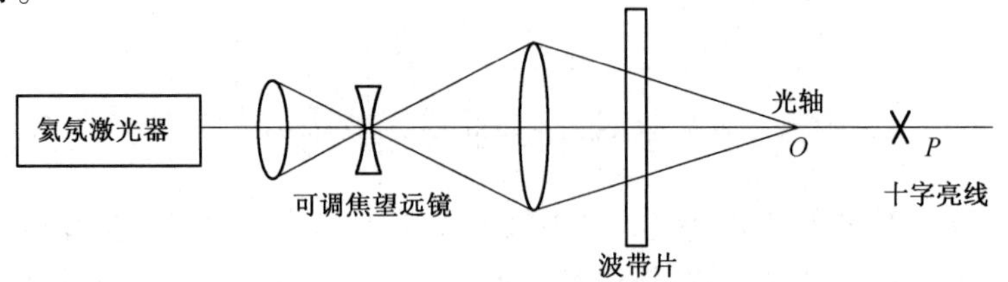

图6-25　激光衍射准直仪的原理结构图

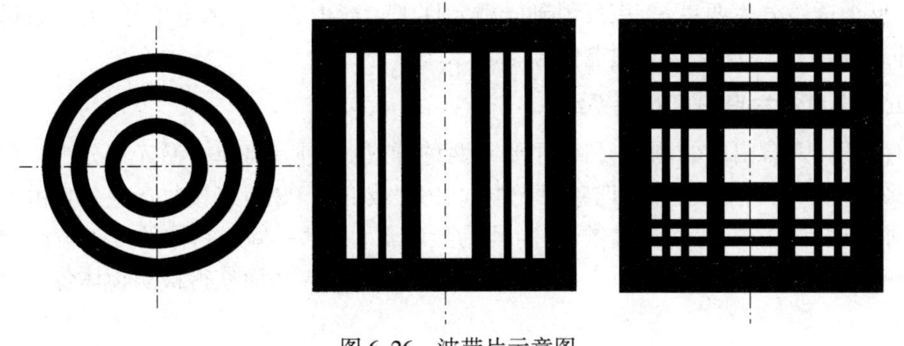

图 6-26　波带片示意图

6.4.3　激光多自由度测量

任何一个物体在空间都具有六个自由度,即在 x,y,z 三个直角坐标轴方向的平动和绕 x,y,z 三个坐标轴的转动。被加工工件的定位、精密零部件的安装及目标物体在空间的运动位置和姿态,都需要多至六个自由度的测量、调整或控制。由于生产加工技术自动化程度的提高,科学模拟实验过程中的环境控制,误差溯源的科学性及实验过程的高效性等要求,对多自由度的探测提出了越来越高的要求,希望能同时探测工件或目标物体在空间的多个自由度。前述的激光准直仪实际上就是二自由度测量系统。下面给出几种更多自由度测量系统的结构。

1. 四自由度测量系统

四自由度光电传感器方案很多,一般都是在光路中加分光元件进行分光,利用每一束光所携带的位移信息,采用和激光准直仪相同的光电元件接收来测量各自由度的偏离量。

四自由度系统的典型结构有以下几种。

(1) 中心孔式

如图 6-27(a)所示,空心锥体中央有一直径小于激光束直径的中心孔,中心孔外的基准激光束通过空心锥面反射到光敏元件 1 上,产生 x,y 方向的电信号。穿过中心孔的激光束,射向反射锥体,经反射后被光敏元件 2 接收,产生 θ_x, θ_y 的电信号。

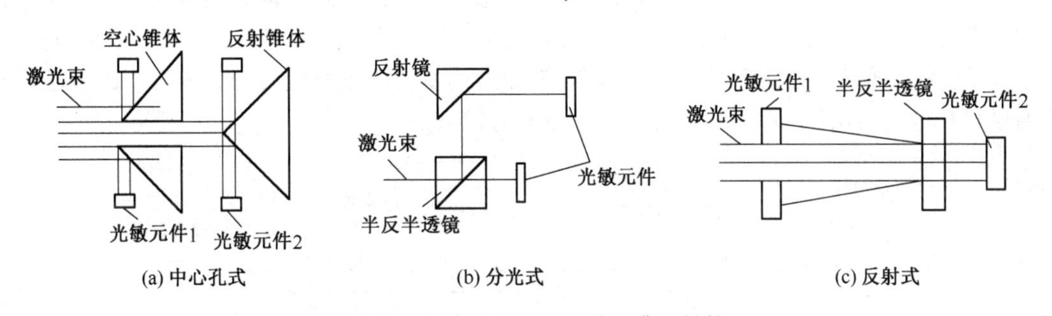

图 6-27　四自由度测量系统的典型结构

(2) 分光式

如图 6-27(b)所示,半反半透镜将基准激光束分成两束:其中透射光束被光敏元件接收,产生 x,y 方向的电信号;反射光束经反射镜反射后,被光敏元件接收,产生 θ_x, θ_y 的电信号。

(3) 反射式

如图6-27(c)所示,一光敏元件中央开有直径和基准激光束直径相同的圆孔,激光通过圆孔后被半反半透镜分为两束:一束反射到光敏元件 1 上产生 θ_x, θ_y 的电信号;另一束透过后被光敏元件 2 接收,产生 x,y 方向的电信号。

2. 五自由度和六自由度测量系统

五自由度和六自由度的测量,目前主要有两种方式:一种是将单一激光束分为多束作为测量基准,采用多个光电接收器(如四象限光电池、PIN 或二维 PSD)来接收产生各自由度的电信号;另一种采用 CCD(电荷耦合成像器件)作为接收器件,对一特定制作的置于被测物体上的模型进行扫描,以获得模型上特征点的视觉信号,经过一定算法而获得被测物体各个自由度的信息。

美国密西根大学研究了一种光学测量系统,可同时测量机床五自由度偏差(五维几何误差)[33]。如图 6-28 所示,该系统分为可动和固定两个部分。可动部分包括三个平面镜和一个角锥反射棱镜,置于机床的工作台上随其一起在导轨上移动;固定部分包括氦氖激光器、两个分光镜、一个平面反射镜和三个 PSD,主要提供测量基准和测量信号。角锥反射棱镜具有对光束方向(小角度内)不敏感的特性,因此从角锥反射棱镜反射回的光束被 PSD 接收,所得的位置信息可反映水平和垂直两个方向上的直线度误差。平面反射镜仅对光束的偏摆和俯仰敏感,因此从平面反射镜反射回来的光束被 PSD 接收,所得的位置信息可反映两个角位移误差。滚转角误差由 PSD 获得的位置信息得出。该方法在可动部分和固定部分距离为 0.5 m 的范围内,测试分辨力线位移为 2 μm,角位移为 0.02°,但滚转角分辨力较低。

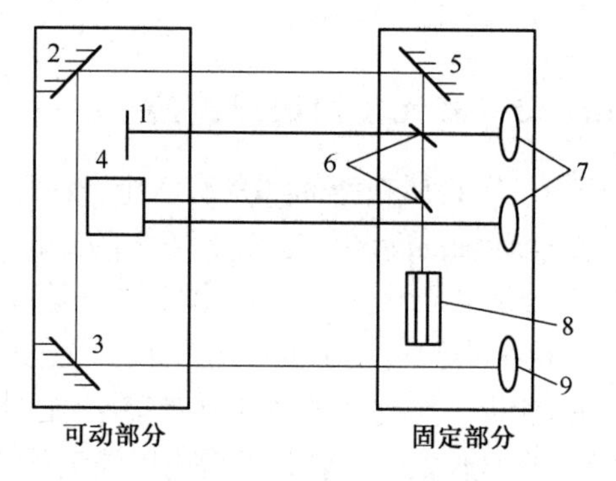

图 6-28 同时测量机床五自由度偏差的原理图

1、2、3、5:平面反射镜; 6:分光镜;
4:角锥反射棱镜; 7、9:PSD; 8:激光器

日本 Nihon 大学和 Sophia 大学研制出了一种用于同时测量机床工作台六自由度偏差的光学测量系统[33]。如图 6-29 所示,采用传统的激光干涉系统的测量位置误差为 Δz,其他五个自由度偏差通过分光镜分得的三束光携带的位置信息经计算而得到。该测量系统包括发出三束平行光束的固定部分和置于机床工作台上的可动部分。这个测量系统在保证三个测量基准光束相互平行的条件下,对三个线位移和偏摆、俯仰角偏差的测量有较高的分辨力。由于滚转角的测量与其他各自由度偏差都相关,所以其分辨力较低。

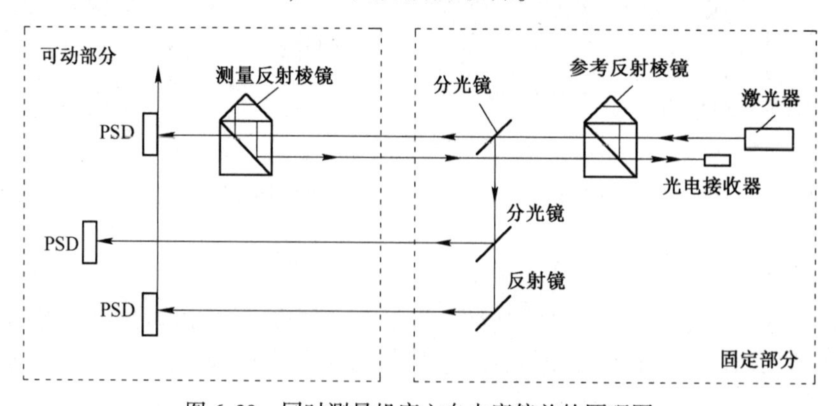

图 6-29 同时测量机床六自由度偏差的原理图

6.5 激光多普勒测速

1842 年奥地利科学家 Doppler 首次发现,任何形式的波传播,由于波源、接收器、传播介质或散射体的运动,会使频率发生变化,即产生所谓的多普勒频移。从原则上讲,可利用任何单色光的多普勒效应来测量速度。但是,任何实际的单色光都有一定的带宽。对于普通的单色光源来说,在一般的低速下,多普勒效应造成的频率变化比单色光的频率宽度要小得多,利用光学多普勒效应很难测量一般物体的运动速度。激光的频率宽度不仅比单色光的频率宽度要小得多,而且比一般的速度下造成的多普勒频率展宽也要小。因此,激光的出现,使得利用光学多普勒效应测量一般物体的运动速度成为可能。

1964 年,Yeh 和 Commins 首次观察到水流中粒子的散射光有频移,证实了可用激光多普勒频移技术来确定粒子流动的速度。随后有人用该技术测量气体的流速。目前激光多普勒频移技术已广泛地应用于流体力学、空气动力学、燃烧学、生物医学,以及工业生产中的速度测量。

6.5.1 运动微粒散射光的频率

激光多普勒测速的原理是,用一束单色激光照射到随流体一起运动的微粒(自然存在或人工掺入的)上,测出其散射光相对于入射光的频率偏移,即所谓的多普勒频移[1],进而确定流体的速度。首先要考查由光源入射到运动微粒上的光和接收器接收到的由运动微粒散射出来的光之间的频差,然后再研究测量该频差的方法。

1. 运动微粒上接收到的光源入射光的频率

如图 6-30 所示,静止光源 O 发出一束频率为 ν_{i} 的单色光,该单色光入射到与被测流体一起运动的微粒 Q 上。若被测流体相对于光源的速度为 $\vec{v}$,那么反过来光源相对于接收器的速度应为 $-\vec{v}$。根据光学多普勒效应(式(1-76)),微粒 Q 接收到的光的频率是

$$\nu_{\mathrm{Q}}=\nu_{\mathrm{i}}\left(1+\frac{-\vec{v}\cdot\vec{e}_{\mathrm{i}}}{c/\mu}\right)=\nu_{\mathrm{i}}\left(1-\frac{\vec{v}\cdot\vec{e}_{\mathrm{i}}}{c/\mu}\right) \tag{6-33}$$

式中,$\vec{e}_{\mathrm{i}}$ 是光束射向微粒方向上的矢量。

2. 静止接收器上接收到的运动微粒散射光的频率

微粒 Q 接收到频率为 ν_{Q} 的光后,向四面八方散射,在与微粒保持相对静止的观察者看来,散射光的频率就是 ν_{Q}。但是,对于和光源保持静止的观测点 S 来说,散射光源 Q 对它的相对速度为 $\vec{v}$,因此在 S 处接收到的散射光的频率应为

$$\nu_{\mathrm{s}}=\nu_{\mathrm{Q}}\left(1+\frac{\vec{v}\cdot\vec{e}_{\mathrm{s}}}{c/\mu}\right) \tag{6-34}$$

式中,$\vec{e}_{\mathrm{s}}$ 是散射方向(沿 Q 到 S 方向)上的单位矢量,如图 6-31 所示。

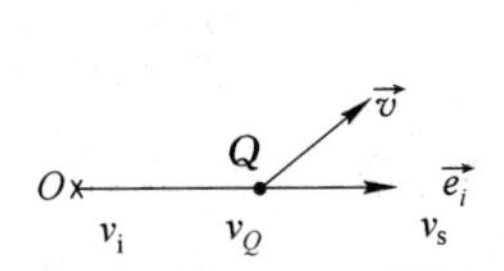

图 6-30 频率为 ν_{i} 的单色光入射到速度为 $\vec{v}$ 的微粒 Q

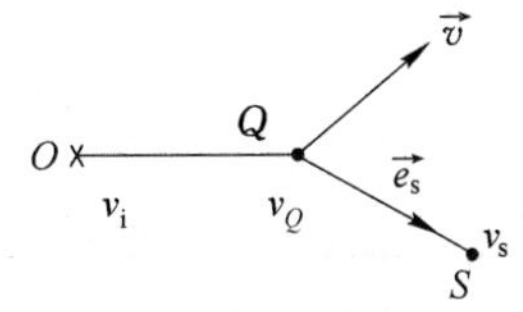

图 6-31 S 处接收到的微粒 Q 散射光的频率 ν_{s}

将式(6-33)代入式(6-34),得到光源 O 发出的入射光和观测点 S 接收到的散射光之间的频率关系为

$$\nu_s=\nu_Q\left(1+\frac{\vec{v}\cdot\vec{e}_s}{c/\mu}\right)=\nu_i\left(1-\frac{\vec{v}\cdot\vec{e}_i}{c/\mu}\right)\left(1+\frac{\vec{v}\cdot\vec{e}_s}{c/\mu}\right)$$

经整理,略去平方项得到

$$\nu_s=\nu_i+\frac{\vec{v}}{c/\mu}\cdot(\vec{e}_s-\vec{e}_i)\nu_i \tag{6-35}$$

只要测得 ν_s,就可以推知 $\vec{v}$ 在 $(\vec{e}_s-\vec{e}_i)$ 方向上的分量。实际上,在一般的速度下,式(6-35)右边第一项比第二项高八九个数量级。直接用光谱分析的方法来区别散射光频率 ν_s 和入射光频率 ν_i 是不现实的。常用的是所谓的差频法,和 6.3 节中用的“差频测相”类似,只不过“混频”的“本振”信号是入射光,而“混频”的“信号” 是散射光。两束光“混频”的结果是“光学拍”,拍频信号的频率就是要测量的多普勒频移。

6.5.2 差频法测速

差频测速方法大致可分为两类:一类是检测散射光和入射光之间的频移——多普勒频移,这种方法常称为参考光束型多普勒测速;另一类是检测两束散射光之间的频差——多普勒频差,这种方法叫作双散射光束型多普勒测速。下面对这两种方法分别做一个原理性的说明。

1. 参考光束型多普勒测速

这种类型的测速光路以入射光作为参考光束,测量散射光对于入射光的多普勒频移。图 6-32 所示为参考光束型多普勒测速方法的光路原理图。激光束入射到分束器 M_1 后被分成两束:一束是从 M_1 透过,直接到达会聚透镜 L_1 的强光束,该光束经 L_1 会聚后照射散射微粒,产生散射光。这一束光由于是为散射微粒提供照明用的,因此也叫照明光束。另一束光是经 M_1、M_2 反射后,又经过中性密度滤光片 M_3 滤光后衰减的弱光束。该光束由于是为检测散射光的多普勒频移提供比较标准的,因此也叫参考光束。照明光束和参考光束经透镜 L_1 聚焦于流速场中的被测点 Q,强度较大的照明光束照射到散射微粒后向四面八方散射,其中沿参考光束方向前进的散射光和未经散射而透过测量区域的参考光,同时通过光阑和透镜 L_2 会聚到光电倍增管的光阴极上相叠加。

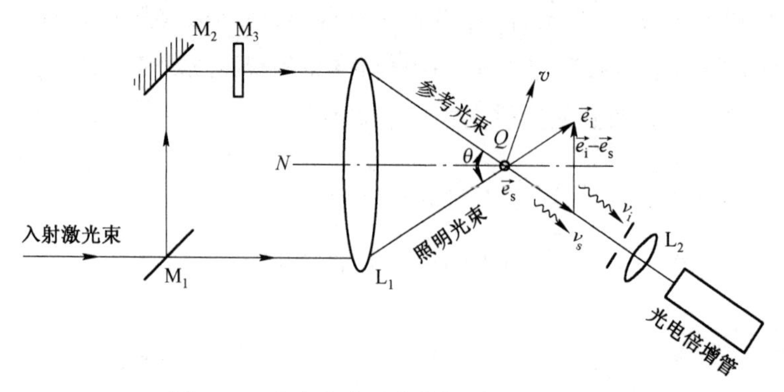

图 6-32 参考光束型多普勒测速光学系统

设 $E_i(t)$ 和 $E_s(t)$ 分别表示参考光和散射光的电矢量的瞬时值,E_i 和 E_s 分别表示参考光和散射光电矢量的振幅,ϕ_i 和 ϕ_s 分别为参考光和散射光的初相位,则

$$E_i(t)=E_i\exp[-j(2\pi\nu_i t+\phi_i)]$$
$$E_s(t)=E_s\exp[-j(2\pi\nu_s t+\phi_s)]$$

合成光强 I 应正比于合成电矢量的模平方，由四项组成

$$\begin{aligned}I&\propto|E_i(t)+E_s(t)|^2\\&=E_i^{\,2}(t)+E_s^{\,2}(t)+E_iE_s\exp\{-j[2\pi(\nu_i+\nu_s)t+(\phi_i+\phi_s)]\}+\\&\quad E_iE_s\exp\{-j[2\pi(\nu_i-\nu_s)t+(\phi_i-\phi_s)]\}\end{aligned}$$

其中第四项为拍频项。前三项的信号频率是光的频率及其和频。光电倍增管的频率响应跟不上，前三项产生的光电信号是其时间平均值，为常数。第四项的信号频率就是多普勒频移。因此光电倍增管实际感受到的合成光强可表示为

$$I\propto I_0+E_iE_s\exp\{-j[2\pi(\nu_i-\nu_s)t+(\phi_i-\phi_s)]\}\tag{6-36}$$

光电倍增管输出的光电流正比于它接收到的光强，用复指数函数的实部表达它的规律为

$$i=i_0+I_m\cos[2\pi\nu_D t+(\phi_i-\phi_s)]\tag{6-37}$$

式中，$\nu_D=\nu_i-\nu_s$ 是多普勒频移，i_0 是光电流的直流分量，I_m 是光电流交流分量的最大值。通过测量光电倍增管输出的光电流的波动频率，就可以得到多普勒频移 ν_D。

由式(6-35)可得多普勒频移为

$$\nu_D=\nu_i-\nu_s=\frac{\vec{v}}{c/\mu}\cdot(\vec{e}_s-\vec{e}_i)\nu_i\tag{6-38}$$

式中，$\vec{e}_i$ 为入射光即照明光照射方向上的单位矢量，$\vec{e}_s$ 为散射光方向即参考光方向上的单位矢量(见图 6-32)。入射方向和散射方向之间的夹角为 θ，QN 为角的平分线，它与矢量差 $(\vec{e}_s-\vec{e}_i)$ 的方向是相垂直的，设 $\vec{v}$ 在 $(\vec{e}_s-\vec{e}_i)$ 的方向上的投影为 u，则有

$$\vec{v}\cdot(\vec{e}_s-\vec{e}_i)=u\,|\vec{e}_s-\vec{e}_i|=2u\sin\frac{\theta}{2}$$

若入射光在真空中的波长为 λ_i，则 $\lambda_i=c/\nu_i$。于是可得

$$\nu_D=\frac{2u\mu}{\lambda_i}\sin\frac{\theta}{2}\tag{6-39}$$

因而

$$u=\frac{\lambda_i\nu_D}{2\mu\sin\frac{\theta}{2}}\tag{6-40}$$

式中，折射率 μ、波长 λ_i、角度 θ 都是已知的。ν_D 可以通过光电倍增管输出的光电流的频率测出，因此被测速度可通过垂直于参考光和入射光方向夹角平分线上的投影 u 得到。由于测出的 ν_D 是其绝对值，因此得到的 u 也是绝对值。若 $\vec{v}$ 的方向已知(一般都是已知的)，$\vec{v}$ 就可以完全确定。

2. 双散射光束型多普勒测速

双散射光束型多普勒测速方法是通过检测在同一测量点上的两束散射光的多普勒频差，来确定被测点处流体的流速的。散射光束的选取方法有两种：干涉条纹型和差动型。这里只讨论干涉条纹型，如图 6-33 所示。

在干涉条纹型多普勒测速的光路中，入射激光束通过由 M_1、M_2 组成的分束系统和透镜 L_1 后，形成两束互相交叉的入射光束，交叉点即为测量点 Q。两束光均被 Q 点处的微粒所散射，它们的散射光经透镜 L_2 会聚在光电倍增管的光电阴极上。由于微粒运动速度 $\vec{v}$ 和两束入射光的夹角不同，所以它们在同一方向上的散射光的多普勒频移也不同。故光电倍增管的光电

阴极上接收到的是两个不同频率的散射光的合成相干光。

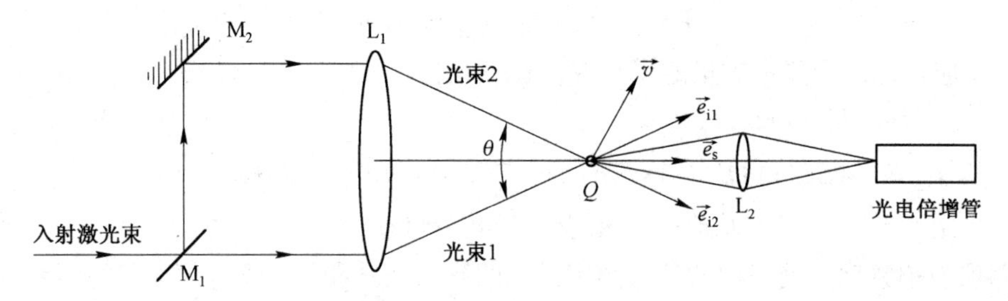

图 6-33　双散射光束型多普勒测速光学系统

设频率为 ν_i 的两束入射光——光束 1 和光束 2 在它们各自前进方向上的单位矢量分别为 $\vec{e}_{i1}$ 和 $\vec{e}_{i2}$，所选取的散射方向上的单位矢量为 $\vec{e}_s$，光束 1 和光束 2 在 $\vec{e}_s$ 方向上的散射光的频率分别为 ν_{s1} 和 ν_{s2}。则有

$$\nu_{s1}=\nu_i+\frac{\vec{v}}{c/\mu}\cdot(\vec{e}_s-\vec{e}_{i1})\nu_i$$

$$\nu_{s2}=\nu_i+\frac{\vec{v}}{c/\mu}\cdot(\vec{e}_s-\vec{e}_{i2})\nu_i$$

频率为 ν_{s1} 和 ν_{s2} 的两束光在光电倍增管的光电阴极上合成后，可以使光电倍增管输出频率为 $\nu_{DS}=\nu_{s1}-\nu_{s2}$ 的交变电流，这就是光电倍增管的差频作用。这里的 ν_{DS} 是两个散射光的频差。为了与多普勒频移 ν_D 相区别，称 ν_{DS} 为多普勒频差。上两式相减后可得

$$\nu_{DS}=\frac{\vec{v}}{c/\mu}\cdot(\vec{e}_{i2}-\vec{e}_{i1})\nu_i$$

令 $\vec{e}_{i1}$ 和 $\vec{e}_{i2}$ 的交角为 θ，则可得到

$$\nu_{DS}=\frac{2u\mu}{\lambda_i}\sin\frac{\theta}{2} \tag{6-41}$$

以及

$$u=\frac{\lambda_i\nu_{DS}}{2\mu\sin\dfrac{\theta}{2}} \tag{6-42}$$

上式中的 ν_{DS} 是多普勒频差，μ 是流体的折射率，λ_i 是入射光在真空中的波长，u 是速度矢量 $\vec{v}$ 在垂直于两束入射光交角平分线方向上的投影。实际上测量到的是 ν_{DS} 的绝对值，所以这里得到的 u 也是绝对值。当流速方向与入射光交角平分线相垂直时，u 正是流体流动的速率。

6.5.3　激光多普勒测速技术的应用

激光多普勒测速仪具有非接触测量，不干扰测量对象，测量装置可远离被测物体等优点，在生物医学、流体力学、空气动力学、燃烧学等领域得到了广泛应用。

1. 血液流速的测量

激光多普勒测速仪具有极高的空间分辨力，再配置一台显微镜，即可用于观察毛细血管内血液的流动。图 6-34 所示为激光多普勒显微镜的光路图，用于对血液流速的测量。将多普勒测速仪与显微镜组合起来，显微镜用视场照明光源照明观察对象，用以捕捉目标。测速仪经分光棱镜将双散射信号投向光电接收器，被测点可以是直径为 60 μm 的粒子。

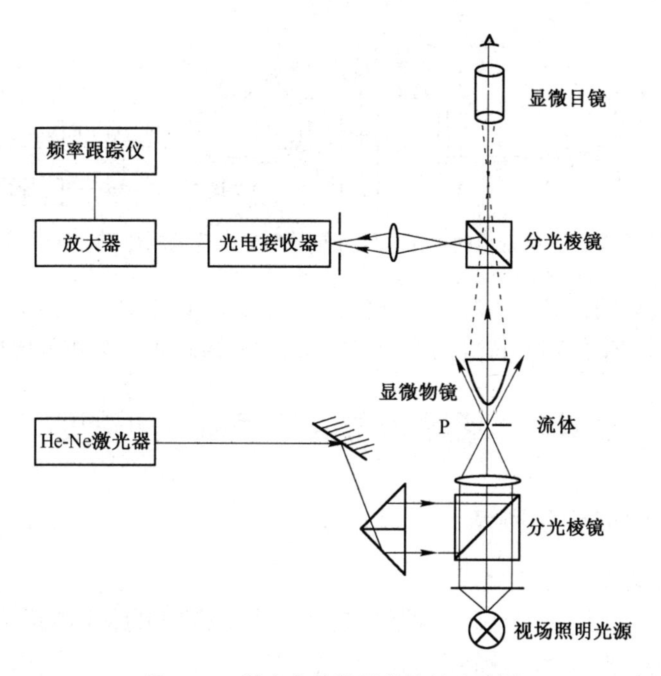

图 6-34　激光多普勒显微镜的光路图

由于被测对象是生物体,光束不容易直接进入生物体内部,因此上述测速仪在测量活体的时候并不太适用。测量活体要求测量探头尺寸小,可以深入到难以测量的角落。光纤探头体积小,便于调整测量位置;并且抗干扰能力强,密封型的光纤探头可直接放入液体中使用。因此医用的血液流速的测量可以采用光纤激光多普勒测速仪,其原理图如图 6-35 所示。它采用后向散射参考型光路,参考光路由光纤端面反射产生。为消除透镜反光的影响,利用安置在与入射激光偏振方向相正交的检偏器来接收血液质点的散射光和参考光。

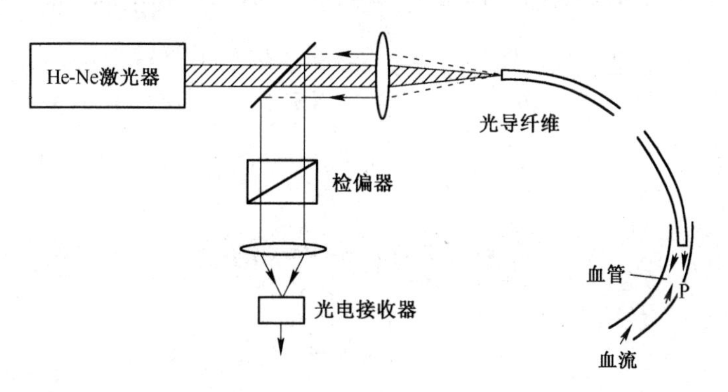

图 6-35　用于血液流速测量的光纤激光多普勒测速仪原理图

2. 管道内水流的测量

图 6-36 所示为测量圆管或矩形管内水流速度分布的激光多普勒测速系统原理图,采用的是最典型的双散射型测量光路。激光器发出的光被分为两束,通过双孔光阑进入会聚透镜,两束光都会聚在透镜的焦点上。当被测微粒 P 通过焦点时,两束光都被散射。两束散射光的一部分同时进入光电倍增管前面的接收透镜。在光电倍增管前产生干涉条纹信号,并被转换成为

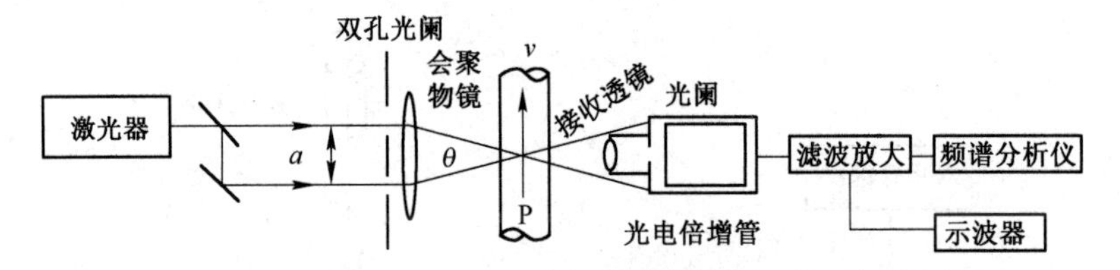

图 6-36　测量管道内水流速度分布的激光多普勒测速系统原理图

电信号,经滤波放大后的信号进入频谱分析仪,最后结果被打印输出。当会聚透镜聚焦在管内的不同点时,就可以测量出不同位置的流速,从而得到对流场进行分析的实验数据。

6.6　环形激光测量角度和角加速度

6.6.1　环形激光精密测角

1. Sagnac 效应和角速度测量[29]

1913 年 Sagnac 提出了一种环形干涉仪,它是一个严格的共路干涉系统。1925 年迈克耳孙利用这个原理构造了测量地球转动的干涉仪。环形干涉仪的 Sagnac 效应如图 6-37 所示。入射光被分光镜 A 分为两路,一路沿顺时针(CW)方向传播,另一路沿逆时针(CCW)方向传播。暂时不管图中 EF 路的作用,两路光又再 A 处重新会合。干涉仪不动时(转速 $\omega=0$),顺时针和逆时针传播一周所需时间相同,即

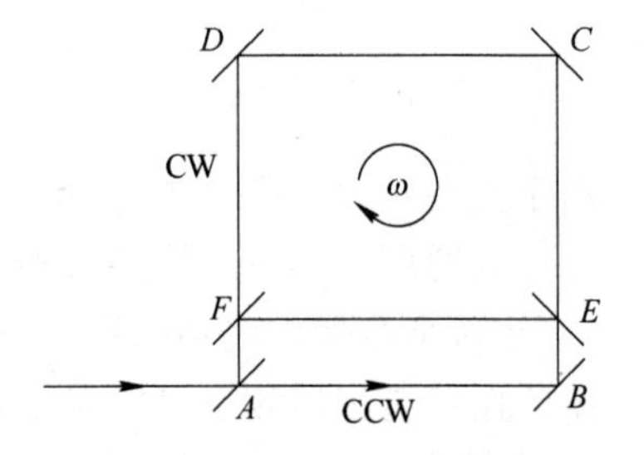

图 6-37　环形干涉仪的 Sagnac 效应

$$t=L/c$$

式中,L 为 $ABCD$ 周长。当干涉仪转动时(转速 $\omega\neq0$),对于随着干涉仪转动的观察者来说,两束光(顺时针和逆时针)传播的时间分别为

$$t_{\mathrm{CW}}=\oint\left[\frac{1}{c}\mathrm{d}\vec{l}+\frac{1}{c^2}(\vec{\omega}\times\vec{r})\cdot\mathrm{d}\vec{l}\right]=\frac{L}{c}+\frac{1}{c^2}\oint(\vec{\omega}\times\vec{r})\cdot\mathrm{d}\vec{l} \tag{6-43}$$

$$t_{\mathrm{CCW}}=\frac{L}{c}-\frac{1}{c^2}\oint(\vec{\omega}\times\vec{r})\cdot\mathrm{d}\vec{l} \tag{6-44}$$

二者之差为

$$\Delta t=\frac{2}{c^2}\oint(\vec{\omega}\times\vec{r})\cdot\mathrm{d}\vec{l}$$

令

$$\vec{S}=\frac{1}{2}\oint\vec{r}\times\mathrm{d}\vec{l}$$

其几何意义是:大小为 $ABCD$ 的面积,而方向为平面法线的方向。可得到

$$\Delta t=\frac{2}{c^2}\oint(\vec{\omega}\times\vec{r})\cdot\mathrm{d}\vec{l}=\frac{2}{c^2}\omega\cdot\oint\vec{r}\times\mathrm{d}\vec{l}=\frac{4\omega S}{c^2} \tag{6-45}$$

因此光程差为

$$\Delta L=\Delta tc=\frac{4\omega S}{c} \tag{6-46}$$

迈克耳孙利用 $2\times2\ \mathrm{m}^2$ 的矩形为 $ABCD$ 光路,以 $ABEF$ 为参考光路($ABEF$ 面积足够小,其光程差可以忽略不计)测出地球转动对应的光程差为 0.13 μm。

2. 环形激光器

不难看出,上述无源腔的灵敏度很低。下面考查有源腔的情况。由于激光共振腔的共振频率为

$$\nu = q\frac{c}{2\mu d} \qquad (q=1,2,3,\cdots)$$

式中,$2\mu d$ 是在谐振腔中来回一次的光程。在环形腔的情况下传播一圈的光程为 L,即

$$\nu = q\frac{c}{L} \qquad (q=1,2,3,\cdots) \tag{6-47}$$

由于逆向传播的两束激光的光程不同,具有不同的振荡频率,应该满足

$$\frac{\Delta\nu}{\nu} = \frac{\Delta L}{L}$$

式中,$\Delta\nu = \nu_{CW} - \nu_{CCW}$ 是逆向传播的两束激光的频率差。将其代入光程差表达式(式(6-46)),得

$$\Delta\nu = \frac{4S\omega}{L\lambda} \tag{6-48}$$

式中,S 为环形腔的面积,L 为环形腔的周长。该式表明,尽管环形激光器的尺寸不大,但仍可以得到相当大的拍频数,这是因为腔内的激活介质的增益过程使振荡的激光线宽远小于无源腔的线宽,从而使频差的测量误差大为减小。

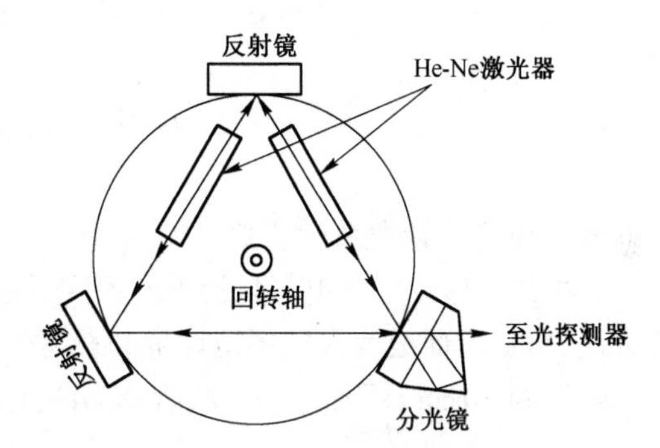

图 6-38 环形激光器系统示意图

例如,在图 6-38 所示的环形激光器中[36],激光的波长为 633 nm,三角形的单边边长为 0.1 m,当以角速度 0.1 弧度每小时旋转时,频差为 0.044 Hz。结果表明,尽管旋转速度非常之慢,但仍可以精确计量。

3. 环形激光精密测角

基于上述拍频公式,如果从 t_1 时刻到 t_2 时刻,环形激光器转过的角度为 θ,则在这一段时间间隔内累计的拍频条纹数可以表示为

$$N = \int_{t1}^{t2} \Delta\nu \, dt = \frac{4S}{L\lambda}\int_{t1}^{t2} \omega \, dt = \frac{4S}{L\lambda}\theta \tag{6-49}$$

该式说明拍频计数与转角呈线性关系,是环形激光器作为角度和角速度传感器的原理公式。实际上,环形激光器测角还要受到零点漂移、闭锁、地磁、非线性等影响,需要在理论与工艺等诸多方面作大量的工作予以克服,才能够使误差减小,实现精密测角。

6.6.2 光纤陀螺

光纤陀螺也是基于 Sagnac 效应。以长度为 L 的光纤绕成的由 N 个圆圈组成的光纤圈,其直径可以表示为

$$D = \frac{L}{\pi N}$$

而圆面积可表示为

$$S = \frac{\pi D^2}{4} = \frac{L^2}{4\pi N^2}$$

光程差则可以表示为

$$\Delta L = \frac{4\omega SN}{c} = \frac{LD}{c}\omega \tag{6-50}$$

由此可见，为了增加光程差，一种方法是加大直径，一种方法是增加圈数。对于光纤来讲，后一种方法是极易实现的。因此实用的环形激光测角采用光纤陀螺仪。图6-39所示为光纤陀螺仪的示意图。

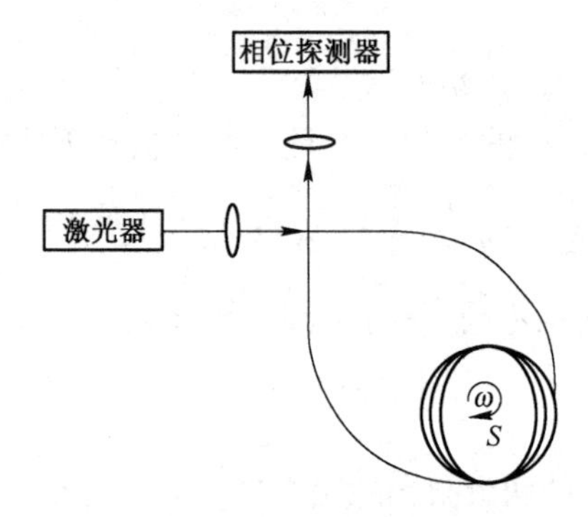

图6-39　光纤陀螺仪示意图

6.7　激光环境计量

激光环境计量中采用了激光雷达[36,37]。激光雷达(laser radar)又称为光雷达(optical radar)。激光雷达对大气中的微粒子的探测灵敏度非常高，利用分光方法，可以测定特定的大气成分的分布，因此成为大气环境计量的最有效手段。如果使用皮秒级的脉冲激光，则其空间分辨率可达到10 cm以下。图6-40所示为激光雷达的结构示意图。

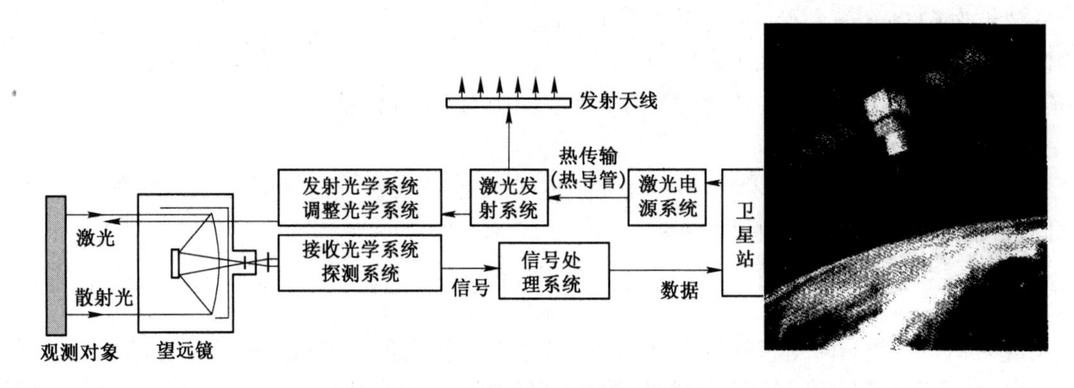

图6-40　激光雷达结构示意图

当光传播中遇到折射率不连续处时，将以该处作为新的光波源产生散射现象。按照光子的能量是否发生变化，散射分为非弹性散射和弹性散射两种类型。弹性散射又有瑞利散射和米氏散射之分。相对于激光波长而言，当散射体的尺寸非常小(空气中的分子)时，称为瑞利散射；与激光波长相当(空气中悬浮粒子)的散射，称为米氏散射。瑞利散射强度与照射激光波长的四次方成反比，所以，通过改变波长的测量方式就可以和米氏散射区别开。相应地，非弹性散射也有拉曼散射和布里渊散射两种。正是利用这些散射计量技术，使激光雷达在大气环境观测中的应用非常活跃。

向空中发射的激光束能够对距离数百千米外的空中悬浮物(气体，微粒子)进行主动性的远距离计量。通过计量散射光，就可以测定空气中是否有紊乱气流(米氏散射)，以及CO，NO，

N_2O,SO_2,H_2S 等各种大气污染物的种类及数量(拉曼散射)。对所有这些物质的鉴定主要是通过观测瑞利散射、米氏散射或拉曼散射进行的。

拉曼散射是指光遇到原子或分子发生散射时,由于入射光把一部分能量转移给原子或分子,致使散射光的频率发生变化的现象。拉曼散射所表现出的特征,因组成物质的分子结构的不同而不同。因此,将接收的散射光谱线进行分光,通过光谱分析法可以很容易地鉴定分子种类。

通过激光雷达,可以获得空气中的悬浮分子的种类、数量及距离,利用短脉冲激光可以按时间序列观测每个脉冲所包含的信息,即可获得对象物质的三维空间分布,以及移动速度、方向等方面的信息。因此,激光雷达技术在解决环境问题方面占据着举足轻重的位置。

激光雷达可以用于从地表向空中的观测,还可以用于从宇宙对地球大气进行观测。该技术的核心是:搭载有激光雷达的人造卫星从宇宙向地球发出激光,并在宇宙中接收来自大气的反射光或散射光,对其进行分析,再利用无线电波将分析结果传回至地面。正是由于激光雷达技术的进步,才使跨越国界获取全球范围的大气信息的愿望能够得以实现,因此激光雷达成为解决环境问题的强有力的工具。

由于激光的带宽很窄,采用合适波长的滤光器可将背景光和激光及散射光准确地区分开,并能够去除对高灵敏度计量有害的背景光成分。因此,使用激光系统即使在白天也可以进行高信噪比的信号处理。而且激光光束发射角非常小,目标选择性非常好,即使低输出功率(几毫瓦)的激光,也可以在白天进行 10 km 以上的距离测定,以及对大气成分的光谱分析。

6.8 激光散射板干涉仪

在精密测量中应用激光还有一个重要的领域,即全息散斑干涉计量,主要用于波面的测量。测量结果也可以转化为引起波面二维变形的其他物理量,因而成为其他物理量,例如折射率分布、温度场、变形场(应力应变分布)等的精密测量方法。与激光干涉测长相同的是,全息散斑干涉计量也以激光波长作为长度的基本计量单位。不同的是,其测量结果是一个二维的被测量的场,而不仅仅是一维的长度变化。本节以激光散射板干涉仪为例说明这样一类应用。激光散射板干涉仪是一种共光路干涉仪,曾成功地用来检验过直径近 1 m 的 $f/4$ 物镜的波像差,有重要的实用价值。激光散射板干涉的机理,可以用光程差分析来定性说明。但是,光程差分析要求两块散射板的二维散射性能分布完全一致,而且在光路装配和校正后满足严格的点对点一一对应的物像共轭关系。加工与装校的困难使这种精度达到微米量级的共轭关系不可能得到满足,与光程差分析的要求发生矛盾。点点对应实际上并不会影响激光散射板干涉仪生成干涉条纹,这是光程差分析所不能解释的。

本书从傅里叶光学与统计光学原理出发,可以对激光散射板干涉仪的基本光路进行严格分析[37]。证明先散射后透射与先透射后散射两条光路在被测镜无像差时传播光的等价性,给出存在波像差时先散射后透射与先透射后散射两条光路传播光场的变化。用统计光学方法导出在散斑条件下干涉条纹产生的机理,能够建立干涉条纹与被检验物镜的波像差之间的关系。进而得到干涉条纹对比度与两散射板透过率相关性之间的关系,给出激光散射板干涉仪在使用时可以将一块散射板相对另一块散射板平移,产生平行直条纹的原因。本书介绍的这种分析方法可以推广到所有全息散斑干涉计量技术涉及的光学系统,有一定的普遍意义。

1. 基本光路

由原理型的激光散射板干涉仪到实际应用的激光散射板干涉仪,有多种光路,它们都可以展开为如图 6-41 所示的典型光路。图中被测透镜(或被测反射镜的等价透镜)置于(x_0,y_0)平面上,两块散射板分置于放大率为 1 的两倍焦距处的(x_{S_1},y_{S_1})与(x_{S_2},y_{S_2})两平面处,满足物像共轭关系。成像物镜置于(x_1,y_1)平面上,被测透镜是物面,对应的像平面是(x_i,y_i)。照明激光聚焦在被测透镜的光心(或被测凹镜顶点),经过第一块散射板 S_1 时,一部分光能被散射到整个被测透镜上,一部分被聚焦于 O 处。通过 A 点散射到 B 的光线是散射场中的一根光线。而 AO 则是直透的光线。BC 光线在通过第二块散射板 S_2 时又分为两部分,其直透光到达(x_1,y_1)上的 D 点,而且在透镜作用下射到(x_i,y_i)上的 E 处。OC 光线被 S_2 散射后总有一条散射光会通过 D 点也在透镜作用下射到 E 处。这样由 S_1 散射后又由 S_2 透过的光线 ABC 与由 S_1 透过后又由 S_2 散射的光线 AOC 将在 E 处形成干涉场。另一方面,从光的散射与衍射的角度分析,可以证明散射板干涉现象的产生不取决于单个点,而取决于一个小区域中的相关性,两散射板间微米级精度的严格共轭关系并不必要。

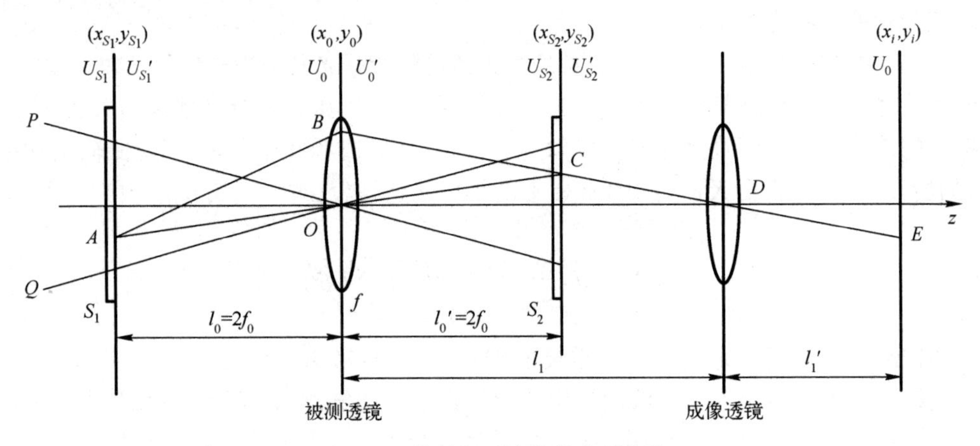

图 6-41 散射板干涉仪的典型光路

2. 干涉条纹形成的数理模型

在输出平面上产生的光场有四项分量。其中两次都由散射板直透过时,光场分布是会聚在像面中心的一个光点,对整个干涉场没有贡献。两次通过散射板都散射时,产生的是与另两个散斑场统计无关的散斑场,只会给干涉测量场带来背景光噪声,不影响散斑干涉条纹分布。这两个分量以下不再予以讨论。

当被检透镜无像差时,在 S_2 后的两部分光,前一次直透后一次散射的光场分布与前一次散射后一次直透的光场分布,除了一个常系数以外完全相同。这说明存在一个等价关系,即前一次直透第二次散射的光场可以用被检透镜无像差的情况下前一次散射第二次直透产生的光场来代替,这样代替以后,从被检透镜到输出面的成像过程中,第二块散射板可以不再考虑。第二块散射板的作用直接用其倒置于第一块散射板位置处的等价物取代。

根据等价关系,前一次直透第二次散射和前一次散射第二次直透产生的光场分别为

$$U_{\mathrm{ITS}}=\frac{C_1A_0\lambda}{\mathrm{j}M}\exp\left[-\mathrm{j}\frac{k}{2l_0M^2}(x_i^2+y_i^2)\right]\times$$
$$\iint T_2(-x_{S_1},-y_{S_1})\exp\left[-\mathrm{j}2\pi\left(\frac{x_i}{M}\frac{x_{S_1}}{\lambda l_0}+\frac{y_i}{M}\frac{y_{S_1}}{\lambda l_0}\right)\right]\mathrm{d}\frac{x_{S_1}}{\lambda l_0}\mathrm{d}\frac{y_{S_1}}{\lambda l_0} \tag{6-51a}$$

$$U_{IST}=\frac{C_2A_0}{jM}\exp\left[-j\frac{k}{2l_0M^2}(x_i^2+y_i^2)\right]\exp\left[jkW\left(\frac{x_i}{M},\frac{y_i}{M}\right)\right]\times$$

$$\iint T_1(x_{S_1},y_{S_1})\exp\left[-j2\pi\left(\frac{x_i}{M}\frac{x_{S_1}}{\lambda l_0}+\frac{y_i}{M}\frac{y_{S_1}}{\lambda l_0}\right)\right]d\frac{x_{S_1}}{\lambda l_0}d\frac{y_{S_1}}{\lambda l_0} \quad (6\text{-}51b)$$

式中，$M=d_i/d_0$，为成像物镜的放大率。两者具有对称的形式，但式(6-51b)中包含被检透镜波像差分布函数 $W(x_0,y_0)$，而式(6-51a)没有。两式中都包含对散射率分布函数 T_1 和 T_2 的积分，说明 U_{ITS}和 U_{IST}两项都是散斑场。

输出面上的光强分布是二维空间随机过程，并不能直接表现为干涉条纹。但实际接收到的是积分光强，因为各态历经性，其大小等于统计平均值，可用积分光强代替统计平均运算求得输出面上的光场分布

$$\langle E_I(x_i,y_i)\rangle=\frac{A_0^2S_\Sigma}{\lambda^2l_0^4M^2}\left\{(C_1^2|T_2|^2+|T_1|^2C_2^2+|T_1T_2|^2)+\frac{2C_1C_2|T_1T_2|S'_\Sigma}{S_\Sigma}\cos\left[kW\left(\frac{x_i}{M},\frac{y_i}{M}\right)\right]\right\} \quad (6\text{-}52a)$$

式中 $$S'_\Sigma=\iiiint C_{T_1T_1}(x_{S_1},y_{S_1},x'_{S_1},y'_{S_1})\times$$

$$\exp\left\{-j2\pi\left[\frac{x_i}{M}\left(\frac{x_{S_1}}{\lambda l_0}-\frac{x'_{S_1}}{\lambda l_0}\right)+\frac{y_i}{M}\left(\frac{y_{S_1}}{\lambda l_0}-\frac{y'_{S_1}}{\lambda l_0}\right)\right]\right\}d\frac{x_{S_1}}{\lambda l_0}d\frac{y_{S_1}}{\lambda l_0}d\frac{x'_{S_1}}{\lambda l_0}d\frac{y'_{S_1}}{\lambda l_0}$$

$$C_{T_1T_2}(x_{S_1},y_{S_1},x'_{S_1},y'_{S_1})=\langle T_1(x_{S_1},y_{S_1})T_2(-x'_{S_1},-y'_{S_1})\rangle \quad (6\text{-}52b)$$

式(6-52a)表明输出面上出现余弦型条纹，干涉条纹的分布取决于被检验物镜的波像差；而式(6-52b)说明干涉条纹取决于两散射板的相关性，干涉条纹对比度为

$$\mathrm{Cont}=\frac{2C_1C_2|T_1T_2|}{C_1^2|T_1|^2+|T_1|^2C_2^2+|T_1T_2|^2}\cdot\frac{S'_\Sigma}{S_\Sigma} \quad (6\text{-}53)$$

一般说来，对比度不能达到最大值也不会变为零，激光散射板干涉仪总可以工作。

激光散射板干涉仪在使用时将一块散射板相对另一块散射板平移，还会产生直条纹。利用上述结果很容易解释产生平行直条纹的原因。根据傅里叶变换的位移定理，式(6-52b)积分将产生一个附加的线性位相因子，这一线性位相因子将导致余弦函数的自变量增加一线性附加项，因而会产生平行直条纹。被检验物镜的波像差对应的干涉条纹则调制在平行直条纹上。

思考练习题 6

1. 图 6-2(a)所示的角锥棱镜反射器中，O 为三面直角的顶点，$OA=OB=OC$。

(1) 试证明当三个直角均没有误差时，由斜面 ABC 上入射的光线的出射光线与原入射光线反向平行；

(2) 若一个直角误差为 $\delta\alpha$，试计算出射光线与原入射光线的夹角。

2. 什么是可逆计数器？为什么在激光干涉仪的数字处理电路中需要可逆计数器？试说明可逆计数器的工作原理，并请构想出书中提到的几种产生移相信号方法的原理。

3. 在图 6-8 所示的双频激光干涉仪测量空气折射率装置中，真空室长度为 L，激光在真空中的波长为 λ_0，记录下来的累计条纹数为 N。试证明被测气体折射率可以用式(6-8)表示。

4. 分离间隙法的测量原理如图 6-13 所示。试证明狭缝宽度 b 和间隔 z，级次 k_1、k_2，暗条纹的位置 x_{k1}、x_{k2}，以及工作距离之间的关系为式(6-19)。

5. 在一拉制单模光纤生产线上测量光纤直径，若光纤外径为125 μm，外径允差为±1 μm，不考虑光纤芯的折射率变化的影响，用图 6-10 右半部所示的检测系统，若接收屏处放置的 2048 元线阵 CCD 像素间距为 14 μm，为保证测量系统的分辨率为允差的五分之一，所用的透镜焦距至少为多大？

6. 用如图 6-18 所示的激光脉冲测距方法测量地球到月球之间的准确距离。若使用调 Q 技术得到脉宽为 10^{-9} s 而脉冲峰值功率为 10^{9} W 的激光巨脉冲，激光的发散角通过倒置望远镜压缩到 0.01 mrad，光电接收器最低可以测量的光功率为 10^{-6} W，大气层的透过系数为 5×10^{-2}。求送上月球的角锥棱镜反射器的通光口径的最小值（不考虑角锥棱镜的角度加工误差）。

7. 试说明相位测距的原理。若激光相位测距量程要求达到 5 km，最小可分辨测量距离为 1 mm，而测相灵敏度为 $2\pi/1000$，那么至少需要几个调制频率才能满足上述技术要求？

8. 一台激光隧道断面放样仪，要在离仪器 50 m 远的断面处生成一个激光光斑，进行放样工作，要求放样光斑的直径小于 3 cm。

（1）如果使用发散（全）角为 3 mrad 的氦氖激光器，如何设计其扩束光学系统以实现这个要求？

（2）如果使用发光面为 $1\times3\ \mu m^2$ 的半导体激光器，又如何设计其扩束光学系统？

9. 用图 6-33 中的双散射光路测水速。两束光夹角为 45°，水流方向与光轴方向垂直，流水中掺有散射颗粒，若光电倍增管接收到的信号光频率为 1 MHz，所用光源为 He-Ne 激光器，其波长为 632.8 nm，求水流的速度。

10. 什么是 Sagnac 干涉仪？试说明其原理并列举出它的三种以上的用途及使用方法。

11. 图 6-39 所示的光纤陀螺仪中，以长度为 L 的光纤绕成直径为 D 的由 N 个圆圈组成的光纤圈，以角速度 ω 旋转时，试给出逆向传播的两束波长为 λ 的激光产生的差频公式。若耦合进光纤的半导体激光的波长为 650 nm，光纤绕成直径为 1 cm 的 100 个圆圈，以角速度 0.1 弧度每小时旋转时，该频差为多大？

第7章　激光加工技术

激光的亮度高、方向性好的特点使光能(功率)可以集中在很小的区域内,因此,自第一台激光器诞生以后,人们就开始探索激光在加工领域中的应用。20世纪70年代初期,Nd:YAG激光开始用于工业生产。随着大功率激光器与各种激光技术的发展,激光与材料相互作用研究的深入,激光加工已经成为加工领域中的一种常用技术。激光加工作为一种非接触、无污染、低噪声、节省材料的绿色加工技术还具有信息时代的特点,便于实现智能控制,实现加工技术的高度柔性化和模块化,实现各种先进加工技术的集成。因此,激光加工已经成为21世纪先进制造技术中不可缺少的一部分。

激光加工指的是激光束作用于物体表面而引起的物体成形或改性的加工过程。按照光与物质作用的机理,可分为激光热加工与激光光化学反应加工[38]。激光热加工是基于激光束照射物体所引起的快速热效应的各种加工过程。激光光化学反应是借助于高密度高能光子引发或控制光化学反应的各种加工过程。两种加工方法都可对材料进行切割、打孔、刻槽、标记。前者对于金属材料焊接、表面改性、合金化更有利,后者则适用于光化学沉积、激光刻蚀、掺杂和氧化。激光热加工现在已发展得比较成熟,本章主要讨论与激光热加工有关的问题。激光诱导化学过程将在第10章中作简单介绍。

7.1　激光热加工原理

本节讨论激光热加工的原理。无论哪一种激光加工方法,都要将一定功率的激光束聚焦于被加工物体上,使激光与物质相互作用。以金属加工为例,在功率密度为$10^4 \sim 10^{11}$ W·cm^{-2}的激光聚焦照射下,物表面将吸收大量激光能量。随着照射时间的推移,激光束与金属表面之间会产生多种相互作用过程。首先是热吸收过程,使材料局部升温。激光脉冲能量足够高,脉宽足够窄,会产生冲击强化过程。随着热作用的持续,温度升高,导致表面熔化过程。继续照射,熔池会向内部发展,熔池表面发生汽化过程。几乎与此同时,等离子体开始产生,形成的汽化物和等离子体产生屏蔽现象。持续照射,屏蔽作用减弱,称作复合过程[39]。

与上述诸过程相对应,在不同激光参数下的各种加工的应用范围如图7-1所示。激光脉宽为10ms左右,聚焦功率密度为10^2 W/mm^2时,作用于金属表面,主要产生温升相变现象,用作激光相变硬化;激光作用时间在10 ~4 ms之间,聚焦功率密度在$10^2 \sim 10^4$ W/mm^2的范围时,金属材料除了产生温升、熔化现象之外,主要是汽化,同时还存在激波,可用于熔化、焊接、合金化和熔敷。激光作用时间为10^{-4} s,聚焦功率密度在$10^5 \sim 10^9$ W/mm^2的范围时,金属材料除了产生温升、熔化现象之外,还发生汽化,同时存在激波和爆炸冲击,主要用于打孔、切割、划线和微调等。激光作用时间小于10^{-6} s,聚焦功率密度增大到10^9 W/mm^2时,除了产生上述现象外,金属内热压缩激波和金属表面上产生的爆炸冲击效应变为主要现象,主要用于冲击硬化。

对激光与材料的相互作用过程的物理描述可以分为以下四个方面。

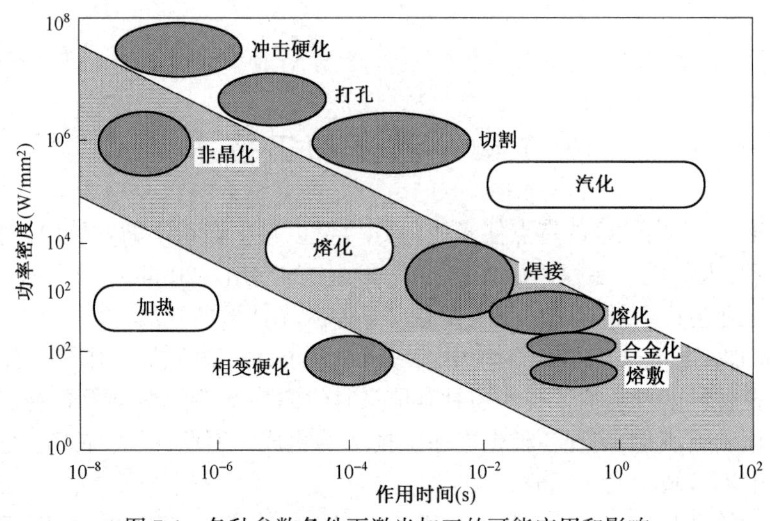

图 7-1 各种参数条件下激光加工的可能应用和影响

1. 材料对激光的吸收

激光热加工时首先发生的是材料对激光能量的吸收。一束激光照射到材料表面时,除一部分被材料表面反射外,其余部分透入材料内部被材料吸收。透入材料内部的光能主要对材料起加热作用。

不同材料对不同波长激光的吸收率不同。假设材料表面反射率为 R,则吸收率为

$$A=1-R \tag{7-1}$$

对于大部分金属来说,反射率在 70%-90%之间。当激光由空气垂直入射到平板材料上时,根据菲涅耳公式,反射率为

$$R=\left|\frac{n-1}{n+1}\right|^2=\frac{(n_1-1)^2+n_2^2}{(n_1+1)^2+n_2^2} \tag{7-2}$$

式中,n_1 和 n_2 分别为材料复折射率的实部和虚部,非金属材料的虚部为零。实际上,金属对激光的吸收还与温度、表面粗糙度、有无涂层、激光的偏振特性等诸多因素有关。金属与激光相互作用过程中,光斑处的温度上升,引起熔化、沸腾和汽化现象,导致电导率改变,会使反射率发生很复杂的变化。

2. 材料的加热

材料的加热是光能转变为热能的过程。设入射激光束的光功率密度为 q_i,材料表面吸收的光功率密度为 q_0,则有

$$q_0=Aq_i=q_i(1-R) \tag{7-3}$$

1.5 节中已证明,激光在材料内部传播过程中,光强按指数规律衰减。激光从材料表面入射到材料内部深度为 z 处的光强就是该点的光(电磁场)功率密度 $q(z)$(参阅式(1-89)),因而

$$q(z)=q_0\mathrm{e}^{-az}$$

式中,a 为材料的吸收系数。一般将激光在材料内的穿透深度定义为光强降至 I_0/e 时的深度,因而穿透深度为 $1/a$。多数金属的吸收系数为 $10^5\sim10^6\ \mathrm{cm}^{-1}$,激光对各种金属的穿透深度在 10~100 nm 的数量级。非金属材料对激光的反射较小,吸收比较高。但是有些非金属材料在一定波段的吸收系数也很小;如 GaAs,ZnSe,NaCl,KBr,CdTe 和 Ge 等,常用作红外高功率激光器中的输出窗口材料和外光路中的透镜材料。

激光束在很薄的金属表层内就被吸收，使金属内自由电子的热运动能增加，并在很短的时间内（$10^{-11} \sim 10^{-10}$ s）与晶格碰撞，把电子的动能转化为晶格的热振动能，引起材料温度的升高，然后按照热传导的机理向周围和材料内部传播。

为了得到加热阶段的温度分布，必须求解热传导微分方程。对于各向同性的均匀材料，激光加热的热传导偏微分方程的一般形式为[40]

$$\rho c_1 \frac{\partial T}{\partial t} - \left[\frac{\partial}{\partial x}\left(\lambda_t \frac{\partial T}{\partial x}\right) + \frac{\partial}{\partial y}\left(\lambda_t \frac{\partial T}{\partial y}\right) + \frac{\partial}{\partial z}\left(\lambda_t \frac{\partial T}{\partial z}\right) \right] = Q(x,y,z,t) \tag{7-4}$$

式中，ρ 为材料密度；c_1 为比热容；T 为温度；λ_t 为材料热导率；Q 为作用于材料内部的热源的体功率密度，即单位时间体积的发热量。该方程的物理意义是，材料内部单位时间、单位体积内的能量守衡定律。方程右边表示热源供给的热量，左边第一项是使材料升温所需要的热量，第二项是 $P(x,y,z)$ 点向周围材料传递所消耗的热量。

在激光照射的过程中，体积热源是由式（1-89）所表示的光功率密度产生的。如果光功率的损耗全部变成热量，则有

$$Q(x,y,z,t) = -\nabla q(x,y,z,t) \tag{7-5}$$

从理论上讲，将式(7-4)、式(7-5)及式(1-89)联立起来，根据加工时的各种工艺参数，以及初始条件，可以解出加工过程中激光照射区的温度场分布。但是实际加工时，照射的激光并不是如式(1-89)所示的一维分布；照射过程中材料的吸收系数 a、材料热导率 λ_t、材料密度 ρ 及比热容 c_1 等都不再是常数，而是一个四维变量。在微观情况下的这些参数变化规律也不能用宏观静态实验来取得。而且在激光加热过程中，材料的热物理参数（如吸收比、比热容、热扩散率和热导率等）随温度升高而变化，这就会使热传导方程变得高度非线性。因此热传导方程的求解十分困难。

尽管不能针对实际的激光热加工过程求解温度场分布以直接指导激光热加工的研究和工艺设计，但是一些简化假设的结果还是有意义的。

如果半无限大（即物体厚度无限大）物体表面受到均匀的激光垂直照射加热，被材料表面吸收的光功率密度不随时间改变，而且光照时间足够长，以至被吸收的能量、所产生的温度、导热和热辐射之间达到动态平衡，则此时圆形激光光斑中心的温度可以由下式确定[41]

$$T(0,\infty) = \frac{AP}{\pi r_0 \lambda_t} \tag{7-6}$$

式中，P 为入射激光的总光功率（W），r_0 为光斑半径（cm），λ_t 为材料的导热系数（W/(cm·℃)），A 为式(7-1)定义的材料光吸收率。温度 T 作为考察点离开表面的距离 z 及加热时间 t 的函数，在这里分别为 0 和∞。如果光照时间(s)为有限长 t，考察点离开表面的距离(cm)z 也不为零，则此时圆形激光光斑中心轴线上考察点的温度为[36]

$$T(z,t) = \frac{2AP\sqrt{kt}}{\pi r_0^2 \lambda_t}\left[\operatorname{ierfc}\left(\frac{z}{2\sqrt{kt}}\right) - \operatorname{ierfc}\left(\frac{\sqrt{z^2 + r_0^{\ 2}}}{2\sqrt{kt}}\right) \right] \tag{7-7}$$

式中，热扩散系数 $k = \lambda_t/\rho c$，ρ 为材料密度(g/cm³)，c 为材料比热容(J/(g·℃))；函数 $\operatorname{ierfc}x = (1/\sqrt{\pi})e^{-x^2} - x\operatorname{erfc}x$，其中 $\operatorname{erfc}x = 1 - (2/\sqrt{\pi})\int_0^x e^{-y^2}dy$。

进一步假设照射激光是高斯光束，且入射到物体表面上的光束有效半径为 ω_r，则激光光斑的功率密度可用离开中心的距离 r 表示为

$$q_S(r) = q_{S0}\exp\left(\frac{r^2}{\omega_r^2}\right)$$

式中，q_{S0}为激光光斑中心的功率密度。持续加热得到的光斑中心的温度最大值为[41]

$$T(0,0,\infty)=\frac{Aq_{S0}\omega_r\sqrt{\pi}}{2^{3/2}\lambda_t} \tag{7-8}$$

3. 材料的熔化与汽化

激光照射引起的材料破坏过程是：由于靶材（被加工材料）在高功率激光照射下表面达到熔化和汽化温度，使材料汽化蒸发或熔融溅出；同时靶材内部的微裂纹与缺陷由于受到材料熔凝和其他场强变化而进一步扩展，从而导致周围材料的疲劳和破坏的动力学过程。激光功率密度过高，材料在表面汽化，不在深层熔化；激光功率密度过低，则能量会扩散到较大的体积内，使焦点处熔化的深度很小。

一般情况下，被加工材料的去除是以蒸气和熔融状两种形式实现的。如果功率密度过高而且脉冲宽度很窄时，材料会局部过热，引起爆炸性的汽化，此时材料完全以汽化方式去除，几乎不会出现熔融状态。

非金属材料在激光照射下的破坏效应十分复杂，而且不同材料的非金属差别很大。一般地说，非金属的反射率很小，导热性也很差，因而进入非金属材料内部的激光能量就比金属多得多，热影响区却很小。因此，非金属受激光高功率照射的热动力学过程与金属十分不同。实际激光加工时有脉冲和连续两种工作方式，它们要求的激光输出功率和脉冲特性也不尽相同。

4. 激光等离子体屏蔽现象

如前所述，激光作用于靶表面，引发蒸气，蒸气继续吸收激光能量，使温度升高。最后在靶表面产生高温高密度的等离子体。这种等离子体向外迅速膨胀，在膨胀过程中等离子体继续吸收入射激光，无形之中等离子体阻止了激光到达靶面，切断了激光与靶的能量耦合。这种效应叫作等离子体屏蔽效应。等离子体屏蔽现象的研究是激光与材料相互作用过程研究的重要方面之一。

等离子体吸收大部分入射激光，不仅减弱了激光对靶面的热耦合，同时也减弱了激光对靶面的冲量耦合。当激光功率较小（$<10^6$W/cm²）时，产生的等离子体稀疏，它依附于工件表面，对于激光束近似透明。当激光束功率密度为$10^6\sim10^7$W/cm²时，等离子体明显增强，表现出对激光束的吸收、反射和折射作用。这种情况下等离子体向工件上方和周围的扩展较强，在工件上方形成稳定的近似球形的云团。当功率密度进一步增大到10^7W/cm²以上时，等离子体强度和空间位置呈周期性变化，如图7-2所示[42]。

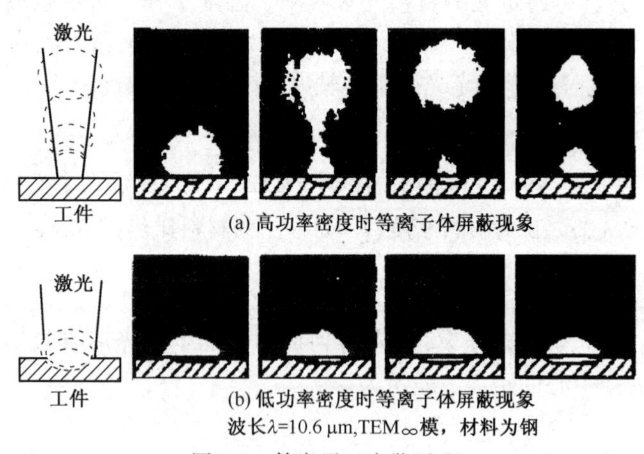

(a) 高功率密度时等离子体屏蔽现象

(b) 低功率密度时等离子体屏蔽现象

波长λ=10.6 μm,TEM∞模，材料为钢

图7-2　等离子云变化过程

在高功率焊接时，如果产生的等离子体尺寸超过某一特征值，或者脱离工件表面时，会出现激光被等离子体屏蔽的现象，以至中止激光焊接过程。等离子体对激光的屏蔽机制有三种：吸收、散射和折射。逆韧致辐射是等离子体吸收的主要机制。例如，CO_2 激光在氩气保护下焊接铝材时，光致等离子的平均线性吸收系数为 0.1～0.4 cm^{-1}。CO_2 激光击穿 Ar 等离子体时对激光的最高吸收率为 40%。在 Ar 气氛下 CO_2 激光作用于 Al 靶，当激光功率为 5 kW 时，等离子体对激光的吸收率为 20.6%；当激光功率为 7 kW 时，吸收率为 31.5%。

等离子体对激光的散射是由蒸发原子的重聚形成的超细微粒所致的，超细微粒的尺寸与气体压力有关，其平均大小可达 80 nm，远小于入射光的波长。超细微粒引起的瑞利散射是等离子体对激光屏蔽的又一个原因。

光致等离子体空间分布的不均匀将导致折射率变化，从而使激光穿过等离子体出现散焦现象，使光斑扩大，功率密度降低。这就是等离子体屏蔽激光的第三个原因。用一台 10 W 的波导 CO_2 激光器水平穿过 2 kW 多模激光束进行焊接时诱导产生的等离子体，测量有等离子体和无等离子体时的探测激光束的功率密度分布，可以发现激光束穿过等离子体后，其峰值功率密度的位置偏离了原来的光轴。

7.2 激光表面改性技术

激光改性是材料表面局部快速处理工艺的一种新技术，它包括激光淬火、激光表面熔凝、激光表面熔覆、激光冲击强化、激光表面毛化等。通过激光与材料表面的相互作用，使材料表层发生所希望的物理、化学、力学等性能的变化，改变材料表面结构，获得工业上的许多良好性能。激光改性主要用于强化零件的表面，工艺简单、加热点小、散热快，可以自冷淬火。表面改性后的工件变形小，适于作为精加工的后续工序。由于激光束移动方便，易于控制，可以对形状复杂的零件，甚至管状零件的内壁进行处理，因此激光改性应用十分广泛。这里主要介绍激光淬火、激光表面熔凝及激光表面熔覆。

7.2.1 激光淬火技术的原理与应用

激光淬火技术，又称激光相变硬化，是利用聚焦后的激光束照射到钢铁材料表面，使其温度迅速升高到相变点以上。当激光移开后，由于仍处于低温的内层材料的快速导热作用，使表层快速冷却到马氏体相变点以下，获得淬硬层。激光淬火不需要淬火介质，只要把激光束引导到被加工表面，对其进行扫描就可以实现淬火。因此，激光淬火设备更像机床。图 7-3 所示为一台柔性激光加工系统的示意图[39]，它通过五维运动的工作头把激光照射到被加工的表面，在计算机控制下直接扫描被加工表面，完成激光淬火。

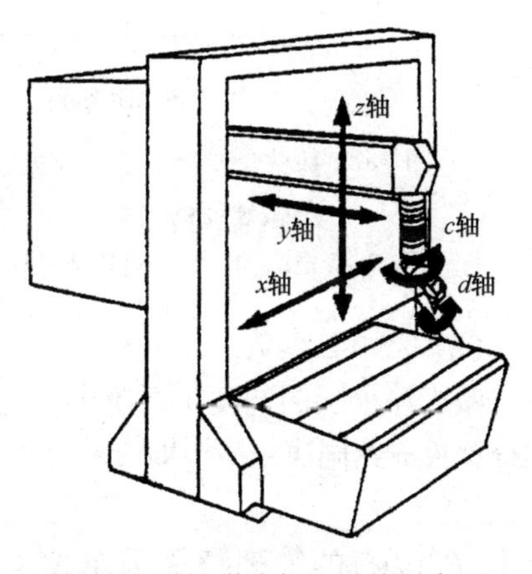

图 7-3　柔性激光加工系统示意图

激光淬火原理与感应加热淬火、火焰加热淬火技术类似，只是其所使用的能量的密度更高，加热速度更快，工件变形小，加热层深度和加热轨迹易于控制，易于实现自动化，因此在很多工业领域中正逐步取代感应加热淬火和化学热处理等传统工艺。激光淬火可以使工件表层 0.1～1.0 mm 范围内的组织结构和性能发生明显变化。图7-4所示为45钢表面激光淬火区横截面金相组织图。图中白亮色月牙形的区域为激光淬硬区,白亮区周围的灰黑色区域为过渡区,过渡区之外为基材。图7-5所示是该淬火区显微硬度沿深度方向的分布曲线。可见,淬火后硬度大幅度提高,且硬度最高值位于近表面。

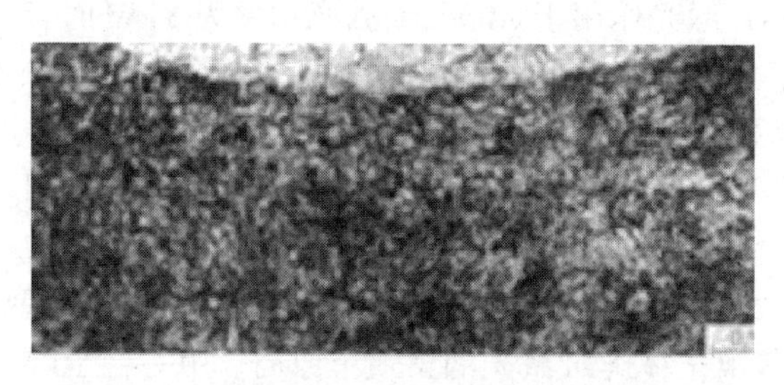

图7-4 45钢表面激光淬火区横截面金相组织图

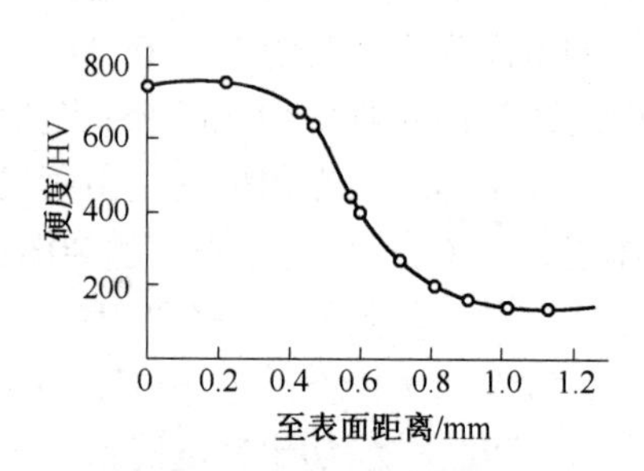

图7-5 45钢表面激光淬火区显微硬度与淬硬层深度的关系[43]

依据激光器的特点不同,激光淬火可分为 CO_2 激光淬火和YAG激光淬火。但不论为哪种淬火方式,影响淬硬层性能的主要因素基本相同,具体包括如下几点。

(1) 材料成分

材料成分是通过材料的淬硬性和淬透性来影响激光淬硬层深度与硬度的。一般说来,随着钢中含碳量的增加,淬火后马氏体的含量也增加,激光淬硬层的显微硬度也就越高,如图7-6所示[43]。钢的淬透性越好,相同激光淬火工艺参数条件下淬硬层的深度要比含碳量相同时的碳素钢要深。

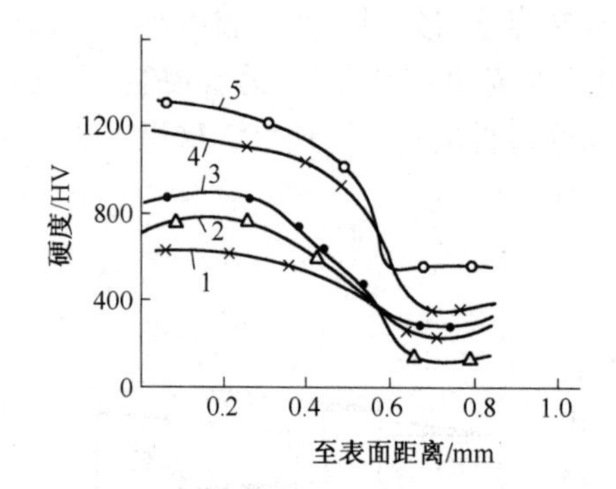

图7-6 基材含碳量与激光淬火层显微硬度的关系

1:20钢; 2:45钢; 3:T8钢; 4:T10钢; 5:T12钢

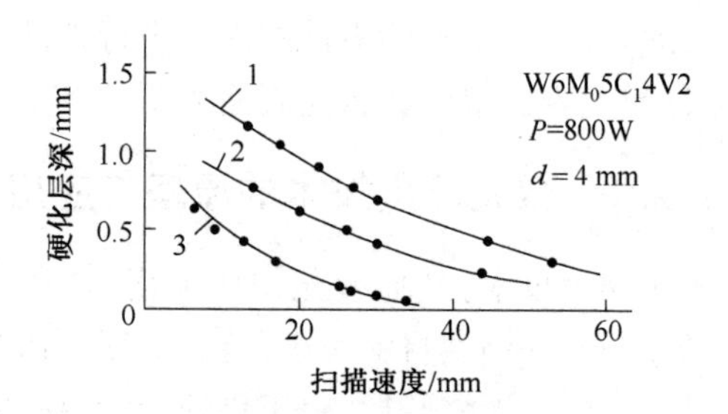

图7-7 原始组织及扫描速度对激光淬硬层深度的影响

1:淬火态; 2:淬火-回火态; 3:退火态

(2) 光工艺参数

激光淬火层的宽度主要决定于光斑直径 D。淬硬层深度 H 由激光功率 P、光斑直径 D 和扫描速度 v 共同决定[38],即

$$H \propto P/(Dv)$$

式中,$P/(Dv)$ 的物理意义为单位面积激光作用区注入的激光能量,称为比能量,单位为 J/cm^2。描述激光淬火的另一个重要工艺参数为功率密度,即单位面积中注入工件表面的激光功率。为了使材料表面不熔化,激光淬火的功率密度通常低于 $10^4\ W/cm^2$,一般为 $1000 \sim 6000\ W/cm^2$。

(3) *表面预处理状态*

表面预处理状态包括两个方面:一是表面组织准备,即通过调质处理等手段使钢铁材料表面具有较细的表面组织,以保证激光淬火时组织与性能的均匀、稳定。原始组织为细片状珠光体、回火马氏体或奥氏体的工件,激光淬火后所得到的硬化层较深;原始组织为球状珠光体的工件只能得到较浅的硬化层;原始组织为淬火态的基材激光淬火以后硬度最高,硬化层也最深,如图 7-7 所示[43]。二是表面"黑化"处理,以提高钢铁表面对激光束的吸收率。主要采用下述方法:① 通过磷化处理在工件表面形成一层磷酸盐。例如,磷酸锰、磷酸锌等,其中以磷酸锰最多。早期曾广泛使用,其吸收率可达 80%。但是磷酸盐膜经激光处理后在工件表面晶间出现微裂纹;磷酸锰膜经激光处理后生成的低熔点化合物会沿铁基合金晶界钻入几个晶粒深度;磷化表面经激光处理后使表面粗糙度增加。② 刷黑漆。近年来美国多用一种牌号为 Krylon1602 的黑漆,其主要成分为石墨粉和硅酸钠或硅酸钾,采用喷涂法,厚度为 10~20μm。③ 涂石墨加氧化物,氧化锆涂层的吸收率可达 84.3%~90.1%,而碳黑涂层的吸收率则为 68.8%。④ 涂 SiO_2 型涂料,即一种以 SiO_2 为骨料的可喷涂涂料。选用 200~300 目的精制石英粉,除对激光有很高的吸收率以外,还能在激光照射下形成液态均匀覆盖于金属表面,冷却时结成固态薄膜。由于与金属的热膨胀系数的差异以后能自行脱落,有利于使激光淬火前后金属表面粗糙度变化最小。在铸铁上曾测得粗糙度仅从 0.18 μm 增至 0.26 μm。同时选定醇基酚醛树脂为黏结剂,乙醇为溶剂,并选用少量稀土金属氧化物为活性添加剂。在钢铁表面,稀土氧化物有活化石墨,增加碳在 Fe-C 合金中溶解度的作用。混合稀土氧化物的价格低廉,效果比氧化铈、氧化镧还要好。喷涂时层厚可在 50~75 μm 范围内。

由于激光淬火工艺具有加热速度快、淬火硬度高、工件变形小、淬火部位可控、不需淬火介质、生产率高、无氧化、无污染等优点,已在国内外得到广泛应用。例如,早在 1974 年,美国通用汽车公司 Saginaw 转向器分厂在世界上最先将激光淬火技术应用于汽车转向器壳体的表面强化,实现了大批量工业化生产。壳体的材料为可锻铸铁,精度要求高,淬火费用仅为高频感应加热淬火和渗氮处理的 1/5。1978 年,美国通用汽车公司又建成了 EMD 柴油机汽缸套激光热处理生产线,用 4 台 5000 W CO_2 激光器在铸铁汽缸套内壁处理出宽 2.5 mm、深 0.5 mm 的螺旋线硬化带,并规定缸套必须经激光处理方可出厂。

我国激光淬火技术研究在 20 世纪 80 年代初期开始起步,发展十分迅速,现已在国内建立了数十条激光淬火生产线。如长春第一汽车集团公司和北京吉普汽车有限公司先后将激光淬火技术用于汽车缸套内壁强化,建立起数条激光淬火生产线。激光淬火后,缸体内可获得 4.1~4.5 mm 宽、0.3~0.4 mm 深、表面硬度 644~825 HV 的螺旋线淬火带,耐磨性比电火花强化缸套提高约 1 倍。北京某公司对汽车发动机缸体进行激光硬化处理,采用激光功率为 900 W,扫描速度 40 mm/s,对发动机缸体内壁进行激光处理。激光硬化带宽 3.0 mm,淬硬层深 0.25~0.3 mm,硬度达 63HRC,将使用寿命提高到 3 倍。如图 7-8 所示是经激光淬火以后的发动机缸套,缸套内致密的螺旋即为激光淬火区。现在,缸体、缸套激光硬化技术已完全成熟,正进一步得到推广应用。

图 7-8　激光淬火以后的发动机缸套

激光淬火工艺的不足之处在于,单道淬火的激光区域宽度有限，通过多道搭接实现大面积淬火又容易产生回火软带。因此，在筒类零件激光淬火时，一般采用螺旋扫描，以避免产生回火软化区。实践表明，螺旋式的激光淬火带有利于提高工件的耐磨性，因为工件表面存在的软带可以起储油作用，从而降低摩擦副的摩擦系数。但对于一些要求有大面积均匀的表面硬化层的工件来说，因为无法解决回火软带的问题而使激光淬火技术的应用受到限制。

7.2.2 激光表面熔凝技术

这种表面处理技术是用激光束将表面熔化而不加任何合金元素，以达到表面组织改善的目的。有些铸锭或铸件的粗大树枝状结晶中常有氧化物和硫化物夹杂，以及金属化合物及气孔等缺陷，如果这些缺陷处于表面部位就会影响到疲劳强度、耐腐蚀性和耐磨性。用激光作表面重熔就可以把杂质、气孔、化合物释放出来，同时由于迅速冷却而使晶粒得到细化。

与激光淬火工艺相比，激光熔凝处理的关键是使材料表面经历了一个快速熔化—凝固过程，所获得的熔凝层为铸态组织。工件横截面沿深度方向的组织依次为：熔凝层、相变硬化层、热影响区和基材，如图 7-9 所示。因此也常称其为液相淬火法。

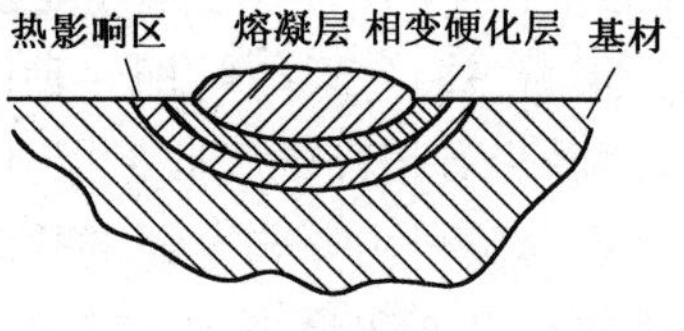

图 7-9 激光熔凝处理后横截面组织示意图

图 7-10 给出了经激光熔凝处理后，T10 钢表面显微硬度沿深度方向的分布[43]。与图 7-6 相比不难看出，激光熔凝层比激光淬火层的总硬化层深度要深，硬度要高。磨损实验的结果表明，其耐磨性也更好。激光熔凝处理的缺点是，基材表面的粗糙度较大，后续加工量大，使其在许多方面的应用受到制约。激光熔凝处理特别适合于灰口铸铁和球墨铸铁的表面强化，因为在熔凝处理进程中可以使铁中的石墨与铁基体混合，形成碳含量很高的白口铸铁，显微硬度可以高达 1000～1100 HV，耐磨性非常优越。对于一些特定成分的材料来说，激光熔凝处理可以得到非晶态层，使基材表面的耐磨性、耐蚀性大幅度提高。例如，激光快速熔凝 Ni-P 合金，可以得到均匀的非晶态层。激光熔凝技术还可以用来细化金属材料的表面组织。例如，采用激光熔凝 Ni 基高温合金单晶体，可以细化表面组织，改善材料表面的抗高温蠕变性能。

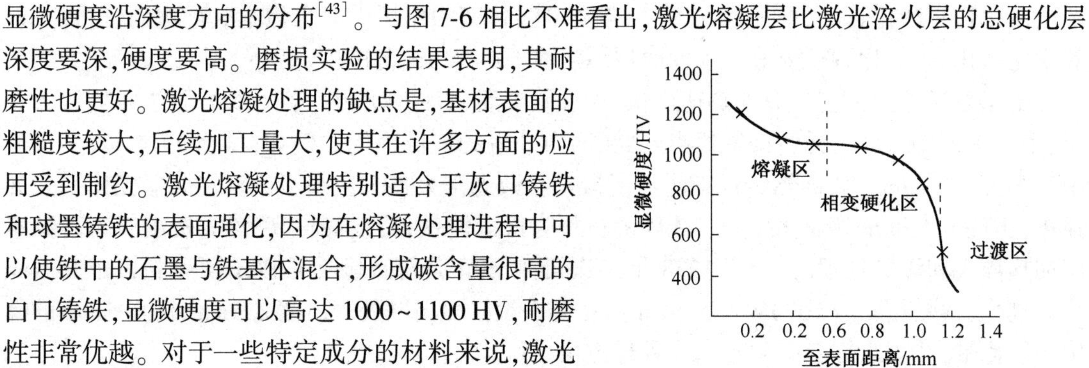

图 7-10 T10 钢激光熔凝层显微硬度沿淬硬层深度的分布

7.2.3 激光熔覆技术

激光熔覆（Laser Cladding）技术亦称激光包覆、激光涂覆、激光熔敷，是一种新的表面改性技术。它通过在基材表面添加熔覆材料，利用高功率密度的激光束使之与基材表面一起熔凝的方法，在基材表面形成其合金化的熔覆层，以改善其表面性能。激光熔覆过程类似于普通喷焊或堆焊过程，只是所采用的热源为激光束而已。与后者相比，激光熔覆技术具有如下优点。

（1）激光束的能量密度高，作用时间短，使基材热影响区及热变形均可降低到最小程度。

（2）控制激光输入能量，可以限制基材的稀释作用，保持原熔覆材料的优异性能，使覆层的成分与性能主要取决于熔覆材料自身的成分和性能。因此，可以用激光熔覆各种性能优良的材料,对基材表面进行改性。

(3) 激光熔覆层组织致密,微观缺陷少,结合强度高,性能更优。

(4) 激光熔覆层的尺寸大小和位置可以精确控制,通过设计专门的导光系统,可对深孔、内孔、凹槽、盲孔等部位进行处理。采用一些特殊的导光系统可以使单道激光熔覆层宽度达到20~30 mm,最大厚度可达 3 mm 以上,使熔覆效率和覆层质量进一步提高。

(5) 激光熔覆对环境无污染,无辐射,低噪声,劳动条件得到较大程度的改善。

激光熔覆工艺依据材料的添加方式不同,分为预置涂层法和同步送料法。预置涂层法的工艺是,先采用某种方式(如黏结剂预涂覆、火焰喷涂、等离子喷涂、电镀等)在基材表面预置一层金属或者合金,然后用激光使其熔化,获得与基材冶金结合的熔覆层。同步送料法指在激光束照射基材的同时,将待熔覆的材料送入激光熔池,经熔融、冷凝后形成熔覆层的工艺过程。激光熔覆材料包括金属、陶瓷或者金属陶瓷,材料的形式可以是粉末、丝材或者板材。其工艺过程如图 7-11 所示。评价激光熔覆层质量的主要指标为:熔覆层厚度、宽度、形状系数(宽度/厚度)、稀释率、硬度及其沿深度分布、基板的热影响区深度及变形程度等。典型熔覆层的截面示意图见图 7-12。

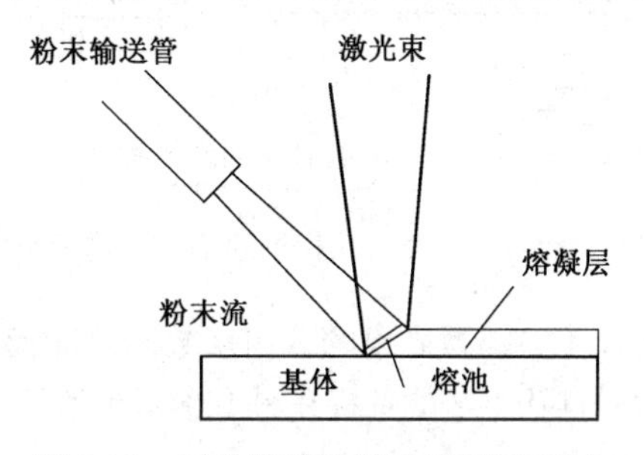

图 7-11　同步送料法激光熔覆示意图

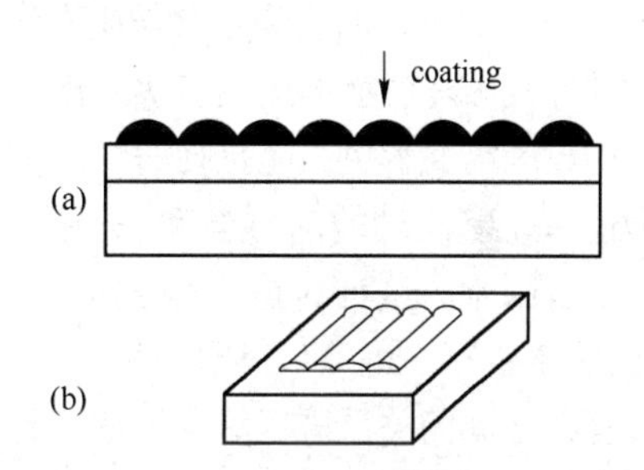

图 7-12　熔覆层的截面示意图

影响上述指标的主要工艺参数除了激光功率、光斑直径、功率密度、扫描速度等参数外,还包括送粉速率(或者预置层厚度)、熔覆材料对基材的浸润性、熔覆材料-基材固溶度、熔覆材料对光束的吸收率、多道搭接时的搭接率、保护气体种类和预热-缓冷条件等。激光熔覆层的宽度主要决定于光斑直径;而激光熔覆层的厚度与送粉量、扫描速度、功率密度等参数密切相关。

常用激光熔覆材料包括镍基、铁基、钴基、铜基自熔合金,上述合金与碳化物(WC、TiC、SiC等)颗粒组成的金属陶瓷复合粉末,以及 Al_2O_3、ZrO_2 等陶瓷材料。常用的基材包括钢铁、铝合金、铜合金、镍合金和钛合金等。

激光材料表面改性技术的工艺是个十分复杂的过程,目前还没有统一的数理模型。对于不同的待处理材料,所采用的激光参数有较大的差别。因此,在利用激光表面改性技术时,要针对特定的待处理材料,在已有的经验和各种已发表的实践结果的基础上[43],选择技术方案,进行工艺实验。制作待处理材料的工艺试块,改变工艺参数,分析处理后的试块力学性能;优化激光表面改性技术参数,制定具体工艺流程。

7.3　激光去除材料技术

激光去除材料是改变材料的尺寸或形状的激光加工工艺,是一种激光尺寸加工方法。激光去除材料的机制主要有两种:一种完全取决于激光与材料的相互作用,如材料汽化、材料蒸发;另一种在激光与材料相互作用的同时还采用一些辅助方法,如氧化、气吹。基于激光去除材料的加工方法有激光打孔和激光切割两种。

7.3.1 激光打孔

激光打孔是最早达到实用化的激光加工技术,也是激光加工的重要应用领域之一。随着现代工业和科学技术的迅速发展,高熔点、高硬度材料的使用越来越多,传统的加工方法已无法满足对这些材料的加工要求。例如,在高熔点的钼板上加工微米量级的孔;在硬质合金(碳化钨)上加工几十微米的小孔,在红蓝宝石上加工几百微米的深孔,以及金刚石拉丝模、化学纤维喷丝头等。激光打孔正是适应这些要求发展起来的。

1. 激光打孔原理

激光打孔机的基本结构包括激光器、加工头、冷却系统、数控装置和操作盘,其基本结构示意图如图 7-13 所示。加工头将激光束聚焦在材料上需加工孔的位置,适当选择各加工参数后,通过激光器发出的光脉冲就可以加工出所需要的孔。

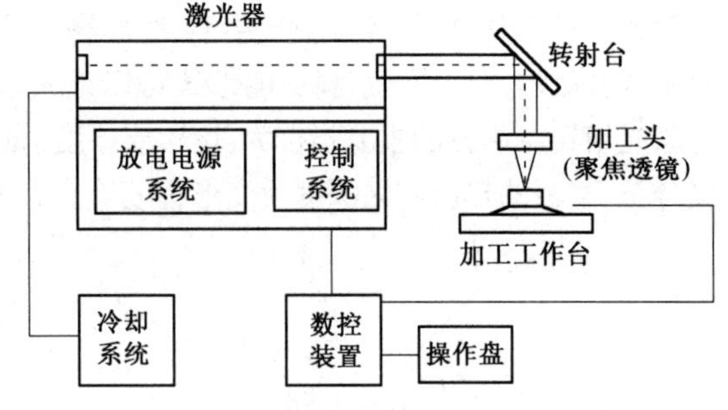

图 7-13 激光打孔机的基本结构示意图

激光打孔时材料的去除主要与激光作用区内物质的破坏及破坏产物的运动有关。严格分析激光打孔的成因需要解决激光打孔时产生的蒸气和黏性液体沿孔壁流动的动力学问题,并考虑加热过程的所有因素。这种讨论十分复杂,且实验数据不足,难于进行。这里只根据一些几何关系,对激光打孔中的激光束的几何参数和总能量与孔的深度和孔径之间的关系进行估算。估算的结果对于激光打孔工艺的选择还是有参考价值的。

在如图 7-14 所示的激光打孔几何原理简图中,激光器输出的光束直径为 D,发散角为 α,经过会聚透镜在材料表面上聚焦,其会聚角即会聚后的激光光束发散角为 2γ,激光束腰半径为 r_0。如果在 t 时刻孔的底面半径为 $r(t)$,孔深为 $h(t)$,则有

$$r(t)=r_0+\tan(\gamma)h(t) \tag{7-9}$$

考虑材料从孔底蒸发,而熔化的液体从孔壁流走,t 时刻的能量守恒方程为[44]

$$P(t)\,\mathrm{d}t=L_B\pi r^2(t)\,\mathrm{d}h+L_M 2\pi r(t)h(t)\,\mathrm{d}r \tag{7-10}$$

式中,L_B 为蒸发汽化比能,L_M 为熔化比能。左边表示 t 时刻激光提供的能量增量,右边第一项为孔底蒸发消耗的能量增量,第二项为孔边熔化消耗的能量增量。当 $h(t)\gg r_0$ 时,可以近似解出用激光加工的总能量 E 表示的孔深度和孔径为[44]

$$h\approx\left[\frac{3E}{\pi\tan^2\gamma(L_B+2L_M)}\right]^{1/3} \tag{7-11}$$

$$r\approx h\tan\gamma\approx\left[\frac{3E\tan\gamma}{\pi(L_B+2L_M)}\right]^{1/3} \tag{7-12}$$

由式(7-11)及式(7-12)可见,激光打出的孔深度和孔径与激光脉冲能量成非线性关系,随着激光能量单调递增。但是随着光束发散角的减小,也就是透镜的数值孔径变小时,可以打出的孔深度增长而孔径减小。

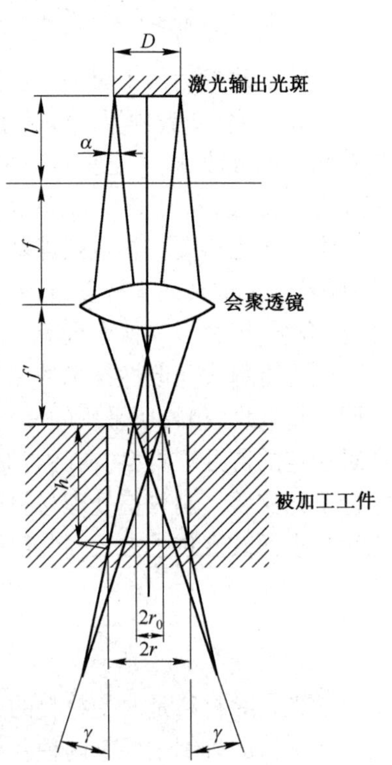

图 7-14 激光打孔几何原理简图

2. 激光打孔工艺参数的影响

(1) 脉冲宽度对打孔的影响

在上述讨论中忽略了打孔时横向热传导的能量损失,而脉冲宽度增大将使这种损失不能忽略,因此脉冲宽度对打孔深度、孔径、孔形的影响较大。窄脉冲能够得到较深而且较大的孔,宽脉冲不仅使孔深度、孔径变小,而且使孔的表面粗糙度变大,尺寸精度下降。对于导热性较好的材料,应使用较窄脉冲打孔以增加孔深;而对于导热性较差的材料,则可以用较宽的脉冲以提高激光脉冲能量的利用率。

(2) 激光打孔中离焦量对打孔的影响

激光打孔去除材料的机理主要是材料的蒸发,因此激光的功率密度对打孔影响也很大。当激光聚焦于材料上表面时,打出的孔比较深,锥度较小。在焦点处于表面下某一位置时,相同条件下打出的孔最深;而过分的入焦和离焦都会使得激光功率密度大大降低,以至打成盲孔。离焦量对打孔质量的影响如图 7-15 所示。

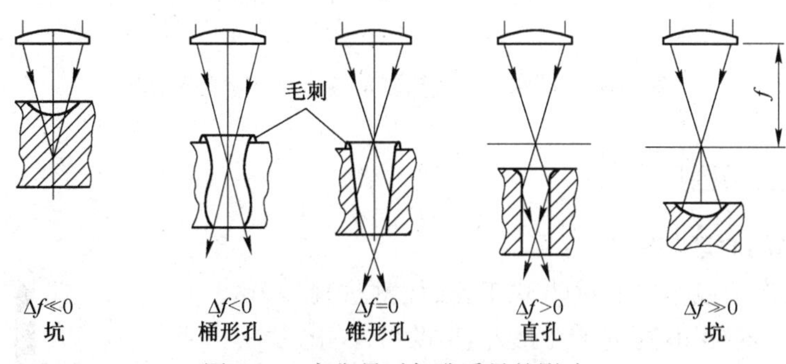

图 7-15　离焦量对打孔质量的影响

(3) 脉冲激光的重复频率对打孔的影响

一般地说,单个脉冲的宽度和能量不变时,脉冲激光的重复频率对孔径的影响不大。如果在用调 Q 方法取得巨脉冲时,脉冲的平均功率基本不变,脉宽也不变,则重复频率越高,脉冲的峰值功率越小,单脉冲的能量也越小。这样打出的孔的深度要减小。

(4) 被加工材料对打孔的影响

材料对激光的吸收率直接影响到打孔的效率。不同材料对不同激光波长有不同的吸收率,必须根据所加工的材料性质选择激光器。例如,对玻璃、石英、陶瓷等材料应选用波长为 10.6 μm 的二氧化碳激光器;对宝石轴承打孔则应选用波长为 0.6943 μm 的红宝石激光器。

3. 应用实例

(1) 用激光加工系统打薄板筛孔

筛孔板尺寸为 $105\times110\ mm^2$,材料是厚 0.2 mm 的不锈钢板,要求打的通孔孔径为 0.2 mm。每块筛孔板上打 25000 个孔,加工时间仅 20 min,比机械加工方法有明显优势。薄板打孔的效果图如图 7-16 所示[39]。

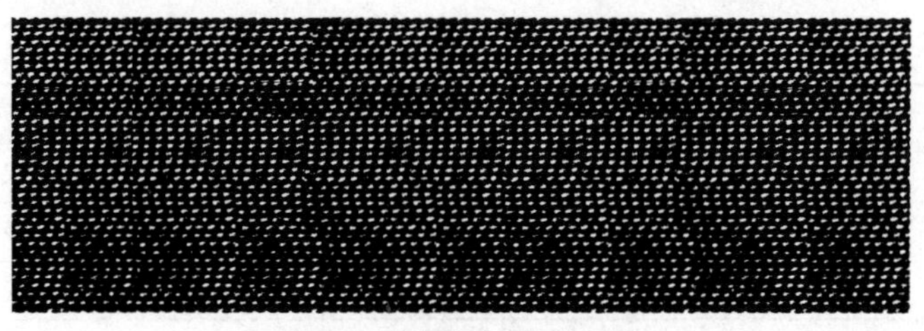

图 7-16　薄板打孔效果图

(2) 喷墨打印喷嘴激光打孔

制造工业喷墨打印系统时要制造各种类型喷嘴。所有用于执行喷射工作的材料都必须具有耐酸性印刷油墨和研磨材料(例如纳米颗粒)的性能。因此,最好使用耐受性高的加工材料,例如不锈钢、钛和玻璃。加工材料通常厚度为50μm左右。根据喷墨打印系统制造商的不同要求,可能需要不同的喷嘴几何形状、形态和牙侧角(图7-17)。喷墨打印系统典型喷嘴形状的进口直径为50~100μm,出口直径为20~40μm,一般的制造方法都不可能完成如此精度喷嘴零部件的制造。除了制造适当的特殊喷嘴几何形状,激光钻孔最优越的性能还包括保持高表面品质、重复性和精确性。这些都是保证印刷介质正确流动,以及油墨在基体上精确分布的关键,因为人眼无法识别一次错误喷射产生的油墨痕迹。

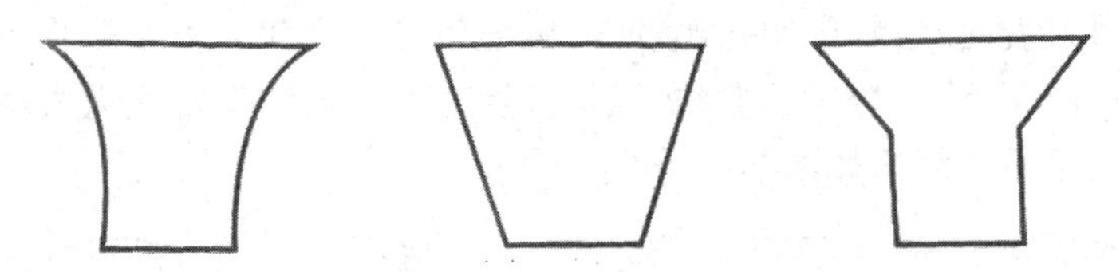

图7-17　喷嘴形态或牙测角各异的喷嘴几何形状

7.3.2　激光切割

1. 激光切割的原理与特点

激光切割以连续或重复脉冲方式工作,切割过程中激光光束聚焦成很小的光点(最小直径可小于0.1mm),使焦点处达到很高的功率密度(可超过10^6W/cm^2)。这时光束输入(由光能转换)的热量远远超过被材料反射、传导或扩散的部分,材料很快被加热至熔化及汽化温度,与此同时一股高速气流从同轴或非同轴方向将熔化或汽化了的材料由材料下部吹出。随着光束与材料的相对移动,使孔洞形成宽度很窄(0.1~0.3mm)的切缝分割材料。图7-18所示为激光切割头的结构示意图[39]。除了透镜以外它还有一个喷出辅助气体流的同轴喷嘴。

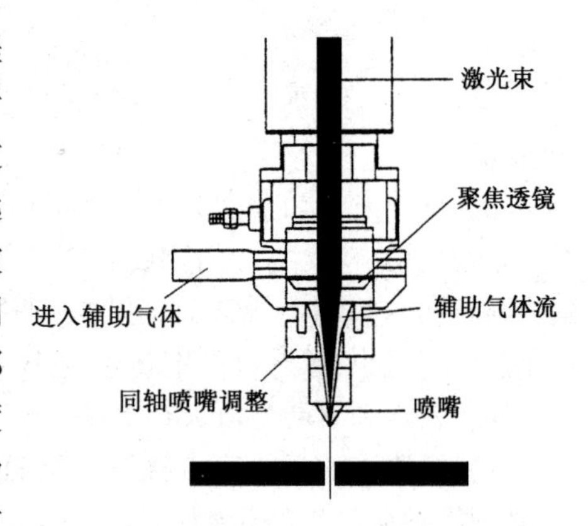

图7-18　激光切割头的结构示意图

激光切割的特点可概括为:① 切割质量好,切缝几何形状好,切口两边近平行并和底面垂直;② 不粘熔渣,切缝窄,热影响区小,基本没有工件变形;③ 激光可切割的材料种类多,气割只能切割含Cr量小的低碳钢、中碳钢及合金钢,而激光可以切割金属、非金属、金属基和非金属基复合材料、皮革及木材;④ 切割效率高;⑤ 非接触式加工;⑥ 噪声低;⑦ 污染小。表7-1是几种切割方法的切割效果的比较。

表7-1　激光切割与其他切割方法比较(6.2mm厚钢板)

切割方法	切缝宽度(mm)	热影响区宽度(mm)	切缝形态	速　度	设备费用
激光切割	0.2~0.3	0.04~0.06	平行	快	高
气切割	0.9~1.2	0.6~1.2	比较平行	慢	低
等离子切割	3.0~4.0	0.5~1.0	楔形	快	中高

2. 激光切割分类及其机理

激光切割按其机理可分为汽化切割、熔化切割、激光氧助熔化切割和控制断裂切割。

(1) 汽化切割

工件在激光作用下快速加热至沸点,部分材料化作蒸气逸去,部分材料作为喷出物从切割缝底部吹走。这种切割机制所需激光功率密度一般为 10^8 W/cm^2 左右,是无熔化材料的切割方式(木材、石墨塑料等)。

(2) 熔化切割

激光将工件加热至熔化状态,与光束同轴的氩、氦、氮等辅助气流将熔化材料从切缝中吹掉。熔化切割所需的激光功率密度一般为 10^7 W/cm^2 左右。

(3) 氧助熔化切割

这种方法主要用于金属材料的切割。金属被激光迅速加热至燃点以上,与氧发生剧烈的氧化反应(即燃烧),放出大量的热;继续加热下一层金属,金属被继续氧化,并借助气体压力将氧化物从切缝中吹掉。其切割过程可归结为预热→燃烧→去渣的重复进行。实现激光氧助熔化切割必须满足下列加工条件。

① 被切割金属的燃点要低于其熔点。例如,铁的燃点为 1350℃,低于其熔点 1500℃。

② 生成的熔渣的熔点应低于金属的熔点。例如,铁的熔渣的熔点为 1300~1500℃。

③ 燃烧能放出大量的热。例如,铁在切割时的反应式为:

$$Fe+0.5O_2 \rightarrow FeO+64.3\ cal/mol$$

$$2Fe+1.5O_2 \rightarrow Fe_2O_3+198.5\ cal/mol$$

$$3Fe+2O_2 \rightarrow Fe_3O_4+266.9\ cal/mol$$

氧助熔化切割钢材时,在氧气中燃烧放出的热能占全部能量的 60%。氧助熔化切割所需能量为汽化切割的 5%。可见激光氧助熔化切割主要是利用钢铁等金属在切割过程中氧化放出的热量进行的。

3. 激光切割的工艺参数及其规律

激光切割的主要工艺参数有切割用激光功率、切口宽度、切割速度和气体流量。其他因素,如激光光束质量、透镜焦距、离焦量和喷嘴等对于激光切割也有很大影响。

(1) 激光功率

激光切割时所需功率的大小,是由材料性质和切割机理决定的。例如,切割表面反射率高、导热性好的材料,以及切割熔点高的材料,需要较大的激光功率和功率密度。用不同的切割机理切割同种材料,所需要的功率也不同,汽化切割所需功率最大,熔化切割次之,氧助熔化切割所需功率最小。随着板厚的增加,所需的激光功率增加。

(2) 切割速度

在一定功率条件下,板越厚,切割速度越慢。切割速度对切口表面粗糙度也有较大影响。研究表明,切口表面粗糙度与切割速度之间的关系呈 U 形变化,不同板厚的材料,不同的切割气体压力,有一个最佳切割速度,在此速度下进行切割,切口表面粗糙度值最小。一般来说,切割速度越快,所需功率越大。

(3) 气体的压力(气体流量)

切割时喷吹的气体有如下作用:在熔化切割时,依靠喷吹气体的压力把液态金属吹走,形成切口。在氧助熔化切割时,气体与切割金属反应放热,提供一部分切割能量,同时又靠气体吹除反应物。但是,气体对材料又有冷却作用,会从切割区带走一部分能量。因此,气体对切割质量的影响是两方面的。气体流量与喷嘴形式也有关系,不同的喷嘴,使用的气体流量也不同。在功率和切割材料板厚一定时,有一最佳切割气体流量,这时切割速度最快。随着激光功率的增加,切割气体的最佳流量增大。

(4) 光束质量、透镜焦距和离焦量

激光器输出光束的模式为基横模时对激光切割最为有利。这样,通过聚焦后才可能获得很小的光斑和较高的功率密度。实验研究表明,非氧助切割时切口宽度与激光光斑直径几乎相等。光斑大小与聚焦透镜的焦距成正比。短焦距的透镜虽然可以得到较小的光斑,但焦深很小。需要说明的是:与几何光学不同,激光加工技术中采用的焦深定义为:若光束某横截面中心的功率密度为焦点处的1/2,则这一点与焦点的距离称之为焦深。焦深越小,可以切割的板厚越薄,工件表面到透镜的距离要求也越严格。在切割厚板时,应选用焦距较大的聚焦透镜。离焦量对切割速度和切割深度影响较大,切割过程中必须保持不变,一般离焦量选用负值,即焦点位置置于切割板面下面某一点。

(5) 喷嘴

喷嘴是影响激光切割质量和效率的一个重要部件。激光切割一般采用同轴(气流与光轴同心)喷嘴,喷嘴出口直径大小应依据板厚加以选择。另外,喷嘴到工件表面的距离对切割质量也有较大影响,为了保证切割过程稳定,这个距离必须保持不变。

4. 工业材料的激光切割

(1) 金属材料的激光切割

几乎所有的金属材料在室温下都对红外光有很高的反射率。例如,对于10.6 μm的二氧化碳激光的吸收率仅有0.5%~10%。但是当功率密度超过10^6 W/cm^{2}的聚焦光束照在金属表面上时,能够在微秒级的时间内使表面开始熔化。大多数熔融态的金属的吸收率会急剧上升,一般可提高到60%~80%。因此,二氧化碳激光器已经成功地用于许多金属的切割实践。

现代激光切割系统可以切割的碳钢板的最大厚度已经超过了20 mm,利用氧助熔化切割方法切割碳钢板,其切缝可控制在满意的宽度范围内,对薄钢板的切缝可窄至0.1 mm左右。激光切割对于不锈钢板是一种有效的加工手段,它可以把热影响区控制在很小的范围内,从而很好地保持其耐腐蚀性。大多数合金结构钢和合金工具钢都能够用激光切割方法得到良好的切边质量。

铝及铝合金不能用氧助熔化切割,要采用熔化切割机理,铝激光切割需要很高的功率密度以克服它对10.6 μm波长的激光的高反射率。1.06 μm波长的YAG激光束由于有较高的吸收率,能够大幅度地提高铝激光切割的切割质量和速度。

飞机制造业常用的钛及钛合金采用氧气作辅助气体时化学反应激烈,切割速度较快,但是易在切边形成氧化层,甚至引起过烧。采用惰性气体作为辅助气体比较稳妥,可以确保切割质量。

大多数镍基合金也可实施氧助熔化切割。铜及铜合金反射率太高,基本上不能用10.6 μm的二氧化碳激光进行切割。

(2) 非金属材料的激光切割

10.6 μm的二氧化碳激光束很容易被非金属材料所吸收,它的低反射率和蒸发温度使吸收的光能几乎全部传入材料内部,并在瞬间引起汽化形成孔洞,进入切割过程的良性循环。塑料、橡胶、木材、纸制品、皮革、天然织物及其他有机材料都可以用激光进行切割。但是木材的厚度需有所限制,木板厚度在75 mm内,层压板和木屑板约为25 mm。无机材料中石英和陶瓷可以用激光进行切割,后者宜用控制断裂切割且不可采用高功率。玻璃和石头一般不宜用激光切割。

其他难以用常规方法加工的材料,如复合材料、硬质合金等都可以用激光切割,但是要经过实验选择合理的切割机理和工艺参数。

(3) 半导体封装的激光切割

半导体封装行业在生产先进的、小型化的微电子器件的下一代设计中,将面临着诸多的制造挑战,生产在单个基材上的多个电路,将基材分割成单独的器件,就是这方面的一个突出例子。在很多情况下,电路分离的切割要求已经超出了机械切割的能力,这就使得激光切割成为了唯一可行的方法

SiP(系统级封装)正在迅速成为重要的半导体封装技术,是一种能够以极小的体积实现高度功能性的封装技术。智能腕戴式设备是第一个利用这种先进水平的小型化技术并且被广泛使用的消费产品。SiP 器件通常由有源和无源电子元件组成,它们全部安装在基材上,其表面包含铜线作为连接器和接地层,整个组件被封装在模塑料中。接着,模塑料可以涂覆有起电磁屏蔽作用的导电层。整个 SiP 器件的厚度通常约为 1mm,模塑料通常占总厚度的一半以上。在批量生产中,多个 SiP 器件被制造在单个基材上,通常为陶瓷材料,然后被切割成单个器件。此外,在某些情况下,在单个器件上(被切割成单个之前)模塑料直到接地层会被切出沟槽,这在涂覆之前就完成了,以便随后添加导电涂层时完全封闭 SiP 的子区域。然后屏蔽 SiP 电路的一个区域与另一个区域。

对于分割和挖沟,切割必须在位置和深度上精确,还不能有碎屑。此外,任何热效应和相关损坏都可能对这些将要安装到高端智能手机、平板电脑或可穿戴电子设备中的设备构成不能承受的风险。潜在的损害包括多层基材的分层和切割过程中陶瓷层中的微裂纹。

用于分割的传统方法采用富含钻石的锯片。然而,机械锯切在 SiP 分割的情况下存在几个明显的局限。其中之一是基材的碎裂和分层,以及产生大型的碎片,所有这些影响最终会导致设备故障。切屑的去除可以通过额外的后处理技术来完成,但是根据切屑尺寸和数量的不同,在清理之后可能有残存的材料留在部件上。锯切割的另一个缺点是,它只能用于直线切割,而不能在设备中切割出曲线、轮廓或切口。由于 SiP 器件几乎普遍用于空间高度受限的应用,所以它们通常具有复杂的非矩形形状。机械切割也有经济上的缺点,因为它降低了工艺利用率。具体而言,锯切会在切割附近产生相对较大的切口和加工受影响区域。这又要求各个部件间隔得足够远,以避免在切割过程中损坏。然而,组件之间留空的空间越大,能包装到特定区域的空间就越少,这无疑增加了每个设备的成本。

激光器代表了目前唯一可以满足 SiP 单体化、挖沟和指纹传感器单体化要求的切割技术。到目前为止,具有纳秒级脉宽的固态激光器已经成为 SiP 切割的主要工具,这类激光通过光热相互作用去除材料,聚焦的激光束充当空间受限的强热源,目标材料被迅速加热,最终导致被汽化(基本上被蒸发掉)。

7.4 激光焊接

激光焊接是一种材料连接方法,主要是金属材料之间连接的技术。它和传统的焊接技术一样,通过将连接区的部分材料熔化而将两个零件或部件连接起来。因为激光能量高度集中,加热、冷却的过程极其迅速,一些普通焊接技术难以加工的如脆性大、硬度高或柔软性强的材料,用激光很容易实施焊接。激光还能使一些高导热系数和高熔点金属快速熔化,完成特种金属或合金材料的焊接。另一方面,在激光焊接过程中无机械接触,易保证焊接部位不因受力而

发生变形,通过熔化最小数量的物质实现合金连接,从而大大提高焊接质量,提高生产率。激光焊的焊缝深宽比大,而焊缝热影响区极小,质量好。图 7-19 所示为激光焊和电弧焊焊缝截面图比较。第三,激光束易于控制的特点使得焊接工作能够更方便地实现自动化和智能化。采用大焦距的激光系统,还可实现特殊场合下的焊接,如由软件控制需要进行隔离的远距离在线焊接、高精密防污染的真空环境焊接等。激光焊接的上述这些特点是传统的焊接工具与方法很难或完全不能做到的。目前欧美一些国家中,激光的应用已广泛取代了传统的焊接技术,如对高档汽车车壳与底座、飞机机翼、航天器机身等一些特种材料和微小接触点的焊接。我国从 20 世纪 70 年代开始研究开发激光焊接,现在也已在大规模的推广应用中。

(a) 激光焊

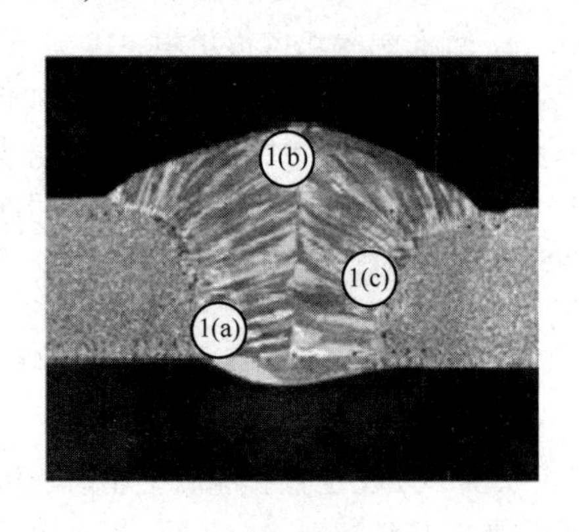

(b) 电弧焊

图 7-19　激光焊和电弧焊焊缝截面图比较

激光焊接有如下优点。

(1) 激光束可以聚焦到很高的功率密度,达到较高的焊缝深宽比。

(2) 热影响区很小,焊件的热变形很小,可以进行精确的焊接,焊接无须刚性夹紧。

(3) 可以焊接很难焊的材料(如:钛、石英等)。

(4) 焊接在空气中进行,不需要真空,不产生 X 射线(与真空电子束焊相比)。当然,激光焊往往也须在保护气氛下进行,以防止有害气体侵蚀焊接熔池,如氧化等。

(5) 不用焊条或填充材料,可以得到成分与母材相同的焊缝。

(6) 激光没有惯性,可以迅速开始与停止。

(7) 可以高速度焊接复杂工件,易于控制和自动化。

激光焊接设备和前两节中讲述的几种激光加工设备一样,也由激光器、光束变换系统、计算机控制系统组成。图 7-20 所示为一种显像管阴极芯的激光焊接设备原理。它可以同时完成六点焊接,一次完成阴极芯的组装。三台激光器的输出都被分成三束,三束中的一束只占不到 0.1%的能量,用以射入检测探头,反馈控制保证激光器输出能量的稳定性。另外六束分别完成六点的焊接工作。每次焊接过程只需要几毫秒的时间,能够大

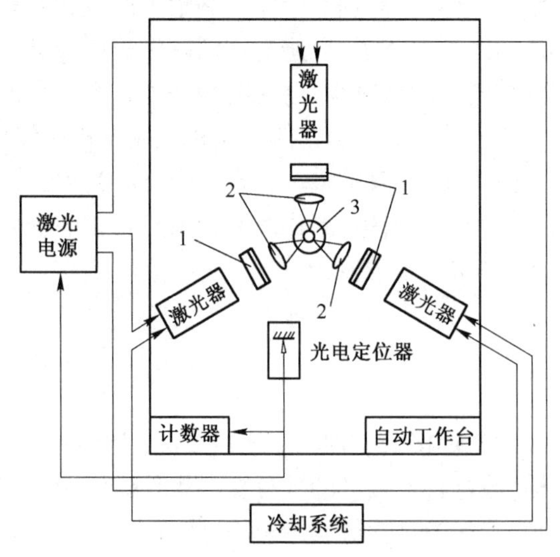

图 7-20　阴极芯的激光焊接设备原理图

1:光束分束器;2:聚焦透镜;3:阴极芯

大地提高生产率。

激光焊接主要有热导焊和深熔焊两种。热导焊采用的激光功率为 10^5 W/cm² 左右,是靠热传导进行焊接的,焊缝深度小于 2.5 mm,焊缝的深宽比一般小于 1。深熔焊采用的功率密度在 $10^6 \sim 10^7$ W/cm²之间,焊缝的深宽比最大可达 12∶1。

7.4.1 激光热导焊

1. 激光热导焊的原理

热导焊时,激光辐射能量作用于材料表面,激光辐射能在表面转化为热量。表面热量通过热传导向内部扩散,使材料熔化,在两材料连接区的部分形成熔池。熔池随着激光束一道向前运动,熔池中的熔融金属并不会向前运动。在激光束向前运动后,熔池中的熔融金属随之凝固,形成连接两块材料的焊缝。激光辐射能量只作用于材料表面,下层材料的熔化靠热传导进行。激光能量被表层 10~100 nm 的薄层所吸收使其熔化后,表面温度继续升高,使熔化温度的等温线向材料深处传播。表面温度最高只能达到汽化温度。因此,用这种加热方法所能达到的熔化深度受到汽化温度和热导率的限制,主要用于对薄(1 mm 左右)、小零件的焊接加工。

2. 激光热导焊的工艺及部分参数

(1) 激光热导焊的连接形式

片状工件焊接形式有对焊、端焊、中心穿透熔化焊,丝与丝之间焊接形式有对焊、交叉焊、搭接焊、T 形焊等,丝与块状零件之间的焊接形式有细丝插入预钻孔中、T 形连接、细丝嵌入槽中,以及端焊等形式。

(2) 激光功率密度

热导焊是在功率密度低于下面要讲的深熔焊产生匙孔的临界功率密度下进行的焊接。激光功率密度低决定了其焊接熔深浅,焊接速度慢。图 7-21 所示为采用激光热导焊接不锈钢时熔化深度、焊接速度与激光功率的关系。图中 1、2、3 分别为 1.0、3.0、10.0mm/s 的焊接速度时熔化深度曲线(焊缝宽度见表 7-2)。

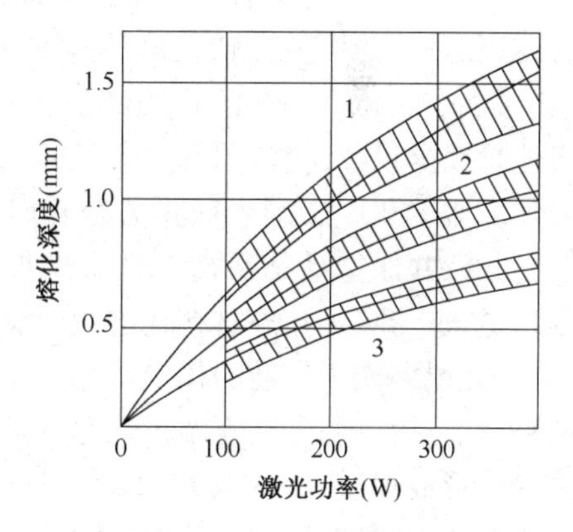

图 7-21 激光热导焊接不锈钢时功率与焊接速度、熔化深度的关系

(3) 离焦量对焊接质量的影响

因为焦点处激光光斑中心的光功率密度过高,激光热导焊通常需要一定的离焦量,使得光功率分布相对均匀。离焦方式有两种,焦平面位于工件上方为正离焦,反之为负离焦。在实际应用中,要求熔深较大时采用负离焦,焊接薄材料时宜用正离焦。此外离焦量还直接影响到焊缝的宽度。表 7-2 中列出了用 250W 连续 CO_2 激光器进行连续热导焊的一些工艺参数数据[45]。

表 7-2 用 250W 连续 CO_2 激光器连续热导焊数据

材料	接头方式	厚度(mm)	焊接速度(mm/min)	焊缝宽度(mm)
0Cr18Ni11Ti	对接	0.25	889	0.71
1Cr18Mn9(不锈钢)	对接	0.25	250	1.01
因康镍合金(600)	对接	0.25	1000	0.46
蒙乃尔镍铜合金(400)	对接	0.25	381	0.64
普通纯钛	对接	0.25	1270	0.56
1Cr18Mn9(不锈钢)	搭接	0.25	381	0.76

(4) 脉冲激光热导焊的脉冲波形

激光热导焊也可以用脉冲激光来完成,其脉冲波形对于焊接质量也有很大的影响。焊接铜、铝、金、银等高反射率的材料时,为了突破高反射率的屏障,使金属瞬间熔化把反射率降下来,实现后续的热导焊过程,需要脉冲带有一个前置的尖峰。而对于铁、镍、钼、钛等黑色金属,表面反射率较低,应采用较为平坦或平顶的脉冲波形。

(5) 脉冲激光热导焊的脉冲宽度

脉冲宽度会影响到焊接熔深、热影响区的宽度等焊接的质量要求。脉宽越宽,焊接熔深热影响区越大,反之则小。因此,要根据激光功率的大小及要求的焊接熔深和热影响区的宽度大小来适当选择脉冲宽度。

7.4.2 激光深熔焊

1. 激光深熔焊的原理

当激光功率密度达到 $10^6 \sim 10^7$ W/cm^2 时,功率输入远大于热传导、对流及辐射散热的速率,材料表面发生汽化而形成小孔(见图 7-22),孔内金属蒸气压力与四周液体的静力和表面张力形成动态平衡,激光可以通过孔中直射到孔底。这种现象称为小孔效应(Keyhole Effet)。小孔的作用和黑体一样,能将射入的激光能量完全吸收,使包围着这个孔腔的金属熔化。孔壁外液体的流动和壁层的表面张力与孔腔内连续产生的蒸气压力相持并保持动态平衡。光束携带着大量的光能量不断地进入小孔,小孔外材料在连续流动。随着光束向前移动,小孔始终处于流动的稳定状态。小孔随着前导光束向前移动后,熔融的金属充填小孔移开后所留下的空腔并随之冷凝形成焊缝,完成焊接过程。整个过程发生得极快,使焊接速度很容易达到每分钟数米。

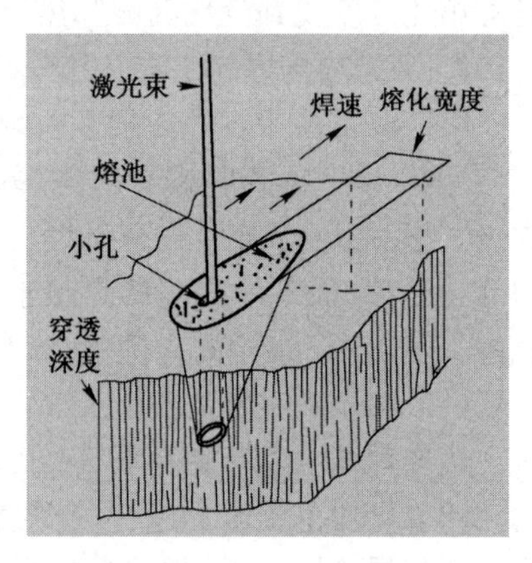

图 7-22 深熔焊小孔示意图

2. 激光深熔焊工艺参数

(1) 临界功率密度

深熔焊时,功率密度必须大于某一数值,才能引起小孔效应。这一数值称为临界功率密度。不同材料的临界功率密度的大小不同,因此决定了各种材料进行激光深熔焊的难易程度。

(2) 激光深熔焊的熔深

激光深熔焊的熔深与激光输出功率密度密切相关,也是功率和光斑直径的函数。在一定的激光功率下,提高焊接速度,热输入下降,焊接熔深减小。尽管适当降低焊接速度可加大熔深,但若焊接速度过低,熔深却不会再增加,反而使熔宽增大。其主要原因是,激光深熔焊时,维持小孔存在的主要动力是金属蒸气的反冲压力,在焊接速度低到一定程度后,随着热输入的增加,熔化金属越来越多。当金属汽化所产生的反冲压力不足以维持小孔的存在时,小孔不仅不再加深,甚至会崩溃,使得焊接过程蜕变为传热焊接,因而熔深不会再加大。同时随着金属汽化的增加,小孔区温度上升,等离子体的浓度增加,对激光的吸收增加。这些原因使得低速焊接时,深熔焊熔深有一个最大值。也就是说,对于给定的激光功率等条件,存在一维持深熔焊接的最小焊接速度。

熔深与激光功率和焊接速度的关系可由下述经验公式表示[46]:

$$h=\beta P^{1/2}v^{-\gamma}$$

式中,h(mm)为焊接熔深;P(W)为激光功率;v(mm/s)为焊接速度;β 和 γ 则是取决于激光源、聚焦系统和焊接材料的常数。

3. 激光焊接过程中的几种效应

(1) 深熔焊焊接过程中的等离子体

在高功率密度条件下进行激光加工时会出现等离子体。等离子体的产生是物质原子或分子受能量激发电离的结果。任何物质在接收外界能量而使温度升高时,原子或分子受能量(光能、热能、电场能等)的激发都会产生电离,从而形成由自由运动的电子、带正电的离子和中性原子组成的等离子体。激光焊时,金属被激光加热汽化后,在熔池上方形成高温金属蒸气,金属蒸气中有一定的自由电子。处在激光辐照区的自由电子通过逆韧致辐射吸收能量而被加速,直至其有足够的能量来碰撞、电离金属蒸气和周围气体,电子密度从而雪崩式地增加,产生等离子体。电子密度最后达到的数值与复合速率有关,也与保护气体有关。激光加工过程中的等离子体主要为金属蒸气的等离子体,这是因为金属材料的电离能低于保护气体的电离能,金属蒸气较周围气体易于电离。如果激光功率密度很高,而周围气体流动不充分时,也可能使周围气体离解而形成等离子体。

高功率激光深熔焊时,位于熔池上方的等离子体,会引起光的吸收和散射,改变焦点位置,降低激光功率和热源的集中程度,从而影响焊接过程。等离子体对激光的吸收率与电子密度和蒸气密度成正比,随激光功率密度的增大和作用时间的增长而增大,并与波长的平方成正比。同样的等离子体,对波长为 10.6 μm 的 CO_2 激光的吸收率比对波长为 1.06 μm 的 YAG 激光的吸收率高两个数量级。由于吸收率不同,不同波长的激光产生等离子体所需的功率密度阈值也不同。YAG 激光产生等离子体阈值功率密度比 CO_2 激光的高出约两个数量级。也就是说用 CO_2 激光进行加工时,易产生等离子体并受其影响;而用 YAG 激光加工时,等离子体的影响则较小。

激光通过等离子体时,改变了吸收和聚焦条件,有时会出现激光束的自聚焦现象。等离子体吸收的光能可以通过不同渠道传至工件。如果等离子体传至工件的能量大于等离子体吸收所造成工件接收光能的损失,等离子体反而会增强工件对激光能量的吸收,这时,等离子体也可看作一个热源。

激光功率密度处于形成等离子体的阈值附近时,较稀薄的等离子体云集于工件表面,工件通过等离子体吸收能量。当材料汽化和所形成的等离子体云浓度间达到稳定的平衡状态时,工件表面有一较稳定的等离子体,它的存在有助于加强工件对激光的吸收。用 CO_2 激光加工钢材时,与上述情况相对应的激光功率密度约为 10^6 W/cm^2。由于等离子体的作用,工件对激光的总吸收率可由 10%左右增至 30%~50%。

激光功率密度为 10^6~10^7 W/cm^2 时,等离子体的温度高,电子密度大,对激光的吸收率大,并且高温等离子体迅速膨胀,逆着激光入射方向传播(速度为 10^5~10^6 cm/s),形成所谓激光维持的吸收波。在这种情形中,会出现等离子体的形成和消失的周期性振荡(见图 7-2)。这种激光维持的吸收波,容易在激光焊接过程中出现,必须加以抑制。进一步加大激光功率密度(大于 10^7 W/cm^2),激光加工区周围的气体可能被击穿。击穿各种气体所需功率密度大小与气体的导热性、解离能和电离能有关。气体的导热性越好,能量的热传导损失越大,等离子体的维持阈值越高,在聚焦状态下就意味着等离子体密度越低,越不易出现等离子体屏蔽。对于电离能较低的氩气,气体流动状况不好时,在略高于 10^6 W/cm^2 的功率密度下也可能出现击穿现象。一般在采用连续 CO_2 激光进行加工时,其功率密度均应小于 $10^7\ W/cm^2$。

在激光焊接中可采用辅助气体侧吹或后吹法、真空室内焊接法、激光束调焦法、跳跃式激光焊接法、功率调制法和磁场电场控制等方法控制等离子体的屏蔽作用[47]。

(2) 壁聚焦效应

当激光深熔焊小孔形成以后,激光束将进入小孔。当光束与小孔壁相互作用时,入射激光并不能全部被吸收,有一部分将由孔壁反射在小孔内某处重新会聚起来,这一现象称为壁聚焦效应。壁聚焦效应的产生,可使激光在小孔内部维持较高的功率密度,进一步加热熔化材料。对于激光焊接过程,重要的是激光在小孔底部的剩余功率密度必须足够高,以维持孔底有足够高的温度,产生必要的汽化压力,维持一定深度的小孔。

小孔效应的产生和壁聚焦效应的出现,能大大地改变激光与物质的相互作用过程,当光束进入小孔后,小孔相当于一个吸光的黑体,使能量的吸收率增大。

(3) 净化效应

净化效应是指 CO_2 激光焊时,焊缝金属有害杂质元素减少或夹杂物减少的现象。产生净化效应的原因是,对于波长为 10.6 μm 的 CO_2 激光,非金属夹杂物的吸收率远远大于金属的,当非金属和金属同时受到激光照射时,非金属将吸收较多的激光使其温度迅速上升而汽化。当这些元素固溶在金属基体时,由于这些非金属元素的沸点低,蒸气压高,它们会从熔池中蒸发出来。上述两种作用的总效果是,焊缝中的有害元素减少,这对金属的性能,特别是塑性和韧性,有很大的好处。当然,激光焊净化效应产生的前提必须是对焊接区加以有效地保护,使之不受大气等的污染。

7.4.3 激光复合焊

激光焊接从开始的薄小零件或器件的焊接到目前大功率激光焊接,经历了近 40 年的发展,所涉及的材料涵盖了几乎所有的金属材料,越来越广泛地应用在汽车、航空航天、国防工业、造船、海洋工程、核电设备等领域。但激光焊接的缺点也逐渐显现出来。首先,激光设备价格昂贵,一次性投资量大,激光焊接本身存在的间隙适应性差,即极小的激光聚焦光斑对焊前工件的加工质量要求过高,工艺要求严格地定位装配,典型的最大允许的焊缝间隙不大于材料厚度的 0.1 倍,这就要求有特殊而又昂贵的焊接夹具。其次,激光焊接作为一种以自熔性焊接为主的焊接方法,一般不采用填充金属,因此在焊接一些高性能材料时对焊缝的成分和组织控制困难。高的焊接速度导致高的凝固速度,这样在焊缝中可能产生裂纹或气孔,得出比传统焊接方法性能更脆的结构。最后,像铝、铜和金这样的高反射材料,用 YAG 激光焊就很困难,而用 CO_2 激光焊则更困难。

针对这些缺点,激光-电弧复合焊(以下简称激光复合焊)应运而生。激光复合焊集合了激光焊接大熔深、高速度、小变形的优点,又具有间隙敏感性低、焊接适应性好的特点,是一种优质高效焊接方法。其特点如下。

(1) 可降低工件装配要求,间隙适应性好。

(2) 有利于减小气孔倾向。

(3) 可实现在较低激光功率下获得更大的熔深和焊接速度,有利于降低成本。

(4) 电弧对等离子体有稀释作用,可减小对激光的屏蔽效应;同时激光对电弧有引导和聚焦作用,使焊接过程稳定性提高。

(5) 利用电弧焊的填丝可改善焊缝成分和性能,对焊接特种材料或异种材料有重要意义。

1. 激光复合焊原理和工艺特点

激光复合焊在焊接时同时使用激光束和另外一种热源。激光复合焊定义为激光束和电弧作用在同一区域的焊接工艺(见图 7-23)。激光复合焊缝的显著特征是,激光焊由深穿透小孔型焊缝(见图 7-19(a))和传统焊接酒杯型焊缝(见图 7-19(b))混合而成,哪种型式占优取决于激光和传统热源的功率比。

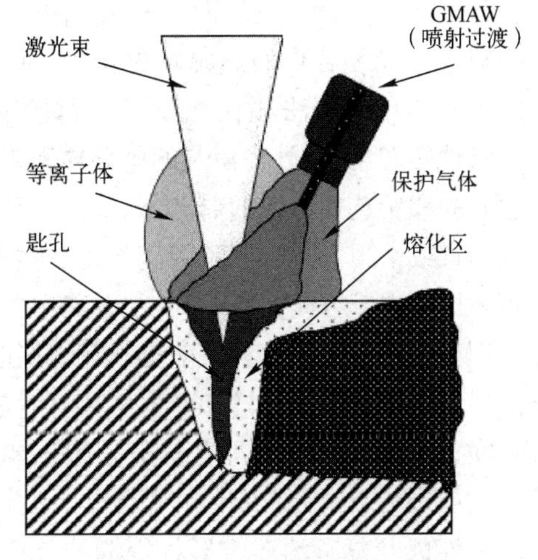

图 7-23 激光复合焊示意图

从激光复合焊的一般定义来看,既没有限制第二热源种类,也没有限制两种热源的相对位置。在这样宽泛的定义中,可以将激光复合焊理解为激光和其他任何热源组合的焊接方式。用这个定义,激光复合焊可以由所使用的热源形式及其排列来分类(见图 7-24)。需要强调的是,主要激光热源使焊接能呈深熔焊形式进行。由此,有三种主要热源:CO_2、YAG 及光纤激光。前两种热源已应用于实际,并开发了几种复合焊设备,后一种还在开发之中。另外,次要热源也可能用一种低聚焦性的高功率半导体激光来代替,可以将 YAG 激光与半导体激光进行复合焊接。与电弧焊相比,虽然成本更高,但半导体激光焊具有聚焦区域可控及能量密度分布和位置可调整的优点。

激光与电弧复合焊的方法包括两种:旁轴复合焊和同轴复合焊。旁轴激光-电弧复合焊方法实现较为简单,缺点是热源的非对称性,焊接质量受焊接方向影响很大,难以用于曲线或三维焊接。而激光和电弧同轴的焊接方法则可以形成一种同轴对称的复合热源,大大提高焊接过程稳定性,并可方便地实现二维和三维焊接。

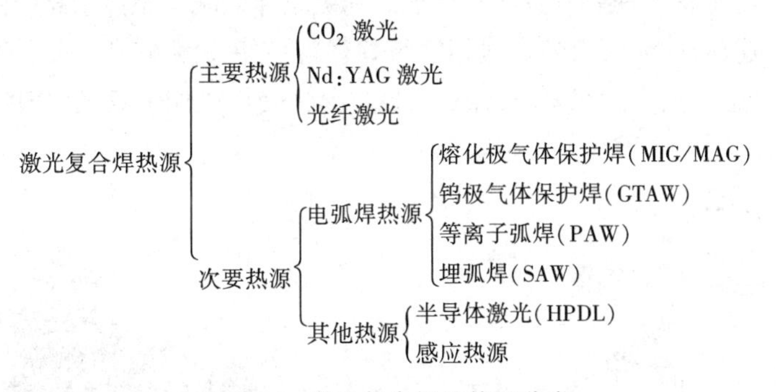

图 7-24 激光复合焊按热源分类

现在,大量使用的次要热源仍然是电弧,其中又可细分为非熔化电极的钨极气体保护焊(TIG)和采用熔化电极的气体金属电弧焊(GTAW)。在后一种情况下,电弧在熔化极(焊丝)和工件之间燃烧。这样可以通过选择合适的焊丝合金成分来调整焊缝的性能。电弧的形状受保护气体的影响,故又可分为惰性气体焊(MIG)和活性气体保护焊(MAG)。在钨极气体保护焊的情况下,经常使用惰性气体,例如氩和氦。这种工艺的特殊形式是等离子弧焊(PAW),由于设计的特殊焊枪而产生压缩电弧,使电弧更加集中。另外一种形式是激光和埋弧焊的复合,它是唯一的一种激光后置的复合形式。如前所述,另一种有用的次要热源是感应加热,它不像电弧作用于表面,而是感应的功率作用于工件的内层,这个层的厚度是感应频率及被焊材料的电磁性能的函数。该技术可用于所有导电材料。使用合适的感应圈形状和优化的参数(功率和频率),可改善焊缝质量,获得没有气孔和裂纹的无缺陷焊缝,可局部地控制激光焊的热流场并可起到正火作用。

对于激光复合焊的热源位置安排,有共同作用于一个熔池和分开作用两种。作用于同一点意味着与单一方法相比改变了局部相互作用区特征。激光-电弧复合焊经常这样安排使用。其他热源,例如已经谈及的半导体激光也可用这种排列。与这样的排列相反,分开作用意味着暂时的和所选择热源的局部分离。可以实施几种配置方案。在平行排列中,两个热源沿着焊道在垂直或水平方向有一定距离。改变次要热源与激光源的距离可以改变冷却速率,控制裂纹。也可采用沿焊缝方向分开排列,主要和次要热源相隔一定距离都沿着同一焊道移动。次要热源在原理上可以前置或后置。前置具有焊接前的预热效应。因为被焊的材料局部预热减少了热传导的损失使得焊接效率增加。而后置有后热处理的效果可以改变焊缝的显微组织。

激光源与次要能源配置集成是很重要的。目前已有商品化的产品,也可选择自己设计系统。这要求 CNC 控制部件和复合焊头设计的集成。激光和次要热源同轴的一体化系统是焊接非线性以及复杂的三维形状焊缝的首选。如果使用非同轴集成焊头,当焊接方向发生变化时,焊道的几何形状将发生变化。

下面介绍几种商用的激光复合焊系统。图 7-25 所示为具有分光镜的先进光学系统,而且电极位于喷嘴的中心;图 7-26 是由 Fronius 特别为汽车工业研制的系统。为了接头的可达性,特别是在焊接车体结构时,激光复合焊头设计要小巧,焊接头能够旋转 180°,可以呈镜面安装,允许在机器人上有很宽的垂直调整范围,可以改善三维部件的可焊到性。由于扫描单元的集成调整装置可以在三维坐标任何方向上相对激光束改变焊丝的方位,因此,能适应各种焊缝、功率、焊丝类型、焊丝质量的连接工作。为防止焊接过程中产生的飞溅引起玻璃的污染,安装了双层石英玻璃,保护激光光学器件免受损毁。玻璃上的沉积物减少了激光与工件的耦合,使其功率最多下降 90%。防护玻璃吸收了激光能量而引起热应力,常损坏保护玻璃。为了防止以上情况发生,使用一横向气流使飞溅偏转 90°,使其到达防护玻璃之前吸收掉飞溅。设计了相应的横向喷嘴使其在出口的流速增加。这样,能够获得超音速的气流并很容易使飞溅偏转。为了防止喷嘴的空气进入焊接区域,用一个空气出口管来萃取,保护机器单元免受焊接烟尘或飞溅的污染。

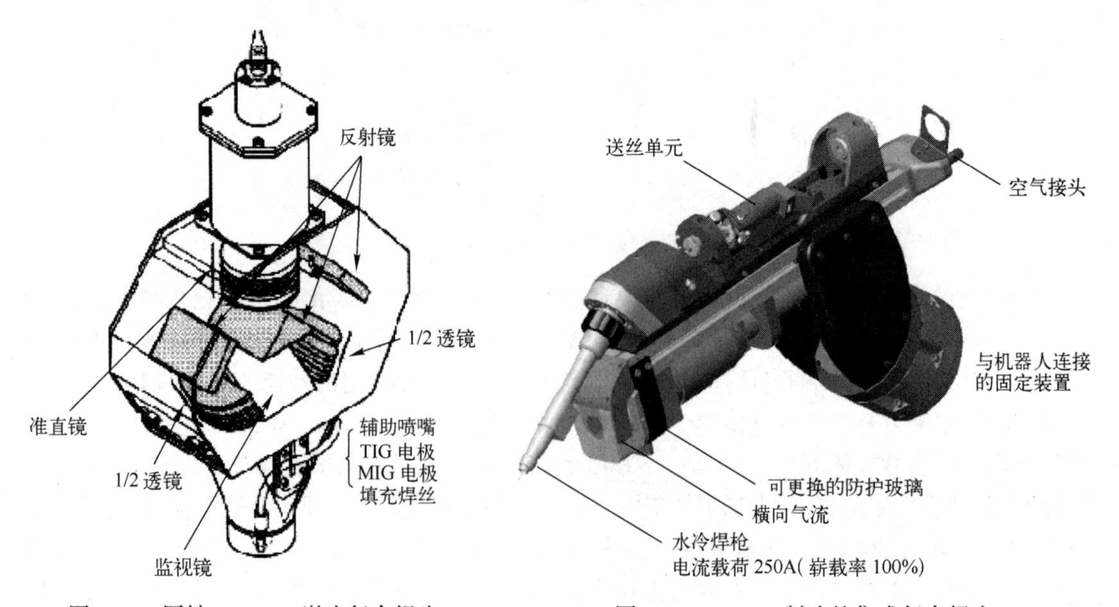

图 7-25　同轴 Nd:YAG 激光复合焊头　　图 7-26　Fronius 制造的集成复合焊头

2. 复合焊技术的应用

复合焊已经有许多应用,复合激光焊接头已商品化。除了改善工艺稳定性和效率,以及减少投资和运行成本外,许多激光复合焊能够解决单激光焊不能成功解决的问题。下面简要介绍激光复合焊应用的例子。它表明激光束与其他热源联合使用的方法加大了连接材料的激光焊接的应用范围。

在生产中使用激光复合焊的两个主要领域是汽车和造船工业。汽车工业是大批量生产的工业,而造船工业是以每条船几公里长焊缝为特征的。在汽车工业中,与单激光焊相比,激光复合焊具有更高的桥接性。在德国大众汽车公司引用激光复合焊以后,去掉了焊接时压紧钢板的压紧轮。而且,使焊铝的角焊缝和对接焊成为可能。在每一辆轿车中,有 7 条 MIG 焊缝,11 条激光焊,48 条激光复合焊缝,总的焊缝长度达 4980 mm。使用的焊枪如图 7-26 所示。采用这种方法后,用 3 kW 的 Nd:YAG 激光功率可以焊接 1~4 mm 的低碳钢、不锈钢和铝合金。激光复合焊与单纯激光焊相比节省激光功率 1000 W。

德国 Meyer Werf 造船厂采用 12 kW CO_2 激光耦合 GMA 焊接(称为预制造安装的单元),成功地焊接了 12 mm 角焊缝 20 多米长。硬度、强度、缺口冲击、横向和纵向弯曲试验、十字强度试验,以及疲劳试验通过了激光复合焊的认证,所有试验都获得了满意结果。由 25 kW CO_2 激光器和 6 kW GMAW 组成的系统,具有 12 m 长的框架、焊缝跟踪和间隙量的调整、焊接质量控制,以及过程控制软件,已经焊接了 A-36、Dlt-36、HLSA-65 和超级奥氏体钢 SSAL6-XN 的高质量的焊缝。用深熔焊焊接 12 mm 厚的钢板,焊速在 1. 9~2. 5 m/min 之间。芬兰制造了一个激光复合焊接可伸缩的升降机的生产系统。它由 6 kW CO_2 激光器和 GMAW 组成,在6 m 长和用 4 mm 厚材料的 RAEX 650 制成的方管上工作。采用这个复合焊系统的主要原因是能够焊接的间隙达 1 mm。

激光复合焊能有效解决剪裁板的工业焊接问题。例如,不同板厚的钢板的拼接。通常,这种钢板是以对接接头的角焊缝连接的。在这种情况下,激光束小的聚焦半径和小量的熔化材料,仅能在很小间隙下进行焊接,因此,对坡口制备,激光束和钢板之间的定位,以及夹具装置要求非常严格。图 7-27 示意了板厚分别为 1 mm 和 2 mm 铝板的 CO_2 激光焊接。如果采用合适的等离子作为次要热源的激光复合焊,在同时增加焊接速度时,能成倍提高激光焊要求的 0. 1 mm 的最大间隙。因此,激光复合焊的优点是接头形状的改善,使铝板之间实现平滑过渡。由于避免了尖锐的边缘,改善了焊件的承载能力,激光复合焊接头的塑性也增加了。

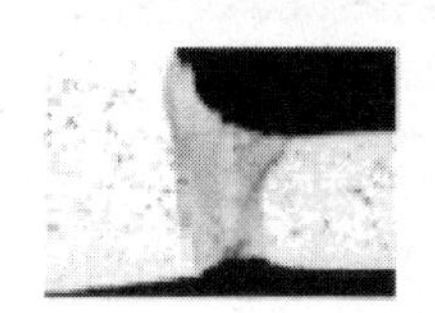

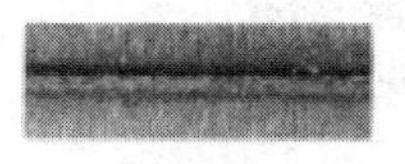

3 kW CO_2 激光

(a) 激光焊缝

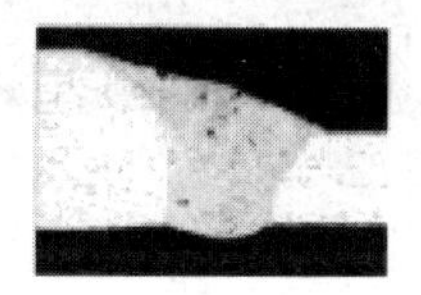

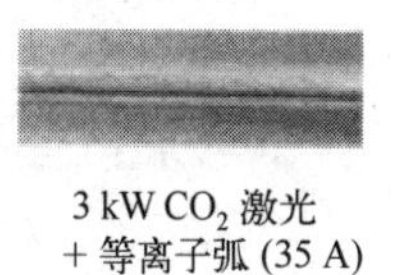

3 kW CO_2 激光
+ 等离子弧 (35 A)

(b) 激光复合焊焊缝

图 7-27 汽车铝板的焊接

激光束的最重要特性之一是高的聚焦亮度,与传统焊接方法相比,焊接速度非常高。但焊接用于材料的能量仍然是小的,能够减少和避免焊接结构的变形。但高的焊接速度可导致某些材料具有高的硬度值,冷却速度太快导致在焊缝内形成裂纹。这个问题对于激光焊接含碳量大于 0. 25% 的碳钢和含碳量超过 0. 2%的低合金钢是非常重要的。应用于动力机车的重要级别的钢通常是不能用激光进行可靠焊接的,例如 Cf53(AISI 1050)、C67(AISI 1070)、

42CrMo4(AISI 4140/4142)和 50CrV4(SAE6150)。从冶金学的观点出发,要避免冷裂纹,要求降低激光产生的高的冷却速率,抑制马氏体相变。实现降低冷却速率的一个成功技术是叠加感应能源,提供即时热处理。激光感应复合焊的最重要的优点是,焊接和热处理可以同步,热处理与钢的级别、部件的刚度、峰值温度的合适选择、预热周期和(或)后热周期以及感应场的穿透深度有关。因而,激光感应复合焊可以无裂纹地焊接上述钢种,以及热处理钢、火焰和感应硬化钢、容器硬化钢和弹簧钢,如图 7-28 所示。

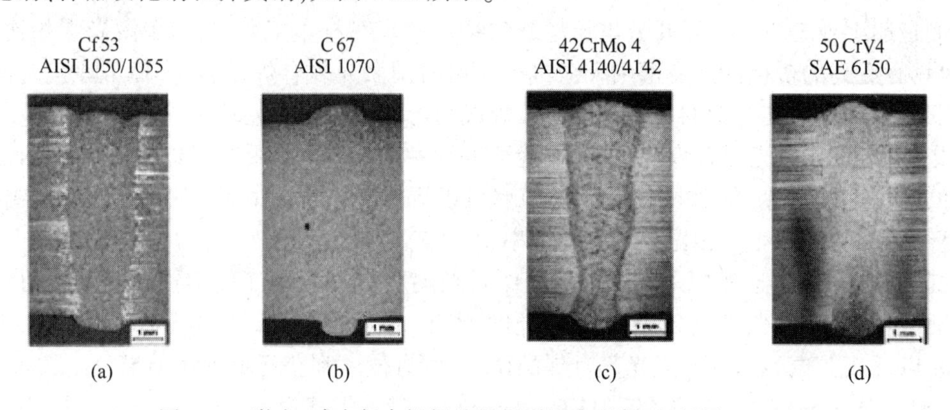

图 7-28 激光-感应复合焊焊缝的无裂纹宏观断面(板厚 6 mm)

激光焊接已经很好地用于车体制造之中,但镀层钢板的搭接焊到现在为止仍然有问题。特别是当有低熔点和汽化点的元素存在时,例如锌,是作为钢板的防腐而使用的,在焊接期间能够导致突然汽化影响焊缝的完整性。焊缝质量的改善仅由钢板之间间隙来保证,而且间隙的宽度必须限制以保证得到完整的接头。因此,焊缝坡口边缘的制备是很费钱费时的。为了保证锌蒸汽的逸出,另一个解决的策略是扩大小孔的有效断面和/或焊道体积。可以采用在小孔的上面或气体逸出区域使用附加热源来达到。因此,联合使用 CO_2 激光和高功率的半导体激光在各种参数下焊接 0. 75 ~ 1. 25 mm 不同厚度的镀锌钢板,能够避免熔池爆发的扰动,如图 7-29 所示。

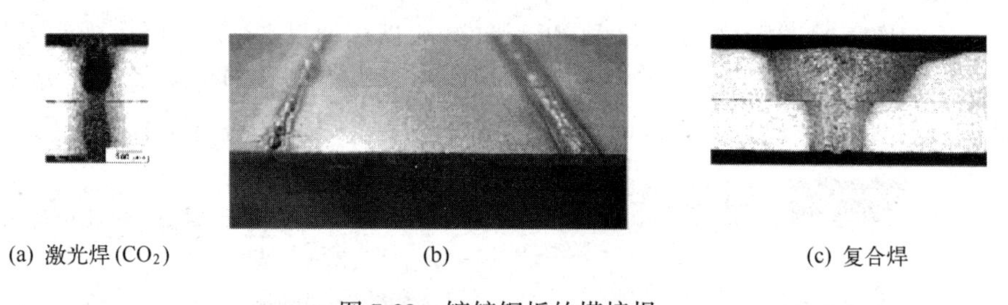

图 7-29 镀锌钢板的搭接焊

激光复合焊技术的应用提供了用不同的方式改善焊缝的成型和性能的可能性。采用不同的次要热源与激光进行各种配置的复合焊能够解决一些特殊接头的问题。这种多样性的配置对技术的发展和工艺优化提出了更高的要求。通常,大多数相关焊接参数是由经验决定的,要求有大量的实验参数。激光复合焊的数学模型和相关实验的基础研究还很有限。尤其是激光与电弧相互作用期间涉及的等离子的相互作用现象,熔池内的热和流场,以及激光和其他热源重叠时固体材料内的热流动。尽管缺少理论分析,实验数据已使得激光复合焊成功地用于工业生产,它能解决仅用激光焊不能解决的问题,扩展了高功率激光应用的范围。

7.5 激光快速成型技术

为了能对市场变化做出敏感响应,国外于20世纪80年代末发展了一种全新的制造技术,即所谓快速成型技术(Rapid Prototyping,简称RP)[48,49]。与传统的制造方法不同,这种高新制造技术采用逐渐增加材料的方法(如凝固、胶接、焊接、激光烧结、聚合或其他的化学反应)来形成所需的零件形状,故也称为增材制造法(Material Increase Manufacturing,简称MIM)。

快速成型技术综合了计算机、物理、化学、材料等多学科领域的先进成果,解决了传统加工方法中的许多难题。不同于传统机械加工的材料去除法和变形成型法,它一次成型复杂零件或模具,不需专用装备和相应工装,堪称为制造领域人类思维的一次飞跃。快速成型技术在航天、机械电子及医疗卫生等领域有着广阔的应用前景,受到了广泛的重视并迅速成为制造领域的研究热点,已经成为先进制造技术的重要组成部分。该技术在20世纪90年代后期得到了迅速的发展;在机械制造的历史上,它与20世纪60年代的数控技术、80年代的非传统加工技术具有同等重要地位。

7.5.1 激光快速成型技术的原理及主要优点

快速成型技术的基本工作原理是离散、堆积[50]。首先,将零件的物理模型通过CAD造型或三维数字化仪转化为计算机电子模型,然后将CAD模型转化为STL(stereolithography)文件格式,用分层软件将计算机三维实体模型在z向离散,形成一系列具有一定厚度的薄片,用计算机控制下的激光束(或其他能量流)有选择地固化或黏结某一区域,从而形成构成零件实体的一个层面。这样逐渐堆积形成一个原型(三维实体)。必要时再通过一些后处理(如深度固化、修磨)工序,使其达到功能件的要求。近期发展的快速成型技术主要有:立体光造型(Stereo Lithography Apparatus,SLA);选择性激光烧结(Selective Laser Sintering,SLS);薄片叠层制造(Laminated Object Manufacturing,LOM);熔化沉积造型(Fused Deposition Modeling,FDM);三维印刷及材料去除成型技术。本书选择与激光加工有关的几项技术加以介绍。

由于快速成型技术(包括激光快速成型技术)仅在需要增加材料的地方加上材料,所以从设计到制造自动化,从知识获取到计算机处理,从计划到接口、通信等方面来看,非常适合于CIM、CAD及CAM,同传统的制造方法相比较,显示出诸多优点。

1. 快速性

快速性指有了产品的三维表面或体模型的设计就可以制造原型。从CAD设计到完成原型制作,只需数小时到几十个小时的时间,比传统方法快得多。

2. 适合成型复杂零件

采用激光快速成型技术制作零件时,不论零件多复杂,都由计算机分解为二维数据进行成型,无简单与复杂之分,因此它特别适合成型形状复杂、传统方法难以制造甚至无法制造的零件。

3. 高度柔性

无须传统加工的工夹量具及多种设备,零件在一台设备上即可快速成型出具有一定精度、满足一定功能的原型及零件。若要修改零件,只需修改CAD模型即可,特别适合于单件、小批量生产。

4. 高度集成化

激光快速成型技术将CAD数据转化成STL(快速成型技术标准接口)格式后[50],即可开始快速成型制作过程。CAD 到 STL 文件的转换是在 CAD 软件中自动完成的。快速成型过程是二维操作,可以实现高度自动化和程序化,即用简单重复的二维操作成型复杂的三维零件,无需特殊的工具及人工干预。

7.5.2 激光快速成型技术

目前,采用激光能量作为材料结合能的方法相当普遍。国内外在近 10 年来已经开发了十余种激光快速成型技术。下面重点介绍几种激光快速成型技术的原理、特点及其应用。

1. 立体光造型技术

立体光造型技术又称光固化快速成型技术,是一种最早商品化、市场占有率最高的快速成型技术。现在,这种机器已是一种流行的产品,日本、德国、比利时等都投入了大量的人力、物力研究该技术,并不断有产品问世。我国西安交通大学也研制成功了立体光造型机 LPS600A,并且在该机器上制造出了零件。

立体光造型技术的原理示意图如图 7-30 所示。它是典型的逐层制造法。它以液态光聚合物光敏树脂(聚丙烯酸酯,聚环氧基等)为原料。紫外激光在计算机控制下按零件的各分层截面信息,在光敏树脂表面进行逐点扫描,被扫描区域的树脂薄层(约零点几个毫米)产生光聚合反应而固化,形成零件的一个薄层。一层固化完毕后,工作台下移一个层厚的距离,以便在原先固化好的树脂表面再敷上一层新的液态树脂,然后进行下一层的扫描加工。新固化的一层牢固地粘在前一层上,如此反复,直到整个原型制造完毕。由于光聚合反应是基于光的作用而不是基于热的作用,故在工作时只需功率较低的激光源。此外,因为没有热扩散,加上链式反应能够很好地受到控制,能保证聚合反应不发生在激光点之外,因而加工精度高(±0. 1mm),表面质量高,原材料的利用率高(接近 100%),制作效率较高,能够制造形状复杂(如空心零件和模具)、特别精细(如首饰、工艺品等)的零件。对于尺寸较大的零件,则可以采用先分块成型然后黏结的方法进行制作。

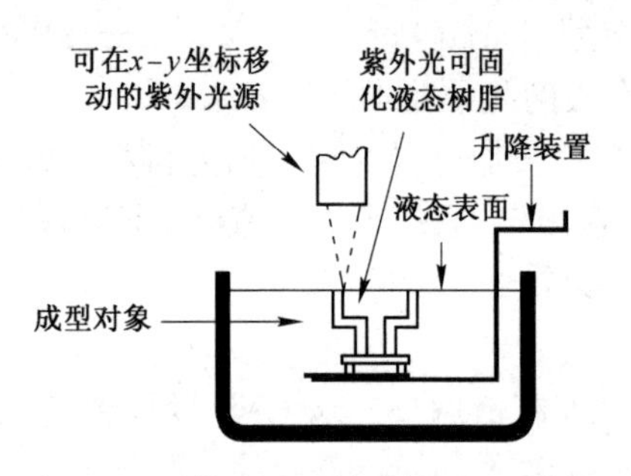

图 7-30 立体光造型技术的原理示意图

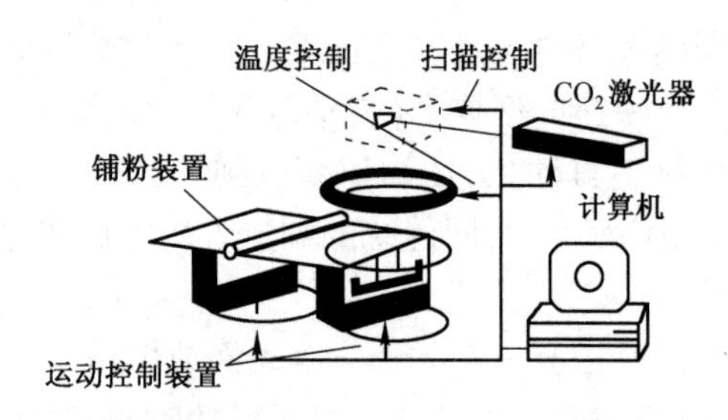

图 7-31 选择性激光烧结技术基本原理示意图

2. 选择性激光烧结技术

选择性激光烧结技术与立体光造型技术很相似,也是用激光束来扫描各原材料,但用粉末物质代替了液态光聚合物。选择性激光烧结技术的基本原理示意图如图 7-31 所示。CO_2 激光束在计算机控制下,以一定的扫描速度和能量在选定的扫描轨迹上作用于粉末材料(尼龙、塑料、金属、陶瓷的包衣粉末或粉末的混合物),有选择地熔化粉末,使粉末黏结固化而形成一个层面。未被烧结的粉末作为支撑材料,然后由电机驱动,使粉末固结面下降一定的高度,铺上一定厚度的新粉末后重复以上工序,直到形成整个零件。选择性激光烧结技术具有原材料选择广泛和不需特殊支撑,多余材料易于清理,应用范围广等特点,适合于多种材料、多种用途原型及功能零件的制造。

在激光烧结快速成型过程中,激光的特性参数(光斑尺寸、波长、功率密度)及扫描速度、扫描间隔是非常重要的参数。这些参数连同粉末的特性和烧结气氛,是激光烧结成型的关键因素。烧结原型的强度是孔隙率、黏结剂含量的函数,还受激光扫描路径的影响。

选择性激光烧结技术产生于美国得克萨斯州立大学,目前已由美国 DTM 公司商品化。该公司研制出的第三代产品 SLS2000 系列能烧结蜡、聚碳酸酯、尼龙、金属等各种材料。用该系统制造的钢铜合金注塑模,可注塑 5 万件工件。选择性激光烧结最适合于航天航空工业。因为对航空航天制造业来说,零件的复杂性、材料的多样性,以及难加工程度均决定了它必须采用当今世界最先进的制造技术。

3. 激光熔覆成型技术

激光熔覆(Laser Cladding)技术在 7.2 节中已经做过详细介绍。激光熔覆成型(Laser Cladding Forming,LCF)技术,是近年来在它的基础上研制成功的一种新的快速成型技术。它的热加工原理与激光熔覆相同,而成型原理和其他的快速成型技术相同。用计算机生成待制作零件的 CAD 模型,对该 CAD 模型进行切片处理,并且生成每一层的扫描轨迹,通过数控工作台的运动实现激光熔覆。被熔覆的粉末通过送粉装置用气体输送,逐层叠加熔覆粉末,最终成型出所需形状的零件。与其他快速成型技术的区别在于,它能够成型出非常致密的金属零件,零件的强度达到甚至超过常规铸造或锻造方法生产的零件,因而具有良好的应用前景。激光熔覆成型技术原理示意图如图 7-32 所示。目前用此法制造出的复杂截面变换器的零件外形的误差在 0.5 mm 以内,如图 7-33 所示。

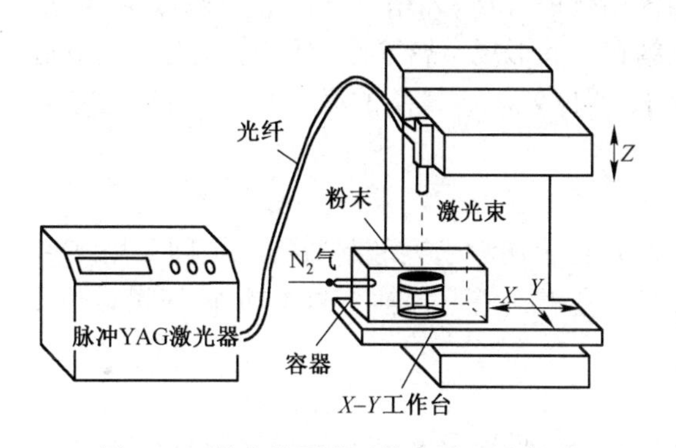

图 7-32　激光熔覆成型技术原理示意图

(a) CAD图形

(b) 实物

图 7-33　激光熔覆的复杂截面变换器

激光熔覆成型技术由于刚刚开始研究,所以还有一些问题有待解决,主要是下列因素对成型零件精度的影响:计算机的切片厚度和切片方式;激光器输出功率密度、光斑大小及光强分布;数控工作台的扫描速度、扫描间隔及其扫描方式;送粉装置送粉量的大小及粉末颗粒的大小;熔覆过程形成的应力。

4. 激光近形制造技术

激光近形制造(Laser Engineering Net Shaping,LENS)技术,将快速成型技术中的选择性激光烧结技术和激光熔覆成型技术结合了起来。在选择性激光烧结技术中所用的金属粉末,目前流行的有三种形式:单一金属、金属加低熔点金属黏结剂及金属加有机黏结剂。不管使用哪种形式的粉末,激光烧结后的金属零件的密度都比较低(一般只能达到 50%的密度)。实际获得的只是一种多孔隙金属零件,其强度较低。欲提高零件强度,必须通过后处理工序,如浸渗树脂、低熔点金属或进行热等静压处理。但这些后处理工序会改变金属零件的性能和精度，同时失去了快速激光成型技术的特点。在激光熔覆成型技术中，金属粉末通过送粉装置送入激光辐射形成的熔池中，激光将金属粉末加热熔化并与基体形成冶金结合。因此，激光熔覆形成的金属零件非常致密，性能优良。而激光近形制造技术既保持了选择性激光烧结技术成型零件的优点，又克服了其成型零件密度低、性能差的缺点。

激光近形制造技术的基本原理示意图如图 7-34 所示。该系统主要由四部分组成：计算机、高功率激光器、多坐标数控工作台和送粉装置。

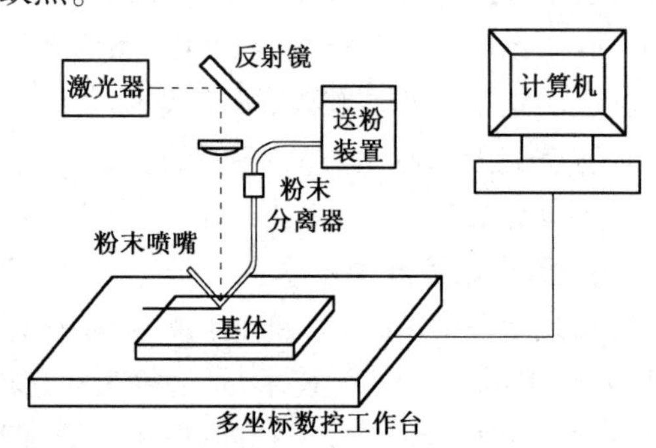

图 7-34　激光近形制造技术的基本原理示意图

(1) 计算机

激光近形制造技术中计算机的作用，同选择性激光烧结技术相似，用于建立待制作零件的 CAD 模型，将零件的 CAD 模型转换成 STL 文件，对零件的 CAD 模型进行切片处理，生成一系列具有一定厚度的薄层，并形成每一层薄层的扫描轨迹，以便控制多坐标数控工作台运动。

(2) 高功率激光器

激光近形制造技术使用的是高达几千瓦到十几千瓦功率的 CO_2 激光器，而不像选择性激光烧结技术中所用的 CO_2 激光器只有 50 瓦的功率。这是因为：在选择性激光烧结技术中，在烧结金属粉末时，往往采用在金属粉末中添加黏结剂的方法，黏结剂的熔点一般很低，激光只是将黏结剂熔化，熔化的黏结剂将金属粉末黏结在一起形成金属零件；而在激光近形成型制造技术中，激光直接熔化不添加黏结剂的金属粉末，所以要求有较高的激光功率，同时也有利于提高金属零件的制作速度。

(3) 多坐标数控工作台

在选择性激光烧结技术中采用扫描镜实现扫描，而在激光近形制造技术中则采用多坐标数控工作台的运动实现扫描：在工作台上的零件除能够沿着 x，y 轴方向运动外，还可以绕 x，y 轴转动，这样便于制作具有悬臂结构的零件。

(4) 送粉装置

送粉装置是激光近形成型制造系统中非常重要的部分，送粉装置性能的好坏决定了零件的制作质量。对送粉装置的基本要求是能够提供均匀稳定的粉末流。送粉装置有两种形式：侧向送粉装置和同轴送粉装置。

受激光熔覆的影响，激光近形制造系统中有的采用侧向送粉装置。这样的送粉装置用于激光近形制造有许多缺点。首先，送粉位置与激光中心很难对准。这种对位是很重要的，少量的偏差将会导致粉末利用率下降和熔覆质量的恶化。采用侧向送粉装置，起不到粉末预热和预熔化的作用，因此，熔覆的轨迹比较粗糙，涂覆厚度和宽度也不均匀。其次，侧向送粉装置只适合于线性熔覆轨迹的场合，如只沿着 x 方向或 y 方向运动，不适合于复杂的轨迹运动。

同轴送粉装置由三部分组成：闭环送粉器、粉末过滤器和粉末喷嘴。闭环送粉器配有粉末流反馈系统，可提供稳定、连续和精确的粉末流率。粉末过滤器将粉末分成四股细流，通过四个管子到达粉末喷嘴的中间喷嘴和外部喷嘴之间的环形通道。粉末喷嘴由内部喷嘴，中间喷嘴、外部喷嘴和冷却水套组成。激光束通过内部喷嘴，聚集在其顶端。内部喷嘴中通有保护气体，它能够防止激光熔覆时飞溅的熔融粉末和其他有害气体对激光聚焦透镜的损害，也能保护熔覆涂层不被氧化。

四股粉末细流在环形通道上相遇并汇聚成锥形粉末流，其中心与激光束同轴。这个锥形粉末流与激光束在工作表面相互作用形成熔覆轨迹。

在激光熔覆中，发射的激光和飞溅的熔融粉末和其他气体会使得喷嘴的底部加热到相当高的温度，因此，为防止喷嘴过热采用了循环水冷系统。

同轴送粉装置能够提供高度稳定、连续和精确的粉末流速，将粉流精确地传送到基体表面的熔池中，形成高质量熔覆轨迹。由于粉末的进给和激光束是同轴的，故能很好地适应扫描方向的变化。

激光近形制造技术除具有选择性激光烧结技术的特点外，其最大的优点就是成型的金属零件非常致密，力学性能优良。原因是：激光是一种可控性极强的高功率密度热源，它为材料加工及处理提供了其他常规手段无法实现的极端条件。极快的加热和冷却使激光加工的热影响区非常小，从而工件的变形也非常小。激光辐射区中的材料能形成特殊的优良组织结构，如形成高度细化的晶粒组织和晶内亚结构，其特征尺寸在微米级到纳米级，使材料的强度、硬度、韧性、耐磨性和耐蚀性同时大幅度提高。据资料介绍，用激光近形成型制造技术制作的Ti-6Al-4V成型件的力学性能，已经达到或超过常规制造方法（如铸，锻）。

激光近形制造技术虽然具有独特的优点，但是由于发展时间短，目前还存在一些问题。例如，零件的成型精度及表面质量都比选择性激光烧结的要低一些；制作的零件存在残余应力，要妥善控制不使零件变形；金属材料对 CO_2 激光的反射率影响了激光快速成型的效率。

5. 薄片叠层制造技术

薄片叠层制造技术是一种常用来制作模具的新型快速成型技术。其工作原理是，首先用大功率激光束切割金属薄片，然后将多层薄片叠加，并使其形状逐渐发生变化，最终获得所需原型（模具）的立体几何形状。薄片叠层制造技术原理示意图如图 7-35 所示。

该技术由于各薄片间的固结简单，故用叠层法制作冲模，其成本约为传统方法的一半，生产周期大大缩短；用来制作复合模、塑料模、级进模等，经济效益也甚为显著。该技术在国外已经得到了广泛的使用。

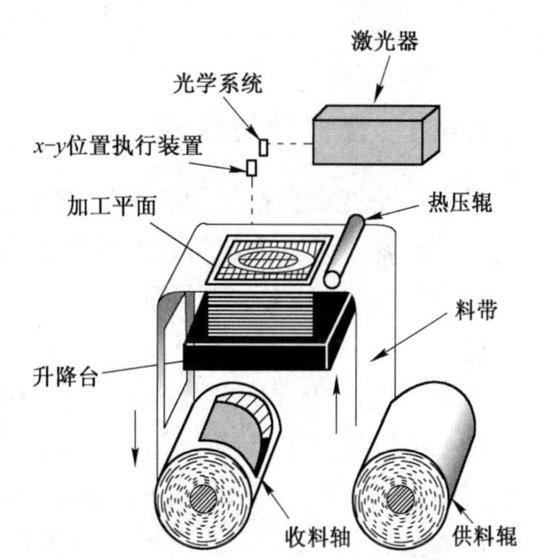

图 7-35　薄片叠层制造技术原理示意图

7.5.3　激光快速成型技术的重要应用

（1）用于制造复杂形状的零件

特别适合于在航天航空工业中制作大型带加强筋的整体薄壁结构零件。在制造内部型腔时，不需做芯子和模子，故特别适合制造很小的零件、很薄的壁及雕刻的表面。

（2）快速制造原型

可以在极短的时间内设计制造出零件的原型，进行外观、功能和运动上的考核，发现错误及时纠正，避免由于设计错误而带来的工装、模具等的浪费。

(3) 用于制造多种材料或非均质材料的零件

在制造过程中,可以改变材料的种类,因此可以生产出各种不同材料、颜色、机械性能、热性能组合的零件。

(4) 用于制造活性金属的零件

由于激光快速成型制造能够提供良好的工作环境,材料浪费少,所以可以用于加工活性金属(如钛、钨、镍等)及其他的特殊金属。另外,它还可以用于大型金属零件(如汽轮机叶片等)的修复。

(5) 用于小批量生产塑料制件

从投入/产出角度来看,一个塑料制件的模具需生产数千个零件才划得来,几十件到几百件则可以用快速成型法来经济地生产;特别是在不同的零件同时生产时,快速成型法的优点更加明显。

(6) 用于制造各种模具或模型

选择性激光烧结技术在航空工业中最有发展前途的应用,就是快速制造精密铸造中的陶瓷模壳和型芯。采用该项技术的主要优点是,可以省去制造壳型的蜡模、蜡模浇注系统及蜡模的熔化等一系列复杂的工艺和设备,因此,生产周期短,成本低。立体光造型技术还可以用来制造电火花加工用的电极的模具。另外,还可以制造风洞吹风试验用的机翼型、建筑模型及病人的骨架模型。

7.6 其他激光加工技术

7.6.1 激光清洗技术

激光清洗技术是指采用高能激光束照射工件表面,使表面的污物、颗粒、锈斑或涂层等附着物发生瞬间蒸发或剥离,从而达到清洁净化的工艺过程。与普通的化学清洗法和机械清洗法相比,激光清洗具有如下特征:

(1) 它是一种完全的"干式"清洗过程,不需要使用清洁液或其他化学溶液,是一种"绿色"清洗工艺,并且清洁度远远高于化学清洗工艺;

(2) 清洗的对象范围很广。从大的块状污物(如手印、锈斑、油污、油漆)到小的微细颗粒(如金属超细微粒、灰尘)均可以采用此方法进行清洗;

(3) 激光清洗适用于几乎所有固体基材,并且在许多情况下可以只去除污物而不损伤基材;

(4) 激光清洗可以方便地实现自动化操作,还可利用光纤将激光引入污染区,操作人员只需远距离遥控操作,非常安全方便,这对于一些特殊的应用场合,如核反应堆冷凝管的除锈等,具有重要的意义。

用于激光清洗的激光器类型、功率及其波长,应视所需要清洗的物质成分和形态的不同而不同,目前的典型设备主要是 YAG 激光器和准分子激光器。值得一提的是,在钢铁表面采用激光除锈工艺,通过选择适当工艺参数,可以在除锈的同时使基材表面微熔,形成一层组织均匀致密的耐蚀层,使除锈、防腐蚀一步到位。激光清洗工艺已在工业中得到初步应用。

7.6.2 激光弯曲

激光弯曲是一种柔性成型新技术[50,51]，它利用激光加热所产生的不均匀的温度场，来诱发热应力代替外力，实现金属板料的成型。激光成型机理有温度梯度机理、压曲机理和镦粗机理。与火焰弯曲相比，激光束可被约束在一个非常窄小的区域而且容易实现自动化，这就导致了人们对激光弯曲成型的研究兴趣。目前此技术研究已有一些成功应用的范例，如用于船板的弯曲成型，利用管子的激光弯曲成型制造波纹管，以及微机械的加工制造。

总之激光加工是21世纪的一种先进制造技术，其发展前景不可限量。但是，激光加工技术还是一种发展中的技术，还不成熟。它不像传统工艺的冷加工车、钻、铣、刨、磨，也不像热加工的锻、铸、焊、金属热处理那样，有一整套金属工艺学的理论和规范化的工艺。在使用激光加工，尤其是本章中讲述的激光热加工技术的过程中，经验和实验是必不可少的。在针对具体的应用对象和要求设计制造专用设备时，必须首先充分调查研究，学习并吸收前人的经验，在浩如烟海的研究成果中寻找最合适的方法。即便是使用目前已经在市场上出售的较为通用的激光加工系统设备，也需要对所加工具体零部件的工艺做充分的实验。在推广应用的热潮中，激光加工技术在不久的将来一定会成熟起来，建立并完善自己的理论和规范。

思考练习题7

1. 激光加工的特点是什么？它分为哪两大类？各自的基本原理和主要应用领域是什么？

2. 激光热加工中，激光束与金属表面之间会产生何种相互作用过程？产生哪些物理现象？各种激光加工应用所对应的激光加工主要参数的大致范围是什么？

3. 设半无限大不锈钢厚板的表面半径为1.0 mm的范围内，受到恒定的匀强圆形激光束的加热。如果激光束总功率为5 kW，吸收率为6%，不锈钢的导热系数为0.26 W/(cm·℃)，试问材料表面光束中心的最高温度是多少？

4. 上一题中，如果圆形激光束是TEM_{00}模的高斯光束，它在不锈钢厚板表面上的有效光束截面半径是1.0 mm。求材料表面光束中心得到的最高温度有多高？它是匀强圆形激光束所得到的最高温度的几倍？

5. 假设Nd:YAG激光照射在半无限大铁板上，恒定的匀强圆形激光束直径为1.0 mm，激光脉冲宽度为1 ms。

(1) 若使表面温度控制在铁的沸点(3160 K)以下，试问需要激光单个脉冲的能量为多大？

(2) 试求激光光轴处铁的熔化深度，已知铁的表面反射率为80%，导热系数为0.82 W/(cm·℃)，密度为7.87 g/cm^3，比热为0.449 J/(g·℃)，且均不随温度而变化。

6. 试叙激光淬火的热加工原理，并与传统的淬火工艺相比较，说明其优缺点。

7. (1) 如式(7-9)和式(7-10)表明的激光打孔的简化的几何-物理模型，对于估算激光打孔的深度和半径有一定的参考价值。试由式(7-9)和式(7-10)在$h(t) \gg r_0$的条件下，导出式(7-11)和式(7-12)。

(2) 若硬质合金的蒸发汽化比能L_B为11.2 J/mm^3，熔化比能L_M为5.02 J/mm^3，激光的半会聚角为0.1 rad，在厚度为5 mm的硬质合金刀头上打通孔，需要的激光总能量是多少？

8. 简叙激光切割的原理。激光切割一般可以分为哪几类？这几类激光切割方法各自的切割机理是什么？

9. 激光深熔焊采用的激光功率密度较高因而焊缝的深宽比比热导焊大得多，试说明其工作的机理和特点。

10. 激光快速成型有几种方法？各有什么特点？

11. 激光清洗的机理是什么？激光弯曲成型有哪些机理？各有什么特点和用途？

第8章　激光在医学中的应用

激光医学是激光技术和医学相结合的一门新兴的边缘学科。1960年,Maiman发明第一台红宝石激光器。1961年,Campbell首先将红宝石激光用于眼科的治疗,从此开始了激光在医学临床的应用。1963年,Goldman将其应用于皮肤科学。同时,值得关注的是二氧化碳激光器作为光学手术刀的出现,逐渐在医学临床的各学科确立了自己的地位。1970年,Nath发明了光导纤维,到1973年通过内镜技术成功地将激光导入动物的胃肠道,自此实现了无创导入技术的飞速发展。1976年,Hofstetter首先将激光用于泌尿外科。随着血卟啉及其衍生物在1960年被发现,Diamond在1972年首先将这种物质用于光动力学治疗。

在医学领域中,激光的应用范围非常广泛,不仅在临床上激光作为一种技术手段,被各临床学科用于疾病的诊断和治疗,而且在基础医学中的细胞水平的操作和生物学领域中激光技术也占有重要地位。另外,还可以利用激光显微加工技术制造医用微型仪器。再者,利用全息的生物体信息的记录及医疗信息光通信等与信息工程有关的领域,从广义上来讲,也属于激光在医学中的应用。本章主要对激光在医学临床,重点是激光在诊断和治疗领域中的应用进行论述。

由于诊断和治疗在本质上都是利用激光与生物体的相互作用,因此,有必要首先对这些基础进行介绍。在8.1节中归纳介绍了生物体的光学特性、激光对生物体的作用、激光在生物体中的应用特点等内容。在8.2节中通过典型的治疗应用实例,介绍了激光在外科、皮肤科、整形外科、眼科、泌尿外科、耳鼻喉科等领域中的治疗和光动力学治疗等。在8.3节中重点围绕诊断中的应用,介绍了生物体光谱测量、激光计算机断层摄影(光学CT)、激光显微镜等。在8.4节中,对激光在医学中的应用的激光装置与激光传播路线的开发动向进行介绍。8.5节对激光医学的前景作了展望。

8.1　激光与生物体的相互作用

8.1.1　生物体的光学特性

假设生物体中入射的单色平行光强度为I_0,若生物体是均匀的吸收物质,则根据1.5节的式(1-89),入射深度为x处的光强度I可用下述关系式表示

$$I=I_0\exp(-a_0x) \tag{8-1}$$

式中,a_0为吸收系数(参见图8-1)。但是,由于生物体对光是很强的散射体,因此生物体内光的衰减不仅由于吸收,而且取决于散射的影响。在不能忽略散射的条件下,上式可用衰减系数a_t和散射系数a_s改写为

$$I=I_0\exp(-a_tx) \tag{8-2}$$

$$a_t=a_0+a_s \tag{8-3}$$

进一步再考虑生物体表面的光反射的损失。若反射率为R(可由菲涅耳公式计算),则式(8-1)和式(8-2)的右边应乘以$(1-R)$。后面将会论述,激光在测量、诊断中应用时如何处理散射的影响,对于光学计算机断层术来说这是很重要的问题。

如图8-2(a)所示,单一微粒所引起的光散射在所有方向上都存在。当散射角为θ小于

90°时称为前向散射，大于 90°时为后向散射。散射光对角度的依赖性可近似地以各向异性散射参数 g 来描述，$g=-1$ 时为纯向后散射（散射角为 180°），$g=+1$ 时为纯向前散射（散射角为 0°），$g=0$ 时表示各向同性散射。一般在生物体组织中 $g=0.8\sim0.97$，显示出很强的前向散射特性。如图 8-2(b)所示的多重散射时（反复多次散射），光在生物体内扩散，变得近似于各向同性散射。这样，光在其扩散的范围内与生物体发生相互作用，从而光能被吸收后转换成热量，或激励生物体分子感应出荧光和磷光。图 8-3 所示为生物体与光的各种相互作用的示意图。实际上生物体是由大小各不相同的组织、器官所组成的不均质且多成分的系统，因此，如式(8-2)及式(8-3)所示的简单描述只能在限定的条件下使用。

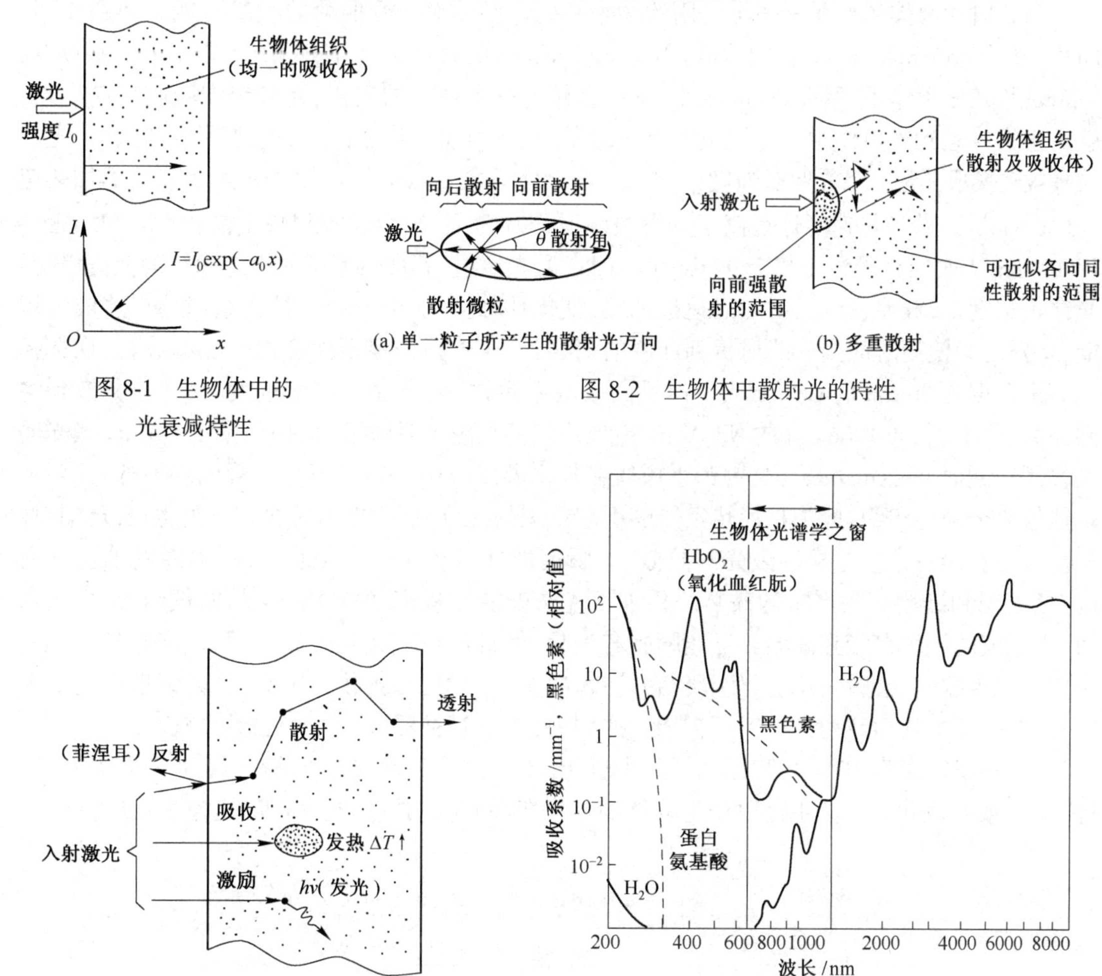

图 8-1　生物体中的光衰减特性

图 8-2　生物体中散射光的特性

图 8-3　生物体与光的各种相互作用的示意图

图 8-4　软组织上各种物质的吸收系数与波长的关系[1]

生物体的主成分是水，此外还有蛋白质、脂肪、无机质等皮肤、肌肉、内脏的软组织（soft tissue）中的水分，水总共占生物体重量的大约 70%。水对红外光有着很强的吸收带，因此，若在这些软组织上照射红外光，可以高效地把光能转换成热量。在生物体中除了水以外的典型的光吸收体，有血液内红血球中的血红蛋白。血红蛋白有被氧化的状态与未被氧化的状态，这两种状态的吸收光谱是相同的。不论哪种场合，都会使 600 nm 以下的波长带中的吸收增大。蛋白质在紫外域上表现出很强的吸收。汇总以上这些特性，可得软组织上各种物质的吸收系数与波长的关系如图 8-4 所示[52]。由图 8-4 可知，在 700～1500nm 范围的红外光谱带上的吸收比较小，因此该光谱带称为生物体光谱学之窗。光受到散射的同时也能到达组织的比较深处。光能到达组织的深度称为光穿透深度（optical penetration depth），用光的强度 I 衰减到入射光强度 I_0 的 1/e 时的深度来定义。根据式(8-2)，光穿透深度应为 $1/a_t$。图 8-5 所示的是软组织中各种激光波长的光穿透深度的大致数量。光穿透深度在近红外附近较深，在 3 μm 以上的红外域或 300 nm 以下的紫外域中较浅。组织的种类不同，光穿透深度对波长的依赖性也不同。例如，牙齿、骨等硬组织（hard tissue）中，蓝绿色波长的穿透深度深。

8.1.2　激光对生物体的作用

激光对生物体的作用是医学应用的物理基础。激光对于受照射的组织有四方面的作用，即热力作用（thermal action）、机电作用（electro-mechanical action）、激光消融作用（photoablative action）和光化学作用（photochemical action）。作为一个典型的实例，光被组织吸收后产生热，就对生物体起到光热作用。在软组织上照射激光，在图 8-5 所显示的光穿透深度范围内，光能被吸收转换成热量。激光照射强度（W/cm^2）与吸收系数 a_0（cm^{-1}）的积表示组织表面的加热速度（W/cm^3）。若加热速度远远高于蒸发组织所需的速度，则组织被很快消融汽化（ablation）。用 193 nm ArF 准分子激光和 2.94 μm Er:YAG 激光照射，其加热速度能引起组织的充分消融，光穿透深度 1 μm 左右的组织层迅速被加热、汽化，因此对亚微米级的精密组织的切除成为可能。另外，为使短时间内的照射得到深度的消融，则应选择光穿透深度比较深的波长，如选择光穿透深度为 20 μm 的 CO_2 激光。但是当吸收系数过小，光穿透深度过大时，光能分散到空间，对汽化不利，如 1.06 μm 的 Nd:YAG 激光器就不适用于对软组织的汽化。Nd:YAG 激光器大多用于凝固（coagulation），是因为蛋白质在较低温度（60～70℃）下受热凝固。另外，只要加热能够充分破坏组织，即使是加热不能够引起组织的充分汽化，把组织放在此处也可以使其坏死。设想利用一个中等功率激光的热效应，瞬间能在组织中产生 200～1000℃ 左右的温度升高，使组织和细胞受到严重的破坏。再加上光斑处的能量密度所能产生的机械压力，由蛋白质、水组成的组织在受到高温后迅速膨胀和汽化，使机体组织相互分离。而且，当聚焦的激光束被组织吸收时，会瞬间产生组织凝结并在瞬间烧灼、炭化和汽化。因此，当光束以一定的速度移动时，就能连续地切开组织。在切割的同时，小血管被凝固，这样就能够减少出血。一般来说，当功率密度为 10^5～$10^6 W/cm^2$ 的时候，已经能使各种硬质难熔的金属和非金属（如陶瓷）熔化或者汽化。当然也足以使生物体的各病变部分（如肿瘤、疣、痔等）迅速汽化或炭化。

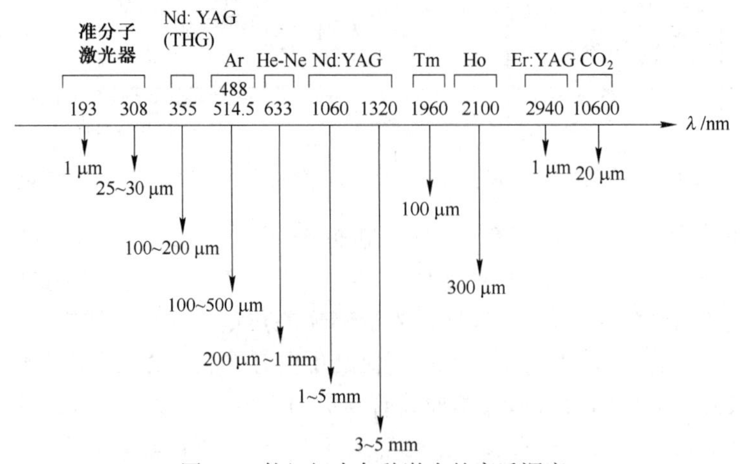

图 8-5　软组织中各种激光的穿透深度

激光的热效应是医学上使用最广泛而且最早被人们认识的激光组织效应之一。机械效应在医学上较多用于泌尿道或胆道结石的粉碎上。采用脉冲激光,使结石表面有非常高的能量密度,产生自由排列的电子列,并组成“浆”气泡。这些气泡不断扩大,造成结石亚结构的变化,最后使其裂解而将结石碎裂。光化学效应是基于一种选择性的、光激发的特殊药物,在激光的激发下转化成一种毒性成分,在细胞内产生单氧态,造成细胞产生毒性的代谢产物而死亡。单态氧的作用机理是产生氧自由基和过氧化物,对细胞的结构如 DNA 和线粒体起杀伤作用。由于其能量集中和特殊的激光波长,是激发这种药物的理想光源。此外,激光还有组织的焊接作用效应,激光将相邻组织连接起来需要把组织加热到 70℃左右,在这个温度范围内,组织内胶原的变化引发组织的物理特性改变,组织黏度增加。事实上激光的焊接效应是利用聚焦的激光,对组织器官的结构进行对接和重建的。这个能量产生了胶原的交互形的凝结,而对周围组织的损伤最小。

另外,各种不同波长的低功率密度的激光照射生物体时,对生物体的刺激作用和提高非特异性免疫功能,可使局部血管扩张,血液循环改变,改善组织的缺氧状态,并减轻慢性炎症反应促使炎症吸收好转。

8.1.3 激光对生物体应用的优点

在很多情况下,激光可以通过细软的光导纤维传送,使得激光在生物体深部的传导成为可能。临床上应用的激光,从使用简单的二氧化碳激光进行非接触性切割代替手术刀去除表浅的组织、使用精确的激发二聚体激光(308nm 紫外光源)做角膜塑形,直至用闪烁泵染料激光(Flash lamp pumped dye laser)来闭合胎记的小血管使其达到消退的作用等,范围广泛,作用确切。

对生物体应用激光的优点有以下四个方面:第一,人们日常工作、生活在表现为光的电磁场中,除特殊情况外光对生物体的害处是很小的。人们习惯上把对生物体的某种伤害叫作侵袭。光对生物体一般无侵袭或低侵袭,这只要通过光与放射线的对比就能很好地理解。第二,在医学上利用激光在大气中直线传播的特性,可以非接触地作用于生物体,也可以利用光导纤维将激光导入到生物体的深部。第三,利用激光的高度的方向性,将其汇聚成极小的点,使微观的、精细的治疗和高空间分辨率的测定成为可能。激光的单色性和高能量的可利用性是普通光所不能相比的。第四,光与生物体进行着极其多种多样的相互作用,至今已被利用的还只是很少的一部分,还需要今后开发更加多种多样的新的应用。

8.2 激光在临床治疗中的应用

8.2.1 激光临床治疗的种类与现状

临床上激光的用途不外乎切割、分离,汽化、融解,烧灼、止血,凝固、封闭,压电碎石,局部照射等,这些治疗种类就是利用激光对生物体的光热作用、压电作用和光化学作用。但是,在实际上,无论哪种治疗,不一定只是利用其单一的作用。例如在利用紫外激光的烧灼时,主要起作用的是光热作用,但在光子能切断组织的分子结构时,光化学作用也参与其中。此时,在该烧灼治疗中光热和光化学作用都起作用。

激光在聚焦平面上的光点最小,激光能量最集中。激光束经聚焦后形成极小的光点,由于能量或功率的高度集中,人们把它当作手术刀用来切割组织。如二氧化碳连续波的激光器,不仅能够切开皮肤、脂肪、肌肉、筋膜、软骨，在 20 s 之内还可以切开肋骨。激光光点处巨大的能量和很高的温度在切开的同时能够封闭凝结暴露于切口边缘的小血管。由于激光的光点极小，所以切缘是锐利的，对于周围组织的破坏很小。尽管激光器产生的功率密度很高，但是由于光点极小，而且作用的时间往往也极短，故以周围区域作为散热器能使受热面积迅速冷却。激光手术刀切割组织的深度与宽度和激光器输出功率的大小、波长及移动光束的快慢有关。二氧化碳激光易被水分吸收，而水分可以有效地散热，可以使激光切口以外的组织不受侵袭。此外，激光的高温还起了杀菌的作用。

高功率输出的二氧化碳激光，光点具有 200℃以上的高温和一定的压强，不但能熔融而且具有极强的穿透破坏作用。机体皮肤黏膜的表浅病变，以及经过手术暴露的深部肿瘤，经过短暂的照射治疗，病变的表层立即汽化消失，周围的健康组织界限清楚，反复的汽化融解，可使大块的实体组织蒸发消融。激光的光点聚焦后，异常细小的组织可以极精确地被消除。对于病变组织面积较大的部位，也可分期治疗。机体某些含色素较深的组织如黑素瘤、疣状新生物对激光特别敏感，因而疗效好，愈合后疤痕光滑。通常用激光融解治疗的病变有：表浅局限性毛细血管瘤、色素痔、疣状新生物、乳头状瘤、疤痕疙瘩、炎性肉芽肿、表浅血管纤维瘤、黑素瘤等。

机体组织被激光能量照射之后，照射的光点部位在几毫秒的时间内引起局部高温（200℃～1000℃），使组织凝固、脱水和细胞破坏。特别是激光经过聚焦后会产生极大的功率密度，是一种很好的烧灼工具。用于治疗肥大性鼻炎和痔疮疗效明显。

激光止血效果也很令人满意，激光止血方法比目前所应用的电烙法快 60 倍，可使失血量大大减少。动物试验证明，激光胃镜可将胃黏膜出血在数秒内止住。肝脏部分切除或者肝外伤试用激光治疗，也能达到同样快速的止血。

激光是非常可靠的黏着工具，眼科利用激光凝结视网膜剥离症和眼内封闭止血已经有几十年的历史。激光用于眼科的临床特点是，照射后温度升高局限于照射区内，不引起扩散性热伤害。二氧化碳激光凝结可引起结疤、血管和淋巴管的封闭和阻塞，还可以引起组织萎缩。临床证明，使用激光切割和封闭淋巴管和血管之后，肿瘤体积明显缩小，丰富的淋巴管和毛细血管被封闭萎缩，管腔被黏着结疤，不易复发。

与激光聚焦形成细小的光点治疗相反，临床上还可应用激光的散射来进行治疗。如二氧化碳激光连续波散射可治疗下肢溃疡、慢性鼻炎和副鼻窦炎；氦氖激光散射治疗具有止痒、镇痛、消肿和促进创面愈合等作用。而且氦氖激光具有无痛感的特点。离焦或者散焦照射治疗，对于神经性皮炎、湿疹、神经性水肿、过敏性鼻炎、外伤性肿胀、慢性溃疡等具有一定的疗效。

8.2.2 激光在皮肤科及整形外科领域中的应用

以前对痣的治疗多采用外科切除的方法和利用干冰或液态氮将组织冻结坏死的方法等，但都有创伤大且疤痕明显的缺点。激光治疗是适当地调整照射条件，在尽可能不损坏正常组织的情况下，有选择地破坏病变组织的治疗方法。痣的种类和部位（深度）不同时，激光照射条件也大不一样，因此治疗前准确地进行诊断是很重要的问题。

图 8-6 所示为皮肤的断面构造示意图。决定皮肤颜色的典型色素有黑色的黑素与红色的血红蛋白。黑素是由称为黑素细胞的黑素生成的细胞内的小器官（黑素体）产生的。所谓黑痣、蓝痣是该黑素在局部区域增加的皮肤病变，可分为表皮上增加的情况（扁平痣等）与在真皮内增加的情况（太田痣等）。称为红痣的是一般用肉眼能看到的在真皮或者皮下组织内血管的扩张和增生（血管瘤），并且因为存在较多红血球，看似红色的皮肤病变。可以利用激光

使这些色素和病变细胞有选择地吸收热量,使病变组织产生变形以致破坏。但是激光照射后,皮肤色调的变化(退色)需要很长的时间。

为了有选择地破坏病变细胞(色素),必须利用吸收系数大的波长的激光。血红蛋白被氧化时在 418 nm、542 nm、577 nm 波段具有吸收峰值,而黑素是在短波段中吸收被增大(参见图 8-4)。病变部位在组织深处时,必须考虑皮肤组织的光穿透深度。在波长的选择上,必须考虑病变细胞的吸收系数与皮肤组织光穿透深度两个因素。例如,血红蛋白的情况,吸收强度在 418 nm 附近时最大,但考虑光穿透深度后多半利用 577 nm 或者根据情况采用波长更长的激光。此外,激光照射时间(脉宽)也是重要的参数。即使激光在病变细胞中有选择性地被吸收,但若照射时间长,也会因热扩散而使周围组织受到热影响。因此导入了利用比热扩散时间(热衰减时间)更短的时间进行激光照射的概念,称为选择性光热作用(selective photothermolysis)。例如,黑素体的热衰减时间为 1 μs 左右,要破坏它,应根据病变部位的深度采用脉冲宽为几 ns 至 100 ns 的红宝石激光器(694 nm)、紫翠玉激光器(755 nm)、Nd:YAG 激光器(1064 nm)等各种 Q 开关固体激光器或脉冲染料激光器。但这并不说明脉宽愈小愈好。治疗血管瘤的时候,有必要使血管壁也受热变性,但吸收主体为红细胞(血红蛋白),因此,若脉宽太小则只破坏红细胞,对血管壁不起作用。

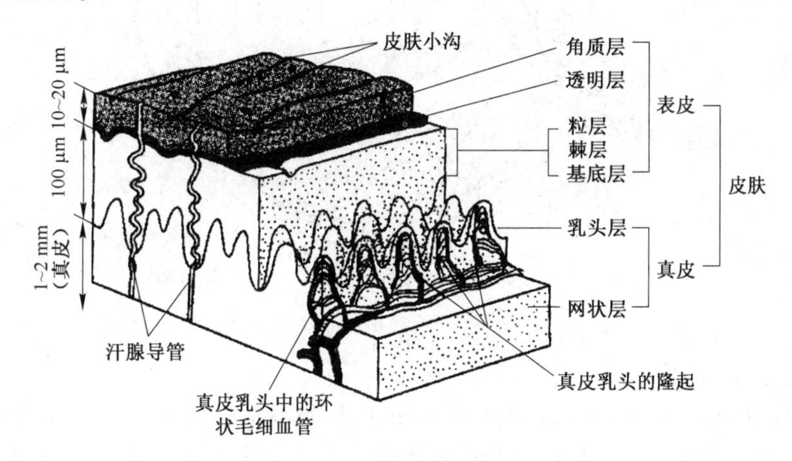

图 8-6 皮肤的断面构造示意图

这样,因为使用短脉冲激光器减小了对正常组织的影响,从而能做到对不留疤痕的痣的治疗。但是用高峰值功率激光器照射时会发生冲击波,必须注意选择好照射条件,防止发生皮下出血和水肿。

8.2.3 激光在眼科中的应用

眼睛是接收光信号产生图像的器官,因此不论测定、诊断或治疗哪一种情况下,光(激光)所起的作用都是非常重要的。治疗眼底疾病的激光治疗仪很早已用于临床。在网膜炎和眼底出血等有失明危险的疾病的治疗中,激光治疗显示了很大的优势。近来用激光进行近视矫正治疗也非常受到重视。

1. 眼底治疗

图 8-7 所示为眼的构造。图 8-8 中所示的是眼睛对光的聚光特性。通常我们所看到的物体是实物通过角膜和晶状体的透镜作用在视网膜上形成的物体的实像,再由视神经读出的非相干光成像。激光(相干光)入射到眼中,在网膜上会聚成光点。利用这种原理可对眼底网膜变性、裂

孔或浅脱离部位照射激光,使其黏合(凝固)或对渗漏部位封闭。光所通过的角膜、晶状体、玻璃体等屈光间质的主要成分是水,对可见光,特别是对蓝光、绿光的透射率高。因此光凝固的光源多采用 514.5 nm 的氩离子激光器。但是利用的最佳波长依赖于治疗的目的与病变部位和深度。如血管瘤的直接凝固多采用对血红蛋白吸收率高的 577 nm 激光;而脉络膜等眼底深部的治疗中则采用组织渗透性更强的 630nm 的激光。在这些治疗中都利用了可见激光对眼睛的透射率大的特点。但若不小心,这些光意外入射到眼睛网膜,则有损伤网膜的危险,必须引起注意。如果波长比 2 μm 长,则由于水的吸收而减小了眼睛的透射率,因此此类波长的激光器称为眼睛保险激光器(eyesafe laser),被应用在激光雷达等需要把激光束传播到大气中的场合。

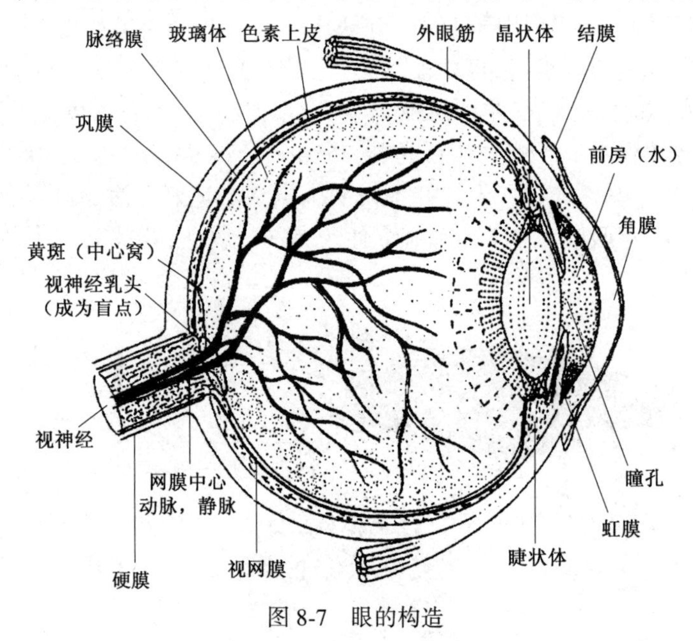

图 8-7　眼的构造

2. 近视治疗中的应用

治疗近视是利用烧蚀对角膜表面进行精密切削,控制折光率(矫正)的过程。眼睛对光的折射由角膜与晶状体完成,因为晶状体与前房和玻璃体连接,而角膜的一侧则与大气接触,使角膜的折射作用比晶状体要大。因而只对角膜做手术就可以有效地矫正近视。近视本身一般不认为是疾病,但用眼镜或隐形眼镜矫正不了的重度近视,可通过这种角膜手术来解决。图 8-9 所示为采用激光角膜手术的示意图。目前近视矫正有三种方法:对角膜表面进行二维切削手术使其曲率半径增大(作成平坦的)的 PRK(Photo Refractive Keratectomy)方法,激光原位角膜磨镶术的 LASIK(Laser in situ Keratomileusis)方法和将角膜表面放射状切开的 RK(Radial Keratotomy)方法。但目前以副作用小的 LASIK 方法为主流。

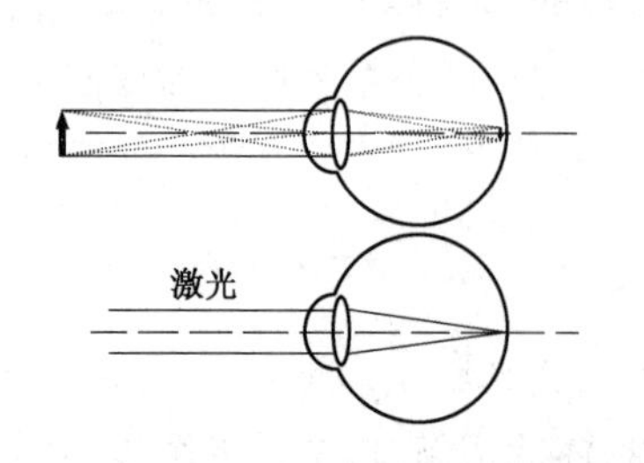

图 8-8　眼睛中光的聚光特性示意图

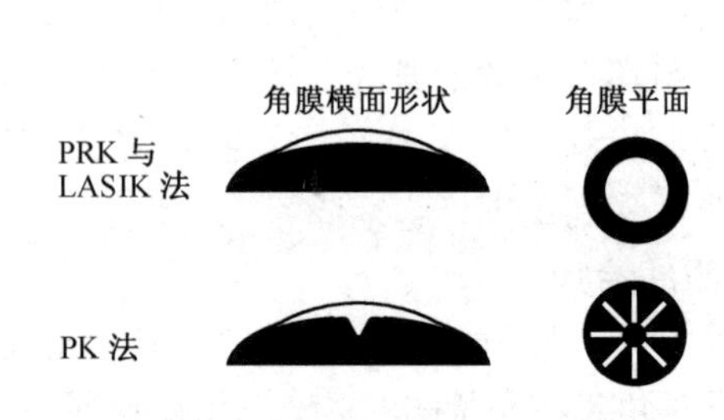

图 8-9　激光角膜手术的示意图

光源一般采用能得到高质量烧蚀表面的 193 nm ArF 准分子激光器。这是由于在该波长的激光其穿透深度浅(参见图 8.5)且可精密切削的缘故。又因光子能量大,所以同时存在光化学作用,可保证获得锐利整齐的切口,而切口边缘的热损伤最小。因此所采用的照射方法有两种:强度分布均匀的大口径光束扫描切削和可变小口径光束的光斑切削。在实际治疗中,先进行角膜形状的测定,确定切削量后再进行激光照射。这种治疗方法不仅应用于近视、远视和散光的矫正,还应用于角膜疾病的治疗。目前已有很多商品化装置出售(见图 8-10)。

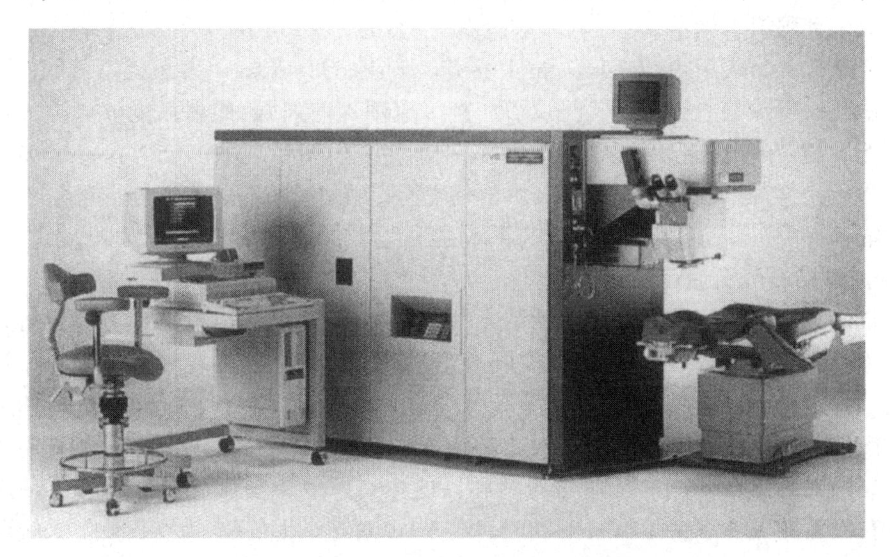

图 8-10　用于角膜手术的准分子激光装置

尽管如此,这项手术的随访时间还比较短,目前的治疗结果还没有经过长期的考验,因此要严格掌握此项手术的适应症,并且要在手术前将手术的局限性和风险等告知患者以取得他们的知情同意。

8.2.4　激光在泌尿外科中的应用

1. 良性前列腺增生(Benign Prostatic Hypertrophy,BPH)

目前,腔镜下治疗前列腺增生症的常用激光器有钬激光、铥激光、绿激光和经尿道针刺消融术。

(1) 钬激光

波长 2100 nm,为脉冲式激光。经尿道钬激光前列腺剜除术(HoLEP)采用 500 μm 激光光纤,钬激光功率 80~100 W(2.0~2.2 J/40~50 Hz),从膀胱颈至精阜近端,深达前列腺外科包膜,分别剥离前列腺中叶、右叶和左叶,并推入膀胱腔内粉碎吸出。该方法较完整地切除前列腺组织并进行充分的病理检查。

(2) 铥激光

波长 1.75~2.22 μm 之间可调,可在脉冲和连续波两种模式下进行。为近年来应用于临床治疗 BPH 的新型微创手术方法。经尿道 2 μm 激光前列腺汽化切除术,功率为 40~120 W。由于波长 2 μm 与生物组织中水对激光的最大吸收峰值 1.94 μm 非常接近,因此,激光能量被组织中的水分高效吸收,产生强烈的热效应,造成对组织的汽化、切割作用,而且作用范围在光纤前端的 2 mm 以内,在组织中的切割深度为 0.2 mm,具有操作精细、出血少的优点,成为 BPH

治疗最有前途的方式之一。

(3) 绿激光

为 Nd:YAG 激光的倍频激光,波长 532 nm,功率 80 W,有连续和脉冲两种方式输出。操作时在膀胱镜直视下观察前列腺大小及确定精阜位置作为激光治疗的标记,光纤在前列腺组织表面汽化达 1~2 mm,然后对两侧叶由内向外逐渐汽化。其优点是一般不需持续膀胱冲洗,出血少;如遇出血,可将光纤后退 2~3 mm,或将功率减至 30 W,反复照射该区域即可止血。缺点是不能获取前列腺组织标本。

(4) 经尿道针刺消融术(Transurethral needle ablation,TUNA)

该方法使用特殊的光导纤维,通过反复、直接地刺入前列腺,照射后能够产生大范围的凝固性的坏死及随后的前列腺组织萎缩,而且组织不会发生腐烂现象[53]。Nd:YAG 激光和半导体二极管激光是这种方法的光源。该技术的优点是,对治疗的部位能够进行精确的控制,在治疗的同时能够保护泌尿道黏膜不受损伤,手术之后也减小了尿路刺激症状和尿路感染。

2. 泌尿系结石碎石治疗

目前常用且效果最好的激光器为钬激光(Ho:YAG 激光)。Ho:YAG 激光是最近才发展起来的一种碎石方法。尽管其能量通过脉冲的方式传递,但其主要的机制可能是通过热力作用而产生的。特别是,激光能量加热了光导纤维头端的水分,微汽化产生了气泡,迅速爆裂的气泡产生的震波击碎结石。由于钬激光的能量是通过最表层的 0.5 mm 吸收的,因此将光导纤维的头端精确地对准结石就能防止对泌尿道粘膜的损伤。使用钬激光能够碎裂各种成分的结石,据报道,碎石的成功率大于 90%。同时,Ho:YAG 激光产生的碎片比其他的方法要小,所以形成“石街”的可能性就相对要小。使用侧孔发射光导纤维治疗肾脏到肾盂的集合系统和膀胱内结石,还可以加速结石的破裂。与脉冲染料激光和绿宝石激光相比较,该设备更大的优点是,采取保护眼睛的措施时,手术医师的视觉改变不明显。该方法适用于肾、输尿管结石和膀胱结石,以及体外冲击波碎石后“石街”形成的治疗。

8.2.5 激光在耳鼻喉科中的应用

1965 年 Stahle 试用巨脉冲红宝石激光照射鸽的内耳,Goldman 等通过石英棒和纤维光学装置对乳突进行钻孔,1967 年以后逐步开始研究在耳鼻喉科中应用激光。目前,激光在耳鼻喉科领域的研究,主要包括两个方面:内耳耳蜗方面的显微外科和气管激光手术。热力效应能够进行的治疗包括以下一些方面:激光治疗慢性肥大性鼻炎、激光治疗鼻出血、氦氖激光在耳鼻喉科中的应用、耳鼻喉科中的激光手术、扁桃体激光切除术、激光汽化和切除耳鼻咽喉部血管瘤、上颌窦根治术和耳道内乳突根治术、激光切除耳鼻咽喉部乳头状瘤等。

8.2.6 最新的技术——间质激光光凝术

间质激光光凝术(Interstitial Laser Photo coagulation)是在影像学设施的导引下,通过经皮穿刺针将置于其内的光导纤维送到实质性器官的病损中心,并通过此设备传导激光。在低剂量下(通常是 3 W 左右,因此与 60~80 W 的内镜照射相比,没有组织的汽化),单个照射过程持续几分钟。病损组织被缓和地凝固,此后坏死的部分可以被周围组织通过愈合过程而逐渐吸收,而并不需要进一步干预。由于对病损组织表面的正常组织并没有作用,也没有积累的毒性,所以在需要的时候可以重复治疗,也没有伤口,因此恢复迅速。不过,这种治疗方法成功的关键在于将光导纤维放置到正确的部位,恰到好处地将治疗的部位和所使用激光造成坏死的程度进行严格匹配,并确认正常和不正常的区域都能够安全地愈合。所以整个过程取决于显像。目前一致认为本方法还适合于治疗那些转移性肝癌中不能够手术的、小的、孤立的肝癌转移灶(通常来源于已经切除的原发肿瘤)[54]。具体做法是:在局部麻醉和镇静下,通过 CT 的引导,经皮肝穿刺进行治疗,其结果由 24 小时后,造影剂增强的 CT 来评价。这种方法比经皮肝穿刺的酒精注射更容易控制,而且比冷冻疗法更简单。

乳房癌是激光的一种潜在的应用领域。最吸引人的是,对于肿块小的乳房癌使用间质激光光凝技术可以取代肿块切除术,这样不会留下疤痕或者外观畸形,同时因为方法简单,可以作为门诊手术在局麻下进行。造影剂增强的核磁共振(MRI)对于这类肿瘤是绝好的显影方式,能够在决定进一步外科手术前的几天内确定肿瘤的边界和激光造成的坏死的边界。此外,如果激光照射是在 MRI 的引导下进行的话,那么激光造成的变化能够同时在显像上明确地显示。所以如果出现了激光的位置错误则还可以进行调整。当然,在成为常规治疗之前,还需要有关此种技术的进一步研究,因为在治疗上特别重要的是,必须确认激光照射造成了所有肿瘤的破坏,这样才能放心地让照射过的坏死组织留在原位,而不去行肿瘤根治手术。这项技术可能在不久的将来用于治疗乳房的良性纤维腺瘤。尽管其中有许多的病例并不需要处理,但是一旦需要,间质激光凝固技术就不失为简单有效的选择,尤其是对那些特别重视纤维瘤形成的病人。早期的临床试验的结果令人鼓舞。同样,人们正在研究该技术对于小的、无症状性子宫肌瘤的切除,以及应用于良性前列腺增生症的处理[55]。

总之,间质激光光凝术主要应用于任何实质性器官的明确定性的病损,而且该技术可以被良好地定位,对于周围正常组织也没有任何不良损害。

8.2.7 光动力学治疗

某些光敏感性物质具有对肿瘤的亲和性,临床上称为光敏剂。因此事先经过给药途径,让光敏剂进入癌症患者的体内,经过一定时间后使光敏剂和肿瘤细胞特异地或高效地结合,然后通过内窥镜和光导纤维,使用与光敏剂相匹配的激光波长在病变部位照射,可以有选择地破坏癌症细胞。这种方法目前称为光动力学治疗(Photodynamic Therapy, PDT),过去称为光辐射疗法(Photoradiation Therapy, PRT)或光化学治疗(Photochemical Therapy, PCT)。使用的光敏性物质为血卟啉衍生物(Hematoporphyrin Derivative, HPD)。其吸收光谱如图 8-11 所示,它在紫外域上具有称为 Soret 带的强的吸收带,又在可见域中具有称为 Q 带的弱的吸收带。从吸收强度的观点使用紫外激光(如波长约 410 nm 的 Kr 离子激光)是有利的。但是这个带域与血红蛋白的吸收带重合,因此不适于对组织进行深度照射。为此采用光穿透性更大的波长约 630 nm 的染料激光器或金蒸气激光器。PDT 的作用机理尚未被完全解析清楚,但一般认为有光敏性分子的直接作用(类型Ⅰ)与活性氧的作用(类型Ⅱ)两种。图 8-12 中所示的是光动力治疗的反应机制的示意图。光敏感性分子吸收激光,从单重态跃迁成为三重态,三重态分子作用于基质(肿瘤组织)产生的反应性高的游离基破坏肿瘤细胞,这是Ⅰ类反应机制。另外,三重态分子使周围的氧分子产生能量的移动,所生成的氧化性非常强的单重态氧分子(活性氧)会破坏肿瘤细胞,这属于类型Ⅱ。无论哪一种都经历

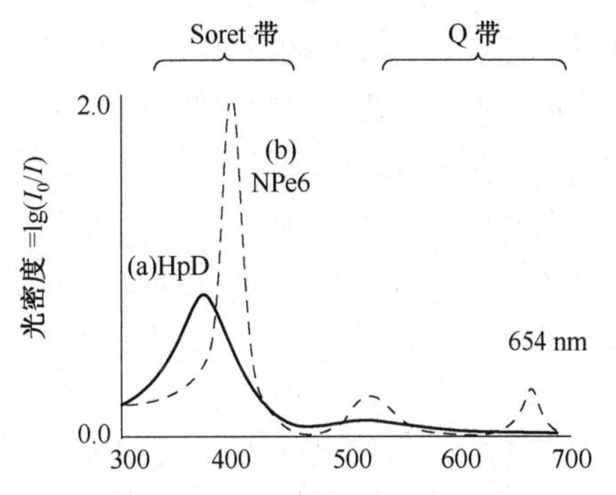

图 8-11　光敏感性物质(血卟啉衍生物(HpD))的吸收光谱

I_0:入射光强度;　I:透射光强度

三重态,因此三重态的寿命对 PDT 的作用给予很大的影响,这一点是可以理解的。以前认为,因为经过 PDT 的癌细胞中可以观察到线粒体内膜的损失和粗面小胞体的膨胀化,所以上述的游离基和活性氧直接作用于癌细胞使其坏死。但是最近人们关注的是其对血管肿瘤的作用,发现闭塞肿瘤血管(形成血栓)就能卡断对癌细胞的供氧和营养供给。

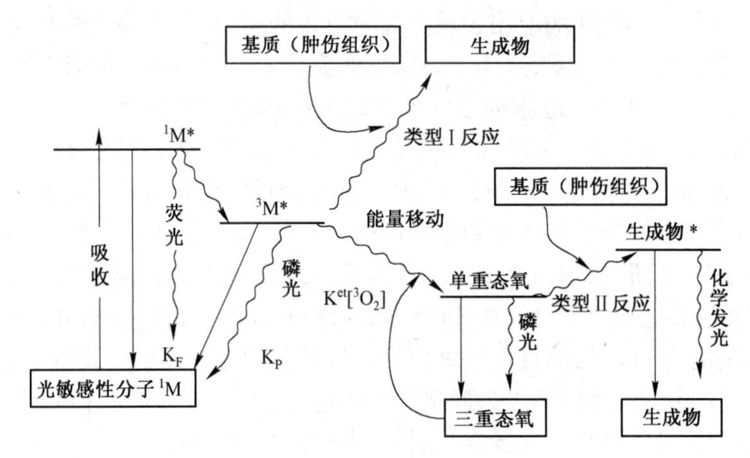

图 8-12 光动力治疗的反应机制示意图

光敏感性物质,在正常组织中代谢(排泄)是比较快的。但若有残留物则引起光线过敏症,因此患者治疗后在一定时间内必须在遮光环境下生活。HpD 有代谢时间比较长(数十日)的缺点,因此希望开发出代谢快的光敏感性物质。为了治疗深部的癌组织,希望利用吸收带处于长波长一侧的光敏感性物质。目前正积极地进行满足这些要求的新的光敏感性物质的研究开发。这样的光敏感性物质称为第二代光敏感性物质。

PhotofrinⅡ是一种新型的血卟啉衍生物,曾一度是 PDT 治疗的主流用药,并获得美国 FDA 的批准,其最大的优点是不需要严格避光。由于其使用相对成熟,有关的研究也已相对规范化。对膀胱癌的 PDT 研究,Nseyo 等发表了一些文章,他们提出的推荐剂量如下:Photofrin 的用量为 1.5~2.0 mg/kg,通常和 630 nm 激光合用;其推荐的激光能量为 10~25J/cm^2。但是 Photofrin 的肿瘤结合特异性并不十分理想,有待于进一步的研究和开发。从长远的观点来看,Nseyo 等的研究思路和观点对于 PDT 以及光敏感剂研究的发展是有益的。

内源性光敏感剂的代表是 ALA(5-氨基乙酰丙酸)。ALA 在血液中被吸收后进入细胞,由相应细胞内的转化酶转化为卟啉 IX(PplX)[56,57]。ALA 本身并不是光敏剂,但是它的代谢产物 PplX 却具有光敏性。它是 PplX 生物合成的第一个、也是主要的限速酶。在暴露于大量 ALA 的肿瘤细胞中,这种抑制性控制能够被短路,导致 PplX 的大量产生。腺癌具有增高的胆色素原脱氨基酶活力,最终产生大量的 PplX。同时它的亚铁螯合酶活力降低,不能及时将 PplX 转化为血红素,所以造成 PplX 的大量堆积。另外,肝源性的 ALA 转化为 PplX 也很充分,而且血液中也有很多的 PplX 的载体。

以膀胱为例,动物试验注射 ALA 4 小时后,PplX 在肿瘤和正常膀胱壁的分布比为 2∶1。荧光显微镜的检测证实,PplX 在肿瘤细胞中的分布远远大于在肿瘤基质中的分布;原位膀胱癌动物模型的体内试验也证实,注射了 ALA 4 小时后,用 630 nm 的 150 J/cm^2(此激光能量属于较大剂量)的激光照射时,光敏性造成了明显的肿瘤细胞坏死。同样,体外试验的结果表明,单从细胞形态上观察,电镜显示,无论分化良好(J82)还是分化不良(RT4)的肿瘤细胞,其细胞的线粒体在治疗后发生了明显的损坏,同时伴有分化良好的肿瘤细胞明显减少,代谢旺盛的肿瘤细胞几乎绝迹的现象。从正常细胞分化出来的 HCV29 细胞在 PDT 治疗后,几乎与未照射的细胞无异,这充分说明了 ALA 的肿瘤细胞的选择性,这个现象非常令人鼓舞。

总之,临床上对于光敏剂的要求,除了应具有一般药物的安全性外,还有三个方面的要求:一、能够人工合成,最好是化学纯制剂;二、无延迟性的光敏性,也就是说不需要避光;三、有明显的效果,换句话说,就是要有很好的光敏性,同时也应当有非常理想的肿瘤选择特异性。具体而言,首先要求该光敏剂有良好的、特定波长的吸收峰,该吸收峰最好是 650 nm 波长的激光。因为波长在 650 nm 以上的激光对皮肤的穿透力小,少有或者没有光敏性。体外试验的结果表明,在效率为 60%的前提下,635nm 波长的激光显然优于 630nm 波长的激光。与此同时,光敏剂与肿瘤细胞的结合应当是特异性或者高选择性的,这样才能确保 PDT 治疗过程中,在损伤肿瘤细胞的同时,不损伤或尽量少损伤周围的正常组织,以减少并发症的发生并增强疗效。上述条件缺一不可。

8.3 激光在生物体检测及诊断中的应用

8.3.1 利用激光的生物体光谱测量及诊断

通过测定激光照射在生物体时的吸收、散射、荧光等光谱,可以测定有生命的各种各样的生物体的信息。这种测定技术的进一步发展就能成为对疾病的诊断(病理诊断)的方法。所谓活检(biopsy),是指将组织的一部分切取出来做成切片,利用显微镜等对它进行的病理诊断。用光谱测量的方法进行无侵袭的诊断,就称为光学活检(optical biopsy),它正日益受到世人的瞩目。这种方法不仅能得到单纯的解剖学(生物体构造有关的)信息,而且还能像下面论述的脑功能测定一样,得到生理学、生化学信息。这种利用激光的生物体光谱测量及诊断技术的应用,将呈现出无限潜在的发展空间。这里介绍近红外吸收光谱及荧光光谱的应用实例。

1. 利用近红外光谱的代谢功能测量

众所周知,含有丰富的氧的动脉血呈鲜红色,相反缺乏氧的静脉血则呈暗红色。血红蛋白的吸收光谱如图 8-13 所示,血红蛋白被氧化的状态(oxy-Hb)与脱氧化的状态(deoxy-Hb)的吸收光谱具有微妙的差别。在波长为 600~800 nm 范围内氧化血红蛋白的吸收小而呈鲜红色,而在波长为 800 nm 以上时,则是脱氧化血红蛋白的吸收小,因此从测量它们各自吸收率的不同可以知道组织的氧化程度。这些波长带的光的穿透深度深,从体外照射光后通过对其透射光或反射光(散射光)的测定,可无侵袭地监视一定深度的体内组织的氧化程度。目前,脑的氧监视装置(称为脉冲测氧计)已实用化。若在多点进行这样的测定,能够得到脑活动的空间功能信息,即脑活动增大部位对应的身体运动部位的信息。因而这种装置备受人们的瞩目。但是如前所述,生物体对光来说是很强的散射体,因此在这种吸收或反射光谱中很难固定光路长度,进行绝对测量。特别是,如果组织较深(厚),信号光变得很微弱,则信号的检测变得很困难。

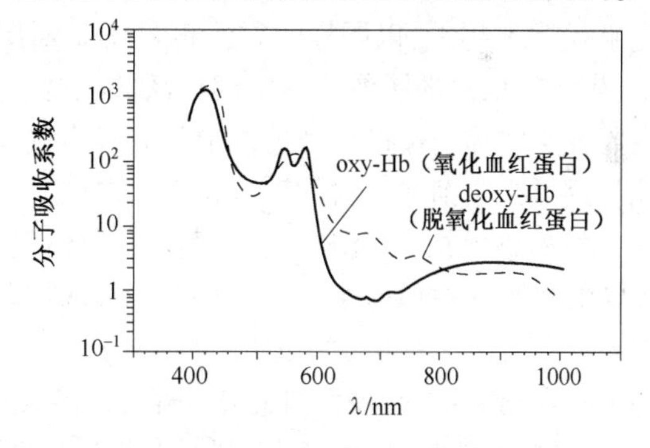

图 8-13 血红蛋白的吸收光谱

2. 利用荧光光谱确定病变部位

在治疗时准确地知道病变部位是很重要的,但是在很多情况下没有准确诊断的有效手段。在生物体组织上照射激光时病变部位显示特有的荧光,根据此荧光就能确定病变部位。最近开发出的光敏感性物质的荧光图像法,对确定癌组织和动脉硬化部位十分有效,因而受到广泛重视。

采用 NPe6 (mono-L-aspartyl chlorine 6)做光敏感性物质,其吸收光谱与荧光光谱如图8-14 所示,利用符合它的吸收带范围的光来激发,则发生在662nm 处出现峰值的荧光(磷酸溶液中)。如前所述,该物质易聚集于肿瘤及脂肪组织上,对这些病变组织以 664 nm 的光来激发,则发生在 670 nm 处出现峰值的荧光。如果把这些曲线用图来表示,那么很容易确定病变部位。实际的荧光测定是在静脉注射所需量的 NPe6 并经一定时间后进行的。经过数小时后从正常组织中排出 NPe6。此时照射功率密度约为1 mW/cm^2 的激光,因此可使用半导体激光器作为光源。利用 CCD 摄像机拍摄荧光范围后,输入到计算机中,经过图像处理可确定病变部位。利用内窥镜,则可进行生物体深处病变部位的观察。内窥镜可以与前述的 PDT 组合使用,有望成为临床应用的诊断技术。

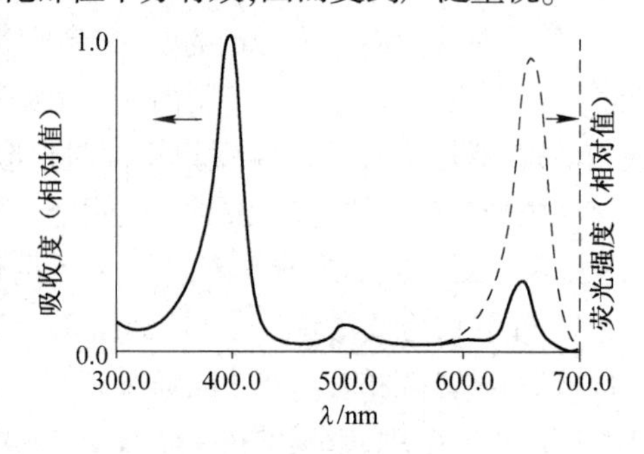

图 8-14 光敏感性物质 NPe6 的吸收光谱与荧光光谱

8.3.2 激光断层摄影

1. 光学计算机断层术即光学 CT(Optical Computed Tomography)

作为典型的生物体断层成像手段,X 射线 CT(Computed Tomography)已被实用化。X 射线 CT 围绕人体旋转小型 X 射线源,由检测器阵列测定 X 射线透射量后进行数字化,再对这些数据以特定的算法(CT 算法)利用计算机求解后构成断层像(tomography)。CT 算法的条件是信号的传输方向相反时也能得到同样的输出信号。在这里若利用组织穿透深度较深的波长段的光来代替 X 射线,以同样的方法也可得到断层信息。这种方法(光 CT)以无侵袭地实现生理学、生化学信息的图像化而引起广泛的注意。与 X 射线在生物体内直线传播不同,由于散射,激光在生物体内会被扩散掉。散射光没有确定的光路,得到的信号也没有确定的物理意义,因此从透射光中消除散射的影响是很重要的。

如图 8-15 所示,光从 A 点入射到生物体内,在 B 点上观察透射光,此时透射光中包含着三种不同的光线,一种是受到散射后向任意方向扩散的成分(如图中①所示);第二种是具有较小的散射角且向前传播的成分(如图中②所示);第三种是向前透射直线传播的成分(如图中③所示)。为了实现光学 CT 必须检测出第三种直线传播的透射成分的光。这样的直线传播光的透射光强非常小,因此关键在于如何将这样的信号选择出来进行高灵敏的检测。一种方法是利用直线传播光比其他成分的光能更快地到达检测器的高速时间分解法(时间选通法),它是由组合皮[10^{-12}]秒或飞[10^{-15}]秒超短脉冲激光与克尔盒(二阶电光效应光调制器)及高速扫描照相机来实现的。另外,还有用空间滤波器,在空间上只选择识别指向性高的直线传播光成分的方法。这些方法的灵敏度都不够高。目前最有效的方法是下述的光外差探测方法。

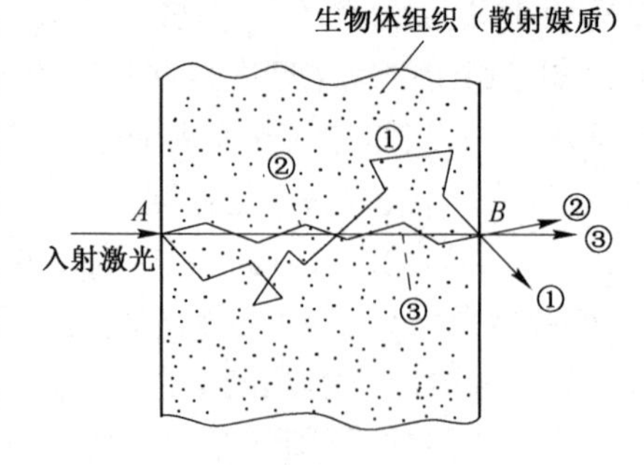

图 8-15 透过生物体(散射介质)中的光示意图

所谓的外差探测法,一般是对两个不同频率的光波(信号波与参考波)进行混合后检测拍频信号的方法,它可以得到很高的检测灵敏度。为此将激光束分为参考光与入射到生物体试样的信号光。给予参考光一定的频移后与信号光混合(参见图 8-15),多次散射得到的光与参考光偏振方向不一致,不会产生拍频信号,因此检测出的拍频信号是直线传播光与参考光干涉的结果。利用外差法的光学 CT 检测的实验装置如图 8-16 所示,将试样旋转并进行信号光的检测,可利用如前所述的 CT 计算法得出断层图像。空间分辨率依赖于入射光束的直径,能小到数百微米程度。光源一般采用近红外激光器,但在硬组织中采用 Ar 离子激光器,因为在硬组织中蓝光的透射率高。目前已有人用这种方法得到了牙齿的断层图像。

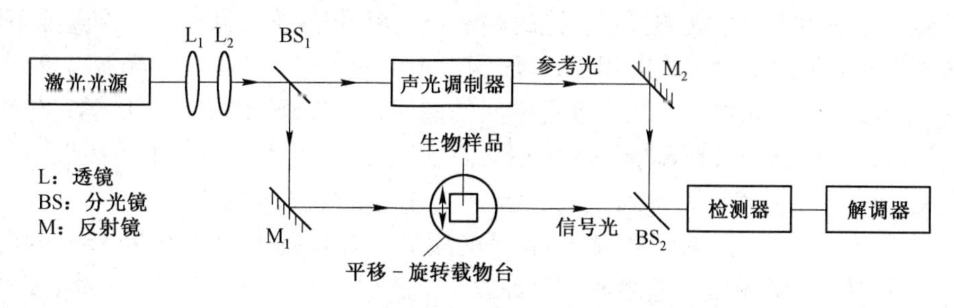

图 8-16　利用外差法的光学 CT 检测的实验装置

2. 光学相干层析术

在前面的例子中利用的是透射光,反射光或散射光的迟滞时间(飞行时间)也包含着组织分布的位置信息,因此也可以在断层图像中加以利用。其中利用低相干度的干涉方法称为光学相干层析术即 OCT(Optical Coherence Tomography)。这种方法比较容易得到高分辨率的断层图像。光学相干层析术得到图像的原理非常类似于超声波回音波,不需要以 CT 算法为基础的图像重构所需的复杂计算。利用光的断层图像术是一种还处于研究阶段的新技术,因而其术语还未统一。

上一小段中讲述的光学 CT,其英语缩写也是 OCT(Optical Computed Tomography),与光学相干层析术(Optical Coherence Tomography)易混淆。在这里将数据处理中利用 CT 算法的称为光学 CT,用低相干度干涉方法的称为 OCT,以示二者的区别。

光学相干层析术的原理示意图如图 8-17 所示,其基本结构为迈克耳孙干涉仪。OCT 把光分成两束——信号光与参考光,其中信号光聚焦后照射到组织内得到向后散射光,参考光在

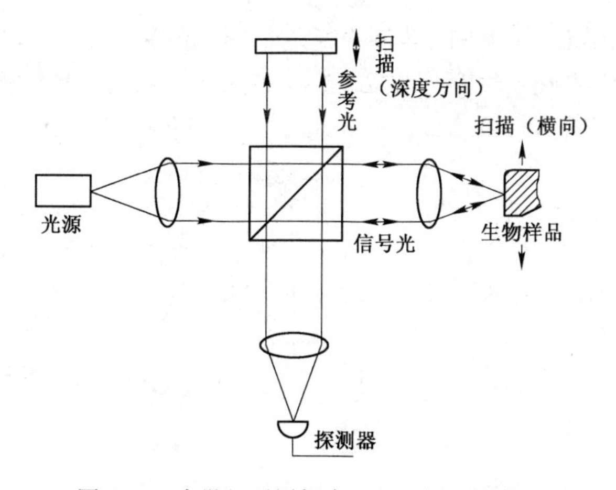

图 8-17　光学相干层析术(OCT)原理示意图

压电陶瓷等器件调制的反射镜上反射回来得到光程调制。两束光进行干涉后用外差探测法检测。通过反射镜在光轴方向大范围的移动来改变参照光的光程，以实现对组织深度方向的扫描。在反射镜移动到光轴上的某一位置后，再用压电陶瓷器件进行光程调制，实现外差探测法检测，得到信号光聚焦点的后向散射光的强度与迟滞时间。再加上横向二维扫描可测定出在某一断层平面上后向散射光的强度与迟滞时间的分布。如前所述，由于信号光的迟滞时间含有位置信息，与参考光相干涉后，干涉信号强度反映出这一位置信息，从而得到断层信息。在这里重要的是，使用的光源必须是低相干度的。干涉信号在信号光与参照光的迟滞时间几乎一致即光程差几乎为零时才观测得到。光的相干长度短，信号强度随时间迟滞急速下降，组织深度方向的空间分辨率取决于光的相干长度，因而不可使用相干长度长的光源。例如，可使用相干长度介于半导体激光器与发光二极管中间的超级发光二极管(SLD)，其空间分辨率约为10 μm。另外，OCT 的横向分辨率取决于会聚光点的直径，一般也能得到 10 μm 以内的空间分辨率。因此，整体来讲 OCT 能得到空间分辨率为 10 μm 左右的生物体断层图像。采用如图 8-18所示的石英光纤传光的干涉仪，还有可能用导管等得到生物体内部组织的断层图像。X 射线 CT、磁共振图像(MRI)、超声波回波等以往的断层图像的分辨率只有 100 μm~1 mm，甚至更差。因此利用 OCT 的高分辨率有望能够早期发现各种病变。

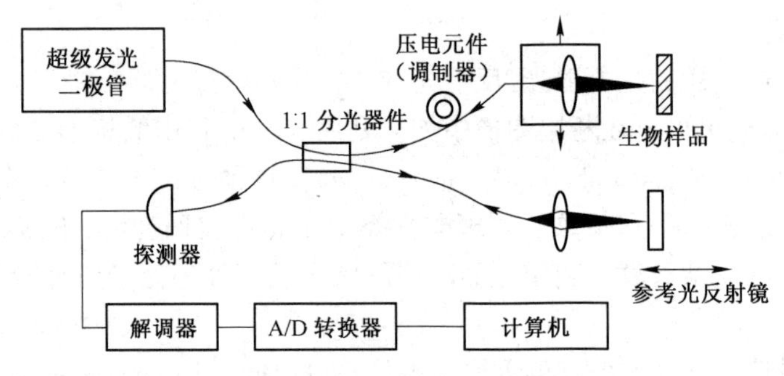

图 8-18　利用光纤干涉仪的 OCT 装置示意图

8.3.3　激光显微镜

这里主要介绍以下两种激光显微镜。

1. 激光共焦显微镜

为了以细胞级即以微米级的空间分辨率来观察生物体，通常先做组织切片标本，再利用光学显微镜观察。如果利用激光共焦显微镜，不做切片标本也能以同样的高分辨率观察生物体的活体。

图 8-19 所示为激光共焦显微镜(laser confocal microscope)的原理图。从点光源(激光)发

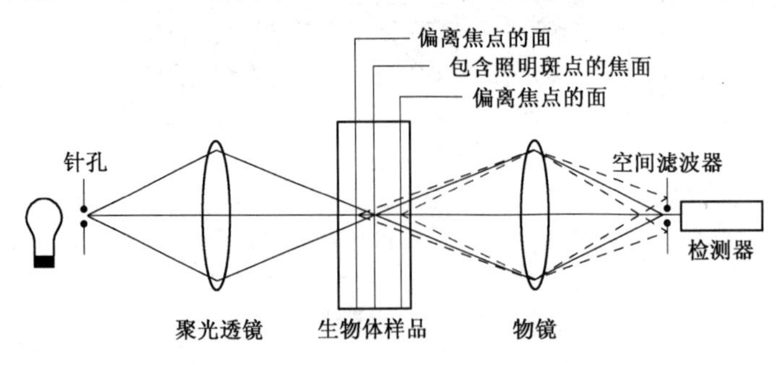

图 8-19　激光共焦显微镜的原理图

出的光经过透镜聚光后照射到试样内的观察点上,此时在试样内形成照射光的斑点,利用物镜通过空间滤波器使这些斑点在检测器上成像。这时空间滤波器的针孔置于与光源的针孔共轭的位置上。该针孔作为空间滤波器起重要的作用。观测点上会聚光的一部分,由于其前后的物体而受到散射,在原来的像前后成像(图中用虚线表示)。针孔能够消除掉成为噪声的这些像,因而提高了所得到像的对比度。为了得到二维的像,对照射斑点或试样还要进行扫描。以上用透射型模型说明了其原理,实际中采用如图 8-20 所示的反射型结构。与上述的 OCT 相同,被观测的光子是在组织内部结构所引起的反射或向后散射光。但是 OCT 的空间分辨率(深度方向)取决于光源的相干长度,而激光共焦显微镜的分辨率(横向)取决于光路系统的数值孔径与波长。作为基本方法,OCT 是观察组织的深度方向的断面,而激光共焦点显微镜则得到某一特定深度(通常 100 μm)下的横向图像。

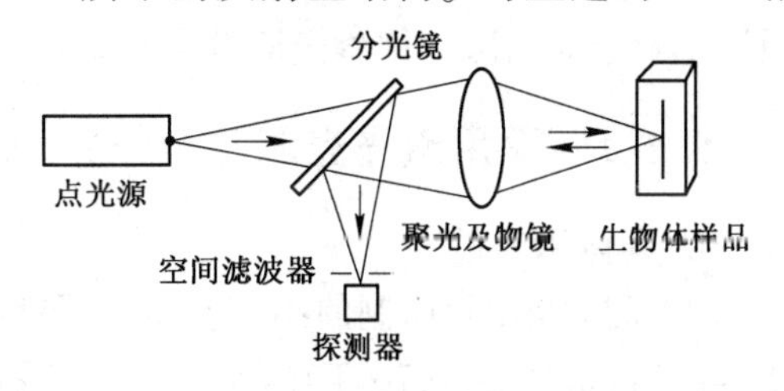

图 8-20　反射型激光共焦显微镜的原理图

1950 年脑神经学者 Minsky 首次提出共焦显微镜的设想。当时由于没有高亮度的光源,未能做到满意的观测。该显微镜被真正实用化是激光技术发展起来的 20 世纪 80 年代以后的事情。最佳激光波长因观察对象而不同,对深层组织观察时适合于利用渗透长度大的近红外光。已叙述过活体观察的可能性,但是目前还不能像 OCT 那样用于内视镜。对皮下组织中的细胞级的实时观察已经变得可能。

2. 近场光学显微镜

无论是相干光还是其他光,只要是光,图像分辨率就被衍射与波长所限制。可见光的最高分辨率大约为 0. 5 μm。但是利用近场光学显微镜(near field optical microscope)或光子扫描隧道显微镜(photon scanning tunneling microscope),就可以得到超极限的分辨率(超分辨率)。图8-21所示的是近场光学显微镜与通常光学显微镜的示意图。两者基本结构相似,但近场光学显微镜在离样品表面很近处存在探头,用探头实现扫描,该探头起着实现超分辨率的关键作用。

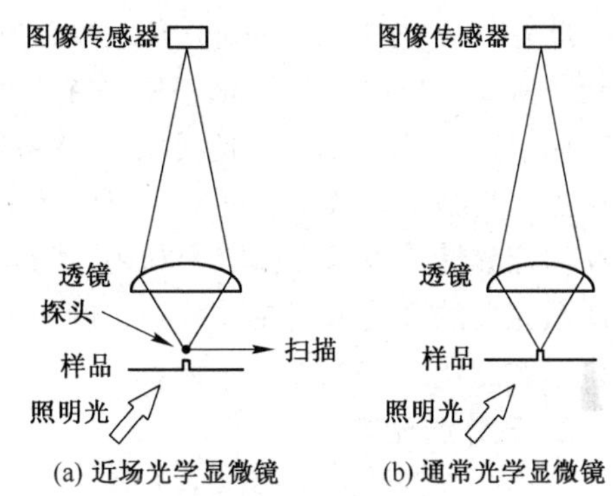

图 8-21　近场光学显微镜与通常光学显微镜示意图

样品上照射的照明光根据样品的物质结构会发生衍射、散射、吸收等,但散射的光场中插入探头后,光场就会被扰乱。对这些被扰乱的光场用探头进行扫描,并把被扰乱的光作为光子进行二维探测,得到图像。但是当探头与物质构造之间的距离比光波长更长时,会得不到所要的图像。离物质构造的距离比波长短的范围内存在着称为隐失场又叫倏逝波场(evanescent field)的局部电磁场。隐失场与探头互相作用而得到物质构造的超高分辨图像。隐失场存在于原子周围,产生光子遂道效应。在这里透镜不起成像作用,不将信号作为光波而是作为光子来读出,这就是得到超过衍射极限的高分辨率的原因。分辨率依赖于探头尖端的大小及其样品之间的距离。因此在技术上如何制造微小的探头,并能保持它不变形是一个难题。光源用得较多的是 Ar 离子激光器,能得到10 nm 左右的分辨能力。能得到同等分辨率的显微镜有 ATM(原子显微镜)和 STM(电子扫描遂道显微镜),它们提供物质表面形态的信息,而近场光学显微镜则提供与物质分布状态有关的信息。

8.4 医用激光设备

自世界上第一台红宝石激光器问世以来,已经发展出数百种的激光器。各种比较成熟的激光器在医学上都获得了不同程度的应用。一般来说医用激光器必须是小型、可移动、操作性好、容易检修的,比工业用激光器要求更严。固体激光器和半导体激光器容易满足这些要求,预计今后会成为医疗用激光器的主流。

8.4.1 医用激光光源

1. 固体激光器

我国于1961年研制的第一台激光器就是固体激光器,也是最早应用于医疗上的一种激光器(红宝石激光器,1970年在上海投入医用)。固体激光器所使用的是晶体和非晶体类型的工作物质,大体上可分为氟化物、盐类和氧化物三大类。目前实际使用的只限于红宝石、钇铝石榴石、铝酸钇等几种。固体激光的工作物质的振荡波长为0.55~2.69 μm。与气体激光器相比,其优点为体积小、输出功率大,使用方便,但是设备较复杂,价格昂贵。临床上常用的是红宝石激光器和掺钕钇铝石榴石激光器(Nd:YAG),可用作手术刀和照射治疗等方面。它与CO_2气体激光相比,止血效果更好,切割骨骼速度更快,切缝更细,对机体组织有较强的凝固作用等特点。

此外,Er:YAG(2.94 μm),Ho:YAG(2.09 μm),Tm:YAG(2.01 μm)等以YAG晶体为基体的新的激光器也逐渐实用化。Er:YAG激光器对牙齿等硬组织也显示出很高的消融汽化能力。Ho:YAG,Tm:YAG激光器比Er:YAG激光器消融汽化能力低,但具有可用石英光纤传光的优点。Ti:Al_2O_3激光器可替代可调谐染料激光器。目前这些激光器主要用于研究,但将来会在治疗和计量等两方面广为利用。随着半导体激光器的高功率化,用其作为激励能源的全固体激光器的开发也正在进行中。例如10 W的连续绿光(532 nm)全固体倍频Nd:YVO_4激光器也已产品化。

2. 气体激光器

主要分为惰性原子气体激光器、分子气体激光器和离子气体激光器三类。

(1) 惰性原子气体激光器

医学上最常用的是氦氖激光器,输出波长是0.6328 μm。它最初于1961年成功运转。目前的最大连续输出功率为100 mW,使用寿命超过十万小时。氦氖激光器可以同时有连续和脉冲方式工作。氦氖激光器在临床上主要应用于照射,有刺激、消炎、镇痛和扩张血管的作用。

(2) 分子气体激光器

分子气体激光器在临床上主要有二氧化碳激光器(CO_2)和氮(N_2)分子激光器。二氧化碳激光器的工作物质是二氧化碳,可以连续工作或者脉冲工作。二氧化碳激光器输出功率较大,输出波长一般是中红外的10.6 μm。在医疗上应用的主要是低气压、直流轴向放电、封离型内腔式连续输出CO_2激光器,临床上用来照射和切割。作为切割用手术刀的CO_2激光器要求机件转动部分灵活,能适合人体各部位的手术,在任何位置均能无阻挡出光,接触病变的部件能够清洗和消毒,便于调控。CO_2激光手术刀的特点是切割时出血少、视野清楚,适合各种良恶性肿瘤的切割或汽化、炭化,能够广泛用于外科、耳鼻喉科、皮肤科、妇科、肿瘤、口腔等各科。

(3) 离子气体激光器

医疗上常用的有氩离子激光器和氦镉激光器。氩离子气体激光器输出谱线分布在蓝绿区,其中以 0.5145 μm 和 0.488 μm 为最强,是可见光范围内连续输出功率最强的气体激光器。临床上主要用于外科手术、眼科凝固和综合治疗(如皮肤照射等)。由于氩激光的聚焦特性比红宝石激光好,又是连续输出,在眼科上易于调节被凝固的视网膜区域的大小。其肌肉切割的深度较其他种类的激光大,止血效果也好。

氦镉(He-Cd)激光器是一种金属蒸气离子激光器,可以连续工作,输出功率也较大,输出的波长在 0.325~0.636 μm 之间。在临床上主要用于诊断和照射治疗,病人口服荧光素钠盐片之后,加用氦-镉激光器照射,就能激发黄色荧光,便于诊断。

3. 半导体激光器

半导体激光器的工作物质是半导体,作为半导体激光的材料有几十种,医学上常用的是砷化镓、铝砷化镓等。半导体激光的优点是重量和体积小、效率高、结构简单、可直接调制,但是它的发散角大,受温度影响较明显,连续输出功率较小。半导体激光器一直被限制在低功率使用,由于它的高功率化与短波长化的进展很快,其使用范围也在飞速地扩大。目前已可廉价购到数十瓦的半导体激光器阵列,可望广泛用于各种外科治疗中。

4. 液体激光器

液体激光器主要是指有机液体激光器,常用的是染料激光,输出波长连续可调(通过变换工作物质的成分、浓度等方法)、工作物质多(已在一百多种染料中得到受激发射),而且可以得到连续或者高重复频率的振荡,所以用途相当广泛。

一般医用激光器及其用途如表 8-1 所示。

表 8-1　一般医用激光器及其用途

波长(nm)		激光器种类	工作模式	用　途
紫外光	193	ArF 准分子激光器	脉冲	角膜手术(近视的治疗等)
可见光	488,515	Ar 离子激光器	连续	眼底治疗、痣治疗
	511,578	Cu 蒸气激光器	脉冲	痣治疗
	510	染料激光器(罗丹明)	脉冲	痣治疗、结石破碎
	532	倍频 Nd:YAG 激光器	脉冲	一般外科(内窥镜下)
	570~590	染料激光器(罗丹明)	脉冲	痣治疗
	630	染料激光器(罗丹明)	连续、脉冲	癌光动力学治疗法(PDT)
	632.8	He-Ne 激光器	连续	去痛、血流计
	620~670	OPO(光参量振荡器)	脉冲	癌光动力学治疗法(PDT)
	650~670	半导体激光器	连续	癌光动力学治疗法(PDT)
	694	$Cr:Al_2O_3$(红宝石)激光器	脉冲	痣治疗
红外光	780~910	半导体激光器	连续	去痛、脑内氧监视(低功率)、一般外科(高功率)
	1064	Nd:YAG 激光器	连续	凝固、止血、一般外科(内窥镜下)激光烧灼
			脉冲	痣治疗
	2080	Ho:YAG 激光器	脉冲	一般外科(内窥镜下)
	2940	Er:YAG 激光器	脉冲	牙科治疗
	10600	CO_2 激光器	连续、脉冲	一般外科、心肌梗塞治疗

8.4.2 医用激光传播用光纤

为在生物体内深处导入激光,细且柔软(易弯曲)的传播光路是不可缺少的。在生物体的外表面上照射激光的场合,如果利用这样的传播光路,则其可操作性就很强。最适合于这些目的的传播光路就是石英玻璃光纤等。用空心光纤传播激光的光路,最近发展很快。不能利用光纤的场合,激光的传播只好依赖于反射镜。目前利用的是多关节型操作装置,在各关节部位上配置反射镜的传播光路(多关节镜)。但是由于传播线路的口径大,因此不可能导入生物体内深处。在本节中介绍医用光纤、空心光纤的种类、结构及传播特性。相对于空心光纤,不是空心的通常光纤称实心光纤,下面提到光纤的地方,是指实心光纤。

1. 光纤(实心光纤)

光纤可分为单模光纤(Single-mode Fiber)与多模光纤(Multi-mode Fiber)。后者按折射率的分布又分为阶梯折射率(Step Index,SI)型与梯度折射率(Graded Index,GI)型。单模光纤芯径为数微米,多模光纤为数十至数百微米。医用激光的光束直径通常是数十至数百微米,一般采用多模光纤。激光以很小的光束直径聚光时,功率密度过高会引起光纤材料的损伤。由于这种限制,常常不能使用细光纤。

传播高功率激光时,若吸收损失大,不仅会使传播效率降低,还会因光纤材料发热而引起损伤。一般透射光学材料中存在微小的折射率波动而引起的瑞利散射、由电子能级间的跃迁而产生的吸收、由分子振动而引起的吸收(红外吸收)等原因产生的固有损失。单位长度的全固有损失可表示为

$$\alpha(\lambda)=A/\lambda^4+B_1 e^{B_2/\lambda}+C_1 e^{-C_2/\lambda} \tag{8-4}$$

式中,A,B_1,B_2,C_1,C_2 为正的常数;右边第一项为瑞利散射;第二项为电子转移吸收;第三项为分子振动吸收。实用上,目前最广泛使用的是石英玻璃光纤。石英玻璃光纤的损失光谱如图 8-22 所示。1 μm 附近的损失最低,适合用于 Nd:YAG 激光器等的近红外激光的传播。可见光与紫外光的传播功率受限制。在长波一侧,如前所述 Ho:YAG 激光器的 2.1 μm 附近是传播的上限。用于波长更长的(中红外)激光的传播,目前已开发出卤化物玻璃、硫硒碲玻璃、重金属氧化物玻璃等光纤。2.94 μm 的 Er:YAG 激光可以用氟化物玻璃光纤来传播,并且开始应用于牙科等医疗领域。目前还未能开发出传播 10.6 μm CO_2 激光的实用光纤。采用空心光纤传播这样长波长的激光是主流。

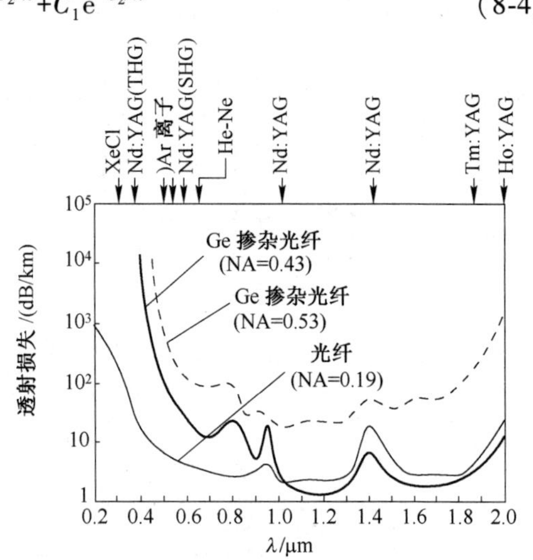

图 8-22 石英玻璃光纤的损失光谱

2. 空心光纤

空心光纤是用空气(或气体)作为芯的细管状的纤维,激光在这种管内壁上边反射边传播。这种空心光纤除了光纤端部以外没有反射损失,因而能得到很高的传播效率。它能用金属等高强度材料构成,还具有在其内部能流动冷却气体或工作气体、在原理上可传播任何波长激光等很多特点。

空心光纤的典型结构如图 8-23 表示。图 8-23(a)为金属矩形空心波导,它的研究历史最长。使用断面形状 7 mm×0.5 mm 的波导,200 W 以上的 CO_2 激光传播损失仅 0.2 dB/m[58]。由于它是全金属结构,机械强度大,但也有不能各向同性地弯曲、传播光束的偏振光特性受到制约等缺点。目前作为高功率激光传播光路,有希望的是图 8-23(b)及图 8-23(c)的形状。图 8-23(b)为单晶 Al_2O_3 空心波导。1.5 kW 的 CO_2 激光经过内径 1 mm 的单晶 Al_2O_3 空心波导时,传播损失为 0.4 dB/m[59]。图 8-23(c)为金属内壁上涂覆透明电介质的空心光纤,光纤的支撑管可采用金属或玻璃,金属层用 Ag 为最理想,涂覆介质 Ge 的内径为 1.7 mm,长度为 2 m 的光纤(Ge/Ag 光纤)能传播 2.6 kW 功率的 CO_2 激光[60]。近来利用各种聚合物的空心光纤也在研制中。石英细管的内壁上由银镜反应形成 Ag 层,此后用送液法涂覆聚酰亚胺或氟化乙烯树脂等有机树脂。由于制造比较容易,因此实用化是很有希望的。

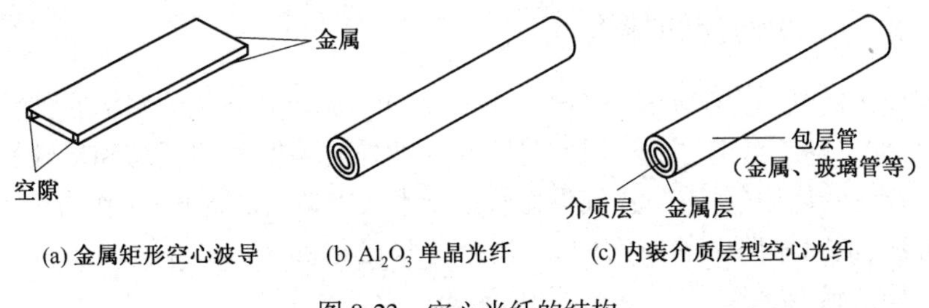

图 8-23　空心光纤的结构

以往医疗用激光器的功率最高也就是在 100 W 左右,但近年来利用了功率非常大的激光器。如 TMR(心肌梗塞治疗)中利用的激光器(CO_2 激光)的平均输出功率达 1kW。这样,空心光纤能传播实心光纤所不能传播的激光。虽然在提高光纤长度上需要进一步的研究,但在医疗上一般使用数米长光纤的场合较多,因此利用现有技术也完全可以制造出医用空心光纤。

以上对医学和医疗领域中利用的激光光源与激光传播光路进行了概述。理想的医用激光装置应该是在紫外至红外波段都能够改变波长;在任意的波长上的连续波或脉冲(任意脉宽)波都能得到高输出,并且可以用光纤传播。激光技术正在向此方向上发展,在医学领域利用激光的人们对这样的激光器寄予厚望。

8.5　激光应用于医学的未来

8.5.1　医用激光新技术

目前最新的进展是间质激光凝固法和间质的光动力学治疗。对于大多数类型的肿瘤,影像学制导的激光治疗法能进行有效的杀灭,而且创伤性最小。间质激光凝固法(interstitial laser photocoagulation)能够用于实质性器官内病损的治疗。此外,对于一些潜在的应用器官如良性前列腺增生等,以及对于肝脏、乳房、子宫和其他器官的微小病变(或者良性病变)进行治疗。

近 20 年来激光技术在皮肤科有着飞速的进步,许多皮肤病理和先天性的疾病,如血管性疾病、色素、文身、疤痕、多毛可以被成功地根治。此项治疗方法有效而且手术后并发症少,因此对于激光手术的需求越来越大。

强大的冷却装置通过降低皮肤表面的热能积累而能够将皮肤的热损伤减小到最小。表皮的冷却系统能够使用更高的频率治疗(高频率增加了病损的反应),这一点在治疗皮色较黑的病人时特别有效,因为皮肤色素的增加往往导致治疗后皮肤色素的改变,冷却的另外一个优点是降低治疗时的疼痛。

近几年的皮肤激光平复术进展迅速。尽管二氧化碳激光和铒:YAG 激光还在大规模地使用,非融解性的激光平复术也在使用。

随着研究的进一步加深,加上激光技术的革新,以及对于激光-组织之间的相互作用的认识的进一步深入,医学界设计了一些没有偏见、一丝不苟的临床试验对各种激光手段在治疗和诊断中的真正意义进行探索。从已经发表的文献来看,对于泌尿道结石、泌尿道肿瘤和 BPH 使用激光治疗的疗效已经为很多人所接受。而光动力学治疗和激光焊接技术也将在不久的将来从实验室研究走向临床的正式应用。

8.5.2 光动力学治疗的前景

不断扩展应用的光动力学治疗法(photodynamic therapy)具备了许多潜在的治疗靶器官的功能,如治疗皮肤、口腔、食道、主支气管、膀胱和女性外阴等器官的萎缩和局灶性肿瘤等。其他光动力学治疗法的应用包括:防止气囊血管成型术或支架后的再狭窄,作为肿瘤外科手术后的附属治疗方法,消除尿路中的子宫内膜,治疗斑状退化(macular degeneration),以及耐药性的细菌造成的局部感染。

在加拿大,PDT 已经被批准用于膀胱乳头状癌复发的预防性治疗和食道癌梗阻或者接近梗阻症状的缓解。在荷兰,PDT 也被批准用于治疗早期和梗阻性的肺癌和食道癌。在日本,PDT 被批准用于早期的肺癌、胃癌、宫颈癌以及宫颈的不典型增生等的治疗。而在美国的 FDA 则批准了 Photofrin 用于无法用热疗缓解的部分或完全梗阻性食道癌的症状缓解,以及早期肺癌。欧洲的其他 11 个国家正在考虑批准使用 PDT。

临床使用 PDT 仍在萌芽阶段。使用不同的光敏剂,肿瘤坏死的深度也有所不同。这源于 PDT 的众多的影响因子:光敏剂的部位、组织聚集、血流氧含量、靶组织的光学特性、激发光的波长、能量密度、光源、肿瘤深度和治疗范围[61]。大多数的有关 PDT 的报道往往是初步的结果,所报道的肿瘤也是种类不一、临床分期不同,并且都是常规方法失败了的。而且,许多的疗效判断指标之间没有可比性,体现在许多不同的光敏剂剂量、激光剂量、激光技术和照射的时间等方面。尽管大量的文献报道了 PDT 可以造成明显的肿瘤破坏,但近年来 PDT 临床研究倾向是将它作为根治性手术的辅助治疗,以减少肿瘤的局部复发。

下一代既经济又可靠的激光设备将使上述技术在所有大型医疗中心中的使用成为现实。以前的临床激光设备庞大、昂贵、不稳定且操作复杂。现在,多数已经可以装在一个行李箱内,能够接上标准插座并且移动方便,可以在任何一个地方使用。随着需求量的增大,其价格也有可能继续下降。由于某些低能量激光的治疗并不需要光导纤维的传送(如皮肤的光动力学治疗),而口腔、子宫内膜等处就可以使用传送截面更宽的装置进行激光的传导,加上能够使用价格低廉的非激光光源如发光二极管(Light Emitting Diodes,LEDs)的光和氙灯的滤过光束等,所以未来的许多激光治疗能够在绝大多数的医院里进行。那些继续在治疗中心的激光设备,仅限于需要复杂显像和导引仪器配套的激光治疗设备,如乳腺、前列腺和胰腺的激光治疗设备。本文中描述的一些激光新应用大多已经进入早期临床试验的阶段。其他的一些则比较接近实验和推理阶段,但是总的来说,其基本生物学效应已经明确。接下来的工作无非是明确哪些可以发展成临床常规方法,以及这些方法同其他方法之间的比较。尽管如此,事实已经证明，在一些情况下，激光治疗方法比其他方法有着明显的优势。

思考练习题 8

1. 激光对生物体的作用有哪几个方面？激光用于生物及医学上有什么优点？试举例予以说明。

2. 试说明近视矫正的 PRK(Photo Refractive Keratectomy)方法的原理。PRK 方法矫正近视眼使用什么激光器？为什么要使用这种激光器？

3. 试论激光在皮肤科和整形外科的应用现状和优势。应用中要注意哪些问题？请举例说明。

4. 激光碎石的机理是什么？什么部位的结石可以使用激光碎石的方法？目前在医学上应用于碎石的激光器有哪些？

5. 对良性前列腺增生症的激光治疗，目前有什么方法？试分别论述它们的优缺点。

6. 试简述光动力学治疗的原理。光动力学治疗的优点是什么？当前还存在的问题及它的应用前景怎样？

7. 目前在医学上常用的激光器有哪几种？请分别说明它们的应用范围。

8. 激光用于生物体的诊断是依据什么原理？目前已经在医学上应用的情况如何？有哪些特点？

9. 激光通过光纤来传输的原理是什么？光纤的出现对激光医学的发展起怎样的作用？请举例加以说明。

10. 试述激光原理、激光技术、医用激光器对未来医学发展的作用和前景。当前最需要解决的关键技术是什么？

第 9 章　激光在信息技术中的应用

众所周知,现今是信息时代。从技术角度看,信息涉及到的领域十分广阔,它包括信息的产生、发送、传输、探测、存储、显示等许多方面。激光在信息领域的应用,包括以激光为信息载体,将声音、图像、数据等各种信息通过激光传送出去,或者通过激光将信息存储在光学存储器里,以及通过激光将信息打印或显示出来,等等。因此,本章将涉及激光通信、激光显示、激光存储,以及激光打印等许多重要的领域,这些领域已经产生许多成熟的技术和应用,有着光明的发展前途和广阔的应用前景,是 21 世纪最活跃的激光应用领域。本章将简要地介绍激光在上述各方面的有关应用概况,特别是一些新思想、新概念、新技术、新进展等。

9.1　光纤通信系统中的激光器和光放大器

激光器和光导纤维的诞生与发展是光纤通信产生与发展的两个支柱。20 世纪 60 年代以来,半导体激光器的成功研制,实现了连续波工作,且工作寿命达百万小时;同时,因其可以直接调制,功率转换效率高等优点,现已成为光纤通信中必不可少的光源。近年来诞生的掺杂光纤作为增益介质的光纤激光器的耦合效率高,激光阈值低,散热性好,也越来越多地受到关注和研究。

当光纤通信系统向高速率、大容量、长距离方向发展时,受到了光纤的损耗和色散等因素的限制。为了拓长光纤通信的距离,通常是在通信线路中设置一定数量的电中继器进行信号的再生放大。由于采用了光-电-光的转换方式,使得系统较复杂,成本高,对光信号不透明。20 世纪 80 年代光放大器技术应运而生,它是光纤通信领域的一次革命,具有对光信号进行实时、在线、宽带、高增益、低噪声、低功耗,以及波长、速率和调制方式透明的直接放大功能,成为新一代光纤通信系统中不可缺少的关键技术。

光源是光纤通信的重要器件,没有光源所有信息就没有传输的载体;而没有光放大器也不可能实现光通信系统长距离、大容量的透明传输。因此,本节主要对这两个器件进行介绍。

9.1.1　半导体激光器

1. 光纤通信对半导体激光器光源的要求

半导体激光器是激光器中的一个大家族。它与固体激光器、气体激光器,以及其他类型的激光器相比,具有体积小、重量轻、电光转换效率高、可以直接调制、使用方便等优点,因此它非常适用于光纤通信系统中。一个完整的光纤通信系统由光发射端机、光纤信道、光接收端机,以及辅助设备组成。光发射端机的主要任务就是将电信号转变为光信号,即进行 E/O 变换。图 9-1 给出了光发射端机的组成方框图[62]。

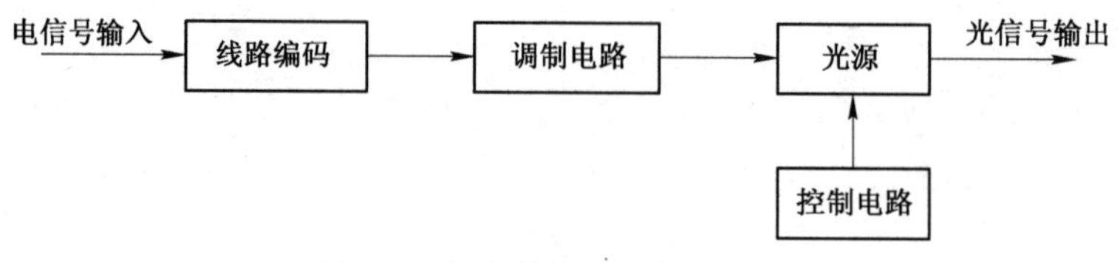

图 9-1　光发射端机组成方框图

从图中可以看出，光发射端机的关键器件是光源，而提供这一功能的就是激光器。激光器种类很多，下面分别对作为通信光源的半导体激光器和光纤激光器作一个简要的介绍。

2. 作为通信光源的半导体激光器

半导体激光器是光纤通信的主要光源。由于光纤通信系统具有不同的应用层次和结构，因而需要不同类型的半导体激光器。例如，信息传输速率在2.5Gb/s以下的光纤接入网、本地网，需要大量结构简单、性能价格比合适的半导体激光器，如法布里-珀罗（FP）激光器。而在中心城市的市区建设城域网中，由于其传输距离短、信息量大，要求光源速率为2.5~10 Gb/s，需要直接调制的分布反馈（DFB）半导体激光器。在干线传输网络中，对光源的调制速率和光信号的传输距离都有较高的要求，目前主要用分布反馈半导体激光器（DFB-LD）加电吸收型（EA）外调制器的集成光源。此外，近几年研制的垂直腔面发射激光器（VCSEL）由于具有二维集成、适于大批量及低成本生产的优点，在光的高速数据传输和接入网等领域有着诱人的应用前景。这几种典型的半导体激光器将在下面介绍。

（1）法布里-珀罗激光器

法布里-珀罗激光器（FP-LD）是最常见、最普通的半导体激光器（参见5.4节），它的谐振腔由半导体材料的两个解理面构成。目前光纤通信上采用的FP-LD的制作技术已经相当成熟。FP-LD半导体激光器存在三个方向的模式问题：沿激光输出方向形成的驻波模式称为纵模；垂直于有源层并和激光输出方向垂直的模式称为垂直横模；平行于有源层并和激光输出方向垂直的模式称为水平横模。在光通信领域中，至少要求激光器工作在基横模状态。对于FP-LD来说，基横模的实现比较容易，主要通过控制激光器有源层的厚度和条宽来实现，纵模控制有一定的困难。对于一般的FP-LD，当注入电流在阈值电流附近时，可以观察到多个纵模；进一步加大注入电流，谱峰处的某个波长首先超过阈值电流产生受激辐射，这个过程消耗了大部分载流子，压制其他模式的谐振，有可能形成单纵模工作。但是对FP-LD进行高速调制时，原有的激光模式会发生变化，出现多模工作，这就决定了FP-LD不能应用于高速光纤通信系统。相对其他结构的激光器来说，FP-LD的结构和制作工艺最简单，成本最低，适用于调制速率小于622 Mb/s的光纤通信系统。目前商用的1.3 μm FP-LD的阈值电流（I_{th}）在10 mA以下，输出功率在10 mW左右（注入电流为（2~3）I_{th}时），因此它适合于信息传输速率较低的情况[63]。

（2）分布反馈半导体激光器

前述的FP腔型半导体激光器大多在多纵模状态下工作，在光纤传输系统中便出现了由纵模间功率分配瞬时变化而引起的模式分配噪声及模式微分时延，从而限制了通信系统的传输距离，所以很需要高速调制时仍保持单纵模工作的半导体激光器（又称动态单纵模激光器）。实现动态单纵模工作的最有效的方法之一，就是在半导体内部建立一个布拉格光栅，依靠光栅的选频原理来实现纵模选择。分布反馈布拉格半导体激光器（DFB-LD）的特点是，光栅分布在整个谐振腔中，光波在反馈的同时获得增益，因此其单色性优于一般的FP-LD。

在DFB-LD中存在两种基本的反馈方式，一种是折射率周期性变化引起的布拉格反射，即折射率耦合；另一种为增益周期性变化引起的分布反馈，即增益耦合。折射率耦合DFB-LD在原理上是双模激射的，而增益耦合DFB-LD是单模激射的。这是因为在端面反射为零的理想情况下，折射率耦合DFB-LD在与布拉格波长对称的位置上存在两个谐振腔损耗相同且最低的模式，而增益耦合DFB-LD恰好在布拉格波长上存在着一个谐振腔损耗最低的模式。

在DFB-LD制作技术的发展过程中，人们发现直接在有源层刻蚀光栅会引入污染和损伤，于是又提出了如图9-2所示的DFB-LD结构示意图，即将光栅刻制在有源层附近的透明波导层上,这样能有效地降低 DFB-LD 的阈值电流。这种结构后来被广泛应用。

对于实际的 DFB-LD 来说,光栅两端的端面存在反射,不仅反射率的强度不为零,而且两个端面的反射相位也不确定。这是由于实际器件制作中,端面位于光栅一个周期中的哪一个位置是不可控制的。对于纯折射率耦合 DFB-LD 来说,在相当一部分相位下,模式简并可以被消除,器件可以实现单模工作。最早的折射率耦合 DFB-LD 就是通过这种方法实现单模工作的。

直接调制 DFB-LD 的最大优点是在高速调制(2.5~10 Gb/s)的情况下仍能保持动态单模,非常适合高速短距离的光纤通信系统。目前商用的直接调制 DFB-LD 的阈值为5 mA左右,在 2.5 Gb/s 的调制速率下能传输上百公里[64]。

(3) 分布布拉格反射半导体激光器(DBR-LD)

密集波分复用(DWDM)技术的迅猛发展对集成光源提出了新的要求,具有波长可调谐或波长可选择特性的集成光源成为新的研究热点。

波长可调谐是指激光器波长在一定范围内连续可调。目前波长调谐主要基于布拉格反射光栅,通常通过改变温度、注入电流等方法,改变光栅的有效折射率,从而改变光栅的布拉格波长。DFB-LD 虽然单模特性稳定,但是波长调谐的范围比较小,一般在 2 nm 左右。因此,考虑到布拉格光栅反射性好的特点,将光栅置于激光器谐振腔的两侧或一侧,增益区没有光栅,光栅只相当于一个反射率随波长变化的反射镜,这样就构成了 DBR-LD。其中,三电极 DBR-LD 是最典型的基于 DBR-LD 的单模波长可调谐半导体激光器,其原理结构图如图 9-3 所示。三个电极分别对应 DBR-LD 的增益区、相位控制区和选择光栅区注入电流,其中增益区提供增益,光栅区选择纵模,而相位控制区用来调节相位,使得激光器的谐振波长和光栅的布拉格波长一致。通过调节三个电极的注入电流的大小,其波长的调谐范围可达到 10 nm 左右。另外采用特殊的光栅结构,如超结构光栅(SSG),DBR-LD 的波长调谐范围还可扩大到 103 nm。

DBR-LD 通过改变光栅区的注入电流大小来实现调谐,这就导致了较大的谱线展宽。此外,DBR-LD 需要调节至少两个以上的电极电流的大小,才能将激射波长固定下来,不利于实际应用,而且 DBR-LD 纵模的模式稳定性相对较差,极易出现跳模现象,所以近几年来有关波长可调谐 DBR-LD 的研究有所降温[64]。

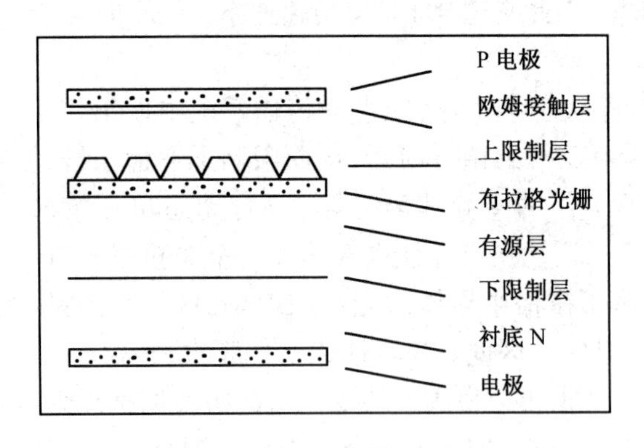

图 9-2　DFB-LD 结构示意图

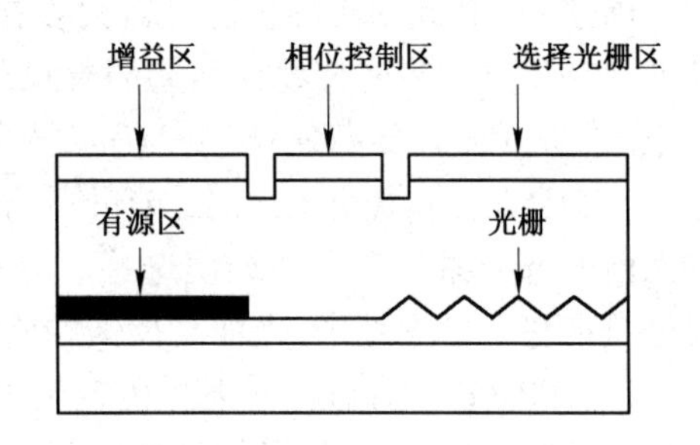

图 9-3　三电极 DBR-LD 结构示意图

(4) 垂直腔面发射激光器

以上所说的各种激光器都是边发射器,即激光从激光器的侧面输出,因此只能进行一维集成。但是,光数据传输和交换的多通道往往需要能够二维集成的器件,垂直腔面发射激光器(VCSEL)就是一个很好的选择。它与边发射激光器最大的不同点是:出射光垂直于器件的外延表面，即平行于外延生长的方向。图 9-4 为其典型结构示意图，其上下分别为分布布拉格反射（DBR）介质反射镜，中间（InGaAsN）为量子阱有源区，氧化层有助于形成良好的电流及光场限制结构，电流由 P、N 电极注入，光由箭头方向发出。

与侧面发光激光器相比，VCSEL 在原理上有如下优点：其有源区体积极小，因而具有极低阈值电流；采用 DBR 结构能动态单模工作；由于有源区内置而导致其寿命很长（如 10^7 小时）；光束质量高，容易与光纤耦合；可极大地降低成本；可形成高密度二维阵列。在这些优点当中，最吸引人的是其制造工艺和发光二极管（LED）的制造工艺兼容，大规模制造成本很低，且容易二维集成，并能在线测试。

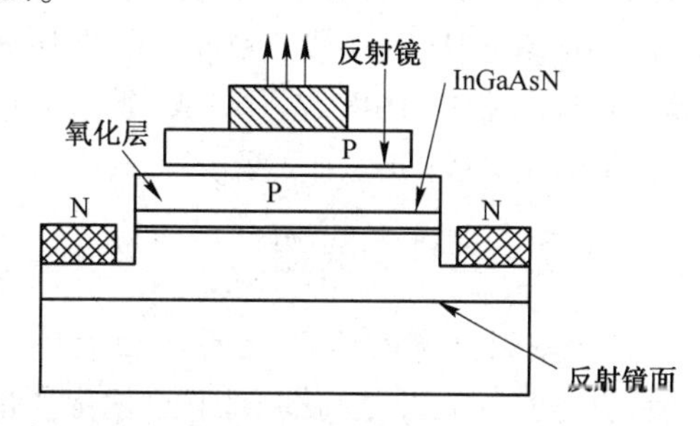

图 9-4 VCSEL 的典型结构示意图

VCSEL 的一个前途广阔的应用领域是吉比特局域网络，由于它具有光束特性好、易耦合、调制速率高、价格低廉的优势，因此很多人认为 VCSEL 必将取代 LED、FP-LD 在局域网中的地位。在光纤吉比特以太网中，VCSEL（850 nm）主要用于工作在 250m 距离范围内的光源，如 IEEE 802.3 千兆字节以太网 1000BASE-SX 系列标准中采用低成本 VCSEL 作为光源。此外，随着 VCSEL 在短波及长波方面的进展，它还可用于大容量光交换、高密度光存储、平面显示、照明、二维光信息处理等应用领域。然而由于器件结构及生长材料等原因，VCSEL 依然存在着基横模输出功率不高、散热困难、极化控制困难及在长波长方面表现不理想等问题[64]，因此限制了其在长途干线通信等领域中的应用。

（5）基于光子晶体的新型激光器

光子晶体是近年来的研究热点，它的折射率呈空间周期性变化，可产生一定的光学能带间隙，称为“光子带隙”。频率落在这个光子带隙内的入射光可被传输或完全反射。改变光子晶体的结构，可得到不同的光子带隙，从而使光子晶体具有传统晶体不可能实现的许多“奇异”性能，如具有极低损耗、色散和非线性，可获得反常色散，同时保持单模传输特性，可产生高保偏性等。

① 低阈值激光器。利用光子晶体的优越性能正在开发很多的新型光器件，如高输出功率的光纤激光器和放大器、光开关、滤波器、光纤光栅、波长变换器、利用非线性效应的孤子发生器、光保偏器等。图 9-5 所示为正在研制的低阈值激光器，它是在半导体激光器中引入有缺陷的光子晶体（如左图所示），构成一个特殊的波导，这使得自发辐射与激光出射的方向角几乎为 0，于是几乎所有的泵浦能量全部用来产生激光，从而使激光器的阈值降低，并且提高了能量转换效率。

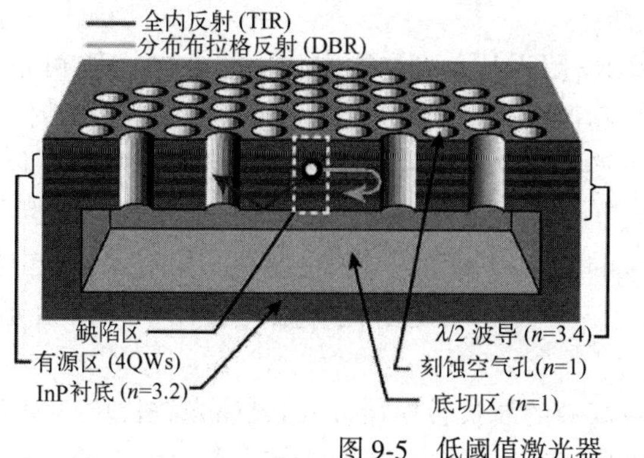

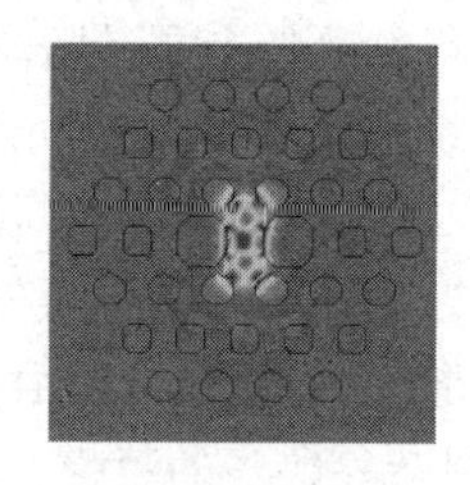
图 9-5 低阈值激光器

② 瓦级 DFB 激光器。在 DFB 激光器中引入有缺陷的光子晶体,可产生瓦级 DFB 激光器,如图 9-6 所示。它实质上是一个表面辐射 DFB/DBR 激光器,由一段 500 μm 长的 DFB 和两段 500 μm 长的 DBR 结构组成,其激光腔的高 Q 值,使它的输出达到瓦级。

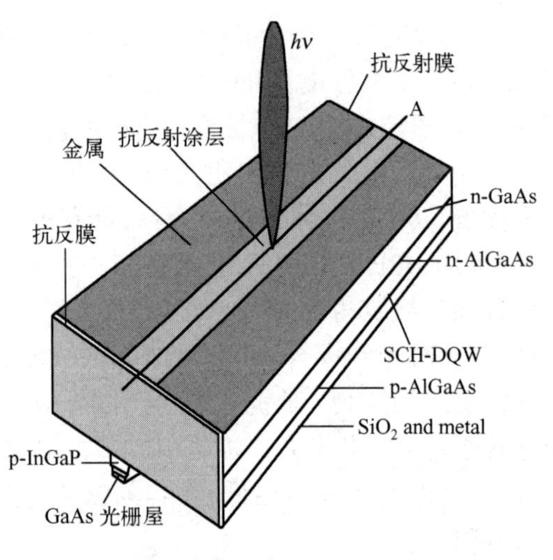

图 9-6 瓦级 DFB 激光器

9.1.2 光纤激光器

半导体激光器自诞生之日起就有一个缺点,那就是其与光纤之间耦合困难,增大了腔内插入损耗,导致其低效率高阈值。为了解决这个问题,光纤激光器应运而生。光纤激光器是一种多波长(其波长间隔符合 ITU-T 标准)的光源,目前已被广泛地应用于 DWDM 系统中。

1. 光纤激光器的基本原理及其特点

光纤激光器和其他激光器一样,由增益介质、光学谐振腔和泵浦源三部分组成,增益介质能产生光子,光学谐振腔能使光子得到反馈,泵浦源能激励光子跃迁。

(1) 基本原理

为了说明光纤激光器的基本原理,以纵向泵浦的光纤激光器为例(如图 9-7 所示)进行介绍。一段掺杂稀土金属离子的光纤被放置在两个反射率经过选择的腔镜之间,泵浦光从左面腔镜耦合进入光纤,左面腔镜对于泵浦光全部透射并对于激光全反射,以便有效地利用泵浦光,并防止泵浦光产生谐振而造成输出光不稳定。右面腔镜对于激光部分透过,以便形成激光束的反馈和获得激光输出。这种结构实际上就是法布里-珀罗谐振腔结构,泵浦波长上的光子被介质吸收,形成粒子数反转,最后在掺杂光纤介质中产生受激发射而输出激光。

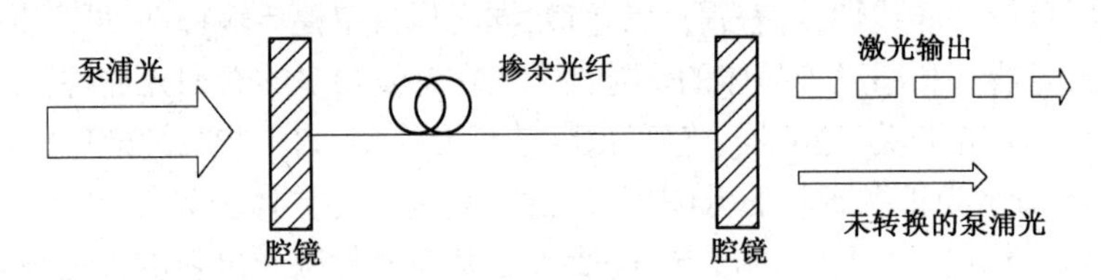

图 9-7 光纤激光器原理示意图

(2) 特点

光纤激光器的特点是:耦合效率高,因为其激光介质本身就是导波介质;可方便、高效地与光纤传输系统连接,这是基于光纤纤芯很细,纤内易形成高功率密度的缘故;转换效率高、激光阈值低、能在不施加强制冷的情况下连续工作,因为光纤具有很高的"表面积/体积"比,散热效果好;其结构紧凑简单、小巧灵活,还可借助光纤的极好柔韧性,与方向耦合器等器件构成各种柔性谐振腔,有利于光纤通信系统的应用;调谐范围宽、色散性和稳定性好,这是基于光纤的可选择、可调谐参数多的特性。以上这些特点决定了光纤激光器比半导体激光器拥有更多的优势。

从效果上看,光纤激光器是一种高效的波长转换器,即由泵浦光波长转换为所掺稀土离子的激射波长。这个激射波长正是光纤激光器的输出光波长,它不受泵浦波长的控制,仅由基质材料的稀土掺杂元素决定。因此可以利用与稀土离子吸收光谱相对应的不同短波长、高功率且廉价的半导体激光器作为泵浦源，以获得不同波长（处于光纤低损耗窗口的 1.3 μm、1.55 μm 及 2~3 μm 红外光波段）的激光输出[65]。

2. 光纤激光器的分类及应用

光纤激光器种类很多，按光纤结构可分为：单包层光纤激光器和双包层光纤激光器；按掺杂元素可分为：掺铒、钕、镨、铥、镱、钬等 15 种；按增益介质可分为：稀土类掺杂光纤激光器、非线性效应光纤激光器、单晶体光纤激光器、塑料光纤激光器；按谐振腔结构可分为：FP 腔光纤激光器、环形腔光纤激光器、环路反射器光纤谐振腔激光器及“8”字形腔激光器；按工作机制分为：上转换光纤激光器和下转换光纤激光器；按泵浦方式分为：光纤端面泵浦、微型棱镜侧面光耦合泵浦、边泵浦/V 型槽泵浦和对环形光纤进行环形泵浦；按输出激光又可分为：脉冲光纤激光器和连续激光器等。下面具体介绍几类光纤激光器。

（1）稀土类掺杂光纤激光器

稀土元素有 15 种，位于元素周期表的第五行。目前比较成熟的有源光纤中掺入的稀土离子有：铒（Er^{3+}）、钕（Nd^{3+}）、镨（Pr^{3+}）、铥（Tm^{3+}）、镱（Yd^{3+}）。

掺铒光纤在 1.55 μm 波长具有很高的增益，这个波长处于低损耗第三通信窗口。由于其潜在的应用价值，掺铒光纤激光器的发展十分迅速。掺镱光纤激光器是波长为 1.0~1.2 μm 的通用光源，Yd^{3+} 具有相当宽的吸收带（800~1064 nm）和相当宽的激发带（970~1200 nm），故其泵浦源的选择非常广泛且泵浦源和激光都没有受激态吸收。掺铥（Tm^{3+}）光纤激光器的激射波长为 1.4 μm 波段，它也是重要的光纤通信光源。其他的掺杂光纤激光器，如在 2.1 μm 波长工作的掺钬（Ho^{3+}）光纤激光器，由于水分子在 2.0 μm 附近有很强的中红外吸收峰，它照射到生物体上时，对邻近组织的热损伤小、止血性能好，且该波段对人眼是安全的，故在医疗和生物学研究上有广泛的应用。

近几年来，双包层掺杂光纤激光器利用包层泵浦技术，使输出功率获得极大提高，成为激光器又一新的研究热点。包层泵浦技术利用的双包层光纤，其芯线采用相应激光波长的单模稀土掺杂光纤，大直径的内包层对泵浦波长是多模的，外包层采用低折射率材料。内层的形状和直径能够与高功率激光二极管有效地实现端面耦合。稀土离子吸收多模泵浦光并辐射出单模激光，使高功率、低亮度激光二极管泵浦激光转换成衍射极限的强激光输出。为了增加泵浦吸收效率，光纤内包层的形状也由最初的圆形发展到矩形、方形、星形、D 形等。现在人们已经能够利用包层泵浦结构，产生高达 2.3 mW 脉冲的双包层掺镱光纤激光器，使用的是单模或模式数较少的低数值孔径的大有效面积（LMA）光纤，光纤纤芯的有效面积为 1300 μm^2，它是普通掺镱单模光纤的 50 多倍。

（2）光纤受激拉曼散射激光器

这类激光器与掺杂光纤激光器相比具有更高的饱和功率，且没有泵浦源限制，在光纤传感、波分复用（WDM）及相干光通信系统中有着重要应用。

受激拉曼散射（SRS）属于光纤中的三阶非线性效应，是强激光与介质分子相互作用所产生的受激声子对入射光的散射，它在单模光纤的后向发生。利用 SRS 的特性，可把泵浦光的能量转换为光信号的能量，制成激光器。

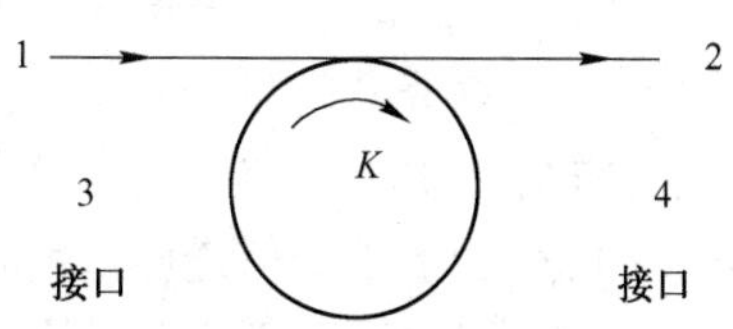

图 9-8　受激拉曼散射光纤激光器示意图

一种简单的全光纤受激拉曼散射激光器示意图如图 9-8所示，这是一种单向环形行波腔，耦合器的光强耦合

系数为 K。典型的受激拉曼分子主要有 GeO_2、SiO_2、P_2O_5。

分布反馈光纤拉曼激光器与前面所讲的半导体激光器有着本质的区别：

① 光纤中不可避免的克尔(Kerr)效应改变了分布反馈拉曼激光器的激光动态特性。

② 增益饱和机制完全不同,在 SRS 中,腔内信号被泵浦光直接放大,而不是通过粒子数反转[66]。

(3) 光纤光栅激光器

20 世纪 90 年代紫外写入光纤光栅技术的日益成熟,使得光纤光栅激光器越来越受到重视,其中主要有布拉格反射(DBR)光纤光栅激光器和分布反馈(DFB)光纤光栅激光器。DBR 光纤光栅激光器基本结构示意图如图 9-9 所示,利用一段稀土掺杂光纤和一对相同谐振波长的光纤光栅构成谐振腔,它能实现单纵模工作。利用光纤光栅与纵向拉力的关系,采用拉伸光纤光栅可以实现波长的连续调谐,调谐范围达 16 nm 以上。

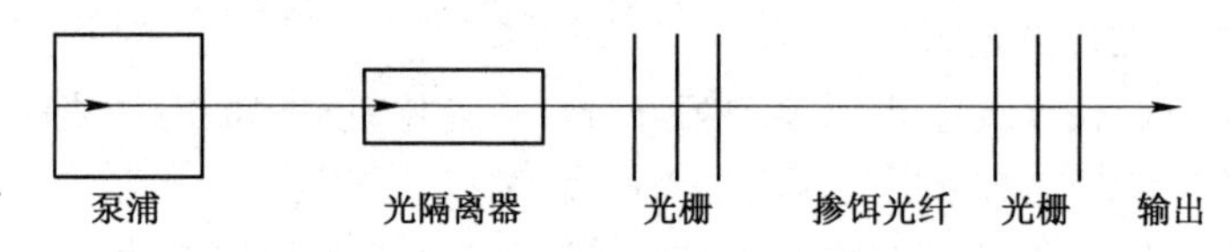

图 9-9　DBR 光纤光栅激光器基本结构示意图

DFB 光纤光栅激光器基本结构示意图如图 9-10 所示,在稀土掺杂光纤上直接写入的光栅构成谐振腔,其有源区和反馈区同为一体。这种光纤光栅激光器只用一个光栅来实现光反馈和波长选择,故稳定性更好。它还避免了稀土掺杂光纤与光栅的熔接损耗。虽然可直接将光栅写入稀土掺杂光纤中,但是,由于纤芯含锗少,光敏性差,DFB 光纤光栅激光器实际并不容易制作。相比之下,DBR 光纤光栅激光器可将掺锗光纤光栅熔接在稀土掺杂光纤的两端,构成谐振腔,制作较为简单。

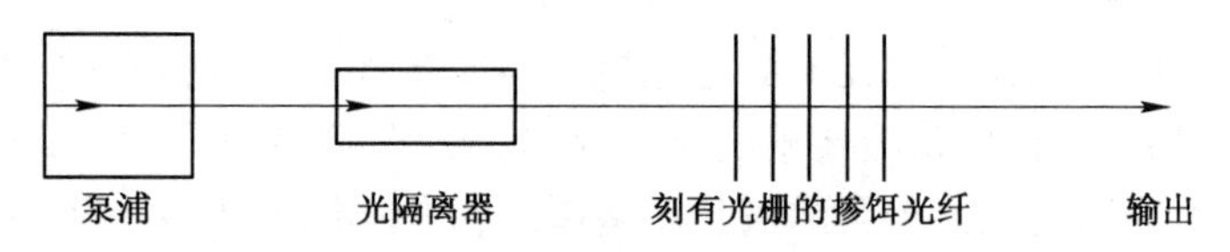

图 9-10　DFB 光纤光栅激光器基本结构示意图

DBR、DFB 光纤光栅面临的共同问题有：由于谐振腔较短,使得对泵浦光的吸收效率低；谱线较环形激光器宽,有模式跳跃现象等。这些问题正在不断地解决之中,提出的方案有：采用 Er：Yb 共掺杂光纤作增益介质、采用内腔泵浦方式、主振荡器和功率放大器一体化等[67]。

基于光子晶体光纤的光纤激光器正在被大量地研究,因为光子晶体光纤(也称微结构光纤：(PCF))和光子晶体一样,具有很多比传统光纤优异得多的性能,如高非线性、全波段的单模运转、大模面积单模传输等。PCF 能够有效地扩展和增加光纤的应用领域。利用 PCF 为增益介质或利用掺镱双包层 PCF,研制了锁模激光振荡器、主动锁模光纤激光器等；将不同折射率和不同厚度的量子点发光材料涂敷到 PCF 的空气孔壁后会对其传输特性产生影响,使量子点注入 PCF 激光器的发光效率大大提高；采用锁模半导体激光器作为种子光源,并利用色散平坦高非线性 PCF 作为超连续谱光纤,研制了宽带、平坦的超连续谱光源,其谱宽超过 100nm,可用于上千个信道(间隔为 10GHz)的 DWDM 系统。还有用于激光加工的高功率光纤激光器,已有上百瓦、超过千瓦的掺镱光纤激光器系列,国内目前生产的光纤激光器功率也能达到 500 W。

近几年来,光纤激光器的发展越来越受到人们的关注,各种高功率光纤激光器、超短脉冲光纤激光器和窄线宽可调谐激光器层出不穷。未来光纤激光器发展的主要方向是:进一步提高光纤激光器的性能,如继续提高输出功率,改善光束质量;扩展新的激光波段,拓宽激光器的可调谐范围;压窄激光谱宽;开发极高峰值的超短脉冲(皮秒和飞秒量级)高亮度激光器;以及进行整机小型化、实用化、智能化的研究。

9.1.3 光放大器

在光纤传输系统中,限制传输距离的主要因素有光纤的损耗色散及光器件的各种噪声。为了克服这些缺陷,以适应光纤通信系统向高速率、大容量、长距离方向的发展,20 世纪 80 年代出现了光放大技术,它是光纤通信领域的一次革命。光放大技术具有对光信号进行实时、在线、宽带、高增益、低噪声、低损耗,以及波长、速率和调制方式透明的直接光放大功能,是新一代光纤通信系统中不可缺少的关键技术。此技术既解决了衰减对光网络传输距离的限制,又开创了 1550 nm 波段的波分复用,从而使超高速、超大容量、超长距离的波分复用(WDM)、密集波分复用(DWDM)、全光传输、光孤子传输等成为现实,它是光纤通信发展史上的一个划时代的里程碑。由于此技术与光信号的调制形式和比特率无关,它在光纤通信系统中得到广泛应用。

顾名思义,光放大器是放大光信号的器件,它在光纤通信领域中主要有以下几个方面的功能。

(1) 光功率提升放大。将光放大器置于光发射机前端,以提高入纤的光功率。

(2) 在线中继放大。在光纤通信系统中取代现有的中继器。

(3) 前置放大。在接收端的光电检测器之前先将微弱的光信号进行预放,以提高接收的灵敏度。

图 9-11 所示为光放大器在干线光纤通信系统中的应用示意图。图(a)为无中继系统,这是最简单的光纤通信系统,由发送机、光纤和接收机组成;图(b)中采用光放大器作为功率放大器和接收机前置放大器,使无中继距离成倍延长;图(c)为线内多中继系统,该系统没有采用光放大器,因此再生中继器数目较多;图(d)中用光放大器作为在线中继放大器或整形放大中继器,从而实现全光通信。由于这时不包含定时和再生电路,因而是比特透明的,没有“电子瓶颈”限制,只要更换两端的发送和接收设备,就很容易实现系统从低速率(如 1.6 Gb/s)到高速率(如 10 Gb/s)的转换,不必更换光中继器。

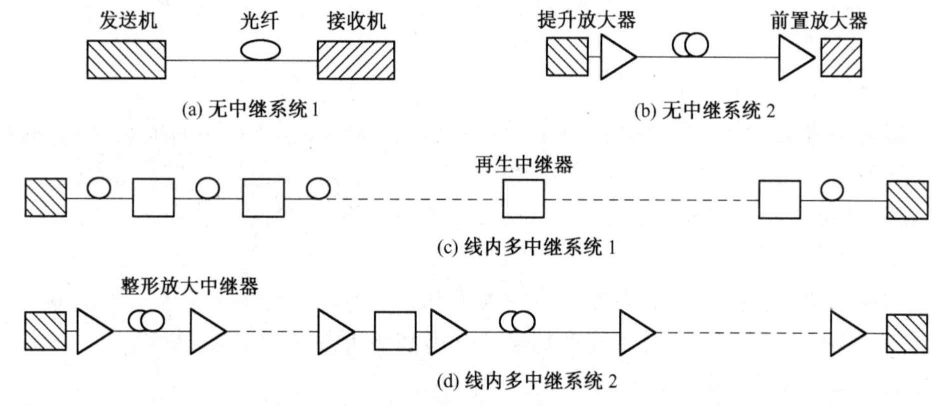

图 9-11 光放大器在干线光纤通信系统中的应用示意图

目前光纤通信中采用的光放大器主要有以下几类:① 半导体激光放大器(SLA);② 掺稀土光纤放大器,如掺铒光纤放大器(EDFA)等;③ 非线性光纤放大器,如光纤拉曼放大器等。下面分别介绍这几种放大器[68]。

1. 半导体光放大器

半导体激光器在不同的应用条件和不同的端面反射率情况下，可以得到不同类型的半导体光放大器。若半导体激光器的驱动电流低于其阈值，即未产生激光，这时向其一端输入光信号，只要这个光信号的频率处于激光器的频谱中心附近，它便被放大而从另一端输出，这种半导体光放大器称为法布里–珀罗型激光放大器（FP-SLA）。若将激光器偏置在阈值以上，从一端输入的微弱单模光信号，此光信号的频率只要处于这个多模激光器的频谱内，光信号就会得到放大，并锁定到某一模式上，这种光放大器称为注入锁定型放大器（IL-SLA）。若将半导体激光器的两个端镜面涂覆或蒸镀一层防反射膜，使其反射率很小（$<10^{-4}$），无法形成法布里–珀罗谐振腔，这时光信号通过有源波导层时，将边行进边放大，因此这种光放大器称为行波型光放大器（TW-SLA），其基本结构示意图如图 9-12 所示。因为行波型光放大器的带宽比法布里–珀罗型放大器大三个数量级，其 3 dB 带宽可达 10 THz，因此可放大多种频率的光信号，所以是很有前途的一种光放大器。

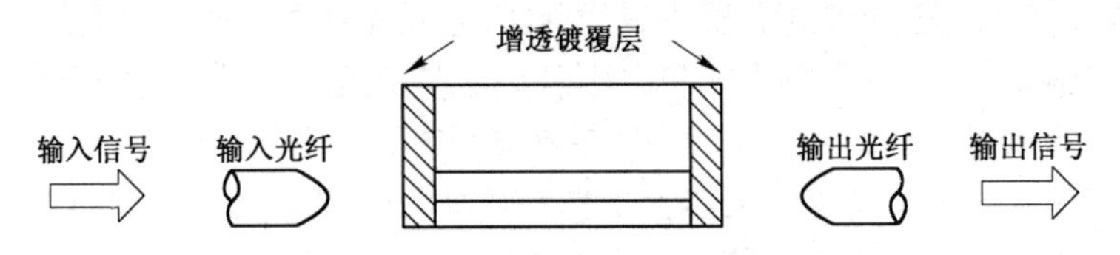

图 9-12　TW-SLA 的基本结构示意图

下面以行波型光放大器为例讨论其性能。用于光纤通信的光放大器应具有宽的增益带宽，足够的小信号增益，对偏振不灵敏的信号增益，高的饱和输出功率，低的噪声等性能。

（1）增益带宽

尽可能宽的增益带宽对发挥光纤的大容量通信是必要的，可使多信道光信号得到同时放大。这对于波分复用技术（WDM）和用户网十分重要，同时宽的增益带宽还能容许放大器有较大的温度变化范围。理想的行波放大器的增益带宽可达 70 nm，目前已达 40 nm 以上。

（2）小信号增益

根据放大器有源介质具有大的增益系数，一般可得到 25～30 dB 的内增益，但由于放大器与光纤之间的耦合损耗大，致使线性净增益（光纤–光纤增益）减小（–20 dB），这是行波放大器存在的一个大问题。

（3）光信号增益对其偏振的灵敏度

由于放大器两端面存在着残余反射率，使得偏振膜 TE 模和 TM 模的增益不同，而且这种增益差别随工作电流的增大而增大，从而导致增益起伏，使放大器的有效带宽减小。为使其对偏振不敏感，可将两个行波放大器串联或并联，使 TE 和 TM 两模的增益相等。

（4）饱和输出功率

过高的输入功率会引起光放大器产生增益饱和，使得光放大器的输出功率随输入功率的增大而下降。饱和输出功率定义为输出功率从其饱和值下降 3 dB 时的功率。

（5）放大器的噪声性能

放大器噪声用噪声指数来表征，它定义为输入的信号噪声比与输出的信号噪声比之比。放大器的噪声主要包括自发辐射噪声、信号的散弹噪声、自发辐射之间的拍频噪声，以及信号与自发辐射之间的拍频噪声。但就相对噪声功率而言，拍频噪声占主要地位。一般情况下噪声指数为 8 dB，最好的结果噪声指数为 4 dB。

由以上介绍可知:行波半导体光放大器具有体积小、结构简单、易于同其他光器件和电路集成,适合批量生产、成本低,增益高、功耗低、寿命长等优点。尤其是它适于光集成和光电集成,这是光纤放大器所不具备的。但是这种器件与光纤耦合时损耗很大,一般大于 5 dB;而且器件的增益与光的偏振态、工作温度等明显相关,因此工作稳定性差;器件的噪声较大、功率较小、增益恢复时间为皮秒量级,这对高速传输的光信号将产生不利影响。半导体光放大器主要用于全光波长变换、光交换、谱反转、时钟提取、解复用等方面,它覆盖了 1300~1600 nm 波段,既可用于 1300 nm 窗口的光放大,又可用于 1550 nm 窗口的光放大[69]。

2. 掺铒光纤放大器

掺杂(如 Er^{3+})光纤放大器的结构示意图如图 9-13 所示。它由三部分组成:一是长度为几米到几十米的掺杂光纤,这些杂质主要是稀土离子,如铒(Er^{3+})、钕(Nb^{3+})、镨(Pr^{3+})等,以构成激光激活物质。石英光纤掺铒的光放大器主要用于 1.55 μm 信号的光放大,而氟化物光纤(ZBLAN 玻璃)掺镨主要用于 1.3 μm 信号的光放大;二是激光泵浦源,提供适当波长的能量去激励掺入的稀土离子,以获得光的放大。三是耦合器,以便使泵浦光、信号光耦合进掺杂的光纤激活物质中。

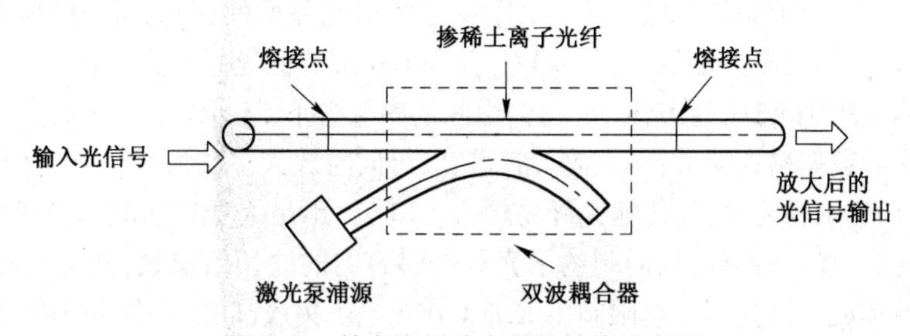

图 9-13 掺杂光纤放大器的结构示意图

光纤放大器的工作原理与固体激光器的工作原理非常相似,在激光激活物质内造成粒子数反转分布状态,并产生受激辐射。为了造成稳定的粒子数反转分布状态,参与光跃迁的能级应超过两个,一般是三能级和四能级系统,同时有泵浦源不断地提供能量。为了有效地提供能量,泵浦光子的波长应短于激光光子的波长,即泵浦光子的能量要大于激光光子的能量。此外谐振腔形成正反馈,这样一来就可形成激光放大器。

石英光纤掺入稀土元素(如 Nd、Er 等)后可构成多能级的激光系统,在泵浦光的作用下使输入的信号光得到放大。早在 1963 年就报道了第一个掺 Nd 的光纤放大器,工作波长为 1.06 μm和 1.33 μm。但 1.06 μm 不是光纤通信窗口,1.33 μm 也不是零色散波长,不利于高速长距离传输,因此又发展了工作在 1.55 μm 的掺铒光纤放大器(EDFA)。

一个 EDFA 的完整结构应包括如下几部分:

① 铒石英光纤作为有源介质;

② 高功率泵浦光源;

③ 光纤耦合器,用于信号光与泵浦光的合路;

④ 偏振不灵敏光隔离器,用于消除反射抑制振荡;

⑤ 窄带光滤波器,用以降低自发辐射噪声。

铒光纤及泵浦源是 EDFA 的关键和研究重点。根据泵浦光和信号光传播方向的相对关系,EDFA 的结构又可分为同向泵浦、反向泵浦和双向泵浦。即信号光与泵浦光在光纤内的传播方向:如果是在同一方向,则称为同向泵浦;如果是在相反方向,则称为反向泵浦;当分别在两个方向时,被称为双向泵浦。EDFA 的结构示意图如图 9-14 所示。

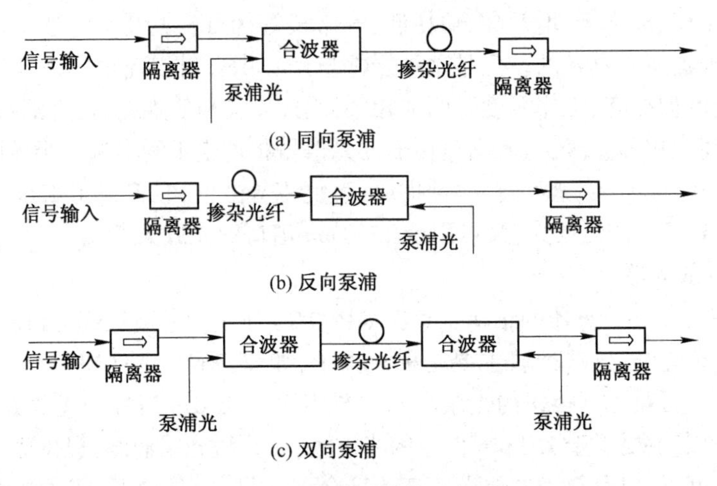

图 9-14　EDFA 结构示意图

掺铒光纤放大器具有以下特点:(1) 工作在光纤损耗最低的窗口,即 1530~1565 nm 波段;(2) 增益高,在较宽的波段内提供平坦的增益,是 WDM 理想的光纤放大器;(3) 噪声系数低,接近量子极限。当应用于 WDM 系统时,使各信道间的串扰极小,且可级联多个放大器;(4) 放大特性与系统比特率和数据格式无关;(5) 放大频带宽,可同时放大多路波长信号;(6) 输出功率大,对偏振不敏感;(7) 结构简单,与传输光纤易耦合。EDFA 不足之处在于其增益带宽仅覆盖石英单模光纤低损耗窗口的一部分,从而制约了光纤能够容纳的波长信道数;其泵浦源寿命不长,它不能与其他器件集成。这些不足也限制了 EDFA 在光电子集成(OEIC)中的应用。

掺铒光纤放大器主要用于 DWDM 系统、接入网、光纤有限电视网、车用系统(雷达多路数据复用、制导、数据传输等)、光孤子通信系统等领域。EDFA 用于发射端时,可作为功率放大器,以提高发射机的功率;EDFA 用于光纤传输线路中时,可作为全光中继放大器,以补偿光纤传输损耗,延长传输距离;EDFA 用于光接收端时,可作为前置放大器,以提高光接收机的灵敏度;EDFA 在光纤有限电视网和光纤用户接入网中也用作光功率补偿器,以补偿分配器和传输链路造成的光损耗,从而提高用户的数量,降低用户网和有限电视网系统的建设成本。目前,掺铒光纤放大器因其优越的性能已成为最主要并广泛应用的光放大器[70]。

3. 非线性光纤放大器

非线性光纤放大器和铒光纤放大器都属于光纤放大器,但前者是利用了石英光纤的非线性效应,后者则是利用掺铒离子的石英光纤作用于有源介质。普通石英光纤在合适波长的强泵浦光作用下会产生强烈的非线性效应,如受激拉曼散射(SRS)、受激布里渊散射(SBS)和四波混频等效应,当信号光沿着光纤与泵浦光一起传输时就能把信号光放大(见图 9-15),从而构成光纤拉曼放大器(FRA)、布里渊放大器(FBA)和参量放大器,它们都是分布式光纤放大器。

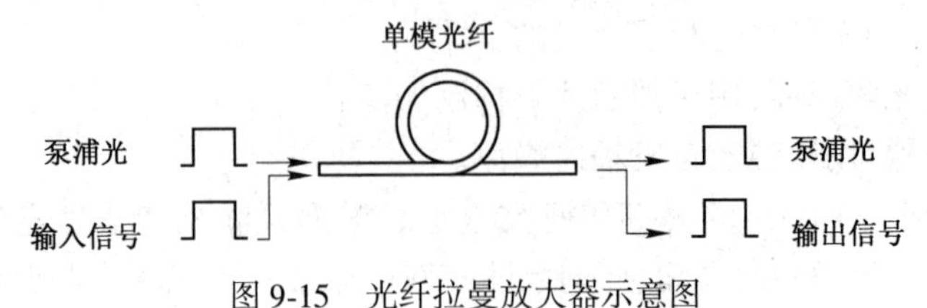

图 9-15　光纤拉曼放大器示意图

FRA 的增益波长由泵浦光波长决定,它可为任何波长提供增益,这使得 FRA 可以在EDFA不能放大的波段实现放大,并可在 1292~1660nm 波段的光谱范围内进行光放大。使用多个泵浦源还可得到比 EDFA 宽得多的增益带宽,这对于开发光纤的整个低损耗区(波长为 1270~1670nm)具有无可替代的作用。FRA 具有带宽宽、增益高、噪声低、串扰小、温度稳定性好等特点,它与普通 EDFA 混合使用时,可大大降低系统的噪声系数,增加传输距离;FRA 的增益介质为光纤,与光纤系统有良好的兼容性,可制成分立式或分布式放大器,实现长距离无中继传输和远程泵浦的功能,尤其适合于海底光缆通信等不方便设立中继器的场合;由于放大是沿着光纤分布作用而不是集中作用,所以输入光纤的光功率大为减小,从而使非线性效应尤其是四波混频效应大大减弱,因此适用于大容量 DWDM 系统。FRA 不足之处在于需要特大功率的泵浦激光器,为了得到宽增益带宽需要多个泵浦激光器。另外,光子晶体光纤是 FRA 很好的增益介质,研究表明:设计小模场有效面积、大负色散系数的光子晶体光纤,可使基于光子晶体光纤的 FRA 具有低损耗系数、高有效喇曼增益系数。

(1) 光纤喇曼放大器(FRA)

FRA 主要用作前置放大器,用于 40 Gb/s 的高速光网中,以及海底光缆通信系统。FRA 的发展方向是:宽频谱、大功率输出;将 FRA 与局部平坦的 EDFA 串联使用,可获得带宽高于 100 nm 的超宽带增益平坦放大器;采用双向拉曼泵浦,可使传输距离扩大 2 倍,达到 1 千千米以上;采用波长为 1420 nm 和 1450 nm 两个泵浦源的 FRA 可得到很宽的带宽(1480~1620 nm)[71]。

(2) 光纤参量放大器(FOPA)

FOPA 是利用介质的三阶非线性光学效应,即四波混频来实现信号的放大的,需要满足一定的相位匹配条件。理论分析表明:泵浦光功率、光纤的非线性系数和长度、信号光与泵浦光之间的色散是影响 FOPA 增益和带宽的主要因素。利用高非线性系数的光子晶体光纤制作 FOPA,可大大减小光纤长度,同时可任意选择其泵浦光波长,经合理地优化设计,使 FOPA 的性能大大改善,可实现色散控制,得到超宽波长范围内可调的零色散波长、近零超平坦色散和色散斜率,获得高增益、宽带宽等性能。

对 FOPA 的应用研究已有不少报道,大致有:FOPA 用于波分复用系统的光放大、分布式 FOPA 用于在线光放大、FOPA 用于波长转换、FOPA 用于脉冲产生和光时分复用中的解复用、FOPA 使信号光频谱反转用于色散补偿、FOPA 用于光信号的色散监控等。

(3) 基于光子晶体光纤的光纤放大器

光子晶体光纤同样可作为很好的增益介质用于制作光纤放大器。基于掺铒 K_9 玻璃的 PCF,设计了一种掺铒、大模式面积、单模光子晶体光纤放大器,使其放大倍数得以大大提高。利用掺铒共掺双包层 PCF 和合适的种子光、泵浦光,还研究了铒镱共掺 PCF 放大器。将单颗粒稀土搀杂的量子点注入到光子晶体光纤中,形成优质的光纤增益介质,也设计了一种新型的量子点注入光纤放大器。

通过以上的介绍不难看出,半导体光放大器(SLA)由于体积小、结构简单、成本低、易于集成等优点而发展很快,在技术上已比较成熟。但迄今为止,它的性能与 EDFA 相比仍有较大差距。EDFA 由于其工作波长恰好与光纤通信的最佳窗口相吻合,且其技术开发和商品化最成熟,已成为目前最令人满意的光放大器。FRA 由于采用分布式放大,它可以补偿传输光纤和色散补偿器件带来的损耗,同时可以避免非线性效应。FRA 能在 EDFA 不能放大的波段实现放大,即能在全波长范围内放大光信号,特别适用于超长距离传输和海底光缆通信等不方便设立中继器的场合,因而备受欢迎,它已成为研发的热点。随着瓦级的泵浦激光器的小型化、商用化，FRA 将逐步走向实用化，成为继 EDFA 之后的又一颗璀璨明珠。而基于光子晶体光纤的光纤放大器的研究，将开辟高性能光放大器的新天地。总之，所有光放大器的共同发展方向是高增益、大输出功率、低噪声系数。

9.2 激光全息三维显示

信息在产生、传输、处理、存储、读取之后，要通过各种方式显示出来，让人们能够了解信息的内容。电视机、监视器、打印机、印刷机、大屏幕显示等都是显示图像信息的重要手段。进入20 世纪 90 年代以来，由于激光技术、光束成型技术、扫描技术、数据调制技术的高速发展，使各种激光显示成为现实。目前投入应用的激光显示主要可分为激光全息三维显示[72]、激光视频投影显示、激光光束图文扫描显示等几种。其中，激光全息三维显示技术因其具有立体感强、可分性、可重叠、易于复制等显著优点备受欢迎。市场上的许多商标和防伪标记采用的就是激光全息技术。有人甚至将全息图做在玩具上，做在各种各样的包装材料上面，从而提高了消费品的文化层次。美国福特汽车公司利用数字全息技术将新设计的汽车模型立体地显示在空间，引起了人们的广泛兴趣。

为了理解激光全息三维显示技术，本节先从全息术的基本知识讲起，然后再介绍它的分类、特点、应用及发展前景等。

9.2.1 全息术的历史回顾

1947 年英国物理学家丹尼斯·盖伯(Dennis Gabor)首先提出“波前重建”的构想，从而为全息术的诞生奠定了理论基础。1971 年，瑞典诺贝尔奖委员会为了表彰盖伯对全息术的发明和发展所作出的开创性贡献，授予他该年度诺贝尔物理学奖[73]。

全息术从提出至今只有短短的几十年，但其技术上的进步是飞快的。人类社会生活的需要，相关高新技术的发展，推动了全息术的不断发展，至今已经历三个阶段[74~77]。从盖伯最早提出全息术的思想之后的十多年，这个时期是全息术的萌芽阶段。这一阶段的全息术主要是理论研究和少量的实验。全息术发展的第二阶段是在 1960 年激光出现以后。1963 年，美国密执安大学的利思(N. Leith)和乌帕特尼克斯(J. Upatnicks)提出的离轴全息术，使全息术在沉睡了十几年之后得到了新生。全息技术也在立体成像、干涉计量检测、信息存储等应用领域中获得广泛的应用。但当时全息术的不足之处是只能在激光照射下显示物体的三维影像。20世纪 80 年代以后延续至今是全息术发展的第三阶段。科学家们致力于研究用激光记录，而用白光再现的全息图，如反射全息、像全息、彩虹全息、模压全息及合成全息等。应用白光再现的全息术已经走出了实验室，可在白昼自然环境中，或者在一般白光照明下观看到物体的三维影像，使得激光全息显示技术得以迅速发展。

全息术的产生与发展还带动了光学信息处理技术的发展及其潜在应用，其意义已不局限于狭义的光学成像技术。

9.2.2 激光全息术的基本原理和分类

全息术，又称全息照相术，顾名思义就是记录了被摄物体的全部信息。它不仅能像普通照相机那样记录物体的散射光强，还能记录散射光的相位，正因为如此才能再现原物的立体图像。

以下结合图 9-16 简要地说明全息照相的拍摄和再现原理[78]。

为了记录物体光波的相位,全息图的拍摄需要基于光波的干涉原理。全息图的拍摄光路如图 9-16(a)所示,激光器发出的光束由分光镜一分为二,其中一束直接照射在记录介质上,称为参考光束;另一束照到被摄物体上,由物体散射的光射到记录介质上,称为物光束。扩束镜将激光束扩大以便照明整个物体和记录介质,并且尽可能使物光束与参考光照射到全息底片上产生干涉的光强度相当。物光束与参考光干涉后形成密密麻麻的干涉条纹,这些条纹的密度和位置反映物体的各部分散射光的相位变化,条纹的明暗对比度(即反差)则与散射光的强度对应。这样就可将物体的全部信息记录下来,得到一张全息图。

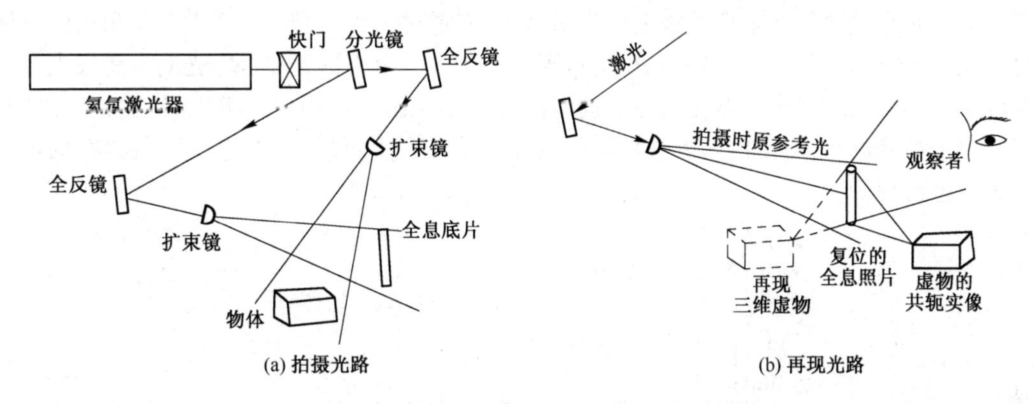

图 9-16　全息照相的拍摄和再现原理示意图

全息图的再现基于光波的衍射原理。全息底片上的记录条纹是一组无规则的衍射光栅。利用图 9-16(b)所示的光路进行再现,用与拍摄时完全相同的激光作照明光,照到全息图上发生衍射,产生一列沿照明方向传播的零级衍射光波和两列(±1 级)衍射光波。其中一列衍射光波与位于原物体位置的实际物体发出的光波完全相同,当这个光波被人眼接收时, 就等于看到了原物体的再现虚像。另一列衍射光波再现了原物体的共轭实像, 它位于观察者的同侧。如果在这个共轭实像的位置放一接收屏, 则满足一定的光路条件时可在屏上直接得到一个实像。

关于光全息术数理模型的描述有许多专著,这里从略。

人们研究了全息图的多种拍摄和再现方法,形成了多种全息图,对它的分类有以下六种情况[77]。

(1) 按照记录介质的膜厚分类,有平面全息图和体积全息图两类;

(2) 按照投射率函数的特点分类,有振幅型和相位型两类,而相位型又可分为表面浮雕型和折射率型两类;

(3) 按照记录的物光波特点,可分为菲涅耳全息图、夫琅禾费全息图和傅里叶变换全息图三类;

(4) 按照再现时对照明光的要求,可分为激光再现和白光再现两类,本书将重点介绍这两类;

(5) 按照再现时观察者和光源的相对位置,可分为透射型和反射型两类;

(6) 按照显示的再现像特征,有像面全息、彩虹全息、360°全息、真彩色全息等。

以上六种分类实际上又是相互渗透的。例如,第三种分类中的全息图都属于第一种分类中的平面全息图;而第六种分类中所列的都属于第四种分类中的白光再现全息图,同时又是体全息,它们既可制成透射型的,也可制成反射型的。

9.2.3 白光再现的全息三维显示

图 9-16 所示的全息照片需要用激光再现,这就大大地限制了它的应用。作为一种高技术,需要走出实验室,才能为人们所接受,即需要用白光再现。下面重点介绍几种典型的白光再现全息图及其基本特点[79]。

1. 白光反射全息图

白光反射全息图是一种较为简单的白光再现全息图,其记录和再现光路如图 9-17 所示。扩束后的激光直接照射至全息干板上作为参考光,其透过干板的光照明紧靠于干板后的物体,由物体反射的光构成物光,与参考光在全息干板上干涉。由于物光和参考光的夹角很大,因此产生的干涉条纹间距很小。曝光后经处理得到反射全息图。当用白光再现时,这种全息图相当于一个干涉滤波片,它使白光中满足再现条件的波长产生再现像,即它对波长具有选择性,仅形成单色再现像。

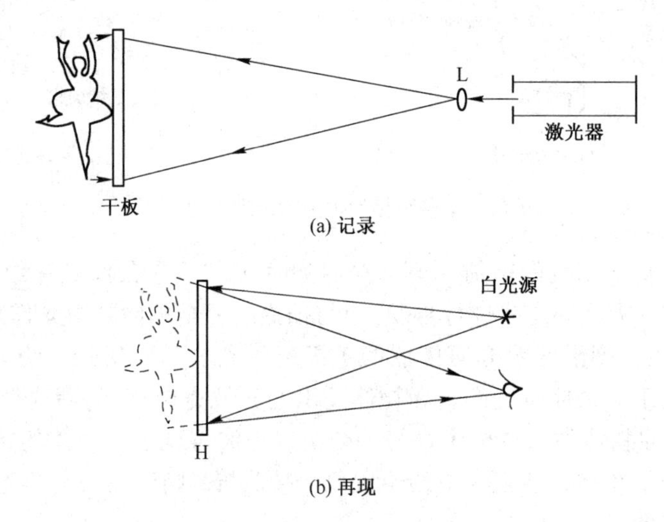

图 9-17　白光反射全息图示意图

值得指出的是,物光和参考光在干板两侧,记录介质具有一定的厚度才能构成体全息,以便于提高其衍射效率。白光反射全息图不宜拍摄景深较大的目标,因而物体的大小要选择合适,且尽量紧靠全息干板放置,否则再现像会出现较大的像差。白光反射全息图已应用于百货公司、画廊的装饰和商标上。

2. 像面全息图

像面全息图需要利用透镜,记录的是物体的几何像。把激光照明的成像光束作为物光波,全息干板放在物体几何像的位置,再引入参考光进行干涉,完成全息图的记录(见图 9-18(a))。其特点在于记录全息图时,物距几乎为零。这个记录条件降低了对再现光源单色性的要求,即可用非单色光波再现全息图,产生的各波长再现像都位于全息图附近,但其像模糊和色模糊很小,不易观察出来,因此像面全息可用白光再现(见图 9-18(b))。

3. 彩虹全息图

彩虹全息图因再现像存在彩虹般的色彩而得名,其记录和再现原理是二步彩虹全息图,后来又发展了一步彩虹全息术,以及条形散斑屏法、零光程差法、像散彩虹等技术。这里仅简要介绍二步彩虹全息的基本原理,见图 9-19。

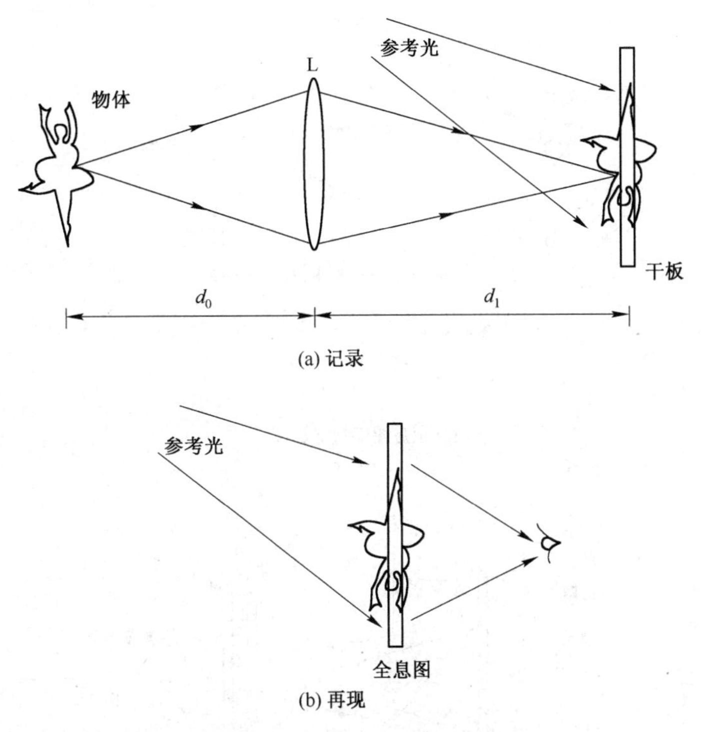

图 9-18　像面全息图的记录与重现

彩虹全息与像全息相似,所不同的是拍摄光路中的适当位置引入了一个狭缝,如图 9-19(b)所示。用白光再现时,不同波长的狭缝像因色散而分开,排列在垂直于狭缝长轴的方向上,如图 9-19(c)所示。第一步是制作一张菲涅耳全息图作为母版(见图 9-19(a));第二步用物光波的共轭光再现该全息母版,产生的(赝)实像作为物光波,在全息母版后放置一个狭缝,全息干板置于实像前,在全息干板上得到的物光仅是从狭缝中透过的光波。参考光采用会聚波,这样再现时可方便地采用发散白光源。经曝光处理后的全息图就是彩虹全息图。

用白光再现彩虹全息图(见图 9-19(c))时,当眼睛在狭缝的某一波长像位置时,便能看到此波长的物体再现像。当眼睛依次从上向下移动时,可依次看到再现像的颜色呈现出红、橙、黄、绿、青、蓝、紫的色彩。

彩虹全息的优点是视场大、立体感强。但是,在拍摄彩虹全息图时,物光受到狭缝短轴方向的限制,其再现像也将部分地失去原物体垂直轴方向上的立体感,只保留其水平方向上的立体感。另外,二步彩虹全息的二步记录、曝光过程较为复杂,同时两次曝光会带进较大散斑噪音。

4. 真彩色全息

前面介绍的彩虹全息实际上是一种假彩色全息,再现时呈现的彩色与原物的颜色无关,仅与再现时照明光的波长带宽有关。为了能反映物体的本来面貌(也包括颜色信息),对真彩色全息术的研究引起了人们的重视。目前真彩色全息图的制作方法已有多种,如白光反射型真彩色全息、夹层真彩色全息、假彩色编码的真彩色全息等,但是这些方法均还处于研究阶段,应用推广还有一定的困难。

5. 合成全息

实际上大多数合成全息是白光再现全息,它在艺术领域和医学军事等方面已有广泛应用。

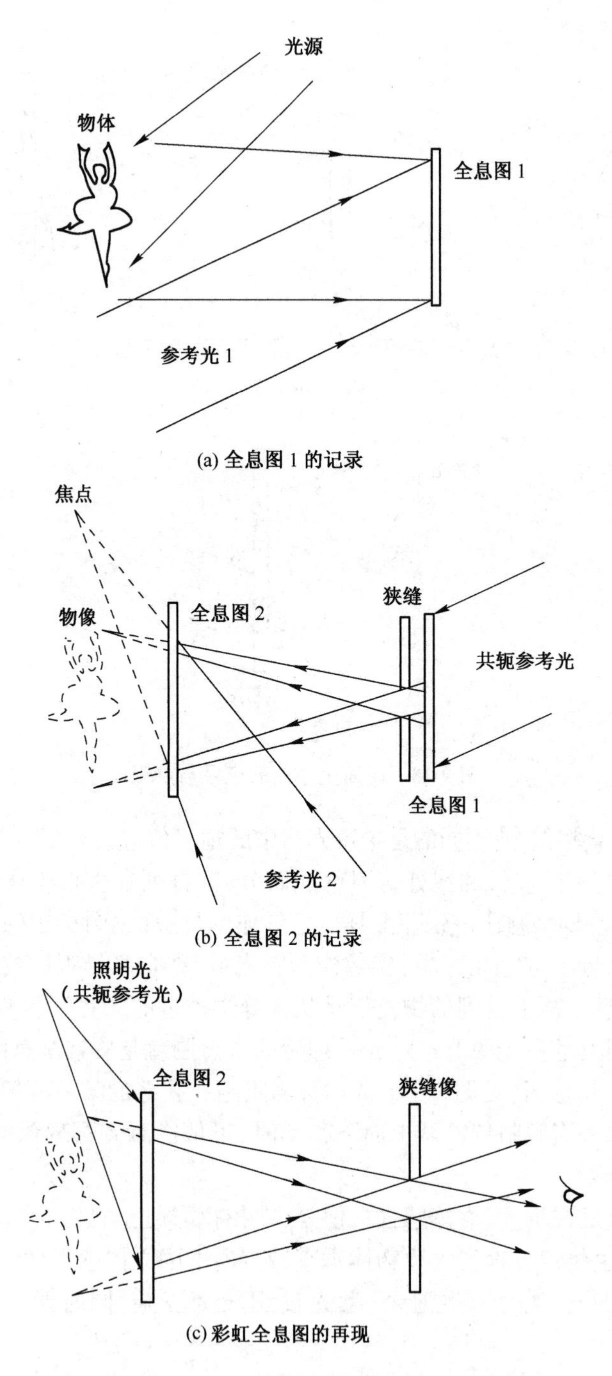

图 9-19　二步彩虹全息的基本原理

这里简要介绍 360°合成彩虹全息术。与前面已经介绍的全息图不同,360°全息可以显示出物体 360°的像,其三维立体感更强。

360°全息的记录分为两步。第一步是将被拍摄的物体置于可绕中心轴旋转的平台上,用普通白光照明。当平台转动时,用电影摄影机对物体连续摄影(见图 9-20(a))。也可用普通照相机拍摄,每转过一定角度拍摄一张底片。第二步是合成过程,利用彩虹全息光路,且在光路中插入一狭缝(见图 9-20(b)),用全息软片记录。将每一张底片的物信息记录成条形线全息图，连续的底片信息被连续的线全息图记录下来。再现时，将全息图软片卷成圆柱形，成为一个 360°全息图，将它置于可转动平台上，并用一个发散的白光照明。观察者能见到一个连续动作的立体像（见图 9-20（c）），像的颜色和彩虹全息的像相同，像的垂直方向视差也与彩虹全息再现像一样受到限制。

360°全息的最大特点是白光拍片、激光合成，因而可制成动态的、大场景的全息图。

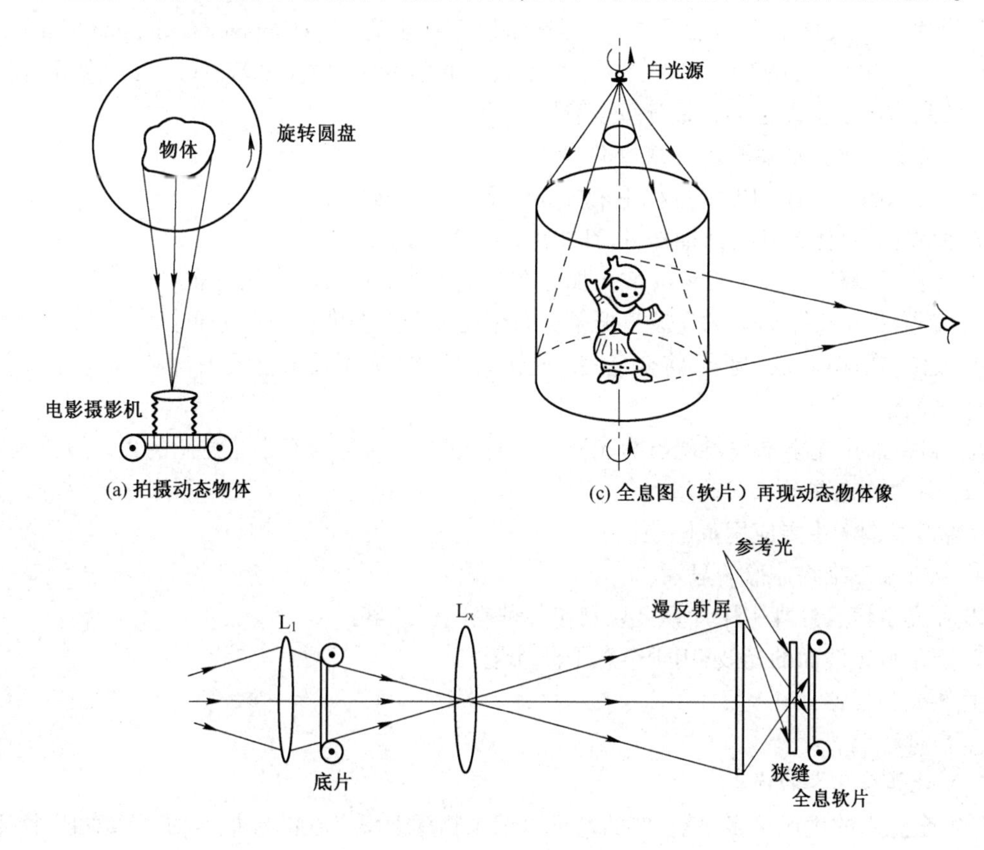

图 9-20　360°合成彩虹全息术的基本原理

6. 模压全息

模压全息技术是近年来新发展的一种技术，它把全息照相术和电镀、压印等技术结合起来，使全息技术冲破实验室的束缚，大摇大摆地走进了商品市场。目前所见的模压全息图大多数采用彩虹全息光路制作模压母版。根据模压工艺的要求，模压母版需要制成浮雕型。通常采用光刻胶版材料制作全息母版，然后对全息母版进行处理，以电镀、电化学方法制作金属模压版，最后以这个金属模压版去压印涤纶薄膜，得到大量的与原全息母版一样的高衍射效率的模压全息图。

由于模压全息能实现批量生产、价格低廉，因此很快应用于普通百姓手中的商品，其普及程度是专家学者们所始料不及的，有人把这种技术称为“21 世纪的印刷术”。我国自 1987 年从国外引进第一条生产线以来，已相继建立了几十条生产线，其中大多数采用的是国产设备、国产原材料，从而使成本大大降低。目前我国生产的模压全息制品数量和品种已很可观，高质量的产品已越来越多，有的已经打入国际市场。

9.2.4 计算全息图

以上介绍的全息图均是用光学方法产生的。对于实际不存在的物体,当知道物体光波的数学描述时,也可以利用电子计算机模拟仿真物光波和参考光波的干涉图样,并通过计算机控制绘图仪或其他记录装置(如阴极射线管、电子束扫描器等),将模拟的干涉图样绘制和复制在透明胶片上。这种计算机合成的全息图称为计算全息图(Computer-Generated Hologram, CGH)[80,81]。1965年,在美国IBM公司工作的德国光学专家罗曼(A. W. Lohmann)使用计算机和绘图仪制作出了世界上第一幅计算全息图。

(1) 计算全息图的制作和再现步骤

计算全息图的制作和再现过程主要分为以下几个步骤:

① 抽样:对物体或其波面抽样,得到在离散样点上的值;

② 计算:计算物光波和参考光波叠加后在全息平面上形成的光场分布;

③ 编码:把全息平面上的光波复振幅分布编码成全息图的透射率分布;

④ 成图:在计算机控制下,将全息图的透射率变化在成图设备上成图,再经光学缩版得到实用的全息图;

⑤ 再现:需用光学方法再现出物光波,这一步骤在本质上与光学全息图的再现没有区别。

(2) 计算全息图的应用范围

计算全息图的主要应用范围是:

① 二维和三维物体像的显示;

② 在光学信息处理中用计算全息制作各种空间滤波器;

③ 产生特定波面的光波,用于全息干涉计量;

④ 激光扫描器;

⑤ 数据存储。

(3) 计算全息术的优点

计算全息术的优点很多,最主要的是可以记录物理上不存在的虚拟实物,只要知道物体的数学表达式就可用计算全息图记录下这个物体的光波,并再现该物体的像。这个特点非常适宜于信息处理中空间滤波的合成、干涉计量中特殊参考波面的产生及三维虚构物体的显示等。而且,它的三维像再现是现有技术所能得到的唯一的三维虚构像,因而具有重要的科学意义。

9.2.5 数字全息术

数字全息的思想早在1967年就由J.W.Goodman和R.W.Lawrence提出来了,当时由于没有高分辨率的数字光敏器件和高性能的计算机,它在很长一段时间内没有什么发展。直到20世纪90年代,高分辨率电荷耦合器(CCD)的出现和计算机技术的进步,才促使数字全息的研究得以开展。

数字全息术的基本原理是用光敏电子成像器件(如CCD)代替传统光学全息中的记录材料(干版或软片)实现全息图的记录,并用计算机模拟光学衍射过程来实现所记录波前的再现,从而使全息信息的记录、存储、处理和再现真正实现数字化。

(1) 数字全息图的制作和再现

数字全息与光学全息的成像过程一样,包括物体的波前记录和再现,其具体步骤如下。

① 抽样:物光波与参考光波在CCD上表面发生干涉,干涉图案的光强被CCD记录并抽样;

② 量化：由数据采集卡采集抽样数据并进行模/数转换和量化，得到离散的数据信息；

③ 量化数据的获取与处理：由计算机获取离散的数据信息，进行噪声抑制、干扰项消除、对比度增强等预处理；

④ 数字全息图的形成：由计算机的内存储器保存预处理后的数据，形成数字化的全息图（Digital hologram）；

⑤ 再现：由计算机模拟光学全息的再现过程，即通过计算机的数值计算，获得再现像光波场的复振幅分布、强度分布和相位分布，进行相关的后处理之后，在显示器上将强度和相位信息显示出来，从而获得物体的再现像。

图 9-21 形象地描述了数字全息图的制作、传输与再现。

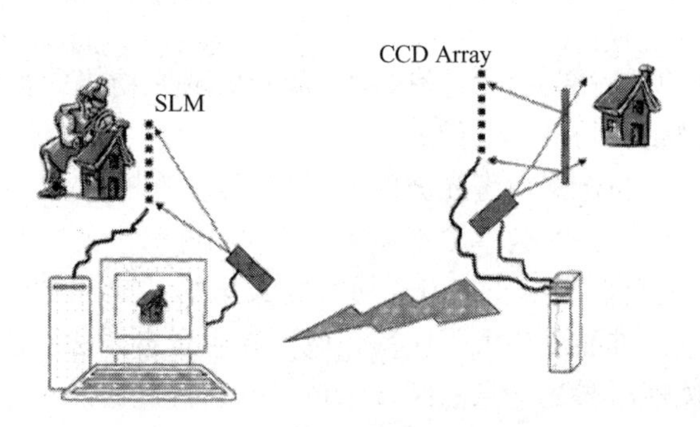

图 9-21　数字全息图的制作、传输和再现

(2) 数字全息图的特点

现代数字计算机的超大数据运算能力使得各种复杂的数字图像处理变得方便快捷，而现代微电子技术所产生的新型数码感光元器件（CCD，CMOS）及数码空间光调制器（LCD，DMD）给海量图像信息的采集与编码、存储与显示提供了可靠的软硬件支持。数字全息术正是全息技术与计算机技术、电子技术相结合的产物和必然的发展趋势，正如从磁带到 CD 光盘、胶片电影到 DVD 一样，它已成为全息术的一种新型成像技术。它的特点如下。

① 采用 CCD 代替全息干版，直接记录物光波与参考光波的干涉图案光强，CCD 记录的曝光时间很短，可实时记录运动物体的瞬间状态，可降低对系统稳定性的要求。

② 用计算机将数字化的全息图存入内存储器，实现物体三维信息的数字化存储和传送，避免了一系列复杂的物理、化学处理过程，降低了制作全息图的成本和复杂性。

③ 可直接在计算机上实现数字全息图的再现，省掉了传统光学全息的复杂再现过程，加快了全息图的再现时间。

④ 可同时再现物体的强度分布和相位分布，使全息再现像更加便于观察和后续研究（如多种参量的测量，特别是物体三维形貌的定量测量）。

⑤ 在数字全息图的数字处理和数字再现过程中，可直接利用成熟的数字图像处理技术消除像差、噪声及记录过程中 CCD 等非线性对再现像的影响，并可实现自动化的测量和分析。

总之，数字全息术集中了光学全息和计算全息的优点，实现了其他成像技术所不具有的许多优点，如准实时的三维成像，全息图和再现像的数字处理灵活性与方便性，成像的高灵敏性、高准确性、高分辨率，像差矫正的有效性等。特别是同轴数字全息能够对微小物体的三维形貌进行测量，目前达到的水平是：横向分辨率小于 1 μm，纵向分辨率为 nm 量级。

数字全息术的研究已经有近 40 年的发展历史，它已成为现代成像技术中的一个研究热点。数字全息术在三维显示、图像加密、微小形变与缺陷的显微探测、透明场测量、运动物体状态的记录和测量等诸多领域的应用正在开发,以充分发挥其特点和优势。

9.2.6 全息三维显示的优点

在目前的技术条件下,尽管制作全息照片比普通照片要复杂得多,但由于全息三维显示的独特优点、应用潜力等,因此受到了人们的普遍重视。

激光全息三维显示的主要优点如下[78]。

(1) 由于全息照相记录了物体光波的全部信息,其再现的物像就和原来的物体一模一样,是一个十分逼真的立体像,这种立体像还具有以偏振片方法产生的立体像所没有的优点,具有视觉遮挡效应。

(2) 激光全息照片的每一部分,无论有多小,都能再现原物体的整个图像,所以全息照片即使有缺损,仍能再现被拍摄的全部景像。

(3) 同一张底片上,适当选择参考光波的入射角,可多次曝光记录多个物体的信息,再现时每个物像不受其他物像的干扰,被单独地显示出来。

(4) 存在几种白光再现全息图。利用普通日光或电灯光就可以看到全息照片的立体图像,这个特点使激光全息三维显示扩大了应用领域。利用全息方法已研制出彩色立体电视、彩色立体电影等,已初步体现出激光全息三维显示技术的独特优势。

9.2.7 全息三维显示的应用

激光全息和数字全息三维显示是光全息术应用的重要方面。每隔 3 年一次的国际性激光显示全息术交流会议,都吸引了来自世界各国的科学家、艺术家、大学研究人员和企业界人士,并有许多令人惊讶的全息图和应用成果展示。这些应用涉及到科学研究、工业、商业、文教艺术、军事、医学、财经等领域[82]。下面将分别对这些应用作简要介绍。

1. 全息三维显示用于科学研究

这方面的典型应用是在显微领域和海洋学考察等方面。

(1) 在显微领域的应用

普通的光学显微镜通常由透镜等光学元件组成,由于存在像差和衍射极限,使得光学显微镜的分辨率不能做得很高。全息照相在记录物体和再现物像时,不需要采用透镜,避免了像差的引入,其衍射极限也较小。此外,全息再现像的分辨率只与记录材料的分辨本领和尺寸有关,因而可以控制这两个因素以获得较大的分辨率。如果在全息图的拍摄和再现时采用不同波长的激光,还可以实现放大。例如,用电子束或 X 射线来拍摄全息照片,然后用波长较长的可见光束再现,可以获得很大的放大率。这些特点使得全息显微镜具有高分辨率、高成像质量的优势,已被用于透明或不透明的生物细胞、分子和医学器官等的三维放大、显示。

瑞士联邦理工学院 Christian D.Depeursinge 等人拍摄了在培养液中两个活体细胞的数字全息图,其再现像如图 9-22 所示,细胞的厚度为 40 nm。由于照射光的能量远小于传统聚焦显微镜或多光子显微镜,细胞可以存活几小时甚至几天,这样便于观察其长期变化。其数字全息图是并行显示,不是扫描结果,从而可进行快速实时观测,其分辨率为几百个纳米。

(2) 在海洋科学中的应用

用激光全息显示技术进行水下观察,比起用光学方法直接观察或以声呐那样的常规搜索和监视技术要优越得多。通常直接观察的距离近,常规声呐技术不能对目标进行精确的辨认

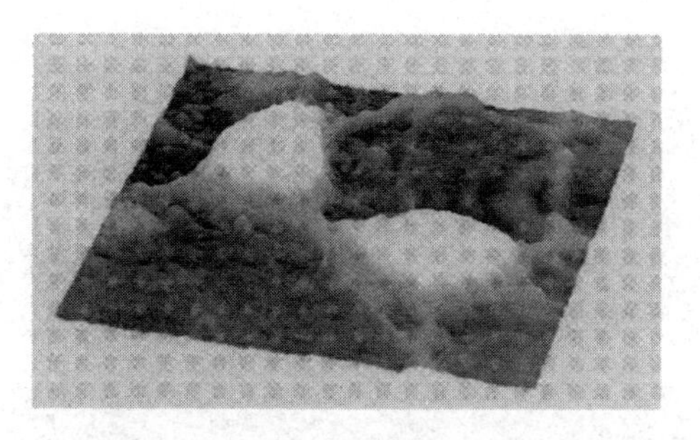

图 9-22　两个活体细胞的数字全息图再现

和分析；而激光全息三维显示技术却可以在较大的视野内获得水下物体的清晰像。对于探测海中沉没物体、海底地貌测绘、港岸码头水下建筑测量、海洋资源考察、救生工作，以及舰船导航和操纵潜艇在狭窄海峡内航行等，激光全息三维显示技术都是十分有价值的。

2. 全息三维显示应用于工业产品检测中

全息干涉测量是全息术的主要应用之一。将全息显示和干涉测量技术结合在一起，形成了全息干涉测量技术，也叫三维干涉测量技术，它特别适用于对各种材料的无损检测。在一般的干涉测量技术中，对于物体的形状和表面形态要求很高，且测量时，对光学元件的质量要求也很高。全息干涉测量则可用于形状复杂和表面粗糙的物体，对光学元件没有特殊要求。

若记录一个物体的全息图，将它精确地复位，并在参考光的照射下，通过全息底片看到物体与其再现像叠加在一起。如果物体在拍摄前后没有任何变化，人们便可看到物体的再现像与物体本身精确地叠加在一起。若物体发生了微小的形变，如受力变形或热膨胀，则可观察到原物光波和再现的物光波发生干涉，其干涉条纹叠加在物体上，干涉条纹的间距、方向等显示了物体的形变程度。这样，人们便可根据这些干涉条纹来测量物体的形变大小等参考量，且其测量精度可达到光波波长的数量级。利用这种方法可精确地测量物体形变，并可算出待测点的应变量。

上述激光全息干涉计量方法已广泛地应用在物体表面形变的检验、应力分析和疲劳检查、夹板蜂窝结构的检验，以及汽车轮胎的检查等方面。例如：用于精密电子产品外形加工质量的检验、对光学加工精度的检测、对光学元件内部折射率分布进行实时测量、力学测量（各种机床、设备的刚度特性和力学性能）、无损检测（金属部件内部缺陷、雷达天线等）、测量材料的耐高温性能、电子元件的发热检查、电子元件的焊接质量等。

另外，借助于全息图的三维显示特性，使激光全息干涉计量方法可以从不同的角度观察同一个复杂的物体，这对高速风洞实验室中流体力学的参量测量特别有用。全息干涉计量还可以在各个不同时刻对同一物体进行测量，因而能探测到物体在某一段时间内发生的任何微小的变化。采用激光脉冲全息技术还可以将物体的瞬时震动、形变记录下来。将激光实时全息干涉计量术应用于快速物理变化过程的检测和实验地震学基础研究，也获得了许多可喜的成果。

例如，南开大学翟宏琛等人利用数字全息术，对空气的等离子强度和相位差制作数字全息图，其再现像如图 9-23 所示，其中图（a）~图（c）分别显示了时间间隔为 300fs 时空气等离子强度和相位差的等高图，这些等高图便于快速探测、分析空气等离子的瞬态变化。

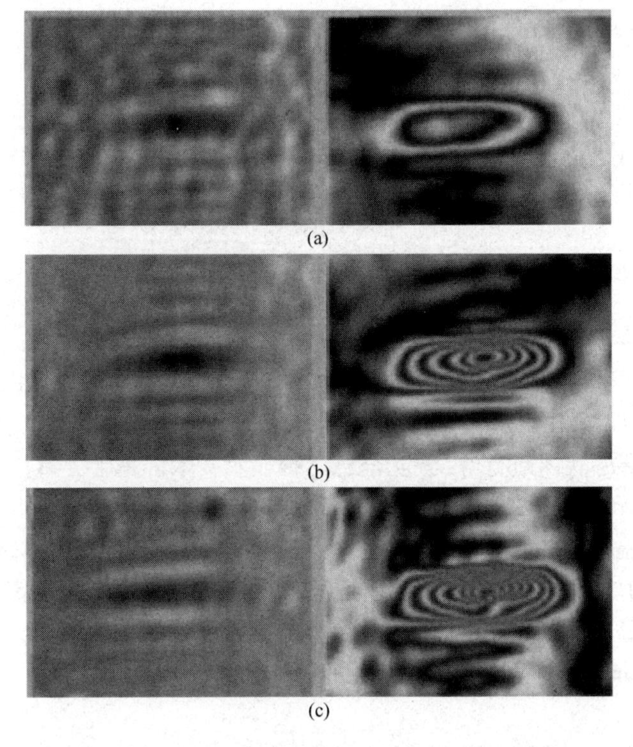

图 9-23　空气等离子强度和相位差的等高图再现像

3. 全息三维显示应用于商业领域

近年来,商业领域已广泛地应用激光全息三维显示技术。例如,用于制作立体广告、商品标签,以及各种专用标记等。激光全息图在商品展示上也显示出极大的优越性。例如,在美国、日本的一些商店橱窗里,摆放着用激光全息技术拍摄的商品模型,它们在灯光的照明下,显示出精美的三维立体图像,激发顾客观赏和购买的热情。另外,结合加密等技术,人们制作了各种高难度激光全息图像,生产出大量专用全息图或全息包装材料,它们除了起到装饰和美化商品、标识、印记等作用外,还能够起到防止伪造的作用,从而带来了巨大的社会效益和经济效益。

全息三维显示技术的应用使博览会变得生动、丰富而又简洁,人们不必将那些笨重、复杂的设备带入会场,只需制作它们的 360°全息图,通过全息图再现技术,它们的原物像便可立体、逼真地展示在人们面前。

4. 计算全息或数字全息三维显示应用于虚拟物品设计方面

随着数字计算机与计算技术的迅速发展,人们广泛地使用计算机去模拟、运算、处理各种过程,在计算机科学和光学相互促进与结合的发展进程中,计算全息三维显示技术也得到了广泛的应用。由于计算全息和数字全息可以将实际不存在的物体制成全息图,并再现这种虚构物体的三维像,因此受到极大的重视。例如,可以用这种方法显示以数学形式表示的物体的三维形象、研究所设计的建筑物造型等。这里举一个典型应用实例——激光全息三维显示汽车 CAD 模型。

1999 年 1 月,在北美国际汽车展览会上,用一个全色全息图演示了福特公司的 P2000 豪华型汽车的 CAD 模型[83],如图 9-24 所示。这个全息图是实际汽车大小的一半,全色、透明,参观者可从 360°的角度观察,甚至能看到里面的结构,检查氢燃料电池,还可以清晰地看到关键尺寸,犹如在普通蓝图上看到的那样。Zebra Imaging 公司根据福特公司提供的电子设计数据成功地制作了这个全息显示模型,它被当时到场参观的美国前总统克林顿誉为“全息图中的泰坦尼克”。

图 9-24　激光计算全息三维显示汽车 CAD 模型

实际上, Zebra Imaging 公司并没有用真实的物体来拍全息图,而是以计算全息技术产生的二维视觉图按次序形成全息图,其零件全息图由激光通过二维透明像获得。尽管全息记录过程是平面的,但最终图像组合起来却是三维的(因为视觉关系)。借助于视差,可从上面或下面观看。全息图还有动画效应,如可看到空气缓慢的流动或排气过程。

由于计算全息或数字全息图技术产生的全息图没有尺寸上的限制,因为大尺寸的全息图可由一系列小的全息图构成。每个小全息图包含了几千个 2 mm 宽的“像素”,每个像素用红、绿、蓝激光同时照射到杜邦公司专门生产的全息记录材料上,每个像素的形成所需的时间为 1 s,因此制作上述豪华全息图需要 300 小时。现在, Zebra Imaging 公司已能产生 5.4 m×1.8 m 大小的显示图像。

可见,激光计算全息图或数字全息图将激光全息技术和计算机技术结合起来,形成了新的数字化、自动化像素全息三维显示技术。全息图颜色鲜艳逼真,水平和垂直动态视场分别可达 100°,全息图尺寸可以任意大。这些都使计算全息显示技术在空间显示、广告宣传、文物、人像、标本、模型、实物图像、抽象图像、工业数据、工业设计等方面的三维空间逼真显示前进了一大步,展现了全息图及计算全息三维显示技术光辉灿烂的应用前景。

另外,激光计算全息或数字全息三维显示技术除了具有重要的科学意义和广阔的应用前景外,还是一个很好的教学工具。要制作一个计算全息图或数字全息图,必须了解全息学、干涉术、调制技术、傅里叶变换、数字计算方法和计算机程序设计,这些都是信息时代相关领域的教学科研人员不可缺少的知识。

5. 全息三维显示用于文教艺术方面

各种全息图本身就是一种文艺作品,可以制作成惟妙惟肖的三维立体图片去美化人们的生活。它被用于文化艺术领域,如艺术图像精品、稀世文物再现、三维显示壁灯、景物设计显示图等。事实上,全息与艺术的结合已经开辟了广阔的应用领域,种类繁多的全息艺术制品早已走进市场,走入寻常百姓的生活中。例如,用彩虹全息技术制作各种装饰物、邮票、工艺品、各种贺卡甚至广告等。以真彩色全息技术制作人物肖像,甚至将展览会上价值昂贵的艺术珍品、画展上的绝世名画等用它们的真彩色全息照片代替,在照明灯光的作用下,它们或栩栩如生,或色彩鲜艳、变化无穷,或显示的物体具有较大景深立体视觉,带给人遐想和灵感。全息图在科教领域中可作为三维立体模型、三维挂图、杂志和教科书的立体插图等。

6. 激光全息三维显示用于多媒体领域

这方面的典型应用是全息电影。正如全息照片不同于普通的立体照片一样,全息电影与用偏光镜观看的立体电影截然不同,它的突出特点是三维立体性。早在 1976 年 10 月,前苏联首次放映了全息电影,画面上是一个姑娘举着一束鲜花款款走来,为时 2 分钟,仅能供 4 个观众观看,银幕尺寸为 60 cm×80 cm。同年,日本东京大学用反射型多重狭缝技术制作成全息电影放映。1983 年 10 月,欧洲某研究机构首次用脉冲激光制作了全息电影,有两种规格:一种是 35 mm 软片,速度为 24 帧/秒;另一种是 126 mm 软片,速度为 25 帧/秒,展现的是一位女士向观众不停地抛扔五彩缤纷的肥皂泡。近年来,数字全息显示技术在电影投影中得到成功的应用,人们的全息电影梦即将实现。全息电视的研究也正在进行中。而且,人们还设想利用全息电影技术制作或全息动画的形式或研究、显示多种物理现象的变化过程,如空间场的变化,机械的、生理的,以及热现象中的低频振动和变形等。

7. 激光全息三维显示应用于地理地形、地质勘测和气象观察等领域

通常的地理地形信息多是依靠高低空间和远近距离的遥感和拍摄形成平面图,加之以实地勘查、测量等手段记录数据,然后绘制成各种空间分布图形或表格。这种方法得到的是二维图像,缺乏立体感和整体感,也不便于比较和考察。利用全息技术,将这些不同高度和角度的地形地貌拍摄成多幅全息图,通过再现得到三维立体图像,从而可取得更直观的观测效果。

同样地,在地质结构、矿藏、石油、天然气等勘探中,用钻井或管道提取不同地下深度的样本,并分析其地质组分和含量后,依据这些数据制成全息图,便可三维显示各地质层面的地质结构、矿产或油气含量。图 9-25 所示即为美国某石油公司制作的地下油气分布的全息三维显示图[83]。

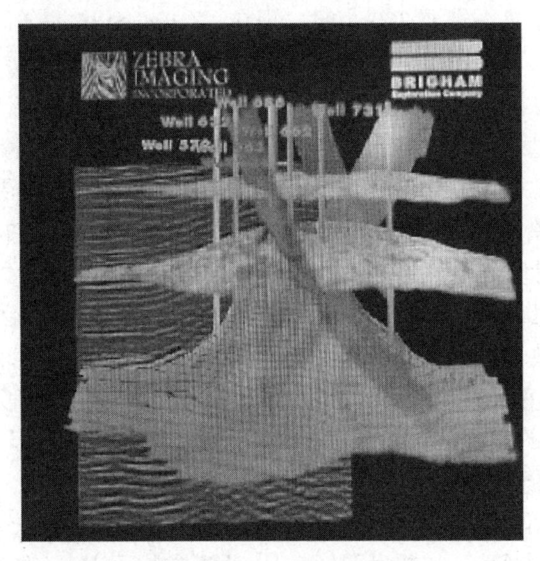

图 9-25　地下油气分布图的全息三维显示图

此外,激光全息三维显示技术也应用于气象观察中。将不同区域或不同时刻拍摄的大气气压、云层气流、对流图等直接做成全息图,或者记录相关的大气数据,据此产生数字全息图。再现时将显示出三维立体图像,因此可非常直观地观察和研究大气运动变化的规律,为人们的生产和生活服务。

8. 全息三维显示应用于军事、医学和财经等领域

利用真彩色显示在军事上可进行军事模拟训练和模拟演习,三维的立体场景将显著地增强现场的真实感和实战气息。360°全息和纵向多层合成全息显示在医学上的作用更是显而易见的,它可以把人体器官三维地显示出来,便于研究和诊断;二次曝光法还可用于早期癌症的诊断;在口腔医学中还可用来检查牙齿的变形程度。此外,激光全息三维显示技术还可以用于证券等财经领域,近年来又发展为宽幅全息包装材料而被广泛地应用。随着科学技术的进步,相信它将被进一步推广应用。

9.2.8 全息三维显示技术的展望

自20世纪60年代以来,全息三维显示技术因有广泛的应用前景而备受关注。人们已经设想发展全息显微术、全息X射线显微镜、全息电影、全息电视,乃至于立体艺术广告等。当前,从市场应用和需求的角度来看,它的研究和发展方向主要包括以下五个方面。

(1) 防伪新技术中的激光全息显示

需要研究高质量、高保密性能的加密模压全息图,满足社会的需求。如韩国仁川大学正在利用数字全息术随机生成二元密码进行信息加密的研究,中国苏州大学正在研制离散余弦变换的数字全息图水印等。

(2) 大面积显示全息图和全息显示一体化产品的研制

全息显示以其逼真的三维图像受到人们的喜爱,但目前的产品存在两个问题:一是面积太小,作为高档艺术挂图必须制作大面积全息图,这对全息记录材料和图像制作技术提出了挑战;二是全息图的显示必须在室内装有白炽灯或激光器并以特定的角度照明,才能显示出三维立体像的最佳观赏效果。目前的全息图产品没有与之匹配的照明显示装置,得不到良好的显示效果,研制大面积的和"显示一体化"的产品是显示全息图市场化的前提条件。

(3) 干涉计量用全息彩虹相机的研究

激光全息干涉计量在无损探伤、应力与应变,以及光测力学等度量研究中有着广泛的应用前景。但由于所采用的全息记录系统复杂且拍摄条件苛刻,使其在这些方面的应用受到限制。激光全息照相机可以克服以上问题,该技术的研究已受到日本、美国等国家的重视,他们的目标是研制出结构简单且实用的激光全息照相机。

(4) 全息立体显示屏的研究

目前所采用的投影屏只能呈现振幅变化的图像,即二维图像,而缺乏能接收和显示立体图像的全息屏。数字全息图的研究,将促进"全息"电视或真正意义上的全息电影的问世。美国Benton实验室正在加紧研究全息立体电视显示系统,日本一些研究所也在进行这方面的研究。最新美国报道已研究出全息立体显示屏,如图9-26所示。

图9-26 全息立体电视显示器

(5) 数字全息三维显示技术及其应用的研究

数字全息(包括计算全息)将计算机引入光学处理领域,具有独特的优势和极大的灵活性,尤其是能够将复杂的或虚拟的物体用三维图像完整地显示出来,这开拓了全息技术在信息时代广泛应用的新途径。数字全息成为数字信息和光学信息之间有效的联系环节,这也促使人们开始设想研制各种数字全息消费品,诸如基于数字全息技术的立体摄像机、照相机、电视机、投影仪、大尺寸显示屏等。然而,由于计算机的存储容量、计算速度和成图设备的分辨率等都不能完全满足激光全息技术的要求,因此这项技术目前还不是很成熟。但随着科技的发展,数字全息三维显示技术必将展现出更大的优越性,拓展到更多的应用领域。这些正是当今全息显示技术的重要研发课题。

目前,作为高科技的全息三维显示技术在检测、计量、防伪、文字图像、信息、设计、商品展示、医学诊断、装饰装潢等领域得到了越来越多的应用,它所带来的经济效益和社会效益越来越受到人们的重视,一些发达国家还兴起了全息三维显示产业,并且正在形成日益广阔的市场,它的应用前景是非常可观的。

9.3 激光存储技术

随着社会进步、生产和科学技术的不断发展,人类对信息的依赖程度日益加大,需要处理、传输和存储的信息急剧增加,这对信息的存储和管理提出了越来越高的要求。为满足信息社会的发展需求,光存储技术应运而生,并成为现代信息社会中不可缺少的存储技术之一。

早期人们用缩微胶片来存储文档资料,这是光存储的最早形式。20 世纪 60 年代激光问世后,激光全息技术的发展使具有更大存储容量的三维图像存储得以实现,但其不能进行实时数据存取,无法与磁存储相比较。20 世纪 70 年代,光盘存储技术应运而生并迅猛发展。第一代光盘存储的光源用 GaAlAs 半导体激光器,波长为 0.78 μm(近红外),5 寸光盘的存储容量为 0.76 GB,即 CD 系列光盘;第二代光盘存储的光源用 GaAlInP 激光器,波长为 0.65 μm (红光),存储容量为 4.7 GB,即数字多功能光盘(DVD)系列;第三代光盘存储已经兴起,使用 GaN 半导体激光器,波长为 0.41 μm(蓝光),存储容量可达 27 GB,为高密度数字多功能光盘,即 HD-DVD 光盘(蓝碟)。20 世纪 80 年代后期出现的磁光盘(MO)技术和 20 世纪 90 年代初期出现的相变光盘(PC)技术也得到了飞快的发展,并且已经进入实用时期。由此可见,激光技术的发明和发展在光存储技术的发展中起了重要的作用。

9.3.1 激光存储的基本原理、分类及特点

激光存储是利用了材料的某种性质对光敏感。带有信息的光照射材料时,该性质发生改变,且能够在材料中记录这种改变,这就实现了光信息的存储。用激光对存储材料读取信息时,读出光的性质随存储材料性质的改变而发生相应的变化,从而实现对已存储光信息的读取。

光存储的分类有很多种,按数据存取方式可分为光打点式存储和页面并行存储;按存储介质的厚度可分为二维存储和三维存储;按鉴别存储数据的方式可分为位置选择存储和频率选择存储等。目前最普遍、最成熟的光存储技术就是光盘存储,正在发展中的光存储技术还有全息存储技术、光学双光子双稳态三维数字存储技术、持续光谱烧孔技术、电子捕获光存储技术等。

现有的光存储技术与传统的磁存储技术相比有如下特点[78]。

(1) 数据存储密度高、容量大。理论估计光储存的面密度为 $1/\lambda^2$(其中 λ 是用于光存储

的波长)的数量级,存储的体密度可达 $1/\lambda^3$。

(2) 寿命长。磁存储的信息一般只能保留 2~3 年。而光存储只要其介质稳定,寿命一般在 10 年以上。

(3) 非接触式读/写和擦。用光读/写不会磨损和划伤存储介质,这不仅延长了存储寿命,而且使存储介质易于更换、移动,从而更易实现海量存储。

(4) 信息位价格低。由于光存储密度高,其信息位价格可比磁记录的低几十倍。

此外,光存储还有并行程度高,抗电磁干扰能力强等优点。正是由于这些优点,光存储技术自激光器发明以来就一直受到人们的极大关注。

9.3.2 激光光盘存储

激光光盘存储技术是目前最成熟的光存储技术,也是应用最广泛的存储技术之一[78,84,85]。

1. 激光光盘存储的基本原理

光盘存储包括信息"写入"和"读出"两个过程。在信息的写入过程中,首先用待存储信息调制写入激光的强度,并使激光聚焦在记录介质中,形成极微小的光照微区,其光照区发生相应的物理、化学变化(反射率、折射率、偏振特性或其他特性),这样记录介质上有无物理、化学性质的变化就代表了信息的有无,从而完成信息的写入。在信息的读取过程中,用低强度的稳定激光束扫描信息轨道,随着光盘的高速旋转,介质表面的反射光强度(或光的其他性质)随存储信息区域的物理、化学性质变化而发生变化,用光电探测器检测反射光信号并加以解调,便可取出所存储的信息。图 9-27 为一基本的激光光盘系统示意图。

光盘是在衬盘上淀积了记录介质及其保护膜的盘片,在记录介质表面沿螺旋形轨道,以信息斑的形式写入大量的信息(见图 9-28),其记录轨道的密度达 1000 道/毫米左右。可见信息斑越小,光盘的存储密度越大。由于物镜衍射极限影响焦点处光汇聚的最小直径(约为 $\lambda/(2\mathrm{NA})$,其中 NA 为物镜的数值孔径),因此光盘的存储密度为 $(\mathrm{NA}/\lambda)^2$。例如在采用氩离子激光器($\lambda=457.9\,\mathrm{nm}$)和物镜数值孔径为 0.8 的系统中,信息斑的最小直径为 $\lambda/(2\mathrm{NA})=457.9/(2\times0.8)\approx0.29(\mu\mathrm{m})$,则存储密度为 $(\mathrm{NA}/\lambda)^2\approx3\times10^{12}\,\mathrm{m}^{-2}$。对于普通尺寸(内径为 70 mm、外径为 145 mm)的光盘而言,其有效存储面积约为 $5.0\times10^{-2}\,\mathrm{m}^2$,则它的最大存储容量为 $3\times10^{12}\times5.0\times10^{-2}=1.5\times10^{10}\,\mathrm{b}$。可见采用更短波长的激光器和高数值孔径的物镜可以提高光盘的存储密度。

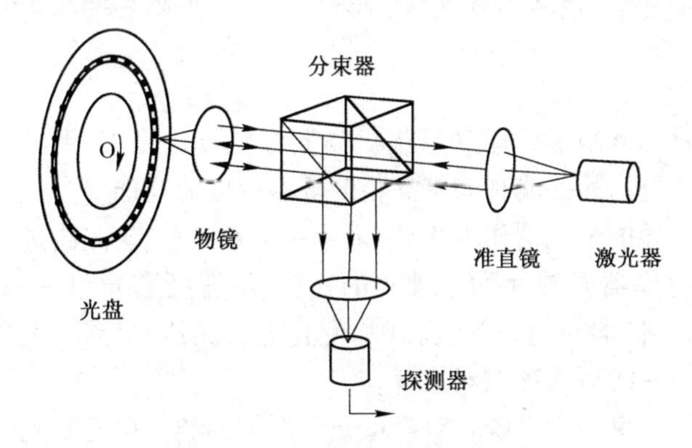

图 9-27 基本的激光光盘系统示意图

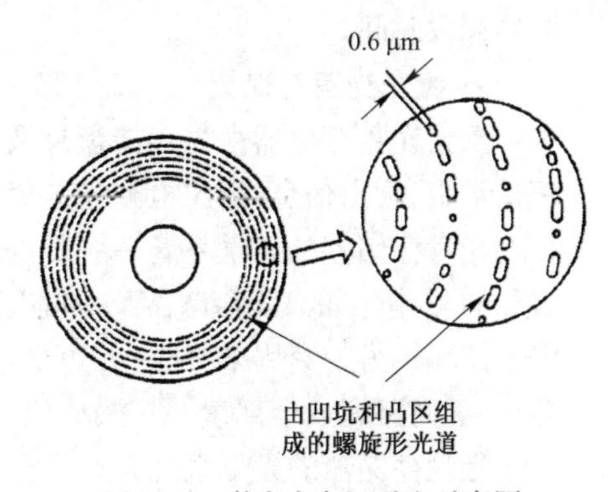

图 9-28 激光光盘记录斑示意图

光盘存储除了具有存储密度高、抗电磁干扰、存储寿命长、非接触式读/写信息以及信息位价格低廉等优点外,还具有信息载噪比CNR(载噪比是载波电平与噪音电平之比,以分贝(dB)表示)高的突出优点。光盘载噪比均在50 dB以上,且不受多次读/写的限制。因而光盘多次读出的音质和图像清晰度是磁带和磁盘所无法比拟的。另外,光盘的信息传输速率也比较高,现有光盘的数据速率可达50 Mb/s以上,通过改进光学系统并选择适当的激光波长,数据速率还可进一步提高。

2. 激光光盘的类型

计算机控制的数字激光光盘的类型,按读写功能划分主要有如下四种。

(1) 只读存储(Read only memory)光盘

只读式存储光盘的记录介质主要是光刻胶,记录方式是先将信息刻录在介质上制成母盘,然后进行模压复制大量子盘。这种光盘只能用来播放已经记录在盘片上的信息,用户不能自行写入。

(2) 一次写入光盘(Write Once Read Memory,WORM;或Direct Read After Write,DRAW)

一次写入光盘利用聚焦激光在介质的光照微区产生不可逆的物理或化学变化来写入信息。其写入过程主要是利用激光的热效应,记录方式有烧蚀型、起泡型、熔融型、合金型、相变型等很多种。

这类光盘具有写、读两种功能,用户可以自行一次写入,写完即可读,但信息一经写入便不可擦除,也不能反复使用。这种光盘可用于文档和图像的存储。

(3) 可擦重写光盘(Rewrite,或EDAW)

这类光盘顾名思义可多次写入、读取信息,但写入前需先将已有的信息擦去,然后再写入新的信息,即写、擦信息是分开的两个过程。写入时先用擦激光将某一信道上的信息擦除,然后再用写激光将新信息写入。可见这种先擦后写的两步过程限制了数据的存储速率,因而尚未应用于计算机系统的随机存取存储器(Random Access Memory,RAM),但它在海量脱机存储和图像数字存储方面应用广泛。目前它的记录介质主要是磁光型(热磁反转型)存储材料。

(4) 直接重写光盘(Overwrite)

可擦重写光盘需要擦、写两次动作来完成信息的更换,这使光盘数据传输速率受到限制。直接重写光盘用一束激光,一次动作在完成写入新信息的同时自动擦除原有信息。这种光盘利用某些材料在激光作用下可实现晶态与非晶态间相互转化的特性,使记录介质在写入激光束的粒子作用下快速晶化,从而实现信息的存储。这种光致晶化的可逆相变过程非常快,当擦除激光脉宽与写入激光脉宽相当时(20~50 ns),相变光盘可直接进行重写,从而大大缩短了数据的存取时间。

3. 激光光盘存储器

激光光盘存储器由光存储盘片及其驱动器组成。驱动器提供高质量的读出光束、引导精密光学头、读出信息、给出检测光盘聚焦误差信号并实现光束高精度伺服跟踪等功能。

光盘存储器的光学系统一般都采用半导体激光器作为光源,采用一束激光、一套光路进行信息的写/读(如只读存储器及一次写入存储器);或用两个独立的光源、配置两套光路,一套用来读/写,另一套用来擦除(如可擦重写存储器)。直接重写式相变光盘存储器,只需一束激光、一套光路完成全部读、写、擦功能,可与一次写入存储器兼容。

光盘存储器的光学系统大致可分为单光束光学系统和双光束光学系统两类。单光束光学系统适合于只读光盘和一次写入光盘,具备信息的写/读功能,而双光束光学系统用于可擦重写光盘。下面以双光束光学系统(见图9-29)为例,作一简单介绍。器件1~8、10~13构成写/读光路,器件14~19、5~8、20~21构成擦除光路,9是可擦重写的光盘。其中关键器件的作用如下:1——写/读激光器(0.83 μm);5——二向色反射镜,它只反射特定波长的入射光;11——刀口,将从光盘反射回来的激光分割为两部分,分别进入探测器12和13,得到读出和聚焦、跟踪误差信号;18、19——一对正、负柱面透镜,改变光束为椭圆截面,以利擦除;17——偏振分束器;14——擦除激光器。

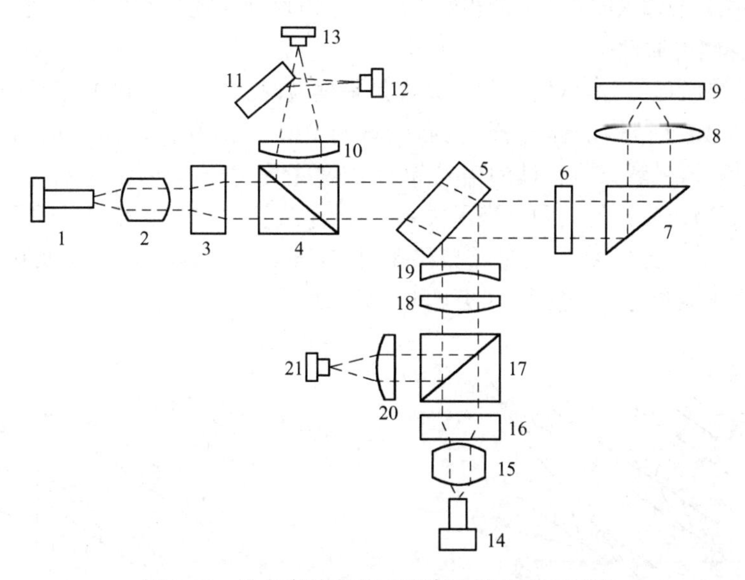

图9-29　光盘存储器的双光束光学系统示意图

激光光盘存储技术具有低成本、可大量模压复制等优势,这是其他光存储技术难以替代的。但目前光盘的直接重写性能仍然不及磁盘,所以光盘存储技术在提高其存储密度优势的同时,正在继续研究新的直接重写技术、如何提高数据存储、传输的速率等。随着短波长激光技术和其他光学存储技术的成熟以及新存储介质材料的发现,激光光盘存储技术还将有更大的发展。

9.3.3　激光体全息光存储

自激光全息技术诞生之日起,激光体全息光存储技术(以下简称全息存储)就开始受到人们的关注[78,86~88]。目前全息存储研究已取得很大进展,存储容量迅速增大,存储器性能不断改进,高密度全息存储技术正日益走向实用。

与磁存储技术和光盘存储技术相比,全息存储有以下特点。

(1) 高冗余度。信息以全息图的形式存储在一定的扩展体积内,因而具有高度的冗余度。在传统的磁盘或光盘存储中,每一数据比特占据很小的空间位置,当存储密度增大,存储介质的缺陷尺寸与数据单元大小相当时,必将引起对应数据失真或丢失;而对全息存储来说,缺陷只会使所有的信号强度降低,而不至于引起数据丢失。

(2) 存储容量大。利用体全息图可在同一存储体积内存储多个全息图,有效存储密度很高,该值在可见光谱区中约为10^{12}b/cm^3。存储密度的理论极限值为$1/\lambda^3$(其中λ为光波波长)。

(3) 数据并行传输。信息以页为单位并行读取,因而具有极高的数据传输率,其极限值主要由 I/O(输入/输出)器件来决定。目前多信道 CCD 探测阵列的运行速度已达到 128 MHz/s,采用并行探测阵列的全息存储系统的数据传输率将有望达 8 Gb/s。

(4) 寻址速度快。参考光可采用声光、电光等非机械式寻址方式,因而系统的寻址速度很快,数据访问时间可降至亚毫秒范围或更低。

(5) 关联寻址功能。块状角度复用体全息存储用角度多重法存储多个全息图,读出时若用物光中的某幅图像光波(或其部分)照射其公共体积,则会读出一系列不同方向的"参考光",其强度大小代表对应存储图像与输入图像之间的相似程度。利用此关联特性,可以实现关联寻址操作。

1. 体全息存储的原理

根据光波干涉原理,当信号光和参考光都是平面波时,在一定厚度的记录介质内部会形成等间距的、具有平面族结构的体光栅,从而实现对光信号的存储。体全息图光路示意图如图 9-30所示,光信号存储时,待存储的信号光 O 和参考光 R 分别以角度 θ_1 和 θ_2 入射到介质内,形成的条纹面与两束光的夹角 θ 满足关系式:$\theta=(\theta_1-\theta_2)/2$。该等间距的平面族结构被记录并形成体光栅(其光栅常数 Λ 满足布拉格条件:$2\Lambda\sin\theta=\lambda$,其中 λ 为光波在介质内传播的波长),从而实现某波长光信号在某角度下的存储。

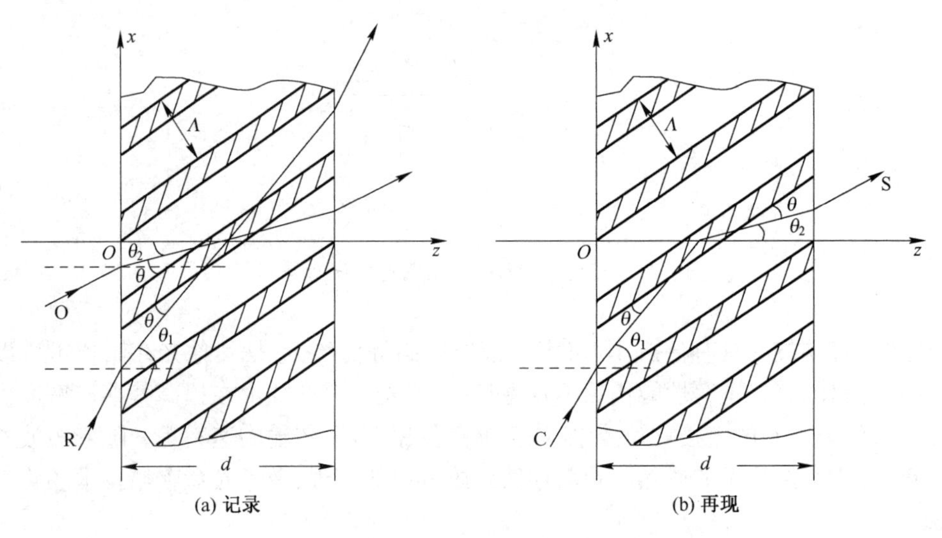

图 9-30 体全息图光路示意图

体全息图对再现光的衍射作用与布拉格晶体对 X 射线的衍射现象相似,也满足布拉格条件:$2\Lambda\sin\theta=\lambda$,式中 θ 称为布拉格角。图 9-30(b)是其再现示意图。只有满足布拉格条件的再现光才能得到最强的衍射光,任何对布拉格角和光波长的偏离都会使衍射光急剧衰减,即布拉格条件表现出很强的选择性。当某一波长的光以某一角度入射到存储介质的某一区域(该区存有数据信息)时,如果出现较强的、满足布拉格条件的衍射光,则表示该区域在该波长和角度下的存储信息为"1",反之则为"0"。由此可见,体全息可采用波长复用和角度复用来实现超高密度存储。

2. 全息存储的应用[78,89,90]

(1) 数字数据的存储

1997 年,一个集成化的角度复用全息存储模块(如图 9-31 所示)由 Drolet 等人设计出来。该模块包括一个 $BaTiO_3$ 光折变晶体、一对液晶光束偏转器(图中只能见到一个,另一个在晶体后面)和光电子集成电路 OEIC(包括光电子 SLM、探测器、刷新器等)。此模块的优点是:采用共轭读出方式,再现光逆向经过信号光束记录时所通过的路径(从 SLM 到记录介质),不需要额外的再现光路和成像光路;另外共轭读出方式还校正了读出光的线性相位畸变。其中 OEIC 的每个像素都具有存储、光探测和调制功能,它本身可完成像素之间的局部数据传输(如探测器到存储器,存储器到调制器),具有动态刷新的功能。

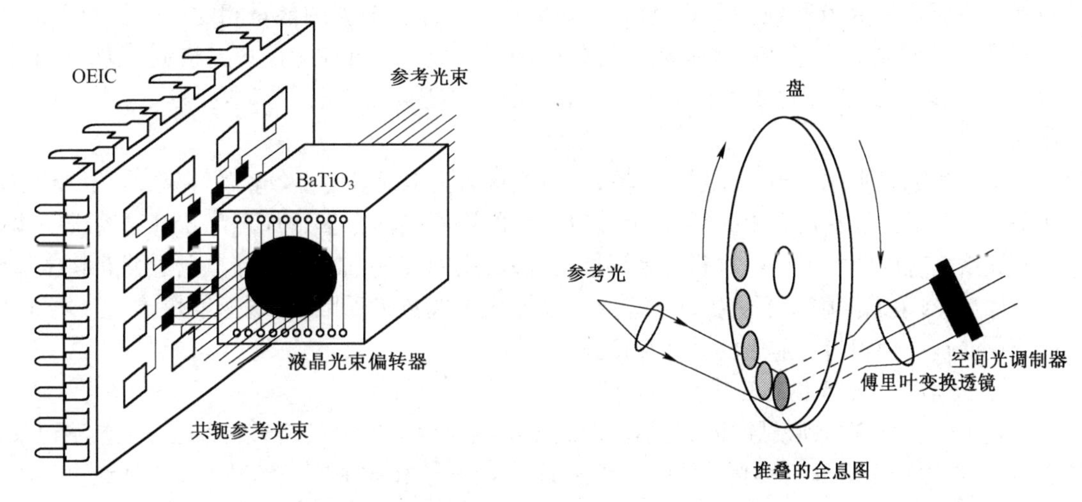

图 9-31　紧凑型集成化的角度复用全息存储模块

图 9-32　分块式全息存储盘的示意图

(2) 超大容量全息存储器

人们利用体全息材料进一步研究超大容量的全息存储技术,目前已经发展了几种盘式全息存储方案,如三维盘式全息存储方案就是实现超大容量存储的一种途径。图 9-32 给出基于全息存储技术的分块盘式全息存储示意图,图中沿盘面上的同心圆轨道上划分为互不重叠的空间位置(全息块),每个位置上复用存储大量全息图。可用傅里叶全息图,也可以用像面全息图的形式记录物信息,参考光采用平面波。复用方式可以是角度复用、波长复用或相位复用。研究发现:角度复用和波长复用可以存储的全息图总数大致相同,但波长复用有着更高的面密度。全息盘潜在的高数据传输率不是依靠盘面转速的提高,而是通过整页并行读出实现的,这也将相应地缓解系统对高速机械运动的要求。

目前,激光全息存储技术仍然处于研究之中,它的实用化还有一定难度。

9.3.4　激光存储技术的新进展[78,86,91~93]

激光存储技术的发展主要表现在以下几个方面。

1. 电子捕获存储技术

一种适用于未来大容量计算系统的理想存储器必须同时具有高存储密度、高存取速率和长寿命三个特点。电子捕获存储方式具有这些特点,它是通过低能量激光去捕获光盘特定斑点处的电子来实现存储的,是一种高度局域化的光电子过程。从理论上讲,它的写、读、擦不受介质物理性能退化的影响。最新开发的电子捕获材料的写、读、擦次数已达 10^8 以上,且写、读、擦的速率快至纳秒量级。因此,借助于电子捕获材料的固有特性,可以使激光存储密度远远高于其他类型的光存储介质。

电子捕获激光存储的具体过程是:当一束激光(其光子能量在电子跃迁能量范围内)照射到电子捕获材料上时,材料中的基态电子被激发到高能级 E 后下落,并被低能级 T 处的陷阱捕获,形成被电子填充了的陷阱,它代表二进制信息位“1”。写入光束中断后,此状态仍能保持,从而实现了对数字光信号的存储;信息的读出是以陷阱对电子的释放为基础的,在一束近红外光(其波长对应于足以使被捕获电子逃逸出陷阱并跃入能级 E 之中的光子能量)照射下,光斑局域位置的被捕获电子在获得光子能量后跃迁到能带 E 中,并与另一种稀土原子作用后返回到基态 G,同时发射出与跃迁过程损失的能量相对应波长的光子,探测到这种光就能证实存储单元局域位置处的陷阱被电子所填充(存在二进制信息位“1”)。所以多次读出(或选用适当大的功率光一次读出)会使被捕获电子基本耗尽,这就对应于信息的擦除。

实际测量表明:电子捕获激光存储技术可实现对模拟或多电平数据的存储,利用这种技术并采用多电平信号鉴别和相关码,可使传统光盘的每面存储容量增加至 1.5 Gb。若进一步将不同光谱响应度的电子捕获材料薄膜层堆叠起来,则能实现三维光存储。电子捕获技术还有如下优点:对表面缺陷及形貌扰动不敏感,写/擦循环次数不受限,存取速度快等。总之,电子捕获存储是一种相当有前途的激光存储技术。

2. 光学双光子双稳态三维数字存储

基于高速响应的锁模脉冲激光器的双光子吸收产生了光学双光子双稳态三维数字记录方法,其基本原理是根据两种光子同时作用于原子时,能使介质中原子的某一特定能级上的电子激发至另一稳态,并使其光学性能发生变化,所以若使两个光束从两个方向聚焦至材料的同一空间点时,便可实现三维空间的寻址写入。利用材料折射率、吸收度、荧光或电性质的改变来实现信息存储。这种存储技术的光信号是由荧光读出的,在未写入点无荧光(零背景),所以读出灵敏度很高。由于光信号的写入与读取属于原子对光量子的吸收过程,反应速度为皮秒级。最小记录单元的尺寸在理论上可达到原子级。这种方法能实现 Tb/cm^3 量级的体密度、40 Mb/s 的传输速率。

双光子存储技术有以下特点。

(1) 在双光束记录结构中,对各光束的峰值功率要求不太高,而单光束记录结构中,对光束的峰值功率要求很高,必须采用飞秒级锁模脉冲激光器。

(2) 存储体的形状可采用立方体或多层盘片结构,以提高存储容量。

(3) 记录信息的读取,普遍采用“共焦显微”系统及 CCD 摄像头。

(4) 对于光色变材料的记录信息可采用双光子读出或单光子读出方案。

(5) 在光色变存储方案中,掺杂 AF240(2%)光色变分子(有机聚合物)的存储密度可达到 $100\ Gb/cm^3$ 以上。

3. 持续光谱烧孔技术

光盘存储通常称为“位置选择光存储”,三维全息存储称为“角度和波长选择光存储”,由于衍射限制它们的存储密度所能达到的极限是 $1/\lambda^3$ 数量级或 $10^{-12}cm^3$ 左右,相应地 1 比特信息所占据的空间含有 $10^6 \sim 10^7$ 个分子。如果能用 1 个分子存储 1 位信息,存储密度便能在目前光存储的基础上提高 $10^6 \sim 10^7$ 倍,但相应地要有适当选择或识别分子的方法。持续光谱烧孔 PSHB(Persistent Spectral Hole-Burning)技术利用不同频率光的吸收率不同来识别不同分子,它有可能使光存储的记录密度提高 3~4 个数量级,它属于四维光存储。

用频率为 ν_0 且线宽很窄的强激光(烧孔激光)激发非均匀加宽谱线的工作物质,同时用另一束窄带可调谐激光扫描该物质的非均匀加宽的吸收谱线,则在吸收频带上激发光频率 ν_0 处会出现一个凹陷,这就是“光谱烧孔”(见图 9-33)。PSHB 光存储是把烧孔激光调谐到荧光吸收谱带内的不同频率位置,孔就出现在不同的频率上,于是以有孔和无孔分别表示信息“1”和

"0"两个状态。用测量透射光强的方法可以检测孔的有无。但这种"孔"是瞬时的,可用强激光激发与之共振的离子,发生光化学或光物理变化,从而使"孔"能保存较长的时间,这样就实现了光信息的存储。这就是 PSHB 存储技术的基本原理。

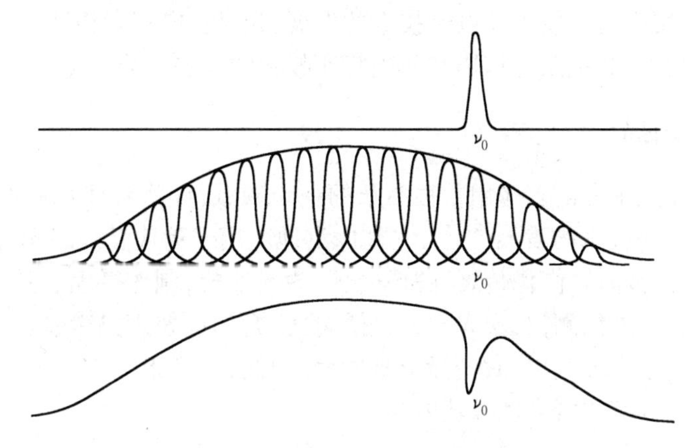

图 9-33 光谱烧孔的原理示意图

光谱烧孔方法有可能突破光存储密度的衍射限制,因为光谱烧孔除了利用记录材料的空间自由度以外,还可利用光频率自由度。在光斑平面位置不变的情况下,调谐激光频率在吸收谱带内烧出多个孔,可实现在一个光斑位置上存储多个信息。

除了 PSHB 存储信息外,还实现了光谱烧孔的全息存储,全息图的记录是通过不同子集分子的光学特性来实现的。Kachru 和 Shen 等人使用掺稀土的烧孔材料,在数据输入/输出速率方面取得了突破性的进展,实现了以 30 Hz 的帧速(视频速率)随机读取 500 幅全息图(每幅含有 512×488 个像素)。这种存储方法基于平面全息图的存储,如果将 PSHB 技术与体全息技术相结合,其应用前景将不可限量。

4. 光存储技术的发展趋势

除了激光光盘存储技术外,上述各种光存储技术还处于研究发展阶段,它们都是以提高存储容量、密度、可靠性和数据传输速率为主要发展目标。从整个学科发展的角度预测,高密度激光存储技术的发展将着重于对以下几个方面的研究。

(1) 最基本、有效的数字式记录方式。

(2) 进一步缩小记录单元。近场超分辨存储是发展高密度光存储的一个典型尝试。随着精密技术及弱信号处理等相关技术的进步,光信息的记录单元将从目前的分子团逐渐减小到单分子或原子量级。

(3) 从目前的二维存储向多维存储发展。多维包括两方面的含义:一是指记录单元的空间自由度,平面存储拓展到三维体存储,以及基于持续光谱烧孔效应的四维光存储;二是指复用维数的多维,用全息的波长或角度选择性来增加实际存储的复用维数。

(4) 并行读写逐步代替串行读写,以提高数据的读取速率。并行读写功能是体全息页面存储的一个固有特性,是体全息存储被普遍重视的原因之一。

(5) 改善和发展存储系统的寻址方法,努力实现无机械寻址的实用化,从根本上解决目前难以提高随机寻址速度的问题。

(6) 光学信息存储同光学信息处理相结合,以提高信息系统整体性能及功能,充分利用光学特性实现信息存储、传输、处理和计算的集成。

9.4 激光扫描和激光打印机

随着激光技术、精密机械技术和电子技术的发展,光、机、电三者相结合的产品成为高科技产业中重要的产品之一,其中激光扫描和激光打印技术的发展十分迅速。

9.4.1 激光扫描

激光扫描是激光技术在诸多应用中很活跃的一个领域,计算机技术的不断进步和日益普及同时促进了激光扫描技术的发展[94,95],它被广泛地应用于近代复杂的光、机、电仪器中。例如,印刷板曝光,激光打印机,图像传真,图像处理,激光照排,制作微缩胶片,大屏幕图像投影仪,扫描光栅频谱仪,红外探测仪,激光扫描显微镜,激光扫描超声显微镜,三维视觉模拟偏转器,激光扫描检眼镜,激光微调机,激光标记机,尺寸检测仪,条形码扫描器等。本节主要介绍现有的激光扫描器及其基本特点和成功的应用。

1. 激光扫描器[96]

激光扫描器可分为低惯量扫描器(Low Inertia Scanner)和全息扫描器。

(1) 低惯量扫描器

低惯量扫描器是指采用反射镜偏转光束并具有低转动惯量转子的扫描器,它具有灵活、体积小等优点。

低惯量扫描器又可以分为检流计扫描器和谐振镜扫描器。检流计扫描器能产生稳定状态的偏转,高保真度的正弦扫描,以及非正弦的锯齿、三角或任意形式的扫描。采用活动铁芯结构的典型检流计型扫描器如图 9-34 所示,它由电磁驱动部分(包括带滚球轴承的转子)和电容传感器两个主要部分组成。

检流计的动态特性要求电磁驱动部分具有低惯量、大转矩和宽频率特性。在满足这些要求的情况下,它可以在伺服机构的控制下实现任意波形的扫描。动铁低惯量扫描器的定子由永久磁铁加载线圈组成,它具有很好的散热性。同时这种结构避免了动圈结构(线圈绕在转子上)的电极引接麻烦,相对提高转子的防震性。转子是实心铁芯,它的转矩是在定子的永久磁铁和固定线圈共同产生的磁场作用下获得的,即两块永久磁铁通过软磁铁在四个区域(a,b,c,d)中建立控制磁力线,线圈加载后也在磁路中产生磁力线,它们的合成磁场使转子的(见图 9-34)左、右两部分受到大小相等、方向相反的作用力,从而产生机械转矩。

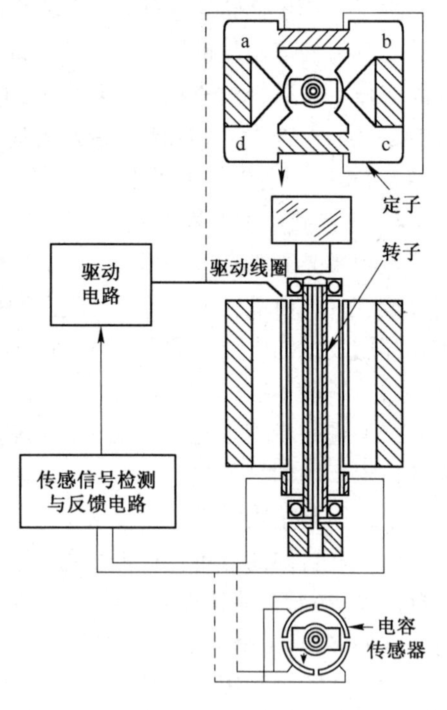

图 9-34 检流计型动铁低惯量扫描仪的结构

为了保证检流计偏转的精度,检流计扫描器采用闭环电路,用传感器精确测量检流计偏转角,并与其控制值进行比较,把比较结果反馈到驱动电路中,再去调节转子的转角,从而形成闭环控制,获得检流计的高精度偏转。传感器的质量决定了扫描器和系统的精度,可选用的传感器有光学传感器、磁位置传感器、电容传感器等。光学传感器通常使用干涉法和光栅法，并与系统结合在一起，它的分辨率主要受波长和温度的影响。磁位置传感器是让传感元件在磁路中发生位置变化，进而导致感应电压变化，它不适用于高性能的扫描器。电容传感器经常应用在检流计扫描器中，它有一个不平衡的小电容，如图 9-34 所示。当转子角度发生变化时，这个电容传感器通过电容的变化给出转子和定子间相对角度变化的信息。

谐振镜扫描器只能工作在很窄的频率范围内，它的振荡是一种简单、周期性的谐振运动。但若采用谐振放大器，扫描器将具有很高的扫描频率和很大的扫描角。常用的感应驱动线圈谐振镜扫描器的典型结构如图 9-35 所示，包括平衡的扭力杆和电感转矩驱动部分。反射镜被扭力杆 T_1 和 T_2 完全对称悬挂，当反射镜运动时，不会引起扭力扰动。与变压器的工作原理一样，驱动线圈的磁场通过软铁芯与转子的相互作用而产生。感应驱动线圈谐振镜扫描器的转子是长方形的金属环，在环中产生感应电流，它的动圈通过感应加载。

低惯量扫描器系统的选择取决于对扫描器应用的要求。在不同的应用中对扫描器的参数要求是不一样的，它的主要参数有：光斑的尺寸，光斑的质量，光点扫描的速度和回扫时间，光斑在扫描场中的线性，扫描角的大小和镜面反射的质量等。

低惯量扫描器常用于二维平面场扫描，其结构主要有简单的双镜系统、中继透镜系统和桨形双镜系统等。简单双镜系统的光路图如图 9-36 所示，x 轴和 y 轴反射镜的中心分别为点 a 和点 b。扫描点 c 的坐标为 $(0,y_i)$。d 是点 b 到输出平面坐标中心 $(0,0)$ 点的距离。x 轴和 y 轴的扫描角分别为 θ_x 和 θ_y。像平面上任意点的坐标为 (x_i,y_i)，当 $x_i=y_i=0$ 时，有 $\theta_x=\theta_y=0°$。

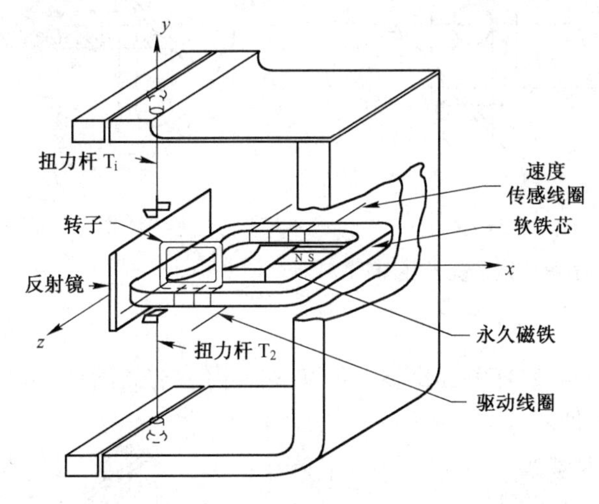

图 9-35　感应驱动线圈谐振镜扫描器结构

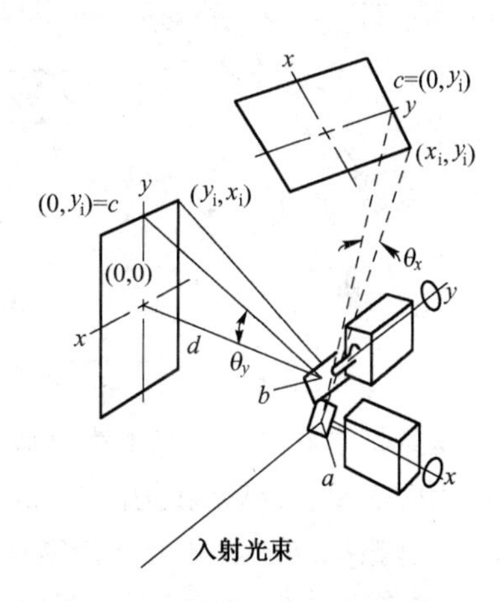

图 9-36　简单双镜系统光路图

中继透镜系统的光路图如图 9-37 所示。第一个扫描器的扫描轴（即镜面的转动中心）与光轴相交于 a 点。第一、第二个中继透镜的焦距分别为 f_1、f_2，两透镜相距 f_1+f_2。第二个扫描器的扫描轴与第一个扫描器的扫描轴正交，并与光轴交于 b 点。当入射细光束打在 a 点上时，则有二维扫描的细光束从 b 点出射，如图 9-37(a) 的正视图所示；如果入射光束是一束准直光束，当它通过第二个中继透镜后，出射光束也是准直光束，如图 9-37(b) 的俯视图所示。

桨形双镜系统的光路图如图 9-38 所示，两根扫描轴正交、共面，形成一个 x-y 平面。以 x 轴旋转的反射镜（x 轴）转轴在反射镜的一边，以 y 轴旋转的反射镜（y 镜）转轴在反射镜的中间，两个镜面与 x-y 平面相交都为 45°。当入射光束以平行于 y 轴的方向入射，且在 x 镜转角很小的一级近似的情况下,由 x 镜反射的光束在 y 镜上的位置基本保持不变,它只改变了出射光束的方向。

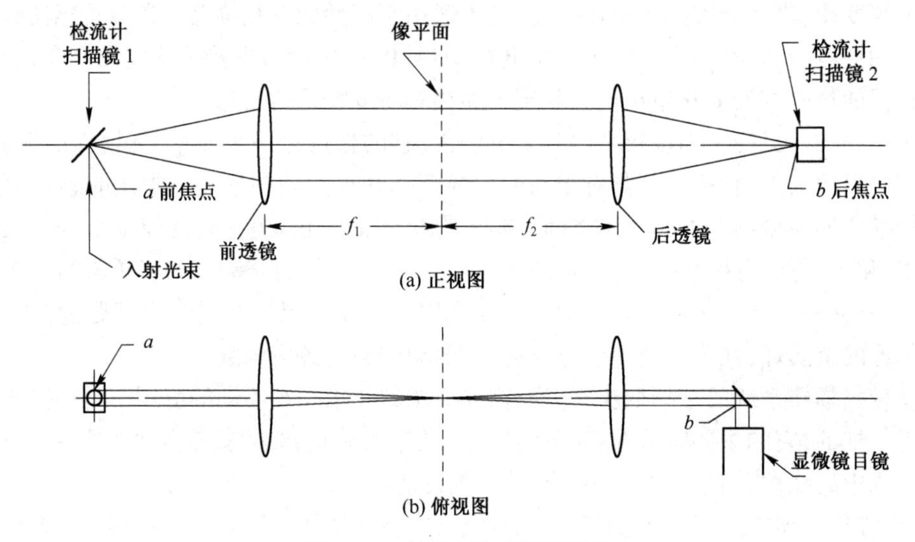

图 9-37　中继透镜系统光路图

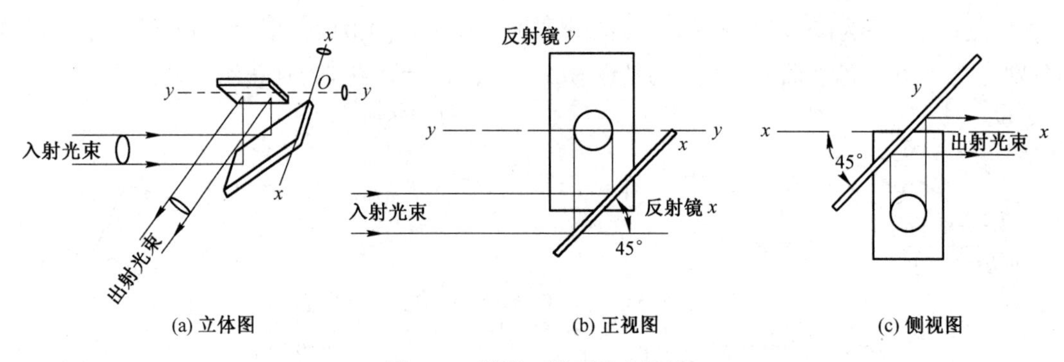

图 9-38　桨形双镜系统光路图

(2) 全息扫描器

全息扫描器是以全息术为基础的扫描器,它能够提供多方位和多焦距的扫描,满足一些特定应用的需要,且结构较为简单,成本也较低。

全息扫描器是激光全息扫描系统的关键元件,它主要应用了全息技术的波前变换,以复杂波前的记录和再现实现光束的控制。全息扫描的基本原理示意图如图 9-39 所示。用发散的细光束作为再现光,照明全息透镜的一个小区域。当全息透镜在位置 1 时,再现光照在全息透镜的右侧,衍射的会聚光聚焦在像平面的位置 1 处。如果把全息透镜从位置 1 移动到位置 2,再现光在全息透镜上的位置也从右侧移到左侧,如图中虚线所示,这时衍射会聚光的焦点也从像平面的位置 1 移动到位置 2。因此把全息透镜从位置 1 移动到位置 2 时,在像平面上就出现了一根扫描线。

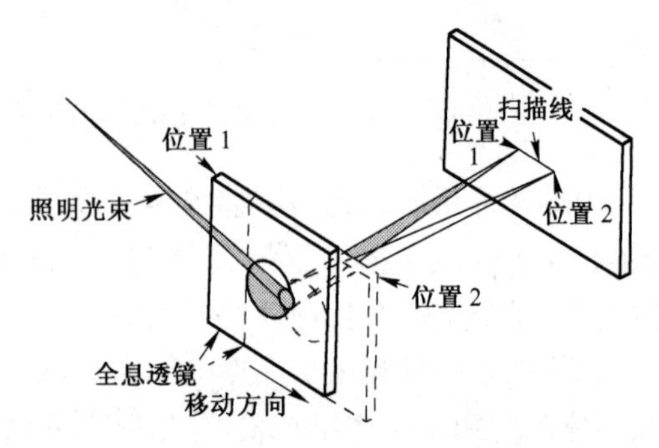

图 9-39　全息扫描原理示意图

用上述全息扫描的基本概念来实现复杂的扫描过程时有许多实际问题需要解决,如在全息扫描器设计中应考虑光学结构和机械结构的合理性。光学结构首先选择全息图的类型,即采用反射全息图或透射全息图,然后设计全息图的光学结构参数。机械结构的设计要求满足光学结构的要求并简单可行。不同类型的全息图在扫描器中有不同的要求,对于透射全息图,对全息材料的均匀性和衬底基片的质量要求较高,而对机械振动的要求相对比较低。相反地,对于反射全息图,由于再现光不通过基片,所以只要求全息图的表面质量好,对基片的均匀性要求不高。但对轴承的要求比用透射全息图时要高,即要求高精度和高稳定性的轴承。全息扫描器的设计要综合考虑各方面的因素,其中包括:对扫描线质量的要求,全息扫描器参数(包括扫描参数和运行参数两类,扫描参数有光斑尺寸、扫描线长度、焦距、扫描的线性、场曲、扫描速度、全息图的尺寸和了全息图的数日等;运行参数有工作距离、角宽度、子全息图数、旋转轴与全息图上再现激光光斑之间的距离、记录和再现波前的取向、形状和旋转速度等)的要求,以及全息扫描器制作和使用的可行性等。全息扫描器各参数间有很强的依赖关系,在许多情况下甚至相互矛盾,因此经常采用折中的方案达到实用的目的。

全息扫描器具有一些突出的优点:① 全息图作为偏转元件,具有聚焦和偏转两个功能。它的焦距的长短和偏转的方向可以通过记录光路和再现光路的参数来确定,因此在一个扫描器中用不同参数的全息图能实现多方位、多焦距的扫描,这是全息扫描器最突出的优点。② 全息图作为扫描元件时能够收集被扫描物体的散射光。在散射光中包含被扫描物体的信息,全息图把带有信息的散射光会聚到探测器,对于不需要的环境光具有滤波作用,因此全息扫描器能应用在环境较差的场合。③ 全息图可以装配在各种基片上,它的重量与底座相比可以忽略,因此很容易实现小型化。④ 全息图能大量地制造或复制,与一般光学元件相比价格较低廉。

全息扫描器在应用中也有一些不足:首先,宽带的记录材料比较缺乏,因此记录和再现中要使用不同波长的激光,会引入一些像差。为了得到高质量的光斑,要进行一些像差校正工作。其次,全息图的衍射效率低也是一个较大的应用限制。

2. 激光扫描器的应用实例

激光扫描器的应用十分广泛,前面已经对它的应用范围作了简单的介绍,这里仅结合三个具体的应用实例进行介绍[94~98]。

(1) 激光照排机

图 9-40 给出了一台激光照排机的原理方框图。它采用 He-Ne 激光器作为光源;声光调制器作为激光的高速开关,由计算机的文图信息进行控制;密度盘用于调整对胶片的最佳曝光量;扩束器用于改善激光的发散角;由点击驱动转镜旋转实现激光束的主扫描;在同一轴上安装光栅作为像元时钟,提高光点的位置精度。F_θ 物镜将激光会聚在胶片上,胶片由输片机构带动,作垂直于扫描方向的运动实现副扫描;激光通过转镜扫描和胶片运动实现二维扫描,在胶片上形成一幅完整的文字和图像。激光束扫描和胶片运动要求严格保持同步,即激光扫描完一条线之后,胶片刚好移动一条线宽的距离。在图中胶片的上方一侧有一个光电器件(行起始探测器),它是行起始的基准。

随着技术的发展,现已有多种激光照排机。主要有绞盘式激光照排机、外滚筒式激光照排机、平台式激光照排机、内滚筒式激光照排机和虚拟滚筒式激光照排机。这几类激光照排机各有优缺点,它们的参数比较如表 9-1 所示。对于希望生产效率高、操作方便、节省胶片的印刷(包括中档彩色印刷),一般采用绞盘式;而对于高精度、高分辨率、大幅面的精细彩色印刷,则采用内滚筒式或外滚筒式。激光照排机的关键技术是光源、声光调制器、激光扫描、副扫描技术和电路控制技术。从技术发展来看,激光照排机有向激光直接制版机发展的趋势。激光制版机是激光直接扫描在印刷版材上,激光直接制版的原理和激光照排机相同,只是感光介质不同,即用版材代替激光照排机中的胶片。

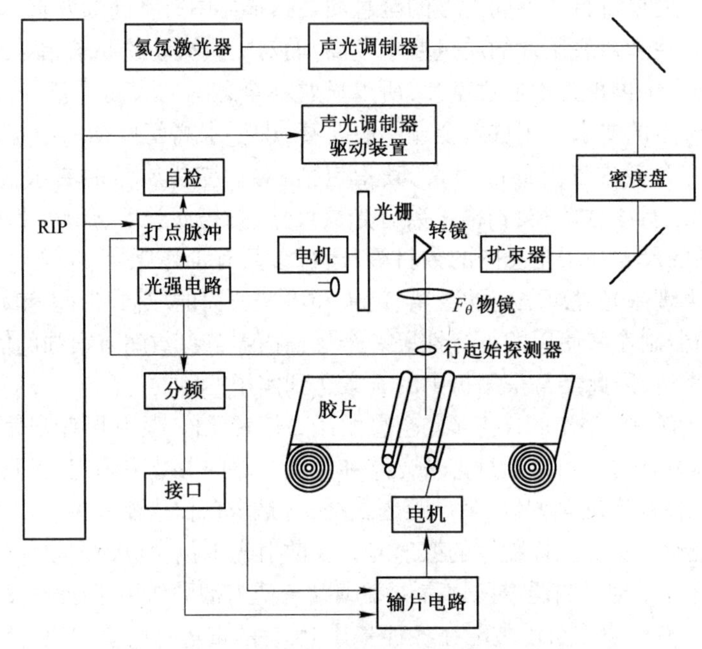

图 9-40　激光照排机的原理方框图

表 9-1　各种类型激光照排机的参数比较

类型 项目	平台式	外滚筒式	内滚筒式	虚拟滚筒式	绞盘式
扫描速度	快	慢	快	快	快
定位精度	高	高	高	高	中、高
结构	复杂	复杂	复杂	复杂	复杂
幅面	中	大	大	中	中
胶片	成卷	单片	成卷	成卷	成卷
附属设备	真空泵	真空泵	无	无	无
噪声	大	大	小	小	小
成本	高	高	高	低	低
体积	大	大	大	小	小
重量	大	大	大	小	小
适用介质	胶片相纸版材	胶片	胶片相纸版材	胶片相纸版材	胶片相纸版材
工作环境	一般	严格	一般	一般	一般

(2) 激光缩微机

激光缩微机是用激光扫描器把计算存储的信息直接制作到缩微胶片上的设备。图 9-41 给出了激光缩微机的原理示意图。图中有两个扫描器,沿 x 方向扫描的叫行扫描器,沿 y 方向扫描的称为帧扫描器。激光光源输出的单光束经声光调制器产生 9 个不同频率(40~50 MHz)

的时序调制,得到9个被调整的时分复用光束。扫描器同时用9根激光束扫描,字符可以由这9根激光束的调制信号得到,每行像素的总数为1500。9根光束用一个激光源,但它们在不同瞬间被不同的频率调制,因此每根光束的调制信号是独立的。行扫描器的扫描周期为4.8 ms,回扫时间为1 ms。扫描器扫描的位置精度可达万分之一。

(3) 条形码扫描器[97,98]

激光条形码扫描器由激光源、光学扫描、光学接收、光电转换、信号放大、整形、量化和译码等部分组成。早期的扫描器大多采用He-Ne激光器,而采用MOVPE(金属氧化物气相外延)技术制造的可见光半导体激光器具有低功耗、可直接调制、体积小、重量轻、固体化、可靠性高、效率高等优点,它一出现很快就替代了原来使用的He-Ne激光器。

从激光源发出的激光束需通过扫描系统形成扫描线或扫描图案。条形码扫描器的扫描系统一般采用旋转棱镜扫描和全息扫描两种方案。全息扫描系统具有结构紧凑、可靠性高和造价低廉等显著优点,IBM公司首先采用了3687型条形码扫描器(其光学系统如图9-42所示),之后被广泛地推广应用,且不断推陈出新。全角度扫描这个概念是为了提高超级市场商品的流通速度而提出的,并设计了与之相应的UPC(Universal Product Code)条码。对于UPC码,两个扫描方向的"*x*"扫描图案已能实现全角度扫描。手持单线扫描器由于扫描速度低、扫描角度较小等原因,产生了多种实现光束扫描的方案。除采用旋转棱镜、摆镜外,还能通过运动光学系统中的很多部件来进行光束扫描。如通过运动半导体激光器、运动准直透镜等来实现光束扫描。

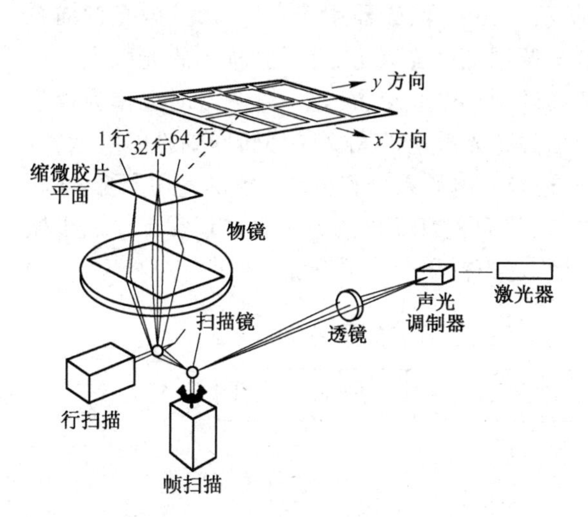

图9-41　激光缩微机原理示意图

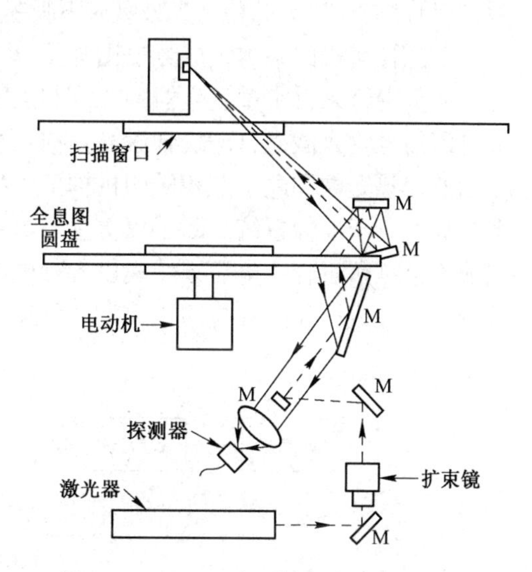

图9-42　3687型条形码扫描器光学系统

扫描光束射到条码符号上后被散射,由接收系统接收足够多的散射光。在激光全角度扫描器中,普遍采用反向接收系统。它的瞬时视场极小,可以极大地提高信噪比,还能提高对条码符号镜面反射的抑制能力,并且对接收透镜的要求亦很低。此外,它还能使接收器的敏感面较小,接收器成本亦较低。它的缺点是当扫描光束位于扫描系统各元件边缘时要产生渐晕现象。

接收到的光信号需要经光电转换器转换成电信号。全角度扫描器中的条码信号频率比较高(几兆赫到几十兆赫),要求光电转换器采用具有高频率响应能力的雪崩光电二极管(APD)

或异质结(PIN)光电二极管。为了保证长时间连续操作人员的安全,要求激光源出射能量较小,这使得最后接收到的能量极弱。为了得到较高的信噪比,通常采用低噪声前置放大电路来放大信号。在手持枪式扫描器中一般采用硅光电池、光电二极管或光电三极管作为光电转换器件,它的出射光能量相对较强,信号频率较低,因此对电子元器件特性要求不是很高。

整形后的电信号经过量化后,由译码单元译出其中所含信息。全角度扫描器由于数据率高,且得到的大多数为非条码信号和不完整条码信号,因此要求译码器有自动识别有效条码信号的能力。这对译码单元的要求较高(较高的数据处理能力和较大的数据吞吐量),目前普遍采用软、硬件紧密结合的方法来解决。

9.4.2 激光打印机

随着计算机技术和电子技术的不断发展,计算机系统的处理速度日益加快。传统的击打式打印机在打印质量、打印速度、工作噪声等方面都存在着严重的不足,迫切需要一种速度快、噪声低的新型打印机。同时由于激光扫描技术和电子照相技术的快速发展,一种新型打印机——激光打印机应运而生,并成为激光扫描技术的又一突出应用[99~101]。

1. 激光打印机原理及组成

不同的厂家已生产出多种不同型号的激光打印机,但它们的基本原理、基本组成和工作过程却大致相同。激光打印机的基本原理是:将数据或图像信号转换为数字信号,以此数字信号调制激光束,再用这个激光束在感光鼓上扫描,感光鼓受到光照后吸附墨粉并转印到纸上。通过控制激光束的“有”或“无”,使感光鼓吸或不吸墨粉,这样感光鼓在纸上滚动就转印出文字或图像。

激光打印机的基本组成方框图如图 9-43 所示。其中,激光器用于产生激光;激光扫描系统主要负责将来自字型发生器的二进制点阵信息调制到激光束上,然后扫描到感光鼓上。从待打印信号输入激光打印机到激光扫描系统把其调制在激光束上,这一部分有时也称为视频控制器。感光鼓和电子照相转印机构负责将扫描到感光鼓上的图文映像转印到打印纸上,两者合称为电子成像系统。除了以上主要组件外,还要有电源系统和机械系统的密切配合,才能完成整个打印过程。电源系统提供各种电源电压,使激光打印机的各个组件正常工作。机械系统负责完成打印纸在打印机中的各种动作,又称之为打印纸传送系统。

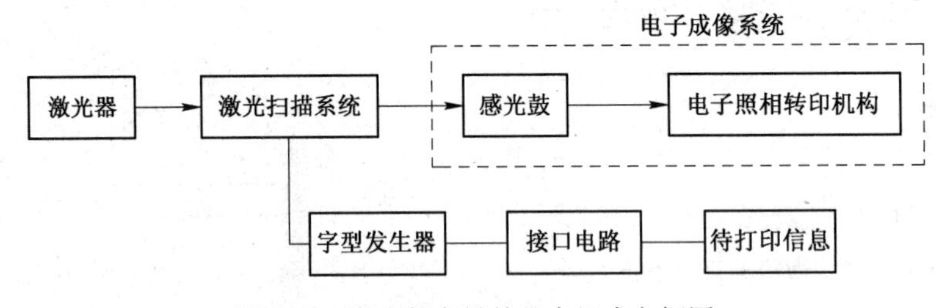

图 9-43 激光打印机的基本组成方框图

2. 激光打印机的基本工作过程及控制系统简介

(1) 激光扫描系统工作过程

激光扫描系统由光调制器、扫描器、光偏转器、同步器和高频驱动电路等组成。

它的基本工作过程为:激光器产生的激光束经反射镜反射进入光调制器,同时计算机送来的二进制图文点阵信息由接口电路送到字型发生器,产生所需要的二进制脉冲信号,经过频率合成器和功率放大器进行合成、放大后也送入光调制器,并对反射镜反射过来的激光束进行调制。由光调制器输出的调制光入射到多面转镜,再通过广角聚焦镜后扫描到感光鼓上,从而把多面转镜的角速度扫描变成感光鼓上的线速度扫描。这样就完成了整个激光扫描过程。

由上可知,通过视频信号可以控制激光束的有和无,通过控制激光束的强弱,可以控制打印的对比度,即所谓的“调制”。再配合感光鼓的转动,可以实现从角速度扫描到线速度扫描的转换,完成行扫描和列扫描,形成一幅二维的电子潜像。

(2) 电子成像工作过程

电子成像是将感光鼓上的二维电子潜像经碳粉投影方式显影,然后转印到打印纸上,再经加热加压定影,使粉末状的墨粉微粒熔化渗入纸纤维中,成为永久性的打印输出。

电子成像的工作过程可以简单地概括为:充电→扫描曝光→墨粉显影→转印到纸上→加热加压定影、输出→消电→清扫剩余墨粉→光照→再次充电的循环过程。首先,当机械部件开始动作时,感光鼓上方的主电晕中一根屏蔽的钨丝被充电到数千伏的高压,使主电晕产生电晕放电,周围的空气被电离。空气中的负电荷被迁移到感光鼓表面,均匀地分布在鼓的上面,使感光鼓表面充满电荷。调制后的激光束(由激光扫描系统产生)扫描感光鼓,使布满电荷的感光鼓被激光束照射的部分曝光,从而使感光鼓带有不可视的静电潜像——静电电荷阵列。用墨粉对其进行显影,使墨粉附着在静电潜像上。显影后,感光鼓通过传输电晕作用把墨粉图像转印到打印纸上。再对其加热加压定影,使其熔化并渗入到纸纤维中。这样就把需要打印的文字或图像转印到打印纸上,成为永久性的打印输出。在打印下一幅图文信息之前,要将感光鼓上的剩余电荷及墨粉清除干净。

(3) 机械系统工作过程

一台好的打印机不仅需要好的扫描系统、电子成像系统和可观赏的外壳,还需要好的机械系统与之配合,以完成各种机械动作。机械系统最主要的工作是负责打印纸在激光打印机中的传送,此外图像生成也需要机械系统的配合。

当一个打印循环开始时,主电动机旋转,机械连轴器驱动感光鼓、熔结辊,并把打印纸送入打印机的送纸辊。卷纸辊和定位辊保持打开并由螺线管驱动的离合器调整。在接收一张纸时,卷纸辊离合器啮合,通过刻有V形凹痕的卷纸辊的转动来带动偏心轮,并把它拖入打印机约7.5cm。转动一周后,卷纸辊离合器释放,打印纸停留在定位辊上等待同步信号。当同步信号到来时,啮合齿轮捕捉到定位辊中的纸并传送到位,和感光鼓上碳粉图像的起始位置对齐。显影后的碳粉图像和打印纸面同步后,定位辊离合器啮合,把打印纸送入图像生成系统。定位辊启动后保持啮合,直到打印纸退出打印机,显影后的碳粉图像被固定。在打印纸从熔结辊间退出时,驱动一张打印纸退出传感器,传感器恢复到其初始状态。打印机的电子控制包得到打印纸离开了打印机的信息,主电动机可停止工作;或送入一张新的打印纸,开始下一个打印循环。

(4) 控制系统简介

激光打印机的整体控制系统包括激光扫描系统的控制、电子成像系统的控制、与计算机接口的控制、缓存及脱机自检等控制。

激光扫描系统的控制主要完成多面转镜的稳速驱动,行同步信号的检测、处理,半导体激光器的调制与驱动等。每次打印开始,打印机的激光扫描系统要控制接口接收来自计算机的数据或图像信号,并将这些信号(包括整页打印内容的代码)变成调制激光的视频信号,根据需要也可以将这些信号储存在计算机的较大容量缓冲区内,或者送往打印机之前先编译成点阵信息。电子成像系统主要是控制和协调充电、曝光、显影、转印、进纸、定影、消电、清洁等工作步骤,保证打印出高质量的字符和图形。和其他外部输出设备一样,激光打印机的接口控制部分除了负责接收和处理主机发来的各种信号外，还要向主机发回打印机的状态信号，使主机和打印机协调工作。

3. 激光打印机的国内外发展状况简介

20世纪70年代中期，美国率先将激光引入打印机领域，综合利用激光扫描技术和电子照相技术，研制出激光打印机。早期的激光打印机主要采用He-Ne激光器，是一种与大型计算机配套的高速输出设备，它体积大、成本高、价格昂贵，应用面不广，但它在打印质量、打印速度、打印精度、稳定性和图像质量方面具有突出的优势。随着半导体激光技术的发展，设计水平的不断进步，生产工艺的不断改进，激光打印机从采用气体激光器的大型结构发展到采用半导体激光器的小型台式结构，其体积日益减小，成本越来越低。日本、美国等国相继研制出多功能、低价格、高质量的台式激光打印机，激光打印机迅速得到了普及，它为越来越多的计算机用户所青睐，已从计算机的主要输出设备拓宽到各个领域。

进入20世纪90年代以来，由于大功率半导体激光器的发展和计算机控制技术的广泛应用，激光打印技术日益成熟，成本不断降低，其市场份额已超过针式打印机，成为打印机市场的主流产品之一。我国激光打印技术发展迅速，重庆华蜀公司、联想集团、中科院计算机所中计公司、紫金公司、科海公司等都研制生产了自己的汉字激光打印机产品，凭借汉字处理优势在我国打印机市场上争占一席之地。但国内产品生产批量小，使成本难以下降，很难与国外进口的低价打印机竞争，因此国内目前使用的打印机大多数为国外产品。

激光打印机的发展趋势，首先是由台式低速打印机向着小型化、高速度和高分辨率方向发展，即打印速度由20页/分钟提高到50~60页/分钟，分辨率由300 dpi提高到1000 dpi以上，能够达到标准报刊印刷所要求的分辨率；其次是激光打印机和其他CA（Channel Adapter）机器相结合，朝着兼容、集成化方向发展，如Cannon和Ricon的激光打印-传真机和Ricon公司的激光打印-复印-传真机三合一的机种等。此外，激光打印机的彩色化发展也是一个重要的方向。

9.5 量子光通信中的激光源

量子通信以其通信的超大容量（理论上可以传输无限量的信息）、超快速度和极强保密性等巨大优势，使人类通信将再次发生根本性的变革，因而受到了全世界范围内信息领域研究者的亲睐。由于光子的特点和光学技术的成熟，将光的量子性应用于通信，产生了以光子为信息载体的量子光通信，它成为实现量子通信的首选方案，也开启了光通信发展的新阶段——量子光通信时代。在已有的研究中，不管是基于信息传递机理的单光子信道或光子纠缠对的量子通信，还是基于信息传送物理信道的光纤量子通信或自由空间量子光通信，都不可缺少产生光子的光源——激光器。为了使读者更好地学习、理解激光器在量子光通信中的重要作用，有必要在此简介量子光通信系统及其关键技术、应用研究与发展等。

9.5.1 量子光通信

谈到量子光通信，必须要先讨论量子通信。量子通信往往让读者听而生畏。它的深奥理论支撑源于量子力学思想在经典通信领域中的应用。量子通信是现代信息科学和量子力学交叉、结合形成的一门新学科——量子信息学的重要分支。量子信息学中研究最早的问题就是量子通信，其内容包括量子隐形传态、量子密集编码、量子密码技术、自由空间量子传输等，以及一些相关的基本概念和基本理论。

1. 量子通信的基本概念和理论

在现有的经典通信理论中,信息量的基本单位是比特。在经典的通信中,比特是一个两态系统,且两种状态是线性独立的,它可以是两态中的任一状态,例如,是或否,1 或 0,在物理中可以表现为高电平(1)或者低电平(0),带电(1)或者不带电(0)等。而在量子通信的体系中,信息量的基本单元为量子比特,量子比特有两个状态,用量子刃矢表示为 $|0>$和 $|1>$,它们可以同时存在,这是其波粒二象性的结果。量子比特则是这两态的一个叠加量,即 $|\Phi>=\alpha|0>+\beta|1>$,其中 $|\alpha|^2+|\beta|^2=1$。我们无法准确地测量量子比特处于哪种状态上,也就是无法确定 α 和 β 的值,只能说 $|\Phi>$处于 $|0>$状态的概率为 $|\alpha|^2$,处于 $|1>$状态的概率为 $|\beta|^2$,这个量子比特也可以介于 $|0>$和 $|1>$之间的任何态上。由此可以看出一个量子比特可以携带 2bit 的信息,是经典通信中容量的 2 倍。

用量子态来表示信息是量子信息的基础。量子态是指原子、中子、质子等粒子的状态,它可表征粒子的能量、旋转、运动、磁场,以及其他的物理特性。在量子信息体系中,所有信息需要利用量子力学的方法进行处理分析,信息的演变遵从薛定谔方程。信息的传输就是量子态在量子通道中的传输,信息的处理就是量子态的幺正变换,信息的提取就是对量子系统进行量子测量。而量子比特的载体可以是任何两态的量子系统。常见的有:极化光子的正交,偏振态(水平偏振和竖直偏振),原子核的自旋(顺磁场取向状态和逆磁场取向状态),二能级原子的能级(基态和激发态)等。

量子系统具有其特定的性质,其中与信息处理相关的有:(1)量子的叠加性和相干性;(2)不可克隆性;(3)量子纠缠(quantum entanglement)。量子比特可以处在两个本征态的叠加态上,我们可以对 N(大于 1)个量子比特进行并行处理和控制。在量子比特的操作过程中,两个本征态的叠加振幅可以互相干涉,这就是量子的相干性。由量子力学的线性特性可知,在未知量子状态的情况下复制单个量子是不可能的,因为要复制单个量子就需要先做测量,而测量必然改变量子的状态。这就是量子的不可克隆性,它是量子能够进行绝对安全通信的基础。而量子纠缠指在量子力学中,有共同来源的两个微观粒子之间存在着某种纠缠关系,不管它们在空间上被分开多远,只要一个粒子发生变化,另一个粒子的状态也会立刻发生相同的变化,这就表现出了量子力学的非局限性和量子纠缠性。某一状态微观粒子的力学量(如坐标、动量、角动量、能量等)一般不具有确定的数值,而是一系列可能值,每个可能值以一定的几率出现,因而不能同时精确地测量这些力学量。这就是海森堡(Heisenberg)量子测不准原理。例如在同一时刻以相同的精度测定量子的位置与动量是不可能的,只能精确测定两者之一。这并非我们无法精确测定量子的动量或位置,只是不能同时确定而已。以上特性是量子理论的核心,也构成了量子密码通信的物理基础。

在量子信息论和量子力学的理论基础上产生了量子光通信,利用光在微观世界中的粒子特性,让一个个光子传输“0”和“1”的数字信息,由亚泊松态激光器发射光子,以光的偏振或相位对数字信息进行编码,再以非经典信道传输光子信息,一个光子可将无限的信息传递给无限个接收者,在接收端采用光子计数和无破坏检测技术探测、解调出原始信息,在这个过程中由“海森堡测不准原理”和“单量子不可克隆定理”实现保密通信。因此,这种量子光通信的通信容量将远远超过非量子的经典通信,其通信速度也比现在的光通信速度高 1000 万倍。这是一种全光通信模式,更是现代光通信技术的发展前沿。

2. 量子光通信系统

量子光通信系统的基本部件包括量子态发生器、量子通道和量子测量装置。一个基于光纤信道的量子通信系统结构如图 9-44 所示，在其发射端,量子态发生器是一种新型的非经典激光器(或称亚泊松态,或称光子数态光子源),它发射出均匀的光子流,与信号一起输入到光子调制器,对每个光子进行编码、载入信息。量子信道仍然是光纤,但它是非经典信道。接收端由量子无破坏测量(QNDM)装置与光子计数器构成。由于是光子数态,且对光子与光子数编码,不再受量子噪声限制,因此信息效率与信噪比得到大幅度增长。又因为使用 QNDM 解调,光子计数器接收,不但进一步提高了信噪比,而且由于不再需要从信号中吸取能量,因此接收灵敏度得到极大提高。

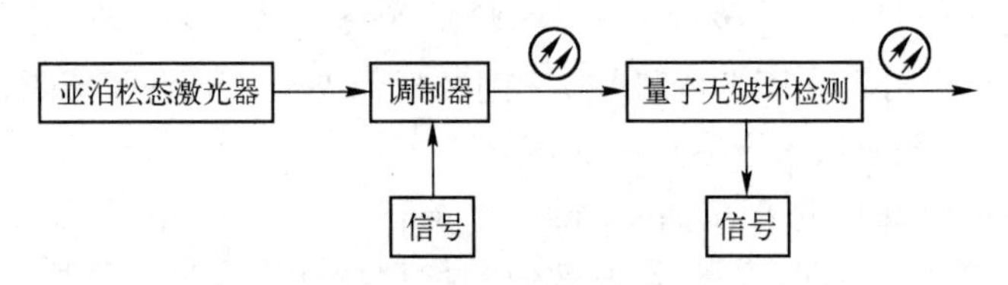

图 9-44　量子光通信系统结构

3. 量子光通信的特点

理想量子通信优于传统通信方式的突出特点是:

(1) 与生俱来的安全性。在不破坏或不改变量子态的情况下,是无法测量、得到量子状态的。因此,在量子信道上传送的信息不可能被窃听、被截获或被复制。这就是我们常说的无条件安全性或绝对安全性。

(2) 无障碍传输信息的能力。量子纠缠态是指相互关联的两个粒子无论在空间上被分离多远,当一个粒子状态变化时,都会立即使另一个粒子状态发生相应变化。利用量子纠缠态实现的量子态隐形传输是一种间接传输技术,因而它具有极好的无障碍通信能力。研究表明量子通信还具有超大信息容量,超高速传输能力,超大的信息效率,超强抗干扰能力,极强的保密性以及可降低通信复杂度且环保无污染等优势。

由于量子光通信是实现量子通信的首选方案,量子通信的上述特点和优势,也由量子光通信体现出来,这里还要特别指出的是如下两个特点:

(3) 光的量子性。光的量子性遵循的测不准关系为 $\Delta N\Delta\Phi\geqslant1/2$,$\Delta N$ 为光子数的涨落,$\Delta\Phi$ 为相位的涨落。光子能量为 $E=h\nu$,h 为普朗克常数,且 $h=6.626\times10^{-34}$,ν 为光子频率。光子的质量 $m=h\nu/c$,c 为真空中的光速,光子的发射速度 $N=P_s/h\nu$,P_s 是发射频率为 ν 的光功率,N 单位时间发射的光子数。由于光通信中所用的光波是激光器发射的相干光,其光子数是很大的。

(4) 量子信道光子的信息效率。量子信道的信噪比取决于光子数涨落 ΔN。根据光量子遵循的测不准关系,当 ΔN 减至最小(以至 $\Delta N\to0$)时,可使 $\Delta\Phi$ 增大到相应程度。这样一种光子数态的极限状态称为亚泊松态。对于光的相干态,由香农定理可证明在极限带宽的条件下,经典光通信系统中光子的信息效率为 $P_m=1.44$ 比特/光子。理论分析表明:量子信道光子的信息效率 $P_m=1.44h\nu/(KT)$,式中 K 为玻耳兹曼常数,且 $K=1.38\times10^{-23}$;T 为系统温度。当 $T=300\text{K}$(室温)、$\nu=3\times10^{14}$时,可计算得到量子通信的信息效率 $P_m=69$ 比特/光子,这是大大高于经典光子的信息效率的。

4. 量子光通信的关键技术

量子光通信要解决的技术包括量子隐形传态、量子密集编码、量子密码技术、自由空间量子传输、量子计算等,从量子光通信的系统结构可以看出,其关键技术在于:(1) 亚泊松态激光器，要求它发出的光子数涨落 $\Delta N \to 0$（在 9.5.2 节中详细介绍）；(2) 光子计数技术；(3)实现超高速调制的光子调制器；(4) 量子无破坏检测技术。

光子计数技术需利用光子检测器，当较强的恒定光信号输入到光子检测器时，其输出为伴有噪声涨落的直流成分；当输入光信号减弱时，输出的波动就明显增加；而当输入减弱到一定程度时，输出就变成了脉冲序列，其噪声光子产生的电脉冲高度场在某一恒定值以下，信号光子产生的电脉冲高度场在某一恒定值以上。

一种新的高速调制方式是利用孤子对量子态进行调制。因为光孤子基于光纤的群速色散(GVD)和自相位调制(SPM)平衡而产生，能够不失真地在光纤中传输，这种孤子形状不变的特性使其成为理想的信息载体。当量子信息在光纤中传输时，其状态必然受到光纤色散及非线性的作用而发生改变。若以光孤子作为量子信息的载体，并构建零均值 GVD 和 SPM 的传输线路（由自激励透明孤子介质和普通光纤组成的二级传输线）可以避免量子态失真。通过光孤子对不同类型的量子态编码（利用偏振、相位等特性实现编码），使孤子在整个光纤传输线上只是携带这些态，而量子信息的基本态（纠缠态）在光纤孤子的内部量子结构中产生，然后由所建立的量子信息通道（二级传输线路）传输，从而实现对信号的超高速调制与传输。

已研究的量子无破坏检测技术是让信号光通过光学克尔介质，利用其非线性克尔效应，使光学介质的折射率随着信号强度的变化而变化。当探测光通过这个介质时，受到其折射率的调制，信号被转载到探测光上，而信号光没有被破坏。再通过对探测光进行解调，可得到原始信号。在长距离光纤通信中，考虑到光纤的损耗，其通信波长只能选在 1.31 μm 和 1.55 μm 这两个低损耗窗口，而在这两个波段的高精度单光子探测器技术还不成熟，目前可商用的光电倍增管、硅基固体单光子检测器等的工作波长不在这两个波段，必须研制红外波段的单光子探测器。

9.5.2 量子态发生器及应用

量子态发生器是量子光通信系统的信源，主要有单光子源和纠缠光子源两大类。亚泊松态激光器是一种理想的单光子源，而目前应用较多的是基于弱相干光衰减的单光子源。通信波段的纠缠光子源则利用非线性光学材料、基于四波混频及参量过程来产生。

1. 亚泊松态激光器

理想的单光子源一次只发射一个光子，并要控制其发射波长、发射状态及发射时间等。光子是光源能量的最小单位，要制造出能够一次发射如此小能量的光器件是很不容易的。由光量子的测不准关系可知，当光子数涨落 ΔN 减至最小（以至 $\Delta N \to 0$）时，可使相位涨落 $\Delta \Phi$ 增大到相应程度，这种光子数态的极限状态称为亚泊松态，由激光器发射的这种激光被称为亚泊松态激光。在量子光通信中，由于光信息不是由相位传载的，我们可以通过增大 $\Delta \Phi$ 来降低 ΔN 至最小值，而且 ΔN 的减小还能提高信噪比。一种亚泊松态量子发生器结构如图 9-45 所示，其中半导体激光器输出具有涨落为 ΔN 的光量子，通过量子非破坏测量装置的输出值与调制信号的规定电平值比较，得到的差值作为负反馈注入到半导体激光器，致使输出光子数保持在规定的值。这时又由于量子非破坏测量的反作用，使相位涨落附加到输出光上，并发生最小的测不准关系，即 $\Delta N \Delta \Phi = 1/2$，于是输出了亚泊松态的激光，这个装置就被称为亚泊松态量子发生器。

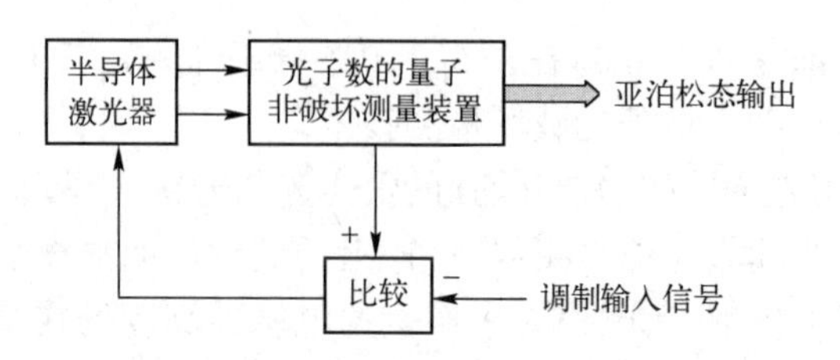

图 9-45　亚泊松态量子发生器原理图

2. 基于弱相干光衰减的单光子源

1. 31 μm、1. 55 μm 波段的激光器可用于量子通信系统,将这两波段的激光器发出的激光进行适当衰减来得到单光子源。目前单光子源的研究前沿是脉冲 LD 单光子源,因为脉冲 LD 发出的脉冲激光经过约 70dB 的衰减后,每个光脉冲输出的能量可小于一个光子的能量。由于光子的统计分布服从泊松分布,按光子的能量计算,当平均光子数出现的概率为 0. 2 时,单光子出现的概率为 0. 16,双光子出现的概率为 0. 016,如此低效率的光子产生率必然导致量子通信系统的速率从源头上就受到限制。

另外 LED 可作为单光子源,它的发光面积很小,可看作点光源;其光偶合效率较高,适合与接收立体角很小的光纤连接;且发热效率低,可在室温下连续工作。它的这些优点已被用于大量的单光子源实验中。但它也有不可克服的缺点,即其强度、波长和频谱均受限,不适于作为量子密码通信中的单光子源。

中国科技大学、清华大学等单位的科学家于 2009 年成功完成了世界上最远距离(大于 100 km)、绝对安全的量子保密通信,其实验系统方框图如图 9-46 所示,其中图(a)是天津发射端系统,图(b)是北京接收端系统。我们可以看到在这个系统中利用了 1. 55 μm 波段的激光器,并通过衰减来获得单光子输出。这个实验是国际率先实现的量子态隐形传输,证实了量子态隐形传输穿越大气层的可行性。

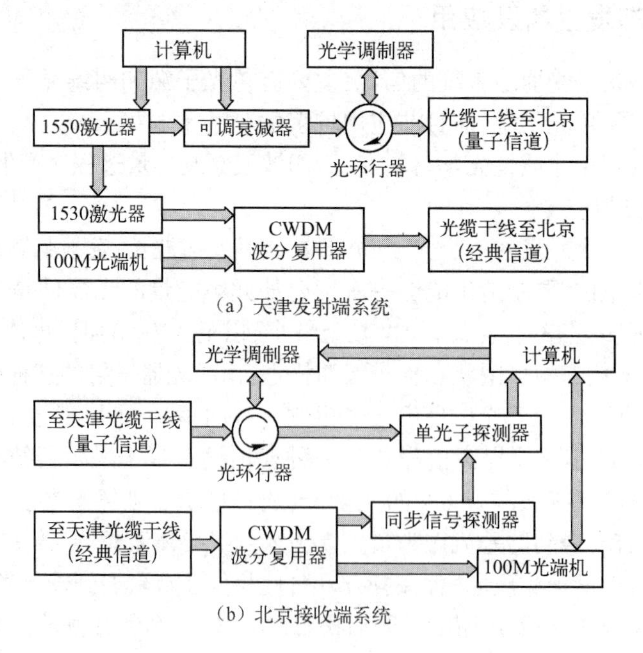

图 9-46　量子保密通信系统方框图

3. 纠缠光子源

纠缠光子源需借助于光学非线性效应,其结构复杂。一个纠缠光子源系统结构如图 9-47 所示,它由泵浦光源(Pump),光放大器(Amplifier:EDFA),滤波器(Filter),偏振控制器(FPC),光子晶体光纤(PCF,其色散系数在 1550 nm 处大约为-0.6 ps/nm/km),阵列波导光栅(AWG),偏振分束器(PBS),单光子探测器(SPD,其探测周期为 100kHz,探测门宽时间为 2.5ns),符合计数器(Counter),示波器(OSC)等组成。

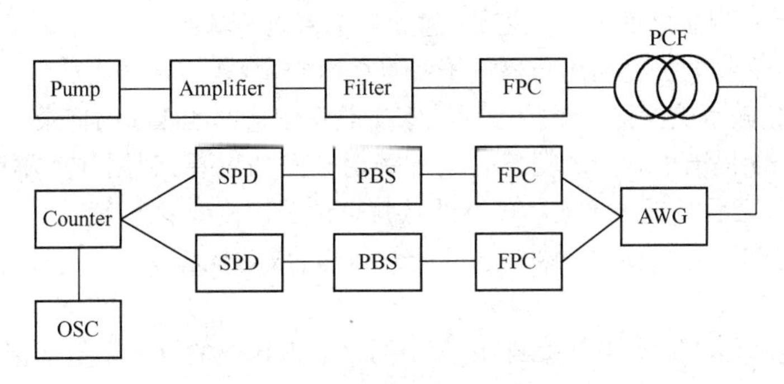

图 9-47　一个纠缠光子源系统结构

在这个系统中,偏振控制器的作用是使光束偏振方向与光纤的其中一个主轴平行,这样可有效抑制光纤内由于模式耦合而造成的噪声光子。在光子晶体光纤中产生三阶非线性效应——四波混频,输出的光子主要包括 3 部分:一是四波混频过程中产生的量子纠缠信号与闲频光子,二是拉曼散射产生的光子,三是通过滤波器滤出的泵浦光子。

为了有效地测量光纤中产生的纠缠光子,必须有效地抑制泵浦光子与拉曼光子。为此系统采用波导阵列光栅($\Delta\lambda \approx 0.8$ nm)进行分光和滤波,以便得到有关纠缠光子的更精确测量数据。实验用 AWG 相邻信道抗串扰大于 30dB,非相邻信道达到 40dB 以上,有效隔离泵浦光和信号/闲频光。分光之后信号/闲频光分别进入由 FPC 和 PBS 共同组成的偏振控制模块。此模块的作用是过滤信号/闲频光的偏振态。

这个光子纠缠对的产生效率通常以符合与偶然符合比来评价,经过多次测量取均值,测得一对光子对(在 1555.7 nm 和 1545.3 nm 波长上)的符合与偶然符合比达到 8∶1,对应的符合速率达到 1.43 kHz,从而满足纠缠光子源的应用要求。

4. 相关的应用研究

近年来,在国际著名的学术杂志《自然》、《物理评论快报》、《光学快递》、《物理评论》等上,报道了很多量子光通信的研究及成果,其中大多数实验系统采用的仍是基于弱相干光衰减的单光子源和基于非线性效应的纠缠光子源。例如:

1982 年,法国物理学家成功完成一项微观粒子之间“量子纠缠”关系的实验。

1993 年,英国国防研究部首先在光纤中实现基于 BB84 方案的相位编码量子密钥分发,光纤传输长度为 10 km。后来英国通信实验室又在 30 km 长的光纤传输中成功实现了量子密钥分发。

1995 年,中国科学院物理研究所以 BB84 方案在国内首次做了自由空间量子光通信演示性实验,华东师范大学用 B92 方案做了相关实验。

1997 年,美国洛斯阿拉莫斯国家实验室以 B92 方案在长达 48 km 的地下光缆中成功地传送量子密钥,创造了光纤中量子密码通信距离的新纪录。

1997 年，奥地利蔡林格小组、中国留学青年学者潘建伟与荷兰学者波密斯特等人合作，首次实现了未知量子态、量子隐形远程传输。

2000 年，中国科学院物理研究所与中科学院研究生院合作在 850 nm 的单模光纤中完成了 111 km 的量子密码通信演示性实验。

2002 年，瑞士日内瓦大学的研究组在 67 km 的光纤中实现了单光子密码通信。同年，德国慕尼黑大学与英军合作，用激光实现了 23.4 km 的量子密钥分配，还计划实现与距地面 500~1000 km 的近地卫星之间的收发密钥，建立一个密码传输网。

2003 年，日本三菱电机公司用防盗量子密码技术与 100 km 光纤成功地传送信息，其传递距离可达 87 km，打破了美国洛斯阿拉摩斯国家实验室创造的 48 km 的记录。

2003 年，Hwang 提出了基于诱骗态的量子密钥分发的思想，利用强度不同的弱相干态光源抵抗分束攻击。之后又提出了实际可行的诱骗态量子密钥分发方案。

2004 年，奥地利研究组利用多瑙河底的光纤信道，成功地将量子“超时空穿越”距离提高到 600 m。

2004 年 在美国马萨诸塞州剑桥城，由六个网络节点组成的第一个量子密码通信网络正式投入运行。

2004 年，瑞士使用标准光纤实现了第一个商用量子密钥分发系统，在 100 km 距离上进行点到点密钥分发，密钥比特率为 1000b/s。

2005 年，中国科技大学研究团队在合肥创造了 13 km 的自由空间双向量子纠缠“拆分”、发送的世界纪录，同时验证了在外层空间与地球之间分发纠缠光子的可行性。

2006 年，潘建伟研究组、美国洛斯阿拉莫斯国家实验室、欧洲慕尼黑大学-维也纳大学联合研究组各自独立地实现了诱骗态量子密钥分发方案，同时实现了超过 100 km 的诱骗实验验证，从而真正打开了量子通信走向应用的大门。

2006 年，欧洲科学家利用光束加密代码跨越了 90 英里（145 km）宽的海洋，欧洲空间局（ESA）称该实验的成功使量子纠缠作为“百分之百安全的卫星通信”更近了一步。

2007 年，由奥地利、英国、德国研究人员组成研究组在量子通信研究中创下了通信距离达 144 km 的最新纪录，这种方法有望在未来通过卫星网络实现信息的太空绝密传输。这一成果还被广泛评为 2007 年世界十大科技进展新闻。

2008 年，中国潘建伟研究团队成功研制了基于诱骗态的光纤量子通信原型系统，在合肥成功组建了世界上首个 3 节点链状光量子电话网，成为国际上报道的绝对安全、实用化量子通信网络实验研究的两个团队之一（另一小组为欧洲联合实验团队）。实现了“一次一密”加密方式的实时网络通话和 3 方对讲机功能，这是真正的“电话一拨即通、语音实时加密、安全牢不可破”的量子保密电话，这项成果将我国实用化量子光通信的研究推向了国际领先的水平。

2009 年，潘建伟研究团队又建成了世界上首个 5 节点的全通型量子通信网络，首次实现了实时语音量子保密通信，这一成果标志着中国在城域量子网络关键技术方面已经达到了产业化要求，走在了国际前列。

综上所述，国内外实验室研究和现场试验结果表明：量子光通信的理论和实现方法研究已取得突破性进展，量子通信技术已初步成熟。但目前还有诸多问题有待解决，例如，缺乏完美的单光子源，高速、高增益、低噪声的光子计数器等，基于弱相干光衰减的单光子源发出的脉冲中仍有一些不少含有多个光子，这将降低量子信息的绝对安全性等。量子光通信有着广阔的发展空间，实用化量子通信系统的实现有待于我们在理论、实验方法及技术上继续突破。

思考练习题 9

1. 光纤通信中采用哪些半导体激光器？其中哪些是多纵模激光器？哪些是单纵模激光器？如何有效地实现半导体激光器的动态单纵模工作？

2. 光纤激光器的工作原理是什么？光纤激光器有哪两种？各有什么特点？

3. 光放大器在光纤通信领域中主要有哪些功能？并分别举例说明。

4. 激光全息照片和普通照片都是用记录介质进行拍摄的，两种照片在本质上有何不同之处？激光全息照片记录与再现的原理是什么？

5. 有人曾把整张的人民日报（78 cm×54 cm）用激光全息技术记录在 1 mm 见方的全息照片上，并重现出可以清晰阅读其上刊登的文章（五号字排版）。试设想出两种记录与再现光路，说明记录与再现的原理。根据你设计的光路，估算一下你所需要的记录介质的分辨本领。

6. 如果已知一个物体的信号波振幅分布和相位分布，是否可以不用光学方法来对这些信息进行全息记录？可以用什么方法？这种技术有什么实用意义？

7. 激光光盘存储的基本原理是什么？目前商用的光盘有哪几类？它们各有什么特点和用途？

8. 激光光盘存储与磁盘存储相比有哪些优势和不足？目前正在发展的激光高密度存储方法有哪几种？

9. 一种光盘的记录范围为内径 50 mm、外径 130 mm 的环形区域，记录轨道的间距为 2 μm。假设各轨道记录位的线密度均相同，记录微斑的尺寸为 0.6 μm，间距为 1.2 μm，试估算其单面记录容量。

10. 如图 9-31 所示的中继透镜激光扫描系统中，如果前后两个透镜组成的望远镜系统的放大倍数为 $2^{\times}$，扫描镜 1 可以完成的扫描角度为 20°，后透镜的焦距为 30 mm。试问前透镜的相对孔径为多大（相对孔径定义为透镜通光口径与其焦距之比）？与图 9-30 所示的简单双镜系统相比较，中继透镜激光扫描系统有什么优点？

11. 简述如图 9-33 所示的全息扫描器的基本原理和优缺点。

12. 激光扫描器主要有哪些应用领域？简述如图 9-36 所示的 IBM 3687 型条形码扫描器的基本原理。

13. 简述激光打印机的基本原理。

第 10 章　激光在科学技术前沿问题中的应用

第 6 章到第 9 章介绍了激光在人们生产及生活中的应用,本章来谈谈激光在科学研究,主要是科学技术前沿问题中的应用。作为 20 世纪最重要的高新技术发明之一,激光已经对科学技术的发展起到了极大的促进作用,几乎所有的自然科学研究领域都有应用激光技术取得的研究成果。这里只能选择一些比较重要而又比较典型的应用予以介绍。尽管这些应用还处于研究阶段,其前景对于人们未来的生产及生活却可能带来极重要的影响,甚至是决定性的影响。因此,对这些问题有所了解和掌握还是很有必要的。

10. 1　激光核聚变

10. 1. 1　受控核聚变

发达国家中,欧美及前苏联利用核聚变反应获取能量的实验早在 1950 年就开始进行了,日本对这方面的研究是在 1958 年以后开始的。我国在这方面起步比较晚,但是我国科学家在 20 世纪 50 年代就参加了前苏联的和平利用核聚变的研究,20 世纪 60 年代则开始了独立自主的研究。

众所周知,文明的维持与发展是建立在能源供应充足的基础之上的,生活水平越高,经济发展越快,消耗的能源就越多。当前人类使用的能源主要是煤、石油、天然气这样的化石类燃料,它们形成的周期长,在地球上的储藏量有限。对这些能源的使用还带来了严重的环境问题,燃烧化石类燃料所造成的 CO_2 排放被认为是全球变暖的主要原因,要对日渐频繁的自然灾害如水灾、干旱负责。人类对供量充足、环境污染小的新能源的需要日益迫切。

科研工作者们一直在寻找解决问题的办法。目前的研究表明,一些可再生的能源如风能、太阳能等,虽然对环境的破坏小,但能提供的能量密度低,难以完全替代化石类能源,更谈不上满足未来人们对能源进一步的要求;而水电站的建设和运行受自然环境影响很大,同时对生态环境的影响也是很大的;虽然核裂变可以提供巨大的能量,并在许多国家已投入使用,但核废料的处理、装置的安全运行,以及可能的军事应用的控制等问题一直让人难以释怀。相比较之下,核聚变有突出的优点。低原子序数的元素通过聚变反应聚合为更高序数的元素,反应中损失的质量转化为能量放出,提供能量的效率比裂变要高。同样的质量的核燃料,利用核聚变获得的能量比核裂变多 4 倍。比如 1 kg 铀(^{235}U)裂变时放出的原子能相当于 2500 吨优质煤燃烧时所放出的能量,而 1 kg 氘(D)和氚(T)聚变时放出的能量,就相当于 1 万多吨优质煤燃烧时所放出的能量。在对环境的影响方面,聚变具有不产生 CO_2 排放,不导致温室效应,发生事故对环境基本没有辐射影响,产生的废料辐射水平低等优点。因此,发展聚变能应用是替代化石类燃料与裂变能,推动人类文明发展的理想途径。

聚变时,参加反应的原子核都带正电,彼此之间互相排斥。粒子必须具有极高的动能,才能克服这种排斥作用,彼此接近到足以发生反应的程度。为了使粒子达到如此大的动能,必须使其温度升高到上亿摄氏度,所以称这种聚变反应为“热核反应”。点燃热核反应所需要的温度,就叫“点火温度”。即便是最低条件的氘-氚(D-T)的核聚变反应其温度也要高达1亿摄氏度左右。此时粒子的平均动能达10 keV以上,远远超过了氢离子的电离能13.6 eV。因此核聚变反应物质是离子和电子混合起来形成的等离子体,聚变时所需要的温度也叫等离子体温度。为了达到如此高的温度,生成高温高密度的等离子体,最初的办法是使用核裂变的链锁反应。因此,热核反应的第一个实际的应用是制造氢弹。但是作为一种大规模杀伤性武器,氢弹爆炸过程中的热核反应实际上是不可以控制的。要利用热核反应做能源就必须能够对它进行有效的控制。

10.1.2 磁力约束和惯性约束控制方法

热核反应点火后能否顺利地“燃烧”下去,要求核燃料必须保持一定的密度,否则核燃料太稀疏就会使聚变反应的速率大大降低,甚至熄火。另外,还必须把这种密度的核燃料保持一定的时间,使它们不彼此飞散,以便充分地进行聚变反应。可是,在上亿摄氏度的温度下,核燃料由于受到超高温加热而迅速膨胀,结果其密度就迅速变低。因而利用核聚变提取能量有两个条件:一是保证充分的反应时间;二是约束高温等离子体。然而等离子体的保持时间 τ 与等离子体密度 n 成反比,也就是说获取核聚变能量的首要条件是 $n\tau$ 必须超过临界值。这就是所谓的劳森条件。如果是氘-氚核聚变,至少要求 $n\tau \geqslant 10^{14}$ s/cm^3。劳森条件的实质是等离子体的热能与核聚变反应能相等,即要求“收支平衡”。目前比较实用的能达到劳森条件的装置有两大类。一是利用一定的强磁场将高温等离子体进行约束和压缩,使之达到劳森判据,即所谓的“磁力约束方法(Magnetic Confinement Fusion, MCF)”。如果采用MCF方法,在磁场强度可能的极限内,产生的等离子体密度大约为 10^{14} cm^{-3},等离子体保持时间在1 s以上,即低密度长约束时间。为此人们先后设计了诸如磁镜装置、仿星器、箍缩装置,以及在以上装置的基础之上发展起来的托卡马克装置。目前,托卡马克装置基本上已经成为MCF研究的主流装置,所取得的成果最接近于聚变点火条件。但是即使在托卡马克上也还存在着许多问题,这主要表现在以下几个方面:①托卡马克装置结构复杂,造价昂贵;②在强磁场中高温等离子体会表现出各种宏观和微观不稳定性,如何实现稳态运行仍然是托卡马克装置面临的最大问题;③托卡马克是一个封闭的装置,如何实现反应堆从加料到加热、反应、传热、除灰的连续运行也是一个极大的困难。为了克服以上困难,人们又提出了惯性约束(Inertial Confinement Fusion, ICF)的概念,这是利用高功率的激光束或粒子束均匀照射用聚变材料制成的微型靶丸,在极短的时间内迅速加热压缩聚变材料使之达到极高的温度和密度,在其分散远离以前达到聚变反应条件,引起核聚变反应。如果采用ICF方法,ICF等离子体密度要达 10^{25}cm^{-3}以上,等离子体的寿命只要10 ps就够了,即高密度短约束时间。惯性约束的特点是,驱动器和反应器是分离的,因而相对来说结构较为简单,不需要庞大的磁路系统,系统的工作条件也相对宽松一些。不过,ICF也有许多困难要克服:①ICF的约束时间仅为 10^{-9} s左右,因而必须加热等离子体,使得离子的平均动能大于10 keV,离子密度压缩到大于 10^{32} m^{-3}的高温高密度状态。这时等离子体密度超过固体密度的1000倍,等离子体内部的压强约为 10^{12}个大气压。这就对驱动器和靶丸提出了极高的要求,而目前的激光器还很难达到这个条件。②对于ICF来说如何实现反应的连续运行,以及传热、除灰等,困难仍然很大。图10-1示意了两种方法的相对 n 与 τ 的核聚变区域。

自20世纪60年代初梅曼成功地研制出激光器后不久,在美国及前苏联就开始了激光核聚变——惯性核聚变的研究。我国科学家王淦昌几乎在同时也提出了同样的思想[102]。若按通常的固态氘、氚密度来估计,它要求激光器能在 10^{-9} s的时间内产生10亿焦耳的能量,从而对高功率激光器提出了很高的要求。为了摆脱困境,科学家们设想通过大大提高氘、氚原子密度来降低对激光器能量的要求。这样,估计 1~10 万焦耳数量级的激光能量就可以实现热核反应的点火。核燃料的压缩需要很高的压力,要把固体氘、氚的密度提高 1000 倍就必须加上 1000 亿个大气压的超高压力。因为光有压力,把高功率激光聚焦后,可以获得非常高的压力。通过激光聚焦,可以产生几百万至上千万个大气压的光压力,但还是远达不到劳森条件的要求。在这种情况下,科学家们发展了一种激光向心压缩技术。

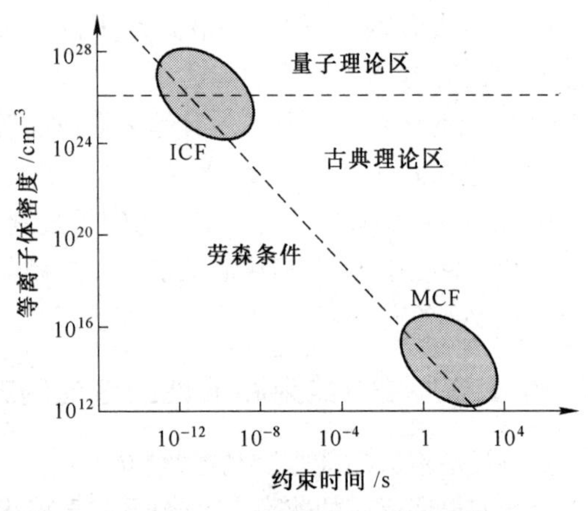

图 10-1 ICF 和 MCF 的比较[31]

1972 年美国的 J. Nuckolls 等人在 *Nature* 上发表了激光压缩点燃的概念,公开了对压缩点燃惯性核聚变的研究。针对压缩点燃核聚变的提案,为了证明该原理的可行性,从 20 世纪 70 年代后半叶到 80 年代,日本、美国、欧洲和我国都建成了由多光束构成的大型激光装置。

10.1.3 激光压缩点燃核聚变的原理

在塑料制成的小球中装入核聚变燃料氘和氚作为靶丸,激光器发射一个激光预脉冲,烧掉靶丸外面的一层皮,在上亿摄氏度高温下,原子外围的电子飞离开去成为自由电子,氘、氚核燃料就成为由带正电的裸露原子核和带负电的自由电子组成的高温等离子体。压缩点燃的方式有两种:一种是直接照射方式——多束激光以球对称方式直接照射在靶丸表面;另一种是间接照射方式——将靶丸放入由金等重金属制成的空腔中,通过激光照射空腔内表面产生的 X 射线,再照射靶丸。

图 10-2 示出了从压缩点燃到核聚变点火、燃烧的全过程。靶丸表面受到强度为 10^{14} ~ 10^{15} W/cm^2 的激光或 X 射线的照射,在靶丸表面产生高温高密度的等离子体。此时,如果是激光照射,表面产生的等离子体温度为 3 keV(约 3000 万度),电子密度为 10^{22} cm^{-3};如果是 X 射线照射,表面产生的等离子体温度为 300 eV(约 300 万度),电子密度为 10^{23} cm^{-3}。无论哪种照射方式,靶丸表面产生的等离子体压力均可达到 100 Mbar(1 亿大气压)(如图 10-2 (a)所示)。在该压力作用下,靶丸球壳被压缩,同时向中心急剧加速(如图 10-2 (b)所示)。如果控制激光或 X 射线的脉冲形状,使蒸气压力缓慢增加至 100 Mbar,以防止发生强烈的冲击波,那么加速时的球壳密度是固体密度的 10 倍左右。

如果球壳被加速到 300~500 km/s 之前一直保持球状,由核聚变燃料构成的球壳就会急剧向中心缩聚,从而产生超高温、高密度的等离子体(如图 10-2 (c)所示)。此时等离子体的直径约为初期的颗粒直径的 1/30。压缩点燃的动能转换成等离子体的热能,结果在中心区产生 10 keV(约 1 亿度)以上的高温等离子体(热电离火花)(如图 10-2 (c)所示)。此时热电离火花周围的温度比较低,处于被压缩的状态,即形成超过固体密度 1000 倍的超高密度的等离子体。热电离火花中,核聚变燃烧一开始,发生下列反应:

$$D+T \rightarrow N+\alpha+17.6\ \text{MeV} \tag{10-1}$$

释放出 α 粒子,引起等离子体的加热,进而导致周围形成核聚变燃烧并且扩展(如图 10-2 (d)所示)。

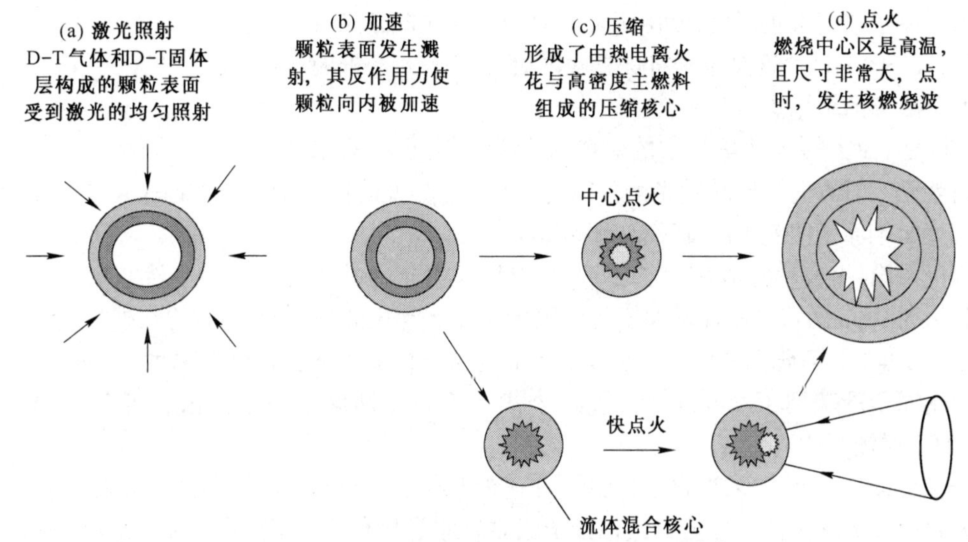

图 10-2　压缩点燃到核聚变点火燃烧的过程[31]

目前惯性约束核聚变的研究进入了所谓快点火机制的研究阶段。利用皮秒超短脉冲激光器实施激光压缩靶丸区的快点火,已经成为可控核聚变的研究热点。美国已经实现了拍瓦级功率、千焦耳能量的亚皮秒超短脉冲激光输出,日本和英国也已得到接近这一数量级的激光脉冲。人类已经处在控制核聚变的门坎上,用激光实现可控核聚变的曙光即将显现。

10.2　激光冷却

获得低温是长期以来科学家所刻意追求的一种技术。它为研究物质的结构与性质,揭示大自然的奥秘创造了独特的条件。例如在低温下,分子、原子热运动的影响可以大大减弱,原子更容易暴露出它们的“本性”。以往低温多在固体或液体系统中实现,这些系统都包含着有较强的相互作用的大量粒子。20 世纪 80 年代,借助于激光技术获得了中性气体分子的极低温(例如,10^{-10} K)状态,实现了对单个原子的操纵。这种获得低温的方法叫作激光冷却[37,103]。

$h\nu$　v　M

图 10-3　原子吸收光子动量减小

激光冷却中性原子的方法是汉斯(T. W. Hänsch)和肖洛(A. L. Schawlow)于 1975 年提出的,20 世纪 80 年代初就实现了中性原子的有效减速冷却。这种激光冷却的基本思想是:运动着的原子在共振吸收迎面射来的光子(见图 10-3)后,从基态过渡到激发态,其动量就减小,速度也就减小了。速度减小的值为

$$-\Delta v = \frac{h\nu}{Mc} \tag{10-2}$$

处于激发态的原子会自发辐射出光子而回到初态,由于反冲而得到动量。此后,它又会吸收光子,又自发辐射出光子,但应注意的是,它吸收的光子来自同一束激光,方向相同,都将使原子动量减小。但自发辐射出的光子的方向是随机的,多次自发辐射平均下来并不增加原子的动量。这样,经过多次吸收和自发辐射之后,原子的速度就会明显地减小,而温度也就降低了。实际上一般原子一秒钟可以吸收发射上千万个光子,因而可以被有效地减速。对冷却钠原子的波长为 589 nm 的共振光而言,这种减速效果相当于 10 万倍的重力加速度！由于这种减速实现时必须考虑入射光子对运动原子的多普勒效应,所以这种减速就叫作多普勒冷却。

由于原子速度可正可负,就用两束方向相反的共振激光束照射原子(见图 10-4)。这时原子将优先吸收迎面射来的光子而达到多普勒冷却的结果。

图 10-4 方向相反的两束激光照射原子

实际上,原子的运动是三维的。1985 年贝尔实验室的朱棣文小组就用三对方向相反的激光束分别沿 x,y,z 三个方向照射钠原子(见图 10-5),在六束激光交汇处的钠原子团就被冷却下来,温度达到了 240 K。

理论指出,多普勒冷却有一定限度(原因是入射光的谱线有一定的自然宽度)。例如,利用波长为 589 nm 的黄光冷却钠原子的极限为 240 K,利用波长为 852 nm 的红外光冷却铯原子的极限为 124 K。但研究者们进一步采取了其他方法使原子达到更低的温度。1995 年达诺基小组把铯原子冷却到了 2.8 nK 的低温,朱棣文等利用钠原子喷泉方法曾捕集到温度仅为 24 pK 的一群钠原子。

朱棣文的三维激光冷却实验装置中,在三束激光交会处,原子不断吸收和随机发射光子,这样发射的光子又可能被邻近的其他原子吸收。原子和光子互相交换动量而形成一种原子光子相互纠缠在一起的实体,低速的原子在其中无规则移动而无法逃脱。朱棣文把这种实体称作“光学黏团”,这是一种捕获原子使之集聚的方法。更有效的方法是利用“原子阱”,这是利用电磁场形成的一种“势能坑”,原子可以被收集在坑内存起来。一种原子阱叫作“磁阱”,它由两个平行的电流方向相反的线圈构成(见图 10-6)。这种阱中心的磁场为 0,向四周磁场不断增强。陷在阱中的原子具有磁矩,在中心时势能最低,偏离中心时就会受到不均匀磁场的作用力而返回。这种阱曾捕获 10^{12} 个原子,捕陷时间长达 12 min。除了磁阱外,还有利用对射激光束形成的“光阱”和把磁阱、光阱结合起来的磁-光阱。

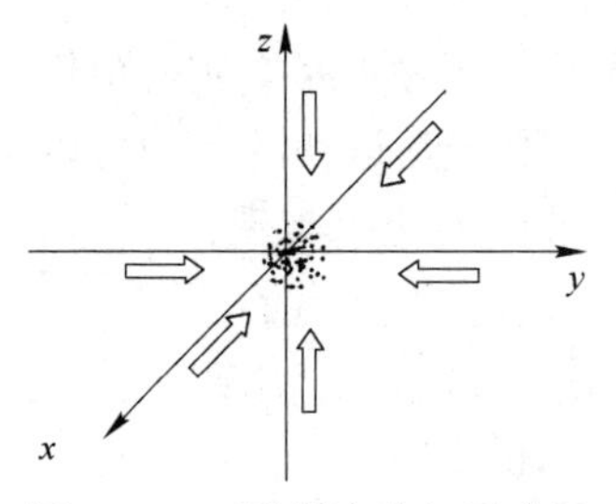

图 10-5 三维激光冷却示意图

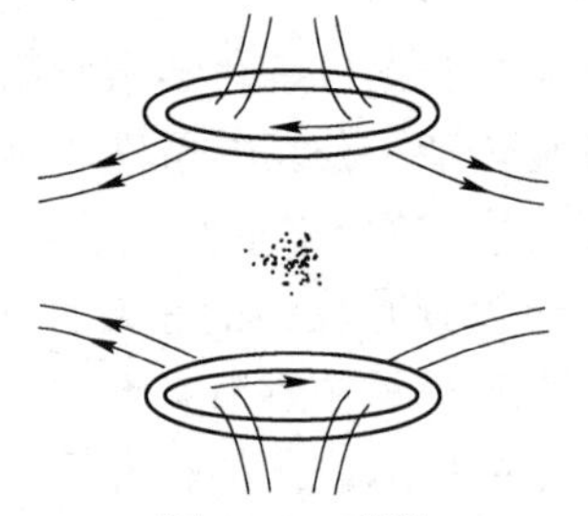

图 10-6 磁阱

激光冷却和原子捕陷的研究在科学上有很重要的意义。例如,由于原子的热运动几乎已消除,所以得到宽度近乎极限的光谱线,从而大大提高了光谱分析的精度,也可以大大提高原子钟的精度。最使物理学家感兴趣的是它使人们观察到了“真正的”玻色-爱因斯坦凝聚。这种凝聚是玻色和爱因斯坦分别于 1924 年预言的,但长期未被观察到。这是一种宏观量子现象,指的是宏观数目的粒子(玻色子)处于同一个量子基态。它实现的条件是粒子的德布罗意波长大于粒子的间距。在被激光冷却的极低温度下,原子的动量很小,因而德布罗意波长较长。同时,在原子阱内又可捕获足够多的原子,它们的相互作用很弱而间距较小,因而可能达到凝聚的条件。1995 年果真观察到了 2000 个铷原子在 170 nK 温度下和 5×10^5 个钠原子在 2 K 温度下的玻色-爱斯坦凝聚。

朱棣文(S.Chu)、达诺基(C.C.Tannoudji)和菲利浦斯(W.D.Phillips)因在激光冷却和捕陷原子研究中的出色贡献而获得了 1997 年诺贝尔物理学奖,其中朱棣文是第五位获得诺贝尔奖的华人科学家。

10.3 激光操纵微粒

17 世纪牛顿预言光有压力,19 世纪末麦克斯韦用电磁场理论证明了光的这种力学作用即光压的存在,20 世纪初列别捷夫进行了光压测量,第一次从实验中发现了光压[104]。光产生的力,即使功率为 10 W 的激光,相应作用力的大小最大也只有 10^{-8} N,比起重力、摩擦力、空气阻力来说小到可以忽略的程度。但是,如果将直径为 n 毫米的激光通过透镜会聚到直径为 n 微米的物体上,则光子数密度增加到 10^6 倍,并且受力物体从毫米直径缩小到微米数量级,此时黏性阻力减小 3 位数,重力减小 9 位数,因此当微小物体作为作用对象时光就可以表现出较为显著的力学效应。1970 年,Ashkin 成功地用对置的两束激光捕捉到了微粒,并且用原子喷水提升的方法也捕捉到了微粒[105],此后激光作为光镊子广泛用于分子生物学领域中对微生物、染色体、细胞的操作,以及测定分子的步进运动等。

10.3.1 光捕获

光捕获是利用光的力学作用,对尺度在微米以下的微小物体,用激光束夹住并使其移动的技术;它是目前为止观察从微米级至纳米级空间中影响微粒的力学效应的重要的测定手段。

众所周知,光子具有一定的动量,当光入射到微粒上时,光动量将随着与微粒的相互作用中所产生的反射、折射、吸收等过程而变化。而动量的变化又会产生力。如果在 Δt 时间内动量的变化量为 $\Delta\vec{P}$,那么相应产生的力 $\vec{F}$ 可由下式表示

$$\vec{F} = \Delta\vec{P}/\Delta t \tag{10-3}$$

此力与动量的变化量具有相同的方向,作用在微粒上。光捕获微粒的作用就是这个力产生的。光捕获的原理[106~109]可以有多种分析方法。这里用比较容易理解的几何光学的方法予以定性说明。如图 10-7 所示,仅考虑由会聚于 f 点的光束中对称的两条光线,照射到透明的球形微粒上折射引起的力。光线 a 与光线 b 在没有微粒球时相交于 f 点,两束光在微粒球上分别经过两次折射后射出来。若 $\vec{P}_{a(in)}$ 和 $\vec{P}_{b(in)}$ 分别为光线 a 和 b 入射时的动量,$\vec{P}_{a(out)}$ 和 $\vec{P}_{b(out)}$ 分别为光线 a 和 b 经过微粒球后出射出来的动量,两光束出射出来后动量的改变量分别为 $\Delta\vec{P}_a$ 和 $\Delta\vec{P}_b$,则根据动量守恒定律可知,a 和 b 光束分别使微粒球的动量改变了 $-\Delta\vec{P}_a$ 和 $-\Delta\vec{P}_b$。再由式(10-3)可得,两束光作用在微粒球上的力分别为图中的 $\vec{F}_a$ 和 $\vec{F}_b$,微粒球在这两个力的合力作用下逐步向焦点位置 f 附近移动,直到焦点 f 与微粒球的中心重合。因为重合时 a 和 b 光线在微粒球中不折射而沿直线传播,由折射引起的力也就消失了。由上面的分析可知,a 和 b 两条光线所产生的力总是使微粒球向着光束焦点方向趋近。实际上在满足一定的条件下,不仅这两条光线,在光束中其他的光线对也有同样的能力,而且在同时考虑折射光和反射光的情况下也可以得到同样的结论。进一步研究捕获对象的尺度为比光波长更小的情况,即在瑞利散射领域,把微粒看作点极化散射体来处理,捕获力也同样存在,也就是说同样存在光压使微粒向着光能密度高的方向运动的趋势。聚焦的强光就像一把镊子,可以把微粒镊到它指向的任何位置。

此外,微粒球所受到的捕获力还与微粒半径、光束的空间分布、光波长等因素有关。在微粒半径方面,目前已有捕获最小直径达 25 nm 左右的电介质粒子的实验报告发表。对于亚微米以下的微粒,因为不能忽略周围介质的布朗运动所产生的干扰,长时间稳定的维持捕获是困难的。研究表明

激光 TEM_{00} 的高斯型光束能产生足够的捕获力以擒获微粒,但聚焦的均匀光束比高斯光束向焦点方向的拉力更大。利用 TEM_{01} 光束,可以更有效地进行低折射系数材料或金属的捕获。波长效应由于坡印廷矢量正比于 $(1/\lambda)^2$,因此在同样的光强度下波长愈短作用的力愈大。

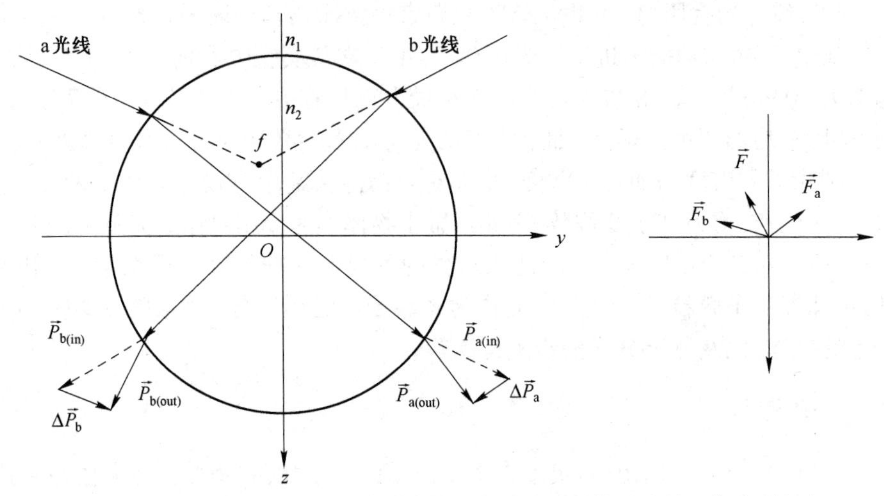

图 10-7 由折射引起的光的动量变化及微粒球受到作用力的几何光学解释

上述的讨论中,光所产生的只是使微粒球平移的力,而不产生旋转运动,要给微粒一个旋转力矩时可利用光所具有的角动量。已知圆偏振光的光子具有 $h/2\pi$(h 为普朗克常数)的角动量,而光子的动量是 $kh/2\pi$,因此光子的角动量比动量少波矢量 k 倍,对于可见光的场合约小 6 个数量级。Ashkin 等提出了在微粒上作用该角动量使微粒旋转的方案[110],杉浦等用实验方法观察了此现象[111],他们在水中放入折射率为 1.59、直径约为 7 μm 的半球形聚苯乙烯胶乳,用 5 mW 的圆偏振光氩离子激光束照射的方法观察了旋转。此时由微粒的旋转数与水的黏性阻力可计算出微粒所受力矩为 2.2×10^{-20} N · m。若 5 mW 的氩离子激光器的全部光子角动量都转换成微粒的旋转力矩,则全部力矩为 1.36×10^{-18} N · m,即受到的力矩为计算值的 1.6%。

10.3.2 微粒操纵

1. 单一有机微粒的制作

光压不只是提供微粒操纵手段,从化学观点看它还能形成聚合结构。激光的聚光斑点直径是波长级的,因此 10 nm 级的超微粒被吸引到焦点上形成单一微粒。图 10-8 定性地表示了其形成的过程。

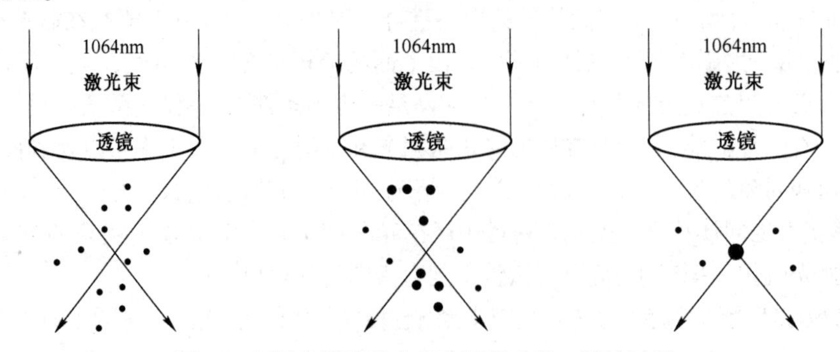

图 10-8 用光镊子聚合高分子形成单一微粒过程

Borowicz 等在环已酮，N-N-二甲酰胺中溶解 N-烯基咔唑，利用波长为 1 μm 的 Nd：YAG 激光造成了单一微粒。因为利用激光捕获微粒的场的尺寸，受激光束斑点尺寸的限制，所以如果激光强度超过某一个值，即使加大了激光强度，形成的微粒尺寸也不发生变化。

2. 细胞操纵与细胞融合

最需要光压操作技术的应用领域是生物研究，这是因为光压操作技术使非接触非破坏地对细胞和细胞小器官或生物体分子聚合体等在光学显微镜下的捕捉及操作成为可能，从而能得到以往机械操作方法所得不到的性能。

1986 年，美国贝尔实验室首次发明了激光“镊子”，数年之后赛尔机器人公司将该项技术转化成产品。它可以利用激光束捕获微观粒子，如活细胞或染色体。一旦细胞被仪器的激光束捕获，就可以拾取它们，将其移向任一位置并在一个操纵仪器中进行处理。激光光镊正在成为一项越来越重要的工具被广泛地应用在材料、物理、化学，特别是细胞生物学和分子生物学等许多科学领域，在微机械领域的作用也崭露头角。图 10-9 为一种光摄与微分干涉显微镜的原理图[112]。这种光摄工作速度很慢，不适用于流动的细胞分类计量，但在精度方面有着明显的优势。它能以绝对的纯度分离稀有的细胞或染色体，它还能促进细胞融合、细胞之间的相互作用，以及为法医和环保工作处理单个的生物物质微粒。这项技术的发展必将使其成为激光遗传工程方面的得力工具。

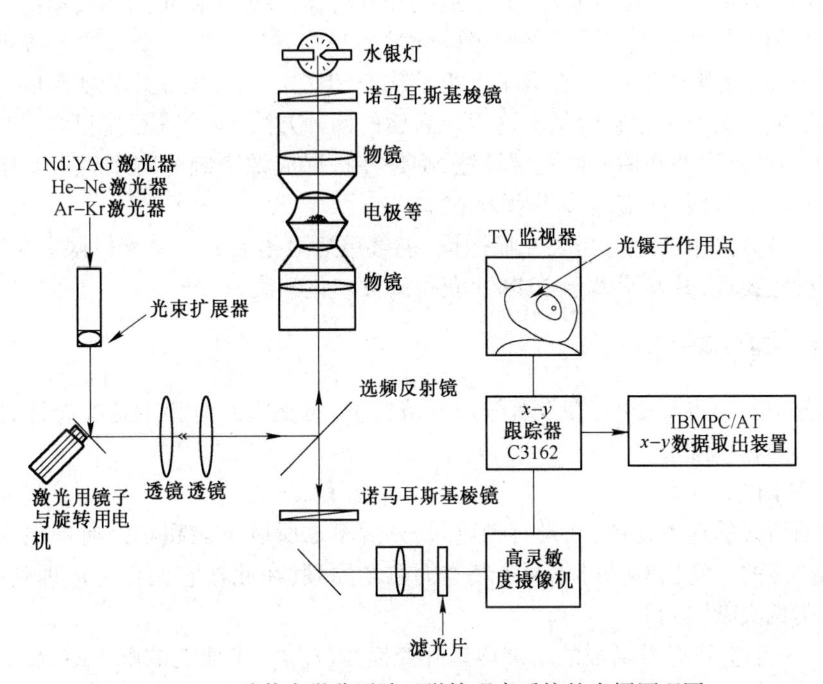

图 10-9　一种装有微分干涉显微镜观察系统的光摄原理图

借助于光镊和紫外激光辐射的人工受精（活体外受精）技术，对兽医研究和动物饲养也有着重要的应用价值。借助于紫外激光微辐射仪将卵细胞的透明带打开，使精子闯入变得容易。借助光镊可以捕获精子，将其运送到透明带的缺口处。从而形成精子与卵细胞直接接触，使精子同卵细胞的融合变得容易。

光镊同荧光技术相结合可以进行细胞分类，可以从异类细胞的混合物中分离出有特定标记的细胞，相对于传统的细胞分类仪，此法的优点是可在封闭的血管内进行，从而避免发生感染。

利用这种“光镊”的新技术已成功地捕捉了包括病毒、细菌、酵母细胞和红细胞等在内的各种显微镜下可见的生物体，这将在生物学研究中发挥重要的作用。未来生物系统中另一具有很大应用潜力的领域可能是信息处理，又称为生物电子学。在活细胞基础上建立神经网络的先决条件是将细胞精确定位，高分辨率和大速率的光镊使细胞精确定位成为可能。

此外，光捕获法还是观察从微米级至纳米级空间中影响微粒的力学效应的重要的测定手段。例如它可用来完成单一微粒的表面电荷密度的测定，单一微粒吸附力的测定等。

10.4 超越经典衍射极限的分辨率

很多年来，人们相信瑞利分辨率极限是绝对的，没有任何办法使成像系统的分辨率超越这个极限。这样一来，一个数值孔径 NA 等于折射率 n 的成像系统可以分辨的细节仅仅可以达到 $\lambda/(2n)$。对于500nm 波长的光来说，在空气中可以得到 250nm 的分辨极限。在显微镜中物体浸没在折射率为 n 的液体中，数值孔径最大可增加 n 倍，对于折射率为 1.5 的介质来说，可使分辨率极限减小到 167nm。

第一个提出通常的衍射极限并不是最终分辨率极限的，发表在 1952 年的一篇论文中，作者是意大利物理学家 Toraldo di Francia[113]。在这篇论文中，他证明了：利用精心选择的出瞳函数，点扩散函数的主瓣可以任意小，并且从侧瓣分离开，其代价是最后主瓣里的光越来越少。

下面的介绍中描述了超越通常衍射极限分辨的一些方法。第一个方法是解析延拓，这与 Toraldo di Francia 的观察很接近，在数学上很是精美，但已经被证明是不切实际的，其原因下面再解释。为了完整的讨论把它包括在这里。后面的四种方法：综合孔径傅里叶全息术，相干谱复用，非相干结构光照明和傅里叶叠层算法，都是在扩展成像系统分辨率时很有用的，因而更接近最终的分辨率极限，即横向分辨率 $\lambda/(2n)$。

在最后一种方法中，“超分辨荧光显微镜”能够更好地拓展分辨率到极限 $\lambda/(2n)$ 以外，并由于其足够的重要性，其发明人于 2014 年获得诺贝尔化学奖。

10.4.1 解析延拓

这一部分中我们将要证明，在没有噪声的情况下，对于空间有界的这类物体，原则上可以分辨到无穷小的物体细节。

1. 数学基础

对于上面所说的这类物体，在没有噪声时，分辨率之所以可能超越经典极限，是由很基本的数学基础决定的。它们的基础是两条基本的数学原理，在此把它们作为定理列在下面。这些定理的证明见文献[114]

定理 1 一个空间有界函数的二维傅里叶变换是 (f_X, f_Y) 平面上的解析函数。

定理 2 (f_X, f_Y) 平面上一个任意的解析函数，若在此平面上的一个任意小(但有限)的区域内精确地知道这个函数的值，那么整个函数可通过解析延拓手段(唯一地)解出。

对于任何成像系统，不论是相干的还是非相干的，像的信息都仅仅来自物的频谱的一个有限部分(在相干情形下是物的振幅谱的一部分，在非相干情形下是物的强度谱的一部分)，即成像系统的传递函数使其能通过的那一部分。如果能够根据像来精确确定物的频谱的这一有限部分，那么，对于一个有界物体，就能通过解析延拓求出整个物谱。而如果能够求得整个物谱，那么该物就可以无限精确地重现。正如我们马上就要看到的，这个结论仅仅在没有一点噪声时成立，在实践中这种情况从来都不存在。

2. 带宽外推的直观解释

对一个空间有限的物有可能实现超分辨率的一个似乎有道理的论据,可以通过一个简单例子来讲述。假设物的照明是非相干的,并且为简单起见,我们就一维而不是二维来进行论证。令物体是一个有限大小的余弦强度分布,其频率超出了非相干截止频率,如图 10-10 所示。注意这个余弦强度分布必定骑在一个矩形背景脉冲上,才能保证强度维持是一个正量。

有限长度的余弦函数本身可以表示为下面的强度分布:

$$I_g(u)=\frac{1}{2}[1+m\cos(2\pi\bar{f}u)]\mathrm{rect}(\frac{u}{L})$$

在适当归一化后,可得这一强度分布的谱为

$$\mathcal{G}_g(f_X)=\mathrm{sinc}(Lf_X)+\frac{m}{2}\mathrm{sinc}[L(f_X-f)]+\frac{m}{2}\mathrm{sinc}[L(f_X+f)]$$

这个谱连同成像系统假设的光学传递函数(Optical Transfer Function,OTF)都示意在图 10-10(b)中,图中 $\mathcal{H}$ 即为光学传递函数。注意,频率 $\tilde{f}$ 已在 OTF 的截止频率之外。从这幅图看到的关键之点是,余弦函数的有限宽度使它的频谱分量展宽为 sinc 函数,虽然频率 $\tilde{f}$ 是在 OTF 的界限之处,但是中心在 $f_X=\pm\tilde{f}$ 的 sinc 函数的尾巴却越过截止频率延伸到了谱的可观察部分之内。因此,在成像系统的通带内,的确存在着来自处于通带之外的余弦分量的信息。为了达到超分辨率,必须修复这些极微弱的分量,利用这些分量去恢复产生它们的信号。

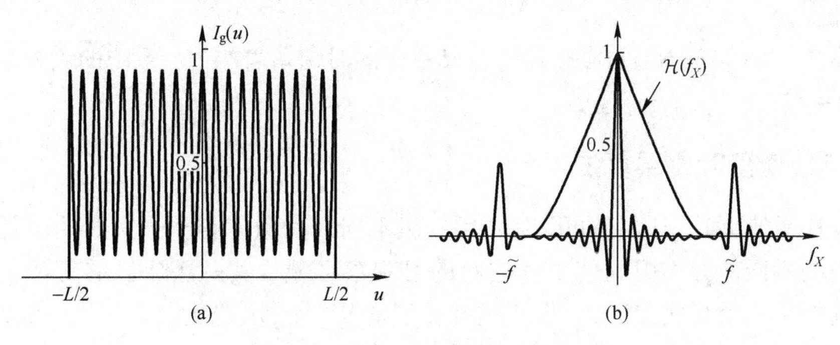

图 10-10　物强度分布及物频谱和 OTF

虽然基本数学原理用解析延拓三言两语就可以讲清, 但是却存在着应用到带宽外推问题的多种多样的具体手段。它们包括一种基于频域中的抽样定理的方法[115],一种基于扁椭球波函数展开式的方法[116],以及一种适合于数字方法实施的迭代方法,它能够逐步加强空域和空间频率域中的约束[117,118]。

不幸的是,要得到任何一点有意义的带宽扩展,都必须要在带宽内探测来自带宽以外极其微弱的分量,而它们总是伴随着不可避免的噪声(任何光学测量必须有有限量的能量,其结果就是成像总是至少包含有光子噪声,通常还有来自热源的噪声)。成功的外推算法要求在带宽内对无噪声分量极其精确的测量,其所要求的精度已经被证明在实践中几乎不可能达到。对于这些方法,噪声灵敏度的讨论可以参阅文献[119−122]。

因为这个方法已经被证明在实际上并不成功,这里不再进一步追寻,相反要转向那些已经用得比较成功的方法。

10.4.2　综合孔径傅里叶全息术

综合孔径傅里叶全息术是利用一系列改变相干照明物的角度,对系列中每个物在傅里叶平面上的复振幅用全息记录,从而提高分辨率的方法。记录以后再将傅里叶谱结合起来,以得到综合的傅里叶谱,使得该谱宽度超过用轴上单一照明记录的频谱宽度。利用这种全息记录技术能够确定射到探测器阵列上的光的振幅和位相。图 10-11 为该实验的几何光路示意图。一束来自激光器的扩了束的高斯光被分束到参考光臂和物光臂。图中扩束光只用一根线来表示。参考光束相对于光轴成一定角度入射到由像素组成的探测器上。物光束入射到一个可旋转的反射镜上以一定的角度照明物体,在每次全息记录之间改变角度。透镜使得穿过物体的复波前做傅里叶变换,在探测器处参考光束与代表物场的傅里叶变换的复光场相干涉。因为在每次曝光时,物体都是在不同角度上照明的傅里叶平面,这些谱会一步接一步地旋转通过探测器。否则,这些被探测器捕捉到的谱分量就不能通过傅里叶变换透镜的孔径。因此,每次曝光记录物谱的不同部分,尽管为了保证同样的参考光可以用于所有的区域,要使这些谱区域有些重叠。考虑到在每种情况下物照明光倾斜的大小以及在重叠区域的相位相等,再用数字方法将记录下的复频谱移到它们适当的中心频率处。

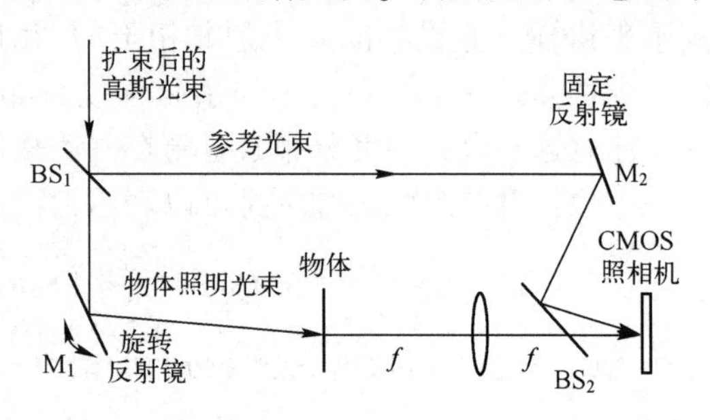

图 10-11　综合孔径全息术实验的几何光路

用这种方式,一个低 NA 的成像系统变成一个同时保留着小 NA 系统的大视场和景深的大 NA 成像系统。

10.4.3　傅里叶叠层算法

在综合孔径傅里叶全息术的介绍中,用一组不同入射角度相干光束照明物体能够把物体傅里叶谱的不同部分集中到傅里叶空间的可观察区域。其每次成像的复数值的谱是用全息术得到的。一个替代方法,叫作傅里叶叠层算法[123],用迭代计算技术,得到高分辨率的成像。

这种方法使用一个点光源阵列(一般是 LED 阵列),产生不同角度上的平面波二维集合,再按顺序用这些平面波照明物体。探测到低分辨率(受制于成像透镜的低 NA)成像的强度分布,这些图像都是由每个这样不同的照明角度生成的。分清每一幅低分辨率光强图像来自哪部分光学系统,以及该幅低分辨率光强图像从该光学系统通过时,在傅里叶空间中具有有限带宽的具体已知区域,可以设计出一种迭代算法,利用已知的一组强度图像和相应已知的有限傅里叶谱,复原相互重叠的谱区域并把它们衔接起来。这样就可以覆盖宽广得多的傅里叶空间并得到高分辨率图像。因此,其视场与具有大 NA 的常用的光学系统相比要大许多。

令 $\sqrt{i_h}\,\mathrm{e}^{\mathrm{j}\phi_h}$ 表示最后我们有兴趣得到的高分辨率图像的复振幅分布,i_{mk} 表示当物体由以角度 α_k 入射的第 k 个平面波照明时测量出的强度分布,其中 k 的范围由 1 到 k。再令 $i_{\in k}^{(p)}$ 表示用第 k 个照明角度时 p 次迭代后得到的低分辨率图像强度。一般地讲,$i_{\in k}^{(p)} \neq i_{mk}$,它将在迭代过程的第 $(p+1)$ 步被 i_{mk} 所替代。为了实现超越小 NA 成像镜头所提供的分辨率,处理程序与用于相位恢复的技术有关。其中一个详细的迭代程序可以总结如下。

(1) 从对于高分辨率图像振幅分布所估计的初始值 $\sqrt{i_{h0}}\,\mathrm{e}^{\mathrm{j}\phi_h}$ 开始。对于 i_{h0} 合适的估计是

任意一个低分辨率用 i_{m0} 表示的测得的图像，也许就是一个用垂直入射光照明物体得到的分布。初始相位分布可以取为 $\phi_{h0}=0$。对于这样的阵列长度，现在 $i_{h0}=i_{m0}$ 应该是过采样的。它适合于高分辨率图像而不是低分辨率图像要求的较短的长度。这样，在低分辨率中，当图像有 M 个采样，且过采样到 N/M 倍时，在新的序列中将有 N 个采样。这个过采样的振幅图像的傅里叶变换得到长度为 N 的谱，它由在傅里叶空间中适当位置为中心的 i_{m0} 的长度 M 的谱和围绕着它的零组成。

(2) 选择对应于一个照明角度 α_k 的扩展谱的一个子区域，并且这个子区域与步骤(1)中找到的谱区域部分相重叠。这个子区域通常有一个圆边界，它是相干成像系统的振幅传递函数，并以与照明角度 α_k 相对应的空间频率为中心。对于这个频谱子区域做逆傅里叶变换产生一个新的低分辨率图像振幅分布 $\sqrt{i_{\in k}}\,e^{j\phi_{\in k}}$。

(3) 用 $\sqrt{i_{mk}}$ 代替 $\sqrt{i_{\in k}}$，其中 i_{mk} 是照明角度为 α_k 时实际测量得到的图像。现在对于这个新的振幅分布 $\sqrt{i_{mk}}\,e^{j\phi_{\in k}}$ 做傅里叶变换，从而扩展频谱的非零区域。

(4) 对于所有的照明角度 K 重复步骤(2)和(3)。照明角度必须在二维阵列中选取，以使得在由不同照明角度产生的不同子区域之间都有频谱相重叠。

(5) 重复步骤(2)~(4)，直到相邻谱区域相重叠的公共部分之间是连续一致的，在这种情况下就得到了扩展的傅里叶谱。这一扩展的傅里叶变换的逆傅里叶变换就是寻找到的高分辨率图像的振幅分布。

上面概括的算法既不是唯一可能的算法，也不一定是最好的算法，但是已经证明它是可行的[123]。对其他算法的讨论作为例子可以参阅文献[124]。这种方法得到的图像既有极高的分辨率，也有极大的视场。

10.4.4 相干谱复用

1966年，W. Lukosz[125]提出一种相干复用技术，用接近物平面的高频光栅调制系统的输入，将类似的光栅放在接近成像面的光栅成像的平面上进行解调。输入光栅的作用是在系统的入瞳处生成物体衍射图样的多重相互之间有位移的拷贝，导致物体衍射图样的不同部分，有两个或多个在入瞳处相互重叠而成。然后第二个光栅对该图像进行解调，分离开衍射图样的多重部分，将其置于合适的相对位置，以便有效地提高系统的有效数值孔径。这个方法会从成的主像中引出在许多不同位置处的鬼像。为了避免主图像与这些鬼像重叠，必须对视场加以限制，事实上成像自由度的总数保持不变。

为了提高视场的宽度，必须引入时间自由度，最终它们是用来增加空间自由度的。这里我们描述这样一种方法[126,127]，它类似于傅里叶综合孔径方法，这个方法要求测量一系列 K 个图像的振幅分布。因为光学传感器只对强度有响应，必须再一次在测量出的强度分布中解码出复振幅，这可以用全息术来完成。为了这里讨论的目的，只要假设我们能够从检测到的图像中提取出复振幅分布就够了。图像可以用小 NA 的系统来收集，但是最终的综合图像具有大 NA 系统的分辨率，同时保持着小 NA 系统的较大的视场与景深。

这里描述的方法包括了将光栅放置在接近物体的地方而且要等间距地移动光栅 K 步。得到 K 个图像，每个光栅位置对应一幅图像。光栅可以成像到物体上，或者贴近物体放置，置于其前或置于其后都可以。通过数字全息术的相干检测允许做线性信号处理以用于对透射谱解重叠，并以相当大的分辨率增益重构图像。

光栅振幅透过率是以 L 为周期的周期函数,用复函数 $P_x(x)$(为了简单用一维形式)表示第 K 次成的像。这一函数可以展开为复值傅里叶级数,即

$$P_k(x) = \sum_{n=-\infty}^{\infty} p_{k,n}\exp(-\mathrm{j}2\pi nx/L) \tag{10-4}$$

式中傅里叶系数一般是复数值。进一步假设光栅制作具有如下特点:对于每一幅图像它都具有大小近似相等的有限数量的傅里叶系数 $p_{k,n}$,这意味着照明物体的所有平面波分量是近似等强度的,同时所有高阶系数 $p_{k,n}$ 都接近于零。如果用 $t_o(x)$ 表示物体的复振幅透过率,这就是我们希望能够恢复的量,对于第 K 个图像离开"三明治"形的物体和光栅的场为

$$u_k(x) = t_o(x)P_k(x) = t_o(x)\sum_{n=-N}^{N} p_{k,n}\exp(-\mathrm{j}2\pi nx/L) \tag{10-5}$$

这里已经假设光栅具有 $2N+1$ 个有效衍射级次。$t_o(x)P_k(x)$ 的谱由下式给出

$$U_k(f_X) = T_o(f_X) * \sum_{n=-N}^{N} p_{k,n}\delta(f_X - n/L) \tag{10-6}$$

其中 $T_o(f_X)$ 是物体的谱,而如同常用的那样,星号 * 表示卷积。

明确地假设光栅是置于物体之前或者与其紧密相贴在一起的。如果光栅在物体之后,那么对于垂直入射来说,只有物体谱的非消逝波部分被注重。没有光栅时,系统的有限光瞳会通过光瞳的快门限制进入有限谱域的光束,其截止频率用 $\pm f_p$ 来表示。结果是,在截止频率 $\pm f_p$ 以外的频率分量携带的重要信息就丢失了,减低了成像分辨率。光栅的作用是将许多物体频谱的不同部分都重叠地送入光瞳。结果的像不会组成原来的物体,但是具有一系列 $K \geqslant N$ 的图像。可将谱扩展一个 $\leqslant N$ 的因子,每一个图像都采用适当改变的光栅傅里叶系数 $p_{k,n}$。

现在来简要讨论当应用 $2N+1$ 个光栅衍射级次时,对一组 $2K+1$ 次被测量出的光场如何实施数字处理(为了数学上的方便,我们用 $2K+1$ 次测量和 $2N+1$ 个光栅衍射级次,而不是做 K 次测量和 N 个衍射级次,试图将频谱扩展一个因子 $\leqslant 2N+1$ 倍)。使用一维分析方法,第 K 次探测出的图像振幅的傅里叶变换可以写成

$$A_k(f_X) = \sum_{n=-N}^{N} p_{k,n}T_o(f_X - n/L)\mathrm{rect}(f_X/2f_p), \quad k = -K,\cdots,K \tag{10-7}$$

这里下标 k 再一次标志被检测的图像,而下标 n 标志光栅衍射级次,不同光栅级次的振幅 $p_{k,n}$ 以一种确定的方式在图像之间变化。如前所述,频率 f_p 代表有限数值孔径光学系统的截止频率。

我们假设光栅频率这样选择,使其满足 $(\sigma f_p) = 1/L$,其中 σ 是一个在 0 和 1 之间的因子,它能够确定多重谱区域重叠的程度。用这种方式,光栅本身的±1 级衍射落在入瞳内的程度由 σ 确定,因此光栅产生相互重叠的谱区域。在实践中,σ 常取为 0.75~0.90。我们在信号处理时利用这个谱重叠区间,但是当推广到二维用圆形孔径时这个重叠也是需要的,以使得拓宽的谱区域得到全覆盖,且没有一点空隙。

式(10-7)可以用矢量形式重写如下

$$\vec{A}(f_X) = \boldsymbol{P}\vec{T}(f_X) \tag{10-8}$$

式中 $\vec{A}(f_X)$ 和 $\vec{T}(f_X)$ 是列矢量

$$\vec{A}(f_X) = \begin{bmatrix} A_{-K}(f_K) \\ \vdots \\ A_K(f_K) \end{bmatrix} \tag{10-9}$$

$$\vec{T}(f_X)=\begin{bmatrix} T_o(f_X+N/L)\operatorname{rect}(f_X/2f_p) \\ \vdots \\ T_o(f_X-N/L)\operatorname{rect}(f_X/2f_p) \end{bmatrix}$$

而 $\boldsymbol{P}$ 有 $(2K+1)$ 行，$(2N+1)$ 列

$$\boldsymbol{P}=\begin{bmatrix} p_{-K,-N} & \cdots & p_{-K,N} \\ \vdots & \ddots & \vdots \\ p_{K,-N} & \cdots & p_{K,N} \end{bmatrix} \tag{10-10}$$

现在如果图像测量的次数等于光栅衍射级次的总数，则矩阵 $\boldsymbol{P}$ 为非奇异的，因而矩阵的逆 $\boldsymbol{P}^{-1}$ 存在，并且谱区域 $T_o(f_X-n/L)$ 的列矢量 $\vec{T}(f_X)$ 能够恢复成为

$$\vec{T}(f_X)=\boldsymbol{P}^{-1}\vec{A}(f_X) \tag{10-11}$$

测量多于 $2N+1$ 次可能会提高信噪比，在这种情况下 $\boldsymbol{P}$ 不再是个方阵，但是仍然可以用伪逆操作便利地求逆。一旦矢量 $\vec{T}(f_X)$ 已知，各个谱区域可以用数字方法，在这些谱相互重叠部分的帮助下，移到它们适当的中心位置，拼合到一起形成一个新的谱，其截止频率从 f_p 增加到 $(\sigma N+1)f_p$。

余下的问题是关于如何选择每个图像的光栅系数。我们知道对于非奇异矩阵 $\boldsymbol{P}$，它的行必须是正交的，它的列也必须是正交的。另外，为了使被检测的图像中信噪比最大化，希望不同光栅级次的振幅 $p_{k,n}$ 达到可能的最大值。一个适当的选择是利用相位光栅，它的各级衍射强度相等或者几乎相等。抓取图像之间平移光栅其周期的一部分，特别是 $\Delta x=L/(2K+1)$，可以得到谱系数 $p_{k,n}$。对于一个给定的光栅级次 n，每一次这样的平移对于第 K 个图像的相位改变为 $\Delta\phi_{k,n}=2\pi nk/(2K+1)$。这样 $\boldsymbol{P}$ 的行和列是正交的，假设有 $K\geqslant N$，$\boldsymbol{P}$ 的逆或者伪逆就可以求得。

图 10-12 所示为记录全息图像的全息照相机光路图，它能够测量图像序列中的每个复数场。图中，M_1 和 M_2 是反射镜，BS1 和 BS2 是分束器，高斯照明光分束成为两路，上面的光路是参考光路而下面是物光路。光束通过一个用来精密平移光栅的压电陶瓷工作台上的光栅。空间滤波器选择光栅的预定级次并使它们的强度相等。物体用这些级次的光束照明（在这里给定的实例中是 0，±1，±2）。可变光圈表示系统的有限入瞳，在这个实例中对

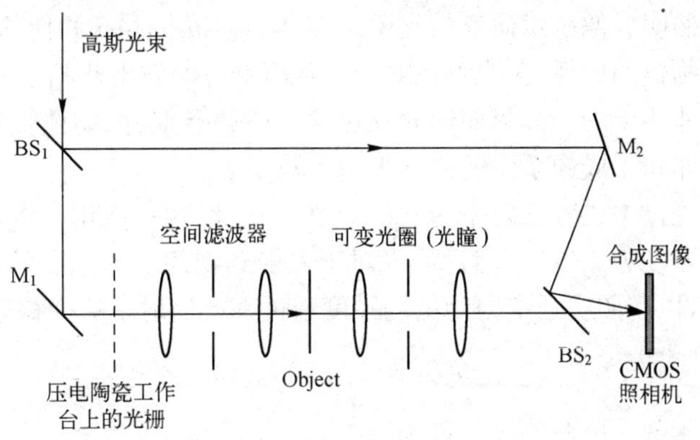

图 10-12　记录复值图像的全息照相机光路图

应着 NA = 0. 063。复用的像落在一个 CMOS 照相机上,并在其上与倾斜入射的参考光干涉,得到解码相位的干涉图像。图 10-13 所示为将不同谱区域放到它们适当位置上解复用后的复谱的大小,在这种情况下利用选择小于 1 的 σ,谱区间具有相当大的重叠。这个系统结果的 NA 已经从 0. 063 增大到 0. 164,增大因子为 2. 6。

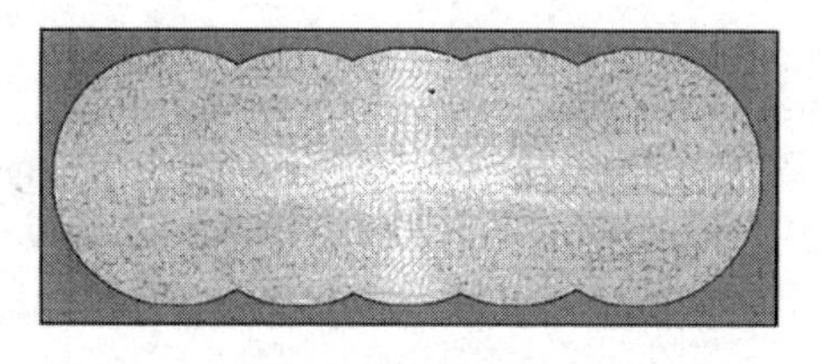

图 10-13　当用光栅的 0,±1,±2 级衍射光照明物体时,重建的物光谱的对数幅值

图 10-14 所示为通过没有谱复用利用谱复用两个系统所得到的图像,其水平方向分辨率的提高是明显的。

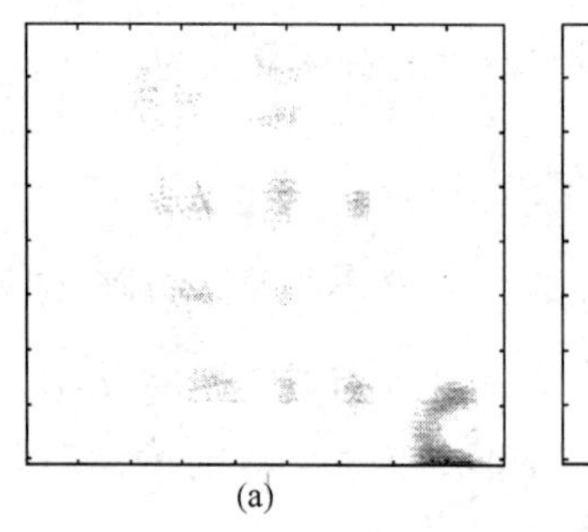

(a)

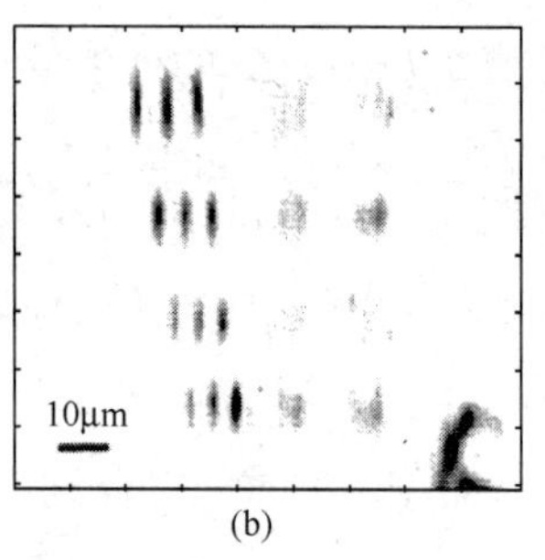

(b)

图 10-14　没有谱复用及利用谱复用所得到的图像

最后简单评述一下该方法。首先,所描述的程序要求光栅以增量形式运动,这个增量对应着增强系统可能达到的最大分辨率。因为压电陶瓷工作台可以提供小于 10nm 的分辨率,在原理上,这种方法并没有值得特别注意的限制。第二,用在二维角度上传播的衍射级次光栅,这个程序可以推广到二维情况。第三,对于矩阵 $\boldsymbol{P}$ 存在着其他选择,例如 Hadamard 矩阵,如果用一个动态空间光调制器对每个记录的图像产生不同的合适的复光栅的话,就可以实现。第四,这里所描述的方法只对于物镜 NA 远远小于 1,并且将有效 NA 增加快要接近于 1 时是有用的。如果物镜 NA 已经接近于 1,用这种方法能够得到的分辨率增益很有限。最后,这里已经描述的相干成像方法与非相干结构光照明成像方法关系密切,这会在紧接着的下一小节介绍。

10. 4. 5　非相干结构光照明成像

非相干结构光照明成像技术研究的先驱是 M. G. L. Gustafsson 和他的同事们[128,129]。这种方法广泛用于荧光物体的成像,荧光物体对照明强度响应时发出非相干光,这里物体照明可以是相干的也可以是非相干的。如果照明光强包含有高频条纹,由物体辐射出的非相干谱的某些部分就会叠加到非相干成像系统的光学传递函数中去。

令物体的强度透过率或者反射率为 $\tau_0(x)$(为了简化,再一次用一维数学形式描述),在物体面上入射照明的强度为 $I_{il}(x)$。然后假设对于入射到物面上的强度的荧光强度响应是线性的,像的光强分布可以用照明强度与物体的强度透过率或反射率的乘积来表示

$$I_0(x) = \kappa I_{il}(x)\tau_0(x) \tag{10-12}$$

其中 κ 是一个比例常数。因此物体的谱为

$$\mathcal{G}_o(f_X) = \kappa \mathcal{G}_{il}(f_X) * \mathcal{T}_o(f_X) \tag{10-13}$$

其中 $\mathcal{G}_o$ 和 $\mathcal{G}_{il}$ 分别是 I_o 和 I_{il} 的傅里叶变换，而 $\mathcal{T}_o$ 是 τ_o 的傅里叶变换。物强度到像的传递是由成像系统的 OTF，即 $\mathcal{H}(f_X)$ 实现的，因此得到

$$\mathcal{G}_i(f_X)=\mathcal{G}_o(f_X)\mathcal{H}(f_X)=\kappa\mathcal{H}(f_X)[\mathcal{G}_{il}(f_X) * \mathcal{T}_o(f_X)] \tag{10-14}$$

现在令物体用两束等振幅平面波照明，但是两束光对于光轴对称倾斜，在物面上射入的复场描述为

$$U_{il}(x)=A\exp\left(\mathrm{j}2\pi\frac{\alpha}{2}x\right)+A\exp\left(-\mathrm{j}2\pi\frac{\alpha}{2}x\right) \tag{10-15}$$

相对应的照明强度为

$$I_{il}(x)=|U_{il}(x)|^2=2A^2[1+\cos(2\pi\alpha x)] \tag{10-16}$$

就是说，入射光强度是频率为 α 的余弦条纹。入射照明强度的谱相应地为

$$\mathcal{G}_{il}(f_X)=2A^2\left[\delta(f_X)+\frac{1}{2}\delta(f_X-\alpha)+\frac{1}{2}\delta(f_X+\alpha)\right] \tag{10-17}$$

现在利用式(10-13)，可以发现用上面描述的光束照明得到的物光谱为

$$\mathcal{G}_o(f_X)=\kappa'\left[\mathcal{T}_o(f_X)+\frac{1}{2}\mathcal{T}_o(f_X-\alpha)+\frac{1}{2}\mathcal{T}_o(f_X+\alpha)\right] \tag{10-18}$$

其中 $\kappa'=\kappa A^2$。

回顾一下，半径为 w 的圆形出瞳的 OTF 有一个在频率空间中频率 $f_x=\pm 2f_o=\pm w/(\lambda z_i)$ 处的截止频率圆。如果余弦照明图样的频率 α 选作与截止频率一致，那么在频率域将得到图 10-15 中描述的状态。如同图中可见，余弦条纹照明将部分物体频谱带入系统带宽，原来这些部分是在截止频率之外的。

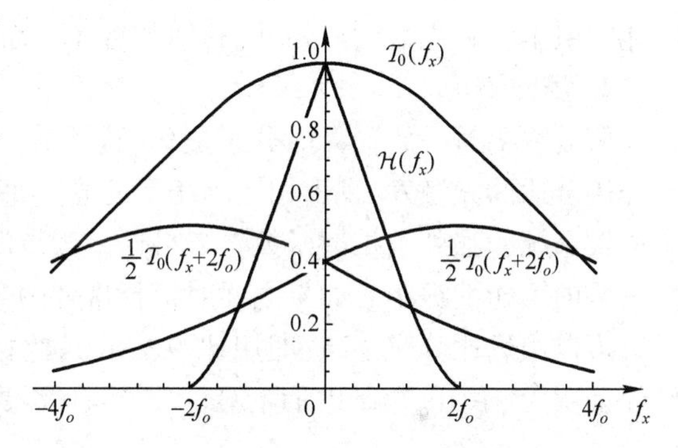

图 10-15　物光谱的三个部分频率域描述和 OTF

采集的图像是三个图像的叠加，它们分别对应于由 OTF 通过的三个谱分量的一部分。剩下的事就是恢复这些谱分量并将其放置到适当的中心位置。在照明光束之中引入一个相位移动，并抓取移动了 0、120°和 240°的余弦强度条纹的三个像即可。然后可以用在上一小节中简述的程序，恢复这三个不同的谱段，再将它们移到适当的频率中心，扩展频率覆盖的范围并提高分辨率 2 倍。注意在非相干情况下(不像在相干情况下)，对于由 OTF 引入的与频率有关的衰减进行补偿是必需的。

如果荧光物体是透过照明并通过某个物镜成像的，如同在反射照明光路中，在一维情况下带宽的最大扩张是 2 倍。然而，如果照明光路与成像光路是分离的，而且成像光路的 NA 小于照明光路的 NA，用光栅成像到物体上移动光栅一系列小步(距离) 产生一系列像，就可以进一步处理，联合起来增加带宽，使分辨率增益大于 2。然而像相干情况一样，这种方法对于物镜 NA 比 1 小很多时是最有用处的，有希望扩展其有效 NA 达到物镜具有的限制以外。

此外，如果荧光过程是由照明光强度的单一频率正弦条纹驱动的，那么将会在等空间频率下产生条纹频率的谐波，移动两束照明光束之一的相位将会使得条纹相位移动，由适当增量产生的谐波能够使得分辨率提高 2 倍以上[130]。

另一个替代方法仅仅利用在角度上分离的两束照明光，并且一步步地改变它们之间的夹角，从而改变其条纹频率。用不同条纹频率得到每一个像，然后这一系列图像结合起来以扩展带宽超过 2 倍，再一次假设可以容许谱区域之间的重叠，以使得这些区域之间任何不需要的常

数相位移动能够被补偿。

最后,利用一系列照明光束,这些光束可以产生大量能生成二维谱区域的多重谱区段。虽然前面的分析都是用一维数学形式描述的,但这个方法也可以推广到二维。

10.4.6 超分辨荧光显微镜

1. 荧光标识

用荧光团分子标记是现代显微镜的很强大的一种技术,在用入射较短波长的光刺激它时会发出一定波长的光。图 10-16 的分子能级图描述了荧光发光的最简单形式(完整的能级图比这张图要复杂得多)。

吸收了入射的短波长光子,这会在 10^{-15}s 时间尺度内发生,能在上层能级产生一个受激电子。这一迁移接着在 10^{-12}s 时间量级发生受激电子转移到低能级。最后辐射出一个较长波长的光子,在 10^{-9}s 时间量级内将分子送回到底层能级。这种辐射的光子组成荧光辐射。

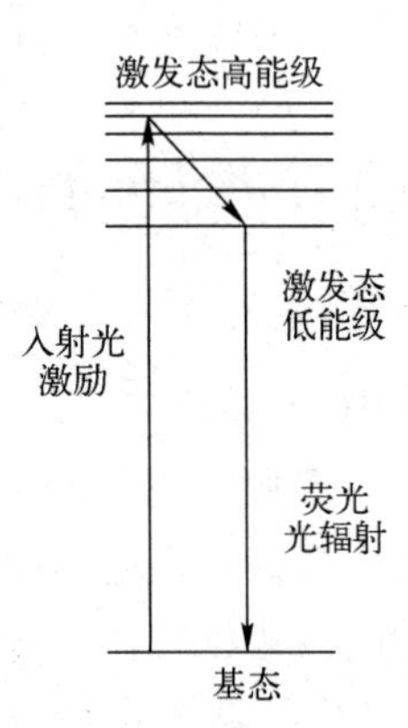

图 10-16 描述荧光辐射的能级图

M. E. Moerner 和 L. Kador 第一次把光谱学用于单一荧光分子[131]。在这一成绩的刺激下,用荧光团标记感兴趣的分子(特别是生物分子)的能力引出了荧光显微镜领域,其细节将在下面解释。

2. 局域精度

假设需要对一族稀释的分子成像,这些分子已经被荧光标定,并且已经用合适的光激发,发出相互不相干的光。每一个这样的点源生成一个成像系统的强度点扩散函数。如果这一族点源物体足够稀,点扩散函数重叠的可能性很小。如果主要对稀释排列的分子位置感兴趣,这一族位置可以用远比分辨率高,即用比点扩散函数宽度可能对应着的分辨率高的精度确定下来。已经证明[132]由下式给出所谓 Abbe 分辨率极限

$$\Delta x = \frac{\lambda}{2n\sin\alpha} \tag{10-19}$$

式中,α 是物镜成像时用的半角,n 是物空间折射率。与此同时,仍然可以确定点源位置到如下精度(忽略有限的像素尺寸和背景噪声)

$$\widetilde{\Delta x} \approx \Delta x / \sqrt{N} \tag{10-20}$$

式中,N 表示在点源的点扩散函数像中捕获的光子总数。事实上每个被探测的光子给出一个估值点源位置的噪声,N 个这样被检测到的光子提高了定位精度,减小误差到 $1/\sqrt{N}$ 倍。

3. 受激辐射损耗荧光显微术(STED)

作为 STED 所熟知的受激辐射损耗荧光显微术首先是由 Stehan Hell 及其同事们发明的[133,134](Hell 因为发现并证实了这项技术而分享了 2014 年诺贝尔化学奖)。STED 是一种扫描显微技术,其中无论是光的衍射置限点下的物体,还是扫描稳定物体的光点都是平移的。在 STED 后的基本思路是用适当的波长激发荧光分子以产生荧光,但是同时用高强度不同波长的圆环形圈,围绕着这个衍射置限扫描点,后者的波长能够在围绕物体分辨率单元的外围部分的一个圈中,淬灭受激辐射产生的正常的荧光(具有不同波长因而能够被一个滤波器挡住)。结果只有在扫描点位置上一个小区域实际贡献了成像光,而荧光中心的位置可以用比点扩散函数宽度更高的精度确定下来。工作在 400nm 并且 NA = 1.4 的荧光显微镜的标准衍射极限是 140nm,已经证明 STED 的分辨率在 60nm 以下。

4. 光激活定位显微镜(PALM)和随机光学重建显微镜(STORM)

作为PALM为人熟知的荧光显微镜方法首先是由Eric Betzig, Harold Hess及其同事们发明的[135,136]。Betzig和S. Hell及W. E. Moerner分享了2014年诺贝尔化学奖。STED显微镜当时是用扫描方式完成的,PALM显微镜是一种全场成像技术,它能够用不同稀释的分子团的子族在全时间内成像,从而能够得到浓密的荧光分子族的像。在PALM中,可开关的光子蛋白质荧光分子团(光可激活的绿色荧光蛋白质(FA-GFP))用于对感兴趣的蛋白质进行基因标识。荧光分子在关闭状态开始成像过程。然后用微弱强度的激活光照明样品,这样使得仅仅一个稀释的随机分子子群被激活。采集到稀释的子群的图像,从这个图像中能够定位高分辨率的图像。采集到图像后,样品用足够强度的不同波长光照明使激活的荧光褪色,这样永久地将它关闭。然后再用激发光激活新的一族稀疏的荧光分子,再一次采集图像,并进行定位。该过程重复足够多次数,充分积累重组的所需要的图像。将这些图像结合起来,得到一幅单一高分辨率图像。

与PALM有密切联系的是随机光学重建显微镜(STORM),它与PALM的基本区别是对于样品基因标记的实质。STORM用能够开关的光子染料标记感兴趣的蛋白质。红色激光关闭所有的荧光光子,而绿色激光打开一个稀疏的子集采集图像。然后红色激光再一次关闭所有的荧光光子,绿色激光用以激活不同的另一族稀释的荧光光子。被激活的子群一幅图像接着一幅图像随机地改变,以这种方式采集到一系列不同分子群的图像,对这些图像进行分子团定位。这些图像结合起来得到一幅完全超分辨的图像。

这些技术还有很多,有些用不同的荧光团,但是空间的限制使我们难以前行。需要更多信息请参阅文献[137]和[138]。

10.5 激光光谱学

经典光谱学在研究典型原子、分子及其他物质形态,以弄清物质的微观结构和运动规律中,曾起过决定性作用;基于经典光谱学基础之上的各种光谱技术,还是科学研究和工农业生产部门重要的分析手段。但是,由于经典光源有局限性,如强度不够、谱线太宽、频率固定不可调等,使光谱学及光谱技术在很长一段时间发展缓慢。

激光的出现,使情况发生了根本性的变化。一方面,激光光源的高强度、窄谱线(高相干性)使经典光谱学发生了巨大的变化;另一方面,在经典光谱学与激光技术相结合的基础上,产生了新的光谱学原理及技术,从而形成了激光光谱学[139]。激光光谱学具有频率高分辨、空间高分辨、时间高分辨等一系列特点,从目前情况来看,它至少可以用来进一步揭示物质的微观结构,包括原子能级的精细结构,超精细结构,高量子态的能级结构,分子的各种密集的振转谱带结构,单光子过程所"禁戒"的多光子跃迁的光谱信息等;揭示物理、化学、生物等宏观现象的微观动力学过程,包括量子跃迁、能量转移、电子转移、输运与涨落、化学反应中间过程等瞬态行为;发展各种特殊效能的光谱技术,如超灵敏的激光光谱检测,远距离目标的激光光谱遥测,微区的激光光谱分析,激光全息光谱技术等。所有这些,经典光谱学解决不了,其他技术也难以完成。而上述这些问题的解决,对现代科学技术的全面发展,不论在理论上还是在技术上,都有非常重要的意义。所以,激光光谱学已成为当代科学技术前沿最活跃的领域之一。

10.5.1 拉曼光谱

拉曼光谱是1928年发现的。在20世纪30年代,以水银灯作光源制成的简单的拉曼光谱仪,曾是研究分子结构的主要工具。但是,由于拉曼效应太弱,即使以高强度的水银灯作为光源仍然较弱,仅有少数物质的样品(如 CCl_4)能够被激发,而且曝光时间很长(从几十小时到几百小时);同时,还有试样中的荧光的干扰,所以发展缓慢,没有得到推广。1962 年,激光被引入拉曼光谱技术,再加上分光系统的改进,光电测试及记录的引用等,使激光拉曼光谱技术克服了经典拉曼光谱的上述困难蓬勃发展起来。20 世纪 70 年代以来,拉曼光谱的研究论文大量出现,各种型号的激光拉曼光谱仪在市场上大量出现。激光拉曼光谱技术已开始成为科研及生产部门的常规测试手段之一。

1. 拉曼光谱的基本原理

拉曼光谱的基本原理基于拉曼效应,即光通过介质后发生散射并发生频率漂移。这种拉曼效应,按量子理论可解释为:当能量为 $E=h\nu_0$ 的光子作用于物体的分子时,可以产生两类碰撞,一类为"弹性碰撞",能量不变,散射频率与入射频率相同,这属于瑞利散射。另一类为"非弹性碰撞",在这种碰撞过程中,入射光子可能把一部分能量转移给分子,此时,散射后的光子的频率变小,即

$$\nu=\nu_0-\Delta E/h$$

即所谓谱线斯托克斯位移;另外,也有可能从分子获得一部分能量,此时,散射后的频率变大,即

$$\nu=\nu_0+\Delta E/h$$

上式表征谱线反斯托克斯位移。式中,ΔE 代表分子内部两个量子化能级之差。所以通过测定拉曼散射光谱,可以得知分子能级结构,从而识别分子的种类。

2. 各种类型的拉曼效应

由于激光的高强度、单色可调谐等特点,除通常与振转能级跃迁有关的拉曼效应之外,还观察到了许多利用经典光源作拉曼光源所观察不到的新现象——共振拉曼效应、非线性拉曼效应、相干拉曼效应等。

(1) 共振拉曼效应

按光与物质相互作用的量子理论,拉曼散射的强度有如下关系式:

$$I\propto k\left(\frac{1}{\varepsilon_m-\varepsilon_n-h\nu}+\frac{1}{\varepsilon_m-\varepsilon_i+h\nu}\right)^2$$

式中,k 为比例系数;ε_m,ε_n,ε_i 代表分子中的各个能级。可见,当入射光的能量 $h\nu$ 接近或等于分子内某一能级差时,即拉曼散射中激发线的频率接近样品中某一吸收谱线时,拉曼散射强度特别大,比通常情况可提高几个数量级。利用激光的可调谐性,已经观察到了这种现象——共振拉曼效应。共振拉曼效应在生物化学研究上特别有用,为研究处于高度稀释的生物有色基团提供了一种灵敏的探测方法。

(2) 几种非线性拉曼效应

① 反拉曼效应:也叫拉曼吸收。其过程是,当一分子体系被频率为 ν 的单色激光及一连续光束(包括 ν 的反斯托克斯线的频段)照射时,在 $\nu+\Delta\nu$ ($\Delta\nu>0$)处,连续光束被分子体系所吸收,在连续谱带上出现清晰的吸收锐线。显然,这是拉曼效应的逆过程,这种过程时间很短,可以用来研究短寿命的粒子、瞬变现象、自由基、反应中间物等。

② 受激拉曼效应:当入射到分子体系的激光束的光强或功率密度超过一定水平(阈值)时,散射光的强度突然大幅度地骤增(可达到与入射激光束光强相比的程度);同时,散射光束的空间发射角明显变小,散射光谱的宽度明显变窄,具有激光发射的一切特点。它强度大、频率范围宽,可以用来研究激发态的形成、分子振动寿命、受激分子结构等。

③ 超拉曼效应:又称高次拉曼效应。其产生过程及特点是,当入射光足够强但还不足以出现受激拉曼效应时,观察到 $2\nu_0+\Delta\nu$、甚至 $3\nu_0+\Delta\nu$($\Delta\nu$ 为拉曼频移)的散射,散射光很弱。值得注意的是,对于那些拉曼非活性的分子体系,有可能观察到这种超拉曼效应。超拉曼效应可以用来得到某些特殊的物质结构的信息数据,如甲烷分子的转动光谱;而用红外及拉曼光谱是得不到的。

(3) 相干拉曼光谱

相干拉曼光谱产生的原理是,用频率为 ν_1 和 ν_2 的两束激光,以夹角 θ(对气体,$\theta\approx0$;对液体或固体,θ 为一个很小的角)入射到样品上。通常,使 ν_1 固定,通过改变 ν_2 进行扫描。当 $\Delta\nu=\nu_1-\nu_2$ 等于分子的本征振动频率时,发生共振加强,得到一个频率 $\nu_3=\nu_1+\Delta\nu$ 或 $\nu_3=2\nu_1-\nu_2$ 的强信号。记录散射强度随 $\Delta\nu$ 变化的图谱,即得相干反斯托克斯拉曼散射光谱($\Delta\nu>0$)或相干斯托克斯拉曼散射光谱($\Delta\nu<0$)。目前,相干反斯托克斯光谱应用较广,这种相干拉曼光谱除与普通的拉曼光谱得到的样品的信息相同外,还具有以下优点:①由于共振加强,转变效率高,普通拉曼光谱技术的效率为 $10^{-5}\sim10^{-8}$,而相干反斯托克斯拉曼光谱的效率大于 10^{-2};普通拉曼光谱的激光光源功率为 100 mW~2 W,而相干反斯托克斯光谱激光的功率仅需 1~2 mW,这就可以有效地防止样品受热破坏,有利于生化样品的分析。②普通拉曼散射光分布在各个方向上,而相干反斯托克斯拉曼散射光是一条清晰的光束,并与入射光在空间上分离,所以不需要单色器,用一个简单的可变光阑相干涉滤光片即可。③相干反斯托克斯拉曼散射的频率 $\nu_3=\nu_1+\Delta\nu$($\Delta\nu>0$),而荧光位于 $\nu\leqslant\nu_1$ 的范围内,因此有效地抑制了荧光干扰,克服了对有色样品分析的困难。

3. 激光拉曼光谱的应用

激光拉曼光谱的应用范围非常广泛。目前已经在分子鉴定、分子结构、表面吸附、化学催化、相变的微观过程、环境污染监测、有机化学、高分子化学、石油化学、生物化学研究等方面取得良好效果。

10.5.2 空间高分辨的激光显微光谱

由于科学技术中的特殊要求,对样品进行精确定位的微区分析,一直是大家普遍关心的一个研究课题。激光的出现,以其高强度与准直性开辟了新的研究途径,即各种形式的空间高分辨的激光光谱技术。其中比较成熟并得到广泛应用的是激光显微光谱分析。

激光显微光谱分析实验装置主要由激光器、显微光学系统、电子控制系统、摄谱仪或光量计四部分组成。如图 10-17 所示,由激光器(一般采用调 Q 的固体激光器)发出的激光光束,经显微物镜射向样品,使样品蒸发,在辅助电极(E_1、E_2)之间的区域,形成包含有一定数量的电子、离子的蒸气云。然后,辅助电极回路电容上存储的电量在蒸气云中放电,使蒸气云中的原子、离子激发并发射光谱。利用显微光学系统的照明系统来照亮样品。对于不透明试样,采用反射光路照亮样品,照明光束被试样反射后经半透半反镜、转向棱镜进入目镜;通过目镜观察可调整试样的位置,使待分析的微区对准激光光束(即显微物镜光轴方向)。对于透明试样,则采用透射光路,从下面照亮样品。

激光束的发散角,考虑到衍射极限,可以表示为

$$\alpha\approx1.22\lambda/D$$

式中,λ 为激光器发出的激光波长;D 为激光从谐振腔射出的有效直径。

设采用钕玻璃激光器作光源,其 $\lambda=1.06\ \mu m$,D 一般为 6 mm,则 $\alpha\approx2\times10^{-4}$ rad。但是,实际上有偏离轴向的振荡模式,因而观察到的 α 值比计算值大,一般为 10^{-3} rad。这种激光束被焦距为 f 的显微物镜聚焦于样品表面,其光斑直径(见图 10-18)为

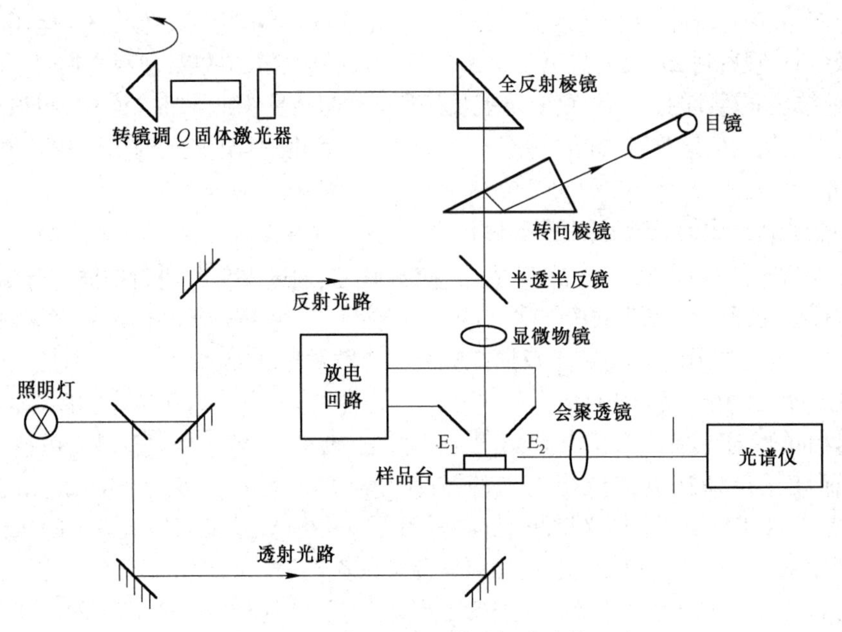

图 10-17　激光显微光谱分析实验装置

$$a = 2\alpha f$$

目前,在激光显微光谱分析中,设计制造了一种折反射显微物镜,其放大倍数为 40,焦距为 6 mm左右(工作距离 16 mm),若采用这种类型的显微物镜,光斑直径约为 10 μm。当激光脉冲光束瞄准这个直径为 10 μm 的微区时,可在这个微区(不影响邻近部位)形成一个高温汽化区(等离子区),然后再用电弧——火花光源激发,形成光谱,予以分析。激光显微光谱分析,属于原子发射光谱范畴,主要用来分析各种样品的元素成分。

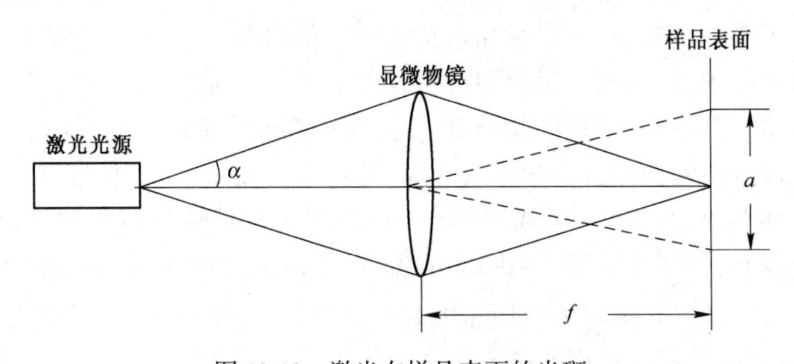

图 10-18　激光在样品表面的光斑

激光显微光谱分析方法的主要特点在于利用激光的高亮度、准直性,再借助于显微光学系统的帮助,实现对样品的微区分析(空间高分辨率)。这种方法可以进一步推广。例如,把这种方法推广到原子吸收光谱法中去,用激光束来对固体样品的特定部位进行直接蒸发,使之原子化。这样可以免除样品处理方面的很多麻烦,同时也可实现微区分析。已经应用这种技术来分析航空和空间技术领域中所使用的难熔金属合金,效果较好。又如,利用激光对样品部位的准确激发,与质谱分析、色谱分析联用,以实现对各种固体物质(聚合物、半导体合金等)微区的精密分析。

10.5.3 频率高分辨的双光子光谱

为了搞清原子和分子等物质精细的能级结构，经典的光谱技术存在着两个困难，其一是受分光仪器本身分辨本领的限制；其二是受原子和分子光谱本身宽度，主要是多普勒宽度的限制。许多科学工作者一直致力于克服和消除多普勒增宽的研究工作。1974 年以来迅速发展起来的双光子光谱技术，是最引人注目的一种。

由于原子(分子或离子)的无规则热运动，造成了谱线频率的位移(相对于静止的粒子)

$$\nu=\nu_0(1\pm v/c)$$

如果所有原子都处于静止状态，那么谱线的多普勒增宽就可以消除，所有能级的精细结构和超精细结构都可以分辨。

要使所有原子都处于静止状态，在技术上有极大的困难。但是，运用相反光束的双光子吸收法，可以起到消去多普勒增宽的同样效果。试把激光频率调谐到与 $2h\nu$ 相对应的两个能级间隔。光束透过样品，再被反射镜反射回来。如果原子从正反方向的光束中各吸收一个光子，多普勒效应就可以被消除。因为，若从正向光束吸收光子的频率为

$$\nu'=\nu_0(1-v/c)$$

从反向光束中吸收的光子的频率则为

$$\nu''=\nu_0(1+v/c)$$

同时吸收这两个光子而产生的量子跃迁的频率为

$$\nu=\nu'+\nu''=2\nu_0$$

它与原子的热运动速度无关，所以没有多普勒增宽发生。

早在 1929 年，就曾经从理论上讨论过双光子吸收的可能性。但是，由于双光子吸收的几率很小，没有高强度、频率精细可调的光源，在实验上无法观察这种现象。由于激光技术的发展，使得这种实验研究成为可能。消除了多普勒展宽的双光子光谱技术，与其他的频率高分辨光谱技术相比，具有简单、可靠、分辨率高等优点，是研究原子与分子光谱精细结构、超精细结构的强有力的技术手段。

10.5.4 时间高分辨的激光闪光光谱

在激光出现以前，为了研究某些快速过程，曾经发展了一种闪光光谱技术。其要点是用一个高强度的紫外闪光灯(“光解灯”)，使待研究的化合物受激以至分解；再用另一个具有连续光谱的紫外闪光灯(“光谱灯”)迅速记录光解产物的电子吸收光谱，通过这些吸收光谱来分析受激分子(包括自由基)的某些瞬态性质。但是，在激光出现以前，这种闪光光谱的时间分辨率只能达到微秒量级。有了激光以后，采用调 Q 技术，在 1968 年，时间分辨率已提高到纳秒量级；而且，除了样品的吸收光谱外，还可以研究它的荧光光谱。近年来发展的锁模技术，使时间分辨率有了进一步提高，已达皮秒和亚皮秒量级。因此，目前这种激光闪光光谱也常称之为皮秒光谱或亚皮秒光谱。

当然，对快速过程的实验研究，除了要具有超短脉冲($10^{-12}-10^{-13}$ s)的激光光源之外，还必须有相应的测试技术。目前，对快速过程的实验研究，通常采取这样一种测试技术，把激光脉冲用分束器分解为二束光，用其中一束强脉冲去激励被研究物质中的快速现象，而用另一束弱脉冲去探测强脉冲激发下的响应。图 10-19 为用来测量有机分子或生物分子荧光光谱及寿命的实验装置示意图。锁模钕玻璃激光器发出皮秒量级的脉冲激光，由分束器把光分成两路。

一路经 ADP 晶体倍频后,由透镜聚焦射入样品室以使样品分子受到激励。另一路首先经透镜在水池内打一个火花,造成连续光谱。火花造成的连续光谱的光输出,经过光梯把光分成若干个时间间隔为 1 皮秒的若干束光。这样,当样品被倍频光束激发后,光谱仪可以记录在不同延迟条件下的样品荧光信号,从而决定样品的荧光寿命。

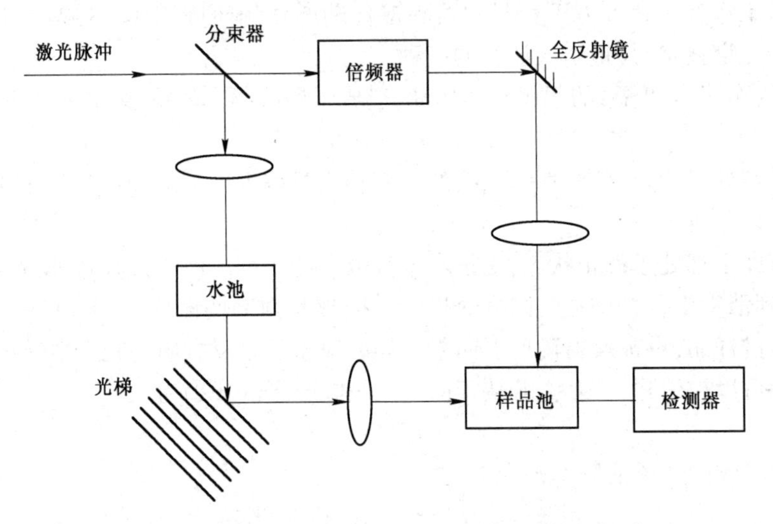

图 10-19　测量有机分子荧光光谱寿命的实验装置示意图

利用锁模技术,可以获得皮秒和亚皮秒量级超短脉冲(已接近分子运动时间标度的极限值 10^{-15} s),这就为用光谱学方法精密地研究物理学、化学和生物学中以前无法分辨的快速及超快速过程提供了可能性。这些过程包括:原子、分子的跃迁和弛豫过程(受激态之间的量子跃迁、激发态到基态的弛豫、能量的共振转移等);化学反应,包括生物化学反应的动力学过程(电子转移、能量转移、中间过程等),非平衡态的输运与涨落过程(固体中的声子衰落、液体中的分子取向、气体等离子区的生长、半导体载流子的迁移等)。

10.5.5　各种特殊效能的激光光谱技术

激光引入光谱学以后,不仅使具有广泛应用价值的拉曼光谱空前活跃起来,而且发展了各种类型的高分辨率光谱学(如空间高分辨率、时间高分辨率、频率高分辨率等)。除此之外,还利用激光的特性,产生了许多特殊效能的光谱技术,如超灵敏的光谱检测技术和远距离目标(样品)的光谱遥测技术等。

1. 原子吸收激光光谱技术

20 世纪 50 年代以来,应用原子吸收光谱的化学分析法,得到了迅速发展,成为微量分析中应用最为广泛的一种方法。把激光引入原子吸收光谱法,不仅克服了经典的原子吸收光谱法难以同时进行多元素分析的缺点,而且可以把分析灵敏度提高几个数量级。

2. 激光共振荧光光谱技术

荧光光谱法,是一种比吸收光谱和发射光谱分析灵敏度更高的分析方法。过去,由于缺乏足够强的光谱光源,荧光光谱法仅限于应用在少数荧光物质中。激光的引入,使荧光光谱法有了充分发展的可能。特别是利用可调谐激光对原子或分子进行共振激发,可望得到极高的检出灵敏度。共振荧光光谱法的检出极限,最终取决于荧光与背景光之比(即信噪比)。利用超短脉冲激光,可以使检测系统的激发信号和发射信号分开,从而可以消除荧光光谱中作为噪声最大来源的散射光的影响，进一步提高检出极限。

3. 共振电离光谱法

共振电离光谱技术比共振荧光光谱法灵敏度更高。它的原理是用两束频率可调的激光，使之处于选定量子态中的原子发生光子的共振吸收，从而电离成一个正离子和一个自由电子。其中一束激光的光子将原子从基态激发到较低的受激态，然后针对所要检测的原子，调谐另一束激光，使原子电离。电离出来的自由电子用气体正比计数管（或真空电子倍增管）予以检测。这种单原子检测技术将成为分析化学的有力手段，在科学技术许多方面（如超纯材料的提取、环境污染监测等）得到应用。

4. 激光雷达光谱技术

利用激光远距离传输发散很小的特点，可以实现对远距离目标（样品）的激光光谱进行遥测。激光遥测是激光光谱学的重要应用之一，20 世纪 70 年代发展起来的激光雷达光谱技术是其中的一种，它已经在污染监测方面取得成功。这种激光雷达光谱技术，可以以拉曼散射光谱为基础，也可以以共振荧光光谱为基础。其工作原理是，由可调激光器发射的激光照射到待测污染物上，污染物原子或分子发出荧光（或散射光），返回的荧光（或散射光）由大口径准直望远镜系统和光电倍增管等电子设备接收，进行信号分析和记录。由于激光雷达信号中包括瑞利和米氏散射、拉曼散射和荧光信号等，因此测到的信号可以反映目标状态的各种信息。

5. 外差光谱技术

激光雷达光谱技术属于主动式的激光遥测，它是通过分析发出的激光所激发的光谱信息，来对目标（样品）的组分及结构作出判断；还有一种被动式的激光遥测技术，它通过遥远目标所发射的光谱信息，来对目标（样品）进行诊断。外差光谱技术就属于这种类型，其基本原理是把电子学上的外差方法用到光学领域来，即用可调激光器作本机振荡器，把它与信号光混合起来，混合之后的光信号用平方律检测器接收。这种混合信号除了两个光源的自混项之外，还造成一个射频信号，它反映了外来信号在激光频率上所含有的信息。通过电子学处理可以使这个装置成为一个非常窄的滤光器，而且是可调的。这种装置已被用来测定大气污染物的红外发射光谱，可以测多种组分的瞬时浓度。对于各种星球所发出的光谱信息的分析，在推动天体物理学、天体化学及宇宙学等方面起过重要作用。经典的光谱学方法灵敏度低，外差光谱技术克服了这个缺点，因此，这种技术用于天体及星际空间的研究，将为光谱学作出新的贡献。

10.6 激光用于反常多普勒效应的基础物理研究

众所周知，多普勒效应是一种常见的基础物理现象。它描述的是当波源与接收物体发生相对运动时，物体接收的波频率与波源发射的波频率之间产生的频率变化。1842 年，奥地利科学家多普勒（Doppler）发表论文首次论述了这种现象，因而被命名为多普勒效应。他证明了当波源和观察者相互接近时，接收频率变高；当波源和观察者相互远离时，接收频率变低。两者相对运动的速度越大，产生的这种频率变化越大。

10.6.1 电磁波的正常多普勒效应

光波作为某一频段的电磁波，自然也具有多普勒效应。在 6.5 节中已经论述过，激光多普勒频移技术用来测速的原理。依据爱因斯坦的相对论理论，即使光的传播方向垂直于相对运动速度时，也存在多普勒效应，即所谓横向多普勒效应。但在实际应用中，波源和接收器的相

对运动速度一般远远小于光速,因此考虑相对论效应的多普勒频移与非相对论多普勒频移的计算结果基本一致。可以表示为

$$\Delta f \approx \mp \frac{n\nu}{c} f_0 \tag{10-21}$$

其中,f_0 表示波源频率,ν 表示波源和接收器之间的相对运动速率,c 表示真空中的光速,n 表示此工作频段的介质折射率。当波源和接收器相互接近时取"+",表示接收频率高于波源频率;反之取"-",表示接收频率低于波源频率。

通过观测这种频率变化的大小,可以计算出波源沿观测方向运动的速度。多普勒效应获得了广泛的应用[139]。其在工程上应用最典型的例子是雷达,如图 10-20(a)所示。众所周知,雷达是向目标发射电磁波,靠目标反射的回波来确定其方位的。因为目标相对雷达有一定的运动速度,回波会产生多普勒频移,测出这个频移的大小及正负,再加上回波的方向、时间等信息,雷达就能确定目标的速度、方向、距离。目前雷达已经广泛装备于地面、卫星、导弹及飞机上。包括现代交通管理中,用来监测车辆是否超速行驶的雷达,也是运用了多普勒效应,如图 10-20(b)所示。医疗上,利用声波的多普勒效应,可以测量心脏血流速度,为诊断提供重要依据,其原理和雷达相似。超声波发生器产生的超声波辐射到体内,被流动的血液反射,回波产生多普勒频移,根据频移量可得出血液流速信息,进一步给血流加上彩色,显示在屏幕上,这就是超声波彩色多普勒血流测量仪, 测量结果如图 10-20(c)所示。

(a) 雷达

(b) 交通测速

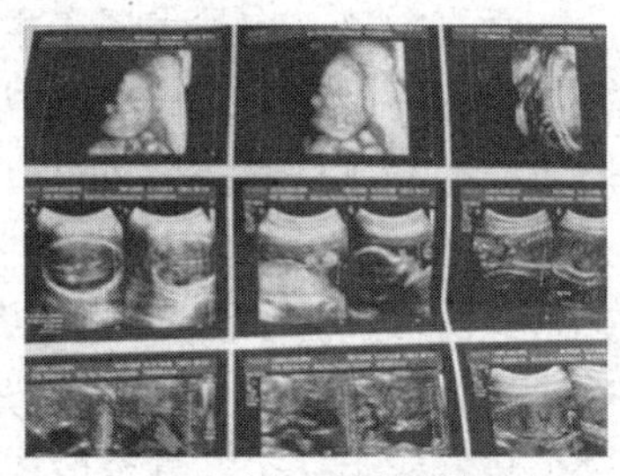

(c) 彩色超声波

图 10-20　多普勒效应的应用举例

10.6.2　在负折射率材料中传播的电磁波的反常多普勒效应

在光的多普勒频移表达式(6-33)中,介质对于波动速度的影响,体现在介质的折射率 n 中。对于自然界中存在的天然材料,光在其中传播的折射率没有观察到小于零的现象。但是式(6-33)却表示了当介质折射率为负数时,相对运动使波源和接收器之间的距离增加,从而使多普勒频移频率增加,距离减小使该频率减小,即从数学角度上存在多普勒效应反常的可能性,如图 10-21(b)所示。数学上的可能并不等于存在物理的现实,但是如果存在物理上的现实,这种奇异的特性不仅会对物理学常识发出根本性的挑战,而且会有许多潜在的应用前景。因为多普勒效应现象早已被广泛应用于工农业生产、医疗卫生、科技国防等社会生活的许多方面,反常多普勒效应的存在自然会对这些应用带来根本性的影响和变化。

这一违反物理常识的效应最早由 Veselago 在 1968 年[140]预言,他提出,折射率为负数的介质在理论上是可能存在的。至 20 世纪末,Pendry[141]等人重新开启了该领域研究,陆续发现并制作出了一些具有负折射率的人工材料。但是,实验测量光在负折射材料中的多普勒效应是否反常有两大难点:(1) 光源与接收器需要置于介质内部,而且能够在介质中相对于介质运

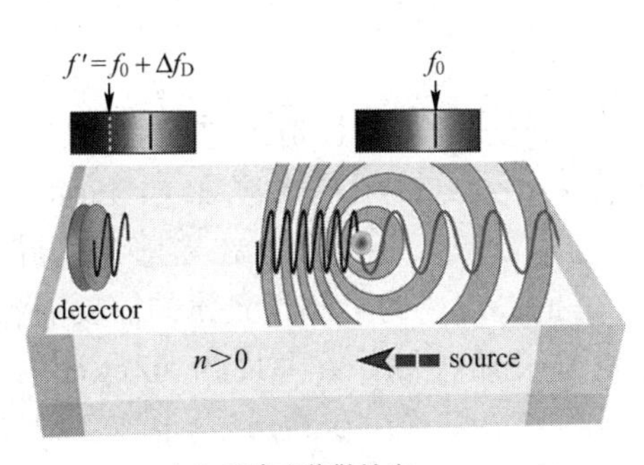

(a) 正常多普勒效应

(b) 反常多普勒效应

图 10-21　多普勒效应示意图

动。与通常置于空气等介质中不同,负折射介质多为人造周期介质,在目前的技术水平下,不可能将光源与接收器置于负折射材料内部并实现它们相对于负折射介质的运动。(2)由于光的频率太高,迄今尚无探测器可直接测量它的变化,因此目前实验上均采用探测测量频率f'与光源频率f_0之间的差拍信号$\Delta f=|f'-f_0|$的方法。而实际测量到的拍频信号始终为信号的绝对值,因而即使发生了反常多普勒效应,也无法将它与正常多普勒效应区分开来。目前大部分研究者都采用了理论研究和数值模拟、仿真相结合的方法。国际上,首次负折射介质中反常多普勒效应的观测实验在 2003 年由 Seddon 等人[142]完成,他们利用传输线间接测量到 GHz 波段的一维负折射介质中的反常多普勒效应,实验所用结构示意图如图 10-22 所示。但随后 Reed 等[143]人发文对实验的理论基础提出质疑,并展开了一系列的论战,使得该实验结果没有得到普遍的认可。

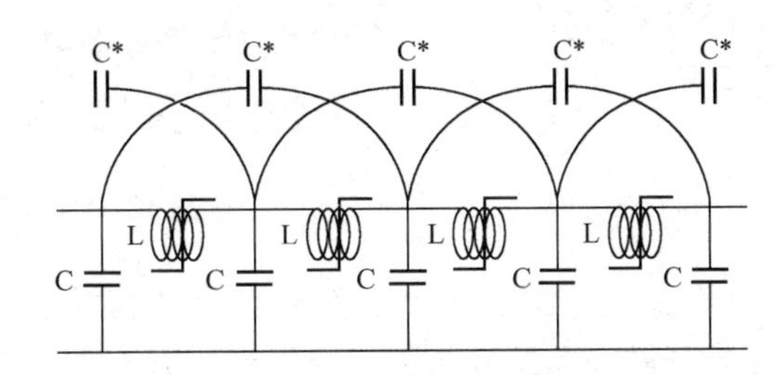

图 10-22　首次反常多普勒效应观测实验结构示意图所采用的结构

10.6.3　折射光子晶体棱镜的设计以及负折射性质的实验验证

从实验上验证反常多普勒效应,首先必须设计及制备合适的负折射率材料。目前负折射材料大致分为等离激元类、光子晶体类、各向异性波导,以及铁磁共振类等。由于等离激元类和铁磁共振类负折射材料需要激发电共振或磁共振,带来了固有的高损耗,而且随着工作频率由微波波段向红外以及可见光波段的提高,磁共振效应大大减弱,甚至消失,因此严重制约了这些类别的负折射材料在光频段的研究和应用。与其他负折射材料相比,利用光子晶体制成的负折射率材料完全由普通电介质构成,它既不需要激发磁共振也不需要激发电共振,能够直接实现负折射,因此损耗较低。随着现代微加工技术的发展,通过成比例缩小单元结构的做法,可以直接实现可见光波段乃至更短波段的负折射。因此首次在光频段二维负折射介质中反常多普勒效应的观测实验[144]选择了光子晶体类负折射材料作为产生反常多普勒效应的介质。我国上海理工大学陈家璧、庄松林等完成的这一实验,为否定了 Seddon 等人完成的一维反常多普勒效应的美国斯坦福大学 Reed 教授所肯定[145]。

该光子晶体采用了正六边形的晶格结构,介质柱为圆柱形,周期性地排列在空气中。制作实际样品时,使用的是 Si 材料。Si 介质柱的截面半径 $r=0.2a$,其中晶格常数 $a=5\ \mu m$。作为理想的二维光子晶体,Si 介质柱的高度应为无限高,实际上是做不到的。在当前工艺许可的条件下,尽量增加介质柱的高度,也只能达到 $h=50\ \mu m$ 的高度。为了测试光路的需要,将光子晶体棱镜样品制作成菱形,顶角为 60°,棱边长 5 mm,Si 介质柱制作在厚度为 500 μm 的硅片上。利用 FDTD(时域有限差分方法)对样品进行模拟仿真,图 10-23 示出了以工作波长 10.6 μm 的高斯光沿垂直于光子晶体棱镜一边入射到理想样品中时,光波的场分布情况,出射光明显表现出负折射性质,即入射光与出射光位于折射面法线的同侧。

实验中所需的样品可以采用微电子制备技术制备。首先使用 L-Edit 软件根据上述参数设计出了光刻模板,如图 10-24 所示。图中规则排列的小菱形区域即设计好的二维光子晶体区域,白色区域为硅衬底。加工完成后,如图中所示被深黑色菱形框包围着的平行四边形区域就是一块样品。

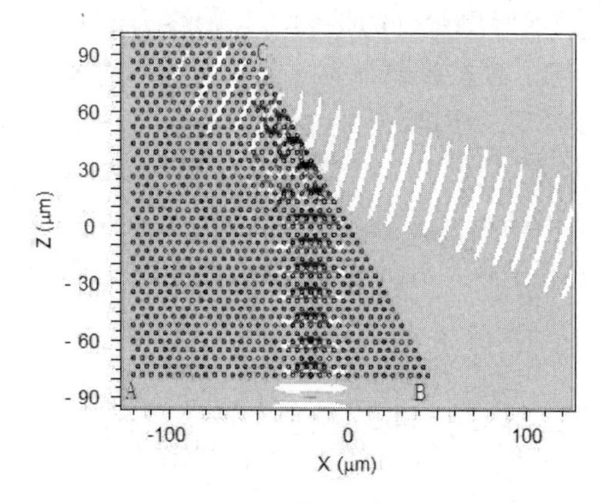

图 10-23　FDTD 模拟仿真的负折射

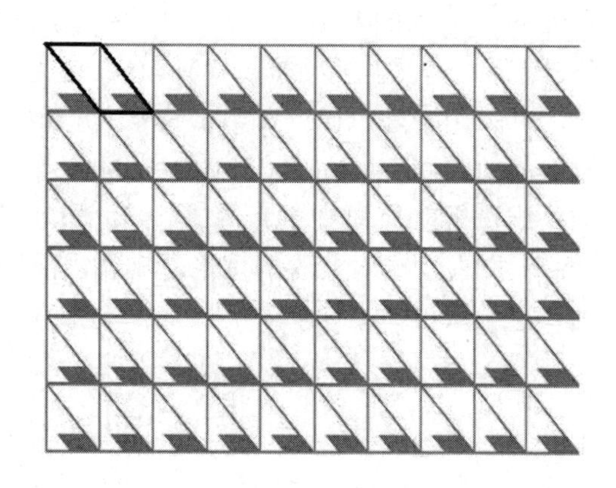
图 10-24　光刻模板示意图

把设计好的图形光刻到石英光刻掩膜板上。然后对样品进行半导体标准清洗流程后烘干,甩上光刻胶,再烘干,为光刻做好准备。通过紫外光刻的方法把石英光刻掩膜板上的图形转移成样品表面光刻胶上的微结构,如图 10-25(a)所示。进一步把光刻胶上的微结构转变成硅单晶上的微结构,可以采用深反应离子刻蚀方法。刻蚀之后,由光刻胶保护的柱子被保留下来,其他部分被刻蚀掉。图 10-25(b)和(c)分别给出了刻蚀后实际样品的俯视图和侧视图,从中可以看出在硅样品上整齐排列的 2 μm 大小的柱子已经形成,而且粗细均匀、结构完美、符合设计要求。

对样品的负折射效应进行实验验证的装置如图 10-26 所示。图中 CO_2 激光光源是美国 SYNRAD 公司生产的 48-1 型 CO_2 激光器,能够发出单频(波长 10.6 μm)E 偏振的激光,最大输出功率 15W(实际只用到 2 W,太大会损坏样品),光束束腰 3.5 mm,光束发散角为 4 mrad。Synrad 激光管坚固的箱体设计给激光谐振腔提供了稳定的平台,它通过标准的 30V 直流电源供电,采用风冷技术。由于工作波长为 10.6 μm 的激光属于红外波段,不可见,故整个光路系统采用可见 He-Ne 激光源作为辅助光源对光路进行调整,用锗分束镜实现 CO_2 激光和 He-Ne 激光共轴对准。

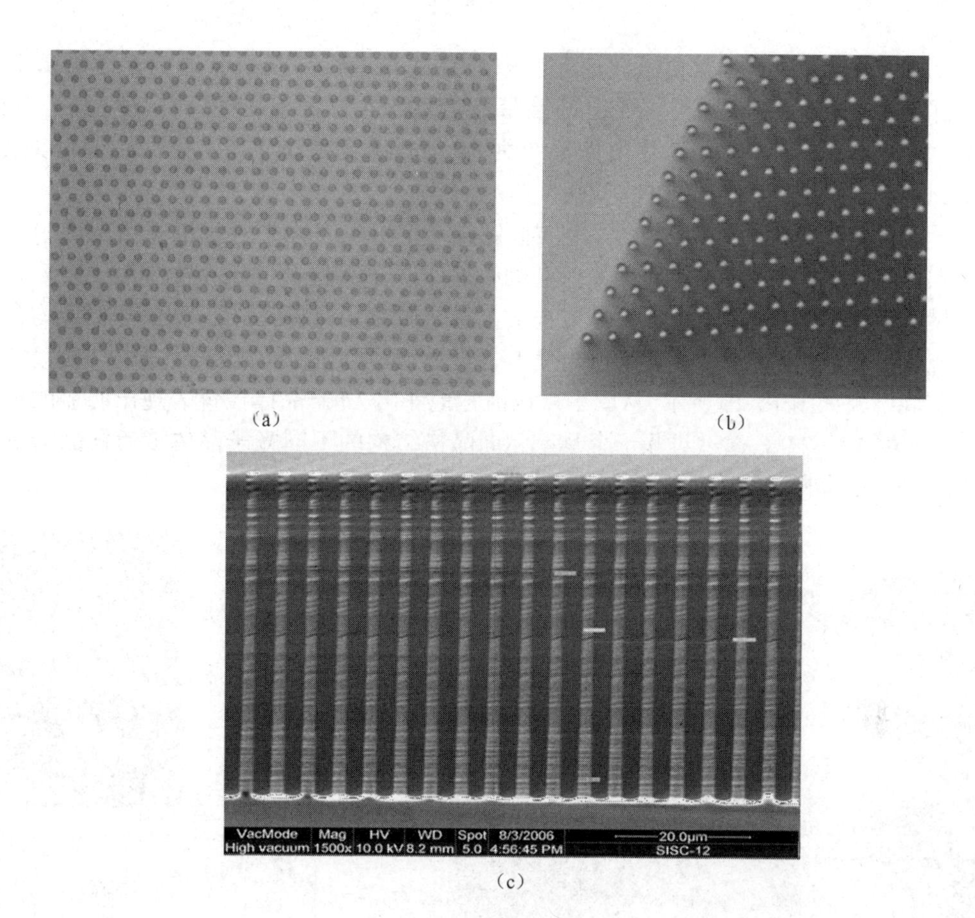

图 10-25　光刻模板及光刻得到的样品的扫描电镜图

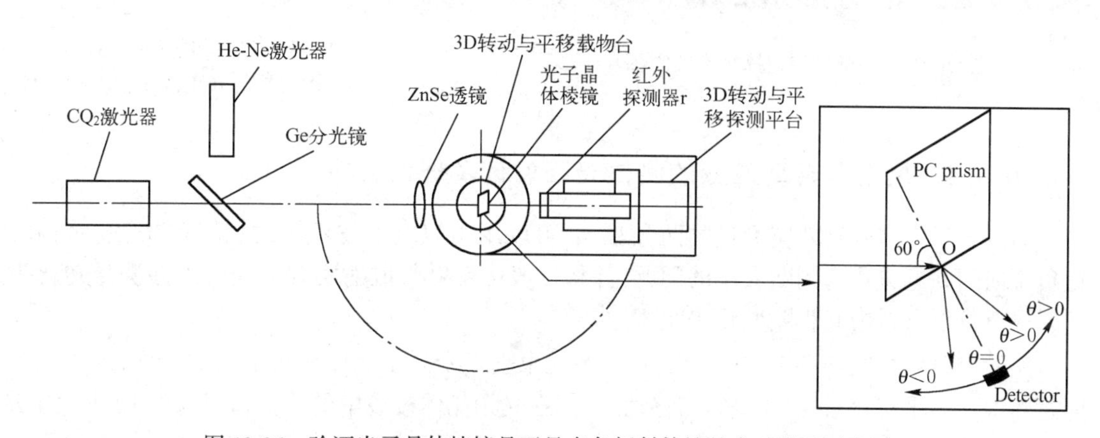

图 10-26　验证光子晶体棱镜是否具有负折射特性的实验装置示意图

由于 CO_2激光束的束腰为 3.5 mm，光子晶体棱镜的高度只有 50 μm，而且为了使光在棱镜中传播相同的光程，需要限制激光束也在微米量级。如果将光束直接入射到光子晶体中，进入光子晶体棱镜的光功率将只有纳瓦量级。因此，为了能使光束集中入射至光子晶体棱镜中，在光子晶体棱镜前使用了一个焦距为 50 mm（由于 CO_2激光束的束腰为 3.5 mm，实际相对口径为 1∶14）的 ZnSe 透镜对光束进行聚焦。对于波长为 10.6 μm 的 CO_2激光束，产生的焦斑直径为 140 μm，仍然会有大部分光能照射到棱镜之外，因此在棱镜前还必须放置一个直径为 30 μm 的光瞳来对杂散光进行限制。普通的光学玻璃对 CO_2 激光是不透明的,ZnSe 则是直接跃迁型能带结构的 II~VI 族化合物半导体材料,为闪锌矿结构,属面心立方晶体,结晶颗粒大小约为 70 μm,透光范围 0.5~22 μm,对可见光、中红外和远红外波段都有较好的透过率。

光子晶体棱镜固定在载物台上,探测器固定在一个可以自由平移和以载物台为中心旋转的三维扫描平台上,平台的旋转和平移由电机通过计算机控制,平台的实物如图 10-27 所示。

实验时,激光从光子晶体棱镜的一边垂直入射。在计算机的控制下,探测器以载物台为中心缓慢旋转,连续记录出射光在各出射角度上的光强,即可判断光波经过光子晶体棱镜的折射情况。实验结果如图 10-28 所示,从图中可以清楚地看出,光子晶体棱镜表现出明显的负折射特性,折射角约为-27°。通过对几十个具有相同晶格结构的不同光子晶体棱镜样品的重复实验,结果类似,所有样品都体现出明显的负折射特性。

图 10-27 三维电控扫描平台实物图

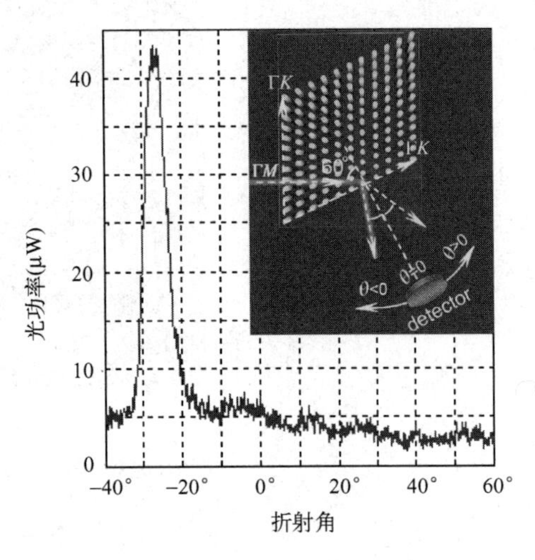

图 10-28 出射光光功率随折射角的分布情况

10.6.4 反常多普勒效应的测量光路设计及理论分析

为克服反常多普勒效应测量的两大难点,可以用类似电子技术中的“偏置”方法,将判断正负方向的问题转化为判断大小的问题,并将一般用反射与散射实现的光学外差测量转化为透射式负折射材料中光程差变化来实现。

实验光路示意图如图 10-29(a)所示。激光束垂直于光子晶体棱镜的入射表面,射入负折射材料中。当平移台沿+x 方向匀速移动时,光在光子晶体棱镜中的传播情况如图 10-29(b)所示,实线表示光子晶体棱镜的原始位置,虚线表示棱镜移动后的位置。光进入棱镜的入射表面上,在这个表面上的材料接收光辐射与散射光辐射的多普勒效应,都因为与运动方向垂直而使产生的多普勒频移为零。

当光束传播到棱镜的第二个界面上,第二个界面沿入射光传播方向的移动速率可以表示为 $v_1=v\cot\angle 1$,其中 v 是平移台的移动速率,$\angle 1=\pi/6$。从图中可以看出,$\overline{OP}$表示棱镜沿 x 方向的位移,因此在棱镜的第二个界面上接收到的光波频率可以表示为

$$f_1=f_0\left(1-\frac{v_1}{c}n\right)=f_0\left(1-\frac{v\cot(\pi/6)}{c}n\right)$$

式中，f_0 表示 CO_2激光器的光源频率，n 是光子晶体棱镜的等效折射率，c 为真空中光速。如果等效折射率 n 为负，f_1将大于f_0，即发生了反常多普勒效应。对于二次多普勒效应，将棱镜的第二个界面看作运动光源，向探测器发出光波。此时光波的传输介质已经变为空气，因此表现为正常多普勒效应。从图 10-29(b)可以看出，棱镜的第二个界面沿出射光传播方向的移动速率可以表为 $v_2=v_1\cos\angle 2$，其中$\angle 2=\pi/3+\theta$，θ 是出射光的折射角。因此，探测器接收到的光信号频率为

$$f_2=f_1\frac{c}{c-v_2}=f_1\frac{c}{c-v\cot(\pi/6)\cdot\cos(\pi/3+\theta)}=f_1k \tag{10-22}$$

在这里定义新参量 $k=\dfrac{c}{c-v\cot(\pi/6)\cdot\cos(\pi/3+\theta)}$，因为 $v\ll c$，所以 k 总为正值且接近于 1。

参考光在分光镜 2 上的反射光路示意图如图 10-29(c)所示。分光镜 2 固定在平移台上，随平移台一起移动，调整分光镜 2 的角度，使得参考光反射后的方向与测量光经过光子晶体棱镜的出射光方向平行。与图 10-29(b)类似，这里实线表示分光镜 2 的原始位置，虚线表示分光镜 2 移动后的位置。$\overline{O'P'}$表示分光镜 2 在 x 方向的位移。分光镜 2 沿参考光入射方向的速率可以表示为

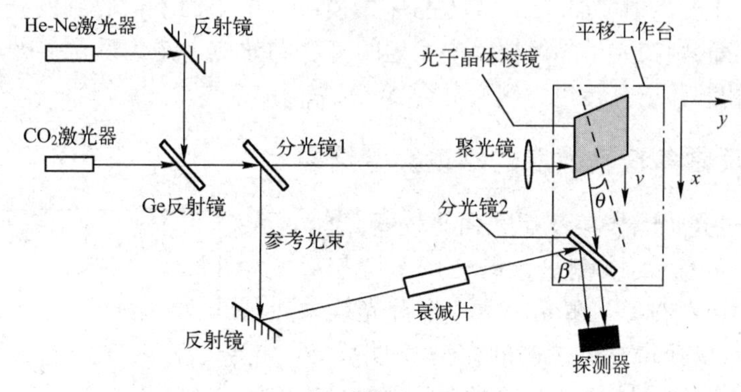

(a) 光路图

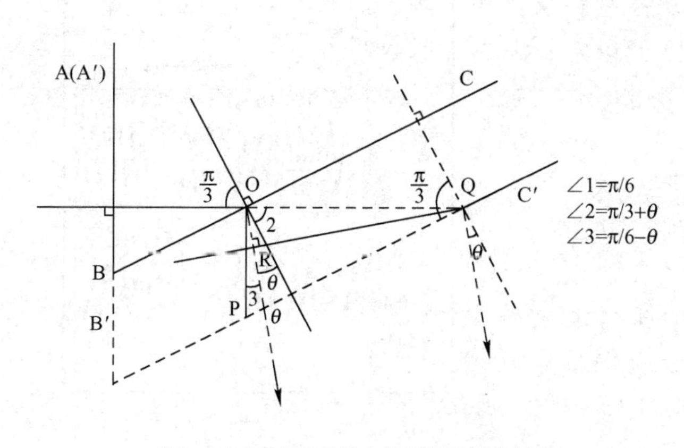

(b) 光在光子晶体棱镜中的传播放大示意图

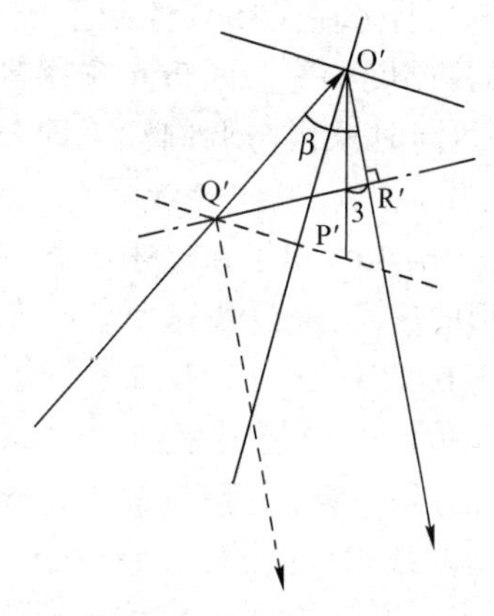

(c) 参考光在分光镜2上的反射光路放大示意图

图 10-29 实验光路示意图

$$v_1'=\frac{\sin\angle O'P'Q'}{\sin\angle O'Q'P'}v=\frac{\sin[\pi/2-(\beta/2-\angle 3)]}{\sin(\pi/2-\beta/2)}v=\frac{\sin(2\pi/3-\beta/2-\theta)}{\sin(\pi/2-\beta/2)}v$$

其中，β 表示参考光入射方向和反射方向的夹角，$\angle 3=\pi/6-\theta$ 表示反射光与 x 方向的夹角，分光镜 2 上接收到的入射光频率可以表示为

$$f_1'=f_0\left(1+\frac{v_1'}{c}\right)$$

再将分光镜 2 看作反射光的发射光源，沿反射光方向的速率可以表示为 $v_2'=v_1'\cos\beta$，探测器接收到的参考光频率为

$$f_2'=f_1'\cdot\frac{c}{c-v_1'\cos\beta}=f_0\left(1+\frac{v_1'}{c}\right)\left(\frac{c}{c-v_1'\cos\beta}\right) \tag{10-23}$$

由式(10-21)和式(10-22)可得频差为

$$\Delta f=|f_2'-f_2|=|(f_2'-f_0k)-(f_1-f_0)k| \tag{10-24}$$

由于在同一次实验过程中，θ 和 β 均保持不变，因此，式(10-23)中第一项($f_2'-f_0k$)的值在同一次实验过程中是一个常量，且与棱镜材料的有效折射率无关，给定平移速度后可以很容易算出。当实验参数 $\theta=-26°$，$\beta=45°$，平移速率为 0.0123 mm/s，0.0245 mm/s，0.0488 mm/s 和 0.0732 mm/s 时，$f_2'-f_0k$ 均为正值，其值分别等于 1.90 Hz，3.77 Hz，7.51 Hz 和 11.27Hz。另外参量 k 也恒为正值，那么当测量到的拍频 $\Delta f<f_2'-f_0k$ 时，f_1-f_0 能且只能为正，即 $f_1>f_0$，也就是说当光程在光子晶体棱镜中增加时，在光子晶体棱镜第二个界面上接收到的光波频率大于 CO_2 激光器的光源频率，则在光子晶体棱镜中发生的多普勒效应一定为反常多普勒效应。这就是说，将判断多普勒频移正负转化为判断是否 $\Delta f<f_2'-f_0k$ 的问题。

10.6.5 反常多普勒效应的测量实验结果

CO_2激光通过光子晶体棱镜后光强比较弱，为了提高测量结果的信噪比，测量系统使用了锁相放大器来抑制噪声。在 CO_2激光的第一个分光镜后放置了斩光器，以获得经过调制的光信号，并为锁相放大器提供参考信号。ND-4 型可变频率双参考斩光器采用了闭环控制系统，能连续调节斩光器的调制频率，保证斩光频率具有很高的稳定性，还可同时输出与调制频率同步的参考电压方波，作为锁相放大器的参考信号。

图 10-30 示出了在上述 4 个平移速度下，探测器测得的信号，通过快速傅里叶变换得到拍频 Δf 分别为 0.89 Hz，1.83 Hz，3.65 Hz 和 5.14 Hz。以光子晶体的等效折射率为 -0.5062(此时折射角 $\theta=-27°$)来计算，实验测量值与理论值符合得很好，实验与理论的相对误差小于 5%。如图 10-27 所示，实际测量的频差 Δf 均小于 $f_2'-f_0k$，这一结果清楚无误地证明实验观测到了反常多普勒效应。使用具有相同晶格结构的不同光子晶体棱镜样

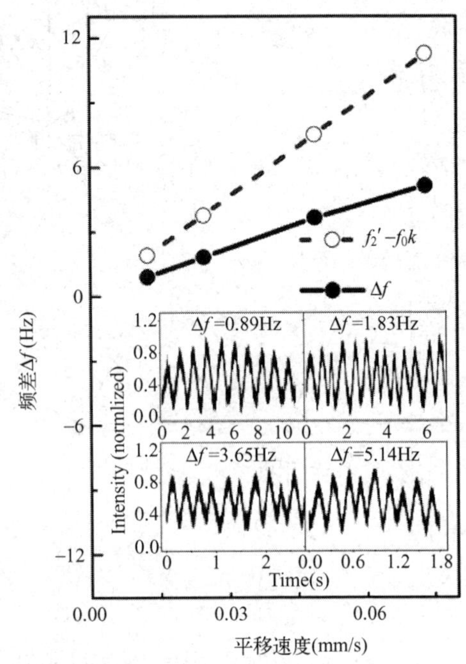

图 10-30 实验测量的频差 Δf 与 $f_2'-f_0k$ 值在不同平移速度下的对比

品，多次重复进行了上述实验，实验结果类似。

实际测量还发现平移台的平移方向对测量结果没有影响，即无论平移台是向$+x$方向平移或向$-x$方向平移，测量结果都一样。这一结果也与理论符合得很好。当平移台向$+x$方向平移时，可计算出探测器所测拍频为

$$
\begin{aligned}
\Delta f_{+x} &= |f_2'-f_2| \\
&= f_0\left|\left(1+\frac{v_1'}{c}\right)\left(\frac{c}{c-v_1'\cos\beta}\right)-\left[1-\frac{v(\cot\pi/6)}{c}n\right]\left[\frac{c}{c-v\cot(\pi/6)\cdot\cos(\pi/3+\theta)}\right]\right| \\
&= f_0\left|\frac{(c+v_1')(c+v_1'\cos\beta)}{c^2-(v_1'\cos\beta)^2}-\frac{[c-v\cot(\pi/6)][c+v\cot(\pi/6)\cdot\cos(\pi/3+\theta)]}{c^2-[v\cot(\pi/6)\cdot\cos(\pi/3+\theta)]^2}\right| \\
&= f_0\left|\frac{c^2+cv_1'(\cos\beta+1)+(v_1')^2\cos\beta}{c^2-(v_1'\cos\beta)^2}-\right. \\
&\quad\left.\frac{c^2+cv\cot(\pi/6)\cdot[\cos(\pi/3+\theta)-1]-[v\cot(\pi/6)]^2\cos(\pi/3+\theta)}{c^2-[v\cot(\pi/6)\cdot\cos(\pi/3+\theta)]^2}\right|
\end{aligned}
$$

考虑到平移台的平移速度远远小于光速，有$v\ll c$，$v_1'\ll c$，即$(v/c)^2$和$(v_1'/c)^2$为无穷小的高阶项，因此上式可简化为

$$
\Delta f_{+x}\approx f_0\left|\frac{v_1'(\cos\beta+1)-v\cot(\pi/6)[\cos(\pi/3+\theta)-1]}{c}\right| \tag{10-25}
$$

当平移台向$-x$方向平移时，可计算出探测器所测拍频为

$$
\begin{aligned}
\Delta f_{-x} &= |f_2'-f_2| \\
&= f_0\left|\left(1-\frac{v_1'}{c}\right)\left(\frac{c}{c+v_1'\cos\beta}\right)-\left[1+\frac{v(\cot\pi/6)}{c}n\right]\left[\frac{c}{c+v\cot(\pi/6)\cdot\cos(\pi/3+\theta)}\right]\right| \\
&= f_0\left|\frac{(c-v_1')(c-v_1'\cos\beta)}{c^2-(v_1'\cos\beta)^2}-\frac{[c+v\cot(\pi/6)][c-v\cot(\pi/6)\cdot\cos(\pi/3+\theta)]}{c^2-[v\cot(\pi/6)\cdot\cos(\pi/3+\theta)]^2}\right| \\
&= f_0\left|\frac{c^2-cv_1'(\cos\beta+1)+(v')^2\cos\beta}{c^2-(v_1'\cos\beta)^2}-\right. \\
&\quad\left.\frac{c^2-cv\cot(\pi/6)[\cos(\pi/3+\theta)-1]-[v\cot(\pi/6)]^2\cos(\pi/3+\theta)}{c^2-[v\cot(\pi/6)\cdot\cos(\pi/3+\theta)]^2}\right|
\end{aligned}
$$

同样考虑到平移台的平移速度远远小于光速，可简化为

$$
\Delta f_{-x}\approx f_0\left|-\frac{v_1'(\cos\beta+1)-v\cot(\pi/6)[\cos(\pi/3+\theta)-1]}{c}\right| \tag{10-26}
$$

比较式(10-25)和式(10-26)，显然有$\Delta f_{+x}=\Delta f_{-x}$。

此外还需要用一系列实验证明测量系统的正确性和可靠性，包括平移运动台的线性、实验方法对于具有正折射率的正常多普勒效应测量的正确性、探测器前增加会聚透镜对于测量结果的影响等，这里不再赘述。

思考练习题 10

1. 当前人类利用的能源主要有哪几种？各有什么优缺点？核聚变作为新型的能源有什么好处？为什么人类要花那么大的气力去开发它？

2. D-T 核聚变，压缩点燃的燃料密度和半径之积$\rho R=3\sim4\,\mathrm{g/cm^2}$，等离子的能量是 1 keV，试证核聚变点火

时，核聚变释放能是等离子体热能的1500倍。

3. 激光冷却的原理是什么？激光冷却的科学意义是什么？

4. 试描述激光操纵微粒的几何光学原理。如果在图10-7中，a、b两束光之间的夹角为120°，夹角平分线与z轴平行，焦点f位于$y=0$、$z=-0.2\ \mu m$处，微粒直径为$1\ \mu m$，微粒主要由水组成（折射率假定为1.33），周围是空气。若两束光的波长为633 nm，功率均为1 nW，试求微粒所受到的作用力的方向和大小。

5. Si-Si结合键的离解能是337 kJ/mol。试用eV单位、频率单位表示该能量，并计算对应的波长。

6. 试说明多光子吸收的原理。如果光源是CO_2激光会发生怎样的多光子吸收？如果要实现$C_6H_5SiH_3 \Rightarrow C_6H_6+SiH_2$的光离解反应，1 Mol的$C_6H_5SiH_3$需要多少Mol的$CO_2$激光光子才能够完成上述反应（根据图10-11作近似计算）？

7. 激光光谱学与经典光谱学相比较，在哪两个主要方面发展了光谱学的理论？试总结一下激光光谱学的分类及其应用。

8. 运用学过的有关激光知识，畅想一下未来——光的时代的情形，激光造福于产业及人类生活的可能的成就。

附录A　随 机 变 量

A.1　概率的定义和随机变量

所谓随机试验,指的是事先不能预言结果的试验。设试验的可能结果的集合以事件集合$\{A\}$代表。例如,若试验由同时扔两枚硬币构成,那么可能的“基元事件”就是HH、HT、TH和TT,其中H代表正面朝上,T代表反面朝上。但是,集合$\{A\}$不只包含这四个元素,因为像“扔两次硬币至少有一枚正面朝上”这样的事件(HH或HT或TH)也可以被包括在内。若A_1和A_2是任意两个事件,则集合$\{A\}$必定也包含A_1与A_2、A_1或A_2、非A_1和非A_2。这样,完整的集合$\{A\}$由它所含的基元事件给出。

如果重复试验N次,其中观察到特定事件A发生n次,我们定义事件A的相对频率为比率n/N。这自然吸引着人们将事件A的概率定义为试验次数N无限增加时相对频率的极限,即

$$P(A) = \lim_{N \to \infty} \frac{n}{N} \tag{A-1}$$

可惜的是,虽然这个概率定义在物理上有吸引力,但它不能令人完全满意。因为上面我们假设了当N增大时,每一事件的相对频率会趋于一个极限,但这却是一个我们从未准备去证明的假设。而且,永远不能实际测出$P(A)$的精确值,因为要做到这点需要做无穷多次试验。更好的做法是采用一种公理化的研究方法,一开始就假设概率服从若干条公理。现描述如下:

(1) 任何概率$P(A)$都遵守$P(A) \geqslant 0$;

(2) 若S是一个肯定要发生的事件,那么$P(S) = 1$;

(3) 若A_1和A_2是互不相容事件,即一事件的发生保证另一事件不发生,那么事件A_1或A_2的概率满足$P(A_1 \text{或} A_2) = P(A_1) + P(A_2)$。

概率论就建立在这三条公理上。

对各种事件的概率赋以具体数值的问题不是公理方法所要讨论的,而是留给物理直觉去解决。赋予一给定事件的概率不论什么数值,都必须同我们对该事件的极限相对频率的直观感觉相一致。归根结底,我们不过是在构建一个我们希望能代表这个试验的统计模型。有必要假设一个模型,这一点不应使我们感到困扰,因为每次确定性的分析都同样需要对有关的物理实体及它们经受的变换做出假设。对我们的统计模型,必须根据它在多次试验中描述试验结果行为的精确程度来评价其优劣。

对于随机试验的每一个可能的基元事件A,指定一个实数$u(A)$。随机变量U由一切可能的$u(A)$连同它们的概率测度构成。特别要注意的是,随机变量的构成既包括变量的值的集合,又包括与之相联系的概率,因此,随机变量概括了我们为随机现象所假设的整个统计模型。

A.2 分布函数和密度函数

如果试验结果是由一组离散的数构成的，则这个随机变量 U 称为离散的。如果试验结果可以处于一段连续值上的任意一点，那么这个随机变量就叫作连续的。有时还会遇到混合型的随机变量，其可能的试验结果既处在一个离散集合内（以一定的概率），又处于一个连续区间内。

在所有这些情况下，随机变量 U 都可以用一个概率分布函数 $F_U(u)$ 来方便地描写，其定义为

$$FU(u)=\text{Prob}\{U\leqslant u\} \tag{A-2}$$

Prob{ }代表括号内描述的事件发生的概率。或者换句话说，就是随机变量 U 取值小于或等于给定值 u 的概率。从概率论的基本公理出发可以证明，$F_U(u)$ 必定具有以下性质：

（1）$F_U(u)$ 从左向右是一个非下降函数；

（2）$F_U(-\infty)=0$；

（3）$F_U(\infty)=1$。

图 A-1 示出了 $F_U(u)$ 在离散、连续和混合随机变量情况下的典型形状。

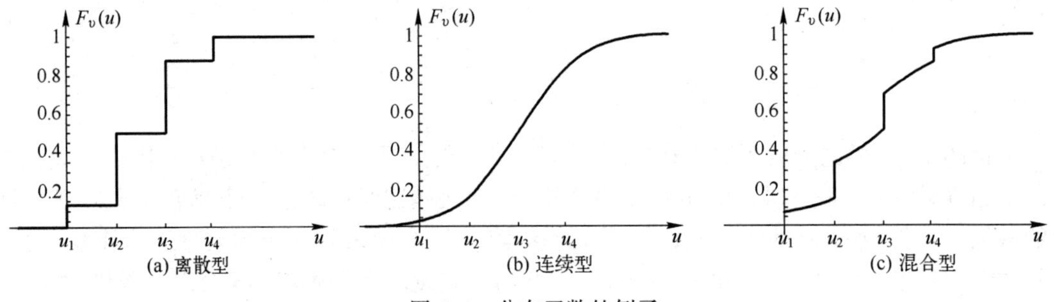

图 A-1　分布函数的例子

注意，U 处于上下限（$a<U\leqslant b$）之间的概率可以表示为

$$\text{Prob}\{a<U\leqslant b\}=FU(b)-FU(a) \tag{A-3}$$

在实际应用中更重要的是概率密度函数 $p_U(u)$，其定义为

$$p_U(u)\triangleq\frac{\mathrm{d}}{\mathrm{d}u}FU(u) \tag{A-4}$$

（1）对于连续型随机变量 U，这个定义用起来没有困难，因为函数 $F_U(u)$ 处处可微。注意，由导数的定义

$$p_U(u)=\lim_{\Delta u\to\infty}\frac{FU(u)-FU(u-\Delta u)}{\Delta u}$$

我们看到对足够小的 ΔU，有

$$p_U(u)\Delta u\approx F_U(u)-F_U(u-\Delta u)=\text{Prob}\{u-\Delta u<U\leqslant u\}$$

换句话说，$p_U(u)\Delta u$ 是 U 处于定义域 $u-\Delta u<U\leqslant u$ 内的概率。从 $F_U(u)$ 的基本性质可知，$p_U(u)$ 必定具有下述性质。

$$p_U(u)\geqslant 0,\int_{-\infty}^{\infty}p_U(u)\mathrm{d}u=1 \tag{A-5}$$

U 取值在上下限 a 和 b 之间的概率可以用概率密度函数表示为

$$\mathrm{Prob}\{a < U \leqslant b\} = \int_a^b p_U(u)\,\mathrm{d}u \tag{A-6}$$

（2）当 U 是离散型随机变量时，$F_U(u)$ 不连续，因此 $p_U(u)\Delta u$ 在通常意义下不存在。但是，引入 δ 函数可以把这种情况也纳入我们的框架。概率密度函数变为

$$p_U(u) = \sum_{k=1}^{\infty} p(u_k)\delta(u - u_k) \tag{A-7}$$

其中 $\{u_1, u_2, \cdots, u_k, \cdots\}$ 代表 U 的一组离散的可能数值，而 δ 函数按定义具有以下性质

$$\delta(u-u_k) = 0, \quad u \neq u_k$$

$$\int_{-\infty}^{\infty} g(u)\delta(u - u_k)\,\mathrm{d}u = g(u_k) \tag{A-8}$$

（3）对于混合型随机变量，其概率密度函数既有连续分量，又有 δ 函数分量。图 A-2 示意了这三种情形下的概率密度函数。在图 A-2(a)中，各个概率 $P(u_k)$ 加起来等于 1。在图 A-2 (b) 中，连续概率密度下的面积必定是 1。在图 A-2 (c)中，概率 $P'(u_k)$ 相加不等于 1，但是它们之和加上概率密度函数连续部分下面的面积必定是 1。

两种特别的概率密度函数在统计光学中非常重要。

一个是 Gauss（或称作为“正态”）密度分布，它是一个连续的概率密度函数，形式为

$$p_U(u) = \frac{1}{\sqrt{2\pi\sigma}}\exp\left[-\frac{(u-\bar{u})^2}{2\sigma^2}\right] \tag{A-9}$$

其中 $\bar{u}$ 是随机变量 U 的均值，σ^2 是 U 的方差。

另一个是 Poisson 密度分布，它是一个离散的概率密度函数，形式为

$$p_U(u) = \sum_{k=0}^{\infty} \frac{\bar{k}^k}{k!} e^{-\bar{k}}\delta(u - k) \tag{A-10}$$

其中 $\bar{k}$ 是一个参数，刚好是 k 的均值。

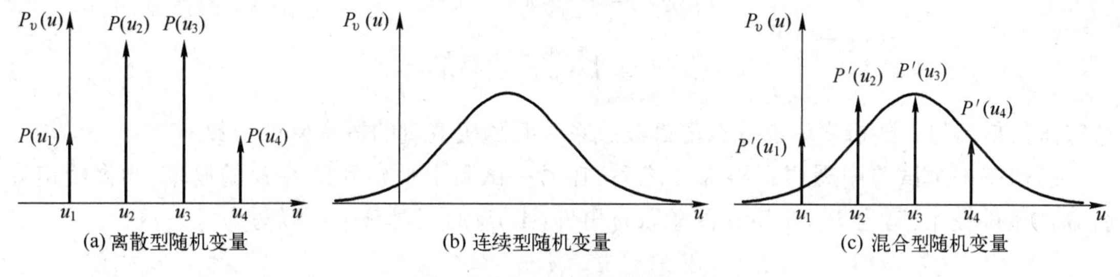

图 A-2　典型的概率密度函数

对于离散型和混合型的情形，δ 函数的标号和高度代表它们的面积。

A.3　推广到两个或多个联合随机变量

考虑两个随机试验，其可能的结果事件集合分别为 $\{A\}$ 和 $\{B\}$。如果我们从每一试验取一结果事件成对考虑，就能够定义一个新的集合，是关于一切可能联合事件的，用 $\{A\times B\}$ 来表示。事件 A 和事件 B 联合发生的相对频率由 n/N 表示，其中 N 是联合试验的次数，n 是 A 和 B 作为两个试验的联合结果发生的次数。我们赋给这个联合结果一个联合概率 $P(A,B)$，这个概率的具体数值由我们对 N 无限增大时相对频率 n/N 的极限值的直观概念决定。既然 $P(A,B)$ 也是一个概率，它必须满足第一部分中给出的三条公理。

对第一个试验的每个结果 A 我们指定一个数值 $u(A)$，对第二个试验的每个结果 B 我们指定一个数值 $v(A)$。定义联合随机变量 UV 为一切可能的联合数值 (u,v) 的集合，连同它们相应的概率测度。

联合随机变量 UV 的联合概率分布函数 $F_{UV}(u,v)$ 之定义为

$$F_{UV}(u,v) \triangleq \mathrm{Prob}\{U \leqslant u \text{ 且 } V \leqslant v\} \tag{A-11}$$

而联合概率密度函数 $p_{UV}(u,v)$ 之定义为

$$p_{UV}(u,v) \triangleq \frac{\partial^2}{\partial u \partial v} F_{UV}(u,v) \tag{A-12}$$

其中的偏微商必须解释为在通常意义下或在 δ 函数的意义下存在，依 F_{UV} 是否连续而定。概率密度函数 $p_{UV}(u,v)$ 必定有单位体积，即

$$\iint_{-\infty}^{\infty} p_{UV}(u,v)\,\mathrm{d}u\mathrm{d}v = 1 \tag{A-13}$$

如果已知一切特定事件 A 和 B 的联合概率，我们也许想要决定 A 发生的概率，不管伴同它发生的事件 B 是什么。直接从相对频率概念出发，能够证明

$$P(A) = \sum_{\text{所有}B} P(A,B)$$

同样

$$P(B) = \sum_{\text{所有}A} P(A,B)$$

这里 $P(A)$ 是事件 A 发生的概率，$P(B)$ 是事件 B 发生的概率，$P(A,B)$ 是联合事件 A 和 B 一道发生的概率。$P(A)$ 和 $P(B)$ 分别叫做 A 和 B 的边缘概率。

类似地，从一个有一对输出结果的随机试验得到的随机变量 U 和 V 的边缘概率密度函数之定义为

$$\begin{aligned} p_U(u) &\triangleq \int_{-\infty}^{\infty} p_{UV}(u,v)\,\mathrm{d}v \\ p_V(v) &\triangleq \int_{-\infty}^{\infty} p_{UV}(u,v)\,\mathrm{d}u \end{aligned} \tag{A-14}$$

这些函数是当另一随机变量取什么值都没关系时某随机变量的概率密度函数。

已知在一个试验中观察到事件 A 之后，在另一试验中观察到事件 B 的概率，叫做给定 A 后 B 的条件概率，写为 $P(B|A)$。注意联合事件 (A,B) 的相对频率可以写为

$$\frac{n}{N} = \frac{n}{m}\frac{m}{N}$$

其中 n 是在 N 次试验中联合事件 (A,B) 发生的次数，而 m 是在 N 次试验中不论 B 取什么值 A 出现的次数。但是 m/N 代表 A 的（边缘）相对频率，而 n/m 代表给定 A 发生后 B 的条件相对频率。由此得到，我们关心的这些概率必定满足

$$P(A,B) = P(A)P(B|A)$$

或

$$P(B|A) = \frac{P(A,B)}{P(A)}$$

同样

$$P(A|B) = \frac{P(A,B)}{P(B)}$$

同时取这两个式子，得到

$$P(B|A) = \frac{P(A|B)P(B)}{P(A)},$$

这个式子叫做 Bayes 定则。

遵照以上的思路，U 和 V 的条件概率密度函数定义为

$$p_{V|U}(v|u)=\frac{p_{UV}(u,v)}{p_U(u)} \quad p_{U|V}(u|v)=\frac{p_{UV}(u,v)}{p_v(u)} \tag{A-15}$$

最后，介绍统计独立性的概念。两个随机变量 U 和 V，如果关于其中一个变量取值的知识不影响另一变量各个可能结果的概率，那么称这两个随机变量是统计独立的。由此，对于统计独立的随机变量 U 和 V，有

$$p_{V|U}(v|u)=p_V(v) \tag{A-16}$$

这又意味着

$$p_{UV}(u,v)=p_U(u)p_{V|U}(v|u)=p_U(u)p_V(v) \tag{A-17}$$

用文字来描述就是，两个独立的随机变量的联合概率密度函数可以分解为它们的两个边缘概率密度函数的乘积。更一般地，若 $P(A,B)=P(A)P(B)$，则两个随机事件 A 和 B 统计独立。

A.4 统计平均

若 $g(u)$ 是一个已知函数；也就是说，对 u 的每一个值，$g(\cdot)$ 给出一个新的实数 $g(u)$。如果 u 代表一个随机变量的值，那么 $g(u)$ 也是一个随机变量的值。

定义 $g(u)$ 的统计平均（均值、期望值）为

$$\overline{g}=E[g(u)] \triangleq \int_{-\infty}^{\infty} g(u)p_U(u)\,\mathrm{d}u \tag{A-18}$$

对于离散随机变量，$p_U(u)$ 的形式为

$$p_U(u)=\sum_k P(u_k)\delta(u-u_k) \tag{A-19}$$

结果有

$$\overline{g}=\sum_k P(u_k)g(u_k) \tag{A-20}$$

但是，对于连续随机变量，必须通过积分来求平均。

1. 随机变量的矩

随机变量最简单的平均性质是它的各阶矩，这些矩（如果存在的话）是在式（A-18）中令

$$g(u)=u^n$$

得到的，n 是任何非负整数。特别重要的是一阶矩（均值、期望值或平均值）

$$\overline{u}=\int_{-\infty}^{\infty} up_U(u)\,\mathrm{d}u \tag{A-21}$$

和二阶矩（均方值）

$$\overline{u^2}=\int_{-\infty}^{\infty} u^2p_U(u)\,\mathrm{d}u \tag{A-22}$$

常常将表示求平均运算的上短横换成期望值算符 $E[\cdot]$；这两个记号将同时使用，可以互换。

最感兴趣的通常是一个随机变量围绕它的均值的涨落，这时讨论的是中心矩，它由下式得到：

$$g(u)=(u-\overline{u})^n \tag{A-23}$$

最重要的是二阶中心矩或方差，其定义为

$$\sigma^2=\int_{-\infty}^{\infty}(u-\overline{u})^2p_U(u)\,\mathrm{d}u \tag{A-24}$$

读者可以证明,任何随机变量的矩之间下述关系都成立:

$$\overline{u^2}=(\bar{u})^2+\sigma^2$$

方差的平方根 σ 叫做标准偏差,它是随机变量 U 取值的弥散或分散程度的度量。

2. 多个随机变量的联合矩

设 U 和 V 是随机变量,其联合分布的概率密度函数为 $p_{UV}(u,v)$。U 和 V 的联合矩的定义为

$$\overline{u^n v^m} \triangleq \iint\limits_{-\infty}^{\infty} u^n v^m p_{UV}(u,v)\,\mathrm{d}u\mathrm{d}v \tag{A-25}$$

其中 n 和 m 是非负整数。特别重要的是 U 和 V 的相关

$$\Gamma_{UV}=\overline{uv}=\iint\limits_{-\infty}^{\infty} uv p_{UV}(u,v)\,\mathrm{d}u\mathrm{d}v \tag{A-26}$$

U 和 V 的协方差

$$C_{UV}=\overline{(u-\bar{u})(v-\bar{v})} \tag{A-27}$$

和相关系数

$$\rho=\frac{C_{UV}}{\sigma_U\sigma_V} \tag{A-28}$$

相关系数是 U 和 V 的涨落的相似程度的直接度量。下面要证明,ρ 的模永远在 0 和 1 之间。证明的论据从 Schwarz 不等式出发,根据这个不等式,对任何两个实值或复值函数 $f(u,v)$ 和 $g(u,v)$,有

$$\left|\iint\limits_{-\infty}^{\infty} f(u,v)g(u,v)\,\mathrm{d}u\mathrm{d}v\right|^2 \leqslant \iint\limits_{-\infty}^{\infty} |f(u,v)|^2\mathrm{d}u\mathrm{d}v \iint\limits_{-\infty}^{\infty} |g(u,v)|^2\mathrm{d}u\mathrm{d}v \tag{A-29}$$

其中等号当且仅当

$$g(u,v)=af^*(u,v) \tag{A-30}$$

时才成立,a 是一个复常数,* 表示复数共轭。具体选

$$\begin{aligned} f(u,v)&=(u-\bar{u})\sqrt{p_{UV}(u,v)} \\ g(u,v)&=(v-\bar{v})\sqrt{p_{UV}(u,v)} \end{aligned} \tag{A-31}$$

得到

$$\begin{aligned} &\left|\iint\limits_{-\infty}^{\infty}(u-\bar{u})(v-\bar{v})p_{UV}(u,v)\,\mathrm{d}u\mathrm{d}v\right|^2 \\ &\leqslant \iint\limits_{-\infty}^{\infty}(u-\bar{u})^2 p_{UV}(u,v)\,\mathrm{d}u\mathrm{d}v \iint\limits_{-\infty}^{\infty}(v-\bar{v})^2 p_{UV}(u,v)\,\mathrm{d}u\mathrm{d}v \end{aligned} \tag{A-32}$$

或者等价地 $|C_{UV}|\leqslant\sigma_U\sigma_V$,因此证明了

$$0\leqslant|\rho|\leqslant 1 \tag{A-33}$$

若 $\rho=1$,就可以说 U 和 V 完全相关,意思是它们的涨落实质上完全一样,除了可能差一复数常数。若 $\rho=-1$,可以说 U 和 V 完全相反,意思是它们的涨落也完全相同,但是符号相反(也可以差一复常数),例如,U 的一次大正向偏移伴随着 V 的一次大负向偏移。

当 ρ 恒等于零时,可以说 U 和 V 不相关。读者容易证明,两个统计独立的随机变量永远不相关。但是,倒过来并不正确,即不相关并不一定意味着统计独立。说明这一点的一个经典例子是,两个随机变量

$$U=\cos\Theta \quad V=\sin\Theta \tag{A-34}$$

其中 Θ 是一个在$(-\pi/2,\pi/2)$上均匀分布的随机变量,即

$$p_{\Theta}(\theta)=\begin{cases}1/\pi & -\pi/2<\theta\leqslant\pi/2\\ 0 & 其他\end{cases} \tag{A-35}$$

关于 V 的值的知识唯一地确定了 U 的值,因此两个随机变量是统计上不独立的。但是,读者可以验证,U 和 V 是不相关的随机变量。

3. 特征函数和矩生成函数

一个随机变量 U 的特征函数定义为 $\exp(\mathrm{j}\omega u)$的期望值:

$$M_U(\omega)=E[\exp(\mathrm{j}\omega u)]\triangleq\int_{-\infty}^{\infty}\exp(\mathrm{j}\omega u)p_U(u)\mathrm{d}u \tag{A-36}$$

于是特征函数是 U 的概率密度函数的 Fourier 变换。如果这个积分存在,至少在 δ 函数的意义上存在,那么这个关系是可逆的,则概率密度函数可以表示为

$$p_U(u)=\frac{1}{2\pi}\int_{-\infty}^{\infty}M_u(\omega)\exp(-\mathrm{j}\omega u)\mathrm{d}\omega \tag{A-37}$$

于是特征函数包含了关于随机变量 U 的一阶统计性质的全部信息。

顺便提一下,我们注意到,一个随机变量 U 的负值即$-U$ 的特征函数由下式给出:

$$\int_{-\infty}^{\infty}\exp(\mathrm{j}\omega u)p_U(-u)du=\int_{-\infty}^{\infty}\exp(-\mathrm{j}\omega u)p_U(u)\mathrm{d}u=M_U^*(\omega) \tag{A-38}$$

于是$-U$ 的特征函数为 U 的特征函数的复共轭。

在某些情况下,有可能从关于全部 n 阶矩的知识得到特征函数(从而得到概率密度函数,由式(A-37))。为了表明这一事实,将式(A-36)中的指数项展开成幂级数:

$$\exp(\mathrm{j}\omega u)=\sum_{n=0}^{\infty}\frac{(\mathrm{j}\omega u)^n}{n!} \tag{A-39}$$

如果假定求和和积分可以交换次序,就得到

$$M_U(\omega)=\sum_{n=0}^{\infty}\frac{(\mathrm{j}\omega)^n}{n!}\int_{-\infty}^{\infty}u^n p_U(u)\mathrm{d}u=\sum_{n=0}^{\infty}\frac{(j\omega)^n}{n!}\overline{u^n} \tag{A-40}$$

由于上面交换积分和求和次序要求满足一定的条件才行,这一结果只有当一切阶矩均为有限并且所产生的级数绝对收敛时才成立。

此外,若第 n 阶绝对矩 $\int_{-\infty}^{\infty}|u|^n p_U(u)\mathrm{d}u$ 存在,那么 U 的第 n 阶矩可由下式求得:

$$\overline{u^n}=\frac{1}{\mathrm{j}^n}\frac{\mathrm{d}^n}{\mathrm{d}\omega^n}M_U(\omega)\bigg|_{\omega=0} \tag{A-41}$$

对式(A-40)做适当运算可以看出此式成立。

容易证明,Gauss 随机变量的特征函数是

$$M_U(\omega)=\exp\left(-\frac{\sigma^2\omega^2}{2}\right)\exp(\mathrm{j}\omega\,\bar{u}) \tag{A-42}$$

而 Poisson 随机变量的特征函数则是

$$M_U(\omega)=\sum_{k=0}^{\infty}\frac{(\bar{k})^k}{k!}\mathrm{e}^{-\bar{k}}\exp(\mathrm{j}\omega k)=\exp\{\bar{k}(\mathrm{e}^{j\omega}-1)\} \tag{A-43}$$

有时我们要用到两个随机变量 U 和 V 的联合特征函数,其定义为

$$M_{UV}(\omega_U,\omega_V)=\iint_{-\infty}^{\infty}\exp[\mathrm{j}(\omega_U u+\omega_V v)]p_{UV}(u,v)\mathrm{d}u\mathrm{d}v \tag{A-44}$$

联合概率密度函数可以通过一个二维 Fourier 反演从联合特征函数恢复。此外，U 和 V 的联合矩可以表示为下述形式：

$$\overline{u^n v^m}=\frac{1}{\mathrm{j}^{n+m}}\frac{\partial^{n+m}}{\partial \omega_U^n\,\partial \omega_V^m}M_{UV}(\omega_U,\omega_V)\Big|_{\omega_U=\omega_V=0} \tag{A-45}$$

其条件是$\overline{|u^n v^m|}<\infty$。

最后，随机变量 $U_1,U_2,\cdots,U_k$ 的第 k 阶联合特征函数的定义是

$$M_U^{(k)}(\omega_1,\omega_2,\cdots,\omega_k)\triangleq E\{\exp[\mathrm{j}(\omega_1 u_1+\omega_2 u_2+\cdots+\omega_k u_k)]\} \tag{A-46}$$

用矩阵记号，上式可以等价地写为

$$M_U(\underline{\omega})\triangleq E\{\exp[\mathrm{j}\,\underline{\omega}^{\mathrm{T}}\underline{u}\} \tag{A-47}$$

其中$\underline{\omega}$和$\underline{u}$是列矩阵：

$$\underline{\omega}=\begin{bmatrix}\omega_1\\ \omega_2\\ \vdots\\ \omega_k\end{bmatrix}\qquad \underline{u}=\begin{bmatrix}u_1\\ u_2\\ \vdots\\ u_k\end{bmatrix} \tag{A-48}$$

上标 T 表示一次矩阵转置运算。k 阶联合概率密度函数 $p_U(\underline{u})$ 可以通过一个 k 阶 Fourier 反演从 $M_U(\underline{\omega})$ 得到。

随机变量 U 的矩生成函数 $G_U(\zeta)$ 的定义与 U 的特征函数相似，但是是用一个双面 Laplace 变换，而不是 Fourier 变换，即

$$G_U(\zeta)=E[\mathrm{e}^{\zeta u}]=\int_{-\infty}^{\infty}\mathrm{e}^{\zeta u}p_U(u)\,\mathrm{d}u \tag{A-49}$$

其中变量 ζ 为复数。矩生成函数很有用，与特征函数一样，$G_U(\zeta)$ 可以从 U 的各阶矩求得。但是除此之外，在某些无法从 $M_U(\omega)$ 反演求 $p_U(u)$ 的情况下，有可能对 $G_U(\zeta)$ 做反演，只要它在复平面里的收敛区域已知。推广到高阶矩生成函数是直截了当的。

附录B　随机过程

随机过程是随机变量概念的自然推广，它的基本不可预测事件或随机事件不是数而是函数（通常是时间与/或空间的函数）。因此，随机过程理论讨论的是对一些函数的数学描述，这些函数的结构不能事先详细预言。这样的函数在光学中起着很重要的作用。例如，任何真实光源发射的波的振幅，都在某种程度上以不可预测的方式随意变化。本章将回顾这类随机现象理论的基础的基本概念，重点讨论时间函数，但是很容易推广到空间函数。

B.1　随机过程的定义和描述

随机过程的概念仍然是建立在随机试验的基础上的，这个试验有一组可能事件$\{A\}$和相联系的概率测度。为了定义一个随机变量，我们赋给每一基元事件A个实数$u(A)$。为了定义一个随机过程，我们对每一基元事件A赋一个实值函数$u(A;t)$，它有自变量t。一组可能的“样本函数”$u(A;t)$的集合，连同它们相联系的概率测度，就构成一个随机过程。

一般在记号中并不将随机过程对其下的事件集合$\{A\}$的依赖关系明显表示出来用符号$U(t)$表示一个随机过程，而具体的样本函数则用小写字母$u(t)$表示。但是应当记住，$U(t)$是由一切可能的$u(t)$的完整系统连同它们的概率测度构成的。

在数学上描写一个随机过程有种种可能的方式。最普遍的方式是完备地罗列组成随机过程的全部样本函数，同时给定它们的概率。用下面的例子来阐明这种完备的描述方式。

设基本的随机试验由投两次硬币构成，这个硬币是“匀正”的，也就是说，它落地时正面朝上(H)和反面朝上(T)有同样的可能性。集合$\{A\}$中的“基元事件”是$A_1=HH, A_2=HT, A_3=TH, A_4=TT$。对每一个基元事件，我们赋给一个样本函数，如下所示：

$$u(A_1;t)=\exp(t)\quad u(A_2;t)=\exp(2t)\quad u(A_3;t)=\exp(3t)\quad u(A_4;t)=\exp(4t) \tag{B-1}$$

在每种情况，都必须算出与对应的事件相联系的概率；对于上述情形，每个样本函数的概率是1/4。注意：如果几个不同事件产生同一个样本函数，那么必须找出产生这个样本函数的一切可能方式，而这些事件中的一个或多个事件发生的概率便是与该样本函数相联系的概率。于是，我们费劲地罗列出系统中的全部样本函数及它们的概率之后，就得到了随机过程的一个完整描述。

这样一个完整描述是很难做到的，甚至也不是我们想要的。在大多数实际应用中，只需要对随机过程的一个不完全的描述，以计算物理上有兴趣的各种量，可以有种种不完全的描述方法。在有些应用中，把参量t看成固定的并且给定随机变量$U(t)$的一阶概率密度函数也许就够了，这个概率密度函数用$p_U(u;t)$来表示。从这种描述中，我们可以计算任何t值下的$\overline{u}$，$\overline{u^2}$和U的其他各阶矩。

更普遍地，还需要参量值t_1和t_2时U的二阶概率密度函数。图B-1样本函数的系综和一

对参量值 t_1 和 t_2。二阶密度函数是随机变量 $U(t_1)$ 和 $U(t_2)$ 的联合密度函数。这个密度函数一般依赖于 t_1 和 t_2,因而用 $p_U(u_1,u_2;t_1,t_2)$ 表示,其中 $u_1=u(t_1)$,$u_2=u(t_2)$。从这样的描述可以计算联合矩,比如

$$\overline{u_1u_2}=\iint_{-\infty}^{\infty}u_1u_2p_U(u_1,u_2;t_1,t_2)\,\mathrm{d}u_1\mathrm{d}u_2 \tag{B-2}$$

其中 t_1 和 t_2 是参量的值,联合密度函数 $p_U(u_1,u_2;t_1,t_2)$ 就在这样的参量值上给定。

在某些情况下,可能还需要更高阶的密度函数。为了完备地描述随机过程 $U(t)$,必须对一切 k 都能够定出 k 阶密度函数 $p_U(u_1,u_2,\cdots,u_k;t_1,t_2,\cdots,t_k)$,这样的描述等价于前面讨论过的完备描述,而且一般也同样地难以表述。在实际中,从来不需要完备的描述。

最后我们注意到,随机过程是一个数学模型,它只是在准确的样本函数 $u(t)$ 由测量确定出之前才有用。在测量之前,随机过程代表了我们先验的知识状态,在 $u(t)$ 已由测量决定之后,我们就只对一个样本函数感兴趣了,那就是被观察的那个样本函数。

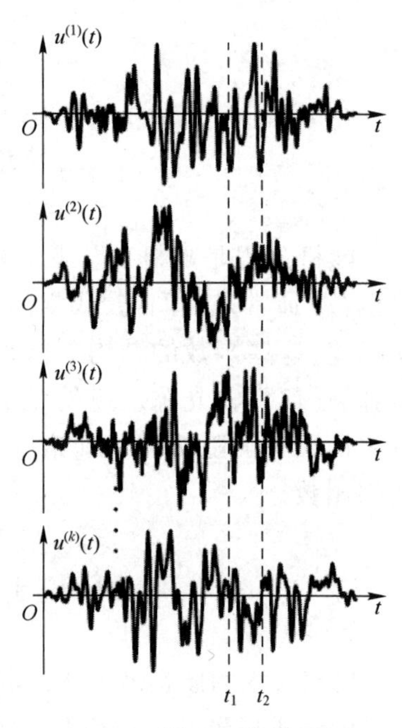

图 B-1　样本函数的系综

B. 2　平稳性和遍历性

原则上可以构建无穷多种随机过程模型,但是其中只有有限几种在物理应用中很重要。本节将定义和讨论几类特殊的随机过程,本节的分类绝不是完备的和穷尽无遗的,而只是为了确定以后我们要与之打交道的几种模型。

一个随机过程称为严格平稳到 k 阶,如果其 k 阶概率密度函数 $p_U(u_1,u_2\cdots,u_k;t_1,t_2,\cdots,t_k)$ 与时间原点的选择无关。用数学语言表述就是,我们要求对一切 T 有

$$p_U(u_1,u_2\cdots,u_k;t_1,t_2,\cdots,t_k)=p_U(u_1,u_2\cdots,u_k;t_1-T,t_2-T,\cdots,t_k-T) \tag{B-3}$$

对于一个平稳到 $k\geqslant1$ 阶的过程,一阶密度函数一定与时间无关,因此可以写为 $p_U(u)$。类似地,若过程平稳到 $k\geqslant2$ 阶,那么二阶密度函数只依赖于时间差 $\tau=t_2-t_1$,可以写为 $p_U(u_1,u_2;\tau)$。

一个随机过程称为广义平稳的,如果它满足以下两个条件:

(1) $E[u(t)]$与 t 无关;

(2) $E[u(t_1)u(t_2)]$只依赖于 $\tau=t_2-t_1$。

每个严格平稳到 $k\geqslant2$ 阶的过程也是广义平稳的,但是一个广义平稳过程不一定严格平稳到 $k=2$ 阶。

如果差值 $U(t_2)-U(t_1)$ 严格平稳到某一阶,则称 $U(t)$ 具有平稳增量到这一阶。如果随机过程 $\Phi(t)$ 严格平稳到 k 阶,则由 $\Phi(t)$ 的样本函数积分构建的新随机过程

$$U(t)=U(t_0)+\int_{t_0}^{t}\Phi(\xi)\,\mathrm{d}\xi,\quad t>t_0 \tag{B-4}$$

在所有各阶都是非平稳的,但是具有平稳增量直到 $\Phi(t)$ 的平稳性所到的那一阶。

本书中，当我们提到一个随机过程而简单地称之为平稳过程，不指明平稳性的类型和阶数时，则假定我们的计算中必须用到的具体的统计量与时间原点的选择无关。依赖于具体要做的究竟是什么计算，这个术语在不同的场合可能意味着不同类型的平稳性。在有发生混淆的可能时，将精确说明所指的平稳性的准确类型。

限制最严而且在实际问题中使用最频繁的一类随机过程，是遍历随机过程。在这种情形下，我们的注意力集中于对单个样本函数沿时间轴演化时的性质与在某一个或几个特定时刻观察到的样本函数的整个系综的性质进行比较。我们感兴趣的问题是：任何一个样本函数在某种意义上是否是整个系综的典型代表。如果一个随机过程的每个样本函数沿时间轴（即“水平”轴）取值的联合相对频率与在任何一个或任何一组时刻观察到的横跨整个系综（即“竖直”方向）取值的联合相对频率相同（发生概率为零的子集成员除外），那么这个随机过程称为遍历过程。

一个随机过程要对 k 阶统计是遍历过程，它就必须严格平稳至少到 k 阶。通过考虑下面的例子也许能更好地理解这个要求：一个随机过程由于是非平稳的，因而是非遍历的。图 B-2 中示出了这样一个过程的样本函数。

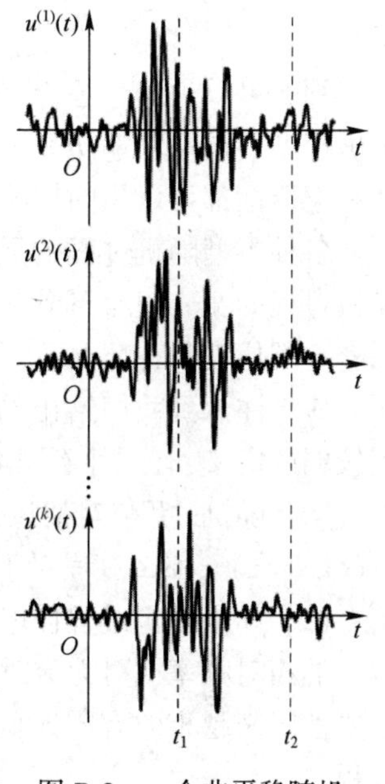

图 B-2　一个非平稳随机过程的样本函数

这些样本函数都是从一个零均值的 Gauss 系综中抽取的，但是 Gauss 统计中的标准偏差在变：从示出时间的前 1/3 段的 $\sigma=1$，变到第二个 1/3 时间段的 $\sigma=5$，再在最后 1/3 时间段变回 $\sigma=1$。因此在 t_1 时刻横跨系综的统计与 t_2 时刻的统计是不同的。虽然所有的样本函数沿时间轴有相同的相对频率被观察到，但是在 t_1 时刻和 t_2 时刻，横跨随机过程观察到的相对频率是不同的。因此，这个过程不是遍历的，所以它是非平稳的。

虽然一个过程必须首先是严格平稳的才能是遍历的，但是并非一切严格平稳过程都必然是遍历过程。我们用一个特例来说明这一点。令 $U(t)$ 是随机过程

$$U(t)=A\cos(\omega t+\Phi) \tag{B-5}$$

其中 ω 是一已知常数，而 A 和 Φ 是独立的随机变量，其概率密度函数为

$$p_A(a)=\frac{1}{2}\delta(a-1)+\frac{1}{2}\delta(a-2), \quad p_\Phi(\phi)=\begin{cases}\dfrac{1}{2\pi} & -\pi<\phi\leqslant\pi \\ 0 & \text{其他}\end{cases} \tag{B-6}$$

由于 Φ 在 $(-\pi,\pi)$ 区间上均匀分布，这个随机过程是严格平稳的（其横跨系综的统计不随时间变化）。但是，如图 B-3 所示，单个样本函数不是整个随机过程的典型代表。相反，这里有两类样本函数，一类振幅为 1，另一类振幅为 2。每类发生的概率为 1/2。显然，沿着振幅为 1 与振幅为 2 的样本函数观察到的相对频率是不同的。因此，不是所有的样本函数在时间中的相对频率都与横跨随机过程所观察到的相对频率相同。

如果一个随机过程是遍历过程，那么沿一个样本函数计算的任何平均值（即时间平均）必定等于横跨系综计算的同一量的平均值（即系综平均或统计平均）。因此若 $g(u)$ 是待求平均的量，则它的时间平均

$$\langle g\rangle = \lim_{T\to\infty}\frac{1}{T}\int_{-T/2}^{T/2} g[u(t)]\,\mathrm{d}t \tag{B-7}$$

必定等于系综平均

$$\overline{g} = \int_{-\infty}^{\infty} g(u)p_U(u)\,\mathrm{d}u \tag{B-8}$$

对于一个遍历随机过程,时间平均和系综平均是可以互换的。

还剩下一个重要问题,我们怎样才能有条不紊地判断某一随机过程模型(我们相信这个模型准确代表所研究的随机现象)是或不是遍历过程呢?为了确立遍历性,必须考虑整个样本函数系综,如果系综满足下面两个条件:

(1) 系综是严格平稳的;

(2) 系综中不包含出现低概率异于 0 或 1 的严格平稳子系综。

那么可以说这个系综是遍历的。应当注意,某些随机现象的精确模型要求是非遍历系综,没有明显说的是这一事实:严格平稳性和遍历性都可以是同样的有限 k 阶。

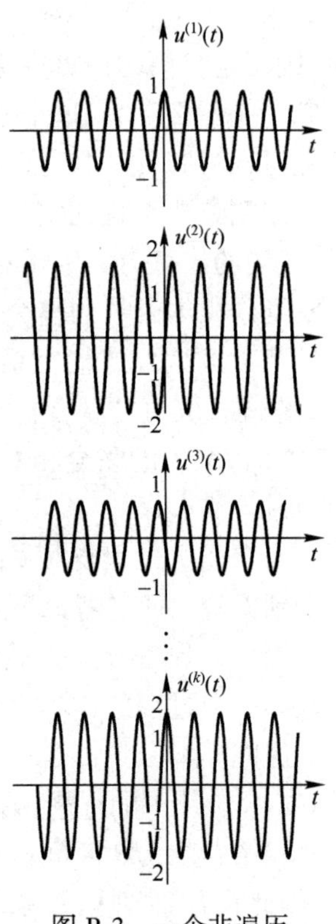

图 B-3 一个非遍历平稳过程

各种类型随机过程的层次关系画在图 B-4 中,它表示从一切随机过程的宽广集合到狭窄得多的遍历随机过程的逐步过渡,一圈套一圈代表每种情况下更宽的集合里的子集。

应当注意到我们给出的遍历的定义是非常严格的,常常可以用较弱的定义,有两种不同类型的弱化,如下所述:

(1) 随机过程仅对某些平均是遍历的,而不是对完整的概率密度函数。例如,若$\overline{x(t)x(t+\tau)}=\langle x(t)x(t+\tau)\rangle$,那么过程对于自相关函数是遍历的,这种遍历性不要求严格的平稳性。

(2) 如果随机过程伸展在无穷的时间轴上,在有限时间区段上统计的变化并不会改变时域中的相对频率或对无穷时间求平均的值。遍历性可以这样定义,使得随着 $T\to\infty$,可以忽略重要性越来越小的有限时间区段。在这样的定义下,随机过程不必先严格平稳才能是遍历过程。

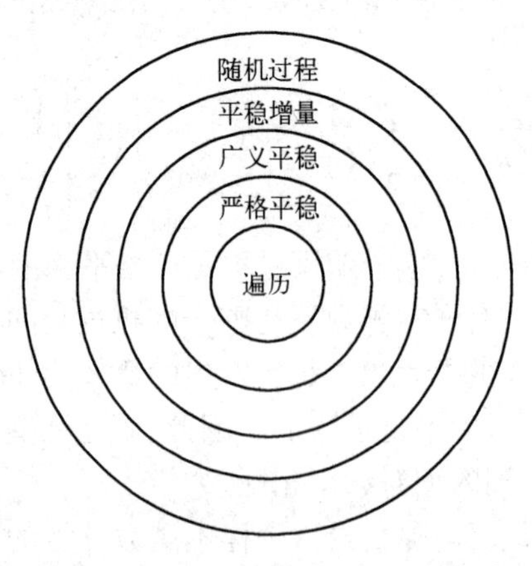

图 B-4 各种类型的随机过程的层次关系

参 考 文 献

[1] 丁俊华,崔砚生,吴美娟．激光原理及应用．北京:清华大学出版社,1987

[2] 周炳琨,高以智,陈倜嵘,陈家骅．激光原理．北京:国防工业出版社,2000

[3] 俞宽新,江铁良,赵启大．激光原理与激光技术．北京:北京工业大学出版社,1998

[4] 陈钰清,王静环．激光原理．杭州:浙江大学出版社,1992

[5] 石顺祥,过已吉．光电子技术及其应用．成都:电子科技大学出版社,1994

[6] 蓝信钜等．激光技术．北京:科学出版社,2000

[7] 马养武,陈钰清．激光器件．杭州:浙江大学出版社,1994

[8] 邱元武．激光技术和应用．上海:同济大学出版社,1997

[9] 范安辅,徐天华．激光技术物理．成都:四川大学出版社,1992

[10] 刘敬海,徐荣甫．激光器件与技术．北京:北京理工大学出版社,1995

[11] 李适民等．激光器件原理与设计．北京:国防工业出版社,1998

[12] Fox A G and Tingye Li. Resonant in a Maser Interferometer. Bell Syst. Tech. J. 40(2):453~488,1961

[13] Boyd G D, Kogelnik H. Generalized Confocal Resonator Theory. Bell Syst. Tech. J. 41:1347~1369,1962

[14] Yariv A. Quantum Electronics (2nd Edition), New York, Wiley,1975

[15] Yariv A, Introduction to Optical Electronics (2nd Edition), Holt, Rinehart and Winston, 1976

[16] Siegman A E, An Introduction to Laser and Maser, New York: Mc Graw-Hill Book Co., 1971

[17] Siegman A E, Laser, California:University Science Books, Hill Valley,1986

[18] Orazio Svelto, Principles of Lasers, New York: A division of Plenum Publishing Corporation, 1976

[19] 梁铨廷．物理光学(修订本)．北京:机械工业出版社,1987

[20] 徐国昌,凌一鸣．光电子物理基础．南京:东南大学出版社,2000

[21] 钱梅珍,崔一平,杨正名．激光物理．北京:电子工业出版社,1990

[22] B. E. A. Saleh and M. C. Teich. Fundamentals of Photonics. John Wiley & Sons, Inc., New York, NY, second edition, 2007.

[23] F. Gori G. Guanttari and C. Patovant Bessel-Gauss beams. Optics Communication., 64:491-495,1987

[24] T. K. Cuaghey. Response of Van der Pol's oscillator to random excitation. J. Apll. Mech. 26:345~348,1959.

[25] J. W. Goodman, Introduction to Fourier Optics. Roberts and Company,Publishers,Greenwood Village,CO,3rd edition,2005.

[26] 叶声华主编．激光在精密测量中的应用．北京:机械工业出版社, 1980

[27] 杨国光主编．近代光学测量技术．杭州:浙江大学出版社,2001

[28] 金国藩,李景镇主编．激光测量学．北京:科学出版社,1998

[29] 关信安,袁树忠,刘玉照编著．双频激光干涉仪．北京:中国计量出版社,1987

[30] 王因明主编．光学计量仪器设计．北京:机械工业出版社,1982

[31] 花国梁主编．精密测量技术．北京:清华大学出版社,1986

[32] 孙长库,叶声华主编．激光测量技术．天津:天津大学出版社,2002

[33] 郁道银,谈恒英主编．工程光学．北京:机械工业出版社,1999

[34] 中国矿业学院测量教研室编．激光测距仪．北京:煤炭工业出版社, 1980

[35] 中井贞雄编著．激光工程．北京:科学出版社,2002

[36] Jiabi Chen. Statistical analysis of scatter plate interferometer JOSA.(A),24(7):2082~2788,2007.7

[37] 王家金主编．激光加工技术．北京:中国计量出版社, 1992
[38] 虞钢,虞和济．集成化激光智能加工工程．北京:冶金工业出版社, 2002
[39] Lin Li, The advance and characteristics of high-power diode laser materials processing, Optics and Laser in Engineering, 34:231~253,2000
[40] 陆建, 倪晓武, 贺安之．激光与物质相互作用物理学．北京:机械工业出版社, 1996
[41] 李志远等．先进连接方法．北京:机械工业出版社, 2000
[42] 曾晓雁, 吴懿平．表面工程学．北京:机械工业出版社, 2001
[43] B. 魏柯,C. 麦捷夫著．吴国安译．激光工艺与微电子技术．北京: 国防工业出版社,1997
[44] 闫毓禾,钟敏霖．高功率激光加工及其应用．天津:天津科学技术出版社, 1994
[45] 曹明翠,郑启光,陈祖涛等．激光热加工．武汉: 华中理工大学出版社, 1995
[46] H. C. Tse, H. C. Man *, T. M. Yue, Effect of electric weld on plasma control during CO_2 laser welding Optics and Lasers in Engineering 33:181-189,2000
[47] P. F. Jacobs, Rapid prototyping & manufacturing, fundamentals of stereo lithography dearborn. Mechanical Society of Manufacturing Engineers SME-CASA, 1002
[48] 张根保,王时龙等编著．先进制造技术．重庆: 重庆大学出版社, 1996
[49] 周雄辉等．快速原型制造系统与 CAD 系统接口软件开发．模具技术, 8:3-7,1996
[50] M. Otsu, M. Fujii, K. Osakada, Three-dimensional laser bending of sheet metal, Advanced Technology of Plasticity edited by M. Geiger., Vol 2, Proceedings of the 6th ICTP, Sept.,19-24,1999
[51] R. W. Waynant and M. N. Ediger:Electro-Optics Handbook,24. 22,MaGraw-Hill,1993
[52] Muschter R. Interstitial laser therapy. Curr Op Urol 6:33-8,1996
[53] Amin Z., Donald J. J., Masters A., Kant R., Steger A., Bown S. G., et al. Hepatic metastases: interstitial laser photocoagulation with real time ultrasound monitoring and dynamic CT evaluation of treatment. Radiology 187:339-47,1993
[54] Kennedy J. C., Pottier R. H. ,Endogenous protoporphyrin IX, a clinically useful photosensitizer for photodynamic therapy. J Photochem Photobiol Biol 14:275-292,1992
[55] Malik Z.,Lugaci H. ,Destruction of erythroleukaemic cells by photoactivation of endogenous porphyrins Br J Cancer 56:589-595,1987
[56] EL-Sharabasy M. M. H.,EL-Waseef A. M.,Hsfez M. M.,Salim S. A. Porphyrin metabolism in some malignant diseases. Br J Cancer 65:409-412,1992
[57] E. Garmire, T. McMahon and M. Bass: IEEE J. Quantum Electron,QE-16,23,1980.
[58] R. K. Nubling and J. A. Harrington: Appl. Opt,34:372,1996.
[59] A. Hongo,K. Morosawa, K. Mastumoto, T. Shiota and T. Hashimoto:Appl,Opt., 31,1992.
[60] van Hillegersberg R,Kort W. J.,Wilson J. H. P.. Current status of photodynamic therapy in oncology. Drugs 48:510-527,1994
[61] 解金山,陈宝珍．光纤数字通信技术．北京:电子工业出版社,1997
[62] 汤浚明,张明德,孙晓菡等．光纤通信设计．天津:天津科学技术出版社,1995
[63] 纪越峰,顾畹仪,李国瑞等．光纤数字通信实用基础．北京:科学技术文献出版社,1994
[64] 罗毅,王建,蔡鹏飞等．光纤通信用半导体激光器．光联网技术,文章编号 1009~6868,2000.
[65] 黄淑芳等．面向 DWDM 光源的激光器技术．通信电源技术,2000 年 10 月,第 5 期
[66] 宁提纲,张劲松,裴丽等．光纤光栅激光器．光通信研究,2000 年,第 3 期
[67] 杨青,俞立本,甑胜来等．光纤激光器的发展现状．光电子技术与信息,2000 年 10 月,第 15 卷,第 5 期
[68] 李现勤．光放大器现状及发展未来．光通信技术,第 26 卷,第 4 期
[69] 魏景芝,王斗林．光放大器技术的比较．光纤与电缆及其应用技术,2002 年,第 5 期
[70] 邱元武编著．激光技术和应用．上海:同济大学出版社,1997. 8

[71] 于美文,张静方. 全息显示技术. 北京:科学出版社,1989
[72] 杨庆余,拾景忠. 伽柏与全息术的诞生. 物理实验,第22卷,第9期
[73] 刘艳春. 光全息术的回顾、发展及相关产业的现状. 哈尔滨学院学报,2002年8月,第23卷,第8期
[74] 刘守,张向苏. 光全息术最新研究动向及应用. 厦门大学学报(自然科学版),2001年3月,第40卷,第2期
[75] 曹汉强,朱光喜,朱耀庭等. 激光全息技术的发展与应用. 激光杂志,2001,第22卷,第6期
[76] 孙光颖. 现代全息术的回顾与展望. 物理与工程,2002,第12卷,第4期
[77] 陈家璧,苏显渝. 光学信息技术原理及应用.(第一版). 北京:高等教育出版社,2002
[78] 朱伟利,盛嘉茂著. 信息光学基础. 北京:中央民族大学出版社,1997.11
[79] 虞祖良,金国藩. 计算机制全息图. 北京:清华大学出版社,1984.10
[80] 苏显渝,李继陶编著. 信息光学. 北京:科学出版社,1999.9
[81] 单振国,干福熹著. 当代激光之魅力. 北京:科学出版社,2000.9
[82] http://www.zebraimaging.com/gallery.htm
[83] J. Wilson, J. F. B. Hawkes. Lasers Principles and Applications. First published. UK. Prentice Hall International Ltd. 1987
[84] Masud Mansuripur, Glenn Sincerbox. Principles and Techniques of Optical Data Storage. PROCEEDINGS OF THE IEEE. VOL. 85, NO. 11: 1780~1796, 1997.
[85] 金国藩,张培琨. 超高密度光存储技术的现状和今后的发展. 中国计量学院学报,第2期(总第13期):6~15,2001.9
[86] Afshin Partovi, David Peale, Matthias Wuttigetc. Appl. Phys. Lett., 75(11):1515~1517,1999
[87] Junji Tominaga. SPIE3864:372~374
[88] A. Chekanov, M. Birukawa, Y. I. tohetc. J. of Appl. Phys., 85 (8 Part2B):5324~5326,1999
[89] G. T. Sincerbox. Holographic storage revisited. J. C. Dainty Eds., London Academic Press 1994
[90] Hsin-Yu Sidney Li and Demetri Psaltis. Three-dimensional holographic disks. Appl. Opt., 33(17):3764~3774,1994
[91] 郑光昭. 光信息科学与技术应用(第一版). 北京:电子工业出版社
[92] 范文慧,叶孔敦等. 电子捕获材料在光存储技术中的应用. 半导体光电,2001.6,第22卷,第3期
[93] 孙太东. 激光扫描技术的发展及其应用. 光机电信息, 17(8):1~8,2000
[94] 王本,沈树群. 激光扫描和光盘技术. 北京:北京邮电学院出版社, 1990
[95] 冯金垣,黄静,廖继海等. 声光-光机二维激光扫描系统. 半导体光电,23(5):341~343,2002
[96] 光扫描识读器. http://eastda.com/375.htm
[97] Kiang M. H., Solgaard Q., Muller R. S. et al. Micromachined polysilicon microscaners for barcode readers. IEEE Photon. Technol. Lett., 8(12):1707-1709,1996
[98] 胡广友,王光富. 激光打印机的原理、检修与维护. 光电子技术与信息,8(5):30~33,1995
[99] 刘向东. 打印机结构原理与使用维修. 北京:机械工业出版社,1998
[100] Graf P., Wiedemer, M. Laserprinters. Proceedings of VLSI and Microelectronic Applications in Intelligent Peripherals and their Interconnection Networks, 2:64~69,1986
[101] 王淦昌. 利用大能量大功率的光激射器产生中子的建议. 中国激光, Vol. 14, No. 11, 1987
[102] 李师群. 激光冷却和捕陷中性原子. 大学物理, Vol. 18, No. 1, 1999
[103] 母国光、战元龄. 光学. 北京:人民教育出版社,1978,9
[104] A. Ashkin, "Acceleration and trapping of particles by radiation pressure" Phys. Rev. Lett., 24:156,1970.
[105] G. Gouesbet, B. Maheu and G. Grehan, "Light scattering from a sphere arbitrarily located in a Gussian beam, using a Bromwich formulation" JOSA A5, 1427, 1988.
[106] K. F. Ren, G. Grehan and G. Gouesbet, "Radiation pressure forces exerted on a particle arbitrarily located

in a Guassian beam by using the generalized Lorenz-Mie theory, and associated resonance effects" Opt. Commun., 108:343, 1994.

[107] J. P. Barton, D. R. Alexander, and S. A. Schaub, "Internal and near-surface electromagnetic fields for a spherical particle irradiated by a focused laser beam" J. Appl. Phys., 64:1632, 1988.

[108] J. P. Barton, D. R. Alexander, and S. A. Schaub, "Theoretical determination of net radiation force and torgue for a spherical partical illuminated by a focused laser beam" J. Appl. Phys., 66:4594, 1989.

[109] A. Ashkin and J. M. Dziedzic, "Optical levitation in high vacuum" Appl. Phys. Lett., 28:333, 1976.

[110] 辰巳仁史, "光ピソヤットによ微小生物试料の操作"応用物理, 66:970, 1997.

[111] 科尼 A,邱元武等译 . 原子光谱学与激光光谱学 . 北京:科学出版社,1984

[112] G. Toraldo di Francia. Super - gain antennas and optical resolving power. *Nuovo Ci - mento*, IX: 426 - 438, 1952.

[113] E. A. Guillemin. *The Mathematics of Circuit Analysis*. Principles of Electrical Engineering. John Wiley & Sons, Inc., New York, NY, 1965.

[114] J. L. Harris. Di ® raction and resolving power. *J. Opt. Soc. Am.*, 54:931, 1964.

[115] C. W. Barnes. Object restoration in a di ® raction-limited imaging system. *J. Opt. Soc. Am.*, 56:575, 1966.

[116] R. W. Gerchberg. Super-resolution through error energy reduction. *Optica Acta*, 21:709-720, 1974.

[117] A. Papoulis. A new algorithm in spectral analysis and band - limited extrapolation. *I. E. E. E. Trans, on Circuits and Systems*, CAS-22:735-742, 1975.

[118] C. K. Rushforth and R. W. Harris. Restoration, resolution and noise. *J. Opt. Soc. Am.*, 58:539-545, 1968.

[119] G. Toraldo di Francia. Degrees of freedom of an image. *J. Opt. Soc. Am.*, 59:799-804, 1969.

[120] W. T. Cathey, B. R. Frieden, W. T. Rhodes, and C. K. Rushforth. Image gathering and processing for enhanced resolution. *J. Opt. Soc. Am. A.*, 1:241-250, 1984.

[121] P. J. Sementilli, B. R. Hunt, and M. S. Nadar. Analysis of the limit to superresolution in incoherent imaging. *J. Opt. Soc. Am. A*, 10:2265-2276, 1993.

[122] G. Zheng, R. Horstmeyer, and C. Yang. Wide -¯ eld high - resolution Fourier ptycho - graphic microscopy. *Nature Photonics*, 7:739-745, 2013.

[123] L. H. Yeh, J. Dong, J. Zhong, L. Tian, M. Chen, G. Tang, M. Soltanolkotabi, and L. Waller. Experimental robustness of Fourier ptychography phase retrieval algorithms. *Optics Express*, 23:33214-33240, 2015.

[124] W. Lukosz. Optical systems with resolving power exceeding the classical limit. *J. Opt. Soc. Am.*, 56: 1463-1472, 1966.

[125] J. P. Wilde, J. W. Goodman, Y. C. Eldar, and Y. Takashima. Grating-enhanced coher-ent imaging. In *Novel Techniques in Microscopy*, OSA Technical Digest, page NMA3. Optical Society of America, 2011.

[126] J. P. Wilde, J. W. Goodman, Y. C. Eldar, and Y. Takashima. Grating-enhanced coherent imaging. In *9th International Conference on Sampling Theory (SampTA)*, pageP0213, 2011.

[127] M. G. L. Gustafsson. Surpassing the lateral resolution limit by a factor of two using structured illumination microscopy. *J. of Microscopy*, 198:82-87, 2000.

[128] M. G. L. Gustafsson, J. W. Sedat, and D. A. Agard. Method and apparatus for three-dimensional microscopy with enhanced depth resolution, US Patent 5, 671,085, 1997.

[129] M. G. L. Gustafsson. Nonlinearstructured-illumination microscopy: wild-field fluorescence imaging with theoretically unlimited resolution. *Proc. Nat. Acad. Sci.*, 102:13081-13086, 2005.

[130] W. E. Moerner and L. Kador. Optical detection and spectroscopy of single molecules in a solid. *Phys. Rev. Lett.*, 62:2535-2538, 1989.

[131] R. J. Ober, S. Ram, and E. S. Ward. Localization accuracy in single-molecule microscopy. *Biophys. J.*, 86: 1185-1200, 2004.

[132] S. W. Hell and J. Wichmann. Breaking the di ® raction resolution limit by stimu-lated emission: Stimulated -emission-depletion °uorescence microscopy. *Optics Lett.*,19:780-782, 1994.

[133] T. A. Klar and S. W. Hell. Subdi ® raction resolution in far-¯eld °uorescence microscopy. *Optics Lett.*, 24: 954-956, 1999.

[134] E. Betzig. Proposed method for molecular optical imaging. *Optics Lett.*, 20:237-239,1995.

[135] E. Betzig, G. H. Patterson, R. Sougrat, O. W. Lindwasser, S. Olenych, J. S. Bonifacino, M. W. Davidson, J. Lippincott - Schwartz, and H. F. Hess. Imaging intracellular° uorescent proteins at nanometer resolution. *Science*, 15:1642-1645, 2006.

[136] Royal Swedish Academy of Sciences. Super-resolved °uorescence microscopy. *Scientic Background on the Nobel Prize in Chemistry*, 2014.

[137] W. E. Moerner. Microscopy beyond the di ® raction limit using actively controlled single molecules. *J. Microscopy*, 246:213-220, 2012.

[138] L. E. Drain 著．王仕康,沈熊,周作元译．激光多普勒技术．北京:清华大学出版社,1985

[139] VG Veselago. The electrodynamics of substances with simultaneously negative values of permittivity and permeability. Sov. Phys. Usp. 10: 509~514,1968

[140] PendryJ B. Negative refraction makes a perfect lens. Phys. Rev. Lett. 85: 3966~3969,2000

[141] N. Seddon, T. Bearpark, Observation of the inverse Doppler effect. Science, 302: 1537~1540,2003

[142] Evan J. Reed, Marin Soljacic, Mihai Ibanescu et al. Comment on " Observation of the Inverse Doppler Effect". Science, 305: 778b,2004

[143] Jiabi Chen, Songlin Zhuang et al. Observation of the inverse Doppler effect in negative-index materials at optical frequencies. Nature Photonics, 5:239~242,2011

[144] Evan J. Reed. Bbckwards Doppler shifts. Nature Photonics, 5:199~120,2011

反侵权盗版声明